Horst Schwetlick

PC-Meßtechnik

Horst Schwetlick

PC-Meßtechnik

Grundlagen und Anwendungen der
rechnergestützten Meßtechnik

Mit 254 Abbildungen und 10 Tabellen

ISBN-13:978-3-528-04948-5   e-ISBN-13:978-3-322-84920-5
DOI: 10.1007/978-3-322-84920-5

Vorwort

Die elektrische Meßtechnik wurde in der Vergangenheit Veränderungen unterzogen, die durch zwei wesentliche Schritte beschrieben werden können:

Der erste Schritt zur elektronischen Meßtechnik löste bereits elektromechanische Meßprinzipien weitgehend ab. In fast allen meßtechnischen Bereichen werden physikalische Größen bevorzugt in elektrische gewandelt und dann mit elektronischen Hilfsmitteln angezeigt.

Durch den zweiten Schritt zur digitalen Meßtechnik wird die Meßwertaufnahme von den Funktionen wie Anzeigen und Dokumentieren abgetrennt. Die Meßwertaufnahme erzeugt Daten, die zwar auch direkt durch den Menschen ausgewertet werden können. Darüber hinaus steht das volle Spektrum rechnerischer Auswerteverfahren zur Verfügung. Die Daten können weiter verarbeitet, gespeichert, verknüpft, angemessen dargestellt oder sogar automatisch interpretiert werden.

Durch die zunehmende Integration von Rechenleistung in den Meßprozeß ist es sinnvoll, eine einzelne Messung, wie z.B. die Messung eines einzelnen Spannungswertes, nicht getrennt zu betrachten. Die Kopplung von Meßgeräten und Rechnern, die Messung und Auswertung direkt verbindet, sowie erzielbare schnelle Reaktionszeiten von rechnergestützten Meßanordnungen legen eine geschlossene Behandlung nahe. Es wird versucht, eine Darstellung der Meßtechnik zu geben, bei der der Vorgang des Messens in den globalen Zusammenhang der Informationsakquisition, -weiterleitung und Verarbeitung eingebettet ist.

Diese Überlegungen führen dazu, den Stoff der Meßtechnik neu zu gliedern, um ihn damit besser an zukünftige Bedürfnisse anpassen zu können. Schwerpunktsmäßig soll dies Buch dazu beitragen, moderne Meßmethoden und -geräte in ihrer Funktion zu verstehen und die dazu erforderlichen Voraussetzungen anzugeben. Die Gliederung umfaßt dementsprechend vier Hauptteile. Der erste ist eine Einführung, in der, ausgehend von historischen Betrachtungen zur Meßtechnik, ein Bogen von konventioneller Meßtechnik über Grundlagen der Informationstheorie zur Integration von Datenverarbeitung und Messen gespannt wird. Ein Abschnitt über Eigenarten digitaler Meßsysteme folgt, in dem Probleme behandelt werden, die in analogen Meßsystemen nicht auftreten. Um die technische Wirkungsweise moderner Geräte und Systeme deutlich zu machen, werden im zweiten Hauptteil die wichtigsten elektronischen Grundlagen zu elektronischen Meßgeräten dargestellt. Besondere Aufmerksamkeit erhalten darin die Baugruppen, die für Meßanordnungen wichtig sind, wie z.B. Abtasthalteglied, AD-Umsetzer und DA-Umsetzer, einschließlich der technischen Charakterisierung dieser Baugruppen. Im dritten Hauptteil werden wichtigste Geräte, wie z.B. Zähler, Wellenformgeneratoren, Digitaloszilloskop oder Logikanalyser behandelt. Der letzte Hauptteil hat Verfahren der Datenübermittlung, die wichtigsten Schnittstellen für die Kommunikation zwischen Rechnern und Meßeinrichtungen sowie Software zum Inhalt.

Das Buch wendet sich an Studierende an wissenschaftlichen Hochschulen und Fachhochschulen. Darüber hinaus können dem Praktiker, der sich nicht nur mit neuen Geräten und Verfahren, sondern auch mit ihrem theoretischen Hintergrund befassen muß, die wesentlichen Informationen vermittelt werden, die für ein Verständnis digitaler und rechnergestützter Meßtechnik erforderlich ist.

Mein besonderer Dank gilt allen, die an der Erstellung dieses Buches mitgearbeitet haben, insbesondere jedoch den Studenten der Fachhochschule Berlin der Deutschen Bundepost Telekom. Durch ihre aufmerksamen und kritischen Fragen erhielt ich viele Anregungen zu einer, wie ich hoffe, verständlichen Darstellung. Viele Meßgerätefirmen, die mich durch Schrifttum und praktische Hinweise unterstützt haben, bleiben leider ungenannt, alle Beiträge haben mir jedoch sehr geholfen. Danken möchte ich weiterhin Herrn Christian Frankenberg (Deutsche Telekom) für seine Diskussionsbereitschaft über Entwürfe des Bildmanuskripts und praktische PC-Technik und für die Anfertigung der Bilder, Dr. Peter Endt (z.Z. Helsinki University of Technology) für eine kritische Gesamtdurchsicht und wertvolle Diskussionen, Prof. Dr. Michael Schmidt für seine Anmerkungen zur analogen Elektronik, Dipl.-Ing. Herbert Köhn (Siemens AG) für seine Kommentare zu den Feldbussen. Viele Anregungen zur Software, besonders zu Meßbussystemen und zur graphischen Programmierung, erhielt ich von Herrn Dipl. Ing. Raman Jamal (National Instruments). Den Vorlesungsmanuskripten der Herren Professoren Dieter Filbert (Technische Universität Berlin) und Klaus Metzger (Technische Fachhochschule Berlin) konnte ich viele Anregungen entnehmen. Herrn Edgar Klementz vom Vieweg-Verlag danke ich für die Unterstützung und die jederzeit erfreuliche Zusammenarbeit. Nicht zuletzt danke ich meiner Frau Susanne und meinen Kindern Lisa und Clara für ihr Verständnis, ihre Geduld und Unterstützung.

Berlin, im Dezember 1996   *Horst Schwetlick*

Inhaltsverzeichnis

Formelverzeichnis

Allgemein werden für Gleichgrößen und Kennwerte der Ströme, Spannungen und Signale Großbuchstaben verwendet, für zeitlich veränderliche Größen Kleinbuchstaben. In Verbindung mit der Fourier-Transformation deuten Kleinbuchstaben auf den Originalbereich und Großbuchstaben auf den Bildbereich hin. Laufende Indices werden durch Kleinbuchstaben beschrieben, Anfangs- und Endwerte sowie die Anzahl der Indexmengen durch Großbuchstaben. Das Zeichen Doppelschlange $\approx$ bedeutet ungefähr gleich, die senkrechten Striche $|\,|$ sind die Betragsstriche. Die niedrigstwertige Binärstelle ist mit d_0 gekennzeichnet, die höchstwertige mit d_N.

A, B, C, ..	Logische Variable
a, b, c, d, ..	allgemeine Variable
A	Autokorrelationsfunktion
A	Übertragungsmaß (*attenuation, amplification*), Frequenzgang in Dezibel (dB)
$A(f)$	Frequenzgang (Amplitudengang) in Dezibel (dB)
AKF{}	Autokorrellation
B	Kreuzkorrellationsfunktion
C	Kapazität eines Kondensators
C	Kanalkapazität (Kapitel 3)
c_i	Koeffizient der Fourierreihe
DFT{}	Diskrete Fourier-Transformation
d_i	*i*-tes Datenbit
e	Fehler
e^{jx}	$= \exp(x) = \cos(x) + j\,\sin(x)$, komplexe Zahl in Exponentialdarstellung
F	Fehler
$F(s)$	Verteilungsfunktion des Signals $s(t)$
F_{rel}	relativer Fehler
F_j	Fehler durch Jitter
F{}	Fourier-Transformation
F^{-1}{}	inverse Fourier-Transformation
$f(x)$	allgemeine Funktion einer unabhängigen Variablen x
f	Frequenz
f_{ab}	Abtastfrequenz
f_p	Pulsrate
f_N	Nyquistfrequenz $f_N = f_{ab} / 2$
f_S	Signalfrequenz
f_g	Grenzfrequenz
f_o	obere Grenzfrequenz
f_u	untere Grenzfrequenz
G	Leitwert $G = 1/R$
g_i	binäre Ziffer im Gray-Kode

$H\{\}$	Hilbert-Transformation
H	Informationsentropie
H_0	Entscheidungsgehalt
i, j, k	allgemeine Indices
I	Strom
I	Informationsgehalt (Kapitel 3)
I_i	Strom durch Bauteil i
i	Index im Zeitbereich
IDFT$\{\}$	Inverse diskrete Fouriertransformation
J	Informationsfluß (Kapitel 3)
j	$\sqrt{(-1)}$
k	Index im Frequenzbereich,
k	Anzahl der Bits, Wortlänge
K	allgemeine Konstante
K	Kennwert
K_C	Crestfaktor, Scheitelfaktor
K_F	Formfaktor
K_K	Klirrfaktor
N, M	allgemeine Anzahl (z.B.von Abtastwerten, Koeffizienten u.ä.)
M	Informationsmenge (Kapitel 3)
M_i	i-tes statistisches Moment
MZ	Zentrales Moment
$m(k)$	Häufigkeit der k-ten Kasse in einem Histogramm
m_H	Histogramm
m_S	Summenhäufigkeit
N	Wortlänge
N	Anzahl der Abtastwerte im Beobachtungszeitraum
N	Anzahl der Spannungsstufen
N_V	verlorene Bits
N_{eff}	Effektive Wortlänge (effective Number of Bits – ENOB)
P	Pegel
P	Leistung
P_k	Komponente des Leistungsspektrums
p	Norm (z.B. L_p – Norm in Kapitel 4)
$p(s)$	Amplitudenverteilungsdichte des Signals $s(t)$
p_i	Wahrscheionlichkeit des i-ten Ereignisses
q	Quantisierungsschritt
SNR	Signalrauschverhältnis (signal to noise ratio)
SR	Slewrate
$s(t)$	Signal als Funktion der Zeit
$S(f)$	Signal als Funktion der Frequenz
s_i	Signalwert am i-ten Abtastpunkt
t	Zeit als unabhängige Variable
T	zeitlicher Abstand zwischen zwei Ereignissen
T	Beobachtungszeitraum,
T_p	Impulsdauer

T_r Anstiegszeit, Zeit zwischen 10 und 90% des Endwertes (rise time)
T_S Speicherzeit
T_V Verzögerungszeit
U Spannungswert
U_0 Leerlaufspannung, Spannung ohne Belastung
U_B Betriebsspannung
U_a Ausgangsspannung
U_e Eingangsspannung
u_DA Ausgangsspannung des DA-Wandlers
U_i Spannung am Bauteil i
U_ref Referenzspannung
$V(\omega)$ Frequenzgang der Verstärkung
v Verstärkungsfaktor
$v(t)$ Übertragungsfunktion im Zeitbereich
w Meßwert
$x(t), y(t), z(t)$ abhängige Eingangsvariable als Funktion der Zeit
x_i Zeitserie als digitales Eingangssignal
$X(\omega)$ abhängige Eingangsvariable als Funktion der Kreisfrequenz
z Zahl
z_i Zählerstand beim integrierenden AD-Wandler zum Zeitpunkt i
Z komplexe Impedanz

Tiefgestellte Abkürzungen bei Signalkenngrößen:

wie z.B. das s für den Spitzenwert in U_s

ab   abtasten
eff   Effektivwert
m   arithmetischer Mittelwert
g   Gleichrichtwert
s   Spitzenwert
ss   Spitze-Spitze-Wert
g   Grenze (wie bei Grenzfrequenz)
o   obere Grenze
u   untere Grenze
e   Eingang
a   Ausgang
S   Signal
R   Rauschen
St   Steuer
T   Takt
M   Meßspanne
G   Gegenkopplung
E   Eingang

Δ	Differenzen-Operator, Intervall
Δt	Abtastintervall
ΔT	zeitlicher Abstand
Δf	Bandbreite
ϕ	Phasenwinkel
ψ	Phasenwinkel
ϑ	absolute Temperatur
π	die Zahl Pi, $\pi = 3{,}14159$
τ	Zeitkonstante, $\tau = RC$
ω	Kreisfrequenz, $\omega = 2\,\pi f$
ω_g	Grenzkreisfrequenz
ω_N	Nyquistkreisfrequenz $\omega = 2\,\pi f_N = \pi f_{ab}$

Logische Verknüpfungen:

$+$	ODER-Verknüpfung
$\cdot$	UND-Verknüpfung (auch weggelassen)
$\oplus$	XOR-Verknüpfung
$\overline{x}$	Überstreichung entspicht der Negation

A Einführung und Begriffe

1 Historische Betrachtungen

> Wer nicht von dreitausend Jahren
> sich weiß Rechenschaft zu geben,
> bleibt im Dunkeln unerfahren,
> mag von Tag zu Tage leben.
>
> *J. W. Goethe*

Die Verbindung von Rechnen und Messen reicht weit in den Beginn unserer Zivilisation zurück. Berechnungsverfahren auf der Basis gemessener Daten wurden erforderlich, um z.B. nach Entstehung des Geldes Warenmengen einem Geldwert gegenüberzustellen, Steuern festzulegen, sich innerhalb des Kalenders zu orientieren oder zur Landvermessung. Ein frühes Rechenbuch der Ägypter „Ahmes" erschien bereits um 1800 v. Chr. und behandelt unter anderem die Bruchrechnung. Der Abakus, als frühes Hilfsmittel zum Rechnen, ist in China seit ca. 1000 v. Chr. bekannt [Stein90]. Auch der Begriff des Algorithmus stammt bereits aus einer frühen Zeit: ein um 900 v. Chr. in Bagdad herausgegebenes Buch über Algebra enthielt Regeln für die Durchführung algebraischer Verfahren. Durch Kombination mit dem griechischen Wort Arithmos (Zahl) entstand daraus der Name Algorithmus [Adler67].

1.1 Elektromechanische Instrumente

Mit dem Aufstieg der Elektrotechnik gegen Ende des 19. begann auch die elektrische Meßtechnik. Fortwährend wurde sie einerseits durch die Anforderungen neuer Technologien und andererseits durch den jeweiligen Stand der stetig im Umbruch befindlichen Technologien geprägt. So wurden beispielweise mit dem Beginn der technischen Nutzung Meßinstrumente benötigt, die elektrische Stromstärke, Spannung oder Leistung anzeigen und registrierten. Die Meßtechnik profitierte in dieser Zeit von dem hohen Stand der Feinmechanik. Viele feinmechanische Problemlösungen konnten der Uhrenherstellung entnommen werden.

Eine wichtige Gruppe elektromechanischer Instrumente sind Zeigerinstrumente, deren Entwicklung ca. 1880 begann. Wesentliches Merkmal dieser elektromechanischen Instrumente ist die Umwandlung der elektrische Größe in eine mechanische, die meist durch eine Längen- oder Winkeländerung auf einer Skala angezeigt wird. Für die gebräuchlichsten Instrumente bestimmen elektromagnetische Kräfte das Meßprinzip und den Aufbau. Das Hitzdrahtinstrument, eines der ältesten Instrumente zur Strommessung, benutzt die Änderung der Längenausdehnung eines Metalls aufgrund der Stromwärme. Auf dem gleichen Prinzip basiert auch das Bimetallinstrument, bei dem ein aufgerollter Metallstreifen aus zwei geschichteten Materialien mit unterschiedlicher Temperaturkoeffizienten von dem zu messenden Strom erwärmt wird. Instrumente, die elektrostatische Kraftwirkungen ausnutzen, wurden für die Messung hoher Spannungen verwendet [Palm63].

Der typische Wirkungszusammenhang bei elektromechanischen Instrumenten ist im Bild 1.1.1 dargestellt. Der elektrische Strom durch eine Spule ruft eine Kraft hervor. Dieser wirkt einer mechanischen Gegenkraft, die meist durch eine Feder gebildet wird, entgegen. Die resultierende rotatorische oder translatorische Auslenkung ist ein Maß für die elektrische Größe.

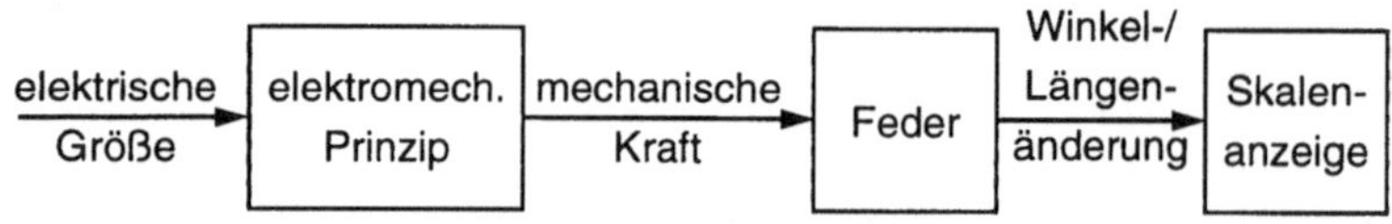

Bild 1.1.1 Typische funktionale Wirkungskette bei elektromechanischen Instrumenten

1.1.1 Elektromagnetische Zeigerinstrumente

Zwei wichtige Typen solcher Instrumente sind das Dreheisen- und das Drehspulinstrument, an denen der oben genannte Wirkungszusammenhang im folgenden gezeigt werden soll. Bild 1.1.2 a) zeigt das Prinzip eines einfachen Instrumentes mit historischer Bedeutung, den Vorläufer des Dreheiseninstrumentes [Richter88]. Durch den Stromfluß durch die Spule entsteht ein Magnetfeld mit der Induktion B. Resultierend tritt an der Grenzstelle zweier Materialien mit unterschiedlicher Permeabilität eine Kraft F auf, die den Eisenkörper in die Spule hineinzieht. Wird nährungsweise ein homogenes Magnetfeld angenommen und ein ferromagnetisches Material mit einer unendlich hohen relativen Permeabilität $\mu_r \to \infty$, so ist die Kraft F auf die Grenzfläche A durch

$$F = \frac{B^2 A}{2\mu_0} \tag{1.1.1}$$

gegeben. Darin ist A die Querschnittfläche des hochpermeablen Materials und $\mu_0 = 0{,}4\,\pi\,10^{-6}$ Vs / Am die Permeabilität des Vakuums [Weißgerber94]. Die Flußdichte B ist proportional zum Strom durch die Spule. Bei einer Federkraft, die proportional zur Auslenkung ist, ergibt sich ein Ausschlag proportional zum Quadrat des Stromes. Damit eignet sich das Instrument zur Anzeige von Effektivwerten (siehe dazu auch Kapitel 4.3).

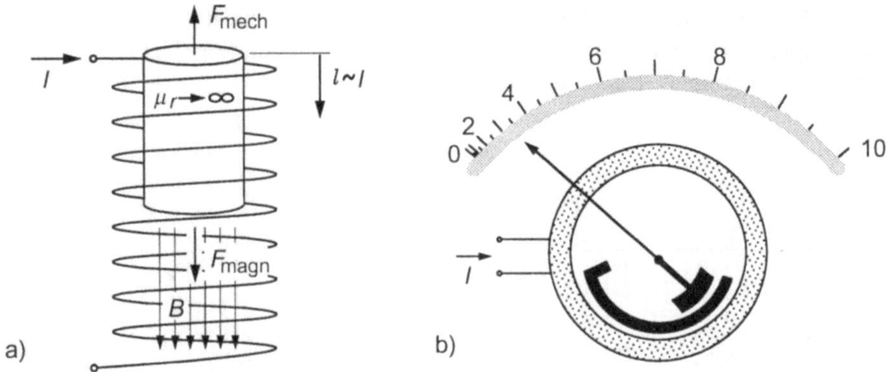

Bild 1.1.2 Strommessung durch elektromagnetische Kraftwirkung auf ein hochpermeables
Weicheisen: a) Prinzip, b) Aufbau eines Dreheiseninstrumentes.

Bild 1.1.2 b) zeigt den prinzipiellen Aufbau eines realen Dreheiseninstrumentes. Ein
fester und ein beweglicher Eisenkern sind konzentrisch in einer Spule angeordnet. Der
Meßstrom, der die Spule durchfließt bewirkt eine gleichsinnige Magnetisierung beider
Kerne und damit eine Drehbewegung.

Das Drehspulinstrument war und ist sicherlich noch das am meisten verbreitete elektromechanische Instrument. Während bei Dreheiseninstrumenten die Kraft zwischen zwei
Bauteilen aus hochpermeablen Materialien in einem magnetischen Feld wirkt, wird, wie
in Bild 1.1.3 a) gezeigt, beim Drehspulinstrument die Kraftwirkung auf eine stromdurchflossene Leiterschleife in einem permanenten Magnetfeld ausgenützt. Auf einen einzelnen
vom Strom I durchflossenen Leiter der Länge l in einem Magnetfeld mit der Flußdichte **B**
ist die Kraft **F** durch

$$\mathbf{F} = I(\mathbf{l} \times \mathbf{B})\tag{1.1.2}$$

gegeben [Weißgerber94]. Innerhalb des Spaltes, in dem sich die Spule bewegt, ist das
Feld weitgehend homogen und die Kraft ist entsprechend der Windungszahl der Spule ein
Vielfaches davon. Damit ist der Zeigerausschlag proportional zum Strom durch die Spule.
Resultierend ist der Ausschlag bei einem Drehspulinstrument proportional zum arithmetischen Mittelwert des Stromes. Bild 1.1.3 b) zeigt den prinzipiellen Aufbau eines Drehspulinstrumentes. Die von dem zu messenden Strom durchflossenen Spule ist in einem
homogenen Magnetfeld drehbar gelagert. Dem Drehmoment proportional zum Strom
wirkt eine Federkraft entgegen.

Während Drehspul- und Dreheiseninstrumente nur einen Strom oder ein Spannung messen, lassen sich durch Modifikationen dieser Meßprinzipien auch mathematische Verknüpfungen solcher Meßgrößen ermitteln. Die Berechnung wird dabei implizit durch die
elektromechanischen Wirkungsprinzipien realisiert. Wird anstelle des Permanentmagne-
ten zur Erzeugung des Feldes im Luftspalt der bewegten Spule ebenfalls das Feld einer
stromdurchflossenen Spule vorgesehen, entsteht ein produktbildendes Instrument, das
zum Beispiel für die Leistungsmessung eingesetzt werden kann. Wird die Federkraft
durch eine stromdurchflossene Spule ersetzt, entsteht ein Quotientenmeßwerk. Es ergibt
sich ein Ausschlag, der proportional dem Quotienten der beiden Spulenströme ist. Quoti-

entenmeßwerke lassen sich zur Widerstandmessung einsetzen. Für detailierte Behandlung spezieller Zeigerinstrumente wird auf die reiche Literatur zur klassischen Meßtechnik [Richter88], [Bergmann93], [Stöckl68], [Palm63] verwiesen.

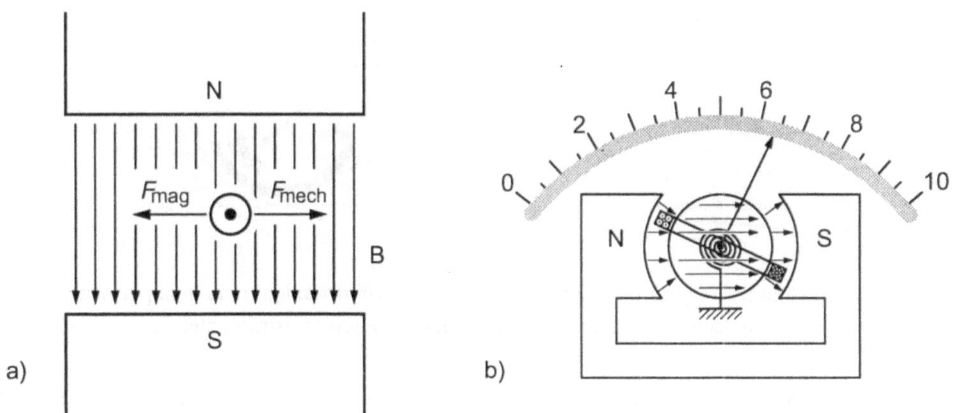

1.1.3 Strommessung durch Kraftwirkung auf einen stromdurchflossenen Leiter:
a) Prinzip, b) Aufbau eines Drehspulinstrumentes

1.1.2 Frühe Oszillographen

Der Bedarf, über die Beobachtung und Ablesung hinaus zeitliche Verläufe elektrischer Größen aufzuzeichnen und zu registrieren, zeichnete sich schon früh ab. Die Registrierung von Vorgängen im Bereich niederer Frequenzen erfolgt seit Beginn der technischen Nutzung der Elektrizität durch mechanisch angetriebene Schreiber; die Aufzeichnung erfolgt mit einem Schreibstift, später auch mit einem Lichtstrahl, wobei das Papier, der Schreibstift oder beides bewegt wird. Bereits zu Beginn des 20. Jahrhunderts waren entsprechende Geräte kommerziell verfügbar: Siemens baute 1889 ein Lichtstrahl-Oszilloskop mit einem Polygonspiegel, Hartmann und Braun baute 1910 einen Sechsfarbenschreiber. Auch Analysemethoden wurden für Meßdaten eingesetzt, oftmals mit speziellen, mechanisch arbeitenden Maschinen [Orlich06].

Bei der einfachsten elektromechanischen Methode, um zeitliche Verläufe zu registrieren, wird ein Schreibstift quer zur Bewegungsrichtung eines Papierstreifens bewegt. Die Bewegung des Schreibstiftes, der wie der Zeiger eines Zeigerinstumentes angetrieben wird, erfolgt proportional zur elektrischen Meßgröße. Für viele Anwendungen, in denen unmittelbar eine Papierkopie erforderlich ist, werden auch heute noch elektromechanische Schreiber in sehr unterschiedlichen Ausführungen eingesetzt.

Zur Anzeige zeitlich variierender Spannungsverläufe mit höheren Frequenzen eignet sich ein Lichtstrahl-Oszilloskop. Ein dünner Lichtstrahl, der über einen beweglichen Spiegel abgelenkt wird, übernimmt dabei die Rolle des Zeigers oder Schreibstiftes. Durch den Spiegel kann die Masse der Teile, die sich proportional zu dem Spannungverlauf bewegen, klein gehalten werden. Die geringere Massenträgheit erlaubt daher höhere Frequenzen. Der Spiegel ist an einer Drahtschleife befestigt, die sich in einem Magnetfeld befindet. Damit wird der Ablenkwinkel eines Lichtstrahls in y-Richtung verändert. Um eine Kurvenform auf einen Schirm zu projizieren, muß der Lichtstrahl noch über einen rotierenden Spiegel in der x-Richtung abgelenkt werden. Bild 1.1.4 zeigt die Ablenkeinheit eines solchen Oszilloskops aus dem Jahre 1906. Die technischen Daten waren: Eigenfrequenz 5000 Hz, Empfindlichkeit 4 - 5 cm Ausschlag bei 0,1 A und 0,5 m Skalenabstand, Firma Cambridge Scientific Instrument Company [Orlich06]. In modernen Geräten zur Registrierung fällt der Lichtstrahl auf einen in x-Richtung beweglichen photoempfindlichen Papierstreifen. Sie dienen zur Aufzeichnung einmaliger Vorgänge im Niederfrequenzbereich. Lichtstrahloszilloskope werden auch heute noch eingesetzt.

Bild 1.1.4 Bifilarer Lichtstrahl-Oszillograph aus dem Jahre 1906

1.1.3 Probleme elektromechanischer Meßtechnik

Ein entscheidender Nachteil ist bei rein elektromechanischen Instrumenten, daß die Energie für die Anzeige dem Meßobjekt entnommen werden muß. Damit kann sich auch bei empfindlichen Instrumenten eine unzulässige Belastung des Meßobjektes ergeben. Die Fernübertragung der Meßdaten gestaltet sich mit elektromechanischen Meßeinrichtungen als schwierig, da die Energie für die Übertragung, die ebenfalls dem Meßobjektes entnommen wird, groß genug sein muß, um keine Übertragungsverluste aufkommen zu lassen. Eine Fernbedienung bedarf Relais und ferngesteuerter Motore, um die sonst manuell und mechanisch bedienten Einstellungen vorzunehmen.

Jedoch auch aus heutiger Sicht können nichtelektronische Instrumente die angemessene Lösung darstellen. Elektromagnetische Haus-Elektrizitätszähler werden in nahezu allen Haushalten eingesetzt.

1.2 Elektronische Instrumente

Seit 1910 wird in Verbindung mit Elektronenröhren von Elektronik gesprochen. Praktisch wurde seit dieser Zeit die gesamte Meßtechnik durch die Elektronik geprägt. Elektronische Hilfsmittel erweitern nicht nur den Einsatzbereich konventioneller Instrumente, die heutige Vielfalt elektronischer Bauelemente ermöglicht auch neue Meßmethoden und -prinzipien. Zudem können Anzeige und die eigentliche Messung unterschiedliche physikalische Prinzipien nutzen.

Mit der Möglichkeit zur Serienfertigung von Elektronenröhren 1913 begann nicht nur der Aufstieg des Rundfunks, sondern auch die elektronische Meßtechnik. Die Elektronenröhre ermöglichte den Aufbau von Verstärkern, die in der Meßtechnik eingesetzt werden können. Die Entwicklung der Braunschen Röhre durch K. F. Braun 1897 führte später im Bereich der Unterhaltungselektronik zum Fernsehen; für die Meßtechnik stand damit eine universelle Anzeigeeinrichtung für die Darstellung von Spannungsverläufen zur Verfügung. Das wichtigste Beispiel ist das Oszilloskop, aber auch Logik- und Frequenzanalysatoren nutzen diese Anzeige.

Die Erfindung des Transistors durch J. Bardeen und W. H. Brattain (1948) und des Feldeffekttransistors durch Shockley 1952 ermöglichten entscheidende Verbesserungen der Verstärkertechnik. Damit wurde die Grundlage für die Entwicklung hochintegrierter analoger und digitaler Schaltungen gelegt, die heute in nahezu allen meßtechnischen Einrichtungen zu finden sind. Die folgende Entwicklung verlief rasant: im Jahr 1959 waren integrierte Schaltungen mit zwei Transistoren möglich, zu Beginn der sechziger Jahre wurden bereits digitale Schaltkreise mit geringen Integrationsgrad gebaut. In Verbindung mit der Planartechnik vervierfachten sich etwa alle vier Jahre die Anzahl der Bauelemente einer integrierten Schaltung. Noch im gleichen Jahrzehnt wurden die Schaltkreisfamilien wie TTL, DTL, oder ECL durch die Firmen Fairchild und Texas Instrument definiert und eingeführt (siehe dazu [Buchheim90]. Die wichtigsten Vorteile dieser Technik lagen in der damit möglich gewordenen Miniaturisierung, dem geringen Stromverbrauch und geringen Verlustleistung und einer Erhöhung der Zuverlässigkeit.

Elektronische Hilfsmittel ermöglichen somit den Einsatz von Sensoren, die ohne sie nicht verwendbar wären und üben so einen entscheidenden Einfluß auf die Messung nichtelektrischer Größen aus. Im allgemeinen werden nichtelektrische Meßsignale, aus allen denkbaren Bereichen von der Mechanik bis zur Chemie, zunächst durch Sensoren in Spannungswerte umgewandelt. Dieser Spannungswert kann elektronisch weiterverarbeitet und zur Anzeige gebracht werden. Auf die Sensorprinzipien wird hier nicht eingegangen, dazu sei auf die umfangreiche Literatur verwiesen [Haug91], [Lemke88], [Schnell93], [Profos94].

Für viele Meßprobleme ist es wichtig, das Meßobjekt in einen definierten Zustand zu versetzen bzw. es durch ein Signal anzuregen. Spannungsquellen oder Stromquellen, mit einer elektronischen Regelung ausgestattet, liefern einen konstanten Strom oder eine konstante Spannung und sind gegen Überlastung durch eine elektronische Sicherung geschützt. Funktionsgeneratoren liefern als Signalformen Sinus-, Dreieck-, Rechteck-spannungen oder Pulse. Netzwerkanalysatoren regen das Meßobjekt mit Sinussignalen an und messen frequenzselektiv, um damit z.B. das Übertragungsverhalten von Vierpolen zu ermitteln und auf einem Bildschirm darzustellen.

Nicht nur zur Signalaufbereitung und -erzeugung, auch für die Übertragung und Speicherung von Meßsignalen werden Modulationsverfahren eingesetzt. In der Kommunikations- und Audiotechnik übliche Modulationsverfahren, insbesondere die Frequenz- und Puls-modulation sind auch bei der Meßdatenübertragung gebräuchlich (siehe z.B. [Stanski89]). Eine wichtige Forderung besteht oft darin, daß auch Gleichspannungskomponenten eines Signals übertragen werden sollen. Das legt die Verwendung von Frequenzmodulation, bestimmten Pulsmodulationsverfahren bzw. eine Diskretisierung der Meßsignale nahe. Auch für die Registrierung werden Signale moduliert: Meßwertaufzeichnung mit Magnet-bandgeräten sind ein Beispiel für den Einsatz von Frequenzmodulation.

Auch für die digitale und rechnergestützte Meßtechnik sind die Hilfsmittel der analogen Elektronik unverzichtbar. Im Regelfall müssen die Signale vor der Digitalisierung aufbe-reitet werden. Pegelanpassung und Impedanzanpassung an das Meßobjekt bei elektrischer Meßtechnik oder an den Sensor bei nichtelektrischer Meßtechnik sind wichtige Funktio-nen wie auch analoge Rechenoperationen. Durch Filter können Signalfrequenzbereiche hervorgehoben oder ausgeblendet werden. Entscheidender Vorteil der analogen Verarbei-tung ist die schnelle Reaktionszeit. Im Unterschied zur Digitaltechnik ist die Zeit, die zwischen einer Änderung des Eingangssignals und der resultierenden Änderung des Aus-gangssignals vergeht, nur von den oberen Grenzfrequenzen der Verstärkerbauelemente und der Beschaltung abhängig.

Mit Hilfe der Digitaltechnik lassen sich auch bei analoger Meßtechnik einfache Abläufe steuern. Beispiele dazu sind Meßbrücken zur Impedanzbestimmung, die sich automatisch abgleichen oder Meßgeräte, die automatisch ihren optimalen Meßbereich selbst einstellen.

1.2.1 Meßverstärker

Durch Verstärker läßt sich einer der wesentlichen Nachteile elektromechanischer Meß-technik, die Energieentnahme vom Meßobjekt für die Anzeige und die damit verbundene Beeinflussung des Meßobjektes durch die Zuführung von Hilfsenergie vermeiden. Somit wird sowohl eine Steigerung der Empfindlichkeit erreicht, als auch die Anpassung an Ein- und Ausgangsimpedanzen vorangehender und folgender Stufen der Meßkette. Mit der Steigerung der Empfindlichkeit ist jedoch nicht unbedingt auch eine Erhöhung der Genau-igkeit verbunden. Elektronische Bauteile verändern die Meßwerte, auch bei optimalem Einsatz, durch Fehler wie Rauschen, Nichtlinearitäten oder Verformungen des Frequenz-gangs. Der besondere Vorteil der Elektronik liegt in der Möglichkeit zu einer optimalen Anpassung der Meßgröße an die Anzeige und die menschliche Wahrnehmung bzw. an eine weitere Verarbeitung der Meßwerte.

Als fertiges Bauelement haben integrierte Operationsverstärker in unterschiedlichen Ausführungen eine große Bedeutung erlangt. Ihre Entwicklung geht bis in die 60er Jahre zurück. Mit einem Operationsverstärker als verstärkendem Element und einer äußeren Beschaltung durch wenige passive Bauelemente lassen sich Analogrechenschaltungen mit unterschiedlichen Funktionen aufbauen. Addition, Subtraktion, Integration und Differentiation sind wichtige Beispiele für Rechenoperationen. Durch Präzisionsgleichrichtung mit Operationsverstärkern können genaue Wechselspannungsmessungen auch bei kleinen Spannungen vorgenommen werden (siehe dazu Kapitel 8).

1.2.2 Elektronenstrahl-Oszilloskop

Oszilloskope werden etwa seit den zwanziger Jahren genutzt. In Bild 1.2.1 sind die wesentlichen Funktionselemente dargestellt (siehe auch [Meyer89]). Innerhalb der Braunschen Röhre emittiert eine beheizte Kathode einen Elektronenstrahl, der auf einer fluoreszierenden Schicht einen Leuchtpunkt erzeugt. Durch elektrische Felder kann der Elektronenstrahl sowohl in horizontaler (x-) Richtung als auch in vertikaler (y-) Richtung abgelenkt werden und dadurch einen Kurvenzug auf dem Bildschirm zeichnen. Im Normalbetrieb wird die Eingangsspannung verstärkt und lenkt den Elektronenstrahl in y-Richtung ab. Für die Ablenkung in x-Richtung erzeugt ein Ablenkgenerator (Zeitbasis) eine sägezahnförmige Spannung, die den Elektronenstrahl gleichmäßig in horizontaler Richtung über den Bildschirm führt. Resultierend zeichnet der Elektronenstrahl den Spannungsverlauf der Eingangsspannung zwischen den Zeitpunkten T_1 und T_2.

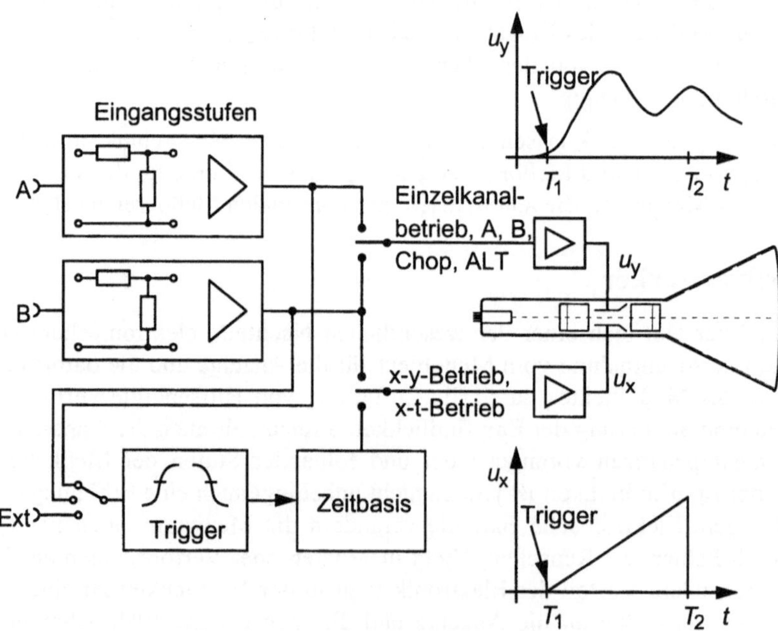

Bild 1.2.1 Blockschaltbild eines einfachen Oszilloskopes

Frühe Oszilloskope verfügten über einen frei schwingenden Sägezahngenerator, der durch Anteile des darzustellenden Signals synchronisiert wurde. Bei derzeitigen Oszilloskopen wird durch ein Triggersignal zum Zeitpunkt T_1 die Erzeugung der Sägezahnspannung ausgelöst. Dieses Triggersignal kann aus dem Eingangssignal abgeleitet oder über den Eingang EXT extern zugeführt werden. Wenn das Eingangssignal einen bestimmten eingestellten Wert über- oder unterschreitet, wird dieses Signal erzeugt. Bei wiederholter Triggerung werden die Kurvenzüge exakt übereinandergeschrieben, so daß bei hinreichend hoher Wiederholrate für das menschliche Auge ein stehendes Bild entsteht.

Oft besteht die Anforderung, zwei Spannungsverläufe gleichzeitig darzustellen, z.B. die Eingangs- und Ausgangsspannung bei Messungen an einer Verstärkerschaltung. Daher sind Oszilloskope meist mit zwei oder mehr Eingangskanälen, A und B, ausgestattet. Die Anzeige von zwei Kanälen läßt sich mit einer Braunschen Röhre, die mit zwei Kathoden und zwei Ablenksystemen ausgestattet ist, realisieren. Bei den meisten Oszilloskopen wird jedoch elektronisch eine Umschaltung zwischen den Kanälen vorgenommen. Die Spannungsverläufe der beiden Kanäle werden bei hohen Frequenzen nacheinander abwechselnd geschrieben (*Alternate*, ALT), oder es wird bei niedrigen Frequenzen in schneller Folge zwischen den Kanälen umgeschaltet (*Chopped*, CHOP), so daß abwechselnd ein kleines Kurvenstück des Kanals A und des Kanals B geschrieben wird. Eine weitere Betriebsart, die sich mit zwei Eingangskanälen realisieren läßt, ist der *xy*-Betrieb. Dabei wird die Zeitablenkung nicht verwendet und der Spannungsverlauf eines Kanals als Funktion des Spannungsverlaufs des anderen Kanals dargestellt.

Zur Darstellung von Details im Signal können die meisten Analog-Oszilloskope die Zeitbasis meist um den Faktor 10 dehnen. Analog-Oszilloskope mit einer zweiten Zeitbasis können Teilbereiche eines Signals auch unter schwierigen Triggerbedingungen und mit unterschiedlichen Vergrößerungen darstellen. Die erste Zeitbasis, die *Hauptzeitbasis (Main Time Base* – MTB) genannt wird, ist ergänzt durch eine zweite verzögerte Zeitbasis (*Delayed Time Base* – DTB), die nach einer Verzögerungszeit getriggert wird. Der mit der Hauptzeitbasis aufgezeichnete Verlauf und der mit der verzögerten Zeitbasis aufgezeichnete werden gleichzeitig dargestellt. Bei modernen Digitaloszilloskopen wird diese Funktion durch Echtzeitabtastung realisiert. Durch eine größere Helligkeit wird dann in dem mit der Hauptzeitbasis aufgezeichneten Kurvenzug der Bereich angezeigt, der in der Darstellung der verzögerten Zeitbasis gedehnt erscheint. Der Helligkeitsunterschied bei der Darstellung kann auch zu einer Markierung im Zweikanalbetrieb ausgenutzt werden. So können damit z.B. zeitgleiche Punkte für eine Phasenmessung in beiden Kanälen gekennzeichnet werden. Moderne Oszilloskope haben zu diesem Zweck Cursoren.

Im Gegensatz zu analogen Standardoszilloskope, die nur periodische Vorgänge aufzeichnen können, lassen sich mit Speicheroszilloskopen auch schnelle nichtperiodische, einmalige Vorgänge beobachten. Die Braunsche Röhre klassischer Speicheroszilloskope ist dazu mit einer speziellen bistabilen Speicherschicht ausgestattet. Für die Archivierung und Dokumentation läßt sich der Inhalt des Bildschirms photographisch festhalten.

1.2.3 Kompensationsschreiber

Für die Registrierung langsam veränderlicher Spannungsverläufe im Sekunden- und Milli-Sekunden-Bereich, sowie *xy*-Darstellungen werden Kompensationsschreiber eingesetzt

(Bild 1.2.2). Wichtiges Anwendungsbeispiel ist die Aufnahme von Bauteile-Kennlinien. Kompensationschreiber sind, ähnlich wie Oszilloskope, mit einem Eingang für die Ablenkung in x-Richtung und einem Sägezahngenerator für die Darstellung zeitlicher Verläufe ausgestattet, weiterhin mit mit einem Eingang für die Ablenkung in y-Richtung. Mit der Veränderung der Position des Schreibstiftes wird gleichzeitig die Einstellung eines Potentiometers geändert. Eine Regelschaltung stellt die Position des Schreibstiftes so ein, daß der Spannungsabfall an dem Potentiometer gleich der verstärkten Eingangsspannung ist. Durch die Einstellung des Schreibstiftes und des zugehörigen Potentiometers wird die Eingangsspannung „kompensiert".

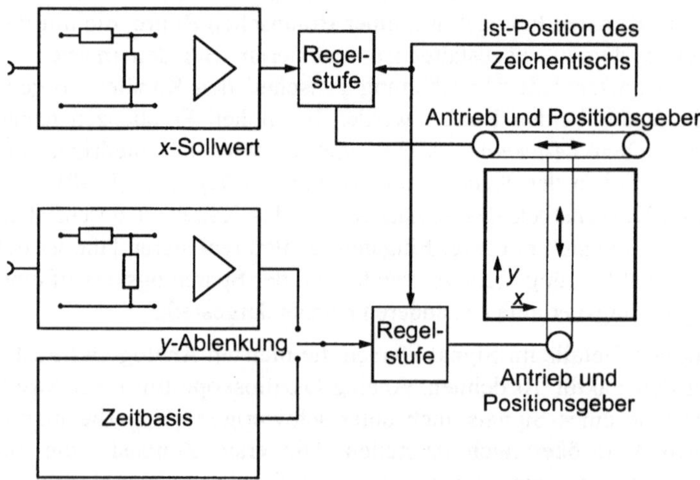

Bild 1.2.2 Blockschaltbild eines Kompensationsschreibers

1.3 Digitale Instrumente

Schon Gottfried Wilhelm Leibnitz (deutscher Mathematiker und Philosoph, 1646 - 1716) hatte die Verwendung eines dualen Zahlensystems zum Rechnen vorgeschlagen. George Bool (engl. Mathematiker 1815 - 1864) schuf das erste System einer Algebra der Logik und entwickelte die Boolsche Algebra, die mit zwei Werten 0 und 1 eine wichtige Grundlage heutiger Digitaltechnik darstellt. Mit der Verfügbarkeit integrierter Schaltungen für die Analog-Digital-Umsetzung (AD) und Digital-Analog-Umsetzung (DA) begann sich in den siebziger Jahren digitale Meßtechnik in nahezu allen Bereichen durchzusetzen. Diese Entwicklung ging einher mit einer zunehmenden Verbreitung der digitalen Signalverarbeitung, mit der die numerische Verarbeitung der Meßdaten und Filteroperationen möglich wurden. Anwendungen digitaler Instrumente finden sich mittlerweile in allen Bereichen der Meßtechnik, von Handinstrumenten für den mobilen Betrieb bis hin zu stationären Instrumenten für die Labor- Wartungs- und Fertigungsmeßplätze.

Bei analogen Meßverfahren wird auf dem Wege von der Ankopplung an das Meßobjekt bis zur der Anzeige die physikalische Repräsentation der Meßsignale gegebenenfalls mehrfach gewandelt. Die Zwischengrößen, meist elektrische Spannungen, nehmen Werte „analog" zur Meßgröße an. Angezeigt wird eine andere physikalische Größe, z.B. eine Länge oder ein Drehwinkel, die durch den Messenden wahrgenommen und quantitativ beurteilt wird. Bei digitalen Meßverfahren (lat. *digitus* – der Finger) ist es das Instrument, das direkt der gemessenen Größe einen Zahlenwert zuordnet. Die DIN 1319 unterscheidet zwischen Analog- und Digitaltechnik:

Man nennt ein Meßverfahren analog, ein Meßgerät und eine Meßeinrichtung analog arbeitend, wenn der Meßgröße (Eingangsgröße) durch das Verfahren, das Gerät oder die Einrichtung ein Signal (auch eine Ausgangsgröße Anzeige) zugeordnet wird, daß (die) mindestens im Idealfall eine eindeutig umkehrbare Abbildung der Meßgröße ist.

Man nennt ein Meßverfahren digital, ein Meßgerät und eine Meßeinrichtung digital arbeitend, wenn der Meßgröße durch das Verfahren, das Gerät oder die Einrichtung ein Signal (auch eine Ausgangsgröße) zugeordnet wird, die eine mit fest gegebenen Schritten (Größenwertschritten, Ziffernschritten) quantisierte (und meist kodierte) Abbildung der Meßgröße ist.

Die Digitalisierung einer analogen Meßgröße ist die Zuordnung zu einer Stufe aus einer Menge von endlich vielen Stufen zu einem definiertem Zeitpunkt. Die Zuordnung wird als Quantisierung bezeichnet, die Stufen als Quantisierungsschritte. Die jeweilige Stufe ist eindeutig bezeichnet, im Regelfall durch die Zuordnung eines Zahlenwertes in einer geeigneten Darstellung. Diese Funktion heißt Kodierung. Quantisierung und Kodierung, die zusammen als Diskretisierung bezeichnet werden, lassen sich zwar funktional unterscheiden, in der technischen Realisierung sind jedoch beide Vorgänge meist unmittelbar miteinander verknüpft. Den Wirkungszusammenhang gibt Bild 1.3.1 wieder.

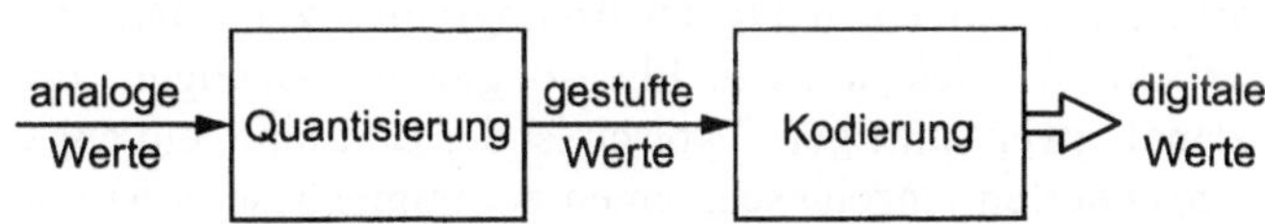

Bild 1.3.1 Funktionale Schritte bei der Digitalisierung

Bild 1.3.2 zeigt drei prinzipielle unterschiedliche Möglichkeiten zur Umsetzung einer Meßgröße in einen digitalen Wert. Bei der ersten wird die physikalische Größe in einen analogen Strom oder Spannungswert gewandelt, der einem AD-Umsetzer zugeführt wird. Die zweite Möglichkeit beinhaltet eine Umsetzung der physikalische Größe in eine zeitliche Größe (Zeit oder Frequenz), die durch einen Zähler ermittelt wird. Eine physikalische Größe direkt in einen Digitalwert umzusetzen stellt die dritte Möglichkeit dar.

Die digitale Information ist von ihrer physikalischen Repräsentation völlig unabhängig. Somit besteht bei digitalen Instrumenten eine völlige Trennung von Meßwertaufnahme von der Anzeige bzw. Registrierung. Bei Übertragungen von Meßwerten, auch bei einem Wechsel zu einem anderen Medium (wie z.B. von einem elektrischem Kabel zu einem optischen Lichwellenleiter) lassen sich so gestalten, daß nahezu keine Informationsverluste auftreten.

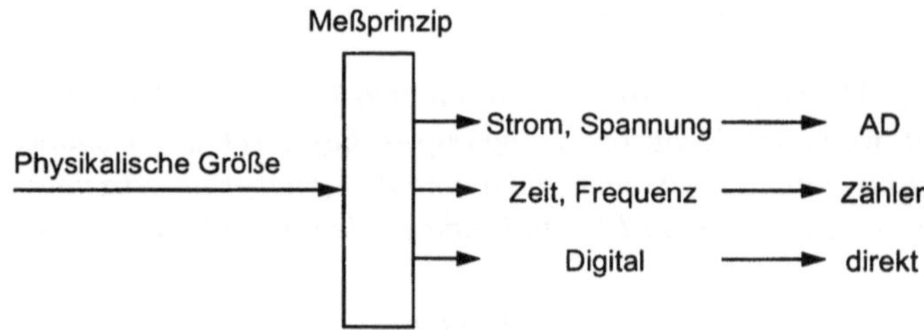

Bild 1.3.2 Prinzipielle Möglichkeiten zur Umsetzung der Eigenschaften
des Meßobjektes in digitale Werte

Bei der Analogtechnik steht ein unbegrenzter Wertevorrat zur Verfügung, da prinzipiell alle möglichen Werte auftreten können. In der Praxis ist dieser Wertevorrat beschränkt durch die Meßfehler, die nur eine begrenzte Unterscheidbarkeit zwischen zwei benachbarten Werten zulassen. Bei digitaler Meßtechnik werden ganzzahlige Vielfache einzelner Einheiten oder Stufen angegeben.

1.3.1 Anzeige digitaler Meßdaten

In der Regel wird, wie in der Kette in Bild 1.3.3 dargestellt, bei einer Spannungsmessung die Spannung einem Analog-Digital-Umsetzer (AD) zugeführt, der diese Meßgröße in einen Zahlenwert wandelt. Die Anzeige kann dann direkt als Zahlenwert ausgegeben werden oder verarbeitet durch einen Digital-Analog-Umsetzer (DA) in einen analogen Spannungswert zurückgewandelt werden. Ebenso gibt es Anzeigen, die den digitalen Meßwert als Quasianalogwert anzeigen. Typisch ist der Bargraph, ein angezeigter Balken, der aus einzeln angesteuerten Anzeigesegmenten zusammengesetzt ist und dessen Länge sich proportional zum Meßwert ändert. In einigen Handinstrumenten werden sowohl der digitale Zahlenwert, als auch ein Bargraph angezeigt. Damit werden die Vorteile einer analogen und einer digitalen Anzeige miteinander verbunden. Trends und schnelle Veränderungen lassen sich so besser erkennen.

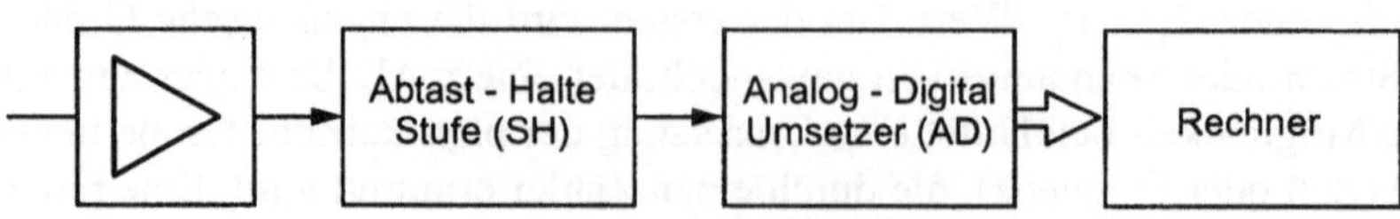

Bild 1.3.3 Digitale Spannungsmessung

1.3.2 Transientenrecorder und digitales Speicheroszilloskop

Besonders die Entwicklung schneller AD-Umsetzer und schneller Speicher ermöglichte die Entwicklung digitaler Aufzeichnungsgeräte, sogenannter Transientenrecorder. Damit können zeitliche Spannungsverläufe digital abgetastet werden (siehe Kapitel 15). Mit Beginn der achziger Jahre wurde diese Technik zunehmend auch in Oszilloskope eingebaut und es entstanden die digitalen Speicheroszilloskope (DSO). Diese fanden in der Folgezeit eine zunehmende Verbreitung, und es ist zu erwarten, daß digitale Oszilloskope zukünftig analoge Oszilloskope aus den meisten Anwendungsbereichen verdrängen werden. Mit digitalen Oszilloskopen werden zu äquidistanten Zeitabschnitten Meßwerte aufgenommen, in einen Digitalwert umgesetzt und gespeichert. Diese Werte werden im gleichen Gerät mit einem DA-Umsetzer rückgewandelt und auf dem Bildschirm des Oszilloskops als Kurvenform ausgegeben. Auch als Handinstrumente sind digitale Speicheroszilloskope bereits verfügbar. Bild 1.3.4 zeigt ein integriertes Digitaloszilloskop für den mobilen Betrieb, das darüber hinaus die Funktionen eines Multimeter erfüllt.

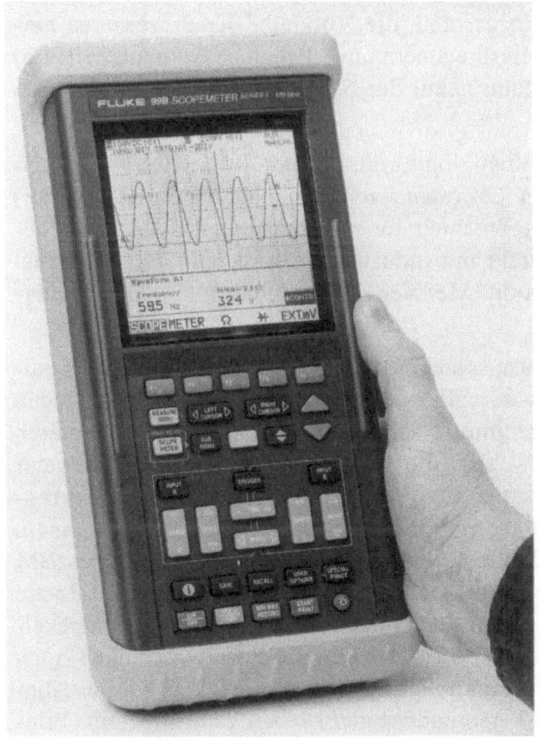

Bild 1.3.4
Integriertes digitales Speicheroszilloskop
für den mobilen Einsatz
(Philips Scopemeter)

1.3.3 Zähler

Die Verfügbarkeit von integrierten logischen Bauelementen seit den sechziger Jahren begünstigte die Entwicklung von Zählern mit einem breiten Anwendungsspektrum für Zeit- und Frequenzmessungen. Zeitmessungen erfolgen mit Hilfe digitaler Zähler, indem entweder in einem durch die Messung vorgegebenen zeitlichen Intervall, z.B. eine Signalperiode, Impulse von einer genauen Zeitbasis ausgezählt werden (siehe Kapitel 14).

Die Anzahl der gezählten Impulse ist proportional der Zeit. Eine andere Variante gibt ein festes zeitliches Intervall vor und zählt die Anzahl der Perioden des Signals. Das Ergebnis ist eine Anzahl, die proportional der Frequenz ist.

1.4 Rechnergestützte Meßtechnik

Die Verbindung von Meßtechnik mit maschineller Rechentechnik geht unmittelbar einher mit der Verfügbarkeit universeller Rechenmaschinen, die in den vierziger Jahren begann [Dorsch89]. Die Leistungsfähigkeit der damals eingesetzten Rechner wird heute leicht von kleinen „Notebook Personal Computern" übertroffen [Harris95]. Auch der Zugriff war eingeschränkt. Im Jahr 1957 gab es in der damaligen Bundesrepublik Deutschland nur 20 Rechenanlagen [Steinbuch67]. Die breite Verfügbarkeit von Rechenleistung begann mit der Entwicklung der Mikroprozessoren. M. E. Hoff und F. Fagging entwickelten 1971 einen 4-Bit-Prozessor, den Intel 4004 [Mazor95]. Schon im nächsten Jahr folgte der 8-Bit Prozessor 8008, aus dem 1976 die 8086 Prozessoren, die Vorläufer der Prozessoren hervorgingen, die unter anderem heute in Mikrorechnern und Personal Computern (PCs) eingesetzt werden. Eine ähnliche Entwicklung nahm der 68000 Prozessor von Motorola [Buchheim90].

Diese Entwicklungen ermöglichten den Aufbau von Großrechnern (*Main Frame Computer*), Prozeßrechnern, Arbeitsplatzrechnern (*Workstations*), Personal Computern (*PCs*) und Mikroprozessorsystemen. Während Großrechner für die Meßtechnik lediglich Meßdaten auswerten, können Prozeßrechner direkt mit industriellen Anlagen oder Laborausstattung gekoppelt werden. Sie verarbeiten die Meßwerte unmittelbar und geben Steuerinformationen heraus.

Mit der Verfügbarkeit von preiswerten austauschbaren Magnetplatten als Speichermedium (*Floppy Disk*) und kleinen zuverlässigen, vollständig gekapselten Festplatten finden Pcs eine immer noch zunehmende Verbreitung. Nach der Entwicklung des populären Apple-Computers von S. Wozniac und S. Jobs (die jungen Unternehmensgründer der post-68er Generation wollten Computerleistung nicht nur für Privilegierte in Rechenzentren sondern für alle – als Ausdruck ihrer Lebensphilosophie förderten sie z.B. mit einem Teil ihres Gewinns Rockkonzerte) gegen Ende der siebziger Jahre folgte die Firma IBM mit der Entwicklung eines Personal-Computers. Gemeinsam mit der Betriebs-Software der Firma Microsoft von B. Gates, MS-DOS (*Microsoft disk operation system*) entwickelte sich daraus der De-facto-Standard des IBM-PCs, der für viele Entwicklungen auch anderer Firmen verbindlich war, aber auch kontinuierlich weiterentwickelt wurde. Ähnlich wie PCs sind auch Workstations einer Person oder einer Meßaufgabe zugeteilt. Prinzipiell sind ihre Einsatzgebiete ähnlich. Unterschiede, die in dem größeren Speicherplatz und in einer höheren Rechengeschwindigkeit der Workstations liegen, verwischen mit der zunehmenden Leistungsfähigkeit von PCs. Workstations und PCs lassen ebenfalls eine Kopplung von Meßgeräten über geeignete Schnittstellen zu (siehe zu Echtzeitfähigkeit auch Kapitel 17.1.1).

Viele komplexe Meßgeräte besitzen heute eigene eingebaute Mikroprozessoren mit denen Auswertungs- und Steuerfunktionen durchgeführt werden können. Zusätzlich sind zumeist standardisierte Verbindungen zu externen Rechnern vorgesehen. Solche Verbindungen werden als standardisierte Schnittstelle bezeichnet und sind oft in Form eines Busses realisiert. Ein Bus ist ein System von elektrischen Leitungen, mit denen Einheiten untereinander bzw. mit einem Steuerrechner verbunden sind. Nahezu alle professionellen Labormeßgeräte wie Zähler, Digitalvoltmeter, Funktionsgeneratoren, digitale Speicheroszilloskope, Logik- und Frequenzanalysatoren werden mit Rechner-Schnittstellen angeboten.

Aber nicht nur die leistungsfähige Hardware beeinflußte die Entwicklung. Durch die Begründung der Informationstheorie durch Claude Shannon [Shannon76] wurden die Grundlagen für die Digitalisierung, Kodierung und Nachrichtenübertragung, und damit für die moderne digitale Nachrichtentechnik und Meßtechnik gelegt (siehe Kapitel 3).

Mit der Wiederentdeckung eines Algorithmus zur Berechnung der diskreten Fourier-Transformation durch Cooley und Tukey im Jahre 1965 [Cooley65] veränderte sich die Rolle der Fourier-Transformation von einer mathematischen Beschreibung zu einem Werkzeug. Damit wurde ein leistungsfähiges Verfahren für die Verarbeitung von Signalen verbreitet. Beispiele sind die Berechnung von Spektren, Korrelationen, Faltungen und Filtern. Der Algorithmus wurde als Fast-Fourier-Transformation (FFT) bezeichnet und stand mit am Anfang der praktischen Entwicklung der digitalen Signalverarbeitung in den siebziger Jahren. Die deterministische und statistische Verarbeitung von Meßdaten, Bildverarbeitung und Bildgebung gewannen durch Entwicklungen der Signalverarbeitung an entscheidender Bedeutung. Beispiele sind die Auswertung von Satellitenbildern oder die Abbildung des menschlichen Körperinneren durch Meßverfahren mit Röntgenstrahlen und Ultraschall und die seismische Erkundung zum Auffinden von Erdöllagern [Robinson82].

Auch die Software unterlag von Begin der Rechentechnik an Veränderungen, die durch die fortschreitende Entwicklung bedingt waren. In der Anfangszeit war die Erstellung von Programmen an dem Rechner orientiert. Die maschinennahen Assemblersprachen bestehen aus memonisch günstig abgekürzte Operationsbefehlen, die fast direkt in den binären Code des Rechners umgesetzt werden konnten. Die Programmierung war auch erforderlich, um die Ressourcen des Rechners optimal zu nutzern, der Speicher war knapp und die Rechenzeit für viele Probleme nicht zu vernachlässigen. Mit zunehmender Rechnerleistung verlagerte sich die Programmierung zu Programmiersprachen, die an den zu lösenden Problemkreisen orientiert waren. So entstand z.B. das bis in die 80er Jahre populäre FORTRAN für mathematisch wissenschaftliche Berechnungen bereits in den 50er Jahren. Auch die optimale Nutzung von Speicherplatz und Rechenleistung trat hinter der Forderung nach einer optimalen Les- und Wartbarkeit der Programme in den Hintergrund.

Die Softwareentwicklung war unterschiedlichen Programmierstilen unterworfen, die sich im Laufe der Zeit in Abhängigkeit von den zur Verfügung stehenden Ressourcen geändert haben. Die Programmiersprachen unterstützen diese Programmierstile, indem sie es leicht machen, die Problemlösung entsprechend diesen Paradigmen zu programmieren, sie erzwingen sie jedoch nicht. Im folgenden wird die Entwicklung skizziert [Soustrup92].

Prozedurale Programmierung wurde populär in den siebziger Jahren. Das ursprüngliche und noch am meisten beachtete Paradigma beinhaltet eine Argumentübergabe von und zu Unterprogrammen. Innerhalb der Unterprograme führt ein Algorithmus die Bearbeitung durch. Beispiele für Sprachen sind FORTRAN und die Weiterentwicklungen ALGOL, PASCAL und C.

Bei *modularer Programmierung* ist der Schwerpunkt vom Prozedurentwurf zur Organisation der Daten hin verlagert. Mehrere aufeinanderbezogene Prozeduren bilden zusammen mit den Daten, die von ihnen manipuliert werden, ein Modul. Die Daten sind innerhalb eines Moduls gekapselt und der Zugriff ist nur über definierte Schnittstellen möglich (Geheimnisprinzip). Innerhalb der Module kann prozedurale Programmierung Anwendung finden. Ein Beispiel für eine Sprache dieses Paradigmas ist MODULA 2.

Durch Datenabstraktion besteht die Möglichkeit, eigene Datentypen zu definieren, die z.B. über Fließkommazahlen (engl. *floatingpoint numbers*) und ganzen Zahlen (engl. *integer*) hinaus gehen. Ein häufiges Beispiel dafür sind komplexe Zahlen oder Datentypen aus Textstrings und Zahlen. Operationen mit diesen benutzerdefinierten Datentypen werden jedoch durch die regulären Sprachelemente der genannten Sprachen nicht besonders unterstützt.

Objektorientierte Programmierung unterstützt die Datenkapselung. In den Objekten sind Daten und Prozeduren, die auf diese Daten zugreifen können, zusammengefaßt. Wichtiges Konzept ist dabei die Vererbung, damit können Objekte hierarchisch gegliedert werden und Prozeduren können an nachgeordnete Objekte „vererbt" werden. Außer einer guten Strukturierbarkeit der Problemstellung unterstützt eine objektorientierte Programmentwicklung die Erstellung von wiederverwendbaren Programmelementen. Eine wichtige Sprache, auch für meßtechnisch Anwendungen, ist C++, die aus der Sprache C hervorging und objektorientierte Erweiterungen beinhaltet. Für die Meßtechnik und auch für die Erstellung windowsfähiger Programme gewinnt objektorientierte Programmierung und auch die Sprache C++ zunehmende Bedeutung.

Auch an der Vereinfachung der Programmierung für den Anwender wurde gearbeitet. So entstanden graphische Hilfsmittel, um das Schreiben des Programmkodes (die Kodierung) zu umgehen. In der Elektronikentwicklung wird die Eingabe von Schaltbildern z.B. direkt in Netzlisten für einen Schaltungssimulator umgesetzt. Die Schaltung kann somit ohne Hardwareaufbau und ohne Programmierung getestet werden. Für die Meßtechnik entstanden graphische Programmierumgebungen. Darin können durch eine graphische Eingabe von Blockschaltbildern und Elementen von Bedienungsoberflächen komplette Meßprogramme entwickelt werden (siehe auch Kapitel 17).

Zusammengefaßt eröffnet die Verbindung von Meßtechnik und Rechnertechnik eine Reihe von Möglichkeiten. Rechner erlauben eine Auswertung der Meßdaten mit Algorithmen nahezu beliebiger Komplexität. Durch die Fähigkeit des Rechners zum Datenspeichern entfallen in den Geräten Maßnahmen zur Registrierung. Die Papierkopie, die oft noch erforderlich ist, kann durch den Drucker des Rechners erstellt werden. Durch Rechner-Netzwerke ist auch der Meßdatenaustausch in einem globalen Verbund möglich. Bedienungselemente auf der Frontplatte sind zwar oft hilfreich, übernimmt jedoch der Rechner die Steuerung, werden alle Bedienungsfunktionen über den Rechner abgewickelt und die eigene Bedienungs- und Anzeigeeinrichtungen bleiben unbenutzt. Ebenso werden komplexe Einstellfunktionen durch Rechnersteuerung vereinfacht. Von zukünftigen Meßeinrichtungen wird erwartet, daß Sie über diese Funktionen hinausgehen. Intelligente Meßsysteme sollen dann nicht nur die Erfassung, Verarbeitung und Auswertung von Meßdaten vornehmen, sondern auch Schlußfolgerungen ziehen [Filbert91].

1.4.1 Offline, Online und Echtzeit

In der Anfangszeit wurden Meßdaten zunächst manuell aufgenommen, in Zahlenwerte umgesetzt und in einen Rechner zur weiteren Verarbeitung eingegeben. Enders A. Robinson, einer der Pioniere der Signalverarbeitung in der Geophysik, berichtete, er selbst habe Ende der vierziger Jahre am Massachusets Institute of Technology Seismogramme auf Papierstreifen mit Lineal und Bleistift digitalisiert [private Kommunikation 1980]. Typische Eingabemedien waren Lochkarte, Lochstreifen und Magnetband. Bald wurden direkte Kopplungen von Digital-Analog-Umsetzern und Analog-Digital-Umsetzern mit dem Rechner realisiert. Eine solche Kopplung wird als *Online* bezeichnet, während eine Übertragung anderweitig zwischengespeicherter Daten als *Offline* bezeichnet wird. Durch eine Online-Kopplung wird nicht nur das Auswerten der Daten erleichtert, sondern auch die Durchsatzrate der verarbeiteten Meßwerte erhöht. Anstelle von Einzelmessungen lassen sich leicht Meßserien aufnehmen. Meßverfahren (siehe auch Kap. 2.1), die nur in Verbindung mit einer Rechnerauswertung eingesetzt werden kann, werden damit erst sinnvoll.

Online-Kopplung ist auch eine Vorraussetzung für die Echtzeitverarbeitung (*realtime processing*). Echtzeitverarbeitung bedeutet, daß eine Reaktion auf einen Meßwert oder die Verarbeitung oder Anzeige eines Meßertes ohne merkliche oder störende Verzögerung erfolgt. Sie ist somit nur dann möglich, wenn maximale Reaktionszeiten garantiert werden können. Echtzeitverarbeitung ist dann nötig, wenn Veränderungen in den Meßwerten beobachtet werden oder wenn die Verarbeitungsergebnisse einen Prozeß steuern oder regeln sollen.

In den siebziger Jahren waren es im wesentlichen die Prozeßrechner, die eine Kopplung von Meßfunktionen mit Rechenleistung verbanden. So war z.B. der Signal-Analyser HP 5451 im wesentlichen ein Prozeßrechner (Typ HP 2100), der mit einem Datenerfassungssystem ausgestattet war und sowohl im Bereich industrieller Meß- und Steuerungstechnik als auch für Labormeßtechnik eingesetzt wurde. Mit einem entsprechenden Zusatz-Bedienungsteil ließen sich Rechenfunktionen für Signale sind dabei über Knopfdruck abrufen. Um für die Signaldarstellung Speicherplatz zu sparen, wurde intern eine Festkommadarstellung gewählt. Für alle Zahlenwerte einer Serie, die ein Signal repräsentiert, wurde nur ein gemeinsamer Exponent verwendet. Das erhöhte gleichzeitig die Geschwindigkeit der Berechnung der schnellen Fourier-Transformation. Der Speicher des Rechner vom Typ 2100 umfaßte meist 32 kByte, die Fest- und Wechselplatten hatten eine Kapazität von 2 MByte.

Ein anderes Beispiel ist der Laborrechner „MINC" der Firma Digital Equipment. Dieser hatte Eingänge für die Erfassung analoger Signale und noch Potentiometer zur manuellen Eingabe analoger Werte. Anstelle einer Maus konnten damit Bedienungsfunktionen ausgelöst oder Eingaben für Meß- und anderer Prozesse gemacht werden. In vielen Bereichen haben in der folgenden Zeit PCs und Workstations solche Aufgaben übernommen. Die Eignung moderner Betriebssysteme auch für Echtzeitaufgaben unterstützen diese Entwicklung.

1.4.2 Schnittstellen

Standardisierte digitale Schnittstellen zur Kopplung von Meßeinrichtungen mit Rechnern erleichtern den Aufbau von Meßsystemen. Sie ermöglichen sogenannte *offene Systeme* (OSI – *Open System Interconnection* im Gegensatz zu CSI – *Closed System Interconnection*), deren Komponenten von vielen Herstellern unterstützt werden. Im Gegensatz dazu werden als *geschlossene Systeme* solche bezeichnet, die nur von einem Hersteller unterstützt werden.

Frühe Schnittstellen wurden oft parallel angelegt, 8 bit war eine häufig verwendete Wortlänge. Auch bei serieller Datenübertragung sah man zusätzliche Leitungen für die Abwicklung der Übertragung vor. Ein Grund dafür war die in den Anfang der siebziger Jahre noch aufwendige Schaltungstechnik für die Schnittstellenelektronik. Somit war es günstiger, mehrere Schnittstellenleitungen separat zu führen. Beispiele solcher dieser Schnittstellen sind die serielle RS-232 oder der byteparallele IEC-Bus. Der letzgenannte Bus, auch IEC-625-Bus, IEEE-488-Bus oder GPIB (*General Purpose Interface Bus*) genannt, der für die Meßtechnik eine große Bedeutung erlangt hat, geht auf eine Entwicklung der Firma Hewlett und Packard aus der 60er Jahren (HPIB-Bus – *Hewlet and Packard Interface Bus*), hervor und wurde 1975 als IEEE 488 standardisiert. In der Folgezeit kamen weitergehende Spezifizierungen hinzu. Für die Meßtechnik in Labor und Prüffeld stellt der IEC-Bus den meistverbreitesten Standard dar. Ein Bussystem ebenfalls aus der Anfangszeit rechnergestützter Meßtechnik ist *CAMAC (Computer Application to Measurement and Control)*, das mit modularen Meßkomponenten als Einschubsystem ausgeführt war. Es wurde in den sechziger Jahren für die nukleare Meßtechnik entworfen und fand auch darüber hinaus weite Verbreitung. Die fortschreitenden Entwicklung der Mikrocomputer brachte eine Vielfalt von parallelen Mikrocomputerbussen, meist als Rückwandverdrahtung ausgeführt, die auf auf einen Prozessortyp spezialisiert waren. Ein früh übergreifend standardisierter Bus war der S100-Bus, der auch noch heute eingesetzt wird. Neuere Verbindungen bauen auf dem ISO-OSI-Schichtenmodell (siehe Kap. 16.2) auf. Die Übertragung erfolgt dabei meist auf Datenleitungen ohne oder mit nur wenigen zusätzlichen Leitungen zur Steuerung des Datentransfers. Diese Schnittstellen finden Ihre weisteste Verbreitung bei den LANs (*Local Area Networks*), sie dienen auch zur Verbindung von komplexen Komponenten innerhalb von Meßsystemen wie z.B. Logikanalysatoren, Geräte der Kommunikationsmeßtechnik und VXI-Busrahmen.

In Bild 1.4.1 sind verschiedene derzeitig aktuelle Beispiele der Rechnerkopplung mit unterschiedlichen Systemen aus dem Bereich der Labormeßtechnik dargestellt. Häufig wird dabei der interne Bus der PCs, für den für viele Anwendungen einsteckbare Leiterplatten erhältlich sind (Bild 1.4.1 a)). Auf diesen Einschubkarten ist dann das komplette Meßgerät, in der vollen Funktionalität, jedoch ohne Bedienungselemente, aufgebaut. Der IEC-Bus stellt den am weitesten verbreitete Standard für die Verbindung zwischen Meßgeräten dar (Bild 1.4.1 b)). IEC-Bus-Geräte sind in der Regel eigenständig, haben ein eigenes Gehäuse, Anzeige und Stromversorgung und können auch unabhängig vom Rechner eingesetzt werden. Als zuküftiger Standard ist der VXI-Bus, der wie der IEC-Bus von allen führenden Meßgeräteherstellern unterstützt wird, für den Aufbau komplexer Meßeinrichtungen mit erhöhter Leistung zu sehen. In einem Rahmen lassen sich Meßgeräte und Rechner zur Signalverarbeitung und für Steuerungsaufgaben als Einschübe zu einem Meßsystem zusammenfassen (Bild 1.4.1 c)). Für weitere Anwendungsbereiche mit speziellen Anforderungen, existieren eine Reihe unterschiedlicher Standards, die im Kapitel 16 (Kommunikationsschnittstellen) behandelt werden.

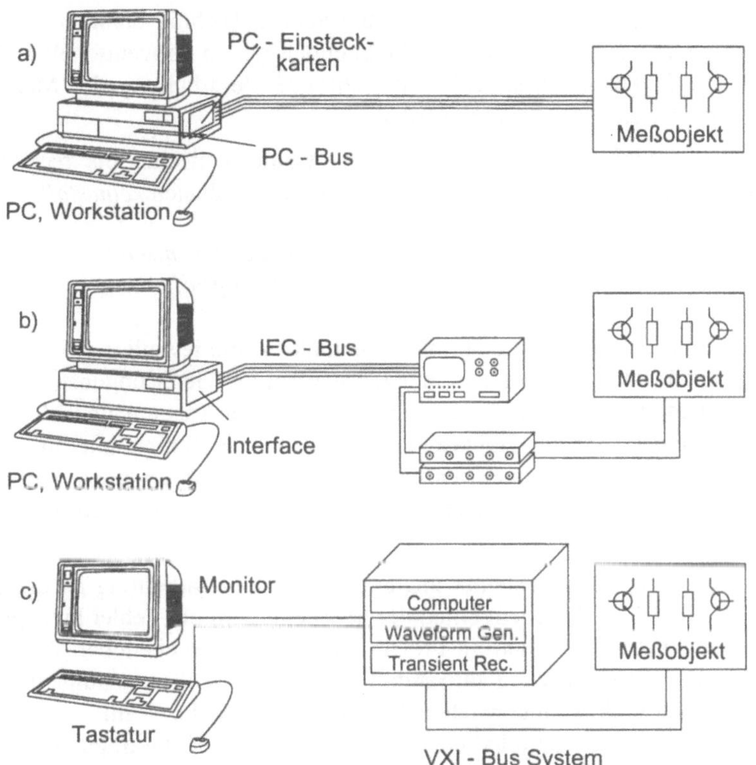

Bild 1.4.1 Verschiedene Möglichkeiten zur Rechnerkopplung elektrischer Meßinstrumente:
  a) Personal-Computer mit Einsteckkarten mit meßtechnischen Funktionen,
  b) Rechnerkopplung mit IEC-Bus als häufig eingestezte Meßgerätekopplung,
  c) Einschubsystem mit integriertem Rechner.

1.4.3 Vergleichende Betrachtung

Trotz des Einzugs der Elektronik und der Computerisierung hat auch die konventionelle Meßtechnik ihre Bedeutung nicht völlig eingebüßt. So sind weiterhin zeiger- und handbediente Instrumente und konventionelle Oszilloskope in Gebrauch und nicht jedes Meßgerät ist mit einem Mikrorechner ausgestattet bzw. kann mit einem Rechner gekoppelt werden. Wichtige Gründe für die anhaltende Bedeutung von einfachen Handinstrumenten, Oszilloskopen und Funktionsgeneratoren bestehen darin, daß sie oft noch die kostengünstigere Lösung darstellen und leichter ohne Einarbeitung zu bedienen sind. Ein eher psychologischer Grund mag darin zu sehen sein, daß der Benutzer den Eindruck hat, den Vorgang der Messung, einschließlich aller Nebeneffekte, nachvollziehen zu können.

Ebenso kann der Benutzer unmittelbar die Reaktion des Instrumentes auf Änderungen der Daten oder auf seine Bedienung erfahren. Digitale Instrumente können längere Reaktionszeiten benötigen, die aus dem Durchlaufen einer digitalen Verarbeitung resultieren. Viele Meßgerätehersteller sind bemüht, die Bedienung auch hochkomplexer und rechnerunterstützter Instrumente dadurch zu vereinfachen, indem sie die Bedienung an klassische Instrumente angelehnt, obwohl eine völlig andere Technik dahintersteht. Somit ist eine Bedienung und der Umgang mit den Meßgeräten wie in konventioneller Meßtechnik möglich, für die Dokumentation und weiterführende Verarbeitung der Meßdaten kann dann die Rechnerschnittstelle genutzt werden.

Auch wenn die technischen Lösungen von elektromechanischer bis rechnergestützter Meßtechnik verschiedene Entwicklungsstufen darstellen, läßt sich *keinesfalls* behaupten:

> *Nichtelektronisch ist schlechter als elektronisch,*
> *elektronisch ist schlechter als digital!*

Vielmehr kommt es darauf an, die optimale Technik für die jeweilige Anwendung einzusetzen. Für schnelles Nachmessen ist unter Umständen ein Gerät ungünstig, das nur über einen Rechner bedient werden kann. Eine Bedienung über Tastatur und Maus kann dem Bedienen von Schaltern oder Tipptasten unterlegen sein. Sollen allerdings Meßwerte dokumentiert werden oder sollen Serienmessungen durchgeführt werden, lohnt sich meist der Programmieraufwand bzw. eine ferngesteuerte Einstellung der Instrumente über den Rechner mit Tastatur oder Maus.

Einer der wichtigsten Nachteile einer analogen Meßwertverarbeitung ist die ungünstige Fortpflanzung der Fehler. In jedem Glied der Meßkette wird ein Fehler hinzugefügt. Dem stehen bei digitalen Meßsystemen im Prinzip nur die Fehler gegenüber, die vom Sensor bis zur Analog-Digital-Umsetzung auftreten. Fehler durch Rechengenauigkeit bei numerischen Operationen durch Rundungsfehler lassen sich durch die Wahl einer entsprechend großen Wortlänge beliebig klein halten. Ebenso läßt sich die Übertragung digitaler Meßwerte beliebig störsicher gestalten.

Zwar sind die digitalen Verarbeitungsmöglichkeiten sehr universell, bei den Verarbeitungsstufen vor der Digitalisierung kommt jedoch der analogen Elektronik eine besondere Bedeutung zu. Bei höheren Frequenzen ist eine aufwendige analoge Verarbeitung der Signale erforderlich. Weiterhin muß bei einer digitalen Behandlung der Signale immer, auch bei extrem schneller Verarbeitung, eine Verzögerung zwischen Eingabe und Ausgabe berücksichtigt werden, die vom Umfang der numerischen Operationen abhängt. Diese Verzögerung, die als Totzeit bezeichnet wird, ist oft wesentlich höher als die Verarbeitungszeit in Schaltungen mit analoger Elektronik. Für die Erfassung nichtperiodischer Signale stellt darüberhinaus die maximal erzielbare Abtastrate eine obere Grenze dar.

Eine analoge Anzeige beschränkt sich nicht auf analoge Meßprinzipien. Auch bei digitaler Meßwertaufnahme läßt sich eine analoge Anzeige betreiben. Beispiele sind die Quarzuhr mit Zeigern, Bargraph oder Balkendarstellung auf dem Bildschirm zur Anzeige von Spannungen und Strömen. Eine analoge Darstellung der Meßwerte erlaubt einen schnelleren Überblick über die Meßsituation, Tendenzen lassen sich besser erkennen und die Messung erfolgt kontinuierlich bzw. in kleinen oft nicht wahrnehmbaren Zeitabständen. Eine digitale Anzeige hingegen vermeidet Ableseungenauigkeiten und erreicht damit eine hohe Zuverlässigkeit beim Ablesen einzelner Werte. Durch die Trennung von Meßprinzip und Anzeige können die digitale Anzeigen bzw. digital angesteuerte Analoganzeigen unabhängig von Einflußgrößen wie Abweichungen von der Gebrauchslage, Erschütterungen, Temperatur, äußere elektrostatische oder magnetische Felder den richtigen Wert anzeigen.

Abschließend kann festgestellt werden, daß sich die Grenzen der Digitalisierung von Beginn dieser Technik an kontinuierlich zu höheren Frequenzen verschoben haben. Damit stehen die Auswertungsmöglichkeiten im Zeitbereich einem zunehmend weiten Spektrum von Anwendungen zur Verfügung – auch dort, wo bislang nur im Frequenzbereich gemessen werden konnte, wie z.B. in der Hochfrequenztechnik. Aber auch die Gerätschaften – als Meßobjekt – arbeiten zunehmend digital und verlangen so Messungen im Zeitbereich. So ist der Trend eindeutig in Richtung Digitalisierung und Rechnerauswertung festzumachen.

2 Grundbegriffe

2.1 Messen, Auswerten, Interpretieren

Meßtechnik reicht in zwei Punkten über die menschliche Sinneswahrnehmung hinaus. Zum einen können auch Informationen über Objekte eingeholt werden, für die keine menschlichen Wahrnehmungsorgane vorhanden sind. Zum anderen sind die durch Messung gewonnenen Informationen absolut quantifizierbar, da Systeme einheitlicher Bezugswerte gebildet worden sind.

Der Meßvorgang ist eingebunden in einen technischen Ablauf, der letztlich eine bestehende offene Frage zur Lösung eines Problems beantworten soll. In diesem größeren Zusammenhang betrachtet, wird dabei sowohl die Vorbereitung der Messung, die Auswahl der Meßgeräte und ihre Zusammenstellung, als auch die Auswahl anschließender Analysefunktionen und ihre Programmierung betrachtet. Auch die *Auswertung* und *Interpretation* gehört dementsprechend zum Messen, nicht jedoch die weitere Verwendung von Meßergebnissen, um zum Beispiel eine Reaktion in geregelten Anlagen auszulösen. Alle diese Funktionen lassen sich, von der Konzipierung bis zur automatisierten Programmierung der Analysefunktionen durch Rechner unterstützen.

2.1.1 Aufgaben der Meßtechnik

In Bild 2.1.1 ist der Bereich der Meßtechnik anhand eines allgemeinen Meßablaufs mit Rechnerunterstützung dargestellt, der sich bei der Lösung vieler meßtechnischer Probleme wiederfindet. Das Meßobjekt befindet sich in einem definiertem Zustand bzw. wird durch Steuerfunktionen des Rechners darin versetzt. Gegebenenfalls regt ein Stimulus das Meßobjekt zu einer Reaktion an. Geeignete Spannungsverläufe werden durch einen Funktionsgenerator oder eine steuerbare Spannungsquelle erzeugt. Bei nichtelektrischen Meßobjekten übernimmt unter Umständen ein Aktor, der elektrisch gesteuert wird, die Anregung, nichtelektrische Meßgrößen wandelt ein Sensor in elektrische. Analoge elektronische Baugruppen erlauben eine Vorverarbeitung der Meßsignale und passen sie an die Analog-Digital-Umsetzung an. Die digitalisierten Meßdaten werden an einen Rechner zur Anzeige, Weiterverarbeitung und Registrierung übermittelt. Gleichzeitig übernimmt der Rechner auch die Steuerung des Ablaufs der Messung. Um eine Überwachung und ein menschliches Eingreifen zu ermöglichen, kann der Zugriff und die Anzeige auf Zwischenstufen des Meßprozesses erforderlich werden. In sicherheitsrelvanten Bereichen wird oft die Registrierung von unverarbeiteten Meßdaten gefordert.

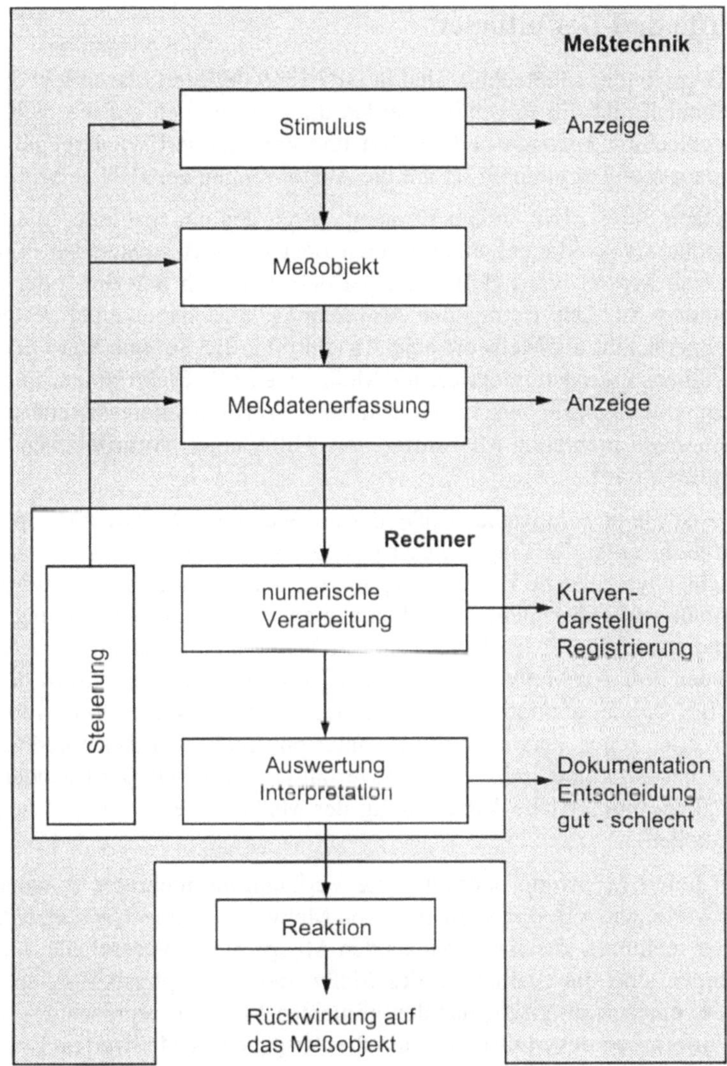

Bild 2.1.1 Möglichkeiten rechnergestützter Meßtechnik

Die Verarbeitung der digitalen Meßsignale kann zum einen zum Ziel haben, die relevanten Daten von den irrelevanten zu trennen. Filter, diskrete Fourier-Transformation, Korrelation und Faltung sind häufig eingesetzte Verarbeitungsverfahren. Zum anderen können durch komplexe Signalverarbeitungsverfahren auf der Basis physikalischer, signaltheoretischer oder statistischer Modelle aus den Meßdaten die gesuchten Meßgrößen bestimmt werden.

2.1.2 Begriffe und Definitionen

Wesentliche Begriffe der Meßtechnik sind in DIN 1319 definiert; damit legt die DIN auch den Sprachgebrauch fest. Im folgenden werden die Definitionen auf die rechnergestützte elektrische Meßtechnik bezogen und gekürzt und kommentiert wiedergegeben. Für den genauen Wortlaut und Einzelheiten sei auf die Ausführungen der DIN verwiesen.

Messen ist danach der experimentelle Vorgang, durch den ein spezieller Wert einer physikalischen Größe als Vielfaches einer Einheit oder eines Bezugswertes ermittelt wird. Damit grenzt sich Messen vom *Prüfen* ab, bei dem lediglich der Gut- oder Schlechtzustand festgestellt wird. Der Betrag der Abweichung wird dabei nicht festgestellt. Ein *zählendes* Meßgerät gibt als Meßwert eine Anzahl oder die Summe von Quantisierungseinheiten aus. Ebenso werden integrierende Meßgeräte (z.B. Elektrizitätszähler) ebenfalls Zähler genannt. Das *Meßergebnis* ist der ermittelte Wert der interessierenden Meßgröße, der aus einem oder mehreren Meßwerten mit Hilfe einer vorgegebenen eindeutigen Beziehung ermittelt wird.

Die *Meßgröße* ist die physikalische Größe, der die Messung gilt, wie z.B. Spannung oder Strom. Das *Meßobjekt* ist der Träger dieser physikalischen Größe. Das *Meßprinzip* ist die charakteristische physikalische Erscheinung, die bei der Messung benutzt wird. Das *Meßverfahren* umfaßt alle experimentellen Maßnahmen, die für die Gewinnung eines Meßwertes notwendig sind. Dabei wird zwischen *direkten* und *indirekten Meßverfahren* unterschieden. Bei den direkten Meßverfahren wird der Meßwert als Größenwert der Meßgröße ausgegeben. Bei den indirekten Meßverfahren muß der gesuchte Meßwert aus direkt gemessenen Werten unter Verwendung bekannter physikalischer Zusammenhänge ermittelt werden. Insbesondere bei indirekten Meßverfahren ermöglicht der Rechnereinsatz und die damit mögliche numerische Verarbeitung der Meßdaten eine Vielfalt neuer Anwendungsmöglichkeiten.

Ein *Meßgerät* liefert Meßwerte oder auch die Verknüpfung mehrerer voneinander unabhängiger Meßwerte, wie z.B. das Verhältnis von Meßwerten. Eine *Meßeinrichtung* besteht aus einem oder mehreren zusammenhängenden Meßgeräten. Wesentliche Aufgaben von Meßeinrichtungen sind die Aufnahme des Meßwertes einer physikalischen Größe, der *Meßgröße*, oder eines *Meßsignals*, das den gesuchten Meßwert repräsentiert, die Weiterleitung und Umformung des Meßsignals und die Ausgabe des Meßwertes. Das erste Glied in einer Meßeinrichtung wird oft *Aufnehmer* oder *Sensor* genannt; es nimmt den Meßwert der Meßgröße auf und gibt ein entsprechendes Meßsignal ab. Das letzte Glied in einer Meßeinrichtung heißt *Ausgeber* oder *Ausgabegerät*. Dabei wird zwischen *direkter Ausgabe*, z.B. durch ein Anzeigegerät oder einen Schreiber, oder eine *indirekte Ausgabe* z.B. eine Diskette oder ein Magnetband, unterschieden. Die Aufzeichnung einzelner Meßwerte oder des Verlaufs – meist des zeitlichen Verlaufs – von Meßwerten wird als *registrieren* bezeichnet. *Anzeigende* Meßgeräte unterscheiden sich von registrierenden dadurch, daß bei ersterem der Meßwert unmittelbar abgelesen oder abgenommen werden kann.

In der Wirkungsweise lassen sich Meßanordnungen zwei prinzipiellen Verfahren, dem Ausschlagverfahren und dem Kompensationsverfahren, zuordnen. Diese Prinzipien lassen sich auch in elektronischen und digitalen Meßanordnungen wiederfinden. Beim *Ausschlagverfahren* bewirkt die zu messende Größe eine Wirkung (bei klassischen Zeigerinstrumenten einen Ausschlag), der mit der zu messenden Größe in Beziehung steht. Diese

Beziehung muß nicht notwendig linear sein. Beim *Kompensationsverfahren* wird weitere Hilfsgröße so eingestellt, daß sie genau so groß wie die Meßgröße ist. Die Hilfsgröße ist definiert einstellbar. Der Vorgang des Messens besteht in der Einstellung und im Ablesen der Hilfsgröße, wobei Meß- und Hilfsgröße miteinander verglichen werden. Ein Beispiel für das Kompensationsverfahren ist eine Meßbrücke, die abgeglichen wird, ein weiteres ist der in Bild 1.2.2 gezeigte Kompensationsschreiber. Kompensationsverfahren werden oft eingesetzt, wenn besonders genaue Messungen gefordert sind. Die Forderung der Genauigkeit wird dabei auf eine einstellbare Vergleichsgröße verlagert, ein Detektor muß lediglich „größer als der Vergleichswert" oder „kleiner als der Vergleichswert" signalisieren. Ein weiteres Anwendungsfeld für Kompensationsverfahren ist gegeben, wenn im weiteren Signalweg eine nicht zu vernachlässigende Leistung benötigt (wie z.B. bei schreibenden Anzeigen) oder die zu messende Größe möglichst gering belastet, bzw. durch die Messung nicht verändert werden soll.

Meßwerte, direkt gewonnene und verarbeitete, sind reine Zahlenwerte. Ihre Bedeutung erschließt sich erst durch eine Interpretation in dem Zusammenhang, in dem sie entstanden sind. Zu einer automatischen Interpretation gehört daher eine numerische oder logische Modellierung des entsprechenden Kontext-Wissens über das Meßobjekt im Rechner. In einfachen Fällen führt die Interpretation zu einer Klassierung. Allgemein wird durch *Klassieren* die Zuordnung einer Reihe von Meßergebnissen zu Sachverhalten getroffen. Ein typisches Beispiel dazu ist die Gut- oder Schlecht-Klassierung in der Qualitätssicherung, einem wichtigen Einsatzgebiet der rechnergestützten Meßtechnik. Bei komplexeren Themenstellungen erfolgt die Modellierung durch die Wissensbasen von Expertensystemen oder Wissensbasierten Systemen. Forschungen zur Künstlichen Intelligenz und zur Mustererkennung haben dazu einen Beitrag geleistet.

2.2 Strukturen meßtechnischer Anordnungen

Die Vielfalt meßtechnischer Einrichtungen und ihrer Funktionselemente kann auf unterschiedlichen Ebenen beschrieben werden [Domeisen92], [Bergmann88]. Neben Konstruktionszeichnungen und Schaltbildern, die Hardware auf einer unteren Ebene beschreiben und Flußdiagrammen, Struktogrammen und Objekthierarchien für die Software, zeigen Blockschaltbilder das Zusammenwirken einzelner Baugruppen einer Meßeinrichtung. Die Blöcke stehen für jeweils eine physikalische Baugruppe, Linien und Pfeile, die auch Kanten genannt werden, bezeichnen die Signalverbindungen bzw. Wirkungszusammenhänge. Ähnlich sind Funktionsstrukturbilder, bei denen Funktionen durch Blöcke und die Wirkung durch Kanten dargestellt sind. Sie eignen sich zur Darstellung und qualitativen Beschreibung von abstrakten Funktionszusammenhängen. Eine quantitative Beschreibung wird durch Signalflußpläne erreicht, die vorwiegend in der Regelungstechnik eingesetzt werden. Darin bezeichnen Pfeile die Signale und Blöcke entsprechende Umformungen. Anhand eines Beispiels zur Temperaturmessung zeigt Bild 2.2.1 drei Beispiele zur Beschreibung einer Meßanordnung: Blockschaltbild, Funktionsstrukturbild und Signalflußplan. In dem Funktionsstrukturbild (Bild 2.2.1 b) ist die Referenz explizit eingezeichnet. Sie ist unabhängig von jeweiligen Meßstrukturen vorhanden, da der eigentliche Meßvorgang in der Ermittlung einer Zahl besteht, die das Verhältnis zwischen Meßgröße und

Referenz beschreibt. Die Referenz tritt in vielen Fällen, insbesondere in der klassischen Meßtechnik nicht explizit in Erscheinung, sie steckt z.B. in der Federkraft eines Zeigerinstrumentes oder in dem Ablenkkoeffizienten eines Oszilloskops verborgen. Bei Analog-Digitalumsetzern ist sie als Referenzspannungs- oder Stromquelle ausgeführt. Bei Zeitmessungen bildet ein präziser Oszillator die Referenz. Für hochgenaue Messungen werden Normale als Referenz eingesetzt, auf die hier jedoch nicht näher eingegangen werden soll [Profos94].

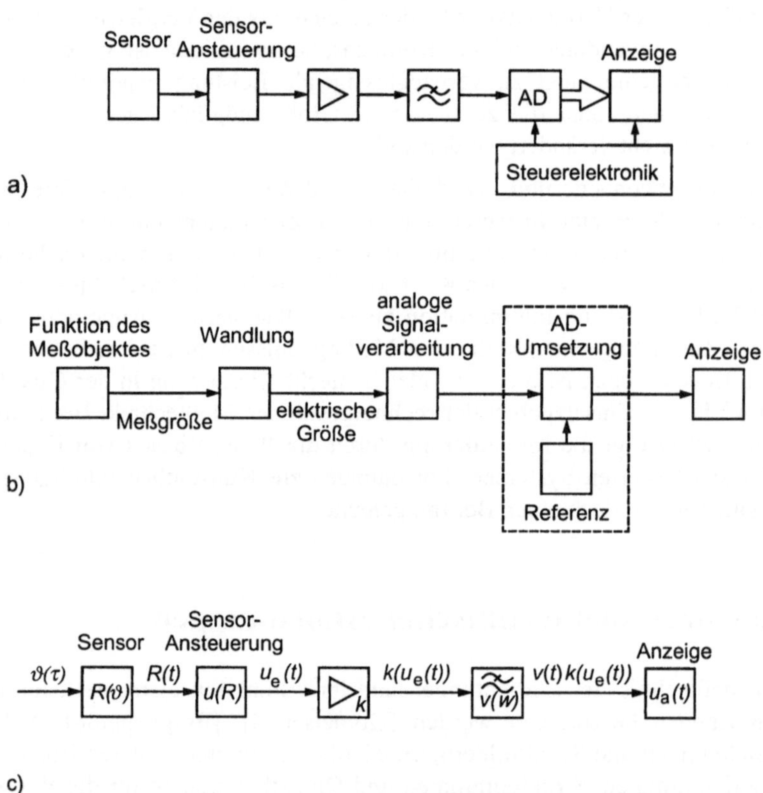

Bild 2.2.1 Verschiedene Aspekte meßtechnischer Anordnungen:
a) Blockschaltbild, b) Funktionsstrukturbild, c) Signalflußplan

Bestimmte Strukturen kommen wiederholt in Meßanordnungen in verschiedenen Zusammenhängen vor, einzeln oder in Kombinationen. Drei solcher Grundstrukturen sind die Reihenstruktur, die Parallelstruktur und die Kreisstruktur und werden im folgenden hinsichtlich ihrer Eigenschaften untersucht.

2.2.1 Lineare Struktur

Bild 2.2.2 zeigt am Beispiel einer frequenzselektiven Messung eine *lineare Struktur*. Solche Anordnungen arbeiten nach dem Ausschlagverfahren und werden auch als Kettenanordnungen oder als offene Strukturen bezeichnet. Die einzelnen Glieder der Meßkette werden vom Signal nacheinander durchlaufen: Ein Anregungssignal, auch Stimulus genannt, wird generiert und dem Meßobjekt zugeführt. Das Meßsignal wird zunächst verstärkt, dann gefiltert, gleichgerichtet und zur Anzeige gebracht. Die Reihenstruktur ermöglicht bei unterscheidbaren Nutz- und Störfrequenzbereichen durch die Filterung eine Trennung und somit eine Verbesserung des Signalrauschverhältnisses.

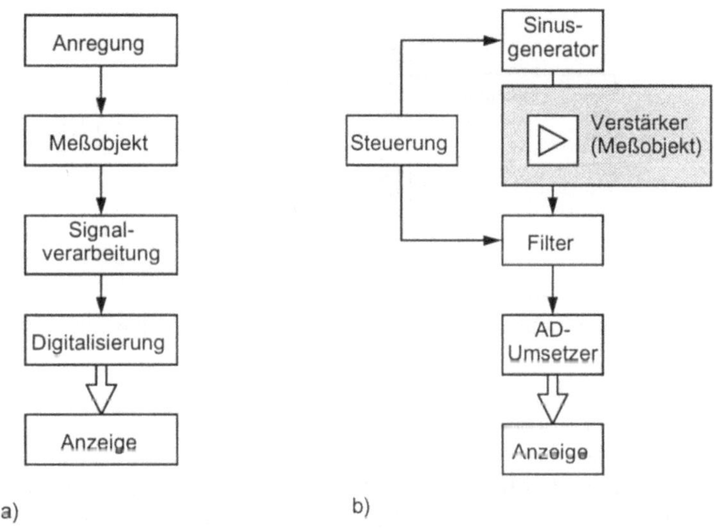

Bild 2.2.2 Reihenstruktur: a) Prinzip, b) Beispiel einer Frequenzgangmessung

2.2.2 Parallele Struktur

Ebenfalls nach dem Ausschlagverfahren arbeitet die *parallele Struktur*. Dabei durchläuft das Signal der Meßgröße parallele Signalpfade, die Ausgangsgrößen der Signalpfade werden miteinander verknüpft. Wird das gleiche Eingangssignal für beide Pfade mit umgekehrter Polarität verwendet, heben sich Störeinflüsse auf und die Empfindlichkeit kann dadurch gesteigert werden. Häufig müssen aber auch unterschiedliche Meßgrößen miteinander verknüpft werden. In dem gezeigten Beispiel in Bild 2.2.3 liefert ein Sensor ein positives und ein negatives Signal proportional zur Meßgröße (solche Sensoren, die besonders für differentielle Längen- oder Druckmessung eingesetzt werden, arbeiten oft mit einer Brückenschaltung, bei der die Teilwiderstände verändert werden). An zwei Stellen des Meßobjektes werden beide Spannungen abgegriffen, durch einen Vorverstärker verstärkt, und mit einen Differenzverstärker wird aus beiden Meßgrößen eine gemeinsame Größe gebildet, analog-digital umgesetzt und zur Anzeige gebracht. Durch den parallelen Weg über die gleichen Signalpfade kompensieren sich die Störeinflüsse und die zwei Nutzsignale addieren sich.

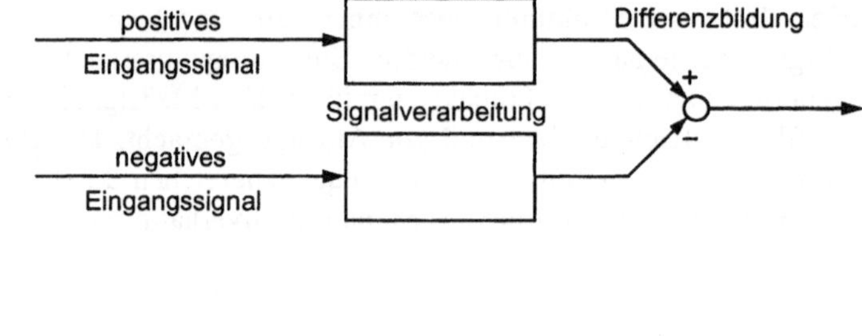

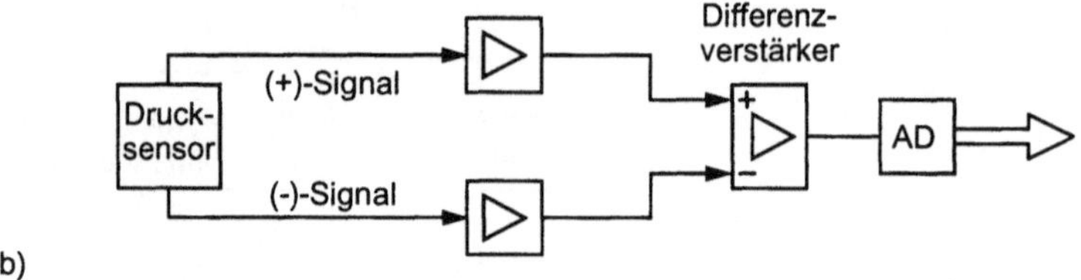

Bild 2.2.3 Parallelstruktur: a) Prinzip,
b) Beispiel einer Druckmessung mit einem Sensor, der ein positives und ein
negatives Signal abgibt

Parallele Strukturen sind auch in anderen Anwendungen mit nicht identischen Signalpfaden zu finden. Bei indirekten Messungen werden Meßwerte häufig aus der Verknüpfung mehrerer Einzelmessungen gebildet. Dabei werden parallel eine Reihe von Meßwerten erfaßt. Eine typisches Beispiel dazu ist die Kompensation von Einflußgrößen (siehe Kapitel 5.1) wie z.B. die Temperatur bei der Druckmessung. Temperatur und Druck werden getrennt gemessen, die Meßsignale getrennt weiterverarbeitet und dann miteinander verknüpft.

2.2.3 Geschlossene Struktur

Kompensationsverfahren im Gegensatz zu Ausschlagverfahren bedingen Kreisanordnungen, die auch als *geschlossene Strukturen* bezeichnet werden. Wesentliches Merkmal ist dabei die Rückkopplung des Ausgangssignals auf vorangehende Stufen. Damit wird das Prinzip der Regelung meßtechnisch genutzt. Das in Bild 2.2.4 dargestellte geschlossene System zeigt einen Kompensationsschreiber. Der zu messende Spannungswert liegt verstärkt an einer Stufe zur Differenzbildung an. An der gleichen Stufe liegt auch das Signal an, das die derzeitige Position des Schreibstiftes beschreibt. Das aus der Differenz gebildete Ausgangssignal steuert jetzt den Lauf des Motors in die Richtung, in der die Abweichung zwischen den beiden Eingangsgrößen kleiner wird. Letztlich befindet sich der Schreibstift in einer Position deren Abstand zu einem Referenzpunkt proportional zu der anliegenden Spannung ist. Voraussetzung dieser Arbeitsweise ist, daß das System nicht schwingt. Die Funktion ist von dem dynamischen Verhalten der einzelnen Elemente abhängig, und es ist erforderlich, daß die Systemübertragungsfunktionen aufeinander abgestimmt sind.

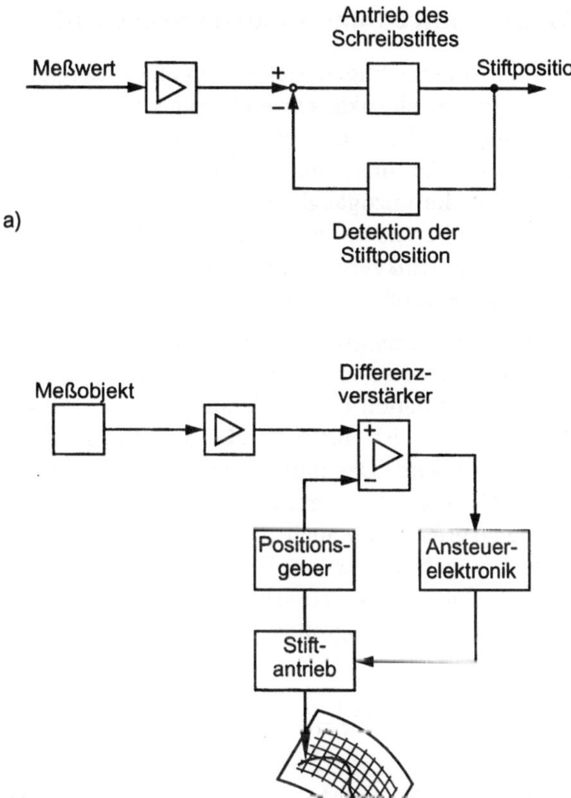

Bild 2.2.4 Kreisstruktur: a) Prinzip, b) Beispiel eines Kompensationsschreibers

Für geschlossene System finden sich vielfältige Beispiele. Ein einfaches Beispiel dafür, das ohne Automatisierung auskommt, ist die Meßbereichseinstellung bei einem Zeigerinstrument. Der Mensch ist in die Kreisstruktur eingebunden. Er beginnt mit dem höchsten Meßbereich, wählt bei zu kleinem Ausschlag den nächst kleineren, oder, wenn der Ausschlag zu groß wird, den nächstgrößeren Meßbereich.

Ein weiteres Beispiel einer Kreisstruktur liefert die Impedanzbestimmung mit einer Meßbrücke. Meßbrücken können prinzipiell nach dem Ausschlagverfahren und nach dem Kompensationsverfahren betrieben werden. Bei ersterem wird die Brückenspannung gemessen, es findet kein weiterer Abgleich statt. Beim Kompensationsverfahren wird ausgehend von einer Anfangsstellung mit einem Nullindikator untersucht, ob die Brücke abgeglichen ist. Aus dieser Information und aus dem Vorzeichen der Abweichung wird eine Steuergröße gebildet, die die Elemente der Meßbrücke verändert. Dieser Vorgang wird solange durchlaufen, bis die Brücke abgeglichen ist. Solche einfachen Reaktionsschemata können technisch nachgebildet und von einer elektronischen Steuerung übernommen werden.

2.2.4 Indirekte Meßverfahren und modellgestützte Meßtechnik

Nicht immer ist es möglich, alle wichtigen Meßgrößen eines Meßobjektes direkt zu messen. So können z.B. Meßgrößen physikalisch nicht zugänglich, Sensoren zu ihrer Messung unbekannt oder dynamische Vorgänge zu schnell sein. Durch den Umweg der Messung anderer, zugänglicher Größen in Verbindung mit einer Auswertung der Meßsignale lassen sich in solchen Fällen die unzugänglichen Größen bestimmen. Solche indirekten Messungen setzen voraus, daß bereits ein mathematisches Modell des zu untersuchenden Objektes existiert. Durch die Umkehrung der Bestimmungsgleichungen des Modells lassen sich die unbekannten Meßgrößen des Meßobjektes bestimmen.

Unter Umständen sind die Bestimmungsgleichungen nicht stabil umkehrbar, da das Verhalten des Meßobjektes nur teilweise erfaßt werden kann und Störeinflüsse einwirken. Durch die Integration einer Simulation in den Verarbeitungsprozeß lassen sich auch solche Probleme lösen. In Bild 2.2.5 ist eine generelle Struktur gezeigt, die als modellgestützte Meßtechnik bezeichnet wird. Das mitlaufende Simulationsmodell ist adaptiv, die Parameter werden durch Schätzverfahren ermittelt [Isermann 88]. Es erhält alle Informationen, sowohl die Eingangsgrößen als auch die Ausgangsgrößen und paßt sich damit beständig den veränderten Gegebenheiten an. Die gesuchten Meßgrößen werden in dem Simulationsmodell erzeugt. Unter der Voraussetzung, daß das Modell mit dem Meßobjekt übereinstimmt, sind die simulierten Meßgrößen gleich denen des realen Meßobjektes.

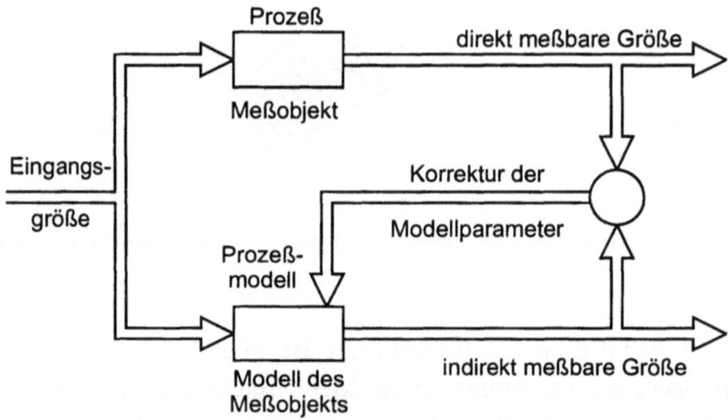

Bild 2.2.5 Modellgestützte Meßtechnik mit einem adaptiven Modell
zur Bestimmung unzugänglicher Meßgrößen

Dieser prinzipielle Ansatz eröffnet auch Möglichkeiten zur Überwachung und Diagnose, sowohl des Prozesses als auch der Meßeinrichtung (siehe z.B. [Gertler88]). Wie in Bild 2.2.6 dargestellt, wird dabei das wirkliche und meßbare Verhalten mit dem simulierten Verhalten des Meßobjektes verglichen. Solange der Vergleich keine Abweichungen vom erwarteten Verhalten anzeigt, kann davon ausgegengen werden, daß sowohl Meßeinrichtung als auch das Objekt der Überwachung funktionstüchtig sind. Eine Abweichung weist auf einen Fehler hin. Eine Diagnose kann gestellt werden, wenn die Meßwerte nicht alle voneinander unabhängig sind, sondern redundant. Der Vergleich der auf unterschiedlichen

Wegen und mit Sensoren unterschiedlicher Funktionsprinzipien gewonnenen Meßgrößen kann ebenfalls zur Diagnose herangezogen werden. Dieses Verfahren wird als *analytische Redundanz* bezeichnet. Sie stellt ein Mittel dar, um Meßwerte auf direktem und durch eine Modellsimulation zu bestimmen, um konsistente Meßergebnisse und Fehlerfreiheit des Meßsystems sicherzustellen.

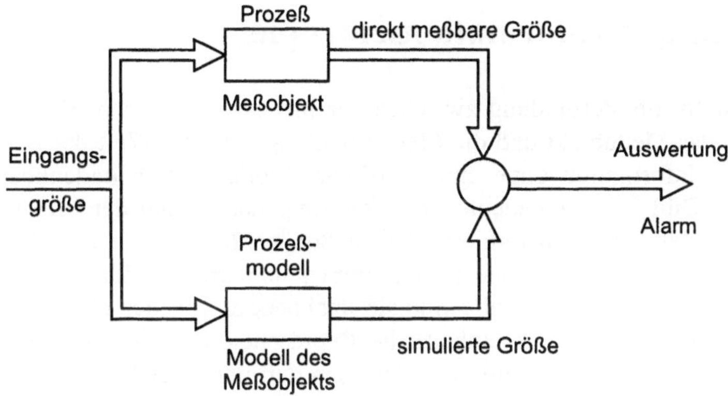

Bild 2.2.6 Modellgestützte Meßtechnik zur Überwachung und Diagnose

3 Informationstheoretische Aspekte

3.1 Messen und Informationsentropie

Meßtechnik stellt die Verbindung zwischen der physikalischen, stofflichen Welt, repräsentiert durch das Meßobjekt und die Meßeinrichtung, und der Welt der Information dar. Zwar ist reine Information ohne eine stoffliche Repräsentation undenkbar, diese wird jedoch, wie in Bild 3.1.1 angedeutet, bei den einzelnen Stufen der Messung mehr und mehr von den Meßwerten abstrahiert. Das Meßobjekt liefert eine physikalische Größe. Durch Sensoren wird diese Größe aufgenommen und im Regelfall in ein elektrisches Signal umgesetzt. Damit haben alle Signale unabhängig von der physikalischen Größe, die das Meßsignal liefert, eine einheitliche Repräsentation. Diese elektrischen Signale sind die Domäne der Analogtechnik und der oben definierten elektronischen Meßtechnik. Durch die Analog-Digital-Umsetzung wird die Bindung an die elektrischen Größen gelöst und es liegt die Nachricht frei von einer bestimmten physikalischen Repräsentation vor.

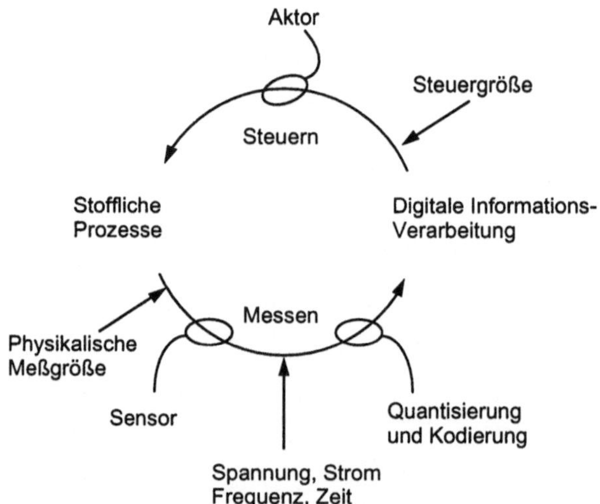

Bild 3.1.1 Verbindung zwischen stofflicher Welt und der Welt der Information

Mit solchen technischen Aspekten der Repräsentation und der Übermittlung von Nachrichten beschäftigt sich die Informationstheorie und hat daher eine besondere Bedeutung für die Meßtechnik. Eine einführende Darstellung der Informationstheorie findet sich z.B. in [Mildenberger92] oder [Hamming87]. Sie betrachtet den Weg einer Nachricht von einer Quelle zu einer Senke (Bild 3.1.2) und ermöglicht quantitative Beschreibungen des

Informationsflusses. In der Meßtechnik entspricht das dem Weg vom Meßobjekt zum Empfänger der Meßdaten. Im folgenden soll keine exakte Herleitung der Theorie versucht sondern einige für die Meßtechnik interessante Ergebnisse aufgezeigt werden.

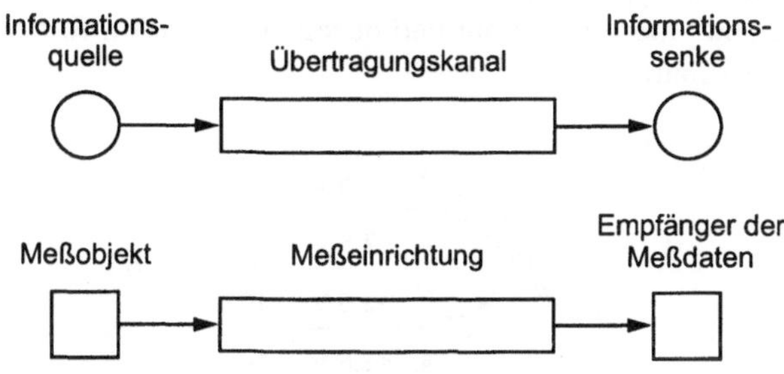

Bild 3.1.2 Informationskanal und Meßtechnik

3.1.1 Nachricht

Die Nachricht im engeren Sinne der Informationstheorie, ist eine ein- oder mehrmalige Auswahl aus einer Menge von vorgegebenen Möglichkeiten [Berger67]. Die Beschreibung aller Möglichkeiten geschieht durch einen Zeichensatz, aus dem jeweils ein Zeichen ausgewählt wird. So entsteht z.B. aus der wiederholten Auswahl von Buchstaben des Alphabetes ein fließender Text wie der vorliegende. Das Alphabet ist dabei der Zeichensatz und der einzelne Buchstabe das Zeichen. Ein anderes Beispiel ist die Übermittlung eines Meßwertes. Aus der endlichen Anzahl möglicher Meßwerte wird durch die Messung einer ausgewählt und übermittelt. Der Zeichensatz umfaßt die möglichen Meßwerte, der einzelne Meßwert ist das Zeichen. Das wird bei einer Analog-Digital-Umsetzung der Meßwerte besonders deutlich: die Anzahl der möglichen Meßwerte ist dabei durch die Zahl der Quantisierungsschritte vorgegeben. Aber auch ein menschlicher Beobachter, der die Anzeige eines Zeigerinstrumentes abliest, wird sich auf zwei oder drei Stellen beschränken. Auch in diesem Fall stellt die Nachricht eine Auswahl aus einer begrenzten Anzahl vorgegebener Möglichkeiten dar.

Die Übermittlung dieser Auswahl hat jedoch nur einen Sinn, wenn es in einer Form geschieht, die allgemein oder speziell für den vorliegenden Fall vereinbart ist. Diese Form, die auf eine endliche Menge von Zeichen zurückgreift, wird als Kode bezeichnet, die Abbildung auf einen festgelegten Zeichensatz als Kodierung. Aus einem oder mehreren Zeichen dieses Zeichensatzes setzt sich die Nachricht zusammen.

3.1.2 Entscheidungsgehalt

Der Gehalt einer Nachricht ist die Information. Sie steht in engem Zusammenhang mit dem Entscheidungsgehalt. Der kleinste Entscheidungsgehalt, der beim Messen auftreten kann, wird aus einem einfachen Größer-Kleiner-Vergleich gezogen. Das Ergebnis eines einfachen Vergleichs kann z.B. die Feststellung sein, ob eine Spannung positiv oder negativ ist. Eine Einrichtung, die einen solchen Größenvergleich durchführt, kann als ein

Ein-Bit-Umsetzer bezeichnet werden. Ein Bit (nach John W. Tukey aus *binary digit* zu-sammengezogen) stellt eine Ja-Nein Entscheidung dar. Der Vergleich, bei dem diese Entscheidung getroffen wird und einem Bit (groß geschrieben) entspricht, hat einen Ent-scheidungsgehalt von einem bit (klein geschrieben): die Einheit von Bit ist bit ([Bit] = bit). Während technisch-umgangssprachlich „Bit" auch eine Datenleitung bezeichnen kann, ist der Begriff „bit" hier eng gefaßt und bezeichnet, wie im folgenden gezeigt wird, die Maßeinheit für Information.

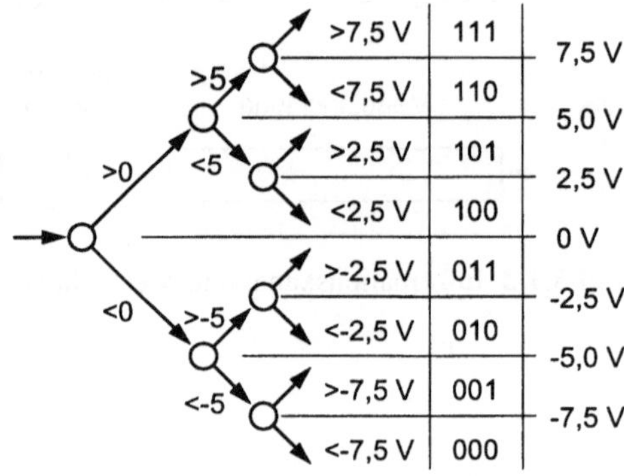

Bild 3.1.3 Entscheidungsbaum für eine 3-Bit-Umsetzung

Kann zwischen mehr als zwei Möglichkeiten unterschieden werden, gelingt es immer, diese Entscheidung in eine Sequenz von einzelnen Ja/Nein-Entscheidungen aufzubrechen. Im oben genannten Beispiel der Spannungsmessung werden mehrere Vergleiche durchge-führt. Mit einem Entscheidungsbaum, wie er in Bild 3.1.3 dargestellt ist, läßt sich die Bestimmung eines Spannungswertes als Zuordnung zu einer von acht Stufen darstellen. In jedem Knoten steckt eine Entscheidung zwischen zwei Möglichkeiten, die Anzahl der benötigten Bit ist gleich der Anzahl der Knotenebenen des Entscheidungsbaumes (siehe auch [Richter88]). Die Spannungsintervalle halbieren sich mit jeder Knotenebene, es entstehen Stufen mit gleichen Spannungsintervallen. Konsequenterweise ist die Anzahl der Entscheidungen oder Knotenebenen gleich K, wenn im Meßgerät 2^K-Werte aufgelöst werden. Dem analogen Meßwert wird einer der $N = 2^K$ Klassen zugewiesen. Somit läßt sich für die Entscheidung für ein Element aus N Elementen ein Entscheidungsgehalt H_0

$$H_0 = \text{ld } N = K \tag{3.1.1}$$

in bit angeben. Durch H_0 Einzelentscheidungen kann zwischen N Möglichkeiten unter-schieden werden. In dem obengenannten Beispiel in Bild 3.1.3 beträgt der Entschei-dungsgehalt 3 bit. Die Anzahl der Möglichkeiten N ist nicht auf Potenzen von zwei be-schränkt und Angaben von Bruchteilen eines Bit sind möglich.

3.1.3 Information

Während der Entscheidungsgehalt sich lediglich auf die Anzahl der Möglichkeiten be-zieht, berücksichtigt der Begriff Information die Auftrittswahrscheinlichkeit eines Zei-chens mit. Intuitiv ist einsichtig, daß seltene Ereignisse mehr Information tragen, als häufig auftretende. Bei der Definition des Informationsgehalts einer Nachricht wird daher sinnvollerweise zusätzlich die Wahrscheinlichkeit berücksichtigt, mit der ein Zeichen auftritt. Der Wahrscheinlichkeitslehre kann entnommen werden, daß die die Wahrscheinlichkeit p_i, mit der ein bestimmtes i-tes Zeichen übermittelt wird, zwischen Null und Eins liegt. Die Summe der Wahrscheinlichkeiten p_i für jedes Zeichen ist gleich Eins,

$$0 \le p_i \le 1 \;, \qquad \sum_{i=1}^{N} p_i = 1. \tag{3.1.2}$$

Sind alle Möglichkeiten für die Übermittlung eines Zeichens gleich wahrscheinlich, kann jeder Möglichkeit die Wahrscheinlichkeit

$$p_i = \frac{1}{N} \tag{3.1.3}$$

zugeordnet werden. Die Informationsmenge I, die bei der Übermittlung eines Zeichens übertragen wird, ist gleich dem Entscheidungsgehalt eines einzelnen Zeichens des Zeichenvorrats. Der ist unter Verwendung von Gl.(3.1.1) durch

$$I = H_0 = \operatorname{ld} \frac{1}{p_i} \tag{3.1.4}$$

gegeben und wird in „bit", dem Maß für die Information, angegeben. Am Beispiel der Speicherkapazität eines Rechners wird ersichtlich, daß die Wahl eines logarithmischen Maßes für die Information sinnvoll ist: eine Verdopplung der gespeicherten Bits ergibt eine Verdopplung der speicherbaren Information.

Allgemein ist der Informationsgehalt I_i, der ein Zeichen kennzeichnet, durch

$$I_i = f(p_i) = \operatorname{ld} \frac{1}{p_i} = -\operatorname{ld} p_i \;, \tag{3.1.5}$$

definiert. Information läßt sich damit als Maß für die Ungewißheit auffassen, die durch sie beseitigt wird. Wenn über das Eintreten eines Ereignisses bereits Gewißheit herrscht, ist der Informationsgehalt einer Nachricht gleich Null. Umgekehrt ist der Informationsgehalt um so höher, desto geringer die Gewißheit ist, daß ein Ereignis eintrifft. Bei einer Entscheidung zwischen zwei Möglichkeiten, wie z.B. dem oben angegebenen Vergleich, ist $p_i = 1/2$ und dementsprechend ist der Informationsgehalt $I = 1 \, \text{bit}$.

3.1.4 Entropie

Nicht nur die Informationsmenge eines einzelnen Zeichens ist interessant, sondern auch der Informationsgehalt eines gesamten Zeichenvorrats. Dazu wird ein mittlerer Informationsgehalt angegeben, der sich aus der Summe der mit der Auftrittswahrscheinlichkeit gewichteten Informationsgehalte jedes Zeichens zusammensetzt,

$$H = \sum_{i=1}^{N} p_i \cdot I_i = -\sum_{i=1}^{N} p_i \cdot \operatorname{ld} p_i \tag{3.1.6}$$

Diese Größe H wird als Entropie der Information bezeichnet. Als Beispiel wird eine Messung angenommen, bei der ein Meßwert einen von N Zahlenwerten annehmen kann. Wird angenommen, daß jeder Meßwert gleich wahrscheinlich ist ($p = 1/N$), ergibt sich für die Entropie dieser Messung $H = \mathrm{ld}\, N$. Kommen bestimmte Werte häufiger vor oder andere Werte weniger häufig vor, wird die Entropie nach Gl.(3.1.6) bestimmt. Dieser Wert ist immer kleiner, als der nach Gl.(3.1.4) bestimmte. Ein Zeichensatz hat eine maximale Entropie, wenn alle Zeichen die gleiche Wahrscheinlichkeit haben.

Beispiel: Anhand einer Gewichtsbestimmung mit einer Balkenwaage soll die optimale Reihenfolge des Gewichteauflegens als Konsequenz dieser Überlegungen gezeigt werden. Mit Auflagegewichten von 10 g, 5 g, 2,5 g und 1,25 g lassen sich Gewichte von 0 bis 20 g in 16 Stufen bestimmen. Jede dieser 16 Stufen sei gleich wahrscheinlich. Jedes Gewichtauflegen entspricht einer Entscheidung, die durch die Stellung des Wägebalkens beantwortet wird. Wird mit dem kleinsten Gewicht begonnen, so wird entschieden, ob das Gewicht größer oder kleiner als 1,25 g ist. Die Wahrscheinlichkeit, daß es größer ist als 1,25 g, ist 15/16; die Wahrscheinlichkeit, daß es kleiner ist als 1,25 g, ist 1/16. Die Entropie dieser Entscheidung oder dieses Vergleichs ist

$$H = -\frac{1}{16}\,\mathrm{ld}\,\frac{1}{16} - \frac{15}{16}\,\mathrm{ld}\,\frac{15}{16} = 0{,}337 \ll 1 \ .$$

Wird hingegen mit dem größten Gewicht begonnen, so wird die Frage beantwortet, ob das Gewicht größer oder kleiner als 10 g ist. In diesem Falle ist

$$H = -\frac{1}{2}\,\mathrm{ld}\,\frac{1}{2} - \frac{1}{2}\,\mathrm{ld}\,\frac{1}{2} = 1 \ .$$

Für den zweiten Fall ist die Entropie und damit die Informationsmenge, die aus dem Vergleich gezogen wird, maximal. Resultierend ist die Anzahl der erforderlichen Vergleiche minimal und die Lösung wird auf dem schnellsten Wege gewonnen.

In Gl.(3.1.6) wurde die Entropie für einen diskreten Zeichensatzes definiert. In entsprechender Weise läßt sich die Definition für die Entropie durch

$$H = -\int_{-\infty}^{\infty} p(x)\cdot \mathrm{ld}\,p(x)\,\mathrm{d}x \tag{3.1.7}$$

auf die Amplitudenverteilung kontinuierlicher Signale wie z.B. auf Signale als Funktion der Zeit $x(t)$ ausdehnen. An die Stelle der diskreten Wahrscheinlichkeiten p_i für das Auftreten eines Zeichens tritt die Wahrscheinlichkeitsdichte $p(x)$ der Verteilungsfunktion, $p(x)$ ist die Dichteverteilung der Amplituden des Signals, x bezeichnet die Momentanwerte des Signals. Bei einer Gleichverteilung der Momentanwerte von x ist die Entropie maximal.

Die Betrachtung der Entropie ist von einigem praktischen Nutzen für die Meßtechnik und Meßdatenverarbeitung. A-priori-Wissen über die Entropie kann meßtechnisch erlangtes Wissen ergänzen, um zu sinnvollen Resultaten zu gelangen. Ein Beispiel dazu ist die Maximum-Entropie-Spektralanalyse [Burg75], [Childers78]. In einem anderen Beispiel kann ein Entscheidungsbaum für die Klassifizierung von Meßdaten effizienter gestaltet werden, unter Umständen führen weniger Messungen zum Ergebnis [Quinlan83]. Ein Vergleich von Fehlerbäumen zu Neuronalen Netzen ist in [Schwetlick92] gegeben.

3.2 Meßeinrichtung als Nachrichtenkanal

Die Informationsmenge M über einen, wie in Bild 3.1.2 dargestellten Übertragungskanal, ist durch

$$M = m\,H \tag{3.2.1}$$

gegeben. Darin ist H die Entropie des Zeichensatzes und m die Anzahl der im betrachteten Zeitraum T übertragenen Zeichen (z.B. einzelne Meßwerte). Der Informationsfluß J bezeichnet die Informationsmenge pro Zeiteinheit T, die vom Meßobjekt zum Empfänger geleitet wird. Sie ist durch

$$J = \frac{M}{T} = \frac{H\,m}{T} \tag{3.2.2}$$

gegeben und wird in bit/s angegeben. Der Quotient m/T gibt die Anzahl von Zeichen pro Sekunde an.

Eine ideale Übertragung der Information vom Meßobjekt zum Empfänger der Nachricht würde bedeuten, daß der Informationsfluß ungestört und hinsichtlich der Informationsmenge unbegrenzt stattfinden kann, wobei die vorhandene Information vollständig zum Empfänger gelangt. Ein realer Übertragungskanal ist jedoch Störeinflüssen ausgesetzt und hat eine endliche Bandbreite. Diese Grenze wird bestimmt durch die obere Grenzfrequenz, die dieses Übertragungsmedium noch übertragen kann, und durch die Anzahl der gleichzeitig übertragbaren Amplitudenstufen, die ihrerseits wieder vom Signalrauschverhaltnis abhängig sind. Beide Faktoren bilden Einschränkungen für die Übertragung. Ein Ergebnis der Informationstheorie ist das *Kodierungstheorem* [Shannon76]. Danach läßt sich, eine geeignetes Übertragungsverfahren vorausgesetzt, der Informationsverlust durch Übertragungsfehler beliebig klein halten, solange eine obere Grenze für den Informationsfluß nicht überschritten wird. Diese obere Grenze wird als Kanalkapazität C bezeichnet. Die Aussage ist sehr allgemein und sagt noch nichts über die aktuell eingesetzen Verfahren aus.

3.2.1 Kanalkapazität für Binärsignale

Im folgenden soll die Kanalkapazität C betrachtet werden, die entsprechend

$$J_{max} \leq C \tag{3.2.3}$$

den maximal möglichen Informationsfluß über ein Übertragungsmedium darstellt. Wird der Kanal als idealer Tiefpass mit einer Grenzfrequenz f_g angenommen, dann ist die minimale Zeit zwischen der Übertragung von zwei aufeinanderfolgenden Binärentscheidungen Δt durch die Beziehung

$$\Delta t = \frac{1}{2 f_g} \tag{3.2.4}$$

gegeben. Diese Beziehung besagt, daß die Grenzfrequenz des Tiefpasses eine untere Grenze für die Zeit zwischen zwei zu übertragenden Binärentscheidungen definiert, d.h. eine obere Grenze für die Bitübertragungsrate. Bei ausschließlicher Übertragung von 0- und 1-Zuständen ist somit der erreichbare Informationsfluß J in bit/s

$$J < 2f_{\mathrm{g}} \tag{3.2.5}$$

kleiner als die doppelte Grenzfrequenz des als Tiefpaß modellierten Übertragungskanals. Da ein idealer Tiefpaß physikalisch nicht realisiert werden kann, muß die maximale Übertragungsrate niedriger, etwa 1,4 bis 1,8 f_{g} gewählt werden. Für die angegebene Überlegung wird ein idealer Tiefpaß angesetzt, in der Praxis werden daher die oberen Grenzen nicht erreicht.

Neben der sequentiellen Übertragung von 0- und 1-Schritten können auch unterschiedliche Amplitudenstufen übertragen werden. Die Anzahl der möglichen Amplitudenstufen, die übertragen werden können, hängt von dem Signal-Rauschverhältnis ab. Mit der Angabe eines relativen Maximalfehlers ε, der aus dem Rauschen und anderen Störungen folgt, läßt sich die Anzahl der unterscheidbaren Stufen entsprechend $\pm\varepsilon/2 = 1/N$ bestimmen. Damit beträgt der resultierende maximale Informationsfluß

$$J_{\max} = 2f_{\mathrm{g}}\, \mathrm{ld}\, N = C \;. \tag{3.2.6}$$

Diese Kanalkapazität C kann nicht überschritten werden. Wird für die Grenzfrequenz die damit verbundene Einschwingzeit $T_{\mathrm{ein}} = 1/2f_{\mathrm{g}}$ eingesetzt, so ergibt sich

$$J_{\max} = \frac{1}{T_{\mathrm{ein}}}\, \mathrm{ld}\, N = C \;. \tag{3.2.7}$$

Diese Kanalkapazität C kann nicht überschritten werden.

Beispiel: Die Aufnahmekapazität eines Menschen beim Ablesen von Zeigerinstrumenten beträgt 7 bit/s. Auf wieviele Dezimalstellen läßt sich das Ergebnis angeben, wenn pro Sekunde einmal gemessen wird?

Sitben bit entsprechen $2^7 = 128$ Stufen pro Sekunde, das entspricht zwei Dezimalstellen.

Beispiel: Über eine Fernsprechleitung mit einer Grenzfrequenz von $f_{\mathrm{g}} = 3400$ Hz können 64 Stufen fehlerfrei übertragen werden. Mit welcher Meßrate darf ein Spannungsmesser mit einem 8-Bit-Analog-Digital-Umsetzer arbeiten, damit die Daten fortwährend übertragen werden können?

Die Kanalkapazität beträgt entsprechend $C = 2f_{\mathrm{g}}\, \mathrm{ld}\, N = 2 \cdot 3400\,\mathrm{Hz} \cdot 6 = 40800\,\mathrm{bit/s}$, d.h. 5100 mal kann pro Sekunde gemessen werden.

3.2.2 Kanalkapazität in der Meßtechnik

In Tabelle 3.2.1 sind Beispiele für die Kanalkapazitäten einiger meßtechnischer Übertragungskanäle angegeben. Günstig hinsichtlich des zu treibenden Aufwandes ist es, wenn die Kanalkapazitäten der Glieder der Meßkette einander angepaßt sind. Ein Beispiel dazu sind Zeigerinstrumente, deren Einschwingverhalten optimal dem menschlichen Ablesevermögen entspricht.

Meist bestimmt die maximale *Meßrate*, die Anzahl der Messungen pro Sekunde, in Verbindung mit der Wortlänge des verwendeten AD-Umsetzers die Kanalkapazität. Die maximale Meßrate wird bei konventioneller Meßtechnik durch die menschliche Ablesefähigkeit oder die Einschwingzeit des Meßumsetzers oder Sensors eingeschränkt. Bei digitalen Meßeinrichtungen gibt die Meßzeit und die Übertragungsrate zu einem Meßwertspeicher die maximale Meßrate vor.

Tabelle 3.2.1 Kanalkapazitäten bei typischen meßtechnischen Problemen

Kanal	Kanalkapazität
Größter Informationsfluß beim Menschen	42 bit/s
Mensch beim Lesen	30 bit/s
Mensch beim Ablesen von Meßgeräten	7 bit/s
Zeigerinstrumente Genauigkeit 0,1% und 1 Hz Bandbreite	7 bit/s
Oszilloskop 2 % Genauigkeit und 100 MHz Bandbreite	1 Gbit/s kurzzeitig
Audiosignale, unkomprimiert bei 60 dB Signalrauschabstand im Bereich 20 Hz - 20 kHz	0,4 106 bit/s
Fernsehen, unkomprimiert bei 5 MHz Bandbreite, 25 Bildern/s und 625 · 786 Bildpunkte	100 Mbit/s
IEC-Bus	8 Mbit/s
VXI Bus	160 Mbit/s
Feldbusse	10 kbit/s - 1Mbit/s
Ethernet LAN	10 Mbit/s
FDDI LAN	100 Mbit/s
ISDN	2 ¨ 64 Kbit/s

Die Kanalkapazität als obere Grenze des Informationsflusses eines Nachrichtenkanals einer Meßanordnung legt auch die Unmöglichkeit offen, gleichzeitig Geschwindigkeit der Datenaufnahme und Genauigkeit beliebig steigern zu können. Das Produkt aus Wortlänge und Meßrate unterliegt letztlich physikalischen Grenzen. Die immer vorhandene Einschränkung durch die Bandbreite praktischer Meßanordnungen und durch das Rauschen sind unter anderen dafür ein hinreichende Gründe.

3.3 Information und Kodierung

Zur Übertragung einer Nachricht, die wie oben dargestellt, aus der ein- oder mehrmaligen Auswahl eines Zeichens aus einem Zeichensatz besteht, muß eine Vereinbarung über die verwendeten Zeichen vorliegen. Die Abbildung eines Zeichenvorrats, z.B. eines Alphabets, auf einen anderen Zeichenvorrat wird mit „Kodierung" bezeichnet, die Vorschrift zur Abbildung mit Kode. Die Zuordnung zwischen beiden Darstellungen muß eindeutig sein. Meist werden standardisierte Kodes verwendet, bei denen diese Zuordnung bereits getroffen wurde. Damit unterscheidet sich diese Form der Nachrichtenübermittlung von der menschlichen Beobachtung und Kommunikation. Zunächst muß eine Übereinkunft über die verwendeten Begriffe oder Zeichen getroffen werden. Durch sogenannte Kodeumsetzer können verschiedene Kodes ineinander überführt werden, jedoch bleibt der eigentliche Inhalt der Nachricht unberührt.

Kodierung wird entsprechend der Aufgabe in Quellen- oder Kanalkodierung unterschieden [Conrads89]. Die Quellenkodierung erfolgt bei der Entstehung einer Nachricht und dient dazu, den relevanten Teil der Nachricht mit möglichst wenigen Bits, redundanzfrei, aufzunehmen. Durch die Kanalkodierung wird eine Anpassung an die Eigenschaften des Übertragungskanals vollzogen und Maßnahmen zur Fehlersicherung durchgeführt. Nicht immer ist eine besondere Kanalkodierung erforderlich. Einige Beispiele für Kanalkodierung sind in Bild 3.3.1 angegeben.

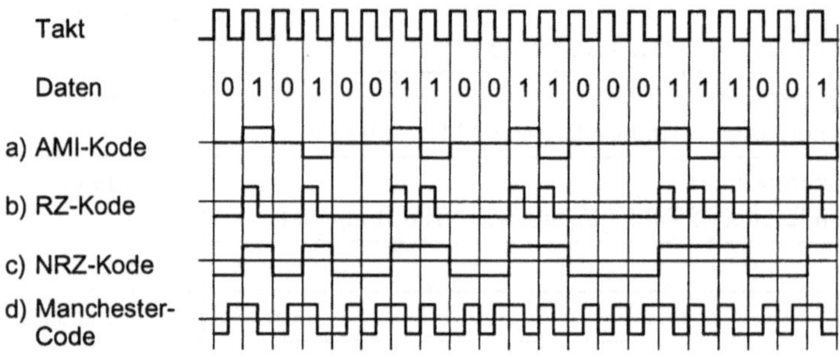

Bild 3.3.1 Kodes für die Nachrichtenübertragung

Als Quellenkodes zur Darstellung und Verarbeitung der quantisierten Meßwerte werden ausschließlich Binärkodes verwendet. Binärkodes setzen sich aus einzelnen Bits zusammen. Im Gegensatz zum Morsealphabet, bei dem häufig vorkommende Buchstaben durch eine kürzere Zeichenfolge kodiert werden, arbeiten Analog-Digital-Umsetzer und Rechner, einschließlich ihrer Schnittstellen, mit festen Wortlängen, z.B. 8, 16 oder 32 Bit. Zur Erhöhung der Genauigkeit können darauf aufbauend Vielfache davon als Wortlänge benutzt werden.

Wenn in einem Kode alle möglichen Bit-Kombinationen der Wortlänge einem Zeichen zugeordnet sind, führt jede Veränderung der Bitfolge wieder auf ein gültiges Zeichen. Durch das Hinzufügen weiterer, nicht gültiger Kombinationsmöglichkeiten (Redundanz), lassen sich verfälschte Zeichen erkennen. Die Hinzunahme eines weiteren Bits zu einem Wort verdoppelt die Zahl der möglichen Kombinationen. Wird zwischen jeweils zwei gültigen Kombinationen eine ungültige angeordnet, ergibt eine Verfälschung um ein Bit eine ungültige Kombination, die als Fehler erkannt werden kann.

Ein redundantes Bit kann auch als Paritätsbit dem Datenwort angehängt werden. Dabei wird die Quersumme der gesetzten Datenbits entweder auf geradzahlig oder ungeradzahlig ergänzt. Verändert sich bei einer fehlerhaften Übertragung auf dem Datenwege ein einzelnes Bit, kann eine elektronische Paritätsschaltung im Empfänger diesen Fehler aufdecken. Insbesondere wird der alphanumerische ASCII-Kode (siehe unten) zur Darstellung von Ziffern und Buchstaben zusätzlich zu den 7 Datenbits durch ein Paritätsbit ergänzt. Durch Hinzunahme weiterer Prüfbits kann die Fehlererkennung auch auf Zwei- oder Mehrbitfehler ausgedehnt werden. In anderen Verfahren können durch redundante Bits automatisch Übertragungsfehler korrigiert werden [Mildenberger92].

3.3.1 Darstellung alphanumerischer Zeichen

Für die Darstellung alphanumerischer Zeichen, darunter werden Zahlen und Buchstaben verstanden, wird häufig der ASCII-Kode eingesetzt, der in der Tabelle 3.3.1 aufgeführt ist. Es wurde die übliche Matrixdarstellung gewählt, bei der das 7-Bit-Datenwort in drei höherwertige Bits aufgeteilt ist, die senkrecht, und vier niederwertige Bits, die waagerecht angeordnet sind. Er stellt die Standarddarstellung für Text dar und ist daher mit vielen Übertragungs- und Speicherformaten kompatibel. In Rechnern läßt sich der ASCII-Kode direkt auf dem Bildschirm anzeigen, ausdrucken, oder auch mit Standardeditoren verändern. Für Zahlendarstellungen kann die hohe Redundanz nachteilig sein, da für jede Ziffer ein Buchstabe dargestellt wird. Demgegenüber kommen Binärformate mit weniger Bit pro Zahl aus und lassen sich damit auch schneller übertragen.

Tabelle 3.3.1 Der ASCII-Kode

Hexadezimal höherwertige Bits	Binär $a_6 a_5 a_4$ / $a_3 a_2 a_1 a_0$	0	1	2	3	4	5	6	7
niederwertige Bits		000	001	010	011	100	101	110	111
0	0 0 0 0	NUL	DLE	SP	0	@	P	\	p
1	0 0 0 1	SOH	DC1	!	1	A	Q	a	q
2	0 0 1 0	STX	DC2	"	2	B	R	b	r
3	0 0 1 1	ETX	DC3	#	3	C	S	c	s
4	0 1 0 0	EOT	DC4	$	4	D	T	d	t
5	0 1 0 1	ENQ	NAK	%	5	E	U	e	u
6	0 1 1 0	ACK	SYN	&	6	F	V	f	v
7	0 1 1 1	BEL	ETB	'	7	G	W	g	w
8	1 0 0 0	BS	CAN	(	8	H	X	h	x
9	1 0 0 1	HT	EM	)	9	I	Y	i	y
A	1 0 1 0	LF	SUB	*	:	J	Z	j	z
B	1 0 1 1	VT	ESC	+	;	K	[	k	{
C	1 1 0 0	FF	FS	,	<	L	\	l		
D	1 1 0 1	CR	GS	-	=	M	]	m	}
E	1 1 1 0	S0	RS	.	>	N	^	n	~
F	1 1 1 1	SI	US	/	?	O	_	o	DEL

Beispiel: Eine Festkommazahl im Bereich von 0 bis 255 mit 8 Bit benötigt zu Darstellung z.B. 8 Bit, demgegenüber benötigt eine Darstellung mit dem ASCII-Kode mindestens 3 mal 7 Bit = 21 Bit.

3.3.2 Festkommazahlen

Allgemein wird zur Zahlendarstellung die Stellenschreibweise eines polyadischen Zahlensystems, dargestellt durch

$$z = a_n \cdot b^n + a_{n-1} \cdot b^{n-1} + \cdots + a_1 \cdot b^1 + a_0 \cdot b^0 = \sum_{i=0}^{n} a_i \cdot b^i \qquad (3.3.1)$$

verwendet. Darin ist b die Basis des Zahlensystems und a_i der Wert der Ziffer. Die Ziffer ist in jedem Falle kleiner als die Basis des Zahlensystems, somit gilt $0 < a_i < b$. Bei einem Dualsystem mit der Basis zwei ($b = 2$) reduziert sich der Ziffernvorrat auf die Ziffern „0" und „1". Dies führt, verglichen mit der Dezimaldarstellung, zu Zahlen mit einer höheren Anzahl von Stellen. Eine Zusammenfassung von jeweils drei Dualstellen zu einer Oktalzahl oder von vier Stellen zu einer Hexadezimalzahl macht die Dualzahlen für Menschen lesbarer. Oktalzahlen mit der Basis 8 verwenden die Ziffern von 0 bis 7. Hexadezimalzahlen mit der Basis 16 verwenden Ziffern von 0 bis 15, die Buchstaben A, B, C, D, E, F werden als Ziffern für die Zahlen von 10 bis 15 eingesetzt. Entsprechend benötigen Oktalzahlen drei, Hexadezimalzahlen vier Dualziffern zur Darstellung. In Tabelle 3.3.2 ist ein Zahlenbeispiel in drei Darstellungsweisen angegeben.

Dezimalzahl : 1 7 9 2	
Hexadezimalzahl : 7 | 0 | 0	
Dualzahl : 0 1 1 1 0 0 0 0 0 0 0 0	
Oktalzahl : 3 | 4 | 0 | 0	

Geburtsjahr von Charles Babbage,
eines Pioniers der Computertechnik
(lebte vom 26. Dezember 1792 bis 18. Oktober 1871)

Tabelle 3.3.2
Beispiele für Zahlendarstellungen:
dezimal, hexadezimal, dual und oktal

Zur eindeutigen Darstellung einer Dezimalziffer sind mindestens 4 Bit notwendig. Mit 4 Bit lassen sich jedoch 16 Ziffern darstellen, daher resultiert eine Vielzahl möglicher Kodes, die Tetradenkodes genannt werden. Darunter hat der BCD-Kode (*Binary Coded Decimal*) eine gewisse Verbreitung auch in der Meßtechnik gefunden, da sich damit Ziffernanzeigen einfach ansteuern lassen. Die Meßwerte werden damit als Dezimalzahlen ausgegeben, wobei jede Ziffer durch 4 Bit dargestellt wird. Der BCD-Kode entspricht der Dualdarstellung der Ziffern 0 bis 9.

Gray-Kodes sind einschrittige Kodes, die sinnvoll in Verbindung mit einer Analog-Digital-Umsetzung eingesetzt werden. Bei einem Schritt von einer Ziffer zur benachbarten verändert sich bei diesem Kode nur jeweils ein Bit. Bild 3.3.2 zeigt zwei Rasterflächen für eine Distanzmessung. Für die Messung von Winkeln und Drehbewegungen ist der Gray-Kode entsprechend auf Kreisringen einer Scheibe angebracht. Teilbild a) zeigt eine Rasterfläche mit dem Dualkode und Teilbild b) mit einem Gray-Kode. Mit beiden kann eine Analog-Digital-Umsetzung der Distanz in 16 Schritten vorgenommen werden.

Durch optische Sensoren oder mechanische Fühler wird die angebrachte Kodierung abgetastet. Dabei wird zwischen zwei Zuständen unterschieden, die durch schattierte und nicht schattierte Bereiche markiert sind. Der schattierte Bereich auf den Rasterscheiben mit Dual- und Gray-Kode zeigt die Ableseungenauigkeit der einzelnen Bits. In der eingerahmten Stellung, beim Übergang von einem in einen anderen Zustand, können beim Dualkode vier Bit falsch abgelesen werden. Bei dem Gray-Kode kann durch einen Ablesefehler nur ein Bit verändert werden und somit ist der mögliche Fehler auf einen Distanzschritt beschränkt. Der Dual-Kode hingegen kann zu unsinnigen und extrem fehlerhaften Ablesungen führen.

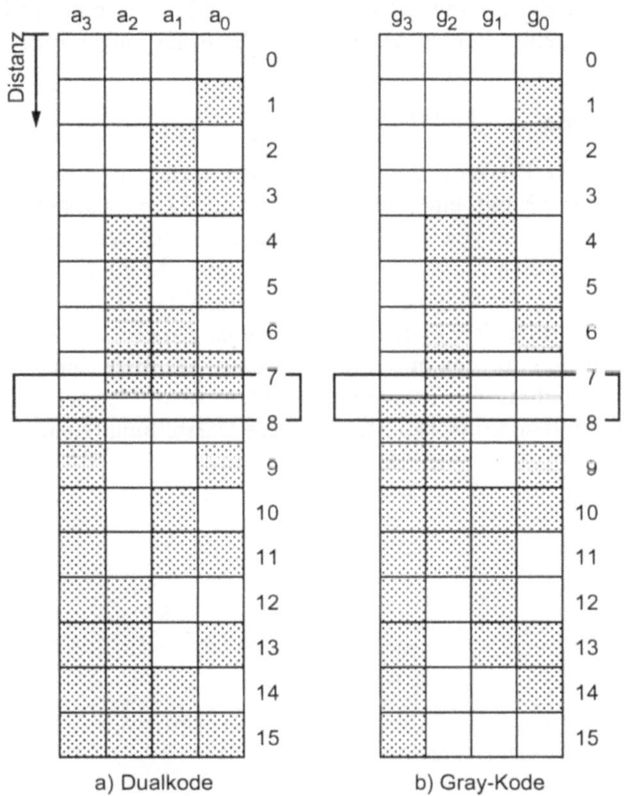

Bild 3.3.2 Dualkode und Gray-Kode in linearer Anordnung für Weggeber

3.3.2 Gleitkommazahlen

Insbesondere werden bei komplexen Verarbeitungsalgorithmen in der Meßtechnik, um große Zahlenbereiche darstellen zu können, *Gleitkommazahlen* (auch Fließkommazahlen oder engl. *floating point numbers* genannt) eingesetzt. Diese Repräsentation wird halblogaritmische Zahlendarstellung genannt, da die Zahlen durch einen Exponenten und eine Mantisse ausgedrückt werden. Die durchgängig verwendete Gleitkomma-Zahlendarstellung ist in der Norm IEEE P 754 festgelegt.

a_{31}	$a_{30} \ldots a_{23}$	$a_{22} \ldots a_0$
Vorzeichen	Exponent	Mantisse

Bild 3.3.3 Beispiel für die Darstellung einer Gleitkommazahl

Bild 3.3.3 zeigt die Darstellung der Gleitkommazahl in einfacher Genauigkeit. Das entspricht einer Wortlänge von 32 Bit. Das höchstwertige Bit a_{31} bezeichnet das Vorzeichen V und ist 0 bei einer positiven Zahl. Die Bits a_{30} bis a_{23} bilden den binären Exponenten und die Bits a_{22} bis a_0 die Mantisse. Der Exponent wird im IEEE-Zahlenformat als Offset-Dualzahl angegeben, damit der Exponent sowohl positive als auch negative Werte annehmen kann. Das heißt, daß bei der Zahl Null beim Exponenten der Wert 127 eingetragen ist. Eine Zahl z ist somit durch

$$z = V \cdot 0, (\text{Mantisse}) \cdot 2^{(\text{Exponent})} \qquad (3.3.2)$$

gegeben. Mit einem 32 Bit-Wort und einem Exponenten von 8 Bit läßt sich somit ein Zahlenbereich von $2^{\pm 128}$ mit einer Genauigkeit von 24 bit darstellen. Das entspricht einem Dezimalzahlenbereich von $10^{\pm 38}$. Die Mantisse ist auf Werte zwischen dezimal 0,5 und 1,0 normalisiert. Durch diese Normierung ist die erste binäre Ziffer in jedem Falle eine 1. Diese führende 1 der Mantisse wird als sogenanntes *Hidden Bit* nicht mitgeführt. Gleitkommazahlen in doppelter Genauigkeit (*Double Precision*) haben eine Wortlänge von 64 bit bei einem Exponenten mit 11 bit und einer Mantisse von 52 bit. Insbesondere bei komplexen Verarbeitungsalgorithmen empfiehlt sich zur Vermeidung von Rechenfehlern (wenigstens partiell an kritischen Stellen) diese Darstellung (siehe auch Kap 17.3).

4 Meßsignale

4.1 Kontinuierliche und zeitdiskrete Signale

Abweichend vom allgemeinen Sprachgebrauch wird ein Signal in nachrichtentechnischen und wissenschaftlichen Bereichen als Repräsentation der Information aufgefaßt. Auch ein einzelner Meßwert kann als Signal verstanden werden, meist ist jedoch der Verlauf der Meßwerte als Funktion der Zeit oder des Ortes gemeint. Beispiele solcher Signale sind das Oszillogramm, das Information über den Verlauf der Spannung als Funktion der Zeit trägt oder ein Fernsehsignal, das Helligkeit als Funktion des Ortes übermittelt. Im folgenden werden Signale der Einfachheit halber als Funktion der Zeit betrachtet, die gleichen Überlegungen gelten auch für Signale als Funktion des Ortes oder eines anderen Argumentes.

Entsprechend Bild 4.1.1 können Signale zeit- und amplitudendiskret sowie zeit- und amplitudenkontinuierlich sein. Die analoge Meßtechnik bezieht sich im Regelfall auf zeit- und amplitudenkontinuierliche Signale. Amplitudendiskret ist ein Signal, wenn der jeweilige Amplitudenwert durch eine ganze Zahl ausgedrückt werden kann. Zeitdiskrete Signale lassen sich aus einem kontinuierlichen Werteverlauf durch Messung zu bestimmten Zeiten, meist zu äquidistanten Zeitabständen, ermitteln. Die Anzahl der Abtastwerte pro Sekunde wird als Abtastrate f_{ab} bezeichnet und in „S/s" (Samples pro Sekunde) angegeben. Sie bilden eine Serie von Zahlenwerten, die auch als Zeitserie bezeichnet wird.

Es ist offensichtlich, daß bei einem gegebenen kontinuierlichen Zeitverlauf zur Digitalisierung die Abtastintervalle nicht beliebig groß gewählt werden können. Als ein Ergebnis der Informationstheorie von Shannon (siehe [Shannon48] und [Steinbuch67]) läßt sich der zeitliche Verlauf eines Meßwertes eineindeutig durch eine Sequenz von Meßwerten darstellen, wenn das Spektrum des zeitlichen Verlaufes keine höherfrequenten Komponenten oberhalb einer oberen Bandgrenze f_0 enthält. Für die Abtastung dieses Zeitverlaufes ist die minimale Abtastrate f_{ab},

$$f_{ab} > 2f_0, \quad \Delta t = \frac{1}{f_{ab}} \tag{4.1.1}$$

erforderlich. Die Frequenz $f_0 = f_{ab} / 2$ wird auch als *Nyquistfrequenz* bezeichnet (z.B. in [Tretter76]. Die Nyquistfrequenz ist nicht zu verwechseln mit der *Nyquistrate*, die häufig in der englischsprachigen Literatur verwendet wird und die Abtastrate bezeichnet (nach H. Nyquist 1889 bis 1976, ein Forscher bei den Bell Telephone Laboratories, USA).

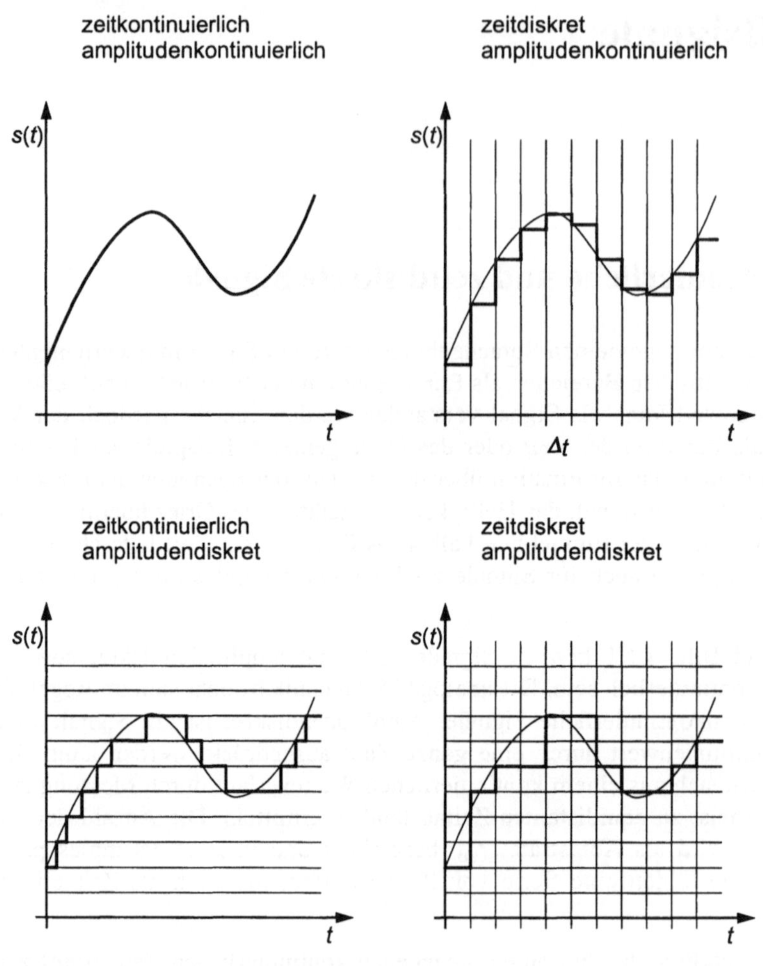

Bild 4.1.1 Signaltypen

Gl.(4.1.1) besagt, daß für die höchste Frequenz f_0, die im Meßsignal enthalten ist, mehr als zwei Abtastwerte pro Periode vorgesehen werden müssen. Unter dieser Voraussetzung läßt sich das Meßsignal $s(t)$ wieder eindeutig aus den Abtastwerten restaurieren. Das soll im folgenden gezeigt werden. Dazu wird davon ausgegangen, daß das zeitkontinuierliche Meßsignal $s(t)$ zu äquidistanten Zeitabschnitten $i\Delta t$ abgetastet wird, wobei

$$s_i = s(i\Delta t) \qquad\qquad\qquad (4.1.2)$$

ist. Den diskreten Abtastwerten s_i sind damit eindeutig Werte der kontinuierlichen Funktion $s(t)$ zugeordnet. Im Meßsignal sind keine höheren Frequenzkomponenten

$$f_0 > \frac{1}{2\Delta t} \qquad\qquad\qquad (4.1.3)$$

enthalten. Das läßt sich technisch durch ein vorgeschaltetes, steilflankiges, analoges Filter erreichen. In dieser Funktion wird ein solches Filter als Antialiasingfilter bezeichnet.

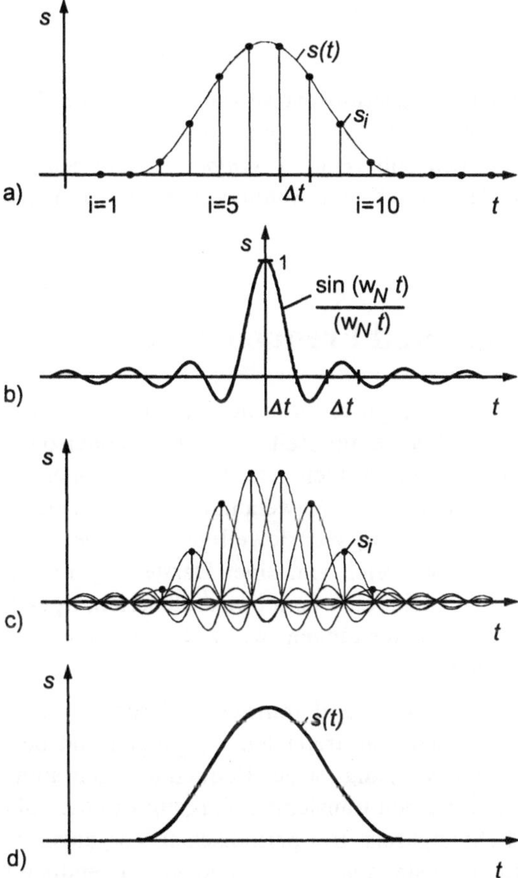

Bild 4.1.2 Rückgewinnung des analogen Signals $s(t)$ aus den Abtastwerten s_i:

      a) analoges Signal und Abtastwerte,

      b) die sin x/x-Funktion,

      c) Überlagerung der um $i\Delta t$ zeitlich verschobenen sin x/x-Funktionen,

      d) restauriertes Analogsingnal

Unter diesen genannten Voraussetzungen kann die umgekehrte Zuordnung, von den diskreten Abtastwerten zu der kontinuierlichen Funktion $s(t)$ durch die gewichtete Überlagerung von zeitlich verschobenen sinx/x-Funktionen getroffen werden. Aus den Abtastwerten s_i läßt sich die Originalfunktion $s(t)$ mit der Beziehung

$$s(t) = \sum_{i=-\infty}^{\infty} s_i \frac{\sin(\omega_N(t - i\Delta t))}{\omega_N(t - i\Delta t)} \tag{4.1.4}$$

aus den Abtastwerten s_i wieder zurückgewinnen. Bild 4.1.2 zeigt diese Überlagerung zeitlich verschobener und gewichteter sinx/x-Funktionen. Die Kreisfrequenz ω_N der Nyquistfrequenz ist durch

$$\omega_N = \frac{2\pi f_{ab}}{2} = \frac{\pi}{\Delta t} \qquad\qquad (4.1.5)$$

gegeben. Gl.(4.1.4) kann auch näherungsweise zur Interpolation der Werte zwischen zwei Abtastpunkten angewendet werden. Das kann notwendig werden, wenn die Abtastrate nachträglich geändert werden soll (engl. *resampling*). Die Summation über unendlich viele Summanden wird dazu durch eine Summe über eine endliche Anzahl Summanden approximiert.

4.2 Signale im Zeit- und Frequenzbereich

Signale können sowohl in Abhängigkeit von der Zeit als auch in Abhängigkeit der Frequenz angegeben werden. Signale im Zeit- und im Frequenzbereich sind im Prinzip gleichwertig und lassen sich durch geeignete Transformationen ineinander überführen. Allgemein treten in meßtechnischen Anwendungen auch Werte in Abhängigkeit von anderen Variablen auf. Unabhängig vom jeweiligen Argument wird allgemein anstelle von einer Darstellung im Zeitbereich von einer Darstellung im Originalbereich gesprochen und anstelle von Frequenzbereich vom Spektralbereich, Spektrum oder Bildbereich. Manche Berechnungen und Auswertungen, wie z.B. Korrelation oder Faltung, vereinfachen sich im Spektralbereich.

Signale lassen sich in periodische und transiente Vorgänge unterscheiden. Transiente Signale entstammen oft einmalig auftretenden Vorgängen und beschreiben einen Übergang. Bei einem transienten Vorgang ist der Betrachtungszeitraum größer als die Dauer des Signals. Ein Beispiel für einen transienten Vorgang ist eine abklingende Schwingung an einem gedämpften Schwingkreis. Bei periodischen Vorgängen wiederholen sich definitionsgemäß die Werte im Abstand von T während eines unendlich langen Zeitraums,

$$s(t) = s(t+T) \quad \text{für} -\infty \le t \le \infty \quad . \qquad\qquad (4.2.1)$$

Daher ist es bei periodischen Vorgängen hinreichend, eine oder eine ganzzahlige Anzahl von Perioden zu betrachten. Der Betrachtungszeitraum ist hier klein gegenüber der Dauer des Signals.

Das mathematische Hilfsmittel für die Wandlung zwischen Original- und Spektralbereich sind je nach Art des Signals Fourier-Reihe, Fourier-Transformation und diskrete Fourier-Transformation (siehe dazu z.B. [Dirschmid86] oder [Brigham74]). Periodische Vorgänge im Originalbereich $s(t)$ lassen sich durch Fourier-Reihen

$$s(t) = \sum_{k=0}^{\infty} c_k \cdot e^{j2\pi kt/T} \qquad\qquad (4.2.2)$$

ausdrücken, für die hier die allgemeine komplexe Darstellung gewählt wurde. Die Fourier-Koeffizienten c_k sind darin komplexe Werte, die eine Amplitude, d.h. den Betrag der komplexen Fourier-Koeffizienten, und die Phase φ einer Frequenzkomponente repräsentieren.

$$c_k = a_k + j\, b_k = c_k\, e^{j\varphi(k)} \qquad\qquad (4.2.3)$$

Die Berechnung der Fourier-Koeffizienten erfolgt mit der Beziehung

$$c_k = \frac{1}{T} \int_0^T s(t)\, e^{-j2\pi kt/T}\, dt \quad , \tag{4.2.4}$$

wobei das Integral über eine Periodendauer T berechnet wird. Für den Koeffizienten c_0 geht die Berechnung in Gl.(4.2.2) in die Berechnung des arithmetischen Mittelwerts über; der arithmetische Mittelwert des Signals ist somit der nullte Fourier-Koeffizient. Bei sogenannten Mischspannungen, die sich aus einem Gleichanteil und einem Wechselanteil zusammensetzen, entspricht dieser Fourier-Koeffizient dem Gleichspannungsanteil. Der erste Fourier-Koeffizient c_1 ist die Grundwelle des Signals, seine Frequenz, die Grundfrequenz beträgt $1/T$. Die weiteren Fourier-Koeffizienten c_k, $k \neq 1$ geben die Amplitude und Phasenlage der sinusförmigen Signalanteile der Frequenzen an, die das k-fache der Grundfrequenz des Signals betragen. Sie werden auch als Oberwellen bezeichnet.

Für die numerische Auswertung läßt sich die Integration durch eine Summe approximieren. Dazu wird der zu äquidistanten Zeiten abgetastete Signalverlauf $s_i = s(i\Delta t)$ herangezogen. Ist eine Abtastperiode genau durch $N\Delta t$ gegeben, dann lassen sich die Koeffizienten mit

$$c_k = \frac{1}{N} \sum_{i=0}^{N} s(i\Delta t)\, e^{-j2\pi ki/N} \tag{4.2.5}$$

ermitteln. Diese Abtastung des Zeitsignals wird als *kohärente Abtastung* bezeichnet und ist in Bild 4.2.1 verdeutlicht. Allgemein ist dabei der Beobachtungszeitraum $N\Delta t$ ein ganzzahliges Vielfaches des Abtastintervalls und ein ganzzahliges Vielfaches der Periodendauer. Idealerweise sind Abtastrate und Signalfrequenz synchron, d.h. sie sind von einem gemeinsamen Referenzoszillator abgeleitet. Bei dem oben angeführten Beispiel ist der Beobachtungszeitraum gleich der Periodendauer.

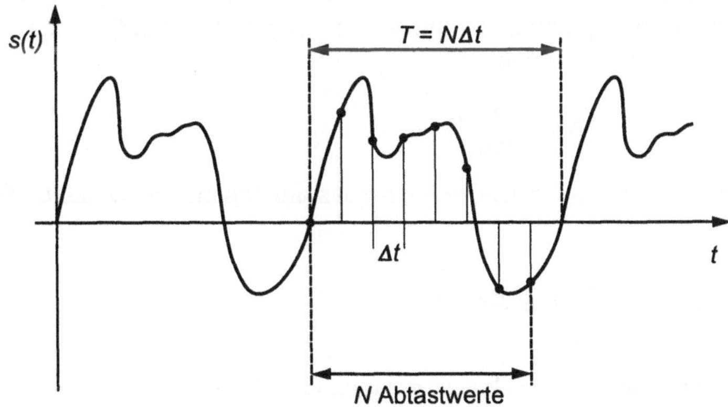

Bild 4.2.1 Kohärente Abtastung

Zur Analyse von transienten Vorgängen wie z.B. Ein- und Ausschwingvorgängen erfolgt die Berechnung des Spektrums nach dem Fourier-Integral [Brigham74]

$$S(f) = \int\limits_{-\infty}^{\infty} s(t)\,\mathrm{e}^{-\mathrm{j}2\pi tf}\,\mathrm{d}t = \mathrm{F}\{s(t)\}\,. \tag{4.2.6}$$

Ist $s(t)$ der Zeitverlauf einer Spannung, angegeben in Volt, dann ist $s(t)$ die spektrale Dichte in Vs (bzw. V/Hz). In einer anschaulichen Interpretation läßt sich der Übergang von der Fourier-Reihe zum Fourier-Integral vollziehen, indem die Periodendauer gegen unendlich vergrößert wird. In der Folge gehen die Abstände zwischen zwei Spektrallinien gegen Null und damit werden diskrete Spektralkomponenten zu einer Spektraldichte. Die Summe geht schließlich in ein Integral über. Das Zeitsignal wird umgekehrt aus dem Spektrum durch

$$s(t) = \int\limits_{-\infty}^{\infty} S(f)\,\mathrm{e}^{+\mathrm{j}2\pi tf}\,\mathrm{d}f = \mathrm{F}^{-1}\{S(f)\}\,\} \tag{4.2.7}$$

gewonnen. Damit liegt ein Transformationspaar vor, mit dem Signale aus dem Zeitbereich in Signale im Spektralbereich und umgekehrt umgerechnet werden können.

Zur numerischen Berechnung dieser Transformation dient die diskrete Fourier-Transformation als Näherung des Fourier-Integrals. Das Integral in Gl.(4.2.6) wird durch eine Summe approximiert und die Integrationsgrenzen von $-\infty$ bis $+\infty$ werden durch ein endliches Intervall ersetzt. Das entspricht dem Fall, daß außerhalb des Intervalls das Signal gleich Null ist. Die Signalwerte $s(t)$ liegen zu den diskreten Zeitpunkten $i\Delta t$ vor. Das betrachtete Zeitintervall ist durch $N\Delta t$ gegeben. Damit wird Gl.(4.2.6) zu

$$S(f) = \sum_{i=0}^{N-1} s(i\Delta t)\,\mathrm{e}^{-\mathrm{j}2\pi i\Delta t f\cdot\Delta t}\quad, \tag{4.2.8}$$

ein kontinuierliches Spektrum aus abgetasteten Werten. Durch diese Näherung wird ein einmaliger transienter Vorgang als periodisches Signal mit einer Periodendauer $N\Delta t$ betrachtet. Werden die Spektralkomponenten $S(k\Delta t)$ in Gl.(4.2.8) zu äquidistanten Frequenzabständen berechnet, so daß

$$\Delta f = \frac{1}{N\Delta t}\quad\text{und}\,f = k\Delta f = \frac{1}{N\Delta t}k \tag{4.2.9}$$

sind, läßt sich ein eigenes Transformationspaar aufstellen, die Diskrete Fourier-Transformation (DFT)

$$\mathrm{DFT}\{s_\mathrm{i}\} = S_\mathrm{k} = \frac{1}{N}\sum_{i=0}^{N-1} s_\mathrm{i}\,\mathrm{e}^{-\mathrm{j}2\pi ki/N} \tag{4.2.10}$$

und die Inverse Diskrete Fourier-Transformation (IDFT)

$$\mathrm{IDFT}\{s_\mathrm{k}\} = s_\mathrm{i} = \sum_{k=0}^{N-1} S_\mathrm{k}\,\mathrm{e}^{\mathrm{j}2\pi ki/N}\,. \tag{4.2.11}$$

Dabei entspricht die Serie s_i der Zeitfunktion $s(t)$ und die Serie S_k dem Spektrum $S(f)$. Anstelle der Argumente werden die Indizes entsprechend

$$s_i = s(i\Delta t), \quad S_k = S(k\Delta f) \cdot \Delta f \qquad\qquad (4.2.12)$$

verwendet. Der Vergleich von Gl.(4.2.10) und Gl.(4.2.11) mit Gl.(4.2.5) zeigt die Nähe zur Fourier-Reihe.

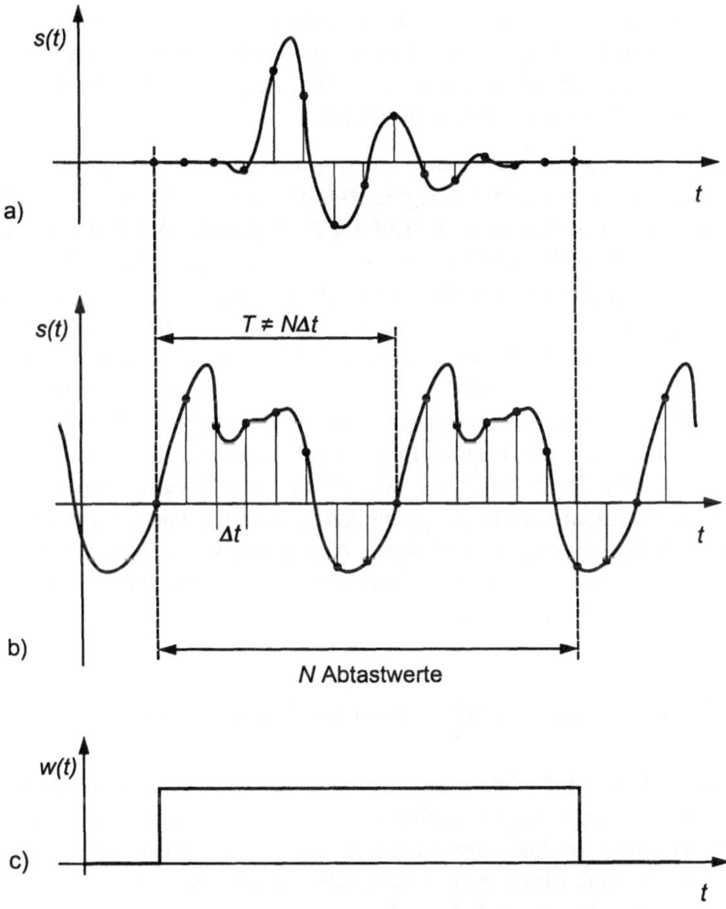

Bild 4.2.2 Abtastung eines transienten und eines periodischen Signals
a) transientes Signal im Beobachtungszeitraum
b) periodisches Signal und Beobachtungszeitraum
c) Signalfenster

Beide Serien s_i und S_k können als periodisch angesehen werden, so daß

$$\left.\begin{array}{l} s_i = s_{jN+i} \\ S_k = S_{jN+k} \end{array}\right\} \text{ für } j = \infty, \ldots -2, -1, 0, 1, 2, \ldots \infty \qquad (4.2.14)$$

gilt. Beide Serien haben aufgrund der Wahl von Δf eine Länge von N Werten. Die Werte im Spektralbereich sind komplex. Unter der Voraussetzung, daß die Werte im Zeitbereich rein reell sind, weisen die Werte im Spektralbereich Symmetrien auf,

$$S_k = S_{N-k}^* , \quad S_k = S_{N+k} , \tag{4.2.15}$$

wie sich durch Einsetzen in die Transformationsgleichungen Gl.(4.2.10) und Gl.(4.2.11) leicht zeigen läßt. Damit ergibt eine Serie von N reellen Werten im Zeitbereich eine Serie von $N/2+1$ komplexen Werten im Spektralbereich. Da komplexe Werte sich aus einem Wertepaar aus Realteil und Imaginärteil zusammensetzen, und weiterhin die nullte und die $(N/2+1)$te Komponente nur einen Realteil hat, zeigt sich, daß beide Serien mit der gleichen Anzahl von Zahlen repräsentiert werden.

Diese Approximation der Fourier-Transformation durch eine DFT ist nur sinnvoll, wenn das Signal außerhalb des berücksichtigten Beobachtungszeitraums zu Null wird. Ein Beispiel für ein solches Signal wird in Bild 4.2.2 a) gezeigt. Wenn jedoch, wie bei periodischen Signalen, außerhalb der Meßzeit das Signal nicht zu Null wird, kann zwar durch Signalfenster, das Signal außerhalb des Beobachtungszeitraums zu Null gesetzt werden. In Bild 4.2.2 b) ist das gefensterte Signal anhand eines Rechteckfensters $w(t)$ gezeigt. Es entsteht jedoch dabei ein Fehler, der als spektrale Verbreiterung oder *Leakage* bezeichnet wird. Dieser Fehler wird in Kapitel 6.3 ausführlicher diskutiert. Die Berechnung der Diskreten Fourier-Transformation kann nach Cooley und Tukey [Cooley65] durch effiziente Algorithmen erfolgen, die als Fast-Fourier-Transformation (abgekürzt FFT) bezeichnet werden. Dabei ist vorteilhaft, wenn die Anzahl der Abtastwerte eine Potenz von 2 ist. Verschiedene Algorithmen sind in [Oppenheim75] und [Rabiner75] ausführlich beschrieben (siehe auch [Oppenheim95]). Effiziente Algorithmen zur Berechnung der FFT von reellen Serien, wie sie als abgetastete Werte eines Spannungsverlaufs auftreten, sind in [Bergland65] und [Press92] angegeben.

4.3 Amplituden- und zeitbezogene Kennwerte

In vielen Fällen ist als Meßgröße nicht der gesamte Zeitverlauf von Interesse, sondern Kennwerte, die bestimmte Eigenschaften eines Signals beschreiben. Diese Kennwerte können entweder durch direkte Messung gewonnen werden, vorrausgesetzt das Meßprinzip zielt auf die Messung dieser Kennwerte, oder indirekt aus dem gemessenen Zeitverlauf berechnet werden. Im folgenden werden einige allgemein wichtige, amplitudenbezogene und zeitbezogene, Kennwerte betrachtet (siehe z.B. [Patzelt93] und [DIN 40110]). Dabei werden sowohl analoge Definitionen als auch die Formulierungen für eine numerische Behandlung angegeben.

4.3.1 Periodische Signale

Anhand des in Bild 4.3.1 dargestellten kosinusförmigen Signalverlaufs

$$s(t) = S_s \cos(\omega t + \varphi) , \quad t_0 \leq t \leq T + t_0 \ , \tag{4.3.1}$$

sollen wichtige Momentan- und Kennwerte betrachtet werden. Die *Momentanwerte* $s(t)$ oder *Augenblickswerte* sind für dieses spezielle Beispiel durch drei Kennwerte eindeutig bestimmt: den *Scheitelwert* oder *Spitzenwert* S_S, die *Frequenz f* bzw. die *Kreisfrequenz* $\omega = 2\pi f$ und eine *Phasenverschiebung* φ. Im Zeitintervall von 0 bis T liege genau eine Schwingung, die Periodendauer ist $T = 1/f$. Von den genannten Kennwerten wird angenommen, sie seien zeitlich konstant und das Signal sei von unbegrenzter Dauer.

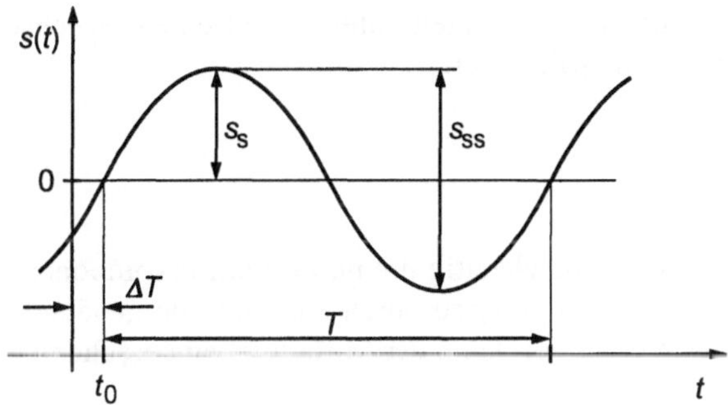

Bild 4.3.1 Kennwerte bei sinusförmigen Signalen

Neben dem Spitzenwert, der auch als Scheitelwert bezeichnet wird,

$$S_\mathrm{S} = \max(s(t)) \tag{4.3.2}$$

wird auch oft der doppelte Spitzenwert, der Spitze-Spitze-Wert S_SS

$$S_\mathrm{SS} = \max(s(t)) - \min(s(t)) \tag{4.3.3}$$

verwendet. Er läßt sich aus einem Oszillogramm gut ablesen oder automatisiert durch eine Suche des Maximums und Minimums ermitteln. Für sinusförmige Signalverläufe und solche, die zu Null symmetrische Auslenkungen aufweisen, läßt sich der einfache Spitzenwert durch $S_\mathrm{S} = S_\mathrm{SS}/2$ ermitteln. Die Kreisfrequenz ω ist

$$\omega = \frac{2\pi}{T} \tag{4.3.4}$$

und damit der Phasenwinkel φ

$$\varphi = \Delta T \omega = \frac{\Delta T 2\pi}{T} \quad, \tag{4.3.5}$$

wobei ΔT die Verzögerungszeit des Signals ist, die eine Phasenverschiebung φ hervorruft.

Die N diskreten Momentanwerte s_i eines entsprechenden Digitalsignals sind durch

$$s_\mathrm{i} = s(i\Delta t) = S_\mathrm{S} \cos\left(\frac{2\pi i}{N} + \varphi\right) \quad 0 \le i \le N-1 \tag{4.3.6}$$

gegeben. Dabei ist die Periodendauer T

$$T = N\Delta t \quad , \tag{4.3.7}$$

bei einer Frequenz der Sinusspannung von

$$f = \frac{\omega}{2\pi} = \frac{1}{N\Delta t} \quad . \tag{4.3.8}$$

4.3.2 Kennwerte und Kennfaktoren periodischer Signale

Bei analogen Signalen, die sich aus einem Gleich- und einem Wechselanteil zusammensetzen, gibt der arithmetische Mittelwert

$$S_{\mathrm{m}} = \frac{1}{T} \int_{0}^{T} s(t)\, \mathrm{d}t \tag{4.3.9}$$

den Gleichanteil an. Er stellt gleichzeitig die nullte Fourierkomponente in Gl.(4.2.2) dar. Für abgestastete Werte wird das Integral durch eine Summe genähert. Liegt der Kurvenverlauf abgetastet an N Werten vor, kann der Mittelwert entsprechend durch die Summe

$$S_{\mathrm{m}} = \frac{1}{N} \sum_{i=1}^{N} s_{\mathrm{i}} \quad , \tag{4.3.10}$$

berechnet werden. Bei kohärenter Abtastung liegen diese N Werte genau innerhalb einer Periode mit der Periodendauer T. Bei nicht kohärenter Abtastung bzw. wenn die Periodendauer vor der Abtastung nicht bekannt ist, stellt der so gewonnene Mittelwert nur einen Näherungswert dar.

Das Drehspulinstrument ist das klassische Beispiel für ein Instrument mit einer Anzeige proportional zum arithmetischen Mittelwert. Der Gleichrichtwert, ein weiterer Kennwert, wird ähnlich wie der arithmetische Mittelwert bestimmt: aus dem Spannungsverlauf wird dessen Betrag gebildet und aus diesem Verlauf der arithmetische Mittelwert. Der Vorteil des Gleichrichtwertes liegt nicht so sehr in seiner eigenen Aussagekraft, sondern eher in der Einfachheit der technischen Realisierung. In der klassischen elektromechanischen Meßtechnik wird einem Drehspulinstrument oder einer anderen Anzeigeeinrichtung ein Meßgleichrichter zur Betragsbildung und, falls die Trägheit des Instrumentes nicht ausreicht, ein Tiefpaß vorgeschaltet. Der Tiefpaß, im einfachsten Fall ein einfaches RC-Glied, ist so dimensioniert, daß er keine Wechselsignalanteile durchläßt, langsame Schwankungen der Kennwerte jedoch erhalten bleiben. Der Gleichrichtwert S_{g} eines analogen Spannungsverlaufes ist durch

$$S_{\mathrm{g}} = \frac{1}{T} \int_{0}^{T} |s(t)|\, \mathrm{d}t \tag{4.3.11}$$

gegeben. Entsprechend erfolgt die Berechnung des Gleichrichtwertes ausgehend von dem abgetasteten Signalverlauf durch

$$S_{\mathrm{g}} = \frac{1}{N} \sum_{i=1}^{N} |s_{\mathrm{i}}| \quad . \tag{4.3.12}$$

Der Effektivwert eines Signals basiert auf dem arithmetischen Mittelwert der Leistung und ist der Wert, der durch ein Gleichsignal gleicher Leistung hervorgerufen wird. Der zeitliche Verlauf der Leistung $p(t)$ sei durch

$$p(t) = u(t) = \frac{u^2(t)}{R} = i^2(t)\,R \qquad (4.3.13)$$

gegeben. Das Quadrat der Signalleistung, durch die Spannung $u(t)$ oder den Strom $i(t)$ ausgedrückt, ist proportional zur Leistung. Somit ist der Effektivwert analoger Signale durch

$$S_{\text{eff}} = \sqrt{\frac{1}{T} \int_0^T s^2(t)\,\mathrm{d}t} \qquad (4.3.14)$$

gegeben und läßt sich durch die Summe

$$S_{\text{eff}} = \sqrt{\frac{1}{N} \sum_{i=1}^N s_i^2} \qquad (4.3.15)$$

aus den abgetasteten Signalen berechnen.

Der Effektivwert einer Summe aus zwei von einander unabhängigen Signalverläufen läßt sich aus den einzelnen Effektivwerten $S_{\text{eff}1}$ und $S_{\text{eff}2}$ entsprechend

$$S_{\text{eff}} = \sqrt{S_{\text{eff}1}^2 + S_{\text{eff}2}^2}$$

bestimmen. Allgemein ergibt sich der Effektivwert der Summe einer Anzahl von L einzelnen Signalen durch

$$S_{\text{eff}} = \sqrt{\sum_{l=1}^L S_{\text{eff}\,l}^2} \quad , \qquad (4.3.16)$$

der Wurzel aus der Summe der Quadrate der Effektivwerte der einzelnen Signale.

Spitzenwert, arithmetischer Mittelwert und Effektivwert, sowie Ihr Verhältnis zueinander, sind von der Form des Signalverlaufs abhängig. Zur Beschreibung ausgewählter Merkmale periodischer Signalverläufe sind Kennfaktoren definiert worden, die für die Form eines Signal typisch sind. Formfaktor, Scheitelfaktor und Klirrfaktor sind Beispiele für häufig benötigte Kennfaktoren.

Der Formfaktor K_F gibt das Verhältnis zwischen Effektivwert und Gleichrichtwert an,

$$K_\text{F} = \frac{S_{\text{eff}}}{S_\text{g}} \quad . \qquad (4.3.17)$$

Der Crestfaktor K_C oder Scheitelfaktor gibt das Verhältnis von Spitzenwert zum Effektivwert wieder

$$K_\text{C} = \frac{S_\text{S}}{S_{\text{eff}}} \qquad (4.3.18)$$

Der Klirrfaktor K_K gibt an, wie sehr ein Signal von seiner Sinus-Form abweicht. Er wird definiert für einen sinusförmigen Verlauf. Dazu wird die Summe der Effektivwerte der Oberwellen zum Effektivwert der Gesamtamplitude ins Verhältnis gesetzt,

$$K_K = \frac{\sum_{i=2}^{\infty} S^2_{\text{eff}\,i}}{S^2_{\text{eff}}} \quad . \tag{4.3.19}$$

Die Summanden $S^2_{\text{eff}\,i}$ sind die Effektivwerte der Fourier-Koeffizienten, entsprechend Gl.(4.2.4).

Die Summanden in Gl.(4.3.19) beschreiben somit den Effektivwert des Signals ohne die Grundwelle. Da der Oberwellengehalt eines Signals durch nichtlineare Verstärkerkennlinien ansteigt, stellt der Klirrfaktor auch ein Maß für die Linearität eines Verstärkers dar. Beispiele für Kennfaktoren verschiedener Kurvenformen sind in Tabelle 4.3.1 angegeben.

Tabelle 4.3.1 Signalformabhängige Kennfaktoren

Kurvenform	Formfaktor	Crestfaktor	Klirrfaktor
Sinus	$K_F = \pi/\sqrt{8}$ $K_F = 1{,}111$	$K_C = \sqrt{2}$ $K_C = 1{,}414$	$K_K = 0$
Dreieck	$K_F = 2/\sqrt{3}$ $K_F = 1{,}155$	$K_C = \sqrt{3}$ $K_C = 1{,}732$	$K_K = 0{,}12$
Rauschen gleichverteilt	$K_F = \sqrt{\pi/2}$ $K_F = 1{,}155$	$K_C = f(B)$ $K_C \approx 1{,}7$	$K_K \longrightarrow 1$
Rechteck	$K_F = 1$	$K_C = 1$	$K_K = 0{,}435$
Impulse	$K_F = \sqrt{\dfrac{T}{d}}$	$K_C = \sqrt{\dfrac{T}{d}}$	$d \to 0 \quad K_K \to 1$ $d \to \tfrac{1}{2}T \;\; K_K \to 0{,}435$
(Dreieck-Impulse)	$K_F = \dfrac{2}{\sqrt{3}}\sqrt{\dfrac{T}{d}}$	$K_C = \sqrt{3\dfrac{T}{d}}$	$d \to 0 \quad K_K \to 1$ $d \to T \quad K_K \to 0{,}12$
Definition	$K_F = S_{\text{eff}}/S_g$	$K_C = S_s/S_{\text{eff}}$	$K_K = \dfrac{\sqrt{\sum_{i=2}^{\infty} s_i^2}}{S_{\text{eff}}}$

4.3.3 Pegel und Maße

Für viele Anwendungen empfiehlt sich die Verwendung logarithmierter Verhältnisse von Meßgrößen. Diese werden als Maße bezeichnet: so wird z.B. bei einem Verstärker das logarithmierte Verhältnis von Ausgangs-Spannung zu Eingang-Spannung als Verstärkungsmaß bezeichnet. Bezogen auf eine Spannung oder eine Leistung ergeben sich die Pegelmaße.

Die Verwendung von Pegeln und Maßen hat den Vorteil, daß die Darstellung von Meßbereichen gelingt, die mehrere Zehnerpotenzen umfassen. In dem gesamten Bereich kann mit gleicher Stellenzahl aufgelöst werden. Bei einer Kaskadierung von Verstärkern und Dämpfungsgliedern ergibt sich als gesamtes Übertragungsmaß die Summe der einzelnen Maße.

Unter verschiedenen Maßen hat das Dezibel die weiteste Verbreitung gefunden. Als Leistungsmaß bezeichnet ein Bel das zur Basis 10 logarithmierte Leistungsverhältnis und die ausschließlich verwendete Angabe in Dezibel das zehnfache davon,

$$A_{\mathrm{dB}} = 10 \log_{10} \frac{P_2}{P_1} \; . \tag{4.3.20}$$

P_1 und P_2 sind Leistungen, deren Verhältnis ausgedrückt ist, A_{db} ist das Übertragungsmaß. Entsprechend gilt für das Verhältnis zwischen den Spannungen U_1 und U_2

$$A_{\mathrm{dB}} = 20 \log_{10} \frac{U_2}{U_1} \; , \tag{4.3.21}$$

wobei für die Spannungen die Effektivwerte angesetzt werden. Bezeichnen U_1 Eingangsspannung U_2 die Ausgangsspannung, bzw. P_1 die Eingangsleistung und P_2 die Ausgangsleistung eines Vierpols, so geben positive Dezibelwerte das Verstärkungsmaß und negative das Dämpfungsmaß eines Übertragungsgliedes an.

Der Grad der Störung eines Signals wird durch das Signal-Rauschverhältnis SNR (engl. *Signal to Noise Ratio*) ausgedrückt. Dieses wird sowohl als Verhältnis angegeben, als auch logarithmiert als Maß in Dezibel. Das in dB angegebene SNR wird auch als Signal-Rausch-Abstand. bezeichnet. Zur Bestimmung wird der Effektivwert des Rauschens U_{R} auf den Effektivwert des Signals U_{S} bezogen

$$\mathrm{SNR}_{\mathrm{dB}} = 20 \log_{10} \frac{U_{\mathrm{S}}}{U_{\mathrm{R}}} \; . \tag{4.3.22}$$

Pegelmaße, die auf einen weiteren Meßwert bezogen sind, werden als relative Pegel bezeichnet. So wird der lineare Pegelabfall entlang einer Übertragungsleitung als relativer Pegel angegeben. Ist der Bezugswert ein allgemein definierter, wird von absoluten Pegeln gesprochen Ein in der Nachrichtentechnik häufig verwendeter absoluter Pegel, der in dBm angegeben wird, bezieht sich auf eine Leistung von 1 mW an einem Lastwiderstand von 600 Ω. Die Spannung beträgt für diese Leistung 0,775 V. Entsprechend drückt sich durch die Pegelangabe die Leistung P durch

$$L_{\mathrm{dBm}} = 10 \log_{10} \frac{P}{1\,\mathrm{mW}} \; , \tag{4.3.23}$$

beziehungsweise die Spannung U durch

$$L_{\text{dBm}} = 20\log_{10}\frac{U}{0,775\ \text{V}} \tag{4.3.24}$$

aus. Andere absolute Pegel werden auf die Leistung 1 W (dBW), 1 V (dBV) oder 1 μV (dBμV) bezogen.

4.4 Momentanwert der Phase und Fequenz

Für einen sinusfömigen Signalverlauf der Periodendauer T ist die Frequenz eindeutig als $1/T$ definiert. Diese Definition gilt strenggenommen nur für ein Signal mit einer konstanten Frequenz, konstanten Amplitude und konstanter Phasenlage. Oftmals sind jedoch die Amplitude, die Frequenz f oder der Phasenwinkel φ eine Funktion der Zeit. Dies ist bei frequenz- oder amplitudenmodulierten Signalen der Fall; z.B. ist bei manchen Sensoren die Frequenz die informationstragende Größe. In den Betrachtungen im vorangehenden Kapiteln tritt die Frequenz als unabhängige Variable auf. Das Spektrum, die Fourier-Koeffizienten oder die Fourier-Transformierte, wird über der Frequenz aufgetragen. In den folgenden Betrachtungen wird die Frequenz als abhängige Variable aufgefaßt, die eine Funktion der Zeit ist, $f = f(t)$. Ausführliche theoretische Behandlung sind in den Arbeiten [Sun93], [Boashash92] und [Coulon86] zu finden, Hinweise zur praktischen Anwendung finden sich in [Randall87].

Die Bestimmung einer veränderlichen Frequenz kann über den momentanen Phasenwinkel

$$\psi(t) = \int_0^t \omega(t')\,\mathrm{d}t + \varphi(0) \tag{4.4.1}$$

erfolgen, wobei $\omega(t)$ als zeitlich veränderlich angenommen ist. $\varphi(0)$ ist der Phasenwinkel zum Zeitpunkt $t=0$. Die Gl.(4.4.1) stellt eine allgemeine Form der Beziehung zwischen Frequenz und Phase dar, für eine konstante Frequenz geht sie in die vertraute Beziehung

$$\psi(t) = \omega(t) + \varphi(0) \tag{4.4.1}$$

über. Die Ableitung des Phasenwinkels aus Gl.(4.4.1) ergibt

$$\frac{\mathrm{d}\psi}{\mathrm{d}t} = \omega(t)\ , \tag{4.4.2}$$

die Frequenz als Funktion der Zeit. Damit ist die Momentanfrequenz definiert.

Der momentane Phasenwinkel kann aus dem Signal selbst gewonnen werden. Bei sinusförmigen Signalen werden dazu, wie es z.B. auch bei Berechnungen elektrischer Netzwerke üblich ist, die sinusförmigen Größen zu komplexen Größen erweitert. Indem z.B. dem sinusförmigen Verlauf

$$s(t) = \cos(\omega t + \varphi) \tag{4.4.3}$$

der Imaginärteil $\sin(\omega t + \varphi)$ hinzugefügt wird, können die Berechnungen anstatt mit Zeitsignalen auch mit komplexen Signalen der Form

$$\underline{s}(t) = S\,e^{j\psi(t)} = \cos(\omega t + \varphi) + j\sin(\omega t + \varphi) \quad , \tag{4.4.4}$$

erfolgen. Der Realteil des komplexen Signals ist, entsprechend $\mathrm{Re}\{\underline{s}(t)\} = s(t)$, das Originalsignal $s(t)$. Dann ist der konstante Phasenwinkel des komplexen Signals durch

$$\psi = \arctan\frac{\mathrm{Im}\{\underline{s}(t)\}}{\mathrm{Re}\{\underline{s}(t)\}} \tag{4.4.5}$$

gegeben und der Betrag des Signals durch

$$|S| = S_{\mathrm{S}} = \sqrt{\mathrm{Re}\{S\}^2 + \mathrm{Im}\{S\}^2} \quad . \tag{4.4.6}$$

Um ausgehend von dem Realteil eines komplexen Signals der Frequenz ω den Imaginärteil zu bestimmen, der die oben angegebene Behandlung ermöglicht, wird die Phasenlage des Realteils um $\pi/2$ verschoben. Durch die Verschiebung wird aus z.B. aus dem cos-Term ein sin-Term, der dann den Imaginärteil bildet.

Diese Herangehensweise läßt sich auf eine weitere Klasse von Signalen $s(t)$ ausdehnen. Wie im vorangehenden Kapitel behandelt ist, lassen sich alle Signale mit Hilfe der Fourier-Transformation oder der Fourierreihe im Spektralbereich darstellen. Die Berechnung eines allgemeinen Imaginärteils kann, wie im folgenden ausgeführt, somit im Spektralbereich erfolgen.

Die Fourier-Transformation des Realteils ergibt das komplexe Spektrum $S(\omega)$ des Zeitsignals,

$$F\{\mathrm{Re}\{\underline{s}(t)\}\} = S(\omega) \quad . \tag{4.4.7}$$

Der Phasenverschiebung um $\pi/2$ entspricht in komplexer Darstellung einer Multiplikation mit j. Entsprechend wird aus der komplexen Fourier-Transformierten des Realteils durch Multiplikation mit j die Fourier-Transformierte des Imaginärteils,

$$F\{\mathrm{Im}\{\underline{s}(t)\}\} = F\{j\,\mathrm{Re}\{\underline{s}(t)\}\} = j\,S(\omega) \quad . \tag{4.4.8}$$

Der Imaginärteil im Zeitbereich ergibt sich entsprechend

$$H\{s(t)\} = F^{-1}\{j\,S(\omega)\} \quad , \tag{4.4.9}$$

aus der Rücktransformation dieses Signals und wird als Hilbert-Transformierte $H\{s(t)\}$ bezeichnet. Die Abfolge der Gleichungen (4.4.7) bis (4.4.9), d.h. Fourier-Transformation, Multiplikation mit j und Rücktransformation, mit der aus dem Realteil der Imaginärteil berechnet wird, trägt nach dem Mathematiker David Hilbert (1862 - 1943) die Bezeichnung Hilbert-Transformation, [Coulon86], [Oppenheim75], [Rabiner75]. Dadurch läßt sich aus einem Zeitsignal $s(t)$ ein korrespondierendes komplexes Signal

$$\underline{s}(t) = s(t) + j\,H\{s(t)\} \tag{4.4.10}$$

konstruieren. Die Transformation $H\{s(t)\}$ bewirkt für alle im Signal $s(t)$ enthaltenen Frequenzen eine Phasenverschiebung von $\pi/2$.

Zusammengefaßt ergibt sich die Hilbert-Transformation $H\{s(t)\}$ für analoge Signale als

$$H\{s(t)\} = F^{-1}\{j\, F\{s(t)\}\} \quad . \tag{4.4.11}$$

Ebenso läßt sich die Hilbert-Transformation durch die Faltung im Zeitbereich

$$H\{s(t)\} = \frac{1}{\pi t} * s(t) = \frac{1}{\pi} \int\limits_{\infty}^{-\infty} \frac{s(\tau)}{(t-\tau)\,d\tau} \tag{4.4.12}$$

ausdrücken. Das Symbol * bezeichnet die Faltungsoperation (siehe Kapitel 5.3). Für diskrete Signale gilt entsprechend

$$\underline{s}_i = s_i + j\, H\{s_i\} \, , \tag{4.4.13}$$

wobei die Hilbert-Transformation genähert durch

$$H\{s_i\} = \text{IDFT}\{j\, \text{DFT}\{s_i\}\} \tag{4.4.14}$$

gegeben ist. Für abgetastete Signale gilt auch die z.B. in [Rabiner75] beschriebene Faltungsoperation

$$H\{s_i\} = \frac{2}{\pi} \sum_{\substack{m=-\infty \\ m\neq i}}^{\infty} s(i-m) \frac{\sin^2\left(\dfrac{\pi m}{2}\right)}{m} \quad . \tag{4.4.15}$$

Wie mit den Gleichungen für einzelne Sinusschwingungen, Gl.(4.4.5) und Gl.(4.4.6), lassen mit der Hilbert-Transformation für eine Vielfalt von Signalverläufen die Phase und die Amplitude in Abhängigkeit von der Zeit bestimmen. Die Amplitude beschreibt die Hüllkurve des Signals. Sie ist der Betrag der komplexen Signalfunktion in Gl.(4.4.4) und berechnet sich aus

$$\left|\underline{s}(t)\right| = s(t)^2 + j\left(H\{s(t)\}\right)^2 \quad . \tag{4.4.16}$$

für analoge Signale bzw.

$$\left|\underline{s}_i\right| = s_i^2 + j\left(H\{s_i\}\right)^2 \quad . \tag{4.4.17}$$

für zeitdiskrete Signale. Aus der Phase

$$\psi = \arctan\frac{H\{s(t)\}}{s(t)} \tag{4.4.18}$$

und entsprechend

$$\psi_i = \arctan\frac{H\{s_i\}}{s_i} \tag{4.4.19}$$

läßt sich die Momentanfrequenz mit Hilfe der Ableitung in Gleichung (4.4.2) bestimmen. Für diskrete Signale wird die Ableitung in Gl.(4.4.2) durch Differenzen

$$\omega_i = \frac{\psi_i - \psi_{i-1}}{\Delta t} \tag{4.4.20}$$

ermittelt, wobei Δt die Dauer eines Abtastintervals ist. Problematisch ist bei der Ableitung, daß die Phase nur Werte zwischen minus und plus $\pi/2$ annehmen kann. Bei der weiteren Berechnung lösen die resultierenden Phasensprünge Fehler aus, die durch einen geeigneten Korrektur-Algorithmus berichtigt werden müssen. Ein solcher Algorithmus kann die Voraussetzung nutzen, daß nur kontinuierliche Frequenzänderungen betrachtet werden und resultierend bei der Ableitung keine Sprünge auftreten können [Sun93].

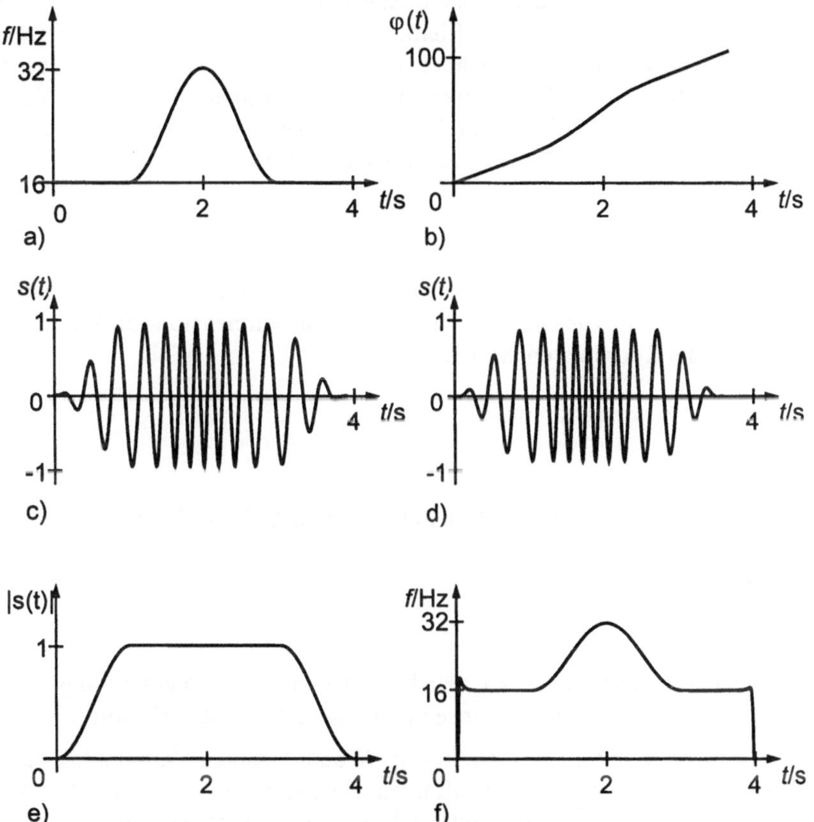

Bild 4.4.1 Berechnung der Momentanfrequenz und der Hüllkurve
a) vorgegebener Verlauf der Momentanfrequenz als Funktion der Zeit,
b) zugehöriger momentaner Phasenwinkel,
c) Signalverlauf,
d) mit der Hilbert-Transformation berechneter Imaginärteil des Signalverlaufes,
e) rekonstruierte Hüllkurve des Signals,
f) rekonstruierter Frequenzverlauf des Signals.

In Bild 4.4.1 sind die Berechnungsgänge anhand eines Signals dargestellt, zu dem mit Hilfe der Hilberttransformation die Momentanfrequenz und Hüllkurve berechnet wurde.

Einschränkend gilt, daß die Hilberttransformation nur für Wechselanteile und nicht für Gleichanteile des Signals existieren kann.

4.5 Norm und Mittelwerte

Eine Reihe von meßtechnischen Kenngrößen lassen sich mathematisch, als Ergebnis der Funktionalanalysis [Collatz64], durch einen Abstand beschreiben. Das Signal wird dabei als ein Vektor aufgefaßt, die einzelnen Elemente der Vektoren sind die Abtastwerte. Der Abstand zu Null wird als Norm bezeichnet. In einer Vielzahl von Fällen werden Mittelwerte als ein Schätzwert für den wahren Wert angenommen. Durch die Verwendung unterschiedlicher Normen können Mittelwerte mit besonderen Eigenschaften definiert werden, die der jeweiligen Problemstellung gerecht werden.

4.5.1 Der Begriff der Norm

Um diese Begriffe und die daraus folgenden Ergebnisse anschaulich, nicht mathematisch rigoros, darzustellen, wird zunächst ein Vektor $\mathbf{x}$ im dreidimensionalen Raum betrachtet, der durch kartesische Koordinaten ausgedrückt ist

$$\mathbf{x} = \begin{vmatrix} x_1 \\ x_2 \\ x_3 \end{vmatrix} \, . \tag{4.5.1}$$

Die Länge dieses Vektors $\mathbf{x}$ bzw. der Abstand zum Nullpunkt ist durch

$$\|\mathbf{x}\| = \sqrt{\sum_{i=1}^{N} x_i^2} \tag{4.5.2}$$

gegeben, die Wurzel der Summe der Quadrate der einzelnen Vektorkomponenten. Der Vektor $\mathbf{x}$ hat $N=3$ Komponenten. $\| \mathbf{x} \|$ ist eine mögliche Norm des Vektors $\mathbf{x}$.

Eine Serie von N Meßwerten x_i oder ein an N äquidistanten Zeitpunkten abgetastetes Signal läßt sich ebenso als ein Vektor auffassen. Besteht es aus zwei oder drei Abtastwerten, läßt sich der Vektor graphisch in einem Koordinatenkreuz darstellen. Für $N > 3$ Abtastwerte ist eine zeichnerische Darstellung nicht mehr möglich, an die Stelle von drei räumlichen Koordinaten treten N Koordinaten, aus dem dreidimensionalen Raumes wird ein N-dimensionaler Vektorraum. Auch dafür läßt sich die Norm entsprechend Gl.(4.5.2) angeben.

Die oben angegebene Norm ist die sogenannte Euklidische Norm. Da die einzelnen Komponenten x_i zur zweiten Potenz erhoben sind, wird diese Norm als L_2-Norm bezeichnet, ihr liegt die Euklidische Geometrie zugrunde. Allgemein läßt sich eine L_p-Norm im N-dimensionalen Raum

$$\|\mathbf{x}\|_{L_p} = \sqrt[p]{\sum_{i=1}^{N} |x_i|^p} \tag{4.5.3}$$

definieren. Darin ist der oben beschriebene Fall $p = 2$ der Spezialfall der Euklidischen L_2-Norm. Dieser Fall und zwei weitere Fälle, nämlich $p = 1$ und $p = \infty$ sollen im folgenden für die Herleitung von Kennwerten betrachtet werden.

4.5.2 Mittelwerte

Wichtige Kennwerte sind die Mittelwerte: bei einer Serie von Messungen einer Gleichspannung sind Mittelwerte eine Abschätzung für den wahren Wert; bei einem abgetasteten Signal bezeichnen Mittelwerte charakteristische Eigenschaften. Als Beispiel wird eine Serie von N Messungen s_i betrachtet. Der Mittelwert ist dann derjenige Wert, von dem im Sinne einer L_p-Norm, alle Werte einen minimalen Abstand haben, d.h.

$$\|s - s_i\| = \sqrt[p]{\sum_{i=1}^{N} |s - s_i|^p} = \min \quad . \tag{4.5.4}$$

An der Stelle des Minimums ist die Ableitung dieses Ausdruckes s gleich Null. Zur Bestimmung des Mittelwertes s ist somit

$$\frac{\mathrm{d}}{\mathrm{d}s} \sqrt[p]{\sum_{i=1}^{N} |s - s_i|^p} = 0 \quad , \tag{4.5.5}$$

zu lösen.

Wie bereits oben gezeigt, ist der gebräuchlichste Abstand der Euklidische mit der korrespondierenden L_2-Norm. Für den ergibt sich nach Bildung der Ableitung in Gl.(4.5.5) mit $p = 2$

$$S_m = \frac{1}{N} \sum_{i=1}^{N} s_i \quad , $$

die bekannte Formel zur Bildung des arithmetischen Mittelwerts.

Der Medianwert basiert auf der L_1-Norm. Aus Gl.(4.5.5) ergibt sich mit $p = 1$

$$\frac{\mathrm{d}}{\mathrm{d}s} \sum_{i=1}^{N} |s - s_i| = 0 \quad . \tag{4.5.6}$$

Die Ableitung des Betrages führt zur Signum-Funktion (sign) entsprechend

$$\frac{\mathrm{d}}{\mathrm{d}s} |s - s_i| = \mathrm{sign}(s - s_i) = \begin{cases} 1 \text{ für } (s - s_i) > 0 \\ 0 \text{ für } (s - s_i) = 0 \\ -1 \text{ für } (s - s_i) < 0 \end{cases} \tag{4.5.8}$$

und liefert das Vorzeichen des Argumentes. Resultierend ergibt sich

$$\sum_{i=1}^{N} \mathrm{sign}(s - s_i) = 0 \quad . \tag{4.5.9}$$

Gl.(4.5.9) wird nur erfüllt, wenn s so gewählt wird, daß die Anzahl von Werten s_i, die größer sind als s, gleich ist mit der Anzahl von Werten, die kleiner als s sind. Das läßt sich nicht durch eine Berechnung, sondern durch einen Sortieralgorithmus erreichen.

Die L_∞ -Norm wird auch als Chebychev-Norm bezeichnet (der Entwurf von Chebychev-Filtern, bei denen die maximale Abweichung vom Sollfrequenzgang minimiert wird, basiert auf dieser Norm). Gl.(4.5.4) wird für $p = \infty$ zu

$$\|s - s_i\| = \sqrt[\infty]{\sum (s - s_i)^\infty} = \min \quad . \tag{4.5.10}$$

Die Grenzwertbetrachtung $p \rightarrow \infty$ ergibt

$$\sqrt[\infty]{\sum x^\infty} = \max(x_i) \tag{4.5.11}$$

Resultierend ergibt diese Norm den Wert, für den eine maximale Abweichung der Werte s vom Mittelwert minimal ist. Somit kann die Spannenmitte gebildet werden, in dem das Minimum $\min(s_i)$ und das Maximum $\max(s_i)$ gesucht wird, und daraus

$$s = \min(s_i) + \frac{\max(s_i) - \min(s_i)}{2} \tag{4.5.12}$$

berechnet wird. Dieser Wert wird als Spannenmitte oder hier kurz als Mitte bezeichnet. Auch hier erfolgt die Bestimmung der Spanne im Regelfall durch einen Suchalgorithmus.

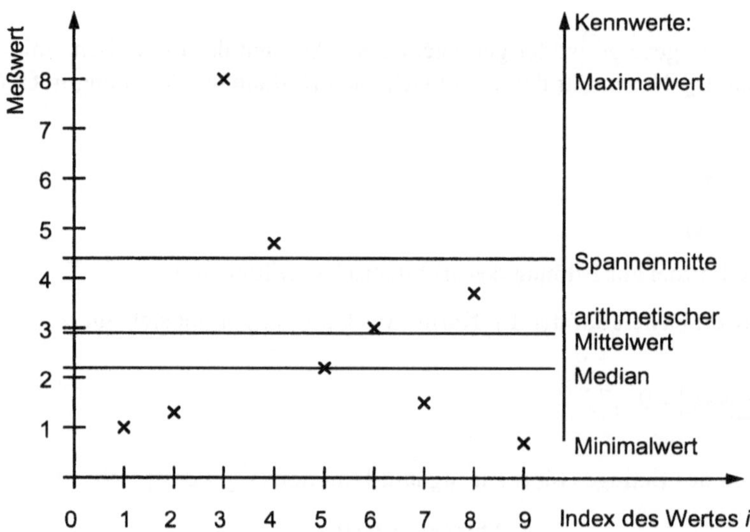

Bild 4.5.1 Verschiedene Mittelwerte

Bild 4.5.1 zeigt die Auswirkung der unterschiedlichen Normen bei der Bildung von Mittelwerten. Symmetrische Werteverteilungen ergeben bei allen drei Mittelwerten die gleiche Abschätzung für den wahren Wert. Unterschiede machen sich erst bei unsymmetrischen Verteilungen bemerkbar. Bei der L_1 -Norm beeinflussen einzelne, weit abweichende Werte nicht die Bildung des Medianwertes. Tendenziell ignoriert die L_1-Norm die „Ausreißer". Im Gegensatz dazu werden bei der L_∞-Norm gerade die extrem abweichenden Werte herangezogen. Der arithmetische Mittelwert kann durch „Ausreißer" sehr verfälscht werden.

Ein wichtiger Grund für die häufige Verwendung des arithmetischen Mittelwertes ist die leichte Berechenbarkeit. Mit der Formel

$$S_{\mathrm{m}}(N) = \frac{s_N + (N-1)S_{\mathrm{m}}(N-1)}{N} \tag{4.5.13}$$

läßt sich ein neuer arithmetische Mittelwert rekursiv mit jedem neu hinzugekommenden Wert aus dem bisherigen Mittelwert berechnen. Dabei ist $S_{\mathrm{m}}(N-1)$ der Mittelwert über N-1 Werte s_i, $S_{\mathrm{m}}(N)$ der rekursiv berechnete Mittelwert über N Werte und s_N der hinzugekommene N-te Wert.

Für die Bestimmung des Medianwertes und der Mitte des Toleranzbandes können Suchalgorithmen eingesetzt werden. Näherungsweise läßt sich aber auch ausgehend von der Formulierung in Gl.(4.5.4) als Minimierungsproblem die Berechnung mit Optimierungsalgorithmen durchführen (siehe dazu [Dennis83]).

Neben den genannten Mittelwerten, die auf unterschiedlichen Normen basieren, ist ein weiterer Mittelwert gebräuchlich, der auf einer Häufigkeitsverteilung basiert. Der Wert, der das Maximum einer Häufigkeitsverteilung (siehe folgendes Kapitel 4.6) angibt, wird als Modalwert bezeichnet. Bild 4.5.2 zeigt eine Häufigkeitsverteilung und den Modalwert.

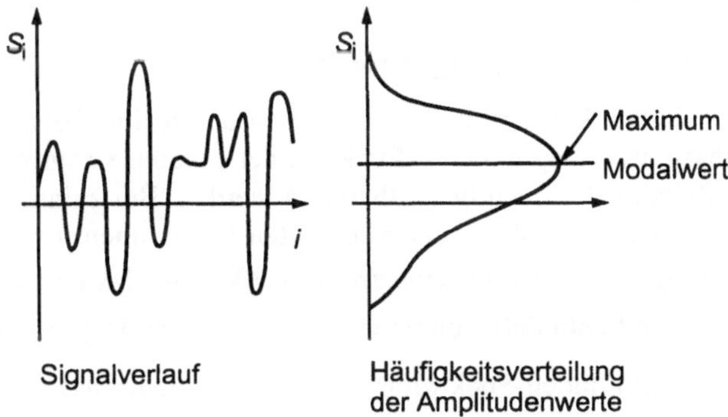

Bild 4.5.2 Bestimmung des Modalwertes als Maximum der Verteilungsdichte

4.6 Zufällige Signale

Neben den oben behandelten deterministischen Signalen läßt sich eine Gruppe von Signalen angeben, die als zufällige oder stochastische Signale bezeichnet werden. Während der Verlauf deterministischer Signale, sowohl transiente als auch periodische, prinzipiell mathematisch beschrieben werden oder reproduzierbar meßtechnisch erzeugt werden kann, entstammt ein zufälliges Signal einem Zufallsprozeß und stellt nur eine von vielen

Möglichkeiten dar (siehe z.B. [Wunsch84]). Solche Zufallsprozesse können z.B. Rauschen sein (siehe dazu auch Kapitel 5.5), Folgen von Nullen und Einsen, die zufällig auftreten, durch Fehler in Meßanordnungen hervorgerufen werden bzw. viele andere Quellen haben. Bei jeder Messung entsteht ein anderer Signalverlauf. Zufällige Signale sind zwar nicht absolut bestimmbar, jedoch lassen sich bestimmte Eigenschaften dieser Signale angeben. Allgemein können Signale sowohl zufällige als auch deterministische Anteile enthalten und oft ist es das Ziel einer Verarbeitung der Signale, zufällige und deterministische Anteile voneinander zu trennen.

Die Charakterisierung von zufälligen Signalen erfolgt mit statistischen Methoden. Die Angaben über die Signale werden dabei als Wahrscheinlichkeiten oder als Häufigkeiten ausgedrückt. Obwohl die moderne Wahrscheinlichkeitstheorie den Begriff Wahrscheinlichkeit als Grundbegriff behandelt und die Sätze der Wahrscheinlichkeitslehre axiomatisch herleitet, kann hier, zugunsten der praktischen Anschauung, die Wahrscheinlichkeit als Grenzwert einer beobachteten Häufigkeit betrachtet werden.

Zweierlei Aspekte lassen sich zur Charakterisierung der Signale heranziehen: Der erste betrachtet Eigenschaften des zeitlichen Verlaufs und die korrespondierenden Bereiche des Spektrums. Die Beschreibung durch das Betrags- oder Leistungsspektrum, sowie durch die Auto- und Kreuzkorrelationsfunktion liefert eine Aussage über die enthaltenen „Signalkomponenten". Der zweite Aspekt bezieht sich auf die Wahrscheinlichkeit und Häufigkeit, mit der bestimmte Amplitudenwerte auftreten. Diese wird durch die Verteilungsfunktion und die Verteilungsdichtefunktion, sowie das Histogramm und die Summenverteilung beschrieben. Momente und daraus abgeleitete Kenngrößen beschreiben die Form der Verteilungsfunktionen.

4.6.1 Charakterisierung des Signalverlaufs

Im Prinzip lassen sich sämtliche Signalkurvenformen durch Ihre Fourier-Transformation beschreiben, die Phase und Amplitude als Funktion der Frequenz angibt. Umgekehrt kann daraus wieder das Zeitsignal eindeutig synthetisiert werden. Bei zufälligen Signalen können lediglich Häufigkeiten oder Wahrscheinlichkeiten für Frequenzkomponenten angegeben werden. Dazu wird das Amplitudenspektrum $|S(f)|$ bzw. das Leistungsspektrum $P(f)$ herangezogen. Die Phase bleibt dabei unberücksichtigt (siehe z.B. [Papoulis77]).

Die Berechnung des Amplituden-Spektrums $|S(f)|$ des Signals $s(t)$ erfolgt nach der mit Gl.4.2.6 gebildeten Beziehung

$$|S(f)| = \left| \int_{-\infty}^{\infty} s(t)\,e^{-j2\pi tf}\,dt \right| = |F\{s(t)\}| \quad . \tag{4.6.1}$$

Das Leistungspektrum $P(f)$ zeigt entsprechend

$$P(f) = \left| \int_{-\infty}^{\infty} s(t)\,e^{-j2\pi tf}\,dt \right|^2 = S(f)\,S^*(f) = |S(f)|^2 \quad , \tag{4.6.2}$$

die spektrale Leistungsdichte. Die Leistung in einem Frequenzband $f_1 \leq f \leq f_2$ ergibt sich aus der Integration der Leistungsdichte von f_1 bis f_2. Zur numerischen Berechnung des Leistungsspektrums kann die diskrete Fourier-Transformation als Näherung des Fourier-Integrals eingesetzt werden. Das Integral wird wie schon in Kapitel 4.2, GL.(4.2.8) durch eine Summe approximiert und die Integrationsgrenzen von $+\infty$ bis $-\infty$ werden durch ein endliches Interval ersetzt. Die Signalwerte $s(t)$ liegen zu den diskreten Zeitpunkten $i\Delta t$ vor und werden mit s_i bezeichnet. Das betrachtete Zeitintervall ist durch $N\Delta t$ gegeben und resultierend liegen die Spektralkomponenten $S_k = S(k\Delta f)\cdot\Delta f$ im Abstand $\Delta f = 1/(N\Delta t)$ vor. Damit wird entsprechend GL.(4.2.6) das Betragsspektrum durch

$$\left|S_k\right| = \left|\frac{I}{N}\sum_{i=0}^{N-1} s_i\ e^{-j\pi ik/N}\right| = \left|\mathrm{DFT}\{s_i\}\right|\ . \tag{4.6.3}$$

berechnet, das diskrete Leistungsspektrum ist durch

$$P_k = S_k\ S_k^* \tag{4.6.4}$$

gegeben. In Bild 4.6.1 sind einige zeitlichen Verläufe von zufälligen Zeitsignalen und die korrespondierenden Spektren aufgezeichnet.

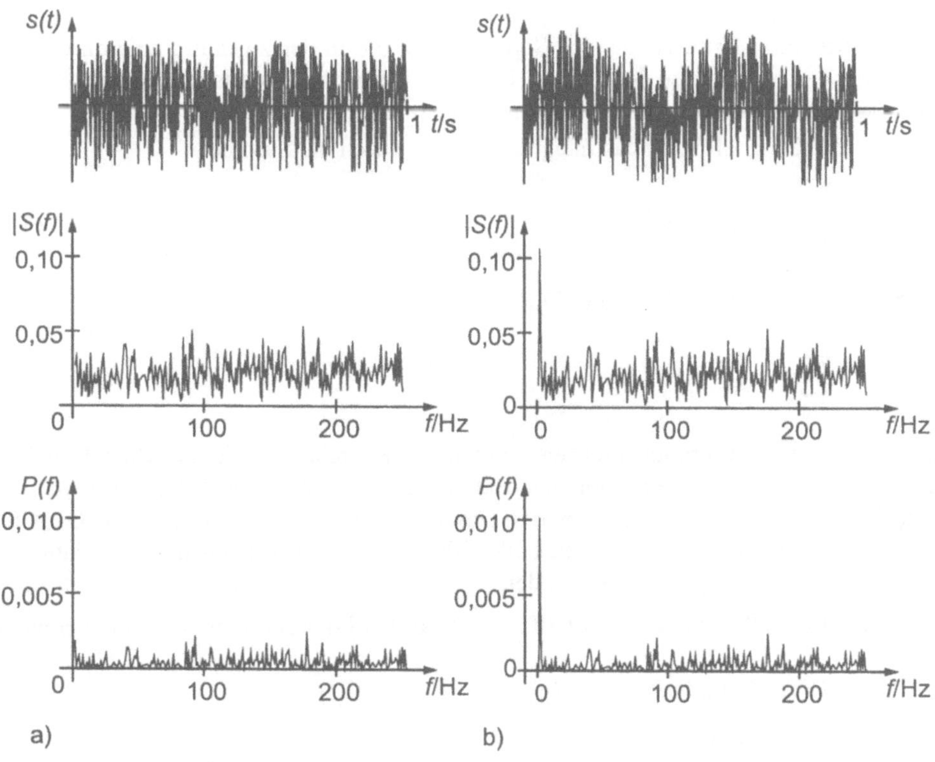

Bild 4.6.1 Zeitlicher Verlauf, Betragsspektrum und Leistungsspektrum (in dieser Reihenfolge von oben nach unten) von Zufallssignalen
a) numerisch erzeugtes weißes gleichverteiltes Rauschen,
b) Sinussignal im Rauschen mit einem Signal-Rauschverhältnis von –12 dB

Einen weiteren Aufschluß über Merkmale des Signalverlaufs ergibt die Korrelation. Damit lassen sich unter anderem deterministische Anteile in zufälligen Signalen entdekken, wenn das Signal sowohl zufällige als auch deterministische Anteile enthält. Die *Autokorrelationsfunktion* (AKF) korrelliert das Signal mit sich selbst und ist durch

$$A(\tau) = \int_{-\infty}^{\infty} s(t)\, s(t+\tau)\, dt = \text{AKF}\{s(t)\}\quad, \tag{4.6.5}$$

gegeben. Eine anschauliche Interpretation dieser Gleichung verdeutlicht, daß das Signal zeitlich um τ verschoben mit sich selbst multipliziert wird. Die zeitliche Verschiebung bildet das Argument für die Ergebnisfunktion. Die Verschiebung ermöglicht die Detektion von Wiederholungen in den Signalanteilen, da Periodizitäten im Signal bei der Berechnung der AKF erhalten bleiben.

Die *Kreuzkorrelation* (KKF) berechnet die Korrelation einer Funktion $s(t)$ mit einer anderen Funktion $r(t)$ und ist durch

$$B(\tau) = \int_{-\infty}^{\infty} r(t)\, s(t+\tau)\, dt = \text{KKF}\{r(t), s(t)\}\quad, \tag{4.6.6}$$

gegeben. Mit Ihrer Hilfe lassen sich Signalanteile, die in der zweiten Funktion enthalten sind, in der ersten Funktion detektieren. Eine weitere Anwendung ist die Bestimmung von Verzögerungszeiten zwischen den beiden kreuzkorrelierten Signalen.

Für abgetastete Signale wird das Integral der AKF durch die Summe

$$A_k = \sum_{i=0}^{N-1} s_i\, s_{i+k} = \text{AKF}\{s\} \tag{4.6.7}$$

genähert. Entsprechend gilt für die KKF

$$B_k = \sum_{i=0}^{N-1} r_i\, s_{i+k} = \text{KKF}\{r, s\}\quad. \tag{4.6.8}$$

An die Stelle der Integrationsgrenzen, die bei der Korrelation analoger Signale bei $-\infty$ bis $+\infty$ liegen, tritt hier ein endlicher Betrachtungszeitraum von 0 bis $(N-1)\Delta t$. Nur wenn das jeweils erste Signal unter der Summe, s_i in Gl.(4.6.7) oder r_i in Gl.(4.6.8), innerhalb dieses Intervalls liegt und außerhalb zu Null wird, kann die Korrelation mit dieser Näherung richtig berechnet werden.

Die Korrelation läßt sich auch mit Hilfe der Diskreten Fourier-Transformation berechnen. Mit

$$S_k = \text{DFT}\{s_i\}\quad \text{und}\quad R_k = \text{DFT}\{r_i\}$$

wird die Autokorelation

$$A_k = \text{IDFT}\{S_k\, S_k^*\} \tag{4.6.9}$$

und die Kreuzkorrelation

$$A_k = \text{IDFT}\{S_k\, R_k^*\}\quad. \tag{4.6.10}$$

Durch die Benutzung der Fast-Fourier-Transformation, einem Algorithmus zur Berechnung der DFT und IDFT, läßt sich die Korrelation rechenzeitsparend ermitteln. Durch die Eigenschaften der DFT werden die Signale als mit der Beobachtungszeit periodisch angenommen, so daß $s_i = s_{i-N}$ bzw. $r_i = r_{i-N}$ ist. Die resultierenden Korrelationsfunktionen werden auch als zyklische Korrelation bezeichnet. Für hinreichend lang gewählte gewählte Beobachtungszeiträume sind beide Berechnungen identisch. Die Autokorrelation ist mit dem Leistungsspektrum durch die Wiener-Chinchin-Beziehung

$$F\{A(t)\} = P(f) = S(f)\,S(f)^* \qquad (4.6.11)$$

verknüft. Diese drückt aus, daß die Fourier-Transformation der Autokorrelationsfunktion gleich dem Leistungsspektrum ist. Die Fourier-Transformation der Kreuzkorrelation

$$F\{B(t)\} = P_K(f) \qquad (4.6.12)$$

wird als *Kreuzleistungsspektrum* bezeichnet. Für abgetastete Signale gelten die entsprechenden Beziehungen. Als Beispiel sind in Bild 4.6.2 Zeitsignale, darunter eines mit einem im Rauschen verborgenen Sinussignal, und ihre Autokorrelation und Kreuzkorrelation dargestellt.

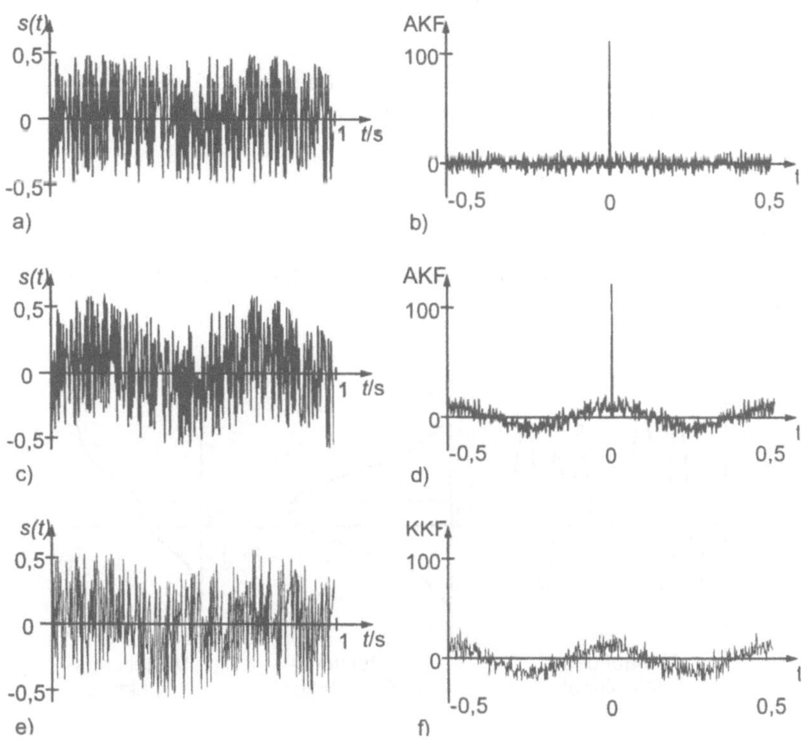

Bild 4.6.2 Korrelation zufälliger Signale

a) numerisch erzeugtes weißes gleichverteiltes Rauschen
b) zu Bildteil a) gehörige Autokorrelation
c) Sinussignal im Rauschen mit einem Signal-Rausch-Verhältnis von -12 dB
d) zu Bildteil c) gehörige Autokorrelation
e) weiteres Sinussignal im Rauschen mit einem Signal-Rauschverhältnis von -12 dB
f) Kreuzkorrelation der Signale der Bildteile c) und e)

4.6.2 Charakterisierung der Amplitudenverteilung

Um die Verteilung der in einem Signal auftretenden Amplituden anzugeben, wird für kontinuierlich verlaufende Signale die *Verteilungsfunktion* bzw. die *Verteilungsdichtefunktion* angegeben. Bild 4.6.3 zeigt den Verlauf eines Zufallssignals $s(t)$, die dazu gehörige Verteilungsfunktion und Verteilungsdichtefunktion. Die Verteilungsfunktion $F(s)$ gibt die Wahrscheinlichkeit F_1 an, mit der ein Amplitudenwert auftritt, der kleiner als ein Wert s_1 ist. Sie nimmt Werte an, die zwischen Null und Eins liegen. Die Verteilungsdichtefunktion

$$p(s) = \frac{\mathrm{d}F(s)}{\mathrm{d}s} \tag{4.6.13}$$

ist die Ableitung der Verteilungsfunktion. Die Wahrscheinlichkeit F_2, mit der ein Wert innerhalb bestimmter Intervallgrenzen liegt, ergibt sich aus der Integration der Verteilungsdichtefunktion

$$F_2 = \int_{s_1}^{s_2} p(s)\,\mathrm{d}s = F(s_2) - F(s_1) \quad , \tag{4.6.14}$$

innerhalb dieser Intervalgrenzen s_1 und s_2. Das Integral von $-\infty$ bis $+\infty$ umfaßt alle möglichen Werte die auftreten können. Somit ist die Wahrscheinlichkeit

$$F = \int_{-\infty}^{\infty} p(s)\,\mathrm{d}s = 1.$$

Auch die Verteilungsdichtefunktion kann nur Werte annehmen, die zwischen Null und Eins liegen.

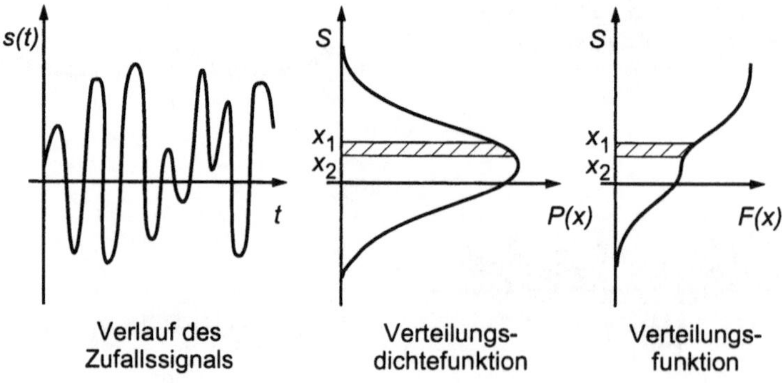

Bild 4.6.3 Zufallssignal, Verteilungsdichte- und Verteilungsfunktion

Für diskrete Amplitudenverteilungen, wie sie empirisch bzw. meßtechnisch ermittelt werden, läßt sich das Histogramm angeben. Das *Histogramm* ist im Gegensatz zur Verteilungsdichtefunktion nicht kontinuierlich, sondern eine diskrete Verteilung. Um aus einer Verteilungsdichtefunktion das Histogramm zu bestimmen, wird der Wertebereich in gleichgroße Abschnitte aufgeteilt. Jeder Wert wird dann einem dieser Abschnitte zugeordnet. In der digitalen Meßtechnik liefert z.B. ein Analog-Digital-Umsetzer solche diskreten Amplitudenwerte. In Bild 4.6.4 ist der Zusammenhang zwischen dem Signal und dem Histogramm dargestellt. Wie das Histogramm m_H der diskreten Amplitudenwerte s_i der Verteilungsdichtefunktion, so entspricht die Summenhäufigkeit m_S der Verteilungsfunktion. Die Beziehung zwischen beiden ist durch

$$m_S(i) = \sum_{k=1}^{i} m_H(k) \tag{4.6.15}$$

gegeben.

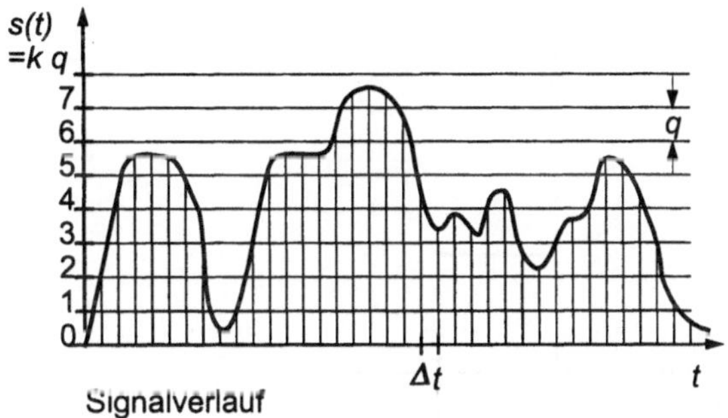

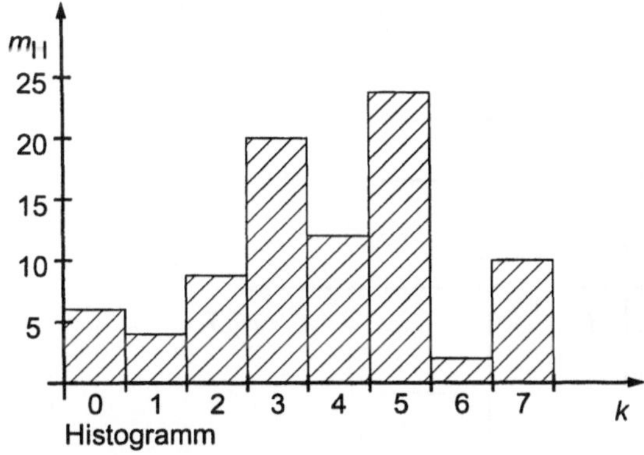

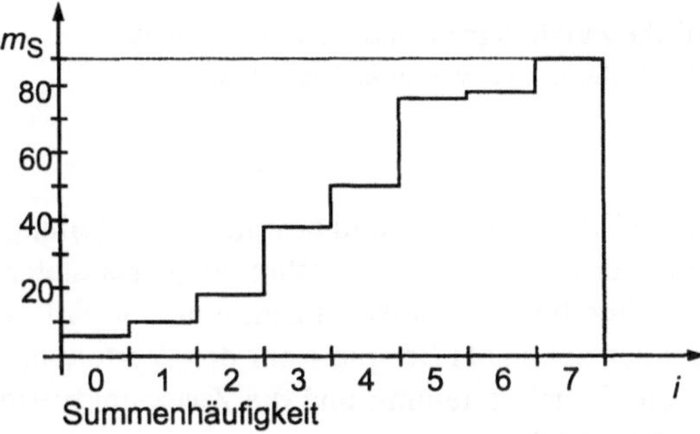

Bild 4.6.4
Zeit- und amplitudendiskretes
Zufallssignal, Histogramm der
Amplitudenwerte und Summenhäufigkeit

Während die Verteilungsdichtefunktion immer auf Eins normiert ist, werden bei dem Histogramm oder der Summenhäufigkeit oft die absoluten Häufigkeiten aufgetragen. Somit können auch Häufigkeitsverteilungen beschrieben werden. Für große Häufigkeiten kann praktisch näherungsweise angenommen werden, daß die Häufigkeit, normiert auf Eins, gegen die Wahrscheinlichkeit konvergiert.

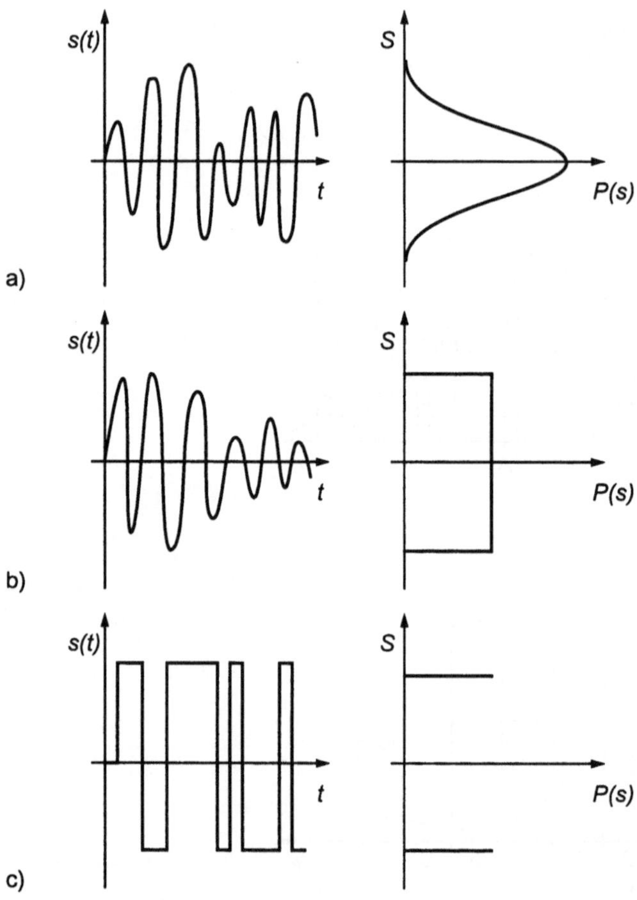

Bild 4.6.5 Beispiele für unterschiedliche Zufallssignale und Verteilungsdichte
a) Gauß-Verteilung, b) Gleichverteilung, c) Zweipunkt-Verteilung

Für viele in Natur und Technik vorkommende Erscheinungen sind bestimmte Verteilungsfunktionen charakteristisch. Somit ist eine Modellierung und Beschreibung des statistischen Verhaltens der Signale möglich. Die Literatur zur Statistik kennt eine Vielfalt von möglichen Verteilungsfunktionen. Im folgenden sollen als Beispiele nur drei Verteilungen vorgestellt werden, die Normalverteilung, die Gleichverteilung und die Zweipunktverteilung. In Bild 4.6.5 sind diese Verteilungen dargestellt.

Die Normalverteilung kann als allgemeinste Verteilung gelten. Sie kommt in der Natur häufig vor und es lassen sich viele Phänomene ihrer mit Hilfe beschreiben. Entsprechend dem zentralen Grenzwertsatz (siehe z.B. [Bronstein81]) konvergieren andere Verteilungen bei hinreichend großen Anzahl von Beobachtungen gegen eine Normalverteilung. Eine Normalverteilung ist durch zwei Kennwerte festgelegt, den *Mittelwert* x_m und die *Standardabweichung* σ. Die *Verteilungsdichtefunktion* ist damit

$$p(s) = \frac{1}{\sigma\sqrt{2}}\, e^{-(s-s_m)^2/2\sigma^2} \quad . \tag{4.6.16}$$

Der Mittelwert ist durch

$$s_m = \frac{1}{N}\sum_{k=1}^{N} s_k \tag{4.6.17}$$

und die Standardabweichung σ durch die Wurzel der Varianz V gegeben mit

$$\sigma = \sqrt{V} = \sqrt{\frac{1}{N-1}\sum_{k=1}^{N}(s_k - s_m)^2} \quad . \tag{4.6.18}$$

Bei der *Gleichverteilung* kommen alle Amplitudenwerte innerhalb eines Intervalles $s_1 \leq s \leq s_2$ gleichhäufig in dem Signal vor. Die Verteilungsdichtefunktion ist durch

$$p(s) = \begin{cases} 1/(s_2 - s_1) \text{ für } s_1 \leq s \leq s_2 \\ 0 \qquad\qquad\quad \text{sonst.} \end{cases} \tag{4.6.19}$$

gegeben.

Eine *Zweipunktverteilung* entsteht bei einer Impulsfolge, bei der zu zufälligen Zeitpunkten zwischen zwei Werten umgeschaltet wird.

Eine Beschreibung der Form der Häufigkeitsverteilungen bieten die *Momente* und die darauf basierenden Kennwerte (siehe z.B. [DIN 55350], [Bronstein81]). Das i-te Moment M_i ist durch

$$M_i = \int_{-\infty}^{\infty} s^i\, p(s)\, \mathrm{d}s \tag{4.6.20}$$

für eine kontinuierlich Funktion gegeben, für den diskreten Fall ist

$$M_i = \frac{1}{N}\sum_{k=1}^{N} s_k^i \quad . \tag{4.6.21}$$

Weiterhin werden *zentralen Momente* angegeben. Diese Momente sind unabhängig vom Mittelwert s_m. Das i-te zentrale Moment MZ ist durch

$$MZ_i = \int_{-\infty}^{\infty} (s - s_m)^i\, p(s)\, \mathrm{d}s \tag{4.6.22}$$

für eine kontinuierlich Funktion gegeben. Der diskrete Fall wird durch

$$MZ_i = \frac{1}{N} \sum_{k=1}^{N} (s_k - s_m)^i \tag{4.6.23}$$

beschrieben.

Das erste Moment ($i = 1$) ist der Mittelwert in Gl. 4.6.14, das Quadrat des Effektivwertes entspricht dem zweiten Moment,

$$S_{eff}^2 = \frac{1}{N} \sum_{k=1}^{N} s_k^2 \quad . \tag{4.6.24}$$

Die Varianz entsteht aus dem zweiten zentralen Moment durch Multiplikation mit (N / N-1). Aus den nächst höheren zentralen Momenten werden als *Schiefe*

$$SK = \frac{1}{N} \sum_{k=1}^{N} \frac{(s_k - s_m)^3}{\sigma^3} \tag{4.6.25}$$

und als *Kurtosis*

$$KU = \frac{1}{N} \sum_{k=1}^{N} \frac{(s_k - s_m)^4}{\sigma^4} \tag{4.6.26}$$

gebildet .

Die oben angegebenen Methoden zur Charakterisierung zufälliger Signale lassen sich jedoch nicht nur auf zufällige Signale anwenden, sondern erlauben auch sinnvolle Aussagen über determinierte Signale (siehe dazu Kapitel 7.2).

4.6.3 Numerische Erzeugung von Zufallssignalen

Bei einigen meßtechnischen Untersuchungen werden zufällige Signale benötigt. Solche Signale können analogen Zufallsprozessen, wie z.B. dem Rauschen, entstammen, näherungsweise lassen sich jedoch auch numerisch Zufallssignale erzeugen. Der Vorteil numerischer Methoden liegt in der einfachen programmiertechnischen Implementierung und der Erzeugung ohne großen Rechenaufwand. Dazu wird eine Sequenz von zufälligen Zahlen berechnet. Die am meisten verwendeten Methoden zur Erzeugung von Zufallssignalen arbeiten mit den Divisionsresten ganzer Zahlen (siehe z.B. [MacLaren65], [Rabiner75]). Gauß stellte den Divisionsrest c einer Division ganzer Zahlen a / b durch

$$c = a \bmod b \tag{4.6.27}$$

dar. Eine Sequenz von Zufallszahlen, die ein Zufallssignal bildet, läßt sich darauf basierend mit der multiplikativen Kongruenzmethode, gegeben durch die Formel

$$s_i = (K_1 \, s_{i-1}) \bmod M \tag{4.6.28}$$

berechnen. Ausgehend von einem Element s_{i-1} wird das folgende Element s_i des Zufallssignals rekursiv berechnet. Der Divisionsrest zum Modulus M ist die neue Zufallszahl, K_1 ist ein konstanter Faktor.

Die so erzeugten Zufallssignale werden als Pseudozufallssignale bezeichnet, da die einzelnen Werte der Sequenz nicht wirklich zufällig sind. Bei fest vorgegebenen M und K_1 ist die gesamte Sequenz von Werten durch die Vorgabe des ersten Wertes s_0 bestimmt und somit reproduzierbar. Diese Eigenschaft läßt sich vorteilhaft nutzen. Die Anzahl der möglichen, diskreten Amplitudenwerte, ist durch den Modulus M vorgegeben. Damit ist auch die Länge einer Sequenz, in der die Werte nur einmal vorkommen, begrenzt. Das Signal ist periodisch, so daß nach maximal M Werten die Sequenz wiederholt wird: sobald $s_i = s_0$ wird, ist $s_{i+1} = s_1$, $s_{i+2} = s_2$ und so fort. Da jedoch im Regelfall Untersuchungen über einen begrenzten Zeitraum erfolgen, stört diese Periodizität nicht, wenn die „Periodendauer" hinreichend groß gemacht werden kann.

Bei ungünstiger Wahl der Konstanten s_0, k und M treten nicht alle Zahlenwerte auf und die Periodendauer ist nur kurz. Eine Verbesserung wird durch die *lineare Kongruenzmethode* nach der Rekursionsformel

$$s_i = (K_1\, s_{i\text{-}1} + K_2)\,\mathrm{mod}\,M \tag{4.6.29}$$

erreicht, bei der noch eine weitere Konstante K_2 zu dem Produkt hinzu addiert wird. Für eine optimale Wahl der Konstanten können Ergebnisse der Zahlentheorie herangezogen werden.

Eine vorteilhafte Wahl ist ein Modulus von

$$M = 2^b - 1 \tag{4.6.30}$$

wobei b die Wortlänge des verwendeten Rechners ist. Für den Faktor K_1 gilt dann die Bedingung, daß K_1 teilerfremd zu M sein muß. Praktische Erfahrungen zeigen, daß es günstig ist, den Faktor K_1 ungefähr

$$K_1 \approx \sqrt{M} \tag{4.6.31}$$

zu wählen, da dort nach die Autokorrelation minimal ist. Mit Hilfe der additiven Konstanten K_2 läßt sich die Periodendauer maximieren.

Die so erzeugten numerischen Zufallssignale zeigen näherungsweise eine Gleichverteilung. Auf der Basis des zentralen Grenzwertsatzes läßt sich ein Zufallssignal mit einer Normalverteilung der Amplitudenwerte erzeugen, indem viele dieser gleichverteilten Signale Wert für Wert addiert und gemittelt werden. Ab etwa 12 Mittelungen kann von einer Näherung der Normalverteilung ausgegangen werden. In [Schwarz75] sind Methoden zur Erzeugung anderer Verteilungsdichten beschrieben. Das Spektrum dieser Zufallssignale reicht von Null bis zur Nyquistfrequenz und hat näherungsweise die gleiche Amplitude. Andere spektrale Verteilungen lassen sich durch Digitale Filterung erzeugen.

5 Abweichungen vom Idealverhalten und Meßfehler

5.1 Beurteilungskriterien der analogen Meßtechnik

Generell treten in Meßeinrichtungen eine Reihe von Abweichungen von einem idealen Verhalten auf. Oft ist zwar eine idealisierte Beschreibung der Meßeinrichtungen durch lineare, zeitlich invariante, kausale und stabile Systeme erwünscht und auch praktisch möglich, das reale Verhalten weicht jedoch davon ab. Nichtlinearitäten, Frequenzgangfehler und Rauschen begrenzen die Genauigkeit. In digitalen Systemen treten darüber hinaus eine Reihe von Fehlern auf, die mit der Diskretisierung der Zeit und der Amplitude zusammenhängen.

Keineswegs muß jedes Meßgerät so genau wie möglich sein; um eine ökonomisch sinnvolle Lösung zu finden, ist es wichtig, die von der Problemstellung geforderte Genauigkeit zu kennen („nicht so genau wie möglich, sondern so genau wie nötig"). Sind mehrere Meßgeräte an der Messung beteiligt, sollte die Genauigkeit der Geräte zueinander „passen". Das heißt, daß die resultierende Genauigkeit entscheidend ist und die erforderliche Genauigkeit der Einzelkomponenten daran aus wirtschaftlichen Gesichtspunkten optimiert werden kann. Gleiches gilt für die Datenübertragungsraten und die Meßraten der Geräte.

Fehler werden in systematische und zufällige unterschieden. Systematische Fehler sind unter vorgegebenen Bedingungen reproduzierbar, zufällige Fehler nicht. Aus der Reproduzierbarkeit systematischer Fehler resultiert, daß sie durch geeignete Maßnahmen rückgängig gemacht werden können. Vorausgesetzt wird dabei, daß kein Informationsverlust aufgetreten ist. *Zufällige Fehler* können nachträglich nur mit statistischen Methoden behandelt werden. Eine weitere Unterscheidung teilt in dynamische und statische Fehler ein. Bei *statischen Fehlern* wird das Verhalten nach dem Einschwingen betrachtet. Sie sind zeitlich invariant bzw. variieren mit Zeitkonstanten, die sehr viel geringer als die Signalfrequenzen sind. Letztere Erscheinung wird als *Drift* bezeichnet. *Dynamische Fehler* bewirken Veränderungen im Frequenzgang oder Verformungen des zeitlichen Signalverlaufes.

5.1.1 Genauigkeit

Die *Genauigkeit* beschreibt, inwieweit das Meßergebnis mit dem wahren Wert übereinstimmt. Zwar gibt es kein direktes Maß für die Genauigkeit, je kleiner jedoch der Meßfehler F ist, desto höher ist die Genauigkeit. Der *Meßbereich* ist derjenige Bereich von Meßwerten, in welchem vorgegebene Fehlergrenzen nicht überschritten werden. Er wird durch seinen Anfangswert und Endwert angegeben.

Allgemein wird als Fehler die Abweichung von einem angezeigtem Wert w_a zu einem wahren Wert w_w definiert:

$$F = w_a - w_w \quad .$$

(5.1.1)

Wird der Fehler in das Verhältnis zu einem Bezugswert B gesetzt, ergibt sich der relative Fehler

$$F_r = \frac{w_a - w_w}{B} \quad ,$$

(5.1.2)

wobei der Bezugswert noch näher bezeichnet werden muß. Häufig wird als Bezugswert der Meßbereichsendwert gewählt, weitere Bezugswerte sind der angezeigte Wert w_a oder der richtige, wahre Wert w_w. Relative Fehler werden häufig in % angegeben, für kleine Fehler ist auch die Angabe in ppm (parts per million) üblich (1 ppm $\stackrel{\wedge}{=}$ 0,0001 %).

Um die Genauigkeit von Meßgeräten sicherzustellen, werden nach [DIN 1319] drei Maßnahmen unterschieden: Justieren, Kalibrieren und Eichen. *Justieren* im Bereich der Meßtechnik heißt, ein Meßgerät so einstellen oder abgleichen, daß die Meßabweichungen möglichst klein werden oder daß die Beträge der Meßabweichungen die Fehlergrenzen nicht überschreiten. Das Justieren erfordert also einen Eingriff, der das Meßgerät meist bleibend verändert. *Kalibrieren* im Bereich der Meßtechnik heißt, die Meßabweichungen am fertigen Meßgerät festzustellen. Beim Kalibrieren erfolgt kein technischer Eingriff am Meßgerät. Das *Eichen* eines Meßgerätes umfaßt nach [DIN 1319] die, von der zuständigen Eichbehörde nach den Eichvorschriften vorzunehmenden Prüfungen und die Stempelung.

5.1.2 Empfindlichkeit

Die *Empfindlichkeit* eines Meßgerätes ist der Quotient einer beobachteten Änderung des Ausgangssignals und einer kleinen Änderung der Meßgröße. Der Begriff wird vorwiegend bei anzeigenden Meßgeräten oder bei Sensoren verwendet [DIN 1319]. Die Empfindlichkeit E ist im Arbeitspunkt durch

$$E = \frac{dx_a}{dx_e}$$

(5.1.3)

gegeben, wobei x_a die Ausgangsgröße und x_e die Eingangsgröße ist. Wie in Bild 5.1.1 dargestellt, ist die Empfindlichkeit E nicht notwendigerweise konstant. Bei einem Zeigerinstrument wird z.B. die Empfindlichkeit in mm/μV angegeben. Durch Meßverstärker kann die Empfindlichkeit von Meßeinrichtungen gesteigert werden. Jedoch werden durch den Einsatz von elektronischen Baugruppen auch generell Fehler hinzugefügt. Typische systematische Fehler sind Linearitätsfehler, Verstärkungsfehler, Frequenzgangfehler und Nullpunktfehler. In Verbindung mit elektronischen Bauelementen wird immer Rauschen einen zufälligen Fehler verursachen.

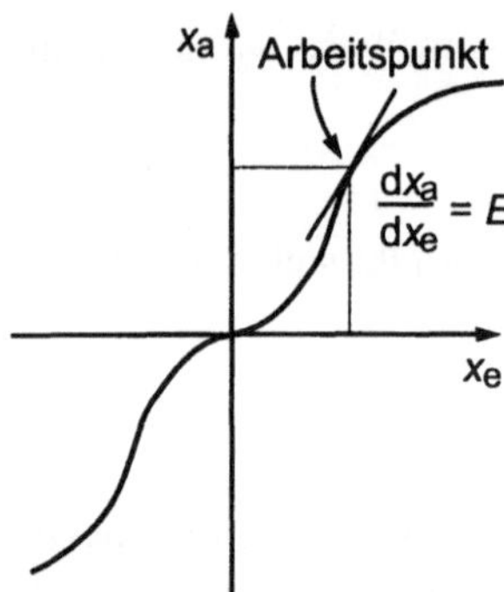

Bild 5.1.1
Empfindlichkeit in Abhängigkeit vom Arbeitspunkt

5.1.3 Auflösung

Das *Auflösungsvermögen* bezeichnet die kleinste unterscheidbare Stufenbreite q bei einer Messung und ist definiert durch den Quotienten aus *Meßspanne* U_M und der Anzahl N der auflösbaren Stufen

$$q = \frac{U_M}{N} \; .$$

(5.1.4)

Die Meßspanne ist dabei die Differenz zwischen größtmöglichem und kleinstmöglichem Meßwert.

Beispiel: Bei einem Fiebertermometer ist die höchste Temperatur 42° und die niedrigste Temperatur 35°C. Bei einer ablesbaren Stufenbreite von 0,05°C beträgt die Anzahl der ablesbaren Stufen $N = 140$. Die Auflösung läßt sich nicht beliebig steigern. So würde es ab einer bestimmten Auflösung keine Verbesserung ergeben, die Temperaturskala mit einem Mikroskop abzulesen.

In der digitalen Meßtechnik ist die Auflösung durch die letzte gültige Stelle gegeben. In der analogen Meßtechnik bezeichnet es zwei minimal mit Sicherheit unterscheidbare Stufen. Das Auflösungsvermögen ist nicht zu verwechseln mit der Genauigkeit.

Beispiel: Der Kilometerzähler eines Autos hat in der Regel eine Auflösung von 100 m, gleichzeitig ist das die kleinste Stelle, die noch angezeigt wird; nach 100 000 gefahrenen Kilometern kann nicht mehr davon ausgegangen werden, daß der angezeigte Wert auf 100 m richtig ist. Der relative Fehler betrüge dann nur 0,0001%.

5.2 Statisches Verhalten

Das statische Verhalten und statische Fehler beziehen sich auf einen zeitlich invarianten Zustand, der bei konstanten Eingangsgrößen erst nach einer für das Meßsystem typischen Zeitkonstanten erreicht wird.

5.2.1 Nullpunkt- und Linearitätsfehler

Eine ideale Meßeinrichtung sollte nur einen von Null verschiedenen Wert anzeigen, wenn die Eingangsgröße von Null verschieden ist. Allgemein fügen jedoch Meßverstärker oder andere elektronische Komponenten zu dem Nutzsignal einen additiven Fehler hinzu. Ein additiver Gleichspannungsfehler wird als *Nullpunktfehler* oder *Offset* bezeichnet. Ein solcher Fehler läßt sich leicht durch Subtraktion beseitigen; Meßverstärker haben dazu oft eine Möglichkeit zum Abgleich.

Wie auch Nullpunktfehler sind auch *Linearitätsfehler* systematische Fehler und lassen sich prinzipiell kompensieren. Die Forderung nach Linearität besagt, daß innerhalb des Arbeitsbereiches die Ausgangsspannung oder der Ausgangsstrom des Verstärkers proportional zur Eingangsgröße sein soll. Im Bild 5.2.1 ist eine lineare und eine nichtlineare Kennlinie aufgetragen.

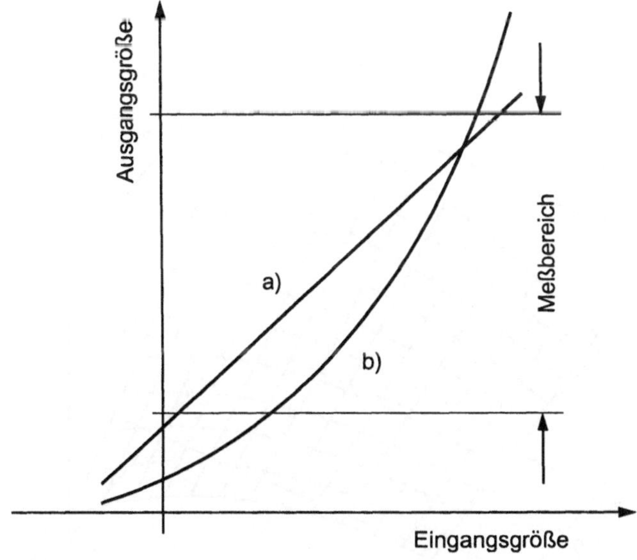

Bild 5.2.1 Ausgangsgröße als Funktion der Eingangsgröße
a) linearer Zusammenhang
b) nichtlinearer Zusammennhang

Durch Analogrechenschaltungen kann dieser Fehler kompensiert werden, genauere und reproduzierbare Resultate lassen sich jedoch mit digitalen Rechenprogrammen erzielen. Da Nichtlinearitäten einer Kennlinie das Ausgangssignal verformen und damit unerwünschte Oberwellen erzeugen, kann auch der Klirrfaktor (siehe Kapitel 4.3) sowie der Differenztonfaktor oder der Intermodulationsfaktor als Maß für die Linearität verwendet werden (siehe auch [Dickreiter90], [Mäusl91], [Schuon81]).

Durch Alterungs- und Temperatureinflüsse kann sich die Verstärkung, oder die Nullpunkteinstellung ändern. Solche Fehler werden als *Drift* bezeichnet. Meßfehler durch Drifteffekte können oft durch eine Justage vor der Messung oder eine Kalibrierung vermieden werden.

5.2.2 Einflußgrößen

Oft sind systematische Fehler von einer weiteren Größe, einer Einflußgröße abhängig. Einflußgrößen sind physikalische Größen, die nicht Gegenstand der Messung sind, die aber ungewollt eine systematische Abweichung der Meßwerte bewirken [DIN 1319]. Als Beispiel für eine solche Einflußgröße ist in Bild 5.2.2 die Abhängigkeit des Ausgangssignals eines Drucksensors von der Temperatur dargestellt. Wird diese Einflußgröße separat ermittelt, läßt sich auch der Einflußgrößenfehler eliminieren. Eine Möglichkeit ist die Verwendung einer *Look-Up-Table*. Das ist ein Speicher, in dem die Korrekturwerte für die Werte der Einflußgröße gespeichert werden. Ist der Verlauf der Einflußgröße glatt und nicht sprunghaft, läßt sie sich durch ein Polynom beschreiben. Dadurch wird die Anzahl der zu speichernden Koeffizienten zugunsten einer aufwendigerenn Berechnung reduziert, da nicht für jeden möglichen Meßwert der korrigierte Wert gespeichert werden muß.

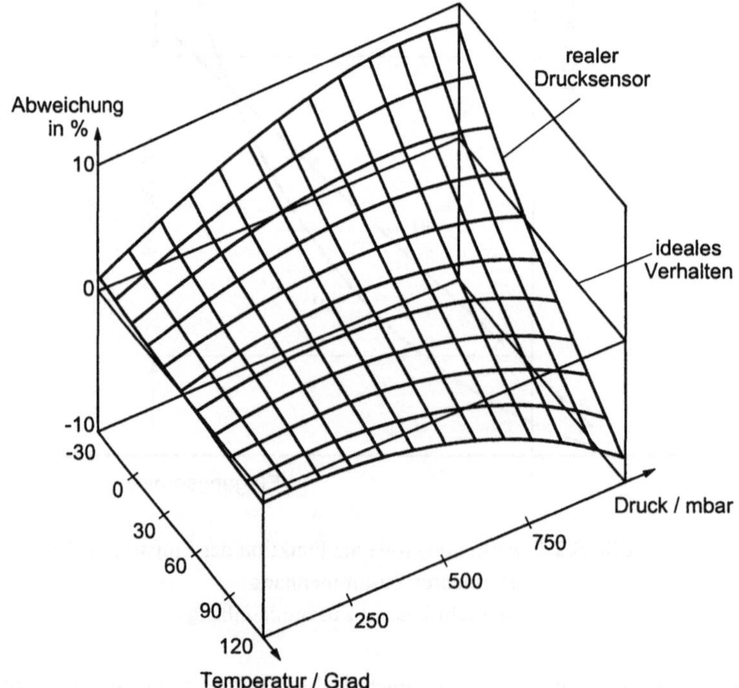

Bild 5.2.2 Einflußgröße: Ausgang eines Drucksensors in Abhängigkeit von Druck und Temperatur

5.3 Dynamisches Verhalten

In elektronischen Schaltungen sind Kapazitäten und Induktivitäten wirksam, die Energie-speicher bilden oder in Verbindung mit Widerständen Zeitkonstanten bilden. Elektrome-chanische Instrumente und Sensoren arbeiten entsprechend mit Massen, Federungen und Dämpfungselementen. Das führt dazu, daß im allgemeinen ein Meßgerät auf eine Verän-derung der Meßgröße nicht unmittelbar reagieren kann: Bei zeitlich veränderlichen Meß-größen wird der Zeitverlauf des Meßsignals verändert, nicht alle Frequenzen werden gleichermaßen übertragen, Verzögerungen treten zwischen der Änderung der Meßgröße und der Reaktion der Anzeige auf. Dieses Verhalten wird im Gegensatz zu dem statischen als dynamisches Verhalten bezeichnet.

5.3.1 Linearer Frequenzgang

Innerhalb des *Frequenzbereichs*, in dem das Meßobjekt Signale liefert, wird oft ein linea-rer Frequenzgang gefordert. Das schließt sowohl einen linearen Amplitudengang als auch einen linearen Phasengang ein.

Ein *linearer Amplitudengang* bedeutet, daß alle Frequenzen innerhalb des Arbeitsbereichs mit der gleichen Verstärkung übertragen werden.

Ein *linearer Phasengang* resultiert aus der Forderung nach einer konstanten Signallaufzeit für alle Frequenzen. Generell wird die Eingangsspannung

$$u_e(t) = U_e \sin(\omega t) \tag{5.3.1}$$

und um die Zeit Δt verzögert. Die Ausgangsspannung ist dann durch

$$u_a(t - \Delta t) = U_a \sin(\omega(t - \Delta t)) = U_a \sin(\omega t - \varphi(\omega)) \tag{5.3.2}$$

gegeben. Ist die Verzögerung Δt für alle Frequenzen konstant, folgt daraus die Bedin-gung für einen linearen Phasengang

$$\varphi(\omega) = \Delta t \, \omega \quad , \tag{5.3.3}$$

wobei $\varphi(\omega)$ der Phasenwinkel in Abhängigkeit von der Frequenz ist. Dieser steigt mit ω linear an und bewirkt eine Phasenverschiebung proportional der Frequenz.

5.3.2 Fehler bei der Grenzfrequenz

Breitbandige Verstärkerschaltungen in Meßgeräten, wie z.B. der Eingangsverstärker eines Oszilloskops, haben einen Frequenzgang, der bei Gleichstrom beginnt und einen linearen Verlauf bis zu einer *oberen Grenzfrequenz* aufweist. Als obere Grenzfrequenz wird die Frequenz angegeben, bei der die Verstärkung $v(f)$ gegenüber der Sollverstärkung v_0 um 3 dB abgesunken ist. Das bedeutet, daß an diesen Frequenzgrenzen die Ausgangsspannung um etwa 30% kleiner ist und eine Messung bei dieser Frequenz bereits entsprechend ungenau. Der Bereich, in dem innerhalb kleiner Fehlergrenzen ε gemessen werden kann ist kleiner. Für die Abschätzung einer zulässigen oberen Meßfrequenz wird ein Modell aus einem idealen Verstärker mit unendlicher Bandbreite und einem Tiefpaß gebildet, der den realen Verstärker modelliert.

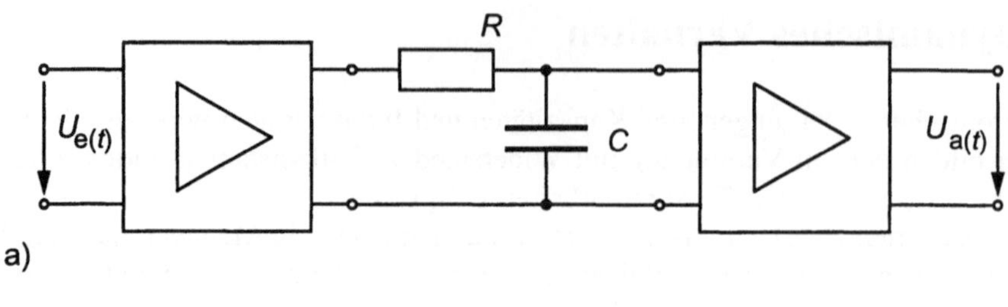

a)

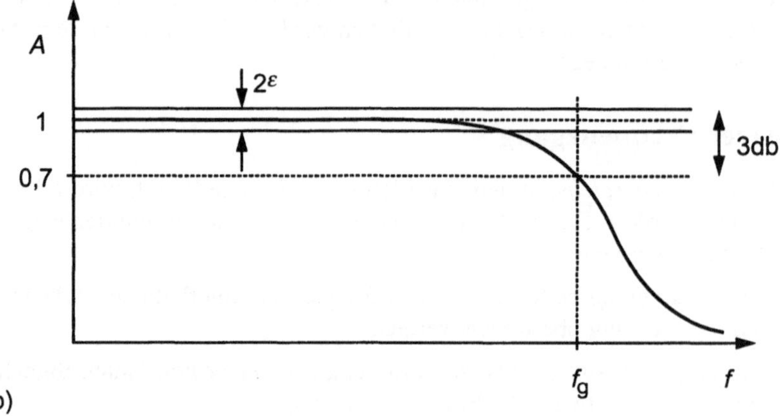

b)

Bild 5.3.1 Verstärkung und Grenzfrequenz:
a) Verstärkermodell aus idealen Verstärkern und RC-Tiefpaß,
b) Frequenzgang im linearen Maßstab

Die komplexe Übertragungsfunktion dieses in Bild 5.3.1 dargestellten Verstärkermodells
ist durch

$$v(f) = \frac{v_0}{\mathrm{j}\, 2\pi f\, RC + 1} = \frac{v_0}{\mathrm{j}\,\dfrac{f}{f_\mathrm{g}} + 1} \tag{5.3.4}$$

gegeben, wobei f_g die Grenzfrequenz des Tiefpasses ist, der den Frequenzgang des Verstärkers modelliert, v_0 ist die Verstärkung ohne das RC-Glied. Der Betragsfrequenzgang

$$\left|\frac{v(f)}{v_0}\right| = \sqrt{\frac{1}{\dfrac{f^2}{f_\mathrm{g}^2} + 1}} \; . \tag{5.3.5}$$

weist bei der Grenzfrequenz die Dämpfung von 3 dB auf. Gesucht ist die Frequenz f_max,
bei der die Abweichung der Verstärkung kleiner als ε bleibt. Bei dieser oberen Frequenzgrenze ist die Verstärkung $v(f)/v_0$

$$\left| \frac{v(f)}{v_0} \right| = 1 - \varepsilon = \sqrt{\frac{1}{\frac{f_{max}^2}{f_g^2} + 1}} \quad . \tag{5.3.6}$$

Mit der Näherung $1/\sqrt{1+x} = 1 - x/2$ [Bronstein81] für kleine ε wird

$$1 - \varepsilon = 1 - \frac{f_{max}^2}{2 f_g^2} \quad , \tag{5.3.7}$$

umgestellt gilt für die maximal übertragbare Frequenz bei dem Fehler ε

$$f_{max} = f_g \sqrt{2\varepsilon} \quad . \tag{5.3.8}$$

Dieses Modell kann zwar nicht den komplexen Frequenzgang des Meßverstärkers wiedergeben, jedoch stellt die damit aufgestellte Formel eine brauchbare Näherung in der Nähe der Grenzfrequenz dar.

Beispiel: Mit einem 100 MHz-Oszilloskop (f_g = 100 MHz) können die Spitzenwerte von Sinusspannungen bei einer Genauigkeit von ε = 2% bis zu einer maximalen Frequenz von f_{max} = 20 MHz gemessen werden.

5.3.3 Zeitverhalten und Frequenzgang

In manchen Fällen, z.B. bei elektromechanischen Instrumenten läßt sich das Verhalten durch ein schwingendes System modellieren [Richter88]. Sind Filter oder Sensoren mit einem ausgeprägten Resonanzverhalten beteiligt, wird anstelle eines einfachen Modells eine Beschreibung des Frequenzgangs herangezogen.

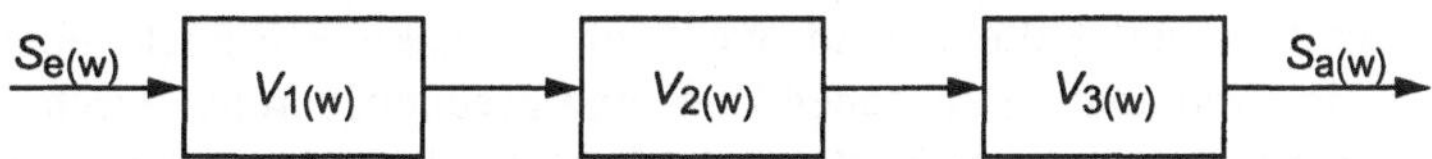

Bild 5.3.2 Kette mehrerer Übertragungsglieder

In Bild 5.3.2 ist eine Kette mehrerer Übertragungsglieder dargestellt. Darin sind $s_e(t)$ das Eingangssignal, $s_a(t)$ das Ausgangssignal und V_1 V_2 und V_3 die komplexen Übertragungsfunktionen dreier in Reihe geschalteter Übertragungsglieder. Bei einer Betrachtung im Frequenzbereich kann jede Frequenz getrennt betrachtet werden und das Ausgangssignal

$$S_a(\omega) = V(\omega) \cdot S_e(\omega) \tag{5.3.9}$$

ergibt sich einfach aus der Multiplikation der Frequenzkomponenten des Eingangssignal mit der Übertragungsfunktion. Die Reihenschaltung dieser Übertragungsglieder ergibt sich ebenso durch die Multiplikation der einzelnen Frequenzgänge

$$V(\omega) = V_1(\omega) \cdot V_2(\omega) \cdot V_3(\omega) \quad . \tag{5.3.10}$$

Nach den Beziehungen der Fourier-Transformation (vgl. Kapitel 4.2) enthalten die Frequenzgänge die gleiche Information wie der entsprechende Zeitverlauf. Entsprechend läßt sich durch die inverse Fourier-Transformation die Zeitfunktion

$$v(t) = F^{-1}\{V(\omega)\} \tag{5.3.11}$$

angeben. Die Zeitfunktion $v(t)$ ist die Impulsantwort der Reihenschaltung der Übertragungsglieder, das ist die normierte Ausgangsspannung, die sich bei der Erregung durch einen Delta-Impuls ergibt (ein Delta-Impuls ist ein unendlich kurzer Impuls, dessen Integration über die Zeit einen Sprung von Null nach Eins verursacht).

Die resultierende Übertragungsfunktion v im Zeitbereich ergibt sich durch die Faltung der einzelnen Übertragungsglieder. Mit dem Zeichen „*" wird die *Faltung* bezeichnet und es ergibt sich entsprechend Gl. 5.3.10 die Beziehung

$$v_1 * v_2 * v_3 = v \quad , \tag{5.3.12}$$

im Zeitbereich. Die Faltung ist kommutativ, assoziativ und distributiv [Stepanek76], [Dirschmid76], d.h. es gilt

$$v = v_1 * v_2 = v_2 * v_1 \quad , \tag{5.3.13}$$

$$v = v_1 * (v_2 * v_3) = (v_1 * v_2) * v_3 \quad , \tag{5.3.14}$$

$$v = v_1 * (v_2 + v_3) = (v_2 + v_3) * (v_1 + v_3) \quad . \tag{5.3.15}$$

Für zeit- und amplitudenkontinuierliche Signale beschreibt das Faltungsintegral

$$v * s(t) = \frac{1}{N} \int_0^t s(t)\, v(t - \tau)\, d\tau \tag{5.3.16}$$

die Verknüpfung.

Fourier-Transformation und Faltung sind auch auf zeitdiskrete Signale übertragbar. In diesem Falle ist die Umrechnung zwischen Zeit- und Frequenzbereich durch die Diskrete Fourier-Transformation gegeben (siehe Kapitel 4.2) Die Faltung kann gleichermaßen auch auf zeitdiskrete Signale angewendet werden. Anstelle des Integrals tritt die Faltungssumme

$$v_k * s_k = \frac{1}{N} \sum_{i=1}^{N} v_k\, s_{i\text{-}k} \quad , \tag{5.3.17}$$

die die zu gleichen äquidistanten Zeiten abgetasteten Signale v_k und s_k verknüpft.

5.3.4 Inverse Filterung

Frequenzgangfehler, sowohl Beeinflussungen des Phasengangs als auch des Frequenzgangs, sind in der Regel systematische Fehler und können korrigiert werden. Die Methode wird als *Inverse Filterung* bezeichnet. Als Beispiel habe V_1 einen Frequenzgang, der durch den Frequenzgang V_2 korrigiert werden soll, der Frequenzgang V_3 sei linear. Durch die Multiplikation von V_1 mit dem Frequenzgang $V_2(\omega)$

$$V_2(\omega) = \frac{1}{V_1(\omega)} \quad , \tag{5.3.18}$$

oder auch korrespondierend durch die Faltung mit

$$v_2(t) = F^{-1}\{V_2(\omega)\} \quad , \tag{5.3.19}$$

der in den Zeitbereich transformierten Übertragungsfunktion, kann der Frequenzgang V_1 kompensiert werden.

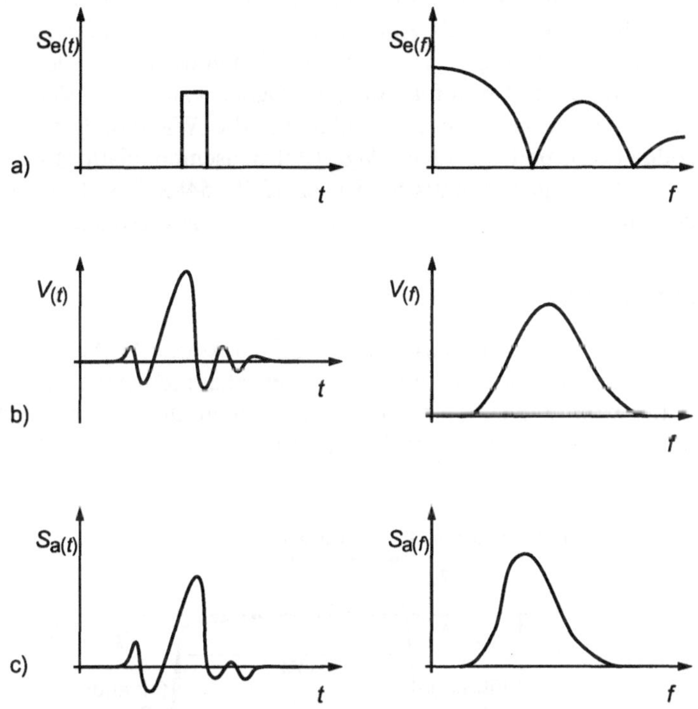

Bild 5.3.3 Verformung eines Impulses durch ein Bandfilter:
a) Impuls als Eingangssignal, b) Übertragungsfunktion des Bandfilters, c) resultierender Impuls

Diese Operation kann nur in den Frequenzbereichen durchgeführt werden, in denen das Signal-Rauschverhältnis V_1 hinreichend groß ist und keine Frequenzbänder unterdrückt werden. Für den Fall eines zu kleinen Signal-Rauschverhältnisses enthält Gl.(5.3.18) eine Division durch Null bzw. durch eine Rauschspannung, die völlig fehlerhafte Ergebnisse zur Folge hat. Dazu ist als Beispiel in Bild 5.3.3 ein Signal mit einem ursprünglich weiten Spektrum dargestellt, das durch den Bandpaßcharakter eines Meßsystems eingeschränkt wird. Der originale Impuls kann nicht restauriert werden. Eine Abschätzung einer inversen Übertragungsfunktion ist durch

$$V_2 = \frac{1}{V_1 + V_R} \quad , \tag{5.3.20}$$

gegeben. Darin wird zum Nennerterm ein „kleiner Rauschterm" V_R addiert und damit die Division stabilisiert (siehe dazu Wiener-Filter in [Papoulis77]. Für eine genauere inverse Filterung und Schätzungen unter Einbeziehung von Nebenbedingungen müssen zur Lösung dieses Problems andere Verfahren herangezogen werden [Schwetlick88].

5.4 Pulsübertragungsverhalten

Pulse treten in der Meßtechnik sowohl als Träger meßtechnischer Informationen, als auch als Gegenstand der Messung oder als Anregung auf. In rein digitalen Systemen ist die Information als Null oder Eins-Pegel zu bestimmten Zeiten definiert. Auch in Verbindung mit Analogtechnik tragen Pulse Informationen. Dabei kann die Weite (Pulsweiten-modulation), die Höhe (Pulsamplitudenmodulation), die Wiederholrate oder Frequenz (Pulsfrequenzmodulation), und die Phasenlage (Pulsphasenmodulation) der Pulse Informationsträger sein. Der Begriff Impuls wird nach [DIN 5483 Teil 1] im Gegensatz zu periodisch wiederkehrenden Pulsen für ein einzelnes Ereignis verwendet.

5.4.1 Pulskenngrößen

Während ein gedachter idealer Impuls eine unendlich kurze Anstiegs- und Abfallzeit sowie einen konstanten Verlauf außerhalb des Umschaltmomentes aufweisen würde, treten in realen Situationen durch eine begrenzte Bandbreite oder einen nichtlinearen Frequenzgang Abweichungen auf, die im folgenden näher untersucht werden sollen.

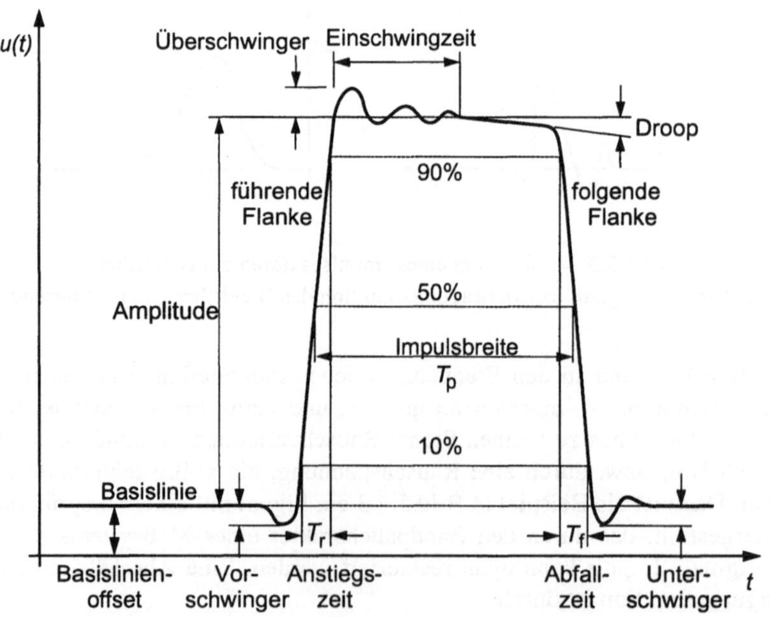

Bild 5.4.1 Kenngrößen eines realen Pulses

In Bild 5.4.1 ist ein Puls mit realem Verlauf, wie er in elektrischen Schaltungen auftritt, dargestellt. Die Pulsbreite T_{imp}, die zeitliche Länge des Pulses, wird bei der halben Signalamplitude bestimmt. Die Anstiegszeit T_r bzw. *Abfallzeit T_f* wird zwischen der 10% und 90 % der Pulsamplitude gemessen. Die Steigung während des Anstiegs bzw. des Abfalls des Pulses wird als *slew-rate* bezeichnet.

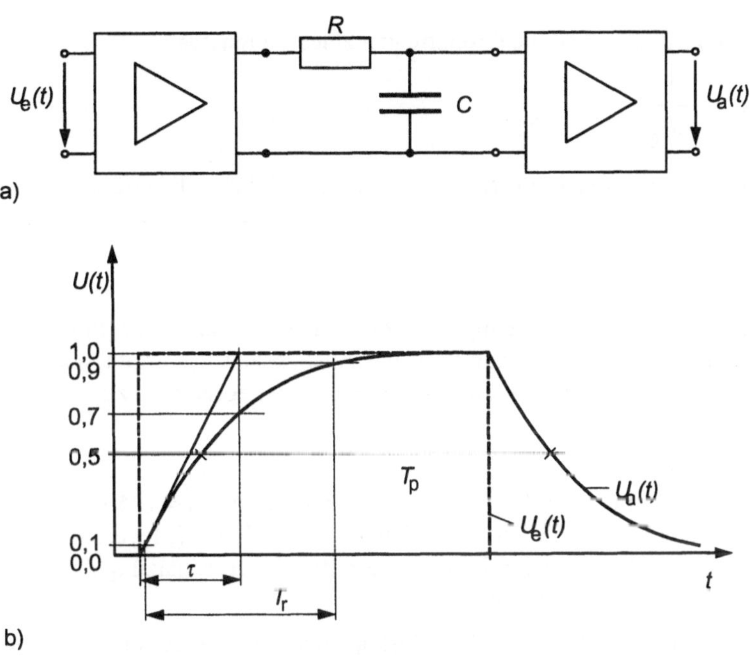

Bild 5.4.2 Verstärker mit Tiefpaßverhalten bei Pulsanregung:
a) Verstärkermodell, b) Zeitverlauf der Signale

Die obere Grenzfrequenz bestimmt auch die Anstiegszeit und Abfallzeit. Das Verstärkermodell in Bild 5.4.2 a) modelliert dieses Verhalten durch ein einfaches RC-Glied. Bild 5.4.2 b) zeigen Eingangs- und Ausgangsspannung des Verstärkers. Bei einem Spannungssprung am Eingang zum Zeitpunkt $t = 0$ liegt am Ausgang die Spannung

$$u_a(t) = v_0 \, U_e (1 - e^{-t/\tau}), \quad \tau = R \cdot C \tag{5.4.1}$$

an. Zum Zeitpunkt t_1 sei die Ausgangsspannung bereits auf 10% angestiegen,

$$\frac{u_a(t)}{v_0 \, U_e} = (1 - e^{-t_1/\tau}) = 0{,}1 \quad . \tag{5.4.2}$$

zum Zeitpunkt t_2 auf 90%,

$$\frac{u_a(t)}{v_0 \, U_e} = (1 - e^{-t_2/\tau}) = 0{,}9 \quad . \tag{5.4.3}$$

Der Quotient beider Gleichungen führt zu

$$e^{(t_2-t_1)/\tau} = 9, \quad \frac{t_2-t_1}{\tau} = \ln 9 \tag{5.4.4}$$

Die Anstiegszeit $T_r = t_2 - t_1$ ist somit

$$T_r = 2{,}2\tau \ . \tag{5.4.5}$$

Wird die Zeitkonstante durch die Grenzfrequenz des Tiefpasses

$$\tau = RC = \frac{1}{2\pi f_g} \tag{5.4.6}$$

ausgedrückt, dann ergibt sich für $T_r = \ln 9 / (2\pi f_g)$ und damit die Größengleichung

$$T_r = \frac{0{,}35}{f_g} \ . \tag{5.4.7}$$

Nicht immer kann davon ausgegangen werden, daß der anregende Puls unendlich steil ansteigt. Für eine Flanke am Eingang mit der Anstiegszeit T_{r1} ergibt sich bei dieser Anstiegszeit des Meßverstärkers T_{r2} die resultierende Anstiegszeit T_r zu

$$T_{r\,res} = \sqrt{T_{r1}^2 + T_{r2}^2} \ . \tag{5.4.8}$$

Diese Näherung gilt für $T_{r1} \approx T_{r2}$. Bei einer Anstiegszeit $T_{r1} = 1/5\,T_{r2}$ der Anstiegszeit des Meßverstärkers beträgt der wirkliche Fehler nur noch 2% [Meyer89]. Die oben angegebenen Formeln stellen in vielen Fällen eine hilfreiche Abschätzung der zu erwartenden Eigenschaften einer Meßeinrichtung dar.

Beispiel: Bei einem 100 MHz Oszilloskop beträgt die Anstiegszeit entsprechend Gl.(4.4.7) 3,5 ns. (siehe auch [Miller]). Wird das Signal eines Pulsgenerators mit einer Anstiegszeit von ebenfalls 3,5 ns mit diesem Oszilloskop dargestellt, würde entsprechend Gl.(5.4.8) eine Anstiegszeit von ca. 5 ns abgelesen werden. Als Faustregel kann gelten, daß um Pulse mit weniger als 5% Abweichung darzustellen, die Anstiegszeit des Oszilloskops mindestens dreimal so groß sein sollte wie die Anstiegszeit der darzustellenden Pulse. Damit ließen sich mit einem solchen Oszilloskop noch Messungen an Schaltungen mit 10 ns Anstiegszeit durchführen [Rush93].

5.4.2 Modellierung der Einschwingverhaltens

Während ein idealer Impuls im ein- und ausgeschalteten Zustand einen konstanten Wert annimmt, stellt sich real oft ein abweichender Verlauf ein. Die entstehende Dachschräge, die durch die unerwünschte Entladung eines Kondensators entstanden sein kann, wird auch als *Droop* bezeichnet und wird als Spannungsänderung pro Zeiteinheit angegeben. Eine Dachschräge der Pulse entsteht auch bei der Übertragung über einen Verstärker mit Hochpaßverhalten oder bei einer Messung mit einem nicht abgeglichenen Tastkopf eines Oszilloskops der ein Hochpaßverhalten zeigt (siehe Kapitel 8). In Bild 5.4.3 ist das Pulsübertragungsverhalten von einfachen *RC*-Gliedern bei unterschiedlichen Zeitkonstanten aufgetragen.

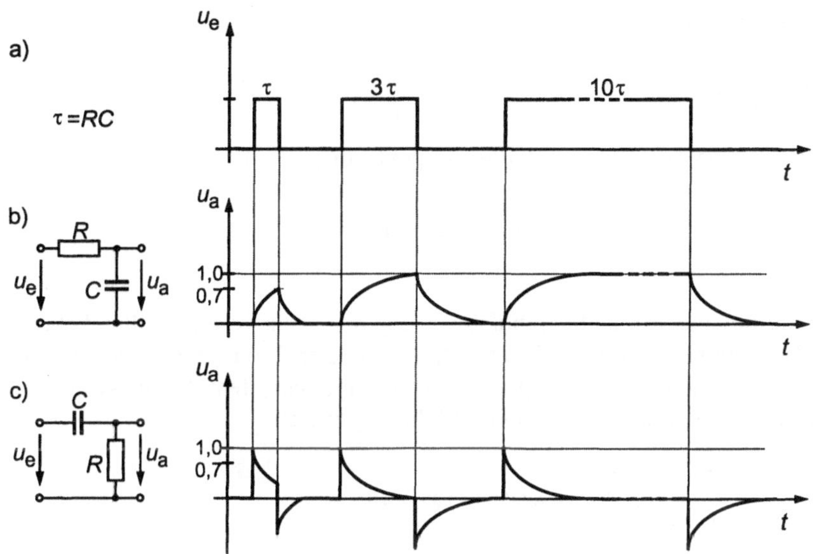

Bild 5.4.3 Pulsübertragungsverhalten von einfachen RC-Gliedern
bei unterschiedlichen Zeitkonstanten: a) Anregung, b) Tiefpaß, c) Hochpaß

Mit dem Hochpaß oder Tiefpaßverhalten einfacher *RC*-Glieder lassen sich die Anstiegs-
und Abfallzeiten modellieren, nicht jedoch die Überschwinger, die in Bild 5.4.1 zu erkennen sind. Ihre Höhe wird in Prozent der Amplitude angegeben. Die Zeit, in der das Signal
nach einer Flanke wieder Werte innerhalb vorgegebener Toleranzen annimmt, wird als
Einschwingzeit oder *settling time* bezeichnet.

Überschwinger können unterschiedliche Ursachen haben. Sie treten nicht nur bei schwingenden Systemen (z.B. *LCR*-Schaltungen) auf, sondern auch, wenn hochfrequente Komponenten des Pulses im Übertragungswege oder durch steilflankige Filter unterdrückt
werden. Besonders die den Digital-Analog-Umsetzern oft vorgeschalteten Aliasingfilter
(Siehe Kap. 6.2) sind steilflankig und können diese Überschwinger hervorrufen. Dieses
als *Gibbsches Phenomen* bezeichnete Verhalten soll im folgenden gezeigt werden.

Der ideale Impuls

$$s(t) = \begin{cases} 0 \text{ für } t < -T/2 \\ 0 \text{ für } t > T/2 \\ 1 \text{ sonst} \end{cases} \tag{5.4.9}$$

der in Bild 5.4.4 a) dargestellt ist, wird durch die Fourier-Transformation (siehe Gl. 4.2.1)

$$S(\omega) = \int_{-\infty}^{\infty} s(t)\, \mathrm{e}^{-\mathrm{j}\omega t}\, \mathrm{d}t = \int_{-T/2}^{T/2} \mathrm{e}^{-\mathrm{j}\omega t}\, \mathrm{d}t \tag{5.4.10}$$

in den Spektralbereich transformiert. Anstelle der Frequenz f wird hier im Bildbereich die
Kreisfrequenz $\omega = 2\pi f$ verwendet.

Die Auflösung des Integrals ergibt

$$S(\omega) = \frac{1}{j\omega}(e^{j\omega T/2} - e^{-j\omega T/2}) = \frac{2}{\omega} \cdot \sin\frac{\omega T}{2} \qquad (5.4.11)$$

Die Inverse Fourier-Transformation dieses Spektrums,

$$s(t) = \frac{1}{2\pi} \int_{-\infty}^{\infty} \frac{1}{j\omega}(e^{j\omega T/2} - e^{-j\omega T/2})\, e^{j\omega t}\, d\omega \qquad (5.4.12)$$

würde wiederum die originale Impulsform ergeben. Der vorangestellte Faktor $1/2\pi$ in Gl. (5.4.12) ergibt sich durch die Verwendung der Kreisfrequenz anstelle der Frequenz in Gl. (4.2.7). Wird durch ein bandbegrenztes Übertragungssystem der Spektralbereich oberhalb einer Grenzkreisfrequenz ω_g unterdrückt, ergibt sich

$$s(t) = \frac{1}{2\pi} \int_{-\omega_g}^{\omega_g} \frac{1}{j\omega}(e^{j\omega T/2} - e^{-j\omega T/2})\, e^{j\omega t}\, d\omega \quad . \qquad (5.4.13)$$

Zur Lösung dieses Integrals werden die Exponentialformen zusammengefaßt,

$$s(t) = \frac{1}{2j\pi} \int_{-\omega_g}^{\omega_g} \frac{1}{j\omega}(e^{j\omega(t+T/2)} - e^{j\omega(t-T/2)})\frac{1}{\omega}\, d\omega \quad , \qquad (5.4.14)$$

und durch Sinus- und Kosinus-Glieder ausgedrückt,

$$s(t) = \frac{1}{2j\pi} \int_{-\omega_g}^{\omega_g} \frac{1}{\omega}\left(\cos\omega\left(t+\frac{T}{2}\right) + j\sin\omega\left(t+\frac{T}{2}\right)\right)$$
$$- \frac{1}{\omega}\left(\cos\omega\left(t-\frac{T}{2}\right) + j\sin\omega\left(t-\frac{T}{2}\right)\right) d\omega \qquad (5.4.15)$$

Durch Ausnutzung der Symmetrieeigenschaften der einzelnen Glieder heben sich die Teilintegrale über die $(\cos x)/x$-Glieder auf, die Teilintegrale über die $(\sin x)/x$-Glieder reduzieren sich auf eine Integration von 0 bis ω_g entsprechend

$$s(t) = \frac{1}{\pi} \int_0^{\omega_g} \frac{1}{\omega}\sin\omega\left(t+\frac{T}{2}\right) - \frac{1}{\omega}\sin\omega\left(t-\frac{T}{2}\right) d\omega \quad . \qquad (5.4.16)$$

Mit der Definition des Integralsinus

$$\text{Si}(x) = \int_0^x \frac{\sin\xi}{\xi}\, d\xi \qquad (5.4.17)$$

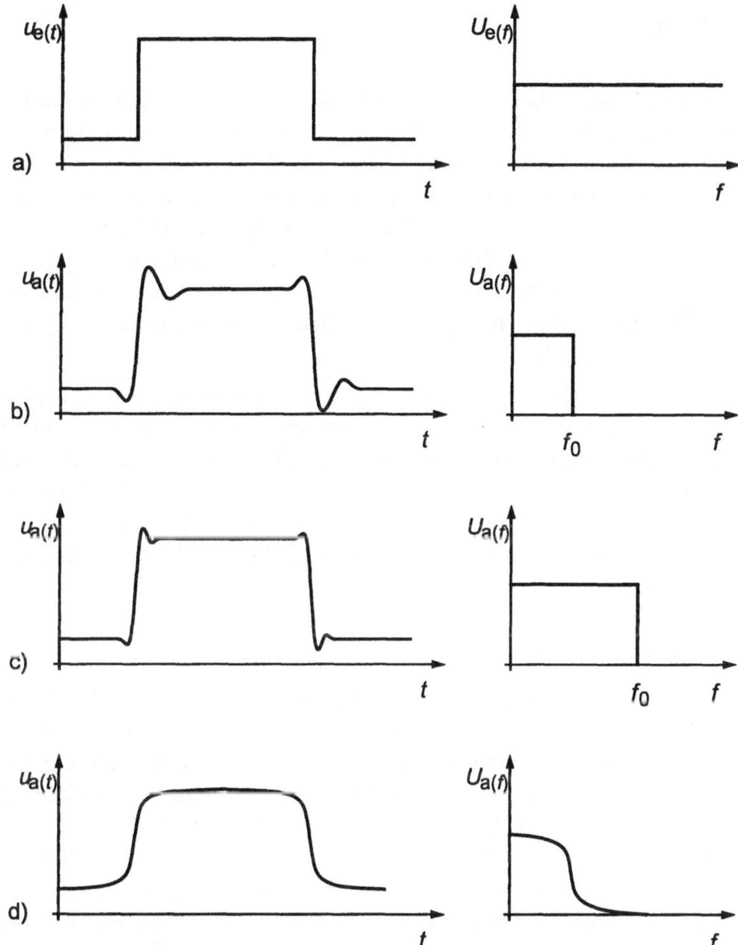

Bild 5.4.4 Pulsformen bei unterschiedlichen Übertragungssystemen:
a) Idealer Impuls als Eingangssignal und Ausgangssignal eines ideal breitbandigen Übertragungs-
systems, b) und c) simulierter Verlauf von $s(t)$ bei steilem Übergang bei ω_g zwischen Durchlaßbereich und Sperrbereich, d) vermindertes Überschwingen bei allmählichem Übergang vom Durchlaßbereich zum Sperrbereich.

ergibt sich

$$s(t) = \frac{1}{\pi}\,\mathrm{Si}\!\left(\omega_g\!\left(t+\frac{T}{2}\right)\right) - \frac{1}{\pi}\,\mathrm{Si}\!\left(\omega_g\!\left(t-\frac{T}{2}\right)\right) \tag{5.4.18}$$

Die Funktion des Integralsinus ist tabelliert oder kann numerisch durch eine Reihenent-
wicklung berechnet werden [Abramowitz70], [Bronstein81]. Bild 5.4.4 b), c) und d) zeigt
den simulierten Verlauf von $s(t)$ bei unterschiedlichen Grenzkreisfrequenzen ω_g. Bildteil
e) zeigt die Reduktion des Überschwingens bei allmählichem Übergang vom Sperrbereich
zum Durchlaßbereich.

5.5 Rauschen

Bereits mit einfachen Spiegelgalvanometern ließe sich zeigen, daß die Empfindlichkeit eines Instrumentes nicht beliebig steigerbar ist. Selbst bei einer extremen Verlängerung des Lichtstrahls würde unter der Voraussetzung, daß das Instrument in völliger Ruhelage und abgeschirmt von äußeren Einflüssen ist, eine Bewegung verzeichnen. Diese Bewegung resultiert aus der Braunschen Molekularbewegung und läßt keine genaue Angabe des Meßwertes zu einem vorgegebenen Zeitpunkt zu: die Schwankungen sind regellos und zufällig. Sie stellen einen zufälligen Fehler dar und setzen der erreichbaren Genauigkeit eine Grenze. In Anlehnung an den Bereich akustischer Wahrnehmung werden solche Prozesse als Rauschen bezeichnet.

Die häufig den Nutzsignalen überlagerten Rauschsignale können als Zufallssignale behandelt werden. Der genaue Verlauf des Rauschsignals läßt sich nicht angeben, jedoch kann die Amplitudenverteilung und die spektrale Verteilung angegeben werden (siehe Kapitel 4.6). Häufig läßt sich die Amplitudenverteilung durch eine Normalverteilung oder Gleichverteilung beschreiben. Ein Rauschsignal mit einer konstanten spektralen Leistungsdichte wird als *weißes Rauschen* bezeichnet. Andere Farbzuordnungen bedürfen einer genauen Spezifikation.

5.5.1 Ursachen des Rauschens

Die Quellen von Rauschen sind vielfältig (siehe z.B. [Müller79], [Völz89]). Häufig werden jedoch nicht nur physikalische Ursachen, die in der molekularen Struktur liegen als Rauschen angesehen, sondern auch Störungen, die durch die Umgebung bedingt sind. Solche Störungen können z.B. mechanische Ursachen, wie Umweltgeräusche oder Schwingungen, oder elektrische Ursachen haben. Elektrische Störstrahlung reicht vom Netzbrummen über Rundfunk- und Navigationssender bis zur Mikrowellenstrahlung von Kochgeräten. Unter der Voraussetzung, daß sie statistischen Gesetzen gehorchen, können sie als Rauschen behandelt werden. Innerhalb der Meßeinrichtungen sind elektronische Bauelemente wesentliche Rauschquellen. Beispiele sind das Widerstandrauschen, das Halbleiter-Schrotrauschen, das Funkelrauschen, das Stromverteilungsrauschen und das Popkorn-Rauschen.

Das **Widerstandsrauschen**, das auch als *thermisches Rauschen* bezeichnet wird, entsteht aus der Wärmebewegung der Elektronen. Jeder elektrische Widerstand, der auf eine Temperatur oberhalb der absoluten Nullpunktes aufgewärmt ist, liefert eine Rauschspannung aufgrund des Widerstandsrauschens. Von Nyquist wurde die Formel

$$U_{\text{eff}} = \sqrt{4 k_B \, \vartheta \, R \, \Delta f} \tag{5.5.1}$$

angegeben, die den Effektivwert dieses Rauschens in Abbhängigkeit von der absoluten Temperatur ϑ in Kelvin, der Größe des elektrischen Widerstandes R und dem betrachteten Frequenzbereich Δf angibt.

Darin ist k_B die Bolzmann-Konstante $k_B = 1{,}38054 \cdot 10^{-23}$ VA/HzK. Der Faktor $k_B \cdot \vartheta$ in Gl.(5.5.1) bezeichnet die spektrale Leistungsdichte, unabhängig vom Widerstand R. Die Leistungsdichte ist unabhängig von der Frequenz und somit ist das Widerstandsrauschen auf alle Frequenzen gleichverteilt. Ein solches Rauschen wird als weißes Rauschen bezeichnet.

Das **Schrotrauschen**, auch als *Stromrauschen* oder *Schottky-Rauschen* bezeichnet, tritt in Halbleiterbauelementen auf. Es kommt durch die statistischen Schwankungen, der am Transport beteiligten Ladungsträger aufgrund von zufälliger Generation und Rekombination von Ladungsträgern zustande. Bei Operationsverstärkern wirkt sich aufgrund der hohen Verstärkung das Schrotrauschen hauptsächlich in der ersten Stufe aus. Für bipolare und FET-Operationsverstärker, die über keine Eingangsruhestromkompensation verfügen, läßt sich das Rauschen als Funktion des Eingangsruhestroms angeben. Der Rauschstrom I_{eff} ist dem Ruhestrom I überlagert und ist durch

$$I_{\text{eff}} = \sqrt{2\,\text{e}\,I\,\Delta f} \qquad (5.5.2)$$

wobei die Elementarladung $\text{e} = 1{,}6021 \cdot 10^{-19}$ As ist. Wie auch das Widerstandsrauschen hat das Schrotrauschen eine frequenzunabhängige Leitungsdichte und ist daher ebenfalls ein weißes Rauschen.

Durch eine statistische Änderung des Widerstandes zu zunehmenden Frequenzen entsteht das **Funkelrauschen**. Es tritt sowohl bei Widerständen als auch bei Halbleitern auf. Bei Widerständen zeigen Drahtwiderstände ein geringeres Funkelrauschen als Graphitwiderstände. Bei Halbleiterbauelementen tritt bei MOS-FET-Transistoren das Funkelrauschen am stärksten in Erscheinung. Das Funkelrauschen weist näherungsweise eine Leistungsdichte auf, die mit der Frequenz abnimmt. Daher wird diese Rauschen auch als *1/f*-Rauschen bezeichnet. Die *1/f* Abnahme der Leistungsdichte zu höheren Frequenzen hat eine konstante Rauschleistung pro Dekade zur Folge, ein solches Rauschen wird in Abgrenzung zum weißen Rauschen als *rosa Rauschen* bezeichnet.

Das **Stromverteilungsrauschen** tritt bei Halbleiterbauelementen auf, bei denen sich der Strom auf zwei Zweige verteilen kann. Diese Verteilung ist statistischen Schwankungen unterworfen. Ein Beispiel dazu ist ein bipolarer Transistor, bei dem sich der Emitterstrom in den Basis- und den Kollektorstrom aufteilt.

Das **Popkornrauschen** wird auch als *Burstrauschen* bezeichnet, weil es niederfrequent auftretende Impulse auslöst. Die Ursache für dieses Rauschen sind metallische Verunreinigungen im Halbleiter, die sprunghafte Veränderungen der Gleichstromparameter zur Folge haben.

5.5.2 Signal-Rauschverhältnis

Das dem Nutzsignal überlagerte Rauschen ist im Regelfall störend. Aufgrund der statistischen Eigenschaften kann eine nachträgliche Trennung von Signal und Rauschen nur vorgenommen werden, wenn Signal und Rauschen in unterschiedlichen Frequenzbereichen liegen. Das *Signal-Rauschverhältnis* SNR (*signal to noise ratio*) bezeichnet das Verhältnis der Effektivwerte von Rauschspannung U_R und Signalspannung U_S. Es kann durch ein Verhältnis,

$$\text{SNR} = \frac{U_S}{U_R}\,, \qquad (5.5.3)$$

ausgedrückt werden, meistens wird das SNR als logarithmisches Maß

$$\text{SNR}_{\text{dB}} = 20\log_{10}\frac{U_\text{S}}{U_\text{R}} \tag{5.5.4}$$

in Dezibel angegeben. Das Signal-Rauschverhältnis kann auch ein Glied einer Signalübertragungskette, z.B wie in den folgenden Betrachtungen einen Verstärker, charakterisieren. Es kennzeichnet dann die Dynamik, das Verhältnis der Ausgangsamplitude des Nutzsignals zum Rauschsignal am Ausgang. Die Dynamik wird bei definierten Betriebsbedingungen angegeben, meist bei Vollaussteuerung. Ein rauschfreies Signal am Eingang unter diesen Bedingungen bewirkt ein Ausgangsignal mit eben diesem Signal-Rauschverhältnis.

Allgemein muß von einem rauschbehafteten Eingangssignal ausgegangen werden. Das Ausgangssignal eines rauschenden Verstärkers hat somit ein Signal-Rauschverhältnis, das sowohl von dem Signal-Rauschverhältnis des Eingangssignals SNR_s als auch von dem des Verstärkers SNR_V abhängt. Wie in Bild 5.5.1 dargestellt ist, addieren sich beide Rauschleistungen, unter der Voraussetzung, daß beide Rauschvorgänge voneinander unabhängig sind.

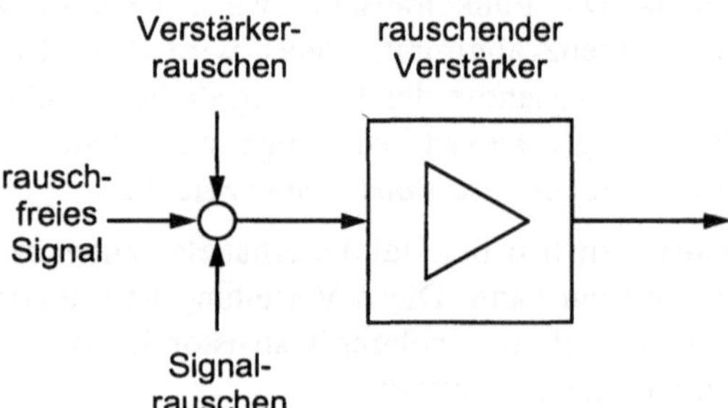

Bild 5.5.1 Überlagerung der Rauschsignale bei unterschiedlichen Rauschquellen

Zur Berechnung des resultierenden Signal-Rauschverhältnisses werden beide Rauschanteile auf eine Signalspannung von eins normiert. Der normierte Effektivwert der Rauschspannung des Signals ist demnach

$$r_{\text{S eff}} = \frac{1}{10^{\text{SNR}_\text{S}/20}} \, , \tag{5.5.5}$$

wobei SNR_S das Signal-Rauschverhältnis in dB des Signals ist. Entsprechend weist der Verstärkers ein Signal-Rauschverhältnis von SNR_V auf und liefert so eine Rauschspannung von

$$r_{\text{V eff}} = \frac{1}{10^{\text{SNR}_\text{V}/20}} \, . \tag{5.5.6}$$

Der resultierende Effektivwert der Rauschspannung ergibt sich aus der quadratischen Addition beider Effektivwerte und führt zum resultierende Signal-Rauschverhältnis

$$\text{SNR}_{\text{dB}} = 20\log\left(\frac{1}{\sqrt{r^2_{V\,\text{eff}} + r^2_{S\,\text{eff}}}}\right) \, . \tag{5.5.7}$$

Dieses Maß wird jedoch nur erreicht, wenn der Verstärker mit Vollaussteuerung betrieben werden kann, für andere Aussteuerungen wird das Signal-Rauschverhältnis schlechter. Gleichung 5.5.7 zeigt weiterhin, daß näherungsweise das ungünstigere Signal-Rauschverhältnis das resultierende ist. Sind beide Werte des Signal-Rauschverhältnisses gleich groß, verschlechtert sich das resultierende um 3 dB.

Möglichkeiten das Signal-Rauschverhältnis zu verbessern, bestehen durch Filter, Korrelation und durch Mittelwertbildung. Alle Verfahren bewirken einen höheren Meß- und Verarbeitungsaufwand. Filter können eingesetzt werden, wenn sich der Frequenzbereich von Rauschen vom Signalfrequenzbereich unterscheidet. Auto- und Kreuzkorrellation können helfen, Signale im Rauschen zu detektieren. Mittelwertbildung kann bei der Messung von Gleichwerten oder bei getriggerten Signalen das Signal-Rauschverhältnis verbessern. Durch die Triggerung können die Signale addiert werden, wodurch sich die Signalamplitude erhöht und das Rauschen herausmittelt. Dieses Verfahren wird bei digitalen Speicheroszilloskopen eingesetzt. Das Signal-Rauschverhältnis SNR_N, ausgedrückt durch das Verhältnis der Spannungen, nicht in dB, verbessert sich dabei nach N Mittelungen um

$$\text{SNR}_N = \text{SNR}\sqrt{N} \, , \tag{5.5.8}$$

SNR bezeichnet darin das Signal-Rauschverhältnis ohne Mittelung.

Beispiel: Mit einem digitalen Speicheroszilloskop wird ein Spannungsverlauf mit einem Signal-Rauschverhältnis von 50 dB aufgezeichnet. Nach 100 Mittelungen kann ein Signal-Rauschverhältnis von 70 dB erwartet werden.

Ein Rauschsignal mit großer Amplitude ist nicht immer unerwünscht. Es kann in der Meßtechnik als Stimulussignal eingesetzt werden [Benda89]. In Kapitel 4.6 wurde beschrieben, wie numerisch Rauschsignale erzeugt werden können. Rauschsignale können z.B. zur Messung eines Frequenzgangs eingesetzt werden, indem ein weißes Rauschen an den Eingang des Verstärkers angelegt wird und am Ausgang der Amplitudenfrequenzgang durch ein frequenzselektives Voltmeter gemessen wird.

6 Prinzipielle Fehler bei der Digitalisierung

Eine generelle Struktur einer Kette zur Digitalisierung von Meßsignalen ist in Bild 6.0.1 gezeigt. Zunächst erfolgt eine analoge Vorverarbeitung und Aufbereitung der Meßsignale, im einfachsten Falle eine Verstärkung. Durch die darauffolgende zeitliche Abtastung wird in äquidistanten Abschnitten gemessen. Mit der Amplitudenquantisierung wird jeweils einer kleinen Spanne analoger Anplitudenwerte ein diskreter Zahlenwert zugeordnet. In Verbindung mit dieser Behandlung der Signale treten eine Reihe unerwünschter Erscheinungen auf, die zu einem Teil aus den Prinzipien der Bearbeitung folgen. Diese Erscheinungen werden in diesem Kapitel behandelt. Zum anderen Teil verursachen das nichtideale Verhalten und die Unzulänglichkeiten elektronischer Bauelemente Fehler, die zusammen mit Möglichkeiten zu ihrer Beschreibung im folgenden Kapitel gezeigt werden.

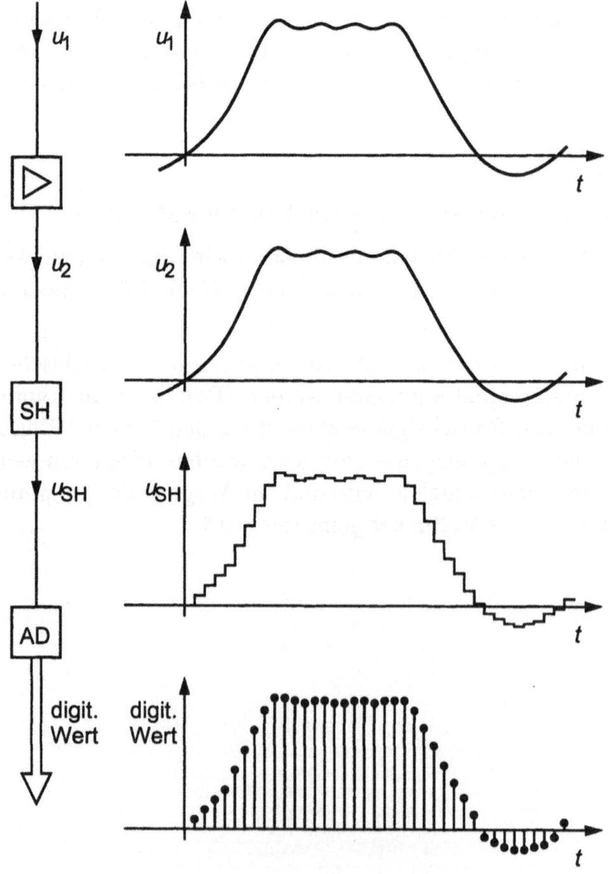

Bild 6.0.1 Digitalisierung von Signalen

6.1 Amplitudenfehler

Bei der Quantisierung der Amplitude werden die kontinuierlichen Werte auf einen beschränkten Bereich von Zahlenwerten abgebildet. Je nachdem, ob dieser Zahlenwert am unteren, am oberen Ende oder in der Mitte eines Quantisierungsintervalls exakt richtig ist, wird die Zuordnung als *low side transition, high side transition* oder *center code* bezeichnet [Eckl88].

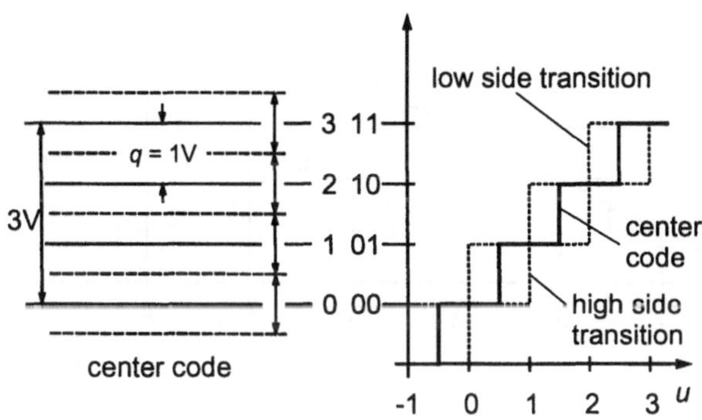

Bild 6.1.1 Prinzip der Quantisierung bei unterschiedlicher Lage der Quantisierungsintervalle

In Bild 6.1.1 links, das die Aufteilung eines analogen Spannungsbereiches in einzelne Intervalle zeigt, wird der umgesetzte Zahlenwert auf die Intervallmitte (*center code*) bezogen. Die Meßspanne U_M ist dann in $2^N - 1$ Intervalle aufgeteilt. Ein Intervall hat somit eine Breite q von

$$q = \frac{U_M}{2^N - 1} \approx \frac{U_M}{2^N} \quad , \tag{6.1.1}$$

wobei der Übergang von einer diskreten Stufe zur nächsten bei der Mitte des jeweiligen Intervalls liegt. N ist die Wortlänge, bzw. die Anzahl der Bit des Datenwortes. In Bild 6.1.2 ist die Quantisierung einer Meßspanne von 7 Einheiten dargestellt, indem der Ausgangszahlenwert über der Eingangsspannung dargestellt ist. Die gerade Verbindungslinie verbindet die Mittelpunkte und gilt nur für einen idealen Umsetzer. Ungleiche Stufenbreiten verformen diese Gerade zu einer Kurve. Die Spannungsstufen sind hier symmetrisch um die Mitte des diskreten Werten von $-q/2$ bis $+q/2$ angeordnet, z.B. ergibt sich der Wert 2 bei analogen Werten von 1,5 – 2,5. Die einzelnen Bereiche sind um die Mitte des jeweiligen digitalen Spannungswertes angeordnet.

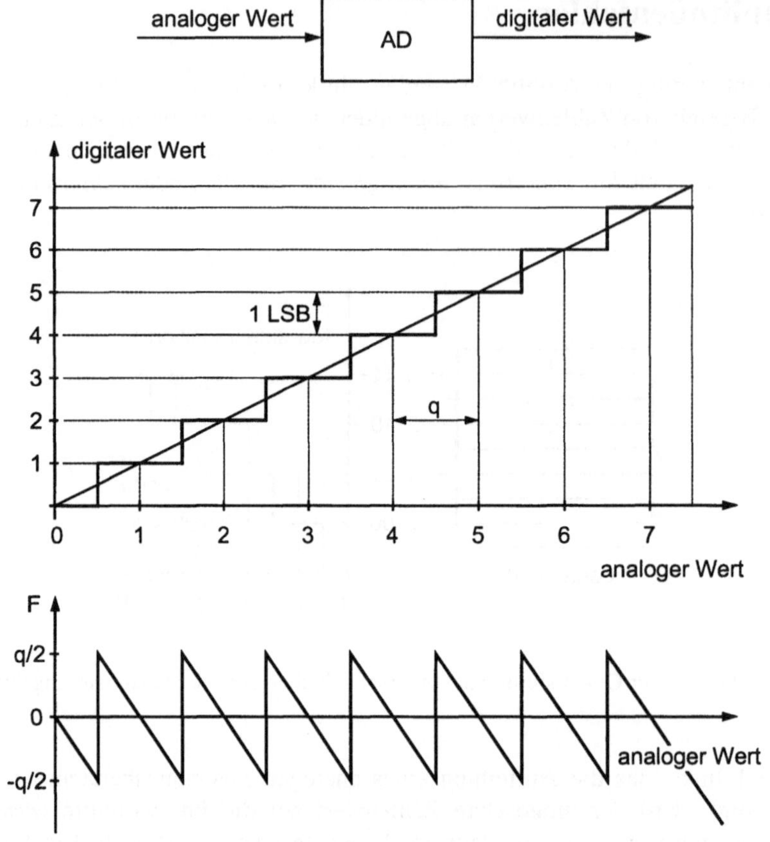

Bild 6.1.2 Abbildung von kontinuierlichen Werten auf einen beschränkten Bereich
von Zahlenwerten

Da ein AD-Umsetzer nur die begrenzte Anzahl von 2^N diskreten Werten ausgeben kann,
ist der maximale absolute Fehler durch

$$F = \pm\frac{q}{2} \tag{6.1.2}$$

gegeben. Bezogen auf die Meßspanne U_M ergibt sich daraus der relative Fehler

$$F_r = \pm\frac{1}{2^{N+1}-2} \approx \pm 2^{-N-1} \ . \tag{6.1.3}$$

Mit diesem maximalen Fehler ist eine obere und untere Fehlergrenze angegeben. Der
relative Fehler des gemessenen Momentanwertes liegt in diesen Grenzen.

6.1.1 Wortlänge und Signal-Rauschverhältnis

Der oben beschriebene Amplitudenfehler erzeugt bei aufeinander folgenden Messungen eine Art Zufallssignal, das den wahren Meßwerten überlagert ist. Vorausgesetzt ist dabei, daß die Meßzeitpunkte keinen festen Bezug zu möglichen periodischen Anteilen des Signals haben. Da dieses Zufallssignal einem Rauschen vergleichbar ist, wird es auch als *Quantisierungsrauschen* bezeichnet. Dieses Rauschen kann innerhalb der in Gl.(6.1.2) angegebenen Grenzen als gleichverteilt und als weiß angenommen werden. Dementsprechend läßt sich ein Signal-Rauschverhältnis angeben, daß diesen Fehler beschreibt.

Der Effektivwert U_{sig} der vollausgesteuerten Signalspannung, einer Sinusspannung, ausgedrückt durch den Spitze-Spitze-Wert U_{SS} ist

$$U_{sig} = \frac{U_{SS}}{2\sqrt{2}} = \frac{q2^N}{\sqrt{8}} \quad , \tag{6.1.4}$$

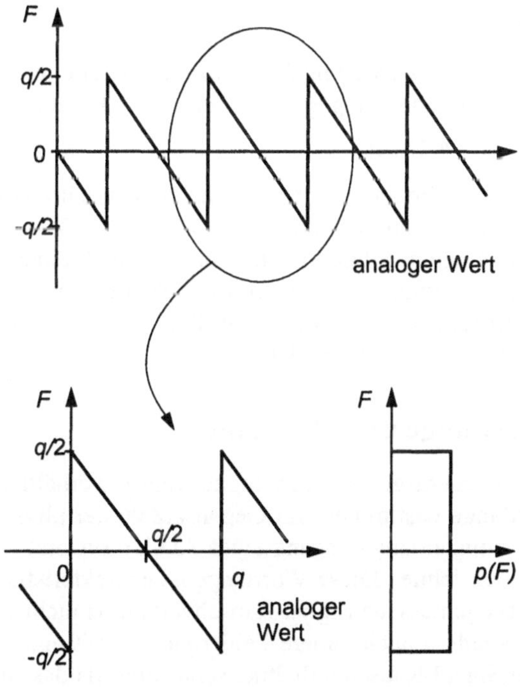

Bild 6.1.3 Quantisierungsfehler: Der Amplitudenverlauf $p(F)$ weist als Amplitudenverteilung eine Gleichverteilung auf

Der Spitze-Spitze-Wert U_{SS} wird darin durch $2^N q$ ausgedrückt. Die resultierende Fehlerspannung, die in Bild 6.1.3 dargestellt ist, könnte in der Form bei einem gleichmäßigen Durchfahren des Meßbereiches entstehen. Dabei entsteht ein sägezahnförmiger Verlauf, der eine konstante Amplitudenverteilung aufweist. Der resultierende Effektivwert ist durch

$$U_r = \sqrt{\frac{1}{q} \int_{-q/2}^{q/2} u^2 \, \mathrm{d}u} = \frac{q}{\sqrt{12}} \tag{6.1.5}$$

gegeben. Entsprechend Gl.(5.5.1) ist das logarithmische Maß des Signal-Rauschverhältnisses durch

$$\mathrm{SNR_{dB}} = 20 \log_{10}\left(\frac{U_{\mathrm{sig}}}{U_r} \right)$$

gegeben. Eingesetzt ergibt sich das SNR als Funktion der Anzahl Bits N als

$$\mathrm{SNR_{dB}} = 20 \log_{10} 2^N \sqrt{\frac{3}{2}} \tag{6.1.6}$$

ausgedrückt in Zahlenwerten

$$\mathrm{SNR_{dB}} = 1{,}76 \,\mathrm{dB} + 6{,}02 \,\mathrm{dB} \cdot N \quad . \tag{6.1.7}$$

Während dieses Maß für Vollaussteuerung (*full scale*) hergeleitet wurde, wird häufig auch ein Maß für die halbe Aussteuerung angegeben (*half scale*). Für diesen Fall ist

$$\mathrm{SNR_{dB}} = 6{,}02 \,\mathrm{dB} \cdot N - 4{,}26 \,\mathrm{dB} \quad . \tag{6.1.8}$$

Beispiel: Entsprechend der oben angeführten Betrachtungen hätte ein idealer 16 Bit AD-Umsetzer bei einem Eingangsspannungsbereich von 0 bis 6,5535 V eine Quantisierungsschrittweite von 0,1 mV, einen absoluten Fehler von 0,05 mV, einen relativen Fehler von 7,63 ppm% und ein Quantisierungsrauschen von ca. 98 dB. Wird die Wortlänge um ein Bit vergrößert, verbessert sich das logarithmische Signal-Rauschverhältnis um etwa 6 dB und der relative Fehler verbessert sich um den Faktor 1/2.

6.1.2 Effektive Wortlänge und Dithering

Umgekehrt läßt sich aus einem gemessenen Signal-Rauschverhältnis durch Umformung der Gl. 6.1.7 eine Wortlänge bestimmen. Im Gegensatz zu der physikalischen Wortlänge (der Anzahl der Datenleitungen am Ausgang eines AD-Umsetzers) wird diese Wortlänge als *effektive Wortlänge* bezeichnet. Diese Wortlänge ist charakteristisch für einen Analog-Digital-Umsetzer. Da das gemessene Signal-Rauschverhältnis nicht nur den reinen Quantisierungsfehler erfaßt, sondern auch andere Fehlerquellen mit einschließt (siehe Kapitel 7.1), ist das gemessene Signal-Rauschverhältnis schlechter als das Signal-Rauschverhältnis aufgrund der Quantisierung. Daraus folgt naturgemäß, daß auch die effektive Wortlänge kleiner ist als die physikalische. Die effektive Wortlänge ist auch nicht notwendigerweise eine ganze Zahl, sie stellt ein Qualitätsmaß für den Analog-Digital-Umsetzer dar und gibt die Informationsmenge in bit an (siehe dazu auch Kap. 3.1).

Durch das als *Dithering* (englisch für Zittern) bezeichnete Verfahren läßt sich die effektive Wortlänge eines AD-Umsetzers steigern. Das Verfahren nutzt die Mittelwertbildung, um Fehler, wie sie durch die Quantisierung hervorgerufen werden können, zu reduzieren. Als Ergebnis wird die Genauigkeit über das Maß eines Quantisierungsschrittes erhöht.

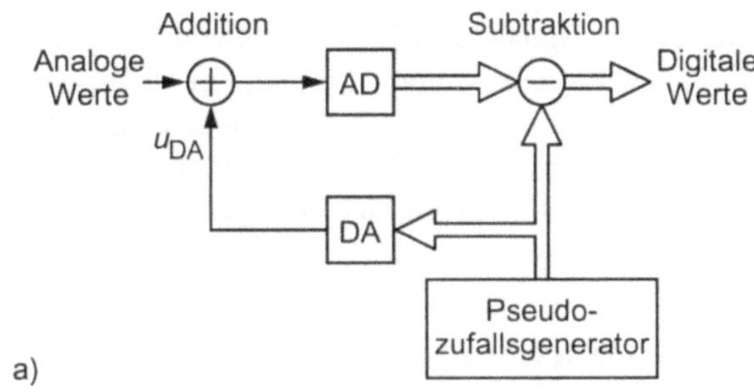

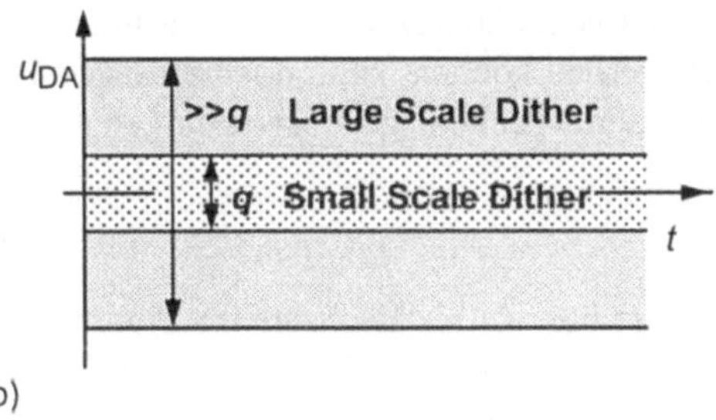

Bild 6.1.4 Erhöhung der Genauigkeit durch Dithering:
a) Meßanordnung, b) Large- und Small-Scale-Dither

Bild 6.1.4 zeigt eine Meßanordnung, die mit dem Dithering arbeitet. Zu dem Eingangssignal wird ein Dithersignal mit einer definierten Amplitudenverteilung addiert. Dieses Signal wird durch einen AD-Umsetzer vielfach aufgenommen und gemittelt. Die Aufnahme wird durch ein Triggersignal synchronisiert. Das gemittelte Signal weist entsprechend Gl. 5.5.8 ein um $\sqrt{N}$ verbessertes Signal-Rauschverhältnis auf.

Die Amplitude der addierten Ditherspannung muß größer oder mindestens so groß sein, wie ein Quantisierungsschritt. Ansonsten kann der Fall eintreten, daß trotz der Variation des Wertes die Grenze eines Quantisierungsschrittes nicht überschritten wird. Die verhältnismäßige Zuteilung zu den Quantisierungsintervallen erbringt den Genauigkeitsgewinn. Es wird zwischen Large-Scale- und Small-Scale-Dithering unterschieden, im ersten Fall hat die Ditherspannung eine Größe von vielen Quantisierungsschritten, im zweiten Fall von einem oder nur wenigen. Wenn verrauschte Signale gemessen werden, und das Rauschsignal größer ist, als ein Quantisierungsschritt, kann auf die Addition eines Dithersignals verzichtet und nur die Mittelwertbildung eingesetzt werden.

Die Verteilungsfunktion des Dithersignals sollte symmetrisch um den Nullpunkt liegen. Üblich sind dreieckförmige Signale, die eine Gleichverteilung der Amplituden zeigen oder Rauschsignale, die normalverteilt sind, auch Rechteckspannungen wurden untersucht. Unterschiedliche Signale kommen bei der Generierung des Dithers zur Anwendung [Wagdy94].

Beispiel: Ein Signal mit einem Signal-Rauschverhältnis von 70 dB wird mit einem 8-Bit-Umsetzer digitalisiert. Die analoge Spannung ist mit einem Dither-Signal überlagert. Wie groß ist das Signal-Rauschverhältnis nach 100 Mittelungen? Der Umsetzer liefert aufgrund des Quantisierungsrauschens nur ca. 50 dB. Das Signal-Rauschverhältnis nach der Mittelung beträgt 70 dB. Die effektive Wortlänge beträgt dann 11,2 bit.

6.2 Fehler bei der Abtastung

Durch die Abtastung eines zeitkontinuierlichen Signals $s(t)$ zu diskreten Zeitpunkten im Abstand Δt treten eine Reihe von Effekten auf, die zu fehlerhaften Beurteilungen führen können. Die Ursachen liegen in der Abtastung selbst, sowie in der notwendigen Beschränkung auf einen endlichen Beobachtungszeitraum begründet. Auch wenn störende Effekte nicht völlig vermieden werden können, kann doch eine geeignete Wahl der Abtastrate und des Beobachtungszeitraums nachteilige Auswirkungen gering halten.

6.2.1 Aliasing

Wie in Kapitel 4.1 dargestellt, ist bei f_0 als höchster im Signal enthaltenen Frequenzkomponente eine minimale Abtastrate von $f_{ab} > 2 f_0$ erforderlich. Wird diese Bedingung nicht eingehalten und sind Signalanteile mit Frequenzen oberhalb f_0 enthalten, werden diese in den Bereich von $0 - f_N$ abgebildet. Die Nyquistfrequenz f_N ist durch die halbe Abtastfrequenz ($f_{ab} / 2$) gegeben. Bild 6.2.1 zeigt anschaulich die Mehrdeutigkeit, die bei höheren Signalfrequenzen als die Nyquistfrequenz auftritt. Allgemein ist die dargestellte Frequenz f einer abgetasteten Sinusspannung der Frequenz f_S bei einer Abtastrate f_{ab}

$$f = \left| k \cdot f_{ab} - f_S \right| \quad , \tag{6.2.1}$$

wobei die ganzzahlige Konstante k so zu wählen ist, daß $f < f_N$ bleibt. Der Standardfall der Abtastung ist $k = 0$ und $f = f_S$. Mit einer niedrigen Abtastrate $f_{ab} << f_s$ lassen sich entsprechend Gl. (6.2.1) auch hochfrequente Schwingungen abtasten. Die Periodizität des Signals wird dabei vorausgesetzt. In der Meßtechnik wird jedoch meist versucht, die Abtastrate wesentlich höher als die doppelte Signalfrequenz zu legen, als Faustregel kann der Faktor 10 gelten. Das hat den Vorteil, daß die davon graphisch aufgezeichneten Signale ohne weitere Verarbeitung interpretierbar und numerische Verfahren direkt anwendbar sind (zur Wahl der Abtastrate siehe auch die folgenden Kapitel). Um zu verhindern, daß höhere Signale als die Nyquistfrequenz zur Umsetzung gelangen können, werden *Antialiasing-Filter* eingesetzt. Solche Filter sind in der Regel steilflankig, ihre Grenzfrequenz liegt unterhalb der Nyquistfrequenz.

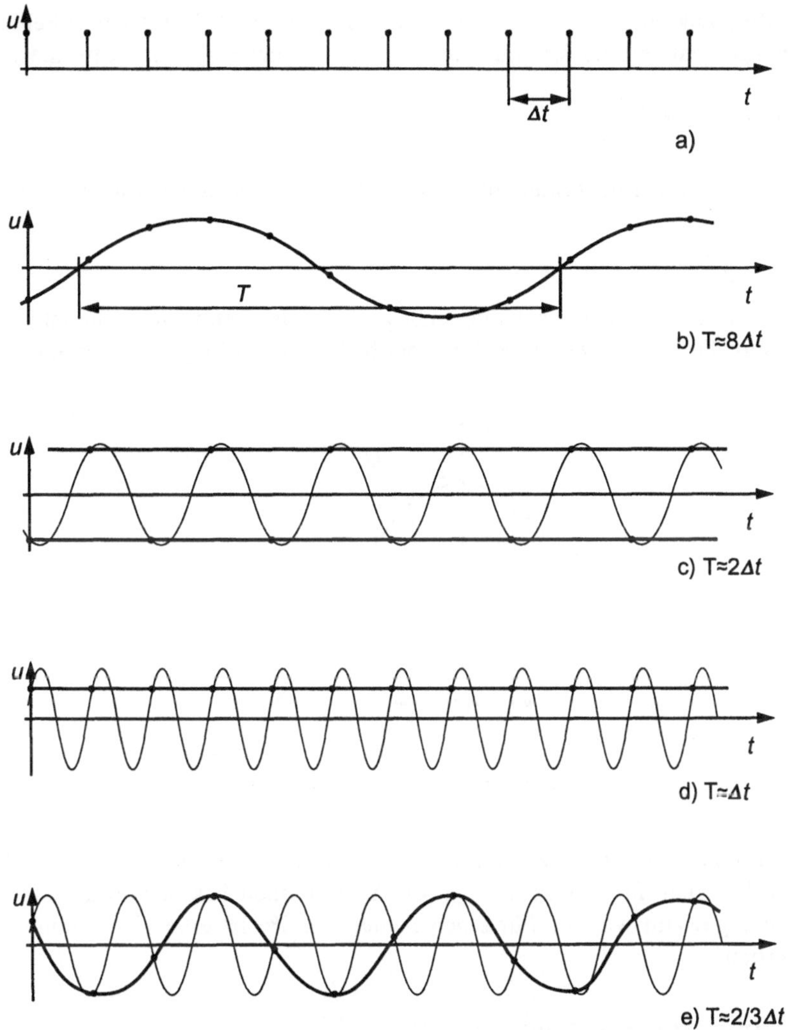

Bild 6.2.1 Mehrdeutigkeit der Signale durch Aliasing

6.2.2 Bestimmung des Spitzenwertes

Bei der Bestimmung des Spitzenwertes (z.B. einer Sinusspannung) aus den abgetasteten Daten können in Abhängigkeit von der Abtastrate Fehler auftreten [Germer88]. Zur Ermittlung dieses Fehlers wird eine hinreichend genaue Amplitudenquantisierung vorausgesetzt. Wird der Spitzenwert allein durch die Suche nach dem Maximum der abgetasteten Werte bestimmt, ist der maximale Fehler genau dann zu erwarten, wenn der Spitzenwert genau in der Mitte zwischen zwei Abtastpunkten liegt. Dieser Sachverhalt ist in Bild 6.2.2 dargestellt. Darin ist der Spitzenwert zum Zeitpunkt $t = 0$ erreicht, die Abtastpunkte liegen zu den Zeitpunkten $\Delta t / 2$ vor und nach diesem Zeitpunkt. Der relative Fehler, bezogen auf den Maximalwert der Kosinusspannung der Frequenz f_s beträgt für diesen Fall

$$F_r = 1 - \cos\left(2\pi f_s \frac{\Delta t}{2}\right) \tag{6.2.2}$$

mit der Näherung für kleine Argumente ($\cos x = 1 - x^2 / 2$) wird näherungsweise

$$F_r = \frac{(\pi f_s \, \Delta t)^2}{2} \tag{6.2.3}$$

Die Formel zeigt ebenso, daß der Fehler sehr groß werden kann, wenn Signale mit hochfrequenten Signalkomponenten in der Nähe der halben Abtastfrequenz überlagert sind.

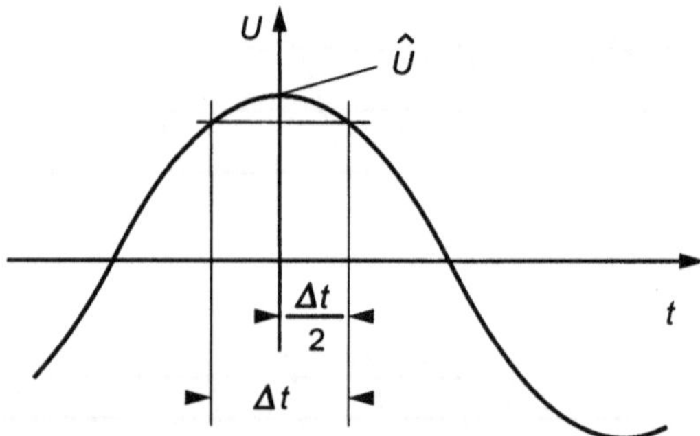

Bild 6.2.2 Erfassung des Spitzenwertes

Beispiel: Um einen Fehler bei einer Spitzenwertbestimmung von kleiner als 1% zu erhalten, muß demnach die Abtastrate $f_{ab} = 1 / \Delta t$ um einen Faktor von 22 höher als die Signalfrequenz gewählt werden. Für einen Fehler von 5% ist eine 10mal höhere Abtastrate erforderlich.

6.2.3 Bestimmung der Anstiegszeit

Werden Signale mit steilen Flanken, die in der Größenordnung der Abtastrate liegen, diskretisiert, entstehen Fehler, die aus der Lage der Abtastpunkte resultieren [Miller]. Der Fall kann eintreten, wenn die Abtastrate weit unterhalb der Grenzfrequenz der Meßeinrichtung liegt und kein Aliasingfilter vorgeschaltet ist. Der Fehler ist um so größer, je größer das Verhältnis zwischen dem Abtastintervall und der Flankensteilheit ist. Zwei Beispiele für die zeitliche Lage von Abtastpunkten sind in Bild 6.2.3 dargestellt, T_{ab} ist die Dauer eines Abtastintervalls. Bei dem Oszillogramm eines Spannungssprungs mit hoher Flankensteilheit wird im günstigsten Fall als Anstiegszeit 0,8 T_{ab} gemessen, im ungünstigsten Fall 1,6 T_{ab} .

Beispiel: Die analoge Bandbreite der Eingangsverstärker eines digitalen Oszilloskops sei 100 MHz, das entspricht einer Flankensteilheit von 3,5 ns bei Erregung mit steilflankigen Impulsen. Einer Abtastrate von 200 MS/s entspricht T_{ab} = 5 ns und resultierend wird eine Flankensteilheit zwischen 4 und 8 ns gemessen.

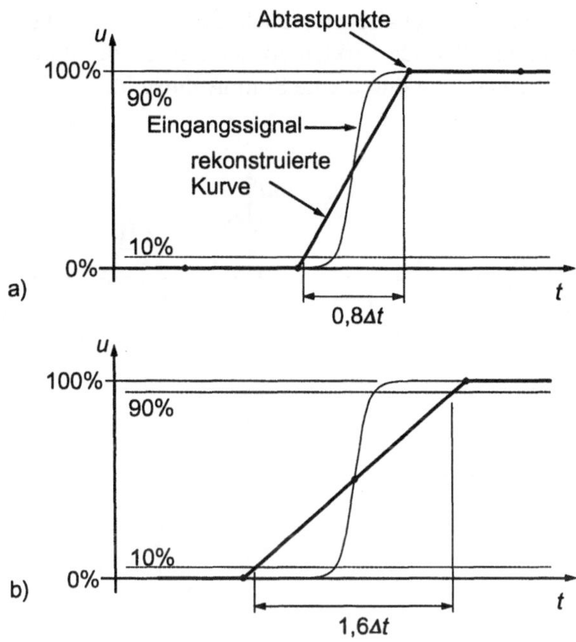

Bild 6.2.3 Erfassung der Anstiegszeit

6.2.4 Fehler durch begrenzte Beobachtungsdauer

Abgetastete Zeitverläufe können die Grundlage zur Berechnung von Kennwerten, wie z.B. Effektivwert oder arithmetischer Mittelwert bilden. Idealerweise wird die Summation der Abtastwerte über eine Periode durchgeführt (siehe Kapitel 4.3). Nicht in jedem Falle kann kohärente Abtastung (siehe Kap. 4.2) sichergestellt werden, so daß die Berechnung über eine oder das ganzzahlige Vielfache einer Periode erfolgt. Das ist der Fall, wenn die genaue Periodendauer nicht bekannt ist, die Periodendauer variiert, unterschiedliche Frequenzkomponenten im Signal enthalten sind oder wenn Abtastrate und Beobachtungszeitraum nicht geeignet aufeinander abgestimmt werden können.

Der aktuell ermittelte Kennwert und somit auch der Fehler hängt von der zeitlichen Lage des Beobachtungszeitraums zur Periode des Signals und von der Abtastrate ab. Der Fehler ist zum einen am größten, wenn der Beobachtungszeitraum sehr kurz im Vergleich zur Periodendauer des Signals ist. Zum anderen erreicht der Fehler ein Maximum, wenn das Signal nur mit zwei Abtastungen pro Periode digitalisiert wird. Bild 6.2.4 zeigt unterschiedliche Situationen bei der Abtastung des Signals. Der Fehler bleibt klein, wenn der Beobachtungszeitraum eine oder mehrere Perioden umfaßt. Bei Signalen, die Symmetrien aufweisen, reicht unter Umständen die Betrachtung eines Bruchteils einer Periode. So ist z.B. bei der Berechnung des Effektivwertes einer Sinusspannung der Beobachtungszeitraum dann optimal, wenn er Vielfache von einer viertel Periode umfaßt. Eine Wichtung der Abtastwerte, wobei die Abtastwerte zu Beginn und Ende des Beobachtungszeitraums schwächer in die Berechnung eingehen als die mittleren, kann diese Fehlererscheinung reduzieren (siehe zum Thema Signalfenster auch Kapitel 6.3). Die Vergrößerung der Anzahl von Abtastwerten pro Periode verkleinert den Fehler, der durch die Näherung des Integrals zur Mittelwertberechnung durch eine Summe entsteht.

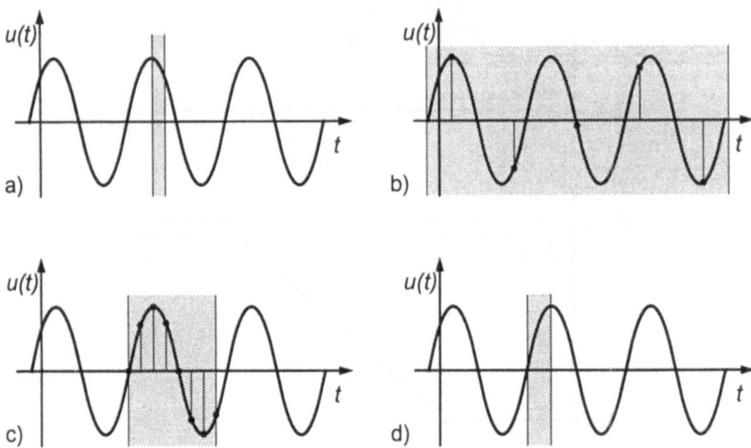

Bild 6.2.4 Fehler durch begrenzte Beobachtungszeit:
a) zu kurzer Beobachtungszeitraum, b) zu wenige Abtastpunkte pro Periode,
c) Beobachtungszeitraum entspricht nur 8/9 einer Periode,
d) Beobachtungszeitraum ist gleich einem Viertel einer Periode.

6.3 Digitalisierung und Spektralbereich

Die Digitalisierung und die damit verbundene begrenzte Abtastrate, der begrenzte Abtastzeitraum und die Quantisierung der Amplituden, wirken sich nicht nur im Zeitbereich auf die Daten aus, manche Erscheinungen zeigen sich erst bei der Betrachtung des Spektrums bzw. werden dadurch leichter verständlich. Während für kontinuierliche Signale die Fourier-Transformation den Zusammenhang zwischen Zeit und Spektralbereich darstellt, ist bei der Betrachtung der zeitdiskreten Signalen die Diskrete Fourier-Transformation (DFT) von zentraler Bedeutung. Untersuchungen im Spektralbereich erfolgen oft mit ihrer Hilfe, da numerische Berechnungsverfahren, wie die Fast Fourier-Transformation (FFT) (siehe [Oppenheim95]) bekannt sind und eine schnelle Berechnung gewährleisten. Durch eine Umrechnung in den Spektralbereich kann in vielen Anwendungen der hohe Aufwand einer Spektralanalyse mit analogen Filtern vermieden werden. Häufig sind Meßdaten im Zeitbereich auch aus anderen Gründen vorhanden und können so die Grundlage für Untersuchungen des Spektrums bilden.

6.3.1 Einfluß der Abtastrate

Als Folge des Abtasttheorems bestimmt die Dauer des Abtastintervals die obere Grenzfrequenz des Spektrums, sie ist durch die Nyquistfrequenz

$$f_N = \frac{1}{2\Delta t} \quad ,$$

d.h. die Frequenz der Größe der halben Abtastrate gegeben. Das Frequenzband von Null bis zur Nyquistfrequenz kann als Basisfrequenzband bezeichnet werden. Alle Vorgänge im Signal, die höhere Frequenzen beinhalten, werden in dieses Basisband abgebildet. Dieser Vorgang wird als Aliasing bezeichnet (vgl. dazu auch Kapitel 6.1). Das soll im folgenden verdeutlicht werden, indem gezeigt wird, daß Gl. 4.1.4 nur ein Spektrum im Bereich von Null bis zu einer oberen Frequenzgrenze hervorrufen kann. Die Gl. 4.1.4,

$$u(t) = \sum_{i=-\infty}^{\infty} u_i \frac{\sin \omega_N (t - i\Delta t)}{\omega_N (t - i\Delta t)} \quad ,$$

beschreibt die Rekonstruktion des Analogsignals $u(t)$ aus abgetasteten Werten u_i, ω_N ist die Kreisfrequenz der Nyquistfrequenz. Die Fourier-Transformation

$$U(\omega) = \int_{-\infty}^{\infty} u(t)\, e^{-j\omega t}\, dt$$

(siehe Gl.4.2.6, hier jedoch mit der Variablen $\omega = 2\pi f$ im Bildbereich) dieser Gleichung führt zu

$$U(\omega) = \int_{-\infty}^{\infty} \sum_{i=-\infty}^{\infty} u_i \frac{\sin \omega_N (t - i\Delta t)}{\omega_N (t - i\Delta t)}\, e^{-j\omega t}\, dt \quad . \tag{6.3.1}$$

Vertauschen der Reihenfolge der Integration und Summation sowie die Substitution mit $t' = t - i\Delta t$ ergibt

$$U(\omega) = \sum_{i=-\infty}^{\infty} u_i \left\{ \int_{-\infty}^{\infty} \frac{\sin \omega_N \cdot t'}{\omega_N \cdot t'}\, e^{-j\omega t'}\, dt' \right\} e^{-j\omega i \Delta t} \quad . \tag{6.3.2}$$

Der mittlere Teil in geschweiften Klammern ist das Fourierintegral über eine $\sin x / x$ - Funktion und ergibt

$$\int_{-\infty}^{\infty} \frac{\sin \omega_N \cdot t'}{\omega_N \cdot t'}\, e^{-j\omega t'}\, dt' = \begin{cases} \pi / \omega_N & \text{für } |\omega| < \omega_N \\ 0 & \text{für } |\omega| > \omega_N \end{cases} \tag{6.3.3}$$

Mit der Definition der Nyquistfrequenz wird $\pi / \omega_N = \Delta t$ und umgeformt entsteht

$$U(\omega) = \begin{cases} \Delta t \displaystyle\sum_{i=-\infty}^{\infty} u_i\, e^{-j\omega i \Delta t} & \text{für } |\omega| < \omega_N \\ 0 & \text{für } |\omega| > \omega_N \end{cases} \tag{6.3.4}$$

Gl.(6.3.4) zeigt wie das Spektrum nur in den Bandgrenzen durch $|\omega| < \omega_N$ ungleich Null ist. Folglich werden Signalanteile höherer Frequenzen, die im Signal vor der Abtastung enthalten sind, als Frequenzen im Bereich $0 - f_N$ erscheinen. Dieser Effekt wird auch als Rückfaltung bezeichnet.

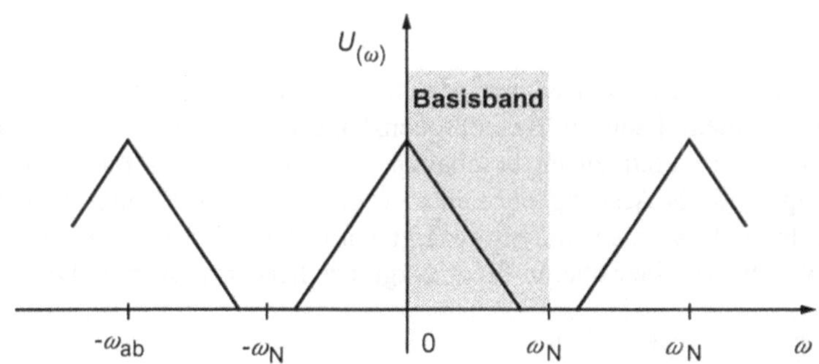

Bild 6.3.1 Periodischer Frequenzgang und Basisband

Bild 6.3.1 zeigt, daß höhere Frequenzen, als die Nyquistfrequenz entsprechend der Gleichungen Gl.(6.3.1) als Aliasing im Basisfrequenzband abgebildet werden. Um den Spektralbereich zu höheren Frequenzen hin zu erweitern, kann die Abtastrate erhöht werden. Bei bereits abgetasteten Werten werden Zwischenwerte interpoliert; dieses Verfahren wird als *Resampling* bezeichnet. Bild 6.3.2 stellt die so erhaltenen Zeit- und Frequenzdaten dar. Der obere Teil des Spektrums trägt jedoch keine Nutzinformationen, lediglich f_N ist zu höheren Frequenzen verschoben.

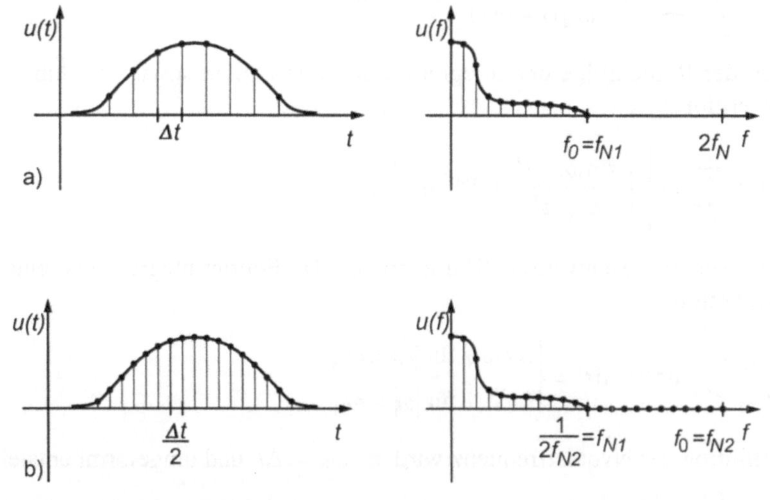

Bild 6.3.2 Änderung der Abtastrate (Resampling) im Zeit- und Frequenzbereich
a) niedrige Abtastrate $1/\Delta t$ und niedrige Nyquistfrequenz f_{N1}
b) doppelte Abtastrate $2/\Delta t$ und doppelte Nyquistfrequenz f_{N2}

6.3.2 Einfluß einer begrenzten Beobachtungsdauer

Durch die endliche Dauer des Beobachtungszeitraum wird ein Bereich aus dem Signalverlauf ausgeschnitten, der gegebenenfalls länger als der Beobachtungszeitraum T ist. Wird dabei kohärent abgetastet, berechnet die diskrete Fourier-Transformation einzelne Spektrallinien. Unter *kohärenter Abtastung* (siehe Kap. 4.2) wird verstanden, daß T genau eine Signalperiode oder ein Vielfaches davon umfaßt und daß die Abtastperiode und die Dauer des Beobachtungszeitraums in einem ganzzahligen Verhältnis zueinander stehen. Die einzelnen Spektrallinien des berechneten Linienspektrums liegen unter dieser Voraussetzung im Abstand von $1/T$.

Bei transienten, bei quasiperiodischen oder bei zufälligen Signalen ist unter Umständen keine Periodendauer bestimmbar. Die diskrete Fourier-Transformation interpretiert, anschaulich ausgedrückt, das Signal innerhalb des Beobachtungszeitraums T als periodisches Signal mit einer Periodendauer, die gleich der Dauer des Beobachtungszeitraums ist. Resultierend treten die einzelnen Spektralkomponenten im Abstand von $1/T$ als Linienspektrum auf.

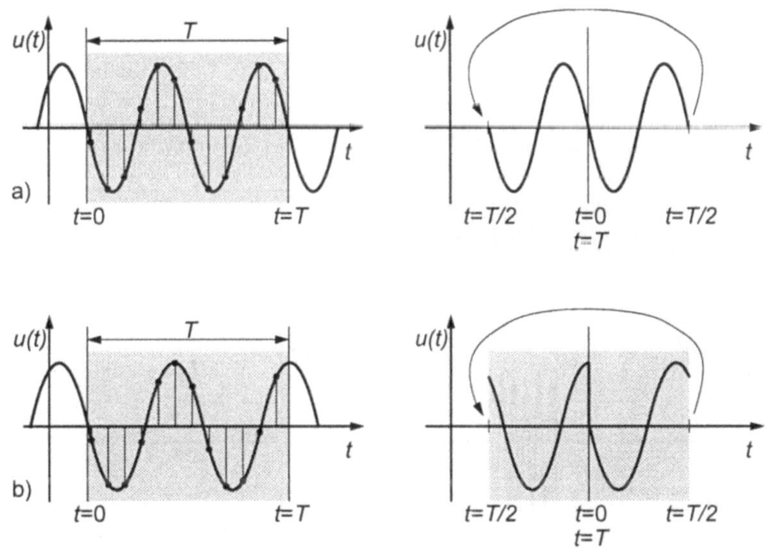

Bild 6.3.3 Abtastung eines sinusförmigen Signalverlaufs:
in den rechten Darstellungen wurde der Nullpunkt in die Mitte verlagert:
a) kohärente Abtastung, b) nichtkohärente (allgemeine) Abtastung

Wie am Beispiel der Abtastung eines sinusförmigen Signalverlaufes in Bild 6.3.3 gezeigt wird, kann bei einer beliebigen Wahl des Beobachtungszeitraums ein Fehler auftreten. In dem Beobachtungszeitraum in Bildteil b) liegt etwas mehr als eine Periode des sinusförmigen Signals. Das berechnete Spektrum ist nicht das der Sinusspannung, sondern das Spektrum eines periodischen Signals mit einer Periodendauer gleich dem Beobachtungszeitraum. So geben die einzelnen Spektrallinien nicht den sinusförmigen Verlauf an, sondern den periodischen Verlauf des im Beobachtungszeitraum liegenden Signalausschnitts. Die Spektralkomponenten des Sinussignals sind zwar auch im Spektrum enthalten, sie erscheinen jedoch aufgrund des beschriebenen Fehlers verbreitert. Dieser Effekt wird als *spektrale Verbreiterung* oder als *leakage* bezeichnet.

Die Wahl des Beobachtungszeitraums kann auch als Multiplikation mit einer rechteckförmigen Fensterfunktion interpretiert werden. Bild 6.3.4 zeigt den originalen Signalverlauf, das Rechteckfenster und den resultierenden Signalverlauf im Zeit- und im Spektralbereich. Da eine Multiplikation im Zeitbereich einer Faltung im Frequenzbereich entspricht, zeigt sich das Spektrum als Faltung einer einzelnen Spektrallinie mit dem Spektrum des Rechtecks.

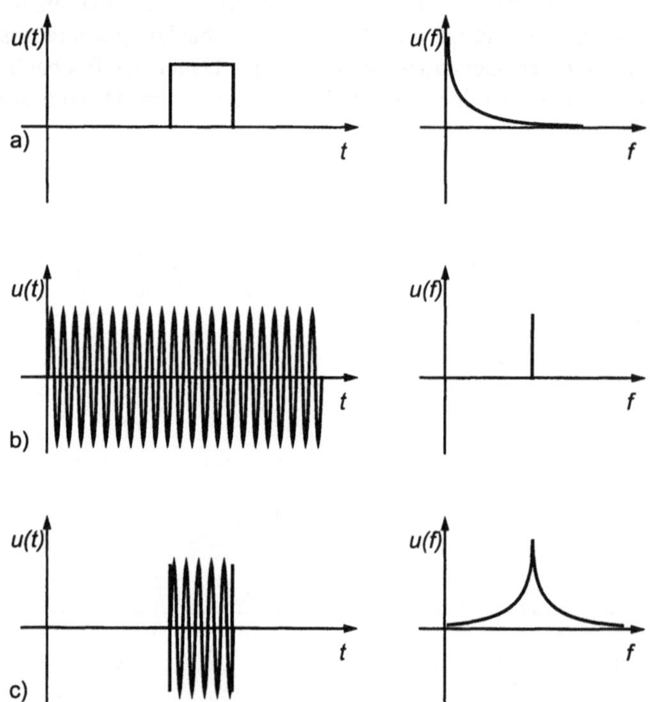

Bild 6.3.4 Abtastung mit einem Rechteckfenster im Zeit- (links) und Frequenzbereich (rechts): a) Rechteckfenster, b) sinusförmiges Signal, c) resultierender Signalverlauf aus der Faltung im Zeitbereich bzw. der Multiplikation im Frequenzbereich

Durch die spektrale Verbreiterung werden Spektralkomponenten vorgetäuscht, die nicht im Signal enthalten sind. Dieser Effekt läßt sich prinzipiell nicht vermeiden. Durch verschiedene Signalfenster (engl. *windows*) läßt sich diese Erscheinung reduzieren. Im Gegensatz zu der oben beschriebenen Rechteckfunktion werden dabei die Daten im Beobachtungszeitraum mit einer sogenannten Fensterfunktion multipliziert. Diese Fensterfunktion wichtet die Amplituden im Beobachtungszeitraum derart, daß Werte an den Rändern des Beobachtungszeitraums weniger und Werte zentral im Beobachtungszeitraum stärker berücksichtigt werden. Bild 6.3.5 zeigt die Wirkung unterschiedlicher Fensterfunktionen, eine umfangreiche Beschreibung dieser Thematik findet sich in [Harris78].

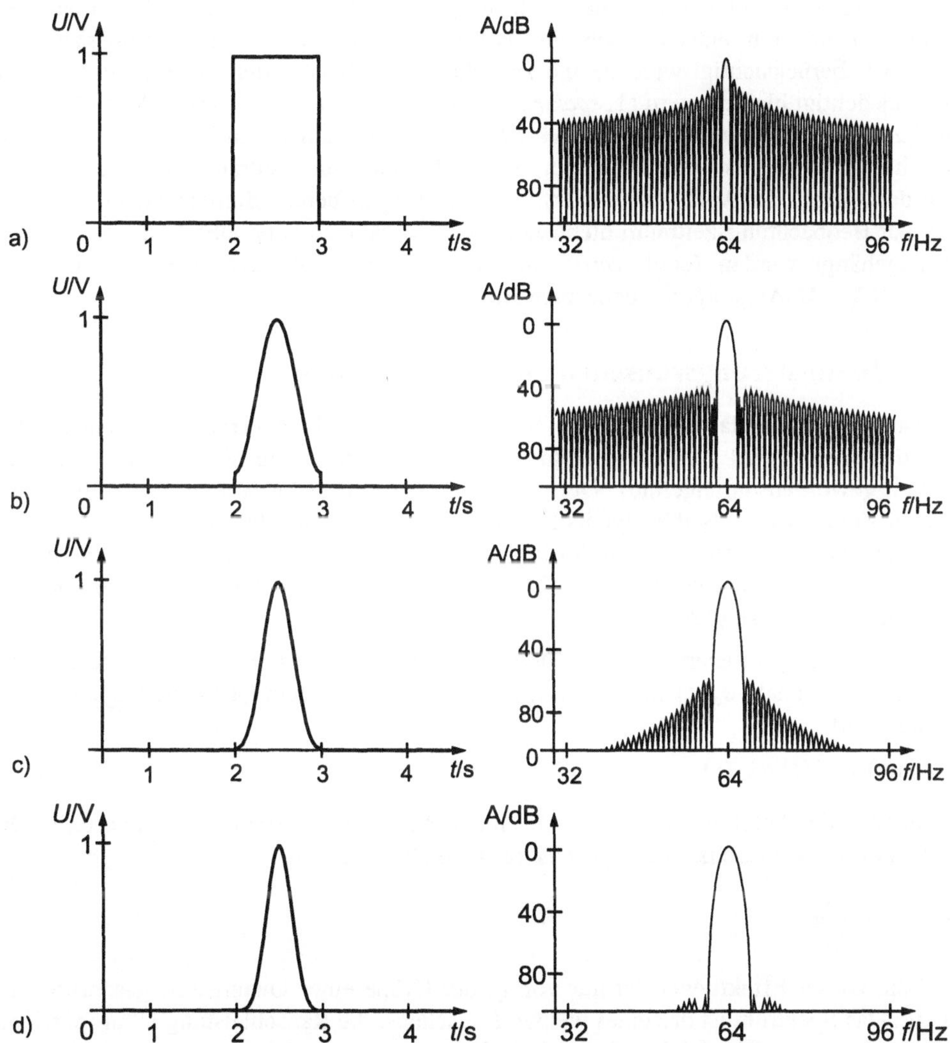

Bild 6.3.5 Spektrale Verbreiterung bei unterschiedlichen Signalfenstern:
a) Rechteck-Fenster, b) Hamming-Fenster, c) Blackman-Fenster, d) Blackman-Harris-Fenster

6.3.3 Spektrale Welligkeit

Während die kontinuierliche Fourier-Transformation eine unendlich feine Auflösung aufweist, ist die spektrale Auflösung der diskreten Fourier-Transformation begrenzt. Bei kohärenter Abtastung werden die Spektrallinien genau getroffen, für einen willkürlich gewählten Beobachtungszeitraum ist nicht sichergestellt, daß die Maxima der Spektrallinien mit den berechneten zusammenfallen. Für eine unendlich feine Auflösung wäre ein unendlich langer Zeitraum zu betrachten, durch den endlichen Beobachtungszeitraum $T = N\Delta t$ kann nur eine maximale Auflösung von $\Delta f = 1/N\Delta t$ erreicht werden. Der Fehler, der dadurch entsteht, daß die Werte an Abtastpunkten im Frequenzbereich $f_k = k\Delta f$ berücksichtigt werden, und zwischen den Abtastwerten liegende Frequenzen unberücksichtigt bleiben, wird als *spektrale Welligkeit* bezeichnet. Andere Bezeichnungen sind *Lattenzauneffekt oder Picket-Fence-Effekt*. Um eine feinere Auflösung im Frequenzbereich zu erhalten, ist eine Verlängerung des Beobachtungszeitraums bzw. eine Erhöhung der Anzahl der Abtastwerte N erforderlich. Liegen bereits digitale Signale vor und kann der Beobachtungszeitraum nicht verlängert werden, so kann eine Serie von M Nullen angehängt werden (engl. *zero padding*). Dadurch läßt sich die Auflösung auf $\Delta f = 1/(N+M)\Delta t$ steigern (siehe auch Bild 6.3.2).

6.3.4 Quantisierungsrauschen und Oversampling

Oversampling kann das resultierende Signal-Rauschverhältnis verbessern. Wie in Bild 6.3.6 dargestellt, wird vorab eine Abtastung mit einer mehrfach höheren Abtastrate der letztlich gewollten durchgeführt. Durch eine Tiefpaß-Filterung werden Amplituden mit höheren Frequenzen, als die Nyquistfrequenz der gewollten Abtastrate, eliminiert. Resampling, im einfachsten Fall ein Auslassen von Abtastwerten, führt danach auf die gewollte Abtastrate. Im folgenden ist die Reduktion des Signal-Rauschverhältnisses, die damit zu erreichen ist, dargestellt.

Die Amplitudenquantisierung des analogen Signal $s(t)$ läßt sich als Überlagerung des quantisierten Signals $s_q(t)$ mit einem Zufallssignal $s_r(t)$, dem Quantisierungsrauschen, entsprechend

$$s(t) = s_q(t) + s_r(t) \tag{6.3.5}$$

darstellen. Die Amplituden von $s_r(t)$ sind dabei näherungsweise gleichverteilt. Der Effektivwert des Rauschsignals $s_r(t)$ ist nach Gl.(6.1.5) durch

$$S_r = \frac{q}{2\sqrt{3}}$$

gegeben. Dieser Effektivwert ist nur von q, der Größe eines Quantisierungsschrittes abhängig. Das Spektrum ist das eines weißen Rauschens, die Rauschleistung ist proportional zu S_r^2 und verteilt sich gleichmäßig auf alle Frequenzen von Null bis zur Nyquistfrequenz $f_N = f_{ab}/2$. Für die Spektraldichte ergibt sich damit

$$S(f) = \sqrt{\frac{S_r^2}{f_N}} \quad , \tag{6.3.6}$$

ein hinsichtlich der Frequenz konstanter Wert, der von der Nyquistfrequenz abhängt.

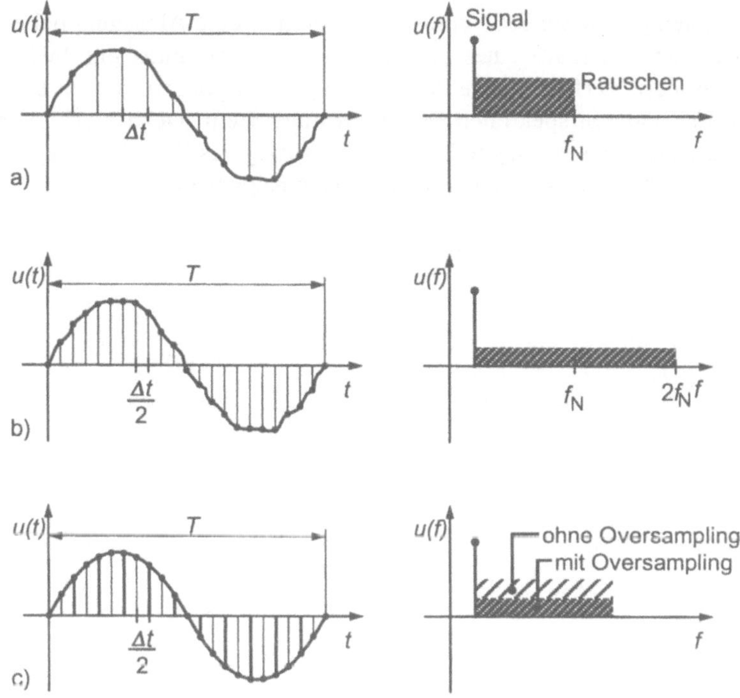

Bild 6.3.6 Rauschverminderung durch Oversampling:
a) Signalaufnahme mit niedriger Abtastrate, b) Signalaufnahme mit vervielfachter Abtastrate,
c) Signal mit niedrigerem Rauschanteil nach Filterung und Reduktion der Abtastrate

Eine Erhöhung der Abtastrate um einen Faktor OSR wird als *Oversampling* bezeichnet, der Faktor OSR als *Oversamplingrate*. Bei gleichbleibender Größe der Quantisierungsschritte bewirkt oversampling dementsprechend eine Verkleinerung der Spektraldichte. Bei der Erhöhung der Abtastrate f_{ab} auf $\mathrm{OSR} \cdot f_N = f_N^*$ ergibt sich somit

$$S^*(f) = \sqrt{\frac{S_r^2}{f_N\, \mathrm{OSR}}} \quad , \tag{6.3.7}$$

und damit eine Verkleinerung der Spektraldichte um $\sqrt{\mathrm{OSR}}$. Wird desweiteren durch entsprechende Filterung dafür gesorgt, daß nur das Nutzband bis zur oberen Frequenz $f_{ab}^* / 2 = f_N^*$ verwendet wird, so vermindert sich das Quantisierungsrauschen um den gleichen Faktor:

$$S_{r\mathrm{OSR}} = \frac{S_r}{\sqrt{\mathrm{OSR}}} \; .$$

Darin ist $S_{r\mathrm{OSR}}$ der Effektivwert des Quantisierungsrauschens. Anschaulich ausgedrückt: in Verbindung mit entsprechender Filterung verbessert eine Verdoppelung der Abtastrate die Genauigkeit um 1/2 bit, das Signal-Rauschverhältnis wird um 3 dB verbessert.

Diese Überlegungen gelten nur für Nyquistsampling, d.h. eine Abtastung bei der zu äquidistanten Zeiten Δt innerhalb eines unendlich kurzen Zeitraums ein Meßwert aufgenommen wird. Andere Verfahren, wie das *Delta-Sigma-Verfahren*, weisen ein Quantisierungsrauschen mit anderen spektralen Merkmalen auf. Beim Delta-Sigma-Verfahren ist Oversampling ein zentraler Bestandteil, die Verbesserung des Signal-Rauschverhältnisses ist jedoch besser als mit $\sqrt{OSR}$ [Aziz96] (siehe auch Kapitel 11.6).

7 Bauelementebedingte Fehler und ihre Beschreibung

7.1 Fehler in einer Meßkette

In einer Meßkette, wie sie in Bild 7.1.1 dargestellt ist, treten durch nichtideale Eigenschaften der Bauelemente sowohl im analogen Teil als auch bei der Digitalisierung Fehler und Abweichungen vom idealen Verhalten auf, die im folgenden näher betrachtet werden sollen. Nichtlinearitäten, Verstärkungsfehler, Offset, Rauschen und Jitter wirken sich auf die Genauigkeit aus und müssen erfaßt werden.

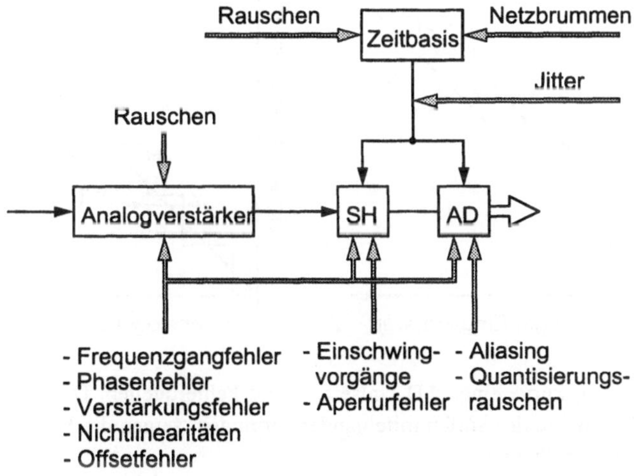

Bild 7.1.1 Fehlerquellen einer Meßkette

7.1.1 Amplitudenfehler

In Bild 7.1.2 sind Übertragungskurven idealer und fehlerbehafteter AD-Umsetzers aufgetragen. Die Stufenkurve entsteht durch das Prinzip der Digitalisierung und bewirkt den Quantisierungsfehler, der maximal den Wert einer halben Stufe aufweist. Abweichungen von der idealen Stufenkurve sind auf Bauteiletoleranzen, Nichtlinearitäten oder andere bauelementebedingte Unzulänglichkeiten zurückzuführen. Besonders Umsetzer mit großen Wortlängen stellen große Anforderungen an die Linearität. In einem weiten Bereich soll der Umsetzer sowohl bei den einzelnen Stufen, als auch über den gesamten Bereich, das richtige Ergebnis liefern.

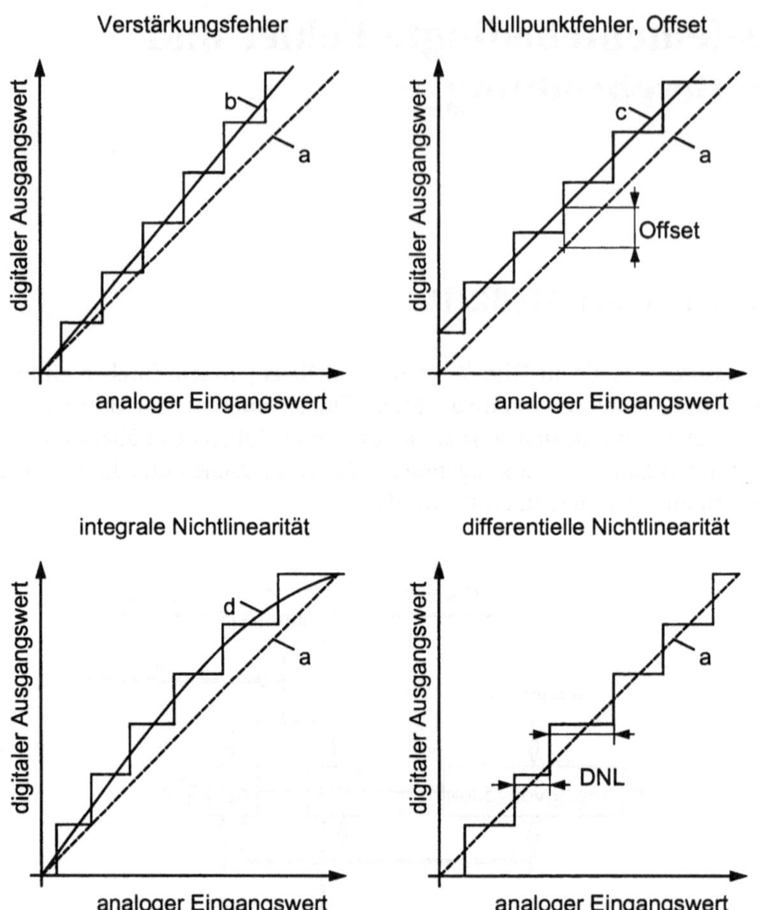

Bild 7.1.2 Übertragungskurve eines AD-Umsetzers und Fehlerquellen. Die Näherungskurven, die die Mittelpunkte der Stufen miteinander verbinden, zeigen die Fehlertypen über den gesamten Wandelbereich:
a) ideale Näherungskurve (Gerade) ohne Fehler,
b) Näherungskurve bei einem Verstärkungsfehler,
c) Näherungskurve bei einem Offsetfehler,
d) Näherungskurve bei integraler Nichtlinearität

Im Idealfall haben bei einem AD-Umsetzer alle Stufen die gleiche Breite, diese Eigenschaft ist hierbei linear zu nennen. Die Abweichungen in den Stufenbreiten werden durch das Maß der differentiellen Nichtlinearität (DNL) erfaßt. Darunter wird die Abweichung von der idealen Stufenbreite bezogen auf die ideale Stufenbreite verstanden. Die integrale Nichtlinearität (INL) bezeichnet die Abweichung der Stufenmitte vom globalen geradlinigen Verlauf der Stufenkurve. Diese Idealkurve ist durch die geradlinige Verbindung vom ersten zum letzten Stufenmitte vorgegeben (Endpunktlinearität) oder minimiert die Abweichung über den gesamten Verlauf (*best straight line*). Die Abweichung wird meist bezogen auf den Meßbereich angegeben. Zwischen differentieller und integraler Nichtlinearität besteht ein Zusammenhang: die integrale Nichtlinearität bei einem Spannungswert ist die Summe der differentiellen Nichtlinearitäten der darunterliegenden Spannungsstufen.

Verstärkungs- und Nullpunktfehler können z.B. durch eine Abweichung der Referenzspannung des Umsetzers, durch einen Verstärkungs- oder Nullpunktfehler des Eingangsverstärkers hervorgerufen werden. Ein Offsetfehler ist additiv. Er wird Abweichung der ersten Stufenmitte vom Nullpunkt angegeben. Verstärkungsfehler wirken sich auf die Breite aller Stufen gleichermaßen aus. Er ist definiert als die Abweichung der letzten Stufenmitte vom Sollwert. Verstärkungs- und Offsetfehler können durch schaltungstechnische Maßnahmen zu einem Abgleich auch außerhalb des AD-Umsetzers kompensiert werden.

7.1.2 Unsicherheit des Abtastzeitpunktes

Durch nichtideales Verhalten elektronischer Bauelemente wird nicht nur die Signalamplitude beeinflußt sondern auch das Zeitverhalten. Die zeitliche Lage des Abtastwertes wird durch den Steuerimpuls an den AD-Umsetzer und an die Abtast-Halte-Stufe festgelegt. Der Genauigkeit des Zeitpunktes, zu der ein Steuerimpuls eintrifft, sind Grenzen gesetzt. Diese zeitliche Unsicherheit wird als *Jitter* bezeichnet. In Bild 7.1.3 ist der Jitter der ansteigenden Flanke eines Steuerimpulses gezeigt, der einen Amplitudenfehler bei der Abtastung bewirkt. Die Auswirkung des Jitters soll im folgenden untersucht werden.

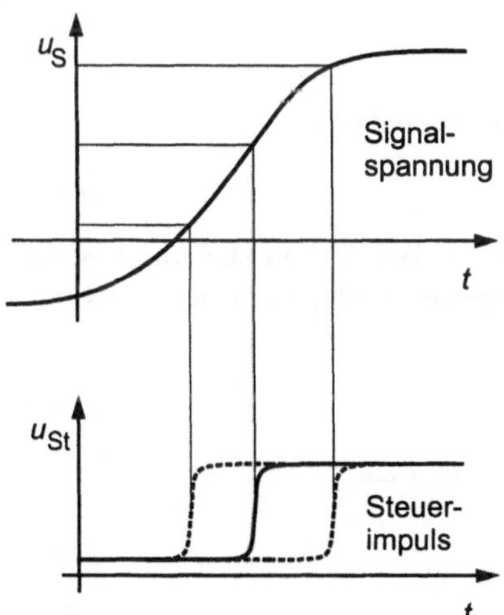

Bild 7.1.3
Fehler durch zeitliche Unsicherheit (Jitter)

Bild 7.1.4 zeigt als Eingangssignal eine sinusförmige Spannung

$$u(t) = U_s \sin \omega t \quad , \tag{7.1.1}$$

die zu äquidistanten Zeitpunkten abgetastet wird. Der Amplitudenfehler, der durch einen im Bereich Δt_J zeitlich verschobenen Abtastzeitpunkt entsteht, ist an den Nulldurchgängen, wie z.B. $t = 0$, am größten. Die Ableitung an der Stelle $t = 0$ ergibt die Steigung

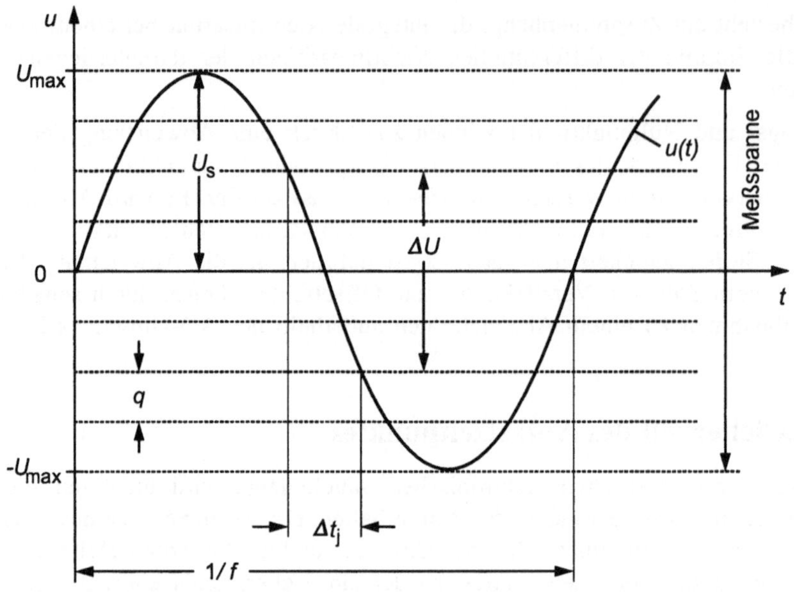

Bild 7.1.4 Jitter und Amplitudenfehler

$$\left.\frac{\mathrm{d}u(t)}{\mathrm{d}t}\right|_{t=0} = U_s \cdot \omega \quad . \tag{7.1.2}$$

Der Bereich der absoluten Amplitudenschwankungen betragen damit

$$\Delta U = U_s \cdot \omega \cdot \Delta t_J \quad , \tag{7.1.3}$$

wobei Δt_J die zeitliche Unsicherheit durch Jitter angibt. Bei Vollaussteuerung ist die ganze Meßspanne U_M mit 2^N Stufen gleich dem doppelten Spitzenwert der Sinusspannung

$$2U_s = U_M = q\, 2^N \quad . \tag{7.1.4}$$

Darauf bezogen ergibt sich bei einer Signalfrequenz $f_s = \omega_s / 2\pi$

$$\frac{\Delta U}{2U_s} = \frac{\omega_s \Delta t_J}{2} = \pi\, f_s\, \Delta t_J \tag{7.1.5}$$

und damit ein relativer maximaler Amplitudenfehler F_J von

$$F_J = \pm \frac{\pi\, f\, \Delta t_j}{2} \tag{7.1.6}$$

aufgrund des Jitters. Diese Beziehung stellt den Zusammenhang zwischen Signalfrequenz, zeitlicher Unsicherheit der Abtastung und Amplitudenfehler für ein vollausgesteuertes Signal dar und zeigt die Zunahme des Fehlers bei steigender Frequenz.

Bei einer bestimmten Frequenz f_0 weisen die Amplitudenschwankungen durch Jitter die Höhe eines Quantisierungsschrittes

$$q = \frac{2U_\mathrm{s}}{2^\mathrm{N}} = U_\mathrm{s}\, 2\pi f_0\, \Delta t_\mathrm{J} \quad, \tag{7.1.7}$$

auf; in diesem Falle kann der resultierende Fehler maximal ± 1 Quantisierungsschritt betragen. Umgestellt ergibt sich daraus für

$$f_0 = \frac{1}{\pi\, \Delta t_\mathrm{J}\, 2^\mathrm{N}} \quad, \tag{7.1.8}$$

f_0 ist die Frequenz ab der sich der Jitter auswirkt. Für tiefe Frequenzen unterhalb einer Frequenz f_0 ist der Jitterfehler kleiner als ein Quantisierungsschritt und wirkt sich nicht signifikant aus. Der relative Quantisierungsfehler ist dann entsprechend Gl. 6.1.3 durch

$$F_\mathrm{r} = \pm\frac{2U_\mathrm{M}}{q} = \frac{1}{2\cdot 2^\mathrm{N}} \tag{7.1.9}$$

gegeben. Bei höheren Frequenzen als f_0 bestimmt der Fehler durch Jitter entsprechend Gl.(7.1.6) (im hier behandelten Fall und in Abwesenheit anderer Fehler) die Genauigkeit. Die relative Amplitudenunsicherheit entspricht nach Gl. 7.1.5 und 7.1.6 dem doppelten relativen Fehler und läßt sich in eine korrespondierende Wortlänge

$$N_\mathrm{J} = \mathrm{ld}\,\frac{1}{2F_\mathrm{J}} \tag{7.1.10}$$

umrechnen. Diese Wortlänge N_J stellt ein Maß für die Amplitudenfehler dar und kann daher im Gegensatz zur physikalischen Wortlänge auch ein Bruch sein. Näherungsweise ergibt sich für Frequenzen oberhalb f_0 aufgrund des Jitters eine nutzbare Wortlänge

$$N_\mathrm{J} = \mathrm{ld}\,\frac{1}{\pi f_\mathrm{s}\, \Delta t_\mathrm{J}} \tag{7.1.11}$$

für ein vollausgesteuertes Signal, unterhalb f_0 gilt die physikalische Wortlänge. In Bild 7.1.5 ist die Wortlänge N_J normiert als Funktion des Produktes $f_\mathrm{s}\cdot\Delta t_\mathrm{J}$ aufgetragen. Die Differenz N_V zwischen physikalischer Wortlänge N und der aufgrund des Jitter reduzierten Wortlänge

$$N_\mathrm{V} = N - N_\mathrm{J} \tag{7.1.12}$$

ist ein Maß für die Reduktion der Genauigkeit aufgrund des Jitters. Die N_V Bits werden auch als verlorene Bits bezeichnet.

Die Wortlänge N_J ist nicht gleich der effektiven Wortlänge (siehe Kapitel 7.22), die noch zusätzliche Fehlererscheinungen einschließt und die aus dem Signal-Rauschverhältnis berechnet wird. Jitter ist jedoch oft eine Hauptursache für eine Reduktion der effektiven Wortlänge.

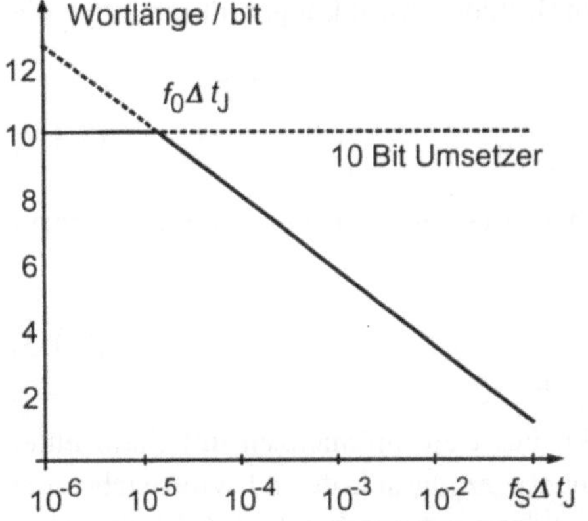

Bild 7.1.5
Einfluß des Jitters auf die Wortlänge

Beispiel: Der Aperturjitter einer Meßkette beträgt Δt = 100 ps, bei einer Signalfrequenz f_s = 10 MHz ergibt sich eine nutzbare Wortlänge N_J = 8,6 bit.

7.1.3 Erfassung eines Abtastwertes

Bei zeitlich veränderlichen Spannungsverläufen kann eine Abtast-Halte-Stufe oder ein Umsetzer einen Abtastwert nicht in einer unendlich kurzen Zeit aufnehmen, vielmehr beeinflußt der Verlauf innerhalb eines kleinen Zeitintervalls um den Abtastzeitpunkt den wirklichen aufgenommenen Spannungswert. Während dieses Zeitintervalls wird ein gewichteter Mittelwert gebildet. Dieses Verhalten ist in Bild 7.1.6 dargestellt. Diese Zeit der Datenübernahme wird als Aperturzeit bezeichnet. Durch diese Mittelwertbildung wird zu hohen Frequenzen ein frequenzabhängiger Fehler verursacht, da eine solche gewichtete Mittelwertbildung Tiefpaßcharakter aufweist [Patzelt93].

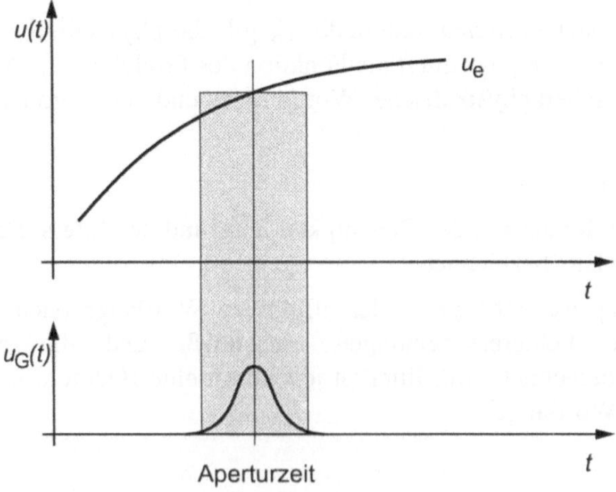

Bild 7.1.6 Fehler durch Mittelwertbildung bei der Abtastung

7.2 Charakterisierung der Fehler

Um die Komplexität und Vielfalt der Fehler in AD-Umsetzern oder auch ganzen Meßketten zu erfassen, werden kompakte Kennwerte und Gütekriterien definiert. Diese sollen sowohl das statische, als auch das dynamische Verhalten beschreiben. Das statische Verhalten kann durch die Vermessung der Stufenkurve ermittelt werden. Spektrum und Histogramm sind zwei Darstellungsformen zur Beschreibung des dynamischen Verhaltens. Die effektive Wortlänge stellt ein Maß für die zu erwartende Genauigkeit eines AD-Umsetzers oder einer Meßkette dar.

Speziell zur Ermittlung der Bandbreite des Umsetzers werden auch Testsignale oberhalb der Nyquistfrequenz verwendet [Mahoney87]. Dabei wird das Abtasttheorem verletzt, der Umsetzer bzw. die Abtasthaltestufe werden mit schnell oszillierenden Signalen beaufschlagt (in Kap 6.2 sind die Beziehungen zwischen Signalfrequenz, Abtastrate und dargestelltem Verlauf diskutiert).

7.2.1 Histogrammanalyse

Ein AD-Umsetzer kann nur eine beschränkte Anzahl von Zahlenwerten, Vielfache einer Quantisierungsstufe, ausgeben. Das Histogramm eines AD-Umsetzers stellt die Häufigkeit dar, mit der diese einzelnen Werte nach einer bestimmten Zahl von Abtastungen aufgetreten sind. In der graphischen Darstellung sind auf der Abzisse die umgesetzten ganzzahligen Werte aufgetragen und auf der Ordinate ihre Häufigkeit (siehe Kapitel 4.6). Meßtechnisch wird das Histogramm aus den quantisierten Abtastwerten eines Signalverlaufs gewonnen. Mit Hilfe entsprechender Software wird für jeden Zahlenwert, jede Spannungsstufe des AD-Umsetzers ein Zähler angelegt. Bei dem Auftreten des jeweiligen Wertes wird dieser Zähler um 1 inkrementiert. Nach einer statistisch hinreichenden Zahl von Messungen beschreibt das so ermittelte Histogramm die Wahrscheinlichkeit des Auftretens der einzelnen Werte. Ist die theoretische Wahrscheinlichkeit des Auftretens einzelner Werte des Signals bekannt, und das kann in der Regel vorausgesetzt werden, so lassen die Abweichungen von dem idealen Histogramm auf Fehler im AD-Umsetzer oder in der Meßkette schließen.

Für den Histogrammtest werden unterschiedliche Signalformen verwendet. Die Histogramme einiger Signalverläufe sind in Bild 7.2.1 dargestellt. Bei einem dreieckförmigen Signal liegt eine Gleichverteilung der Werte vor. Bei einem rechteckförmigen Signal ist das ideale Histogramm lediglich bei zwei Werten von Null verschieden. Ein sinusförmiges Signal $s(t) = S_s \sin\omega t$ hat eine Verteilungsdichtefunktion

$$p(s) = \frac{1}{\pi\sqrt{S_s^2 - s^2}} \tag{7.2.1}$$

mit einem Minimum bei Werten um den Nullpunkt. Bei abgetasteten Signalen läßt sich eine normierte Häufigkeitsverteilung $m'(k)$ angeben, die für ein sinusförmiges Signal durch

$$m'(k) = \frac{1}{\pi}\arcsin\left(\frac{k+1-N}{N}\right) - \arcsin\left(\frac{k-N}{N}\right) \tag{7.2.2}$$

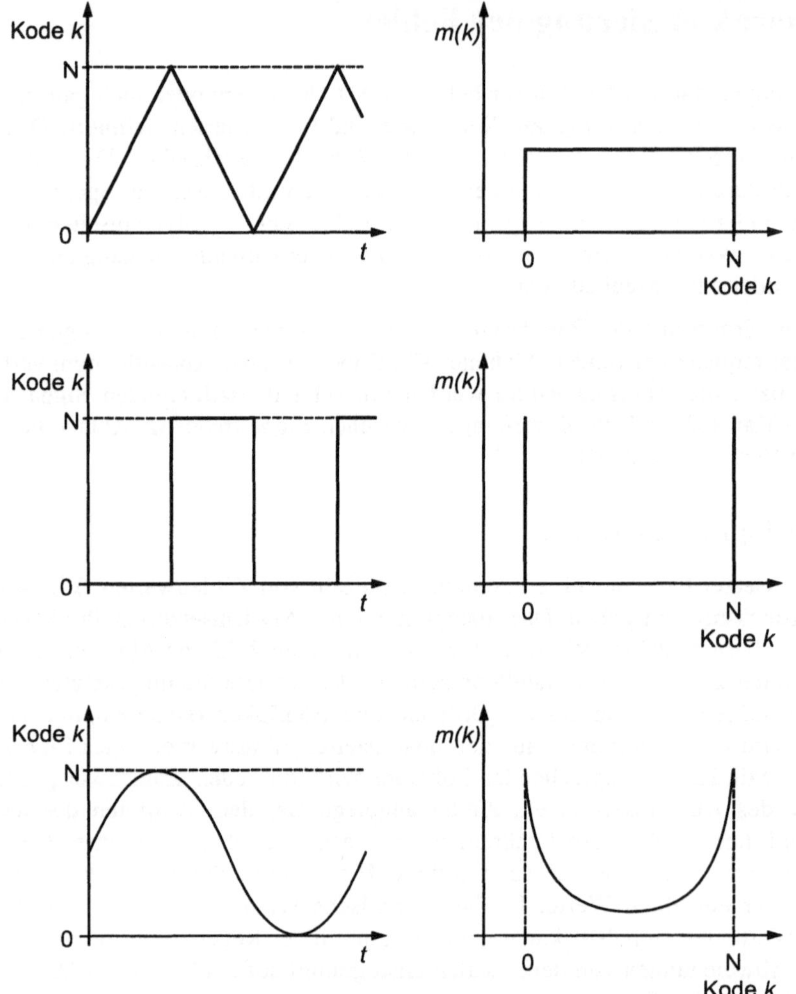

Bild 7.2.1 Signalverlauf und Histogramme einer Dreieck-, einer Rechteck-
und einer Sinusspannung

beschrieben werden kann. Darin sind $m'(k)$ die Wahrscheinlichkeit des Auftretens des
k-ten Spannungswertes und N die Anzahl der Spannungsstufen. Fehler in der Meßkette
bzw. des AD-Umsetzers bewirken Abweichungen von dieser Idealkurve.

Durch die Auswertung des Histogramms können sowohl fehlerhafte AD-Umsetzer oder
Fehler in einer Meßkette erkannt werden, als auch Qualitätsmaße abgeleitet werden.
Einige Beispiele dazu sind im folgenden aufgeführt.

Differentielle Nichtlinearitäten (DNL) werden durch ungleiche Stufenbreiten verursacht.
Einer zu schmalen Stufe werden seltener Werte zugewiesen als im Idealfall, einer zu
breiten Stufe häufiger. Eine zu schmale Stufe gefolgt von einer zu breiten Stufe zeigt sich
demnach im Histogramm als eine positive Spitze in Verbindung mit einer negativen Spit-

ze. Die Berechnung der differentiellen Nichtlinearität aus dem Histogramm erfolgt mit der Beziehung

$$\text{DNL} = \frac{m_{\text{meß}}(k)}{m_{\text{ideal}}(k)} - 1 \quad , \tag{7.2.3}$$

darin ist $m_{\text{meß}}(k)$ die Häufigkeit, mit der der k-te Wert aufgetreten ist und $m_{\text{ideal}}(k)$ die ideale Häufigkeit, mit der der Wert ohne differentielle Nichtlinearitäten auftreten würde. Die ideale Häufigkeit ist von der Anzahl der gesamten Abtastungen m_{ges} und von der Signalform abhängig. Allgemein ist

$$m_{\text{ideal}}(k) = m_{\text{ges}} \, p(k) \quad , \tag{7.2.4}$$

wobei $p(k)$ die ideale Auftritts-Wahrscheinlichkeit des k-ten Wertes darstellt. Bei N gleichverteilten Werten wie z.B. einer Dreickförmigen Spannungsverlauf ist bei N Quantisierungsintervallen $p(k) = 1/N$. Meist wird die maximale differentielle Nichtlinearität angegeben. Eine besondere Ausprägung differentieller Nichtlinearitäten kommt bei einigen Umsetzertypen vor, wenn ganze Stufen fehlen und so im Histogramm nicht auftreten können. Solche fehlenden Stufen werden als *missing codes* bezeichnet. In der Darstellung des Histogramms entsteht für diesen Wert eine Lücke.

Integrale Nichtlinearitäten (INL) kennzeichnen die globale Abweichung der Ausgleichskurve durch die Stufenmitten (bzw. auch obere oder untere Eckpunkte der Stufen) vom idealen Verlauf. Meist wird für die INL die maximale Abweichung bezogen auf den Meßbereich angegeben. Sie macht sich auch im Histogramm durch eine Abweichung des globalen Kurvenverlaufs bemerkbar.

Offsetfehler bezeichnen eine additive Gleichspannungskomponente, die unabhängig vom Signal in den Meßwerten enthalten ist. Im Histogramm wirkt sich der Offsetfehler als Verschiebung des Datenbereiches parallel zur Abzisse aus. Verstärkungsfehler spreizen den Datenbereich parallel zur Abzisse im Histogramm. Übersteuerung zeigt sich im Histogramm durch einen sprunghaften Anstieg der Werte an den Aussteuerungsgrenzen. Bitfehler, die z.B. durch Kurzschlüsse oder Unterbrechungen von Botenleitungen zustande kommen, rufen periodische Muster ins Histogramm hervor.

Bild 7.2.2 zeigt die beschriebenen Fehlererscheinungen im Histogramm.

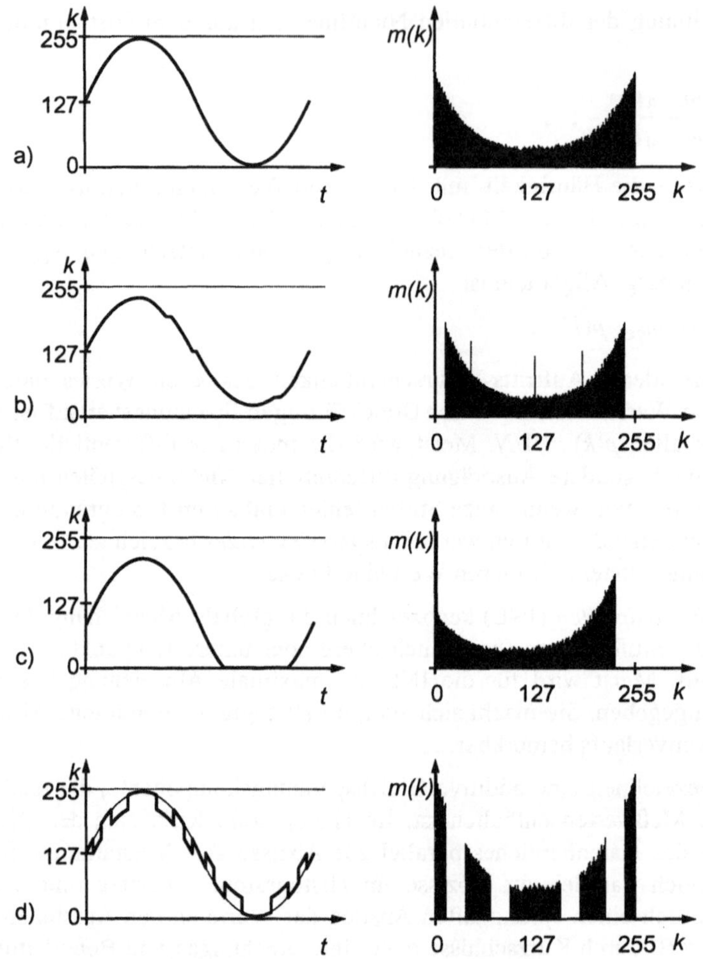

Bild 7.2.2 Histogramm bei typischen Fehlererscheinungen
a) reguläres Verhalten, b) differentielle Nichtlinearitäten, c) Offset, d) Bitfehler

Bei rechteckförmigen Signalen läßt sich aus dem Histogramm eine mittlere Flankensteilheit ermitteln. Diese Herangehensweise kommt einer vollautomatischen Auswertung entgegen, insbesondere dann, wenn das Histogramm noch für andere Auswertungen aufgezeichnet wird. In Bild 7.2.3 ist ein rechteckförmiges Signal mit einer endlichen Flankensteilheit und das zugehörige Histogramm gezeigt. Zur Bestimmung der Anstiegszeit werden die Anzahl der zwischen 10% und 90% der Impulsamplitude gezählten Werte m ins Verhältnis zu den insgesamt gezählten Werten m_ges gesetzt. Dieses Verhältnis entspricht der Summe der Anstiegszeit und der Abfallzeit $2T_\text{r}$ zur Periodendauer T. Daraus ergibt sich

$$T_\text{r} = \frac{T\, m_\text{r}}{2\, m_\text{ges}} \tag{7.2.5}$$

für eine mittlere Flankensteilheit. Da im Histogramm lediglich das Minimum, das Maximum und die gezählten Werte zwischen 10% und 90% ermittelt werden müssen, eignet sich dieses Verfahren für eine automatische Rechnerauswertung.

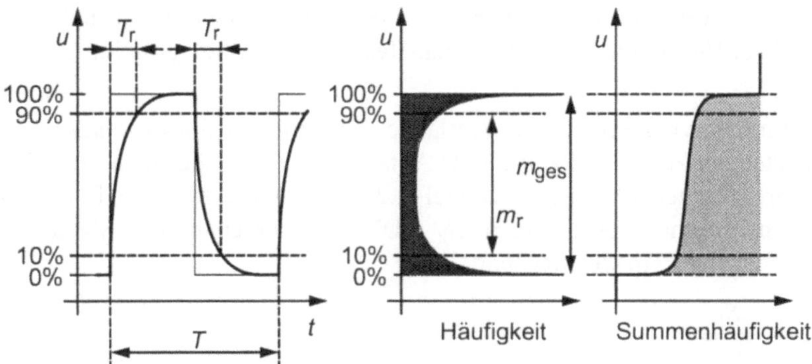

Bild 7.2.3 Bestimmung der Flankensteilheit aus dem Histogramm

7.2.2 Spektrum

Zur Bestimmung des Spektrums werden in einer begrenzten Aufzeichnungszeit eine oder mehrere Sinusschwingungen abgetastet. Um Fehler durch den Effekt der spektralen Verbreiterung in Verbindung mit der Fourier-Transformation zu vermeiden, ist es günstig, kohärent abzutasten (siehe Kapitel 6.3). Dabei ist der Abtastzeitraum und die Abtastrate ein ganzzahliges Vielfaches der Periodendauer des Signals. Durch die diskrete Fourier-Transformation werden die einzelnen Spektrallinien $S_k = \text{DFT}\{s_i\}$ berechnet.

Die Betrachtung aus abgetasteten Werten berechneter Spektren erlaubt eine Reihe von Rückschlüssen. Jitter und differentielle Nichtlinearitäten zeigen sich als gleichmäßig im Spektrum verteiltes Rauschen. Wird die Periodendauer gleich der Beobachtungszeit gewählt, ist die erste Spektralkomponente die Signalspannung, alle anderen entstehen aufgrund des Quantisierungsrauschens und anderer Fehler. Das Verhältnis der Effektivwerte der Signalamplitude und des Rauschen lassen sich zur Ermittlung des Signal-Rauschverhältnisses nutzen. Integrale Nichtlinearitäten zeigen sich im Spektrum separat, wenn der gewählte Beobachtungszeitraum mehrere Signalperioden umfaßt. Die Nichtlinearitäten erzeugen Harmonische im abgetasteten Signal, ihre Frequenzen liegen bei ganzzahligen Vielfachen der Signalfrequenz. Treten Ihre Amplituden im Spektrum hervor, können sie getrennt erfaßt werden, die dazwischen liegenden Amplituden des Spektrums können als Rauschen interpretiert werden [Mahoney87].

7.2.3 Effektive Wortlänge

Ein Maß zur Charakterisierung eines AD-Umsetzers ist die in Kapitel 6.1 beschriebene effektive Wortlänge. Sie stellt wie das Signal-Rauschverhältnis ein Maß für die Qualität eines AD-Umsetzers oder einer Meßkette dar und läßt sich auch daraus bestimmen. Da sie ein Maß für die übertragene Information darstellt, sind als Ergebnis auch gebrochene

Zahlen möglich. Die effektive Wortlänge, die mit der Genauigkeit korrespondiert, ist nicht mit der physikalischen Wortlänge, die mit der Auflösung korrespondiert, zu verwechseln, die naturgemäß in ganzzahligen Bits angegeben wird.

Zur Bestimmung der effektiven Wortlänge wird zunächt das Signal-Rauschverhältnis der abgetasteten Datenwerte ermittelt. Dazu ist es erforderlich, Nutzsignal und Rauschanteil zu trennen. Zwei Verfahren dazu, Spektralanalyse und Sinusinterpolation sind gebräuchlich.

Bei der Bestimmung der effektiven Wortlänge mit Hilfe der *Spektralanalyse* werden in einer begrenzten Aufzeichnungszeit mit M Abtastwerten eine oder mehrere Sinusschwingungen kohärent abgetastet (siehe Kapitel 4.2). Durch die diskrete Fourier-Transformation werden einzelnen Spektrallinien $S_k = \mathrm{DFT}\{s_i\}$ berechnet. Das Signal-Rauschverhältnis berechnet sich dem entsprechend durch

$$\mathrm{SNR} = \frac{S_1}{\sqrt{\sum_{k=2}^{K} S_k^2}} \quad , \tag{7.2.6}$$

wobei S_k die höchste im Signal enthaltene Spektralkomponente ist. Die geometrische Addition der der einzelnen Komponenten des Rauschens zur Signalspannung ins Verhältnis gesetzt, ergibt das Signal-Rauschverhältnis.

Bei dem Verfahren der Sinusinterpolation wird ebenfalls ein sinusförmiges Signal abgetastet. Ausgehend von diesen M Meßwerten wird im erstem Verarbeitungsschritt eine Sinuskurve berechnet, die zu den Meßwerten die geringsten Abweichungen aufweist, d.h. die den Ausdruck

$$\sum_{i=1}^{M} \left(s_i - S \sin(\omega \, \Delta t \, i + \varphi)\right)^2 \tag{7.2.7}$$

minimiert. Dazu sind bei gegebenen s_i die Kenngrößen S, ω und f mit Hilfe eines Optimierungsalgorithmus zu bestimmen. Das Signal-Rauschverhältnis ergibt sich dann durch

$$\mathrm{SNR} = \frac{S\sqrt{2}}{\sum_{i=1}^{N} \sqrt{\left(s_i - S \sin(\omega \, \Delta t \, i + \varphi)\right)^2}} \quad . \tag{7.2.8}$$

Als logarithmisches Maß ergibt sich

$$\mathrm{SNR}_{\mathrm{dB}} = 20 \log \mathrm{SNR} \quad , \tag{7.2.9}$$

und damit die effektive Wortlänge

$$N_{\mathrm{eff}} = \frac{\mathrm{SNR}_{\mathrm{dB}} - 1{,}76 \, \mathrm{dB}}{6{,}02 \, \mathrm{dB}} \quad . \tag{7.2.10}$$

Auch wenn der AD-Umsetzer eine höhere Auflösung als N_{eff} hat, kann diese Auflösung nicht ausgenutzt werden. Trotzdem kann es sinnvoll sein, den Wertebereich feiner aufzulösen, um z.B. Meßbereichsumschaltungen zu vermeiden.

Liegen an einer Meßkette rauschbehaftete Eingangssignale an, so wird sich ein resultierendes Signal-Rauschverhältnis einstellen, das sowohl von dem Rauschanteil des Eingangssignals als auch durch die effektive Wortlänge der Meßkette beeinflußt wird. In Kapitel 5.5 wurde die Überlagerung mehrerer Rauschquellen beschrieben. Bild 7.2.4 zeigt die effektive Wortlänge und das resultierende Signal-Rauschverhältnis bei rauschbehafteten Eingangssignalen. Die effektive Wortlänge läßt sich als Informationsgehalt interpretieren und in bit angeben.

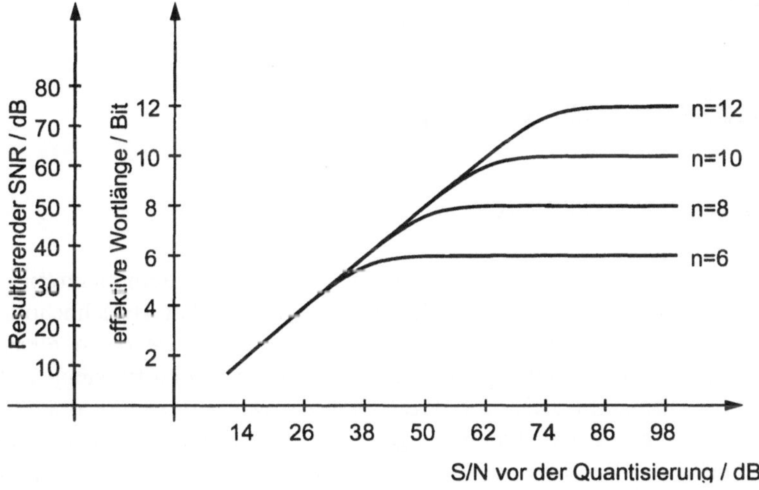

Bild 7.2.4 Effektive Wortlänge und resultierende Auflösung bei rauschbehafteten Signalen, *n* gibt die physikalische Wortlänge an

B Elektronische Baugruppen in Meßschaltungen

In den folgenden Abschnitten werden wichtige Baugruppen vorgestellt, die in Meßeinrichtungen eingesetzt werden. Dabei steht die funktionale Beschreibung im Vordergrund, Schaltungsdetails bleiben Lehrbüchern zur Schaltungsentwicklung wie z.B. [Tietze91], [Horowitz89], [Möschwitzer88], [Völz89] oder den Applikations-Hinweisen der Halbleiter-Hersteller vorbehalten.

8 Verarbeitung analoger Signale

8.1 Operationsverstärker

Meßverstärker und auch Analogrechenschaltungen sind oft mit dem elektronischen Bauelement Operationsverstärker aufgebaut. Dieses Bauelement hat zwei hochohmige Eingänge, einen invertierenden und einen nichtinvertierenden sowie einen niederohmigen Ausgang. Es verstärkt den Spannungsunterschied zwischen beiden Eingängen, diese Verstärkung wird als Differenzverstärkung bezeichnet und kann oft als unendlich hoch angenommen werden. Eine positive und eine negative Betriebsspannung sorgen dafür, daß die Ausgangsspannung positive und negative Werte annehmen kann (zu Operationsverstärkern siehe [Tietze91], [Patzelt93], [Pfeifer94], [Dostal89]).

8.1.1 Differenzverstärker

In Bild 8.1.1 sind drei Varianten eines einfachen Differenzverstärkers dargestellt, der bereits prinzipielle Merkmale eines Operationsverstärkers aufweist. Er setzt sich zusammen aus einer Differenzstufe und einer Treiberstufe. Die Differenzstufe, die aus den beiden Transistoren T_1 und T_2 gebildet wird, steuert die Spannung u_{C2} am Kollektor des Transitors T_2. Diese Spannung setzt sich aus einem Gleichanteil zur Einstellung des Arbeitspunktes und aus dem Signalanteil zusammen. Bei gleichen Eingangsspannungen u_{e1} und u_{e2} fließen auch durch beide Transistoren gleichgroße Ströme i_{C1} und i_{C2}. Unterscheiden sich die Eingangsspannungen, bleibt die Summe durch beide Transistoren näherungsweise konstant, jedoch unterscheiden sich die einzelnen Ströme voneinander. Resultierend ist die Spannungsänderung proportional der Differenz beider Eingangsspannungen. Die folgende Treiberstufe, die mit der Spannung u_{C2} angesteuert wird, bewirkt eine weitere Verstärkung und eine Potentialverschiebung. Letztere ist erforderlich, damit bei einer Differenzspannung am Eingang von Null Volt auch die Ausgangsspannung Null Volt ist. Bildteil a) zeigt eine Differenzstufe mit einem Emitterwiderstand und die folgende Endstufe. In Bildteil b) ist lediglich eine Differenzstufe mit einer Konstantstromquelle,

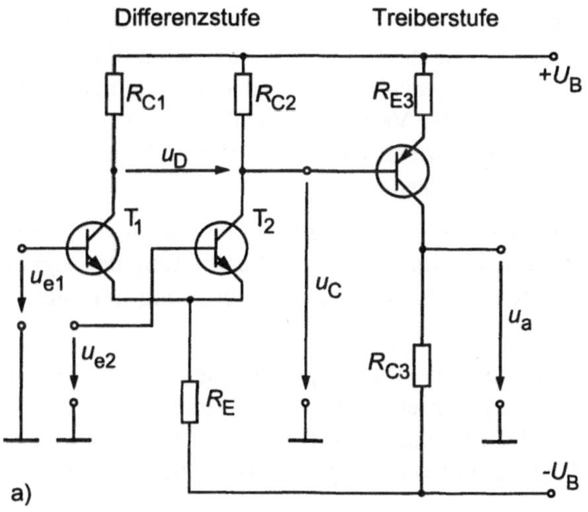

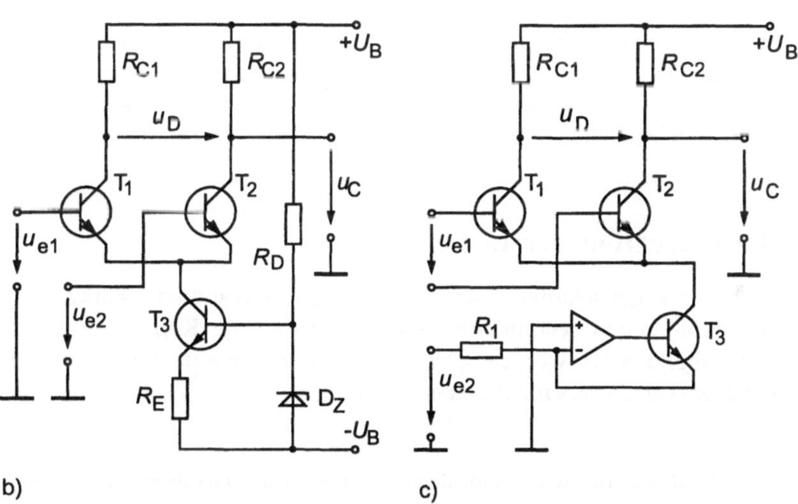

Bild 8.1.1 Differenz-Eingangsstufe eines Operationsverstärkers:
a) und b) schaltungstechnische Realisierung mit einem Emitterwiderstand und einer
Konstantstromquelle, c) Eingangsstufe als Multiplizierer

aufgebaut mit einem Transistor und einer Zenerdiode, dargestellt. Die Konstantstromquelle sorgt für eine stets gleiche Summe beider Kollektorströme. Dadurch wird bei gleicher Ansteuerung beider Transistoren erreicht, daß keine Spannungsänderung am Ausgang der Schaltung entsteht. Für hohe Eingangswiderstände werden Feldeffekttransistoren eingesetzt. In dem Schaltbild c) wird durch eine Steuerung des Stromes durch beide Transistoren der Arbeitspunkt der Differenzstufe beeinflußt. Da die Lage der Arbeitspunkte unterschiedliche Verstärkungen bedingt, entsteht ein multiplizierender Verstärker mit einem zusätzlichen Eingang.

Reale Operationsverstärker, die als integrierte Schaltung angeboten werden, haben mehrere Stufen. Schaltungstechnisch sind Operationsverstärker so ausgelegt, daß sie eine hohe Differenzverstärkung, einen hohen Eingangswiderstand und einen kleinen Ausgangswiderstand aufweisen. Der Amplitudengang der Verstärkung sollte, wie weiter unten dargestellt, von Gleichstrom bis zu einer hohen Grenzfrequenz reichen und zusammen mit dem Phasengang einen definierten Verlauf aufweisen.

Die Eigenschaften von Halbleiterbauelemente weisen große Toleranzen auf. Besonders in der Meßtechnik ist ein genau definiertes Verhalten bei der Bearbeitung der Signale gefordert. Diese Leistungsmerkmale werden durch eine äußere Beschaltung mit eng tolerierten Bauelementen, die als Rückkopplung wirkt, erreicht.

Die äußere Beschaltung bewirkt immer eine Rückkopplung, bei der ein Teil des Ausgangssignal modifiziert auf den Eingang zurückgeführt wird. Dadurch wird das Verhalten der Schaltung festgelegt. Je nach Phasendrehung wird zwischen positiver und negativer Rückkopplung unterschieden. Gegenkopplung (auch negative Rückkopplung genannt) bezeichnet die Rückführung eines Teils des Ausgangssignals auf den Eingang mit einer Phasendrehung von $180°$. Das rückgeführte Signal ist somit dem Eingangssignal entgegengesetzt und reduziert daher die Verstärkung. Die Vorteile dieser Maßnahme sind Unabhängigkeit der Verstärkung von den Änderungen der Leerlaufverstärkung, eine größere Bandbreite und ein niedrigerer Ausgangswiderstand. Alle Verstärkerschaltungen und Schaltungen zur analogen Signalbearbeitung benutzen negative Rückkopplung. Positive Rückkopplung wird benötigt, wenn, wie bei einem Komparator oder Schmittrigger, schnell zwischen zwei Zuständen geschaltet werden soll und bei Oszillatorschaltungen zur Schwingungserzeugung.

8.1.2 Idealer Operationsverstärker

Die Berechnung der Eigenschaften eines beschalteten Operationsverstärkers, besonders bei komplexen Schaltungen, vereinfachen sich, wenn ideale Kennwerte angenommen werden. In der Tabelle 8.1.1 werden wichtige ideale Kennwerte und Kennwerte eines typischen Operationsverstärkers miteinander verglichen.

Tabelle 8.1.1 Kennwerte eines idealen und eines realen Operationsverstärkers

Kennwert	ideal	real
Eingangswiderstand	∞	$100\,\mathrm{k\Omega}$
Differenzverstärkung	∞	10^5
Gleichtaktverstärkung	0	10^{-2}
Bandbreite	∞	$0 .. 10\,\mathrm{MHz}$
Ausgangswiderstand	0	$10\,\Omega$

Die Berechnung mit idealen Kenngrößen wird im folgenden am Beispiel eines invertierenden Verstärkers in Bild 8.1.2 gezeigt. Da der Eingangswiderstand unendlich groß angenommen wird, ist damit der Eingangsstrom $i_+ = 0$, ebenso der Strom i_-. Die Annahme einer idealen unendlich großen Verstärkung $v = u_a / u_D$ setzt bei einer von Null verschiedenen Ausgangsspannung eine Eingangsspannung $u_D = 0$ voraus. Daraus folgt, daß sich die Potentiale am gegengekoppelten Operationsverstärker so einstellen, daß diese Bedingung erfüllt ist. Der invertierende Eingang wird, wenn der positive Eingang auf dem Bezugspotential liegt, auch als virtuelles Bezugspotential bezeichnet. Es existiert zwar keine direkte Verbindung zwischen den beiden Eingängen, jedoch regelt die Gegenkopplung die Potentialdifferenz u_D zu Null. Unter diesen Annahmen lassen sich die einfachen formalen Regeln zur Berechnung dieses Netzwerks

$$i_e = -i_G ,$$ (8.1.1)

$$u_a = i_G \cdot R_G$$ (8.1.2)

und

$$u_e = i_e \cdot R_E$$ (8.1.3)

aufstellen. Resultierend ergibt sich für die Verstärkung

$$v = \frac{u_a}{u_e} = -\frac{R_G}{R_E} \ .$$ (8.1.4)

Damit ist die Verstärkung des gegengekoppelten Operationsverstärkers nur durch das Verhältnis zweier Widerstände bestimmt.

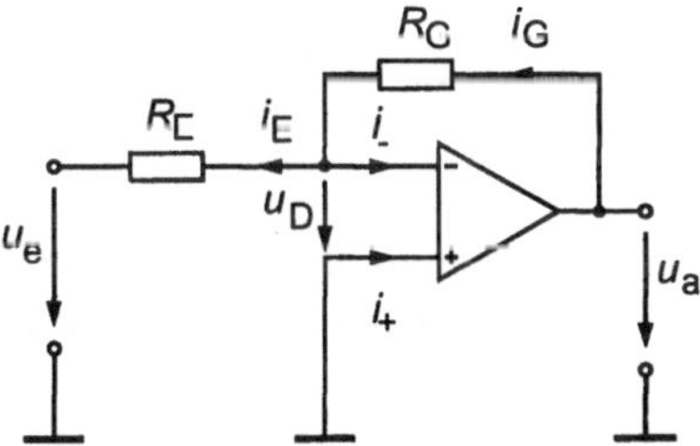

Bild 8.1.2 Invertierender Verstärker: Ströme und Spannungen an einem beschalteten Operationsverstärker bei idealen Eigenschaften.

Die Beschaltung des Operationsverstärkers kann auch mit komplexen Impedanzen aus Kapazitäten, Induktivitäten und ohmschen Widerständen realisiert sein, dann ergibt sich eine Beeinflussung des Zeitverhaltens oder/und des Frequenzgangs.

8.1.3 Eigenschaften realer Operationsverstärker

Zwar können unter der Annahme idealer Eigenschaften viele Berechnungen näherungsweise durchgeführt werden, bei einem realen Operationsverstärker werden ideale Werte jedoch nicht erreicht. Darüber hinaus weisen reale Operationsverstärker noch eine Reihe weiterer Eigenschaften auf, die je nach Anwendung berücksichtigt werden müssen [Siemens90].

Während beim idealen Operationsverstärker von einem unendlich hohen Eingangswiderstand ausgegangen wird, der bewirkt, daß kein Strom in den Operationsverstärker fließt, sind bei realen Operationsverstärkern Eingangsströme vorhanden.

Der **Eingangsruhestrom** bezeichnet die Summe beider Eingangsströme eines Operationsverstärker, bei einer Eingangsspannung von Null. Eine schaltungstechnische Maßnahme, um diesen Einfluß zu verringern, ist in Bild 8.1.3 dargestellt. Der Widerstand am nichtinvertierenden Eingang wird etwa $R_E \| R_G$ gewählt. Bei Operationsverstärkern mit FET-Eingängen ist diese Maßnahme nicht erforderlich. Die Betrachtung des idealen Operationsverstärkers setzt eine Eingangsspannung von Null voraus. Real ist jedoch eine Ausgangspannung von Null ohne Eingangsströme und Spannungen nicht zu erreichen.

Die **Eingangsoffsetspannung** ist die Spannung, die am Eingang anliegen muß, damit die Ausgangsspannung zu Null wird.

Der **Eingangsoffsetstrom** ist die Differenz beider Eingangsströme, die fließen müssen, damit die Spannung am Ausgang zu Null wird. Solche Nullpunktfehler lassen sich durch zusätzliche externe Schaltungsmaßnahmen kompensieren oder auch bei manchen Operationsverstärkern über spezielle Eingänge [Tietze91].

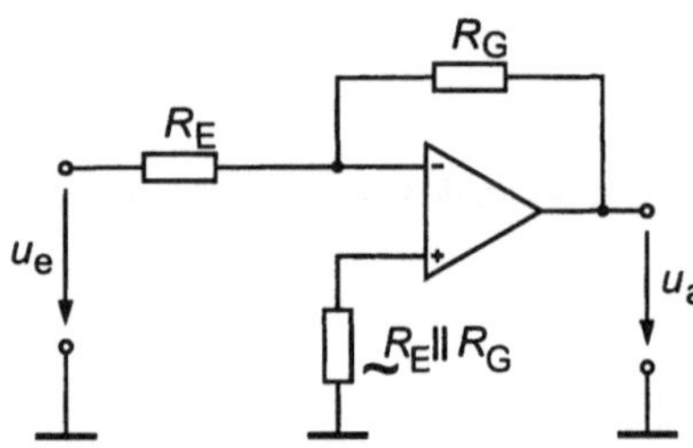

Bild 8.1.3
Invertierender Verstärker: Verminderung der Auswirkung eines Eingangsruhestroms durch einen Widerstand am positiven Eingang des Operationsverstärker.

Wichtiges Merkmal eines Operationsverstärkers ist die **Differenzverstärkung** v_D. Sie ist das Verhältnis zwischen der Ausgangsspannung u_a und der Spannung u_D zwischen den beiden Differenzeingängen

$$v_D = \frac{u_a}{u_D} \quad . \tag{8.1.5}$$

Die **Gleichtaktverstärkung** v_G bezeichnet die Verstärkung einer Spannung u_G, die zwischen den parallelgeschalteten Eingängen und dem Bezugspotential anliegt und der Ausgangsspannung u_a und ist durch

$$v_G = \frac{u_a}{u_G} \tag{8.1.6}$$

gegeben. Eine Beschreibung für den störenden Einfluß der Gleichtaktverstärkung liefert das Maß Gleichtaktunterdrückung CMRR (*Common Mode Rejection Ratio*). Die Gleichtaktunterdrückung beruht auf dem Verhältnis zwischen Differenzverstärkung v_D und Gleichtaktverstärkung v_G und ist durch

$$\mathrm{CMRR} = 20\log\frac{v_D}{v_G} \quad , \tag{8.1.7}$$

definiert.

Das Zeitverhalten eines realen Operationsverstärkers bewirkt eine Einschränkung der Wiedergabe steiler Flanken.

Die **Anstiegssteilheit** oder *Slewrate* SR ist durch

$$SR = \frac{\Delta u}{\Delta t} \tag{8.1.8}$$

definiert und gibt an, wie schnell sich der Ausgangsspannung pro Zeiteinheit ändern kann. Entsprechend Bild 8.1.4 wird dazu der Aussteuerbereich von 10% bis 90% durchfahren. Die Slewrate wird in V/s angegeben.

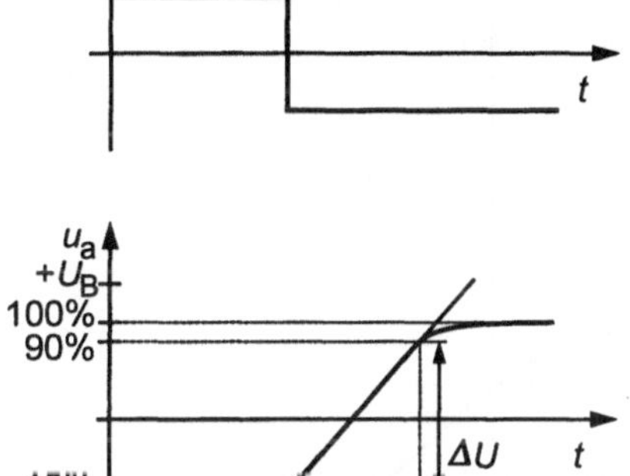

Bild 8.1.4
Auswirkung der endlichen *Slewrate* bei einem schnellen Sprung als Eingangsspannung

Der Amplituden- und Phasengang eines Operationsverstärkers würde, bedingt durch die einzelnen Stufen, einen komplexen Verlauf annehmen. Um bei einem universellen Einsatz ein stabiles Verhalten ohne Schwingneigung sicherzustellen, enthalten Operationsverstärker in der Regel einen Tiefpaß erster Ordnung. Dieser Tiefpaß hat bis zu einer Grenzfrequenz einen geraden Verlauf und darüber einen mit 20 dB/Dekade abfallenden.

Das **Verstärkungs-Bandbreiten-Produkt** gibt für solche Operationsverstärker die Bandbreite in Hz bei einer Verstärkung von Eins an. Mit dem Verstärkungs-Bandbreiten-Produkt läßt sich somit für einfache Verstärkerschaltungen ermitteln, wie hoch die zu erwartende Bandbreite bei vorgegebener Verstärkung ist. In Bild 8.1.5 ist der Frequenzgang bei unterschiedlichen Verstärkungsfaktoren aufgetragen.

Der **Phasenrand,** auch *Phasenreserve* oder *phase margin* genannt, bezeichnet die Differenz der Phasenverschiebung zwischen Ein- und Ausgangssignal und 180° an. Er wird bei der Frequenz angegeben, bei der die Verstärkung auf Eins abgesunken ist. Je größer der Phasenrand ist, um so geringer ist die Schwingneigung der Verstärkerschaltungen.

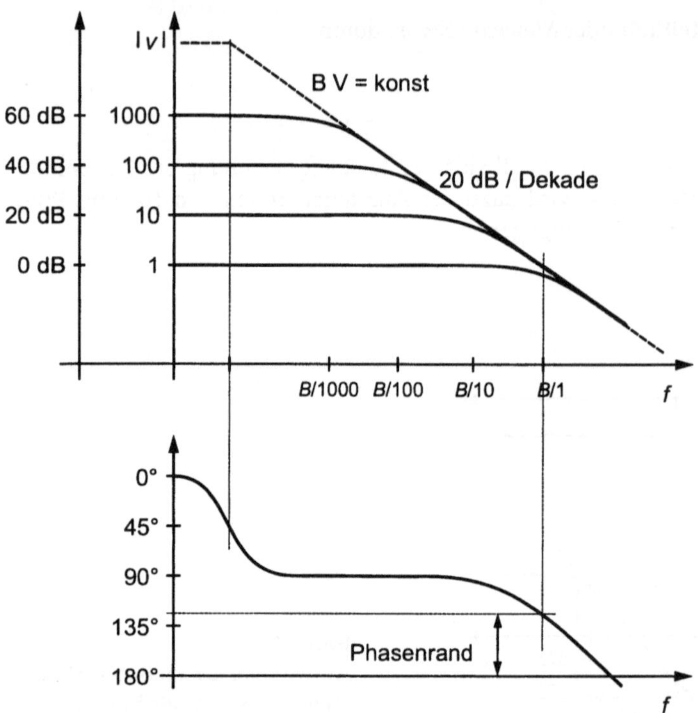

Bild 8.1.5 Verstärkung-Bandbreite-Produkt:
Frequenzgang bei unterschiedlichen Verstärkungsfaktoren

8.1.4 Einteilung von Verstärkergrundtypen

Der oben dargestellte Operationsverstärker realisiert als Verstärkerelement das Prinzip
einer spannungsgesteuerten Spannungsquelle. Daneben lassen sich für spezielle Anwendungen drei weitere Grundtypen definieren: die stromgesteuerte Spannungsquelle, die
spannungsgesteuerte Stomquelle und die stromgesteuerte Stromquelle. Die Ersatzschaltbilder dieser Grundtypen sowie die technischen Bauelemente, die diese Funktion näherungsweise realisieren, sind in Bild 8.1.6 dargestellt.

Der Operationsverstärker als spannungsgesteuerte Spannungsquelle verstärkt die am Differenzeingang anliegende Spannung mit dem Verstärkungsfaktor $v = u_\mathrm{a} / u_\mathrm{e}$, die wie oben
dargestellt idealerweise unendlich groß ist. Der Eingangswiderstand dieses Verstärkerelementes sollte idealerweise unendlich hoch und der Ausgangswiderstand unendlich klein
sein. Diese Ausführung eines aktiven Verstärkerelementes ist aufgrund der universellen
Anwendbarkeit am weitesten verbreitet. Videoverstärker, die für hohe Signalfrequenzen
eingesetzt werden, stellen ebenso eine spannungsgesteuerte Spannungsquelle dar. Während bei Operationsverstärkerschaltungen das Verhalten durch eine Gegenkopplung eingestellt wird, und Operationsvertärker meist so aufgebaut sind, daß sie mit einer Gegenkopplung stabil arbeiten können, wird bei diesen Verstärkertypen die Einstellung der
Verstärkung durch eine spezielle Beschaltung vorgenommen.

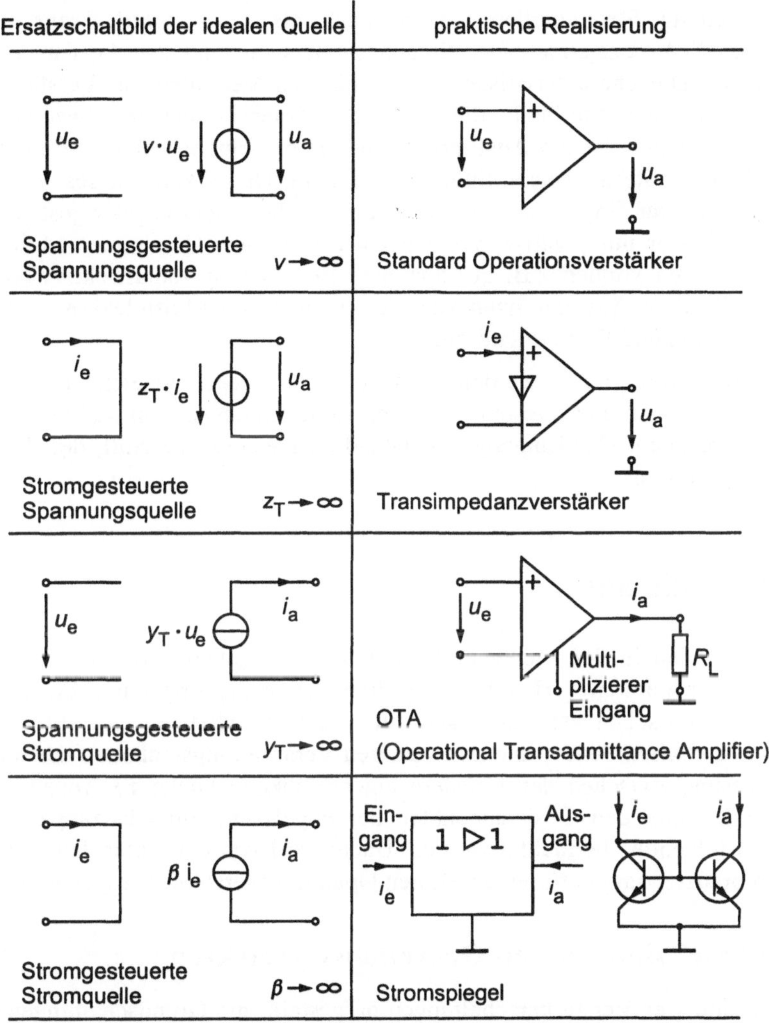

Bild 8.1.6 Einteilung der Verstärker-Grundtypen

Stromgesteuerte Spannungsquellen haben als Transimpedanzverstärker insbesondere in der Hochfrequenztechnik Bedeutung erlangt. Dieses Verstärkerelement hat im Gegensatz zu einem Operationsverstärker einen niederohmigen Eingang, idealerweise Null. Anstelle der Leerlaufverstärkung wird die Transimpedanz $z_T = u_a / i_e$ angegeben, die idealerweise unendlich hoch ist. Bei hohen Frequenzen unterscheidet sich das Verhalten von Operationsverstärkern und Transimpedanzverstärkern. Bei frequenzkompensierten Operationsverstärkern ist die Bandbreite von der eingestellten Verstärkung abhängig und der Abfall der Verstärkung zu hohen Frequenzen beginnt bereits typisch bei wenigen Hz. Im Gegensatz dazu beginnt der frequenzbedingte Abfall bei einem typischen Transimpedanzverstärker erst bei ca. 50 MHz. Dagegen wird durch die Gegenkopplung keine Vergrößerung der Bandbreite erreicht.

Spannungsgesteuerte Stromquellen werden auch als *Operational Transconductance Amplifier*, kuz OTA bezeichnet. Der Eingangswiderstand und der Ausgangswiderstand sind hochohmig. Die charakteristische Größe die das Verhalten als Verstärkerelement charakterisiert, ist die Steilheit, die auch als Transconductance bezeichnet wird, $y_T = i_a / u_e$. In der praktischen Ausführung sind sie mit einem weiteren Eingang ausgestattet, mit dem die Steilheit beeinflußt werden kann. Damit kann dieses Verstärkerelement als Multiplizierer eingesetzt werden. Da die Steilheit nicht negativ gesteuert werden kann, darf ein Faktor nur positive Vorzeichen haben (zwei Quadranten-Multiplizierer). Multiplikationsstufen können z.B. zur analogen Berechnung von Effektivwerten eingesetzt werden. Weitere Anwendungen sind der Aufbau von Multiplexern, Abtast-Haltestufen, Modulatoren und Demodulatoren.

Stromgesteuerte Stromquellen werden auch als Stromspiegel bezeichnet. Der erzeugte Ausgangsstrom steht in einem festen Verhältnis zum Eingangsstrom und wird als Stromverstärkung angegeben. Der Eingangswiderstand ist idealerweise Null, der Ausgangswiderstand unendlich groß.

8.2 Meßverstärker

Meßverstärker haben in der Meßtechnik vielfältige Aufgaben und sind als integrierter Bestandteil in Meßgeräten vorhanden. Sie übernehmen die Impedanz, Pegel oder Leistungsanpassung zwischen verschiedenen Stufen in einer Meßkette, sie stellen das Verbindungsglied zwischen Sensor und den weiteren Verarbeitungseinheiten dar oder sorgen für die Anpassung zwischen den Gliedern einer Meßkette (siehe zu Anpaßschaltungen [Sheingold83]). Unter den Gesichtspunkten der Pegel- und Impedanzanpassung sollen Verstärker im folgenden betrachtet werden. Dabei wird von den unter den in Kap. 8.1.1 gemachten Voraussetzungen für einen idealen Operationsverstärker ausgegangen.

8.2.1 Grundschaltungen mit Operationsverstärkern

In Bild 8.2.1 sind vier Verstärkerschaltungen dargestellt, die Grundschaltungen mit Operationsverstärkern bilden. Die bereits in Kapitel 8.1.1 behandelte und in Bildteil a) dargestellte Schaltung kann als universelle Verstärkerstufe eingesetzt werden. Da sich zwischen Ein- und Ausgangssignal das Vorzeichen umkehrt, wird diese Schaltung auch als Umkehrverstärker oder invertierender Verstärker bezeichnet. Der Strom durch den Widerstand R_E steuert die Ausgangsspannung entsprechend

$$u_a = -i_e \cdot R_G \quad , \tag{8.2.1}$$

für die Spannungsverstärkung ergibt sich

$$v = \frac{u_a}{u_e} = -\frac{R_G}{R_E} \quad . \tag{8.2.2}$$

(siehe auch Gl.(8.1.4)). Als Eingangswiderstand der Schaltung ist R_E wirksam, der Ausgangswiderstand geht gegen Null, ist jedoch in der Praxis von den realen Eigenschaften des Operationsverstärkers sowie vom Gegenkopplungsnetzwerk abhängig.

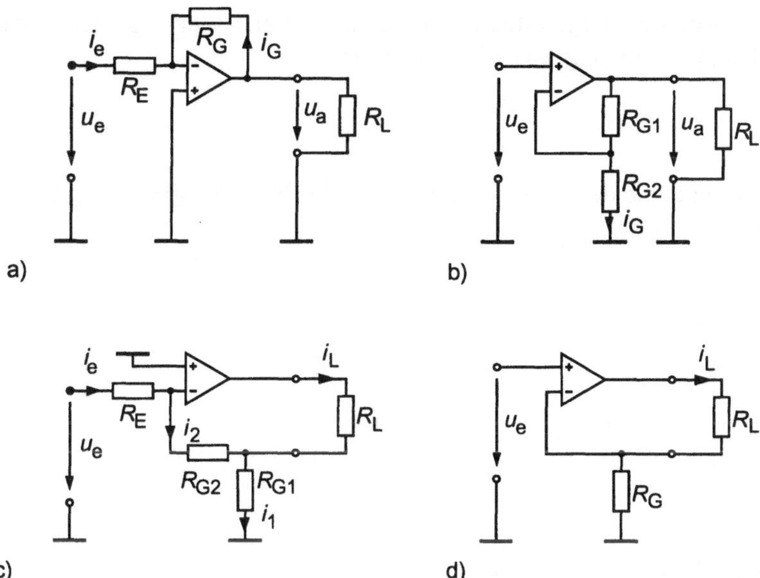

Bild 8.2.1 Vier Grundschaltungen zum Aufbau von Meßverstärkern mit einem Operationsverstärker:

a) invertierender Verstärker mit gesteuerter Ausgangsspannung,

b) nichtinvertierender Verstärker mit gesteuerter Ausgangsspannung,

c) invertierender Verstärker mit gesteuertem Ausgangsstrom,

d) nichtinvertierender Verstärker mit gesteuertem Ausgangsstrom

Mit der in Bildteil b) dargestellten Schaltung läßt sich ein besonders hoher Eingangswiderstand erzielen. Der erreichbare Eingangswiderstand hängt von den Parametern des Operationsverstärkers ab. In Anlehnung an das Elektrometer (ein Instrument zum Messen elektrischer Ladungen, das einen sehr hohen Eingangswiderstand hat) wird diese Schaltung Elektrometerverstärker genannt. Das Ausgangssignal hat, im Gegensatz zum oben beschriebenen Umkehrverstärker das gleiche Vorzeichen wie das Eingangssignal. Während der Umkehrverstärker das Signal invertiert, hat das Ausgangssignal des Elektrometerverstärkers das gleiche Vorzeichen wie das Eingangssignal. Die Eingangsspannung u_e steuert in dieser Schaltung die Ausgangsspannung u_a. Aus den Netzwerksgleichungen

$$u_e = i_G \, R_{G2} \quad \text{und} \quad u_a = i_G \, (R_{G1} + R_{G2}) \tag{8.2.3}$$

ergibt sich die Ausgangsspannung

$$u_a = \frac{u_e \, (R_{G1} + R_{G2})}{R_{G2}} \tag{8.2.4}$$

und die Spannungsverstärkung

$$v = \frac{u_a}{u_e} = \frac{R_{G1} + R_{G2}}{R_{G2}} \; . \tag{8.2.5}$$

Bei dem in Bildteil c) dargestellten invertierenden Verstärker liegt der Lastwiderstand R_L im Rückkopplungszweig. Der Eingangsstrom

$$i_e = \frac{u_e}{R_E} \qquad\qquad (8.2.6)$$

steuert den Strom durch den Lastwiderstand. Aus den Netzwerkgleichungen

$$u_1 = R_{G1} \cdot i_1, \quad u_2 = R_{G2} \cdot i_2, \quad u_1 = -u_2, \quad i_2 = i_e$$

folgt

$$i_1 = -i_e \frac{R_{G2}}{R_{G1}} \; .$$

Die Kostenregel

$$i_2 = i_1 - i_e$$

ergibt

$$i_2 = -i_e \frac{R_{G2}}{R_{G1}} - i_e = -i_e \left(1 + \frac{R_{G2}}{R_{G1}}\right)$$

und mit Gl.(8.2.6)

$$i_L = -\frac{u_e}{R_E} \left(1 + \frac{R_{G2}}{R_{G1}}\right) \qquad . \qquad\qquad (8.2.7)$$

Die Spannungsverstärkung ist vom Lastwiderstand R_L abhängig und durch

$$v = \frac{u_a}{u_e} = -\frac{R_L}{R_E} \left(1 + \frac{R_{G2}}{R_{G1}}\right) \; . \qquad\qquad (8.2.8)$$

gegeben.

In der nichtinvertierenden Verstärkerschaltung in Bildteil d) steuert die Eingangsspannung den Strom durch den Lastwiderstand

$$i_L = u_e = \frac{R_G + R_L}{R_G} \qquad . \qquad\qquad (8.2.9)$$

Die Verstärkung ist durch

$$v = \frac{u_a}{u_e} = \frac{R_G + R_L}{R_G} \qquad\qquad (8.2.10)$$

gegeben und ebenfalls abhängig vom Lastwiderstand. Wie die Schaltung in Bildteil c) hat diese Schaltung einen hohem Eingangswiderstand. Für eine reine Stromsteuerung, bei der ein Eingangsstrom die Ausgangsspannung oder den Ausgangsstrom steuert, werden in den Schaltungen a) und c) die Eingangswiderstände nicht benötigt. Der Stromfluß wird dann direkt an den invertierenden Eingang geleitet.

Wird bei der Schaltung eines nichtinvertierenden Verstärkers (Bildteil 8.2.1 b) der Widerstand R_{G2} unendlich groß (d.h. kann als weggelassen aufgefaßt werden) und der Widerstand R_{G1} zu Null (d.h. kann als kurzgeschlossen aufgefaßt werden), geht diese Schaltung in den in Bild 8.2.2 a) gezeigten Spannungsfolger über. Diese Schaltung hat eine Verstärkung von eins, die Ausgangsspannung „folgt" der Eingangsspannung. Sie kann als Impedanzwandlerstufe eingesetzt werden, wenn ein hochohmiger Eingang und niederohmiger Ausgang benötigt wird. Entsprechend geht die in Bildteil 8.2.1 c) dargestellte Schaltung in einen Stromfolger über, wenn der Widerstand R_{G1} weggelassen wird und der Widerstand R_{G2} durch einen Kurzschluß ersetzt wird. Der Eingangswiderstand R_E wird überflüssig. In dieser in Bild 8.2.2 b) dargestellten Schaltung „folgt" der Ausgangsstrom dem Eingangsstrom. Die Stromverstärkung wird zu Eins und der Eingangswiderstand der Schaltung geht gegen Null. Eine solche Schaltung kann zum Beispiel zur Strommessung eingesetzt werden, wenn die Messung nicht durch den Widerstand des Strommessers beeinflußt werden soll.

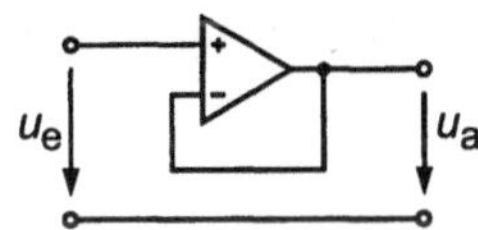

a)

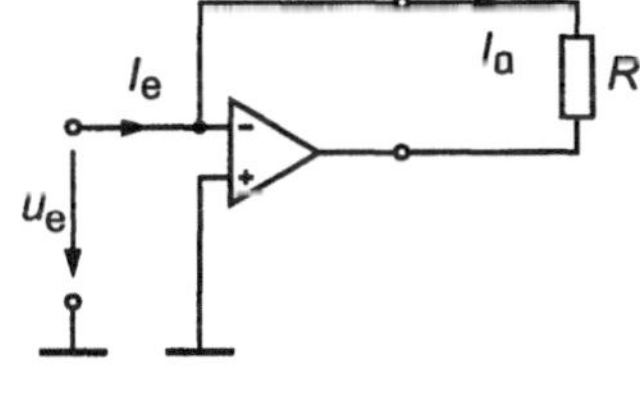

b)

Bild 8.2.2
Folgerstufen:
a) Spannungsfolger,
b) Stromfolger

8.2.2 Instrumentierungsverstärker

Bild 8.2.3 zeigt das Schaltbild eines Instrumentierungsverstärkers. Darunter wird ein Differenzverstärker mit einer definierten Verstärkung und zwei symmetrischen bezugspotentialfreien Eingängen verstanden. Solche Eingänge werden häufig für Messung mit Sensoren benötigt, da viele Sensortypen als Brückenschaltung arbeiten. Der Eingang des Instrumentierungsverstärkers wird dann mit der Brückenspannung verbunden. Ein anderer möglicher Einsatz ist der Empfang erdsymmetrischer Spannungen, die über längere Distanzen übertragen werden. Die Störungen wirken dabei auf beide Leitungen ein und heben sich durch die Differenzbildung auf (siehe auch Kap. 2.2. Abschnitt parallele Strukturen). Eine Anforderung an einen solchen Differenzverstärker ist eine hohe Gleichtaktunterdrückung, damit Störungen auf beiden Eingängen gleichermaßen unterdrückt werden. Die oben genannten Schaltungen erweisen sich dazu als ungeeignet, da sie durch die Art der Gegenkopplung unsymmetrisch zum Bezugspotential sind. Der Instrumentierungsverstärker stellt somit einen universell einsetzbaren Meßverstärker mit hohem Eingangswiderstand dar.

Die Schaltung setzt sich aus zwei Stufen zusammen: die erste Stufe besteht aus zwei
miteinander verkoppelten Operationsverstärkern in Elektrometerschaltung. Damit wird
ein hoher Eingangswiderstand erreicht. Durch die Forderung $u_d = 0$ bei einem idealen
Operationsverstärker liegt an dem Widerstand R_0 die Spannung $u_{e1} - u_{e2}$ an. Da keine
Ströme in den Operationsverstärker fließen, ist die Verstärkung der ersten Stufe durch

$$v = \frac{u_{e1} - u_{e2}}{u_e} = \frac{R_0 + 2R_1}{R_0} \qquad\qquad (8.2.11)$$

gegeben. Die zweite Stufe stellt eine Subtrahierstufe dar (siehe Abschnitt 8.3), die aus
zwei Zweigen besteht, einem invertierenden und einem nichtinvertierenden Zweig. Durch
die Widerstandverhältnisse wird eine gleiche Verstärkung für den invertierenden und den
nichtinvertierenden Zweig eingestellt. Das kann z.B. erreicht werden, indem alle Widerstände gleich groß gewählt werden. Unter dieser Voraussetzung hat diese Stufe eine Verstärkung von eins und Gl.8.3.4 bezeichnet die Gesamtverstärkung des Instrumentierungsverstärkers.

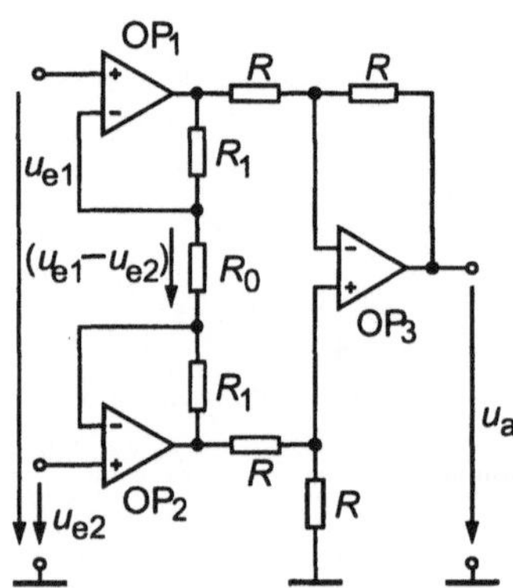

Bild 8.2.3
Instrumentierungsvertärker

8.2.3 Guarding

Elektrometerverstärker weisen je nach Ausführung Eingangswiderstände auf, die bis in
den Terraohmbereich reichen können. Diese Größenordnung liegt bereits in dem Bereich
von Übergangswiderständen auf Leiterbahnen und bei Schaltern. Die über die Leiterplat-
ten- und Isoliermaterialien fließenden Ströme werden als Leckströme bezeichnet. Kon-
struktive Maßnahmen sind erforderlich, um die möglichen hohen Eingangswiderstände
aufgrund der elektronischen Bauelemente und Schaltungstypen auch zu nutzen. Außer der
Verwendung hochwertiger Materialien, wie z.B. Teflon, für Leiterplatten wird dazu die
Führung der Leitungen berücksichtigt. Diese schaltungstechnischen Maßnahmen zur
Vermeidung von Leckströmen werden als *guarding* bezeichnet.

In Bild 8.2.4 ist eine Elektrometer-Verstärkerstufe dargestellt. Alle Elemente, die in Verbindung mit dem hochohmigen Eingang stehen, sollen abgeschirmt werden. Dazu werden
die Leitungen zu diesem Eingang und alle vorgeschalteten Bauelemente von einer Leiterbahn umschlossen, die so eine Abschirmung bildet. In der Ersatzschaltung repräsentieren
die Widerstände R_{iso1} und R_{iso2} die Isolationswiderstände von dem hochohmigen Ein-

gang zur Abschirmung und von der Leiterbahn zum Bezugspotential. Der Kondensator stellt die parasitäre Kapazität durch schaltungsmäßige Gegebenheiten zwischen Abschirmung und Eingang dar. Da der Spannungsfolger die Potentialdifferenz zwischen Schirm und Eingang zu Null regelt, werden nicht nur Leckströme durch den Widerstand R_{iso1} vermieden, sondern auch die Eingangskapazität veringert.

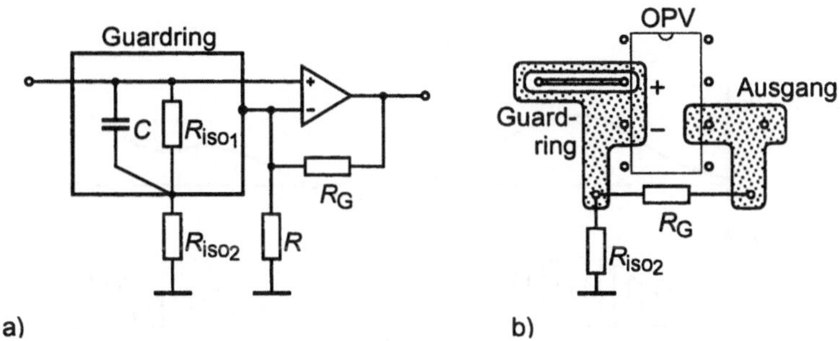

Bild 8.2.4 Guarding bei Verstärkerstufen mit hohem Eingangswiderstand:
a) Ersatzschaltbild, b) Layout der gedruckten Schaltung

8.2.4 Zerhackerverstärker

Bei der Verstärkung kleiner niederfrequenter Signale können die realen physikalischen Eigenschaften des Operationsverstärkers zu einer dem Signal überlagerten Offsetspannung führen. Diese Spannung ist darüber hinaus oft driftabhängig und kann so nicht fest kompensiert werden. Eine klassische Methode, um diese Erscheinungen zu reduzieren, ist der Einsatz eines Zerhacker- oder Chopperverstärkers. Das Prinzip ist in Bild 2.2.5 dargestellt. Das Eingangssignal wird zunächst tiefpaßgefiltert. Die Zerhackerschaltung besteht aus zwei elektronisch gesteuerten Schaltern am Eingang und am Ausgang eines Wechselspannungsverstärkers. Die Schalter werden gleichzeitig betätigt und verbinden Eingang und Ausgang des Verstärkers wechselweise mit dem Bezugspotential. Auf diese Weise wird eine Pulsfolge verstärkt, deren Amplitude proportional der langsam variierenden Eingangsspannung ist. Der Verstärker braucht somit nicht in der Lage zu sein, Gleichspannung zu übertragen.

Nachteilig ist bei Zerhackerverstärkern eine eingeschränkte Bandbreite. Die Zerhackrate sollte mindestens fünffach größer sein als die obere Signalfrequenz, um die Störungen durch das Zerhacken, die als *Chopper-Noise* bezeichnet werden, klein zu halten. Sogenannte Splitband-Verstärker erreichen eine höhere Bandbreite durch Parallelschalten eines Hochpaßverstärkers. Ebenso besteht die Möglichkeit den Zerhackerverstärker zur Stabilisierung eines breitbandigen Verstärkers (*Chopperstabilisierung*) einzusetzen, um den Vorteil eines geringen Offset mit dem hoher Bandbreite zu verbinden.

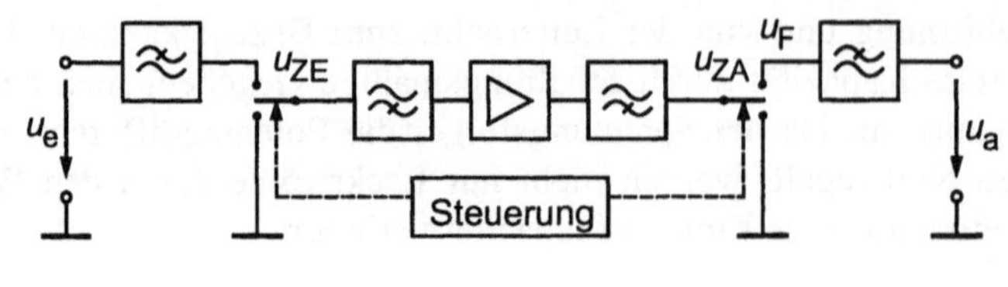

a)

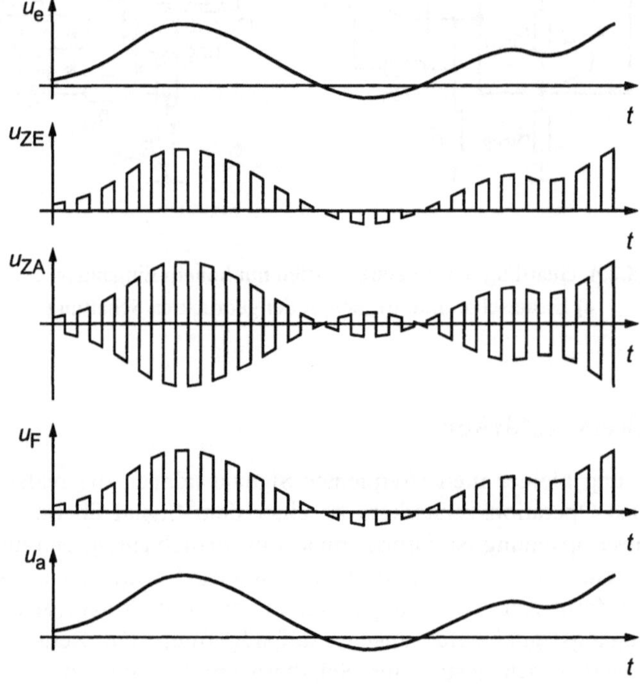

b)

Bild 8.2.5 Zerhackerverstärker:
a) Blockschaltbild, b) Signalverläufe

8.3 Analogrechenschaltungen

Gleichermaßen werden Operationsverstärker für die verschiedensten Funktionen der analogen Signalverarbeitung eingesetzt. Wichtige Beispiele sind

- Addition, Subtraktion,
- Integration und Differentiation,
- Betragsbildung und Meßgleichrichter
- Funktionsnetzwerk,

die im folgenden behandelt werden.

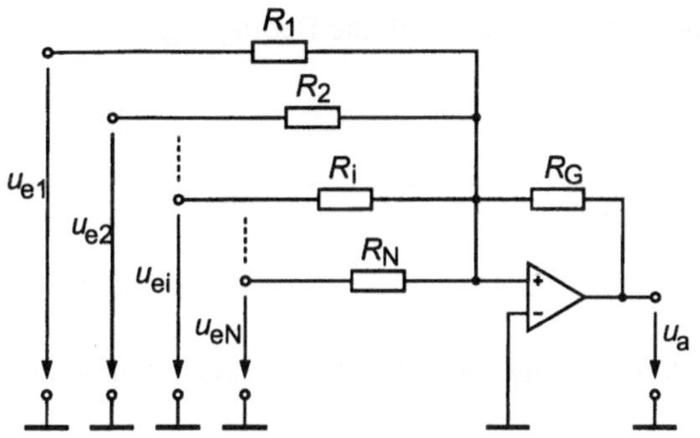

Bild 8.3.1
Summierstufe

8.3.1 Addition und Subtraktion

Eine Additions-Stufe, die die Summe der Spannungen an N Eingängen bildet, ist in Bild 8.3.1 dargestellt. An den Eingängen liegen die Spannungen U_{ei}, die Eingangsströme durch die Widerstände R_i sind durch $i_i = u_{ei} / R_i$ gegeben. Da der Strom durch den Gegenkopplungszweig gleich der negativen Summe der Einzelströme i_i ist, ergibt sich für die Ausgangsspannung

$$u_a = -\sum_{i=1}^{N} \frac{R_G}{R_i} u_{ei} \quad . \tag{8.3.1}$$

Diese Schaltung addiert somit nicht nur die Teilspannungen u_i sondern wichtet sie auch mit dem Faktor R_G / R_i .

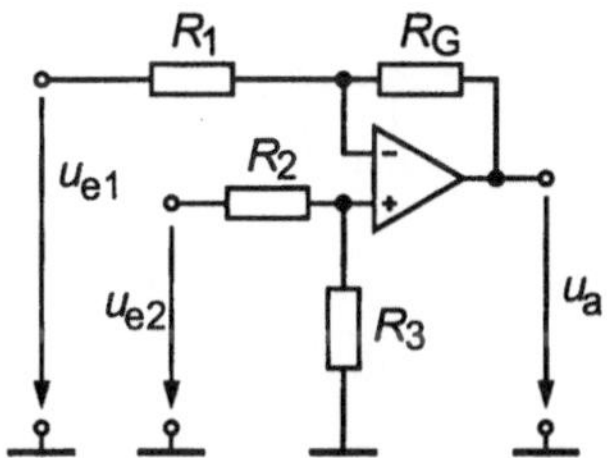

Bild 8.3.2
Subtraktionsstufe

Die Subtraktionsstufe, dargestellt in Bild 8.3.2 nutzt den invertierenden und den nichtinvertierenden Eingang. Werden beide Eingänge unabhängig voneinander betrachtet, ergibt sich als Folge der Eingangsspannung u_{e1} die Ausgangsspannung

$$u_a = -u_{e1} \frac{R_G}{R_1} \quad . \tag{8.3.2}$$

Für Ausgangsspannungen aufgrund von u_{e2} gilt

$$u_a = u_{e2} \frac{R_3}{R_2 + R_3} \cdot \frac{R_G + R_1}{R_1} \quad . \tag{8.3.3}$$

Wird für beide Eingänge die gleiche Verstärkung gefordert, muß die Bedingung

$$\frac{R_G}{R_1} = \frac{R_3}{R_2 + R_3} \cdot \frac{R_G + R_1}{R_1} \quad,$$

und damit

$$\frac{R_G}{R_1} = \frac{R_3}{R_2} \tag{8.3.4}$$

gelten. Bei dieser Wahl der Widerstandswerte ergibt sich die Ausgangsspannung der Subtrahierstufe zu

$$u_a = \left(u_{e2} - u_{e1}\right)\frac{R_G}{R_1} \quad. \tag{8.3.5}$$

Somit bildet diese Stufe die Differenz zweier Spannungen und verstärkt sie mit dem Faktor R_G / R_1 .

8.3.2 Integration und Differentiation

Eine Integratorstufe berechnet das zeitliche Integral eines Spannungsverlaufes. Wichtige Anwendungsbeispiele sind die Erzeugung von dreieckförmigen Spannungen aus Impulsen bei Funktionsgeneratoren, bei Analog-Digital- und Digital-Analog-Umsetzern, bei der Mittelwertbildung sowie bei der Messung kleiner Spannungen, Ströme und Ladungen.

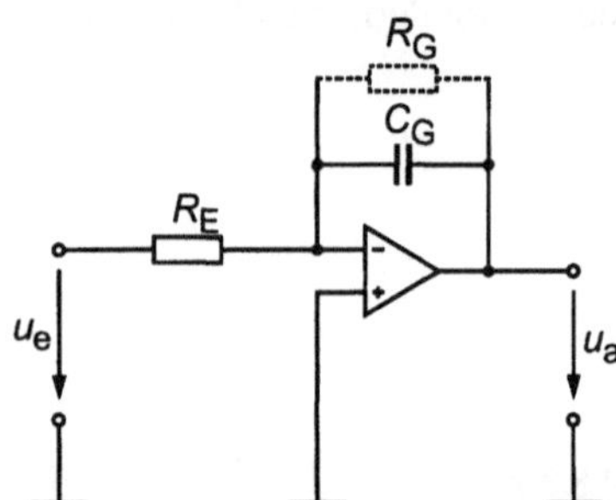

Bild 8.3.3
Integrator

In Bild 8.3.3 ist ein solcher Integrierer dargestellt. Das Übertragungsverhalten dieser Stufe wird durch

$$u_a(t) = -\frac{1}{R_E \cdot C_G} \int_0^t u_e(t)\, dt \tag{8.3.6}$$

beschrieben. Für eine Eingangsspannung von 0 Volt sollte der Integrator auch keine Ausgangsspannung liefern. In der Praxis integriert die Integrationsstufe jedoch auch die Offsetströme der Operationsverstärkers. Ein zusätzlicher Widerstand R_G , der parallel zu dem Kondensator geschaltet ist, bewirkt eine Gegenkopplung für Gleichstrom und niedrigere Signalfrequenzen als die Grenzkreisfrequenz $1 / R_G C_G$, folglich auch für die Offsetströme. Die Auswirkung auf die Ausgangsspannung ist durch

$$u_a = -u_e \frac{R_G}{R_E} \qquad (8.3.7)$$

gegeben. Der Frequenzgang dieser Integratorstufe zeigt ein Tiefpaßverhalten, bei ideal angenommenen Verhältnissen und $R_G \to \infty$ ist die Ausgangsspannung durch

$$u_a(\omega) = -\frac{u_e(\omega)}{R_E \cdot C_G} \cdot \frac{1}{j\omega} \qquad (8.3.8)$$

gegeben. Dieses Verhalten, eine mit $j\omega$ abfallende Verstärkung, läßt sich praktisch jedoch nur über einen eingeschränkten Frequenzbereich erzielen.

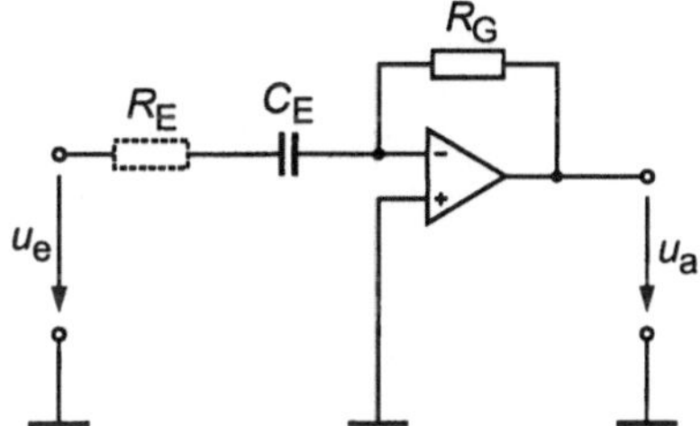

Bild 8.3.4
Differentiator

Die zum Integrierer duale Schaltung in Bild 8.3.4 bewirkt die Differentiation des Eingangssignals entsprechend der Beziehung

$$u_a(t) = -R_G \cdot C_E \frac{du_e(t)}{dt} . \qquad (8.3.9)$$

Anwendungen finden solche Schaltungen in Netzwerken zur Formung von Funktionsverläufen und zur Bildung eines Triggersignals aus einem Spannungsverlauf.

Das Verhalten einer Differenzierstufe wird im oberen Arbeitsfrequenzbereich meist durch den Frequenzgang des Operationsverstärkers beeinflußt. Ein zusätzlicher Widerstand R_E stellt ein definiertes Verhalten auch bei hohen Frequenzen sicher und vergrößert den Phasenrand. Soweit das Verhalten noch nicht durch den Frequenzgang des Operationsverstärkers bestimmt wird, arbeitet die Schaltung oberhalb der Grenzkreisfrequenz $1/R_E\,C_E$ als invertierender Verstärker und liefert die Ausgangsspannung

$$u_a = -u_e \frac{R_G}{R_E} \qquad . \qquad (8.3.10)$$

Diese Differenzierstufe zeigt im Arbeitsbereich ein Hochpaßverhalten; bei ideal angenommenen Verhältnissen ist die Ausgangsspannung als Funktion der Frequenz durch

$$u_a(\omega) = -u_e(\omega) R_G \cdot C_E \cdot j\omega \qquad (8.3.11)$$

gegeben. Die Verstärkung dieser Stufe steigt im Arbeitsbereich mit $j\omega$ an.

8.3.3 Betragsbildung und Meßgleichrichter

In Verbindung mit der Analog-Digital-Umsetzung und mit der Bestimmung von Kennwerten der Wechselgrößen werden Meßgleichrichter benötigt. Passive Schaltungen mit
Dioden verursachen bei kleinen Spannungen wegen dem exponentiellen Verlauf der
Kennlinie oft zu große Fehler. Im Niederfrequenzbereich lassen sich durch einen Meßgleichrichter mit Operationsverstärkern, wie in Bild 8.3.5 dargestellt, diese Linearitätsfehler reduzieren.

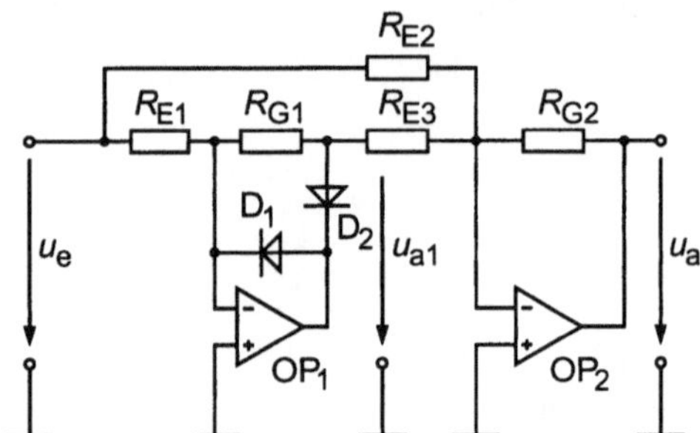

Bild 8.3.5
Präzisionsgleichrichter

Die Schaltung setzt sich aus einer Einweggleichrichterschaltung (OP$_1$) und einer Addi-
tionsstufe (OP$_2$) zusammen. Die Einweggleichrichterschaltung baut auf der Grundschaltung eines invertierenden Verstärkers auf. Für positive Eingangsspannungen $u_e > 0$ ist
die Diode D$_2$ leitend und die Schaltung verstärkt das Eingangssignal mit

$$v = \frac{u_a}{u_e} = -\frac{R_{G1}}{R_{E1}} \quad , \tag{8.3.12}$$

die Diode D$_1$ sperrt aufgrund der positiven Spannung u_{a1}. Bei negativen Eingangsspannungen $u_e < 0$ wird Diode D$_1$ leitend, D$_2$ sperrt und die Ausgangsspannung u_{a1} wird
zu Null. Resultierend werden die positiven Halbwellen invertierend verstärkt und die
negativen unterdrückt.

Die zweite Stufe mit dem OP$_2$ addiert das Ausgangssignal u_{a1} zweifach zu dem Eingangssignal ue und verstärkt die Summe mit dem Faktor Eins. Wird die Verstärkung der
Gleichrichterstufe mit OP$_1$ ebenfalls zu Eins gewählt, d.h. $R_{E1} = R_{G1}$, dann ergibt sich
mit u_a resultierend als Ausgangsspannung der Betrag der Eingangsspannung.

8.3.4 Funktionsnetzwerke

Operationsverstärker-Schaltungen, mit denen unterschiedliche nichtlineare u_a / u_e -Kenn-
linien verwirklicht werden können, werden als Funktionsnetzwerke bezeichnet. Dieses
Verhalten wird bei dem Bild 8.3.6 gezeigten Beispiel realisiert, indem zu unterschiedlichen Ein- und Ausgangsspannungen mit Hilfe von Dioden unterschiedliche Verstärkungsfaktoren an einer invertierenden Operationsverstärkerschaltung eingestellt werden.

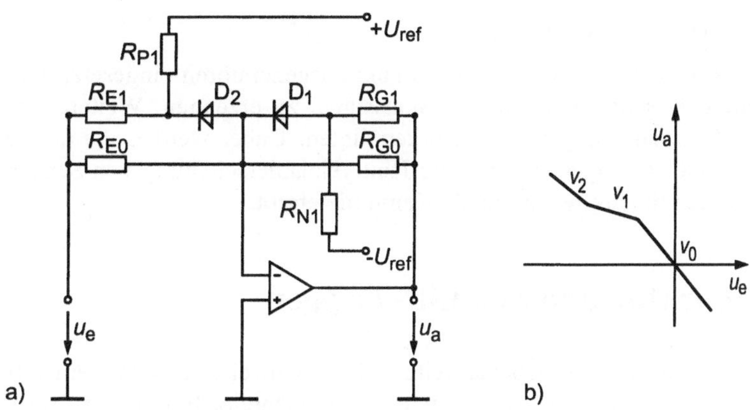

Bild 8.3.6 Funktionsnetzwerk

Bei kleinen Eingangsspannungen u_e sperren alle Dioden und die Verstärkung ist durch

$$v_0 = \frac{u_{a0}}{u_{e0}} = -\frac{R_{G0}}{R_{E0}} \quad . \tag{8.3.13}$$

gegeben. Für höhere positive Ausgangsspannungen bzw. bei niedrigeren negativen Eingangsspannungen, werden jeweils zu bestimmten Schwellwerten die entsprechenden Dioden leitend. Hier wird angenommen, daß die Diode D_2 bei der kleinsten Ausgangsspannung zu leiten beginnt. Diese Spannung läßt sich durch die Dimensionierung der Widerstände R_{G1} und R_{N1} entsprechend

$$u_{a1} = U_{ref} \frac{R_{G1}}{R_{N1}} \tag{8.3.14}$$

festlegen. Für kleinere Ausgangsspannungen als u_{a1} gilt für die Verstärkung Gl. 8.3.13, wird die Spannung u_{a1} überschritten, leitet die Diode D_A und als Gegenkopplungswiderstand wirkt die Parallelschaltung aus den Widerständen R_{G0} und R_{G1}. Die Verstärkung ist

$$v_1 = \frac{u_a}{u_e} = -\frac{R_{G0} \| R_{G1}}{R_{E0}} \tag{8.3.15}$$

und somit geringer als v_0. Um eine Anhebung der Verstärkung zu erzielen wird die Diodenschaltung am Eingang eingesetzt. Die Widerstände R_{E1} und R_{P1} sind nach den gleichen Überlegungen so dimensioniert, daß

$$u_{e1} = U_{ref} \frac{R_{E1}}{R_{P1}} \quad , \tag{8.3.16}$$

ist. Für niedrigere negative Spannungen als u_{e1} ist die Diode D_2 leitend und, unter der Voraussetzung, daß die Diode D_1 ebenfalls leitet, ergibt sich die Verstärkung zu

$$v_2 = \frac{u_a}{u_e} = -\frac{R_{G0} \| R_{G1}}{R_{E0} \| R_{E1}} \quad . \tag{8.3.17}$$

Diese Verstärkung ist höher als v_1.

Derartige Funktionsnetzwerke werden in Funktionsgeneratoren eingesetzt, um damit z.B. aus einem dreieckförmigen Signal ein Sinussignal zu erzeugen. Weitere Anwendungen liegen in der Linearisierung von Sensorkennlinien. Dabei werden die abschnittsweisen Verstärkungsgrade so eingestellt, daß die Hintereinanderschaltung von Sensor und Funktionsnetzwerk eine lineare resultierende Kennlinie ergibt.

8.4 Komparator und Schmitt-Trigger

Eine Schaltung, die auf das Überschreiten eines Schwellwertes mit einer binären Zustandsänderung des Ausgangs reagiert, wird als Komparator bezeichnet. Ein Komparator besitzt, ähnlich wie ein Operationsverstärker, zwei Eingänge, jedoch einen binären Ausgang, der in Abhängigkeit von der Differenz beider Eingangsspannungen zwei Zustände 0 und 1 annehmen kann. Die Ausgangsspannungen sind kompatibel zu den gebräuchlichen Logikfamilien gewählt, z.B. bei TTL näherungsweise 0 und 5 Volt. In Bild 8.4.1 ist eine solche Vergleicherstufe einschließlich der Ausgangspegel

$$u_e - u_{ref} < 0 \qquad u_a = 1 - \text{Pegel}$$

$$u_e - u_{ref} > 0 \qquad u_a = 0 - \text{Pegel} . \tag{8.4.1}$$

dargestellt. Der innere Aufbau eines Komparators ist einem Operationsverstärker ähnlich, jedoch ist schaltungstechnisch dafür gesorgt, daß der Übergang von 0 nach 1 und umgekehrt schnell vollzogen werden kann.

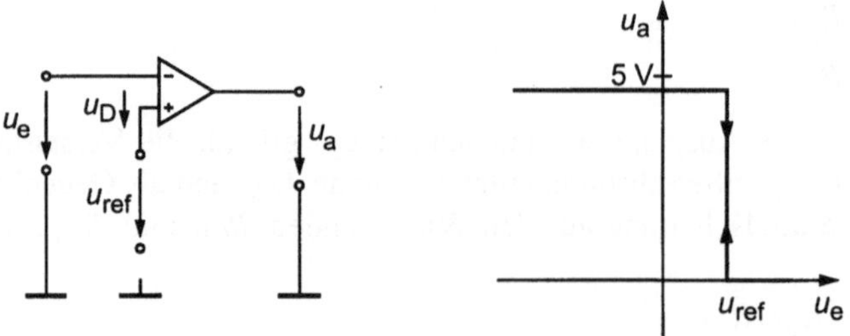

Bild 8.4.1 Komparator mit TTL-Ausgang

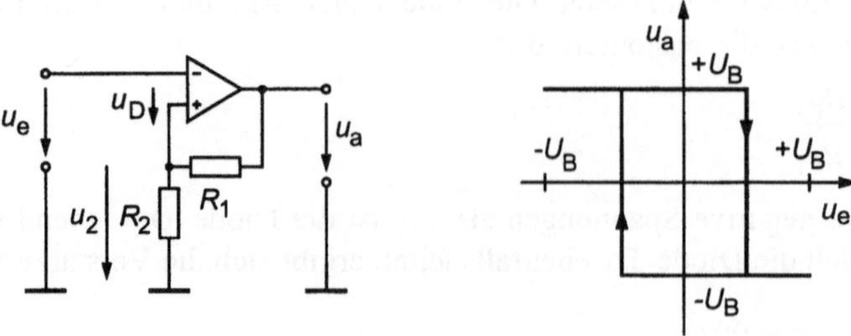

Bild 8.4.2 Schmitt-Trigger

Beim Schmitt-Trigger beinflußt nicht nur die Differenzspannung am Eingang den Ausgangsspannung, sondern auch der derzeitige Zustand. Damit hat der Schmitt-Trigger im Gegensatz zum Komparator zwei unterschiedliche Schwellwerte. Das läßt sich durch die Mitkopplung eines Operationsverstärker erreichen. Bei Mitkopplung wird ein Teil des Ausgangssignals auf den (+)-Eingang zurückgekoppelt, an dem das Signal mit gleicher Polarität wie am Ausgang anliegt. Ein Beispiel für einen Schmitt-Trigger, aufgebaut mit einem Operationsverstärker, zeigt Bild 8.4.2. Die Schaltung liefert abhängig von der Eingangsspannung nur zwei unterschiedliche stabile Ausgangsspannungen, den positiven oder den negativen Maximalwert. Diese Maximalwerte vom Betrag sind geringfügig kleiner als die Betriebsspannungen U_B:

$$u_{\mathrm{max}+} \approx +U_B , \quad u_{\mathrm{max}-} \approx -U_B \quad . \tag{8.4.2}$$

Der Schmitt-Trigger wird z.B. eingesetzt, um Rechteckimpulse mit steilen Flanken zu erzeugen. Zur Darstellung der Funktionsweise sei ein Zustand angenommen, bei dem die Ausgangsspannung den positiven Maximalwert $u_{\mathrm{max}+}$ aufweist. Am nichtinvertierenden Eingang des Operationsverstärkers liegt dann die Spannung

$$u_2 = u_{\mathrm{max}+} \frac{R_2}{R_1 + R_2} \tag{8.4.3}$$

Solange die Eingangsspannung u_e negativer als u_2 ist, bleibt die Ausgangsspannung positiv. Überschreitet die Eingangsspannung den Wert u_2, wird die Differenzspannung am Eingang des Operationsverstärkers positiv und bewirkt damit die Änderung zu einer negativen Ausgangsspannung. Die Ausgangsspannung und nimmt den negativen Maximalwert $u_{\mathrm{max}-}$ an. Am nichtinvertierenden Eingang des Operationsverstärkers liegt jetzt die Spannung

$$u_2 = u_{\mathrm{max}-} \frac{R_2}{R_1 + R_2} \tag{8.4.4}$$

Solange die Eingangsspannung größer als u_2 ist, wird wiederum dieser Zustand beibehalten, erst wenn die Eingangsspannung kleiner als u_2 wird, ändert sich die Ausgangsspannung zu dem Wert $u_{\mathrm{max}+}$. In dem Diagramm in Bild 8.4.2 b) ist die $u_a - u_e$-Kennlinie gezeigt, die eine Differenz zwischen den beiden Schwellwerten wird als Hysterese bezeichnet. Die Hysterese kann z.B. erwünscht sein, um ein zu schnelles Hin- und Herschalten aufgrund von Störsignalen zu vermeiden.

8.5 Signalschalter

Beispiele für die Anwendung von Signalschaltern in der Meßtechnik sind die Meßbereichs-Umschaltung und die Meßstellenumschalter in Datenerfassungssystemen, weiterhin werden Signalschalter für die Erzeugung definierter Signale oder Impulsformen sowie das Schalten von Referenz-Spannungen oder -Strömen in DA- und AD-Umsetzern benötigt.

Signale können sowohl durch mechanisch bewegte Kontakte als auch durch Halbleiterbauelemente geschaltet werden. Mechanische Schalter sind entweder handbedient oder als Relais ausgeführt. Als Halbleiterschalter sind Feldeffekttransistoren, bipolare Transistoren, Dioden oder Optokoppler gebräuchlich. In der Tabelle 8.5.1 sind einige wichtige Ausführungen gegenübergestellt. Wesentliche Unterschiede liegen in der Schaltzeit, in dem Sperr- und Durchlaßwiderstand, in dem Spannungsbereich, im Bereich der zu übertragenden Frequenzen und darin, ob eine Potentialtrennung zwischen Steuerung des Schalters und dem geschalteten Signal besteht. Mit der Schaltzeit wird die Dauer angegeben, die der Schalter benötigt, um vom leitenden in den sperrenden Zustand und umgekehrt vom sperrenden in den leitenden Zustand zu kommen.

Tabelle 8.5.1 Beispiele typischer Signalschaltertechnologien
(die Zahlenangaben sind ungefähre Richtwerte)

Schaltertyp	Schaltzeit	Durchlaß-widerstand	Sperr-widerstand	Potential-trennung
Reedrelais	4 ms	100 mΩ	$10^{12}\ \Omega$	ja
Optokoppler	2 µs	20 Ω	$10^{5}\ \Omega$	ja
MOS-FETs	100 ns	5 .. 500 Ω	$10^{12}\ \Omega$	nein
bipolare Transistoren	20 ns	10 Ω	$10^{5}\ \Omega$	nein
Dioden	10 ns	20 Ω	$10^{10}\ \Omega$	nein

Durch Halbleiterschalter lassen sich Signale im Gegensatz zu mechanischen kontaktlos schalten und arbeiten daher verschleißfrei. Das Prellen von mechanischen Kontakten, ein Effekt, der auf eine unsichere Kontaktgabe im Moment des Schaltens beruht, wird durch Halbleiterschalter ebenfalls vermieden. Sie ermöglichen wesentlich höhere Schaltgeschwindigkeiten und genau definierte Schaltzeitpunkte. Für Schaltzeiten im Bereich einiger 10 Nanosekunden eignen sich bipolare und Feldeffekttransistoren. Mit Diodenschaltern lassen sich höhere Schaltzeiten bis zu einigen Nanosekunden erreichen. Die tatsächlich erreichte Schaltzeit hängt weiterhin auch wesentlich von der Ansteuerung ab. Für eine kurze Schaltzeit ist eine hohe Flankensteilheit des Steuerimpulses und eine hinreichend kleiner Innenwiderstand der Ansteuerquelle notwendig.

Im Gegensatz zu linearen Verstärkerschaltungen arbeiten die Halbleiterbauelemente in Schalteranwendungen mit zwei Arbeitspunkten, für den ausgeschalteten und für den eingeschalteten Zustand. Die Kollektor-Emitter-Strecke eines bipolaren Transistors bzw. der Kanal zwischen Drain und Source eines Feldeffektransistors leitet oder sperrt. Daher haben Halbleiterschalter gegenüber mechanischen den Nachteil eines ungünstigeren Widerstandsverhältnisses zwischen sperrendem und leitendem Zustand. Ein- und Ausgangswiderstände der vor- und nachgeschalteten Baugruppen müssen dem Durchlaß- und Sperrwiderstand des Schalters angepaßt werden.

Signalschalter können prinzipiell, wie Bild 8.5.1 zeigt, in zwei Arten wirken: entweder wird der Signalfluß kurzgeschlossen, eine solche Anordnung wird als Kurzschlußschalter bezeichnet, oder der Signalfluß wird durch einen Serienschalter unterbrochen. Die Kombination aus beiden Möglichkeiten wird ebenso eingesetzt. Welche Möglichkeit gewählt wird, hängt oft von der Wahl der Schaltertechnologie ab.

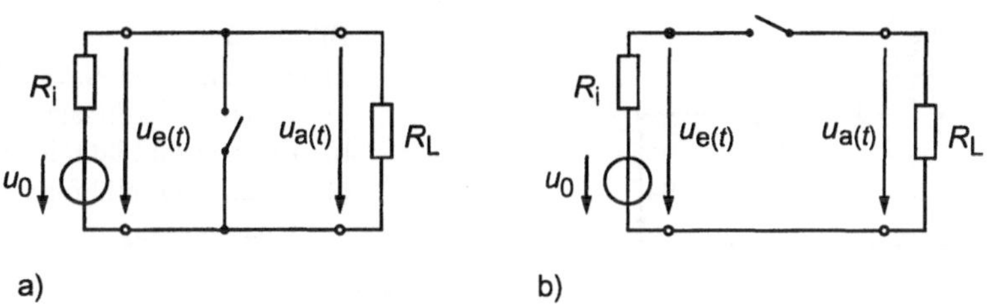

Bild 8.5.1 Schalteranordnungen zum Schalten von Signalen:
a) Kurzschlußschalter, b) Serienschalter

8.5.1 Modell eines Schalters

In Bild 8.5.2 sind Ersatzschaltbilder eines Serienschalters dargestellt. Bildteil a) modelliert das Gleichspannungsverhalten eines einfachen Schaltkontaktes. Die Elemente darin sind ein idealer Schalter, ein Widerstand R_D, der den Durchlaßwiderstand des Schalters darstellt, und ein Widerstand R_S, der im Sperrfall wirkt. Liegt der Schalter in Serie zu dem Signal (Bild 8.5.1 b)), sollte

$$R_\mathrm{D} << (R_\mathrm{i} + R_\mathrm{L}) \quad \text{und} \quad R_\mathrm{S} >> (R_\mathrm{i} + R_\mathrm{L}) \tag{8.5.1}$$

sein, um Meßfehler zu vermeiden. Darin ist R_i der Ausgangswiderstand der vorangehenden Stufe und R_L der Eingangswiderstand der folgenden Stufe. Bei einem Kurzschlußschalter (Bild 8.5.1 a)) sollte

$$R_\mathrm{D} << R_\mathrm{i} \quad \text{und} \quad R_\mathrm{D} << R_\mathrm{L} \quad \text{sowie} \quad R_\mathrm{S} >> R_\mathrm{i} \quad \text{und} \quad R_\mathrm{S} >> R_\mathrm{L} \tag{8.5.2}$$

sein. Mit der Erfüllung dieser Forderungen werden Rückwirkungen auf die Meßanordnungen vermieden.

Bild 8.5.2 b) zeigt ein Ersatzschaltbild eines Serienschalters, in dem auch das zeitliche Verhalten modelliert wird. Die Kapazität C_S stellt die Kapazität der Kontakte im offenen Zustand dar. Darüber hinaus wirken bei einem eingebauten Schalter noch weitere parasitäre Kapazitäten zu anderen Schaltungsteilen, die hier durch C_e und C_a berücksichtigt sind. Gegebenenfalls addiert sich zu der Kapazität am Ausgang des Schalters noch eine kapazitive Last C_L. Bei kurzen Zuleitungen in elektronischen Schaltungen wirken sich Induktivitäten wenig aus. Der Schaltvorgang, der idealerweise als Sprungfunktion angenommen werden kann, löst eine gedämpfte Schwingung oder einen Ausgleichsvorgang aus, der entscheidend die erreichbaren Schaltraten beeinflußt.

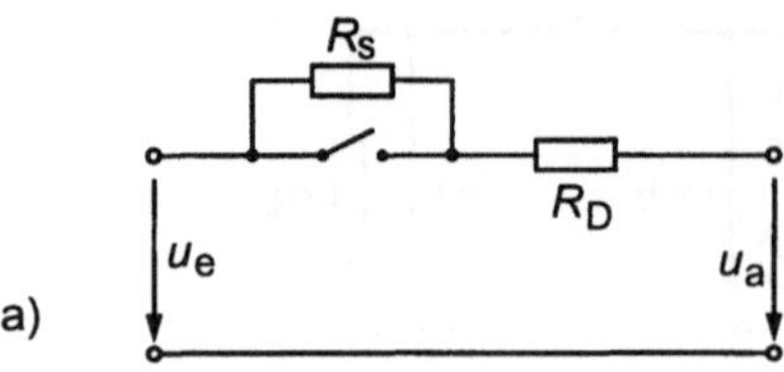

a)

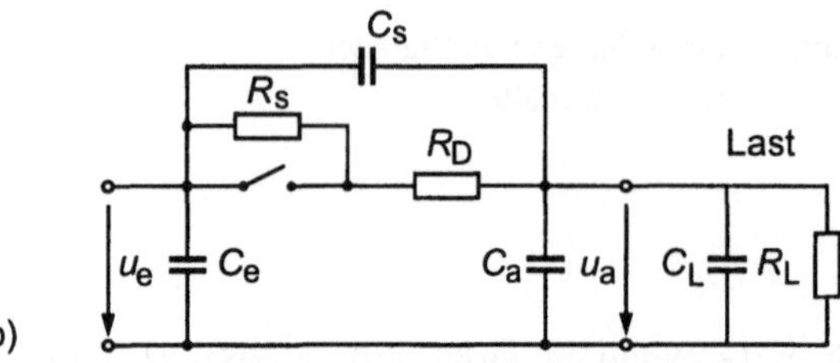

b)

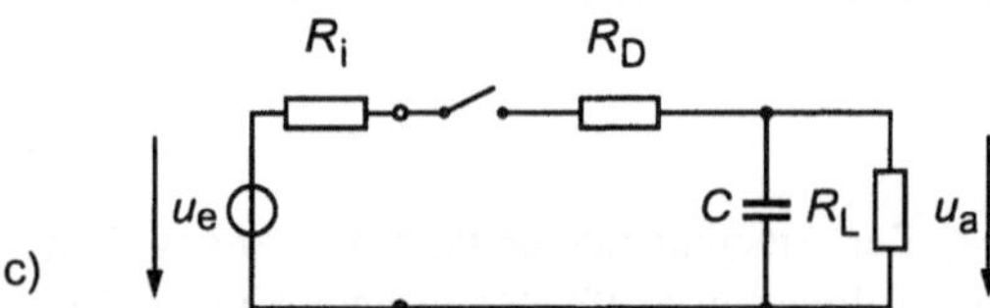

c)

Bild 8.5.2
Ersatzschaltbilder eines Schalters
a) Widerstands-Ersatzschaltbild
b) Ersatzschaltbild mit Kapazitäten
c) Ersatzschaltbild für einen Ein-
    schaltvorgang

In Bild 8.5.2 c) ist ein vereinfachtes Ersatzschaltbild für den Fall einer vernachlässigbaren Kapazität C_e dargestellt. Die wirksame Kapazität $C = C_L + C_e$ setzt sich aus der Lastkapazität C_L und der Ausgangskapazität C_a zusammen. Das Schließen des Schalters löst einen Ausgleichsvorgang aus. Bei einer Leerlaufspannung am Eingang von $u_e = U_0$, die zum Zeitpunkt $t = 0$ eingeschaltet wird, ergibt sich am Ausgang der Spannungsverlauf

$$u_a(t) = U_0\left(1 - e^{-t/CR}\right) \tag{8.5.3}$$

mit $R = R_L(R_i + R_D)/(R_L + R_i)$ und $U_0' = U_0\,R_L/(R_i + R_D + R_L)$. Nach der Zeit t_e ist der Ausgleichsvorgang bis auf eine verbleibende relative Abweichung von ε abgeklungen. Aus

$$\varepsilon = \frac{1 - u_a}{U_0} = e^{-t_e/CR}$$

ergibt sich

$$t_e = -CR \ln \varepsilon \; . \tag{8.5.4}$$

Aus diesen Überlegungen wird ersichtlich, daß die Leitungsführung und die Last, um eine kurze Anstiegszeit zu erreichen, möglichst kapazitätsarm ausgelegt sein sollten.

Beispiel: Ein Schalter in einem Multiplexer hat eine Kapapazität $C_a = 20$ pF, die Kapazität der Last beträgt 10 pF. Der Widerstand der Signalquelle sei vernachlässigbar klein und der Lastwiderstand sehr groß. Wie groß ist bei einem Durchlaßwiderstand $R_D = 1$ kΩ die

Zeit, bis sich bei einem Einschaltvorgang der Wert bis auf eine Genauigkeit von 0,1% eingestellt hat.

$$C = C_a + C_L = 30\,\text{pF}$$

$$R = R_L = 1\,\text{k}\Omega$$

$$t_e = 1\,\text{k}\Omega \cdot 30\,\text{pF} \cdot \ln 0{,}001 = 0{,}2\ \mu\text{s}\ .$$

Es wird eine Einschwingzeit von 0,2 µs benötigt.

8.5.2 Relais

Für Schaltvorgänge, die selten vorkommen und zeitunkritisch vorgenommen werden können, lassen sich die Vorteile handbedienter Schalter oder Relais nutzen. Dies sind die galvanische Trennung vom Steuerkreis sowie ein niedriger Übergangswiderstand (Durchlaßwiderstand) und ein hoher Isolationswiderstand (Sperrwiderstand). Typische Einsatzbeispiele sind daher Meßbereichsumschaltung und Meßstellenumschaltungen. Relais sind in vielen Ausführungen erhältlich. Sie unterscheiden sich durch die Strombelastbarkeit, das ist der maximale Dauerstrom durch den geschlossenen Kontakt, die Schaltleistung, das ist die maximale Leistung, die durch den Schalter unterbrochen werden kann, und den Spannungsnennwert als maximal an den Kontakten liegende Spannung. Der Übergangswiderstand (im geschlossenen Zustand) beeinflußt den Wert der Strombelastbarkeit. Dieser Widerstand steigt im Laufe der Benutzung mit der Anzahl der Schaltspiele. Relais werden ebenso für unterschiedliche Frequenzbereiche konstruiert. Bei niederfrequenten Anwendungen werden die Kontaktfedern gleichzeitig zur Stromleitung genutzt, was einen einfachen konstruktiven Aufbau ermöglicht. Relais für die Hochfrequenztechnik sind so ausgelegt, daß durch den Schalter keine signifikante Änderung des Wellenwiderstandes verursacht wird.

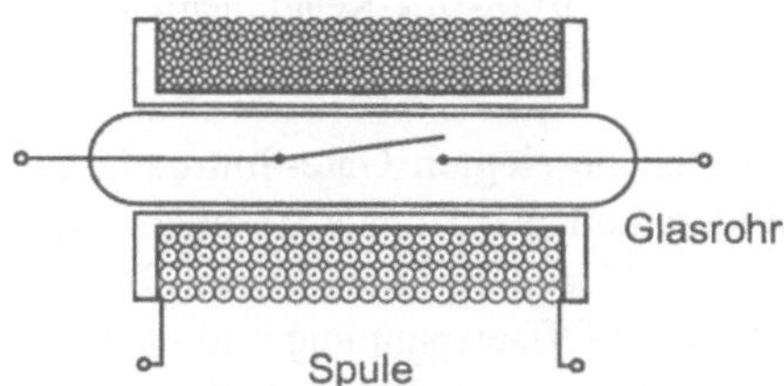

Bild 8.5.3 Prinzip eines Reed-Relais

Ein für niedrige Spannungen und Ströme häufig eingesetzer Relaistyp ist das Reedrelais. Bild 8.4.3 zeigt den prinzipiellen Aufbau. Zwei Federn aus ferromagnetischem Material, an deren Enden die Kontakte angebracht sind, befinden sich in einem mit einem Schutzgas gefülltem Glas. Durch das Magnetfeld einer Spule werden die Kontakte zusammengedrückt. Sowohl Ein-Aus-Schalter als auch Umschalter lassen sich auf diese Weise realisieren. Oft sind Reedrelais modular aufgebaut, so daß sich die Spulen zur Erzeugung des Magnetfeldes mit Kontaktanordnungen beliebig kombinieren lassen. Durch die Versiegelung der Kontakte in dem Glasrohr in Verbindung mit Edelmetallkontaktflächen ist ein wartungsfreier Betrieb sichergestellt.

8.5.3 Signalschalter mit Feldffekt-Transistoren

Feldeffekt-Transistoren (FET) eignen sich in vielen Anwendungen besonders als Schalter. Vorteilhaft sind niedrige Kosten, ein großes Verhältnis zwischen Sperr- und Durchlaßwiderstand, und kürzere Schaltzeiten als 100 ns. Dabei wird ausgenutzt, daß sich ein Feldeffekt-Transistor bei kleinen Drain-Source-Spannungen U_{DS} wie ein steuerbarer Widerstand verhält. Der Widerstand des Kanals, d.h. die Drain-Source-Strecke, ist für diesen Fall weitgehend unabhängig von der Drain-Source-Spannung. Er wird lediglich durch die Gate-Source-Spannung U_{GS} beeinflußt. In Bild 8.5.4 sind die Kennlininien dargestellt. Unterhalb der Abschnürspannung U_p sperrt der Transitor und der Widerstand zwischen Source und Drain wird sehr hoch. Bei der Gate-Source-Spannung $U_{GS} = 0$ ist der FET maximal durchlässig und der Widerstand zwischen Source und Drain ist minimal. Eine positive Gate-Source-Spannung kann nicht auftreten, da in diesem Fall die Gate-Source Diode leitend wird.

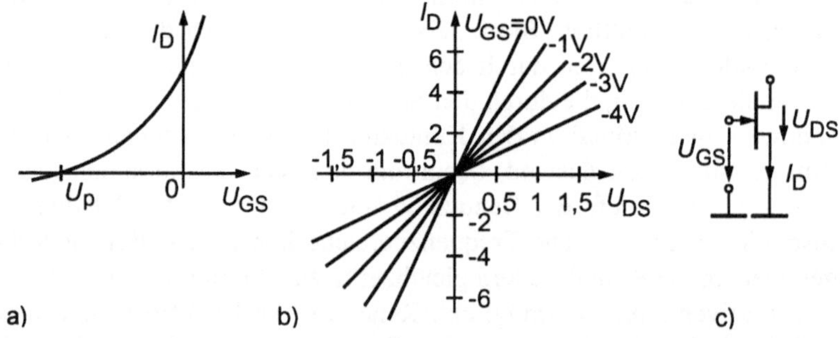

Bild 8.5.4 Kennlinien eines selbstleitenden n-Kanal-Sperrschicht-Feldeffekttransistors
a) I_D-U_{GS} Kennlinie, b) I_D-U_{GS}-Kennlinienfeld, c) Schaltbild

Da der Widerstandswert von der angelegten Gate-Source-Spannung in hohem Maße abhängig ist, läßt sich der Widerstand des Kanals, je nach Typ des jeweiligen FETs, im Bereich von einigen Ohm bis zu Gigaohm beeinflussen. Die Kennlinien verlaufen durch den Nullpunkt, daher ensteht keine Offsetspannung und es lassen sich auch kleine bipolare Signale schalten. Bild 8.5.5 zeigt eine Anwendung eines Serienschalters mit einem selbstleitenden n-Kanal-Sperrschicht-FET. Bei positiven Eingangsspannungen u_e sperrt die Diode und Gate und Source liegen auf gleichem Potential. In diesem Falle ist der FET leitend, der Schalter geschlossen. Ist die Steuerspannung u_{ST} hinreichend negativ, leitet die Diode, der FET sperrt und der Schalter ist geöffnet.

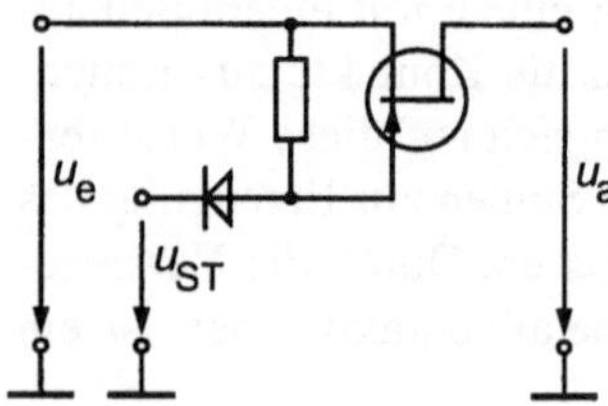

Bild 8.5.5
Serienschalter mit einem N-Kanal-Sperrschicht-FET

Bild 8.5.6 zeigt ein Beispiel für die Realisierung eines Signalschalters mit zwei Metall-oxid-Feldeffekt-Transistoren (MOS-FET) vom Anreicherungstyp [Tietze91]. Der p-Kanaltransistor (T_2, oben) leitet, wenn die Spannung u_{gs} kleiner als die Abschnürspannung u_p ist, der n-Kanal-Transistor (T_1, unten) leitet, wenn die Spannung u_{gs} positiver als u_p ist. Wird der Steuereingang u_{ST} und damit das Gate vom Transistor T_1 auf das Bezugspotential gelegt, liegt am Gate von T_2 die Spannung U_B. Unter diesen Betriebsbedingungen sperren beide Transistoren. Liegt der Ansteuereingang auf U_B, liegt das Gate des Transistors T_1 auf der U_B und der Gate des Transistors T_2 auf Bezugspotential. Bei dieser Ansteuerung leiten beide Transistoren. Da beide Transistoren hinsichtlich des Eingangsspannung parallel liegen, kompensieren sich Veränderungen des Durchlaßwiderstandes beider Transistoren. Nachteilig ist bei dieser Schaltung, daß sie innerhalb der vorgesehenen Bereiche betrieben werden muß, da unter Umständen die Transitoren durch den Latch-Up-Effekt zerstört werden können. Dieser tritt ein, wenn eine Kanal-Substrat-Diode leitend wird. Durch aufwendigere Fertigungsprozesse lassen sich CMOS Bauelemente mit dielektrischer Isolation herstellen, bei denen dieser Effekt nicht auftritt.

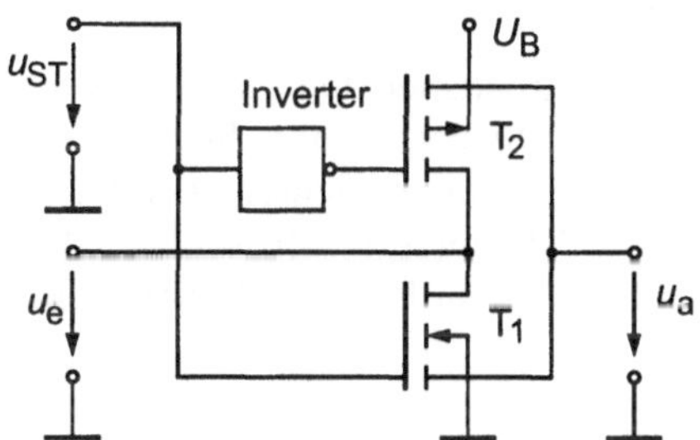

Bild 8.5.6
Serienschalter mit MOSFETs

8.5.4 Signalschalter mit bipolaren Transistoren

Auch mit bipolaren Transitoren lassen sich Schalter realisieren. Das Verhältnis zwischen Durchlaß- und Sperrwiderstand ist jedoch kleiner als bei Feldeffekttransistoren. Vorteilhaft ist jedoch der geringe Durchlaßwiderstand der weit unter 1 Ω liegen kann. Damit eignen sich bipolare Transistoren besonders zum Schalten hoher Ströme. Bild 8.5.7 zeigt zwei Varianten von Transistorschaltern, einen Kurzschlußschalter und einen Serienschalter.

Im Gegensatz zum FET, bei dem die Kennlinien bei kleinen Signalspannungen symmetrisch durch den Nullpunkt verlaufen, weisen bipolare Transistoren ein I_C-U_{CE}-Kennlinienfeld auf, bei dem die Kennlinien für die unterschiedlichen Basisströme nicht durch den Nullpunkt gehen. Resultierend ist eine Offsetspannung. Dieser Offset ist prinzipiell nicht zu vermeiden. Jedoch läßt sich sich durch einen Inversbetrieb des Transitors, dabei sind Emitter und Kollektor vertauscht, diese Offsetspannung reduzieren [Tietze91].

Der Optokoppler ist eine Variante eines Schalters mit einem bipolaren Transistor. Anstelle des Basisstroms erfolgt dabei die Ansteuerung durch Licht, wodurch eine Potentialtrennng erreicht wird.

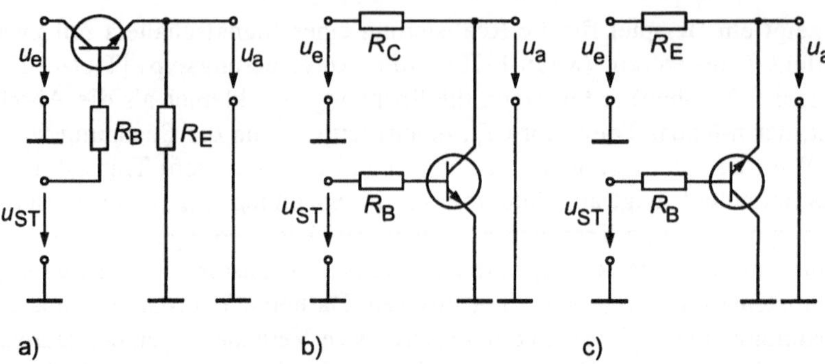

a)   b)   c)

Bild 8.5.7 Schalter mit bipolaren Transitoren
a) Kurzschlußschalter, b) Serienschalter,
c) Kurzschlußschalter mit einem invers betriebenen Transistor

8.5.5 Diodenschalter

Auch bei Dioden läßt sich der Wechsel zwischen zwei Arbeitspunkten zum Schalten nutzen. Im ersten Arbeitspunkt werden die Dioden von den Steuerströmen durchflossen und leiten. Im anderen, ohne einen Steuerstrom sperren die Dioden. Gleichermaßen leiten und sperren die Dioden auch die Signalströme. Um die Schalter symmetrisch um den Nullpunkt betreiben zu könen, wird eine Brückenschaltung, wie in Bild 8.5.8 dargestellt, eingesetzt.

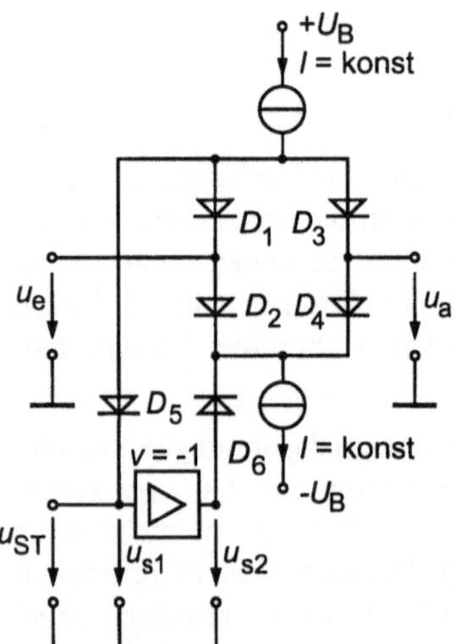

Bild 8.5.8
Schalter mit Diodenbrücke

Beide Zweige der Brückenschaltung werden im leitenden Fall von einem konstanten Strom durchflossen. Durch die Steuerspannungen u_{s1} und u_{s2} in Verbindung mit den Dioden D_5 und D_6 kann dieser Stromfluß durch die Diodenbrücke ($D_1 - D_4$) zum Abschalten umgeleitet werden. Ist u_{s1} positiv und u_{s2} negativ, sperren die Dioden D_5 und D_6. Damit fließt kein Strom durch diese Dioden und der Strom der Konstantstromquellen fließt vollständig durch die Diodenbrücke. Alle Dioden der Brücke leiten und das Signal wird ebenfalls über die Brücke geleitet.

Im anderen Falle, u_{s1} positiv und u_{s2} negativ, leiten die Dioden D_5 und D_6 den Strom der Konstantstromquellen ab, über die Diodenbrücke fließt kein Strom, und der Signalfluß ist unterbrochen. Vorteilhaft bei Diodenschaltern sind sehr kurze erzielbare Schaltzeiten, die bis in den ns-Bereich reichen können.

8.5.6 Aufbau eines Multiplexers

Eine wichtige Anwendung von elektronischen Schaltern sind Meßstellenumschalter, die auch als Multiplexer oder Scanner bezeichnet werden. Wie in Bild 8.5.9 dargestellt, schalten sie mehrere analoge Spannungen in einer vorgegebenen zeitlichen Reihenfolge auf eine gemeinsame Ausgangsleitung. Bild 8.5.10 zeigt einen elektronischen Baustein, einen integrierten Multiplexer, der diese Funktion erfüllt. Das Schalten des Signalpfades erfolgt mit MOS-Feldeffekttransistoren, die von Treibern angesteuert werden. Die Treiberbausteine liefern die für die MOS-FET erforderlichen Spannungspegel und Ströme zum Umschalten. Die Steuerinformation in Form binärer Daten, die eine Auswahl des Kanals übermitteln, werden in einem Dekoder umgesetzt. Der Dekoder liefert dann die Steuerspannungen für alle Treiber. Typische Daten einer solchen Schaltung sind ein Eingangsspannungsbereich ±10 V, ein Kanalwiderstand von 200 Ω im eingeschalteten und 10^{11} Ω im ausgeschalteten Zustand.

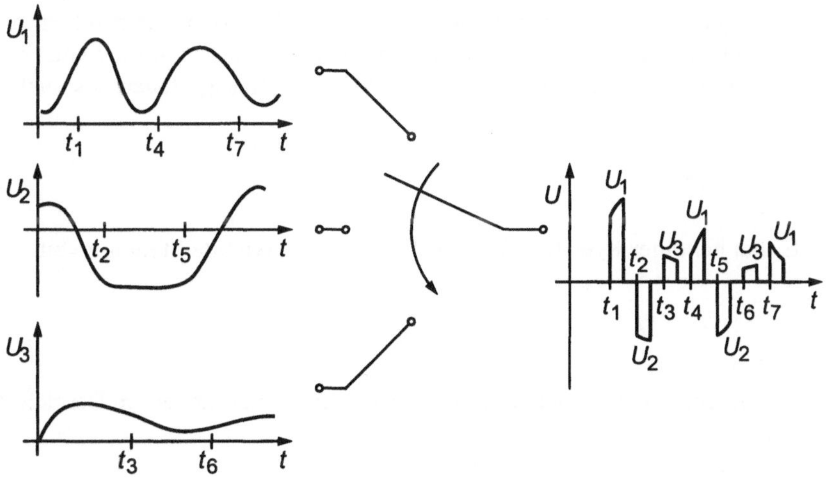

Bild 8.5.9 Funktion eines Multiplexers

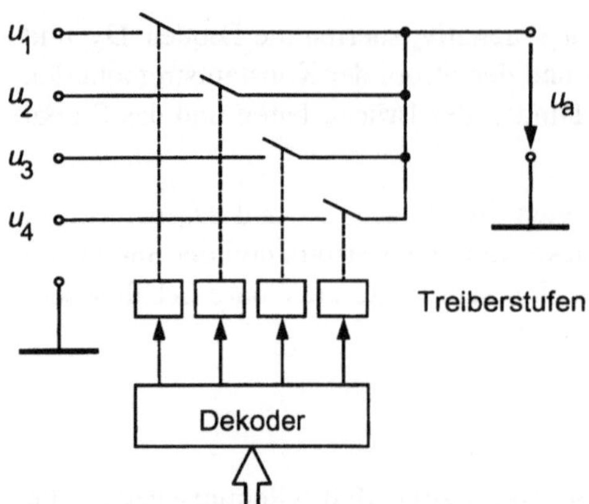

Bild 8.5.10
Aufbau eines Multiplexers

8.6 Abtasthaltestufe

Eine Abtasthalteschaltung, die auch als Sample and Hold, abgekürzt SH oder *als Track and Hold Circuit* bezeichnet wird, kann aus einem kontinuierlichen Signalverlauf Spannungen zu definierten Zeitpunkten festhalten. Für einen nachgeschalteten Analog-Digital-Umsetzer bestimmt sie die Spannung während eines sehr kurzen Momentes und hält sie während der Umsetzzeit des Analog-Digital-Umsetzers konstant. Eine Abtasthaltestufe ist für solche Umsetzverfahren erforderlich, bei denen der Wert während der Umsetzung konstant gehalten werden muß.

Idealerweise ist bei der Abtastung die Dauer einer Messung unendlich kurz; das jedoch läßt sich schaltungstechnisch nicht realisieren. Lediglich läßt sich sicherstellen, daß sich der Spannungswert während der Umsetzzeit nicht zu sehr ändert. Für eine entsprechende Abschätzung wird innerhalb des Meßbereiches U_M ein vollausgesteuertes sinusförmiges Signal

$$u(t) = \frac{U_M}{2}\sin\omega t \qquad\qquad (8.6.1)$$

betrachtet. Es hat bei einer Kreisfrequenz $\omega = 2\pi f$ eine maximale Steigung von

$$\left.\frac{\mathrm{d}u(t)}{\mathrm{d}t}\right|_{max} = U_M\, 2\pi f \quad . \qquad\qquad (8.6.2)$$

Innerhalb eines Intervalls Δt, können folglich Amplitudenänderungen im Bereich ΔU

$$\Delta U = \frac{U_M}{2}\,\omega\Delta t \qquad\qquad (8.6.3)$$

auftreten. Soll sich die Spannung während der Zeit Δt um nicht mehr als einen Quantisierungsschritt q ändern, wobei

$$q = \frac{U_M}{2^N} \qquad\qquad (8.6.4)$$

ist, so läßt sich eine maximale Signalfrequenz

$$f_{\text{max}} = \frac{1}{\Delta t \, 2^N \pi} \tag{8.6.5}$$

angeben, die, um diese Forderung zu erfüllen, nicht überschritten werden sollte. Ist Δt die Umsetzzeit eines N-Bit-AD-Umsetzers, so kann bis zur Frequenz f_{max} dieser Umsetzer ohne Abtasthaltestufe betrieben werden, für höhere Signalfrequenzen ist zur Beibehaltung der Genauigkeit eine Abtasthaltestufe erforderlich.

Beispiel: Ein 12-Bit-AD-Umsetzer benötigt zur Umsetzung 10 µs, entsprechend Gl.8.6.5 ist ab einer Signalfrequenz von 8 Hz eine Abtasthaltestufe erforderlich.

Die Wirkungsweise einer Abtasthalteschaltung ist in Bild 8.6.1 dargestellt. Das Eingangssignal $u_e(t)$ sei ein kontinuierlicher Spannungsverlauf. Während der Abtastphase folgt die Ausgangsspannung möglichst genau der Eingangsspannung. Durch das Steuersignal $u_{ST}(t)$ wird zwischen Abtast- und Haltephase umgeschaltet. Während der Haltephase ändert sich die Ausgangsspannung möglichst nicht. Die resultierende Ausgangsspannung u_a im Bild ist eine treppenförmige Funktion.

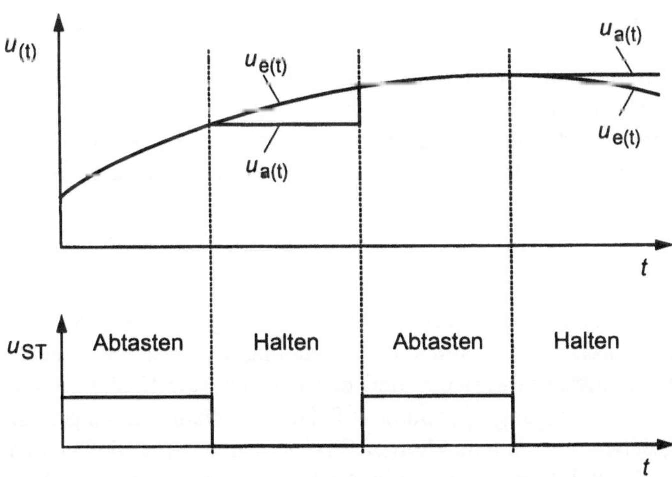

Bild 8.6.1 Wirkungsweise einer Abtasthaltestufe

Der Spannungswert wird während der Haltephase beibehalten, indem der Spannungswert in Form einer Ladung in dem Kondensator gespeichert wird. Durch einen Signalschalter wird während der Abtastphase das Signal mit einem Kondensator verbunden, während der Haltephase ist der Kondensator vom Signal getrennt. Das ist in Bild 8.6.2 dargestellt.

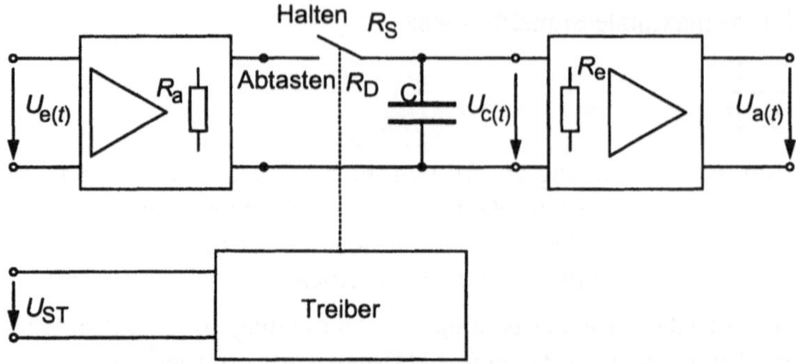

Bild 8.6.2 Prinzip und Aufbau einer Abtasthaltestufe

Um die Abtastzeit möglichst kurz zu halten, sollte die Auflade-Zeitkonstante τ_{auf} möglichst kurz sein. Die Zeitkonstante wird durch den Innenwiderstand des vorgeschalteten Verstärkers R_a, den Durchlaßwiderstand R_D des Schalters und durch den Kondensator C gebildet und durch die Beziehung

$$\tau_{auf} = \left(R_a + R_D\right) C \tag{8.6.6}$$

gegeben. Der Durchlaßwiderstand wird typisch durch den Drain-Source-Widerstand eines FETs als Signalschalter bestimmt. In der Haltephase sollte die Spannung möglichst konstant bleiben. Dann wirkt die Entladezeitkonstante, die aus dem Sperrwiderstand des Schalters parallel zum Eingangswiderstand des folgenden Verstärkers und dem Kondensator entsprechend

$$\tau_{ent} = \left(\left(R_a + R_s\right)\|R_e\right) C \tag{8.6.7}$$

gebildet wird. Ein Beispiel für eine Abtasthalteschaltung ist in Bild 8.6.3 dargestellt. Der Kondensator hält durch seine Ladung die Spannung fest. Ist die Steuerspannung u_{ST} positiv, leitet der Feldeffekttransistor, und der Kondensator C lädt sich während dieser Zeit auf den Wert der Eingangsspannung auf. Ist die Schaltspannung negativ, sperrt der Transistor. Abgesehen von einem kleinen Strom in den Operationsverstärker und dem Sperrstrom des Feldeffekttransistors behält der Kondensator C seine Ladung. Somit bleibt die Ausgangsspannung konstant.

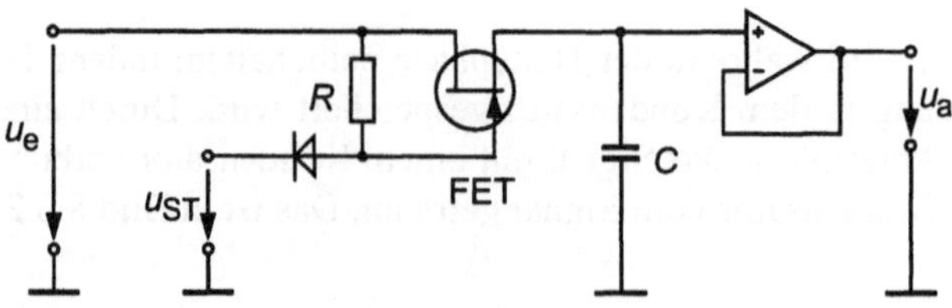

Bild 8.6.3 Schaltung einer Abtasthaltestufe mit einem Feldeffekttransistoren

Reale Schaltungen weichen vom beschriebenen idealen Verhalten ab. Durch Halbleiterschalter fließen auch im Sperrzustand Ströme, im Durchlaßzustand weisen sie Durchlaßwiderstände auf. Auch Kondensatoren zeigen Abweichungen von einer reinen Kapazität: während der Haltephase kann je nach Ausführung des Kondensators ein Abfall der Kondensatorspannung durch Veränderungen im Dielektrikum beobachtet werden (siehe [Tietze91]). Insbesondere die dielektrischen Materialien Polycarbonat, Mylar und die meisten keramischen Dielektrika zeigen diesen Effekt besonders ausgeprägt und sind daher für Abtasthaltestufen weniger geeignet. Günstiger hingegen sind Kondensatoren mit Teflon, Polystyrol und Polypropylen als Dielektrikum. Bild 8.6.4 zeigt ein entsprechendes Ersatzschaltbild für einen Kondensator, das diese Erscheinung berücksichtigt.

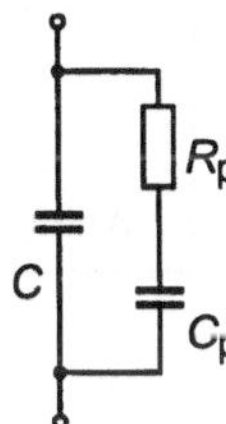

Bild 8.6.4
Ersatzschaltbild eines Kondensators

Bild 8.6.5 zeigt die dynamischen Kenngrößen einer Abtasthaltestufe. Während der Abtastphase folgt die Ausgangsspannung des Abtasthaltegliedes weitgehend der Eingangsspannung. Nach dem durch ein Steuersignal in die Haltephase umgeschaltet wurde, wird noch eine bestimmte Zeit benötigt, um den Wert entsprechend festzuhalten. Diese Zeit wird als Aperturzeit T_A (*aperture delay*) bezeichnet. Sie kann nicht exakt eingehalten werden, die Schwankungen ΔT_j werden als *Aperturjitter* bezeichnet. Während der darauffolgenden *Setzzeit* T_S *(setling time)* klingt der mit dem Schaltvorgang unvermeidbare Einschwingvorgang ab und am Ende dieses Zeitabschnittes hat sich ein stabiler Spannungswert eingestellt. Dieser Wert ist meist um einen kleinen Betrag vom gespeicherten Spannungswert verschieden, der Unterschied u_{off} wird als *pedestal* oder *hold step* bezeichnet. Das Übersprechen der Eingangs- auf die Ausgangsspannung während der Haltephase ruft den *Durchgriff* *(feed through)* $u_{über}$ hervor. Durch die Zeitkonstante in Gl.(8.6.7) ist eine geringe Entladung des Kondensators unvermeidlich. Dieser Effekt wird als *droop* bezeichnet. Nach der folgenden Umschaltung in die Abtastphase wird entsprechend Gl.(8.6.8) eine Erfassungszeit *(aquisition time)* benötigt, damit die Ausgangsspannung der Eingangsspannung folgt.

Die Wahl des Haltekondensators hat einen Einfluß auf die obengenannten Parameter. So verbessert ein zu kleiner Haltekondensator unter Umständen die Geschwindigkeit der Datenaufnahme, reduziert jedoch die Genauigkeit, da sich die nichtidealen Eigenschaften der Halbleiterbausteine auswirken. Durch die Wahl eines größeren Kondensators werden die Umladeströme größer und ziehen dadurch ein schlechteres dynamisches Verhalten, eine größere Akquisitionszeit sowie thermische Fehler aufgrund der erhöhten Leistungsaufnahme nach sich.

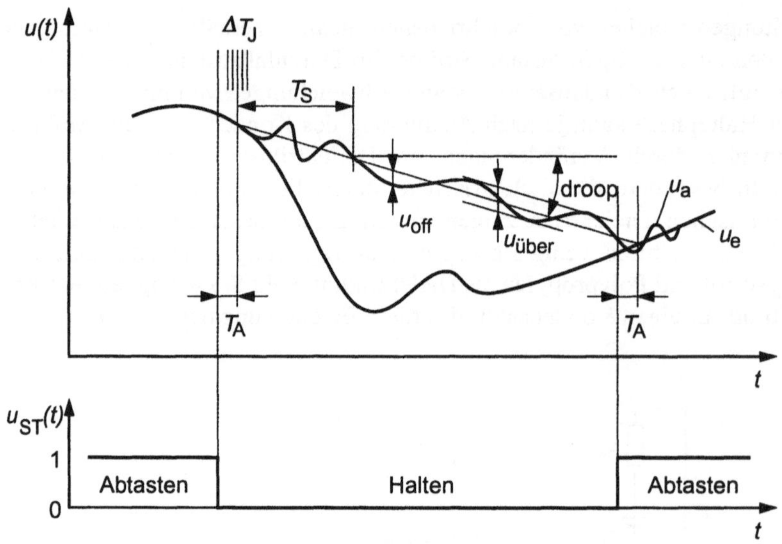

Bild 8.6.5 Verhalten und Fehler einer realen Abtasthaltestufe

Abtasthalteschaltungen sind als integrierte Schaltungen erhältlich. Bild 8.6.6 zeigt eine Schaltung, die in ähnlicher Form in integrierten Schaltungen Anwendung finden kann. In der Abtastphase sind die Transistoren T_1 und T_2 leitend, T_3 sperrt. Der Operationsverstärker als Spannungsfolger sorgt für eine schnelle Aufladung des Kondensators und dafür, daß die Kondensatorspannung der Eingangsspannung folgen kann. An seinem Ausgang liegt die gleiche Spannung wie die Eingangsspannung. In der Haltephase leitet der Transistor T_3 und die anderen sperren. Die Kondensatorspannung liegt jetzt am nichtinvertierenden Eingang des Operationsverstärkers. Am Ausgang des Operationsverstärkers liegt die gleiche Spannung wie am Kondensator.

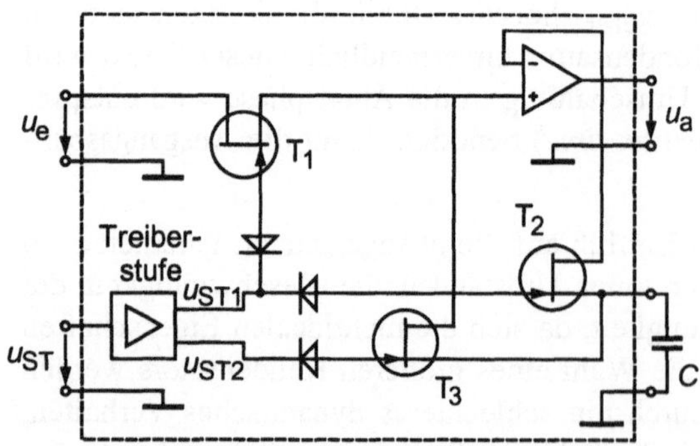

Bild 8.6.6
Beispiel zur technischen Realisierung
einer Abtasthaltestufe

Die Anforderungen an einen SH-Baustein sind sehr hoch, da er schnell wie ein Hochfrequenzverstärker und genau wie ein Präzisionsverstärker arbeiten soll. Er stellt in einem Datenerfassungssystem oft die größte Fehlerquelle dar.

9 Logik-Baugruppen

9.1 Grundlegende Digitalschaltungen

Digitale Schaltungen, von einfachen logischen Bauelementen über sequentielle Schaltungen bis hin zu komplexen Mikroprozessoren, übernehmen in meßtechnischen Einrichtungen die Steuerung von Abläufen und die digitale Verarbeitung gemessener Signale. Die Informationen sind als binäre Zahlen oder logische Zustände kodiert, die mit „1" oder „0", bezeichnet werden. Grundbauelemente sind sogenannte Gatter, die auf bestimmte logische Zustände an den Eingängen mit definierten logischen Zuständen am Ausgang reagieren. Als Beispiel sind die Funktion eines UND- und eines ODER-Gatters anhand eines einfachen Schaltermodells in Bild 9.1.1 dargestellt. Ein Eingangssignal von „1" schließt den Schalter und eine „0" öffnet ihn. Der Ausgangszustand „1" bedeutet Spannung eingeschaltet, „0" Spannung abgeschaltet. Das UND-Gatter nimmt den Ausgangszustand von „1" an, wenn beide Eingangsvariablen „1" sind, für alle anderen Kombinationen der Eingangsvariablen ist der Ausgangszustand „0". Entsprechend ist bei dem ODER-Gatter der Ausgang nur „0", wenn beide Eingangsvariablen „0" sind, sonst „1".

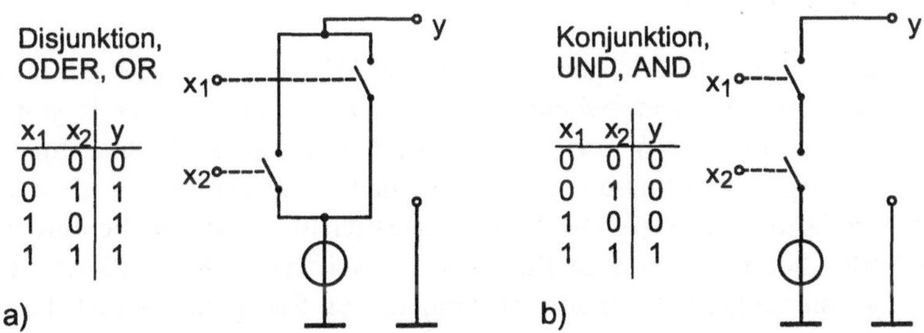

Bild 9.1.1 Wirkung einfacher logischer Verknüpfungen an einem Schalter-Spannungsquellen-Modell: a) ODER-Verknüpfung, b) UND-Verknüpfung

In der Praxis dienen Halbleiterbauelemente als Schalter und der logische Zustand wird durch die Höhe einer Spannung ausgedrückt. Die logische „1" kennzeichnet, daß die Spannung größer als ein bestimmter Schwellwert und die logische „0", daß die Spannung kleiner als ein bestimmter Schwellwert ist. Zwischen diesen Schwellenspannungen liegt ein sogenannter verbotener Bereich, der beim Übergang von einem Zustand in den anderen möglichst schnell durchlaufen werden sollte. Weiterhin wird zwischen positiver und negativer Logik unterschieden, je nachdem, ob die höhere Spannung oder die niedrigere bzw. der aktive oder inaktive Zustand die logische Null oder Eins ausdrückt.

Logische Bauelemente sind praktisch ausschließlich als integrierte Schaltungen, die auch als ICs (*integrated circuit*) bezeichnet werden, ausgeführt. Die Integration auf einem Baustein kann von einer Gruppe einzelner Gatter bis hin zu kompletten Mikrocomputern reichen. Unterschiedliche Transistortypen, bipolare sowie Feldeffekttransistoren kommen zum Einsatz. Gruppen logischer Bauelemente, die in gleicher Technik ausgeführt sind, ermöglichen, daß Gatter miteinander beliebig gekoppelt werden können. Solche Gruppen werden als Logikfamilien bezeichnet. Die CMOS-*Technik* (*complementary metall oxid semiconductor*) verwendet Feldeffekt-Transistor-Schaltkreise, die TTL-Technik (Transistor-Transistor-Logik) verwendet Schaltkreise aus bipolaren Transistoren. ECL-Technik (*emitter coupled logic*) ist ebenfalls aus bipolaren Transistoren aufgebaut und wird bei hohen Anforderungen an die Geschwindigkeit eingesetzt. Sollen unterschiedliche Familien miteinander verknüpft werden, müssen Stufen zur Anpassung zwischengeschaltet werden. Wesentliche Merkmale der Logikfamilien sind die Schwellwerte, die die logischen Pegel unterscheiden, die Verlustleistung, die Versorgungsspannung und die Gatterlaufzeit. Das *fanout* gibt an, wieviele Eingänge ein Ausgang treiben kann, unter der Voraussetzung, daß Grenzwerte, wie z.B. eine maximale Anstiegszeit, eingehalten werden. Letztere bestimmt die maximale Taktrate mit der die logischen Bauelemente betrieben werden können. Von den drei oben genannten wichtigen Logikfamilien existieren jeweils Varianten mit unterschiedlichen Leistungsmerkmalen. Andere Familien wie z.B. NMOS oder I^2L bieten in ihren Anwendungsbereichen in hochintegrierten Schaltungen Vorteile, werden aber meist nur zur Innenschaltung in digitalen Bauelementen eingesetzt. Die Ausgänge der Bauelemente sind dann durch Anpaßschaltungen zu den obengenannten Logikfamilien kompatibel gehalten (siehe zu Digitalschaltungen [Groß94], [Tietze91]).

9.1.1 TTL-Bauelemente

Historisch die älteste von den drei genannten ist die TTL-Logikfamilie [Haseloff72]. Sie ist mit bipolaren Transistoren aufgebaut und erreicht eine Gatterlaufzeit von 10 ns bei einer Verlustleitung von 10 mW pro Gatter. Der 0-Zustand wird einer Spannung von weniger als 0,8 V zugeordnet und der 1-Zustand einer Spannung größer als 2,4 V. Nachteilig ist bei Standard-TTL-Logik die hohe Verlustleistung. Durch die Integration von speziellen Schottkydioden (nach dem Physiker W. Schottky, 1886 - 1976) wird verhindert, daß die Transistoren im leitenden Zustand in den Sättigungsbereich kommen, aus dem nicht hinreichend schnell zurück in den Sperrzustand geschaltet werden kann. Das wird erreicht, indem, wie in Bild 9.1.2 gezeigt, bei den Transistoren jeweils eine interne Antisättigungsdiode mit Basis und Kollektor verbunden wird. Mit derartig aufgebauten Gattern lassen sich bei gleicher Verlustleistung Gatterlaufzeiten von 3 ns erreichen (Schottky-TTL) oder bei gleicher Gatterlaufzeit die Verlustleistung auf ca. 2 mW pro Gatter senken (Low-Power Schottky-TTL, Abgekürzt LS). Weitere TTL-Familien sind Advanced-TTL mit Gatterlaufzeiten von 1,5 ns bei einer Verlustleistung von 10 mW pro Gatter, Fast-TTL mit 3 ns bei 4 mW und LP-Advanced-TTL mit 4 ns bei 1 mW.

TTL-Gatter sind im 0-Zustand aktiv, d.h. im aktiven Zustand wird der Ausgang eines Gatters auf das Nullpotential gezogen und der Ausgang ist niederohmig. In diesem Zustand müssen die Ausgänge die Basisströme der angeschlossenen Gatter liefern. Im 1-Zustand sind die Gatter inaktiv und die Ausgänge hochohmig. Um auch bei verschliffenen Flanken das Umschalten bei einem eindeutigen Pegel zu ermöglichen, sieht die TTL-

Familie Gatter mit Schmitt-Trigger-Eingängen vor. Oft sind Treiberbausteine für Verbindungsleitungen damit ausgestattet.

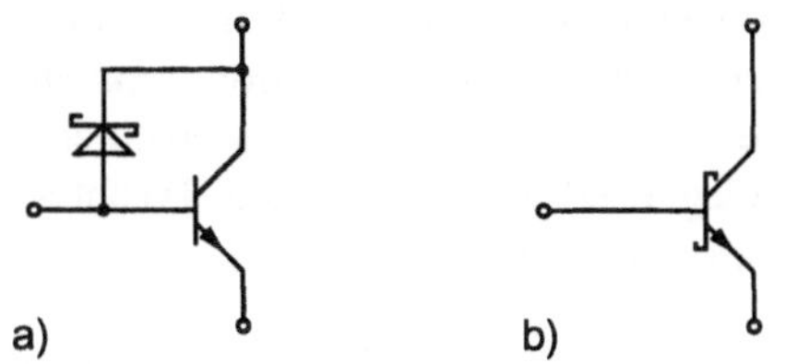

Bild 9.1.2
Schottky-Diode zur Vermeidung des Sättigungs-
verhaltens:
a) Anwendung,
b) vereinfachtes Schaltbild

Außer dem Regelfall, bei dem mit einen Ausgang mehrere Eingänge verbunden werden, ist für die Verbindung mehrerer Gatterausgänge bei einer Gruppe von Gattern eine besondere Schaltung am Ausgang vorgesehen. Diese in Bild 9.1.3 gezeigte Verknüpfung wird als Open-Kollektor-Schaltung bezeichnet und bewirkt eine logische UND-Verknüpfung an dem gemeinsamen Summenpunkt ohne zusätzliche Gatter. Anwendungen finden sich dort, wo z.B. Datenleitungen von vielen angeschlossenen TTL-Bausteinen verwendet werden. Durch die Zusammenschaltung wird eine UND-Verknüpfung der Ausgänge aller angeschlossenen Gatter bewirkt.

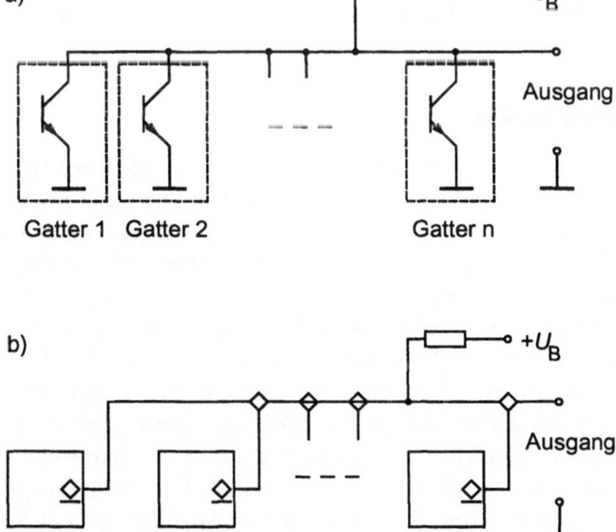

Bild 9.1.3 Open-Kollektor-Ausgangsstufe zum Aufbau von Wired-AND-Verbindungen:
a) elektrotechnisches Schaltbild, b) logischer Schaltplan

Eine weitere Variante der Zusammenschaltung von Gatterausgängen sind Tristate-Ausgänge. Diese Ausgangsschaltungen sehen einen dritten Zustand, den inaktiven, vor. Das wird durch eine Gegentaktstufe, wie in Bild 9.1.4 dargestellt, erreicht. Für den Ausgangszustand „0" sperrt der obere Transistor und der untere leitet, für den Ausgangszustand und „1" leitet der obere und der untere sperrt. Im inaktiven Zustand sperren beide Transistoren der Gegentaktstufe; damit ist der Ausgang von einer gemeinsamen Leitung, an der viele TTL-Baugruppen angeschlossen sein können, abgekoppelt. Tristate-Ausgänge werden daher oft zur Busankopplung eingesetzt, insbesondere bei bidirektionalen Busverbindungen, bei denen Daten über gemeinsame Leitungen zwischen unterschiedlichen Bausteinen ausgetauscht werden. Durch die Gegenstaktstufe erreichen Tristate-Ausgänge auch kürzere Anstiegszeiten als Open-Kollektor-Ausgänge.

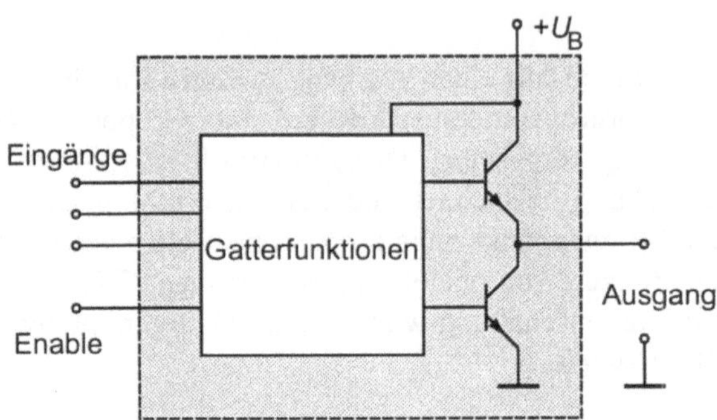

Bild 9.1.4 Gegentaktschaltung für eine Tristate-Ausgangsstufe

9.1.2 ECL-Bauelemente

Für hohe Taktraten werden ECL-Bausteine eingesetzt, die die kürzesten Gatterlaufzeiten aller Logikfamilien aufweisen. ECL-Schaltungen benutzen eine im Vergleich zu TTL-Schaltungen geringe Differenz zwischen „0"- und „1"-Pegel von nur 0,8 V. Die Eingangsstufe der Gatter ist daher ähnlich einer Differenzverstärkerstufe ausgeführt. Durch die Dimensionierung der Gatterschaltung wird erreicht, daß der Sättigungszustand der Transistoren nicht erreicht wird. Der 0-Pegel liegt dabei zwischen -1,8 und -1,6 V, der 1-Pegel bei -1 V und 0,8 V. Durch die hohen Ruheströme beläuft sich die Verlustleistung im Mittel auf 25 mW pro Gatter, dazu kommen Leistungsverluste an den extern zugeschalteten Emitterwiderständen von je 30 mW. Die genaue Stromaufnahme ist vom Schaltzustand abhängig. Erreicht werden mit Standard-ECL Gatterlaufzeiten von 1,5 ns, mit High-Speed-Versionen werden 0,6 -1 ns erreicht. ECL-Schaltungen benötigen eine negative Versorgungspannug von -5,2 V (bei einigen Ausführungen -4,5 V).

Ähnlich wie bei der Open-Collector-Schaltung in TTL-Schaltungen ist auch bei ECL eine Zusammenschaltung der Ausgänge auf eine gemeinsame Leitung vorgesehen. Da der Ausgang eine Emitterfolgerstufe ist, ist der „1"-Pegel der aktive und der „0"-Pegel der passive. Resultierend entsteht eine Wired-OR-Verknüpfung für den „1"-Pegel.

Die symmetrischen Ausgänge der ECL-Schaltkreise gewährleisten eine störsichere Übertragung. Bei Verwendung von gedruckten Schaltkreisen werden beim Entwurf der Leitungsführung zur vollen Ausnutzung der Leistungsmerkmale definierte Wellenwiderstände realisiert. Das wird erreicht, indem die eine Seite der gedruckten Platine vollständig beschichtet bleibt und die andere Seite die Leiterbahnen trägt. Bei einer 1 mm breiten auf einer 1,2 mm dicken Leiterplatte mit einer relativen Dielektrizitätskonstanten von $\varepsilon_r = 5$ ergibt sich ein Wellenwiderstand von 75 Ω. [Tietze91]. Außerhalb der Leiterplatte werden zur Verbindung miteinander verdrillte Leitungen verwendet, um einen definierten Wellenwiderstand zu erreichen. Diese auch als Twisted Pair bezeichneten Leitungen weisen bei 100 Windungen / Meter einen Wellenwiderstand von ca. 110 Ω auf.

9.1.3 CMOS-Bauelemente

Für niedrige Leistungsaufnahme eignet sich CMOS-Logik, die aus MOS-Feldeffekttransistoren aufgebaut ist. Sie ist ausschließlich mit selbstsperrenden MOSFETS realisiert. Ein p-Kanal und n-Kanal arbeiten in CMOS-Gattern komplementär: der Ausgang wird je nach Ansteuerung von zwei Transistoren mit dem Bezugspotential oder mit der positiven Versorgungsspannung verbunden. Da jeweils nur ein Transistor leitet und der komplementäre sperrt, fließt kein Ruhestrom, nur während des Umschaltens fließen Ströme. Damit ist die Stromaufnahme einer CMOS-Schaltung von der Anzahl der Schaltvorgänge pro Zeiteinheit und damit von der Taktfrequenz abhängig.

Die Betriebsspannung ist in einem weiten Bereich variabel und kann zwischen 3 V und 15 V betragen. Der Umschaltpegel liegt immer bei der halben Betriebsspannung. Die Gatterlaufzeit beträgt bei Standard-CMOS 90 ns, besondere High-Speed- und Advanced-Versionen erreichen bis zu 3 ns.

Eine Besonderheit bei CMOS-Logikschaltungen ist das Transmission-Gate. Es arbeitet als Serienschalter (siehe auch Bild 8.5.8) und kann den logischen Signalfluß unterbrechen. Es ist somit kein konventionelles Gatter.

9.1.4 Einfache Schaltnetze

Eine Tabelle mit wichtigen Gattertypen, den wesentlichen Grundelementen logischer Baugruppen, ist in Bild 9.1.5 angegeben. Insgesamt gibt es bei Gattern mit zwei Eingängen 16 mögliche Verknüpfungen, von denen die gebräuchlichsten im Bild 9.1.5 aufgetragen sind. Dort findet sich auch die Wahrheitstabelle mit der Zuordnung von Eingangs- zu Ausgangsgrößen sowie eine Beschreibung der unterschiedlichen Notationen.

Ähnlich der Arithmetik bestehen auch für die logischen Verknüpfungen Grundregeln [Liebig80]. Für die drei grundlegenden Verknüpfungen Konjunktion, Disjunktion und die Negation der Variablen A und B lassen sich die folgenden Regeln aufstellen. Die Konjunktion ist die UND-Verknüpfung und wird durch den Malpunkt ausgedrückt der auch weggelassen werden kann. Die Disjunktion ist die ODER-Verknüpfung, die durch das „Plus"-Zeichen gekennzeichnet wird. Überstreichung kennzeichnet die Negation.

Für die Negation gilt:

$$\overline{1} = 0, \qquad \overline{\overline{A}} = A, \tag{9.1.1}$$

Operationen mit „0" und „1" ergeben:

$$A\,1 = A, \qquad A + 1 = 1, \tag{9.1.2}$$

$$A\,0 = 0, \qquad A + 0 = A, \tag{9.1.3}$$

und Operationen mit sich selbst

$$A\,A = A, \qquad A + A = A, \tag{9.1.4}$$

$$A\,\overline{A} = 0, \qquad A + \overline{A} = 1. \tag{9.1.5}$$

Funktion	Werte-tabelle $x_1\ x_2\ \mid\ y$	Algebra y	Schaltzeichen (nach IEC 617-12 / DIN 40 900 Teil 12 sowie amerikanische und alte Normen)
Konjunktion, UND, AND	0 0 | 0 0 1 | 0 1 0 | 0 1 1 | 1	$x_1\,x_2$ $x_1 \cap x_2$	
Disjunktion, NAND	0 0 | 1 0 1 | 1 1 0 | 1 1 1 | 0	$\overline{x_1\,x_2}$ $\overline{x_1 \cap x_2}$	
Disjunktion, ODER, OR	0 0 | 0 0 1 | 1 1 0 | 1 1 1 | 1	$x_1 + x_2$ $x_1 \cup x_2$	
Konjunktion, NOR	0 0 | 1 0 1 | 0 1 0 | 0 1 1 | 0	$\overline{x_1 + x_2}$ $\overline{x_1 \cup x_2}$	
Antivalenz, EXOR	0 0 | 1 0 1 | 0 1 0 | 0 1 1 | 1	$x_1 \oplus x_2$	
Äquivalenz, EXNOR	0 0 | 0 0 1 | 1 1 0 | 1 1 1 | 0	$x_1 \odot x_2$	
Negation, NICHT, NOT	1 | 0 0 | 1	$\overline{x_1}$	
Buffer, Treiber	1 | 1 0 | 0	x_1	

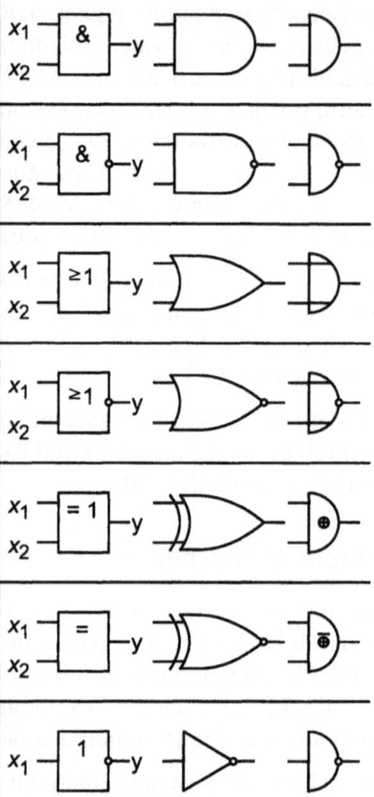

Bild 9.1.5 Wirkung und Schaltzeichen logischer Verknüpfungen

Weiterhin gilt das Kommutativ-Gesetz

$$A\,B = B\,A \tag{9.1.6}$$

$$A + B = B + A \tag{9.1.7}$$

das Assoziativ-Gesetz

$$A\,B\,C \;=\; A\,(\,B\,C\,) \;=\; (\,A\,B\,)\,C \;=\; (\,A\,C\,)\,B \tag{9.1.8}$$

$$A + B + C \;=\; A + (\,B + C\,) \;=\; (\,A + B\,) + C \;=\; (\,A + C\,) + B \tag{9.1.9}$$

das Distributiv-Gesetz

$$A \cdot B + A \cdot C \;=\; A \cdot (\,B + C\,) \tag{9.1.10}$$

$$(\,A + B\,) \cdot (\,A + C\,) = A + B \cdot C \tag{9.1.11}$$

und das Absorbtionsgesetz

$$A + A\,B = A, \quad A\,(\,A + B\,) = A. \tag{9.1.12}$$

Die De Morganschen Theoreme

$$\overline{A \cdot B} = \overline{A} + \overline{B} \tag{9.1.13}$$

$$\overline{A + B} = \overline{A} \cdot \overline{B} \tag{9.1.14}$$

ermöglichen die Umformung einer UND- in eine ODER-Verknüpfung und umgekehrt.

Die einfachen Kombinationen beliebiger Gatter werden als Schaltnetze oder als kombinatorische Logik bezeichnet. Beim Entwurf solcher Schaltungen wird oft ausgehend von den Anforderungen eine Wahrheitstabelle aufgestellt. Darin sind die Zuordnungen von Ein- und Ausgangsvariablen aufgeführt. Aus der Wahrheitstabelle läßt sich eine logische Funktion aufgestellen, die die Grundlage für den Entwurf bildet. Diese logische Funktion läßt sich in jedem Fall als disjunktive Normalform angeben; das ist die ODER-Verknüpfung einer Reihe von UND-Verknüpfungen. Gleichwertig ist die konjunktive Normalform; sie bildet eine UND-Verknüpfung einer Reihe von ODER-Verknüpfungen. Konjunktive und disjunktive Normalformen lassen sich mit Hilfe der De Morganschen Theoreme ineinander überführen.

Beispiel: Die Wahrheitstabelle

X	A	B	C	D	E	F
1	1	1	1	0	0	0
1	0	0	0	1	1	1
0	.					
0	.					
0	sonstige Kombinationen					
0	.					

ordnet den unabhängigen Eingangsvariablen A bis F die Werte der abhängigen Variable X zu. Die zugehörige disjunktive Normalform läßt sich daraus gewinnen, indem zunächst für jede Zeile der Wahrheitstabelle, in der X gleich 1 ist, die Konjunktion aller abhängigen Variablen gebildet wird. Dabei werden die abhängigen Variablen, die den Wert 1 haben, nicht negiert und alle Variablen, die den Wert 0 haben, negiert eingesetzt. Die ODER-Verknüpfung all dieser Konjunktionen ergibt die disjunktive Normalform

$$X = A\,B\,C\,\overline{D}\,\overline{E}\,\overline{F} + \overline{A}\,\overline{B}\,\overline{C}\,D\,E\,F . \tag{9.1.15}$$

Diese Funktion beschreibt vollständig eine mögliche Zusammenschaltung logischer Bauelemente, die diese Wahrheitstabelle erfüllt.

Die De Morganschen Theoreme können dazu dienen, den logischen Ausdruck umzuformen, so daß eine daraus abgeleitete Schaltung mit einer minimalen Anzahl von Gattern oder mit einem einheitlichen Gattertyp (z.B. NAND oder NOR) aufgebaut werden kann. Ein klassische Verfahren zur Umformung war das Karnaugh-Veitch-Diagramm [Liebig80], [Groß94]. Diese Entwurfsaufgabe kann jedoch heute zumeist mit Unterstützung entsprechender Design-Software gelöst werden, die als Eingabe eine Wahrheitstabelle, eine logische Funktion oder auch graphisch ein Schaltbild voraussetzt. Formale Methoden zur Vereinfachung logischer Schaltungen und zur Entwicklung von logischen Diagrammen wurden bereits von [McCluskey65] angegeben.

9.2 Sequentielle Logikschaltungen

Da der Zustand am Ausgang von Schaltnetzen allein eine Funktion der Eingangsvariablen ist, kann ein Schaltnetz keine Zustände speichern. Bei Schaltwerken, die auch als sequentielle Logik bezeichnet werden, wird der Ausgang durch die Zustände der Eingangsvariablen und zusätzlich durch gespeicherte, zeitlich frühere Zustände bestimmt.

Wichtige Grundschaltungen sind Multivibratoren, bei denen zwischen drei verschiedenen Typen unterschieden wird:

– der astabile Multivibrator, eingesetzt als Rechteckgenerator

– der monostabile Multivibrator als Impulsformer

– der bistabile Multivibrator als Binärzähler und Speicherelement.

Bistabile Multivibratoren sind Grundelemente der Flip-Flops, aus denen Zähler und Speicherbauelemente aufgebaut sind.

9.2.1 Astabiler Multivibrator

In Bild 9.2.1 ist die Schaltung eines Multivibrators dargestellt, die ein periodisches rechteckförmiges Signal erzeugt. Das aktive Bauelement darin ist ein Inverter mit einem Schmitt-Trigger-Eingang (vergleiche dazu Kapitel 8.4). Liegt am Eingang des Inverters der logische 0-Pegel, so liegt am Ausgang Y des Inverters der 1-Pegel. Die Ausgangsspannung u_a bei diesem Pegel sorgt dafür, daß über den Widerstand R der Kondensator C aufgeladen wird. Beim Überschreiten der Spannungsschwelle U_{HL} schaltet der Inverter den Ausgang auf 0-Potential und der Kondensator wird über den Widerstand bis zum Schwellwert U_{LH} entladen. Somit schwankt die Spannung u_C im Bereich der Hysterese des Schmitt-Triggers. Am Ausgang Y liegt eine rechteckförmige Wechselspannung bzw. ein zwischen 0 und 1 wechselnder logischer Pegel. Die Periodendauer wird über die Zeitkonstante RC und die Differenz der Schwellwerte bestimmt.

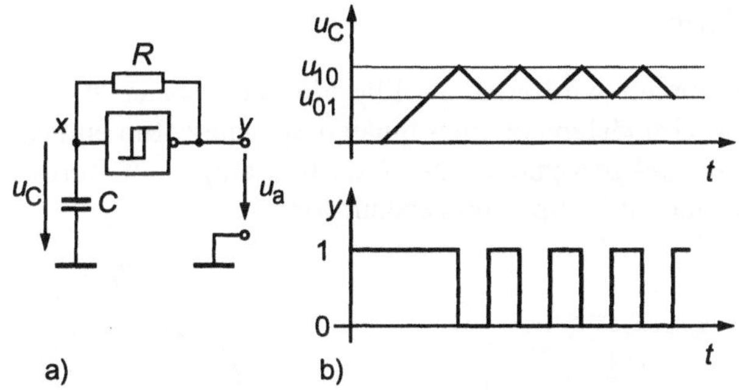

Bild 9.2.1 Astabiler Multivibrator mit einem Schmitt-Trigger-Inverter:
a) Schaltung, b) Spannungsverläufe am Ladekondensator und am Ausgang

9.2.2 Monostabiler Multivibrator

Das Bild 9.2.2 zeigt einen monostabilen Multivibrator. Dieser Multivibrator, der auch kurz als Monoflop bezeichnet wird, erzeugt auf eine Anregung hin einen Impuls bzw. einen logischen Pegel definierter Dauer. Er hat einen stabilen Ruhezustand bei den logischen Pegeln am Eingang $X = 1$ und am Ausgang $Y = 1$. Am Ausgang des UND-Gatters liegt dann der 0-Pegel und $u_R = 0$ V. Durch einen Übergang am Eingang X von 1 nach 0 wird die Schaltung getriggert und damit die Erzeugung eines Impuls ausgelöst. Am Ausgang des UND-Gatters liegt danach der 1-Pegel. Der positive Spannungssprung wird über den Kondensator C auf den Eingang des zweiten Gatters, eines Inverters, übertragen. Das schaltet daraufhin den Ausgang Y auf den 0-Pegel. Nach einer durch die Zeitkonstante RC vorgegebenen Zeit kippt die Schaltung wieder in den Originalzustand zurück. Somit nimmt der Ausgang Y für eine definierte Dauer den Nullpegel an. Am Ausgang liegt ein Impuls aus der Ruhelage des 1-Pegels an. Die Dauer ist von der Zeitkonstanten RC abhängig.

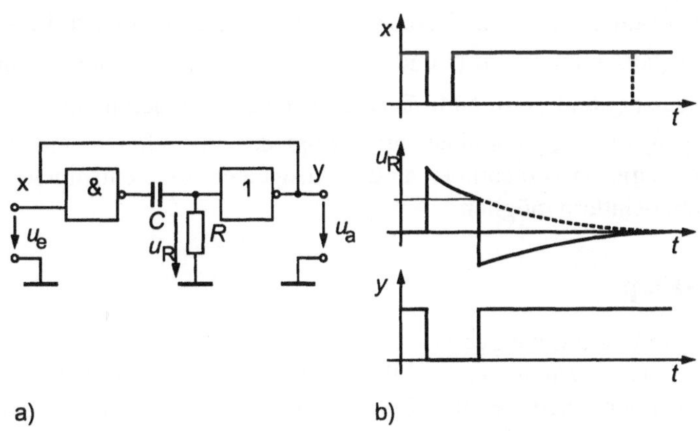

Bild 9.2.2 Monostabiler Multivibrator:
a) Schaltung, b) Spannungsverläufe am Eingang, am RC-Glied und am Ausgang

9.2.3 RS-Flip-Flop

Der bistabile Multivibrator wird auch als Flip-Flop bezeichnet. Es hat zwei stabile Zustände und bildet das Grundelement eines binären Speichers. Ein einfaches Flip-Flop kann aus zwei gegenseitig rückgekoppelten NOR-Gattern aufgebaut werden. Bild 9.2.3 zeigt diese Schaltung, die auch RS-Flip-Flop genannt wird.

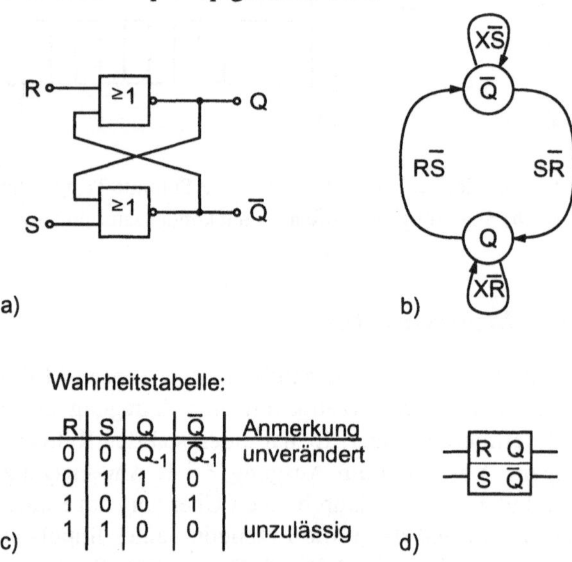

Wahrheitstabelle:

R	S	Q	$\overline{Q}$	Anmerkung
0	0	Q_{-1}	$\overline{Q}_{-1}$	unverändert
0	1	1	0	
1	0	0	1	
1	1	0	0	unzulässig

Bild 9.2.3 Bistabiler Multivibrator als RS-Flip-Flop aus ODER-Gattern:
a) Aufbau, b) Wahrheitstabelle, c) Zustandssdiagramm, d) Schaltbild

Liegt an beiden Eingängen des Flip-Flops eine logische Null, so ändert sich der Zustand des Flip-Flops nicht. Unabhängig von dem Zustand, in dem sich das Flip-Flop befindet, behalten Ausgänge Q und $\overline{Q}$ ihren logischen Pegel bei. Eine „1" am R-Eingang bewirkt, daß der Q-Ausgang auf „0" und der $\overline{Q}$-Ausgang auf „1" geschaltet wird. Entsprechend ruft eine „1" am S-Eingang eine „1" an Q und eine „0" an $\overline{Q}$ hervor. Eine „1" an beiden Eingängen R und S setzt Q und $\overline{Q}$ zu Null. Dieser Zustand ist jedoch nicht stabil: Sobald die „1" an den Eingängen weggenommen wird, kippt das Flip-Flop in einen Zustand mit unterschiedlichen logischen Potentialen an den Ausgängen. Eine entsprechende Schaltung ist auch mit NAND-Gattern möglich.

9.2.4 D-Flip-Flop

Durch eine Erweiterung um wenige Gatter läßt sich der instabile Zustand bei einer 1 an beiden Eingängen vermeiden und es entsteht ein D-Flip-Flop. Das in Bild 9.2.4 dargestellte D-Flip-Flop hat noch einen weiteren Eingang, den Takteingang T, der dafür sorgt, daß erst nach dem Eintreffen eines Taktsignals das Flip-Flop umgeschaltet wird. Diese Flip-Flop kann somit wie auch das RS-Flip-Flop als Speicherzelle dienen, da es seinen Zustand beibehalten kann.

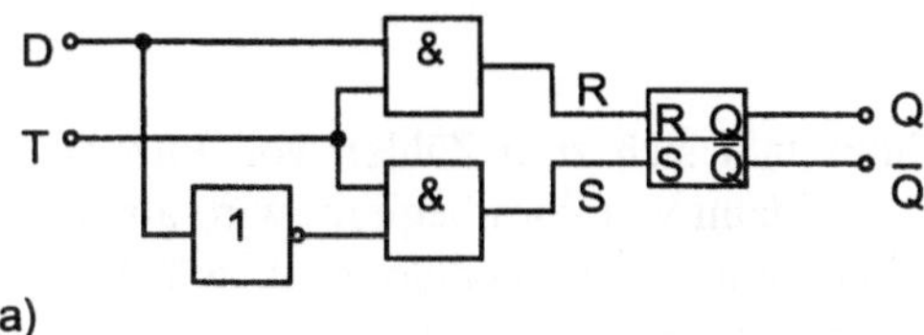

a)

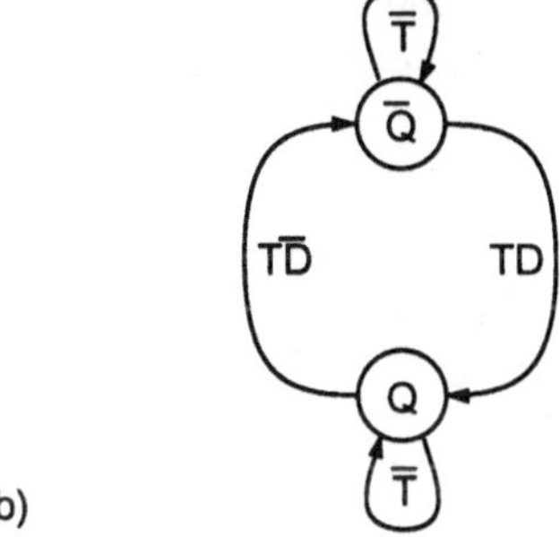

b)

Bild 9.2.4
T-Flip-Flop als Grundbaustein von Speichern
und Registern:
a) Schaltung,
b) Zustandsdiagramm

9.2.5 JK-Flip-Flop

Das JK-Flip-Flop ist das Grundelement von Zählern. In Bild 9.2.5 ist die Schaltung eines JK-Flip-Flops als Erweiterung eines RS-Flip-Flops dargestellt. Der Übergang von einem Zustand in den nächsten wird auch hier durch das Taktsignal T ausgelöst. Auch hierbei führt die Eingangskombination J und K gleich „1" zu einem definierten Ausgangszustand, und zwar zu einer Invertierung der Ausgangsgrößen. Solange an J und K der 1-Pegel anliegt, wird bei jedem Taktimpuls der Ausgang verändert. Unter dieser Voraussetzung ist nach je zwei Taktimpulsen der ursprüngliche Zustand wieder erreicht.

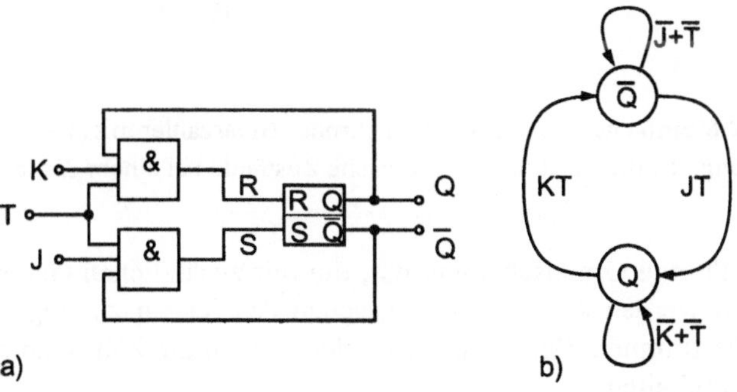

a)

b)

Bild 9.2.5 JK-Flip-Flop als Grundbaustein von Zählern: a) Schaltung, b) Zustandssdiagramm

9.2.6 Zähler

Die letztgenannte Eigenschaft eines JK-Flip-Flops läßt sich zum Zählen von Impulsen ausnutzen. Ein Zähler, der bis zur Zahl N zählt, und dann von vorn beginnt, wird als Modulo-N-Zähler bezeichnet. Ein einzelnes Flip-Flop zählt somit „modulo 2". Die Taktfrequenz wird damit durch zwei geteilt. Wird der Ausgang des Flip-Flops als Takteingang eines nächsten Flip-Flops geschaltet, zählen beide gemeinsam modulo 4. Entsprechend lassen sich mit n Flip-Flops in Serie Zählfolgen modulo 2^n erzeugen.

Bild 9.2.6 zeigt einen Zähler mit vier Stufen und die zugehörigen Impulsfolgen. Die Eingänge J und K liegen auf 1-Pegel. Der Wert des Zählers, die binäre Zahl, liegt an den Stellen d_0 bis d_3 an.

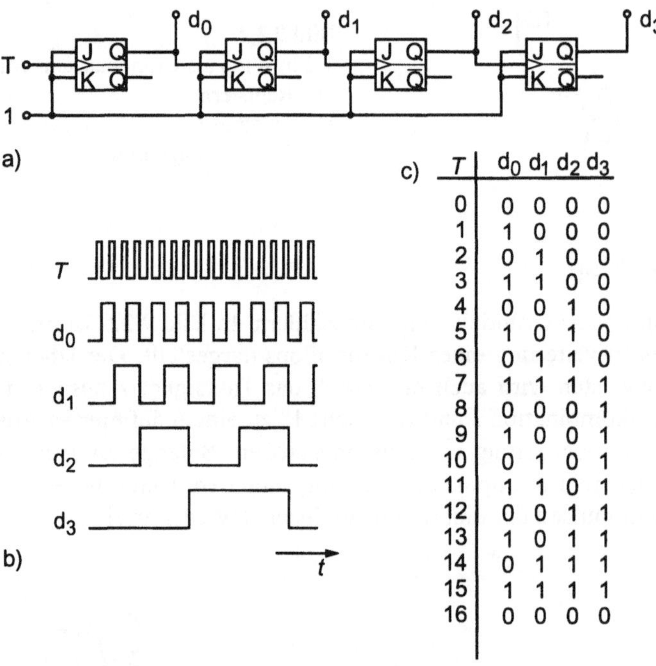

T	d_0	d_1	d_2	d_3
0	0	0	0	0
1	1	0	0	0
2	0	1	0	0
3	1	1	0	0
4	0	0	1	0
5	1	0	1	0
6	0	1	1	0
7	1	1	1	1
8	0	0	0	1
9	1	0	0	1
10	0	1	0	1
11	1	1	0	1
12	0	0	1	1
13	1	0	1	1
14	0	1	1	1
15	1	1	1	1
16	0	0	0	0

Bild 9.2.6 Einfacher vierstufiger asynchroner Binärzähler mit JK-Flip-Flops:
a) Schaltung, b) Impulsverlauf, c) logische Zustände bei einem Zählerdurchlauf

Dieser Zähler stellt eine Grundschaltung dar, die mit zusätzlichen Gattern in ihrer Funktionalität erweitert werden kann. Varianten sehen das Setzen zu Beginn eines Zählvorgangs auf einen bestimmten Zählerstand vor oder können die Zählrichtung zwischen Vor- und Rückwärts umschalten.

Der Zähler in Bild 9.2.6 wird als asynchron bezeichnet, da das letzte Flip-Flop erst nach den Änderungen aller davorliegenden schaltet. Schaltungen, bei denen sich Zustände mit einem gemeinsamen Takt ändern, werden synchron genannt. Damit werden undefinierte Zwischenzustände aufgrund von Laufzeiten vermieden. Bild 9.2.7 zeigt den Aufbau eines

einen synchronen Zählers. Bei einem logischen 1-Pegel am Eingang X wird der Zählerstand bei jedem Taktimpuls inkrementiert, bei 0-Pegel wird nicht weitergezählt. Bei jedem Taktimpuls benötigen die Flip-Flops über Ihre Eingänge die Information, ob mit dem
Eintreffen des Taktimpulses eine Zustandsänderung verbunden ist. Eine Zustandsänderung ist immer erforderlich, wenn der Zähler inkrementiert wird und die niederwertigen
Bits zu dem jeweiligen Flip-Flop alle auf dem logischen 1-Pegel liegen. Diese Vernüp-
fung wird durch die UND-Gatter gebildet.

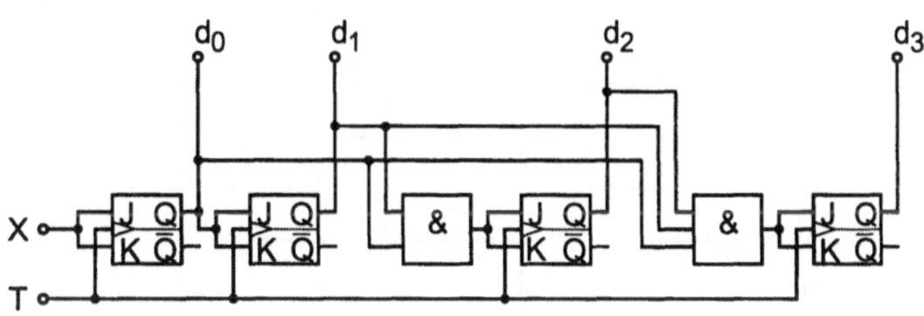

Bild 9.2.7 Einfacher vierstufiger synchroner Binärzähler

9.2.7 Schieberegister

Ein Schieberegister wie in Bild 9.2.8 dargestellt, setzt sich aus einer Kette von getakteter
Flip-Flops zusammen. die Dateneingänge sind jeweils mit den Datenausgängen der vorangehenden verbunden. Mit jedem Taktsignal wird die Information, die in jedem Flip-
Flop gespeichert ist um jeweils ein Flip-Flop weitergeschoben. Durch zusätzliche Gatter
läßt sich die Schaltung der Schieberegister modifizieren, so daß in beide Richtungen
geschoben werden kann. Diese Funktion wird in arithmetischen Einheiten gebraucht, um
einen Wert mit dem Faktor 2 zu multiplizieren oder durch den Divisor 2 zu dividieren.

Eine weitere wichtige Anwendung sind sind Seriell-Parallel- und Parallel-Seriell-
Umsetzer. Das oben dargestellte Schieberegister kann bereits als Serien-Parallel-Umsetzer
arbeiten. Durch zusätzliche Gatter läßt sich das Schieberegister mit einem parallelen
Datenwort laden, das dann seriell ausgelesen werden kann. Beide Funktionen werden
besonders bei der Informationsübertragung benötigt, wo durch die serielle Übertragung
Aufwand eingespart wird.

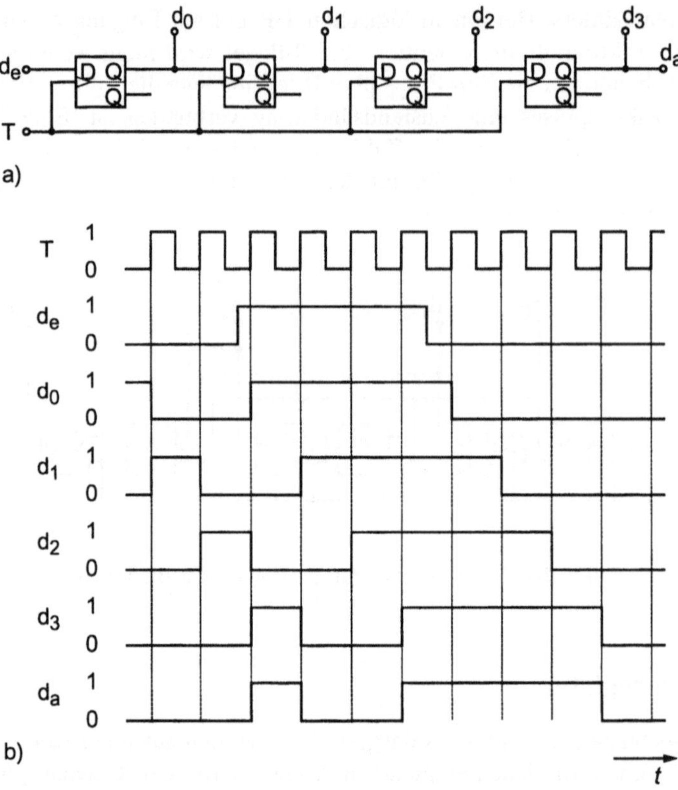

Bild 9.2.8 Schieberegister: a) Schaltung, b) Impulsverlauf

9.3 Speicher und programmierbare Logikbauelemente

Speicher lassen sich in Tabellenspeicher und Funktionenspeicher unterteilen [Tietze91]. Gemeinsam ist beiden, daß sie eine Zuordnung zwischen zwei binären Worten, die unterschiedlich lang sein können, festlegen. Diese Funktion wird in einer weiten Vielfalt von Bereichen benötigt. Eine Beschreibung der Zuordnung kann durch eine Wahrheitstabelle, durch eine logische Funktion oder ein Schaltbild mit Logikbausteinen erfolgen.

Tabellenspeicher sind Bauelemente, die Daten in binärer Form als Bitkombinationen festhalten und abrufbar zur Verfügung stellen können. Sie setzen sich aus einzelnen Speicherzellen, von denen jede ein Bit speichern kann, zusammen. Ein Beispiel für eine Speicherzelle ist ein Flip-Flop. Um auf die Speicherinhalte leicht zugreifen zu können, werden Organisationsformen mit einem wahlfreien Zugriff bevorzugt. Dabei wird an den Speicherbaustein eine Bitkombination als Adresse angelegt, der Speicher verbindet daraufhin seine Datenleitungen mit den Speicherzellen, so daß in die Zellen geschrieben oder von den Zellen gelesen werden kann. Zwischen ROM- und RAM-Speichern wird unterschieden: aus ROM-Speichern (*read only memory*) werden die Daten während des Betriebs lediglich gelesen, RAM-Speicher (*random access memory*) können im Betrieb sowohl beschrieben als auch ausgelesen werden. Wichtigstes Anwendungsbeispiel sind Daten- und Programmspeicher in Rechnern.

Programmierbare logische Bauelemente, die auch als PLDs (*programmable logic device*) bezeichnet werden, stellen Funktionenspeicher dar. Mit ihnen lassen sich Schaltnetze aufbauen, die abhängig von einer Kombination von Eingangsbits eine Kombination von Ausgangsbits ausgeben. Durch die Verwendung von Rückkopplung werden auch Schaltwerke möglich. Je nach dem inneren Aufbau wird nach PLA (*programmable logik array*) und PAL (*programmable array logik*) unterschieden. LCA-Bausteine (*logic cell array*) speichern im Gegensatz zu den erstgenannten das logische Verbindungsschema nur temporär und erlauben so eine leichte Änderbarkeit der programmierten Logikfunktionen.

Während bei RAM- und ROM-Speichern allen Bit-Kombinationen, die als Addresse anliegen, eindeutig ein Datenwort zugeordnet ist, muß das bei *PLDs* nicht der Fall sein. Die Zuordnung von Eingangsbits, die den Adreßbits bei einem ROM-Speicher entsprechen, zu Ausgangsbits, die den Datenbits bei einem ROM-Speicher entsprechen, wird durch die Struktur selbst festgelegt. Wenn nicht alle Bitkombinationen am Eingang benötigt werden, ist damit eine Reduktion der erforderlichen Gatter verbunden. Der Einsatz von PLDs lohnt somit, wenn strukturierte Daten vorliegen, so daß die zugrundeliegende Wahrheitstabelle Symmetrien aufweist. Zum Speichern von Programmkode und numerischen Daten ist der Einsatz von RAM- und ROM-Speichern günstiger. Dekodierer, Multiplexer, Kodewandler, Steuerungen sind typische Beispiele für den Einsatz von PLDs.

Speicher und programmierbare Logikbauelemente tragen dazu bei, eine hohe Integrationsdichte von Digitalschaltungen zu erreichen. Die Vorteile liegen unter anderem in einer kleineren Baugröße und einem geringeren Gewicht, einer größeren Ausfallsicherheit, einer geringeren Leistungsaufnahme und meist auch in geringeren Kosten. Dazu steht ein Spektrum von Bauelementen, von anwenderprogrammierbaren bis zu anwenderorientierten Schaltkreisen die als ASICs (*application specific integrated circuit*) bezeichnet werden, zur Auswahl. Die letztgenannten lassen sich unterscheiden in [Siemens90]:

Full Custom Design: Der Hersteller fertigt ICs, sogenannte ASICs, nach Kundenwünschen. Im Regelfalle liefert der Kunde einen Entwurf für das IC ab. Die Herstellungsverfahren sind weitgehend identisch mit dem standardisierter Bauelemente. Der Einsatz von ASICs eignet sich vorwiegend für große Stückzahlen, da sonst der Aufwand nicht lohnt.

Semi Custom Design: Der Hersteller hat vorgefertige Bauelemente, die aus Arrays von Gattern bestehen, die aber noch nicht miteinander verbunden sind. Auf dieser Basis entwerfen Anwender ihre speziellen Schaltkreise. Die Verbindung der Gatter wird in einer späteren Stufe der Herstellung vom Hersteller nach Kundenanweisungen vorgenommen. Beispiele sind Masken ROMs (MROMs) und sogenannte Gate-Arrays.

Permanent programmierbare Schaltkreise: Diese Bauelemente werden vom Anwender selber einmalig programmiert. Nach der Programmierung sind die Eigenschaften festgelegt, bei Änderungen wird das programmierte IC ausgetauscht. Beispiele sind PROMs, PALs und PLAs.

Mehrfach wiederprogrammierbare Schaltkreise: Im Gegensatz zu den permanent programmierbaren Schaltkreisen läßt sich die Programmierung bei diesen löschen. Sie sind damit wiederverwendbar. Beispiele sind EPROMs und EEPROMs und die GALs (Gate Array Logik, Bezeichnung der Firma LATTICE) aus der Gruppe der Funktionsspeicher.

Ständig änderbar programmierbare Schaltkreise: Hierbei kann die Programmierung während des Betriebs oder zwischen zwei Betriebsphasen leicht geändert werden. Beispiele sind RAMs, Mikrokontroller oder Peripheriebausteine zu Mikrokontrollern. LCAs sind Funktionsspeicher, deren Funktionalität durch die geladene Software bestimmt wird.

9.3.1 Speicherelemente

RAMs (*random access memory*) und ROMs (*read only memory*) sind, wie oben dargestellt, Speicher mit wahlfreiem Zugriff. Bei ROMs wird der Speicherinhalt vor dem Einbau festgelegt, während der Betriebsphase kann im Gegensatz zum RAM der Inhalt nur gelesen werden.

Der prinzipielle Aufbau von RAMs und ROMs ist in Bild 9.3.1 gezeigt. An die Eingänge a_1 bis a_N wird ein Wort angelegt. Dieses Wort ist die Adresse einer Anzahl von M Speicherzellen zu 1 Bit, wobei M die Wortlänge des Speichers ist. Zugunsten einer günstigen Anordnung auf einer Fläche werden die Eingangsbits in zwei Gruppen aufgeteilt, die höherwertigen a_x bis a_N und die niederwertigen a_1 bis a_{x-1}. Zwei Dekodierer wandeln beide Gruppen von Adressbits so um, daß für jede Bitkombination der höherwertigen und jede der niederwertigen eine eigene Leitung ausgeht. Im Schnittpunkt liegt eine UND-Verknüpfung dieser beiden Leitungen. Wenn diese UND-Verknüpfung wahr ist, werden die Speicherzellen diese Wortes angesprochen. Der Aufbau der einzelnen Speicherzellen ist, wie im folgenden beschrieben, sehr unterschiedlich.

Bei den RAMs wird zwischen statischen und dynamischen unterschieden. Die statischen RAM verwenden als Speicherzelle ein D-Flip-Flop, die dynamischen verwenden die Ladung auf einem Kondensator. Während statische RAMs ihren Zustand beibehalten solange ununterbrochen die Versorgungsspannung anliegt, verlieren die dynamischen RAMs ihre Ladung und müssen in regelmäßigen Abständen aufgefrischt werden. Dazu ist eine spezielle Schaltung in den RAM-Bausteinen selbst untergebracht, die diese Wiederauffrischung der Ladung bewirken und damit den logischen Zustand aufrechterhalten.

ROMs unterscheiden sich durch die Art der Programmierung. Maskenprogrammierte ROMs (auch MROM) werden vom Hersteller bei der Verarbeitung programmiert. Anwenderprogrammierbare ROMs werden auch als PROMs (Programmable ROM) bezeichnet und arbeiten nach unterschiedlichen Prinzipien. Bei Fusibel-Link-PROMs wird durch einen Stromimpuls entweder eine spezielle dafür vorgesehene Diode zerstört, die dadurch irreversibel leitend wird, oder durch die Zerstörung einer Metallisierung eine Verbindung aufgetrennt.

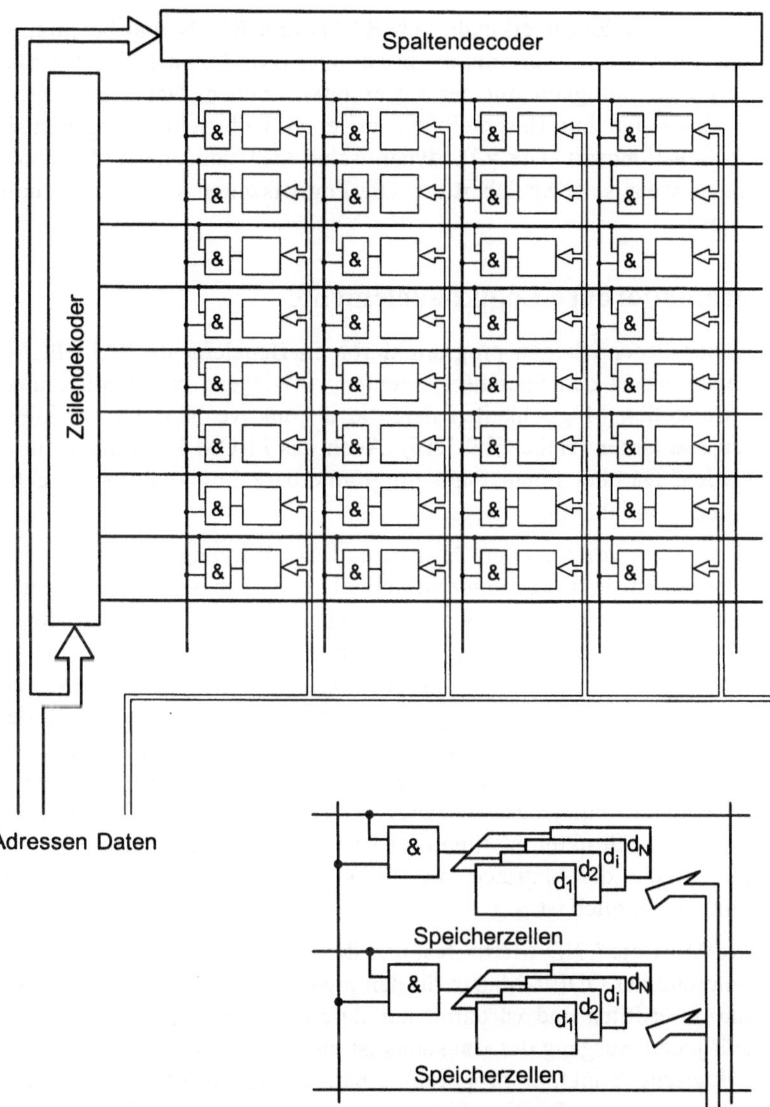

Bild 9.3.1 Prinzipieller Aufbau eines Speichers mit wahlfreiem Zugriff

Neuere Entwicklungen von PROMS mit MOS-Technik bringen eine elektrostatische Ladung auf ein dafür vorgesehenes Floating-Gate, um den leitenden oder sperrenden Zustand eines MOSFET festzulegen. Während die genannten ROMs ihren Zustand irreversibel beibehalten und bei Änderungen ersetzt werden müssen, lassen sich sogenannte EPROMs (*Erasable PROM*) löschen. Als Speicherelement werden ebenfalls Floating-Gate-MOSFET verwendet, jedoch läßt sich durch UV-Licht-Bestrahlung diese Ladung löschen. EEPROMS (*Electrically Erasable PROM*) lassen sich auch elektrisch löschen, so daß sie für den Löschvorgang und den Wiederprogrammiervorgang nicht aus der Schaltung ausgebaut werden müssen.

Wesentliche Unterscheidungsmerkmale von RAMs und ROMs und bestimmend für die Anwendungen, sind die Speichertiefe, die in Bit oder Byte (ein acht-Bit-Wort) angegeben wird, und die Geschwindigkeit mit der sie arbeiten können. Dabei wird meist die Zugriffszeit zum Lesen und zum Beschreiben angegeben. Unterschiede ergeben sich aus der angewendeten Schaltungsart, wie z.B. dynamische oder statische RAMs, bipolare oder MOS-Technik, sowie aus der Speichertiefe. Die Zugriffszeiten reichen von einigen 100 ns bis zu einigen ns.

9.3.2 Programmierbare Logikbauelemente

Die im folgenden beschriebenen programmierbaren Bauelemente PAL, PLA und LCA dienen im Gegensatz zu den Speicherelementen vorwiegend zur Realisierung logischer Funktionen. Sie stellen Möglichkeiten dar, die disjunktive Normalform logischer Verknüpfungen zu realisieren (siehe Gl.9.1.15). Auch das PROM kann unter diesem Aspekt betrachtet werden. Darüber hinaus sind programierbare Logikbausteine auch noch mit weiterreichenden Möglichkeiten ausgestattet.

In Bild 9.3.2 sind der prinzipiellen Aufbau und die Wirkungsweise von einem ROM, einem PLA und einem PAL gegenübergestellt. Die Eingangsbits, die bei den oben beschriebenen Speichern den Adreßbits entsprechen, sind links hintereinandergereiht dargestellt. Aus den negierten und nicht negierten Eingangsbits werden eine Reihe von UND-Verknüpfung gebildet. Diese UND-Verknüpfung stellt eine Art Zwischenergebnis dar und entspricht der Adreßdekodierung bei einem ROM. Durch die ODER-Verknüpfung aller dieser UND-Verknüpfungen wird die disjunktiven Normalform gebildet. Das jeweilige Ausgangsbit ist somit eine ODER-Verknüpfung aller Speicherplätze, die einen logischen 1-Pegel ergeben. Für jedes Ausgangsbit ist eine solche Verknüpfung vorhanden. Die oben beschriebene Struktur ist allen drei Anordnungen gemeinsam. Die Unterschiede bestehen darin, welche der Matrizen, die UND- oder die ODER-Matrix fest oder einer Programmierung zugänglich ist.

Bei einem PROM ist die UND-Matrix fest und die ODER-Matrix programmierbar. Durch die Programmierung der ODER-Matrix für den jeweiligen Ausgang kann das PROM jede logische Funktion erfüllen und ist damit nur durch die Anzahl der Ein- und Ausgänge beschränkt. Für jeden Ausgang des Bausteins ist eine eigene und von anderen Ausgängen unabhängige logische Funktion programmierbar. Daraus resultiert ein entscheidender Nachteil des Einsatzes von PROMs für programmierbare Logik: die Verfügbarkeit von Ein- und Ausgängen wird damit beschränkt. Jeder zusätzliche Eingang verdoppelt die Anzahl der notwendigen UND-Gatter.

Beim PAL ist im Gegensatz zum PROM die UND-Matrix programmierbar und die ODER-Matrix fest. Eine PAL-Architektur kann beliebig viele Ein- und Ausgänge besitzen und ist praktisch begrenzt durch die Größe des Gehäuses. Ein PAL mit N Eingängen besitzt $2N$ Eingänge zu jedem UND-Gatter im programmierbaren Array. Die Anzahl der für eine Schaltung benötigten Produktterme darf die im Baustein vorhandenen nicht überschreiten.

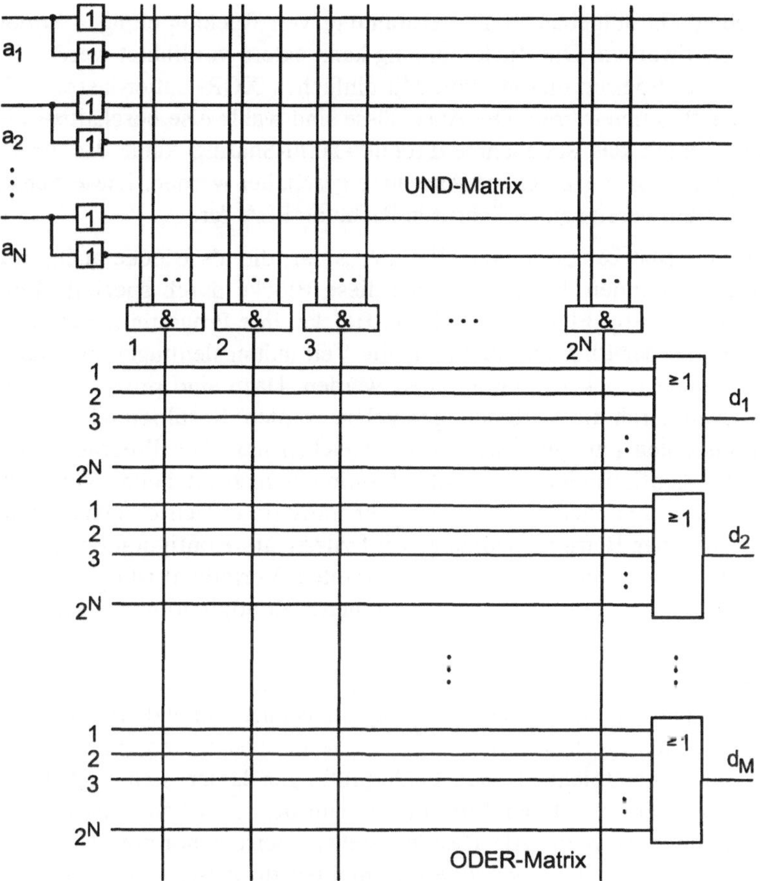

Bild 9.3.2 Programmierbare Speicher und logische Bauelemente.
PROM (*programmable read only memory*): die UND-Matrix ist fest verdrahtet und die ODER-Matrix programmierbar.
PAL (*programmable array logic*): die UND-Matrix ist programmierbar und die ODER-Matrix ist fest.
PLA (*programmable logic array*): sowohl UND- als auch ODER-Matrix sind programmierbar

Bei dem PLA sind beide, UND- und ODER-Matrix programmierbar. Die Anzahl von UND-Funktionen pro Ausgang ist nicht mehr festgelegt sondern variabel programmierbar. Der Vorteil gegenüber den PAL ist eine größere Flexibilität der Programmierbarkeit. Dem stehen eine höherer Verlustleistung und längere Durchlaufzeiten für die Signale gegenüber.

PALs sind die derzeit am häufigsten eingesetzten programmierbaren Logikbausteine. Die Programmierung erfolgt auf ähnliche Weise wie die von PROMs. Die Anwendung ist auch nicht auf Schaltnetze beschränkt, zusätzliche Baugruppen wie Flipflops, Register sowie Ein- und Ausgangstreiber sind je nach Typ zusätzlich zu der oben dargestellten

Architektur ebenfalls eingebaut. Die Verdrahtung von Rückkopplungen ermöglicht den Aufbau von Schaltwerken. Die Rückkopplung kann extern verdrahtet werden, viele PALs sehen eine interne Programmierung vor. Mit einfachen XOR-Gatter lassen sich am Ausgang wahlweise Bits invertieren. Die Anschlüsse sind wahlweise beschaltbar als Ein- und als Ausgänge. Durch das sogenannte Produkt-Term-Sharing kann das Ergebnis einer UND-Verknüpfung auf verschiedene Ausgänge geschaltet werden. Diese Schaltungsvariante von PALs stellt bereits einen Schritt in Richtung PLA dar.

LCAs stellen eine Matrix von universellen PALs dar, die als Blöcke auch untereinander verbunden werden können. Ergänzt werden diese Blöcke durch spezielle Ein-Ausgabeeinheiten sowie auch Flip-Flops innerhalb der Blöcke. Ihre Programmierung unterscheidet sich jedoch von der der PLA und PALs, da die Verbindungsleitungen innerhalb und zwischen den einzelnen Blöcken programmiert werden. Dazu sind programmierbare Multiplexer vorgesehen durch die Verbindungen gelegt werden. Resultierend ist eine Flexibilität, die sich ansonsten nur mit Gate-Arrays erreichen läßt. Die Programmierung erfolgt durch Laden der Konfiguration. Diese ist extern in einem zusätzlichen ROM, PROM oder in einem Rechner gespeichert. Immer wenn der Baustein in Betrieb genommen wird, mit jedem Einschalten der Betriebsspannung, wird zuerst die Konfiguration in den Baustein geladen. Erst dann kann der LCA im Betrieb arbeiten. Vorteilhaft ist dabei, daß zur Änderung der Funktionalität lediglich die gespeicherte Konfiguration ausgetauscht werden muß.

Für die Programmierung der Speicher und logischen Bausteine existieren eine Reihe von Softwarewerkzeugen die mit einem Arbeitsplatzrechner benutzt werden können. Die Eingaben erfolgen als logische Funktionen, als Wahrheitstabellen, als Zustandsdiagramme oder logische Schaltpläne. Neben Fehlerprüfungen lassen sich auch Optimierungsalgorithmen anwenden, mit deren Hilfe die Anzahl der logischen Funktionen und somit der Gatter minimiert werden. Als Resultat stehen meist genormte JEDEC-Files (*joint electronic, device engineering council*, ein Kommitee zur Ausarbeitung von Standards für elektronische Schaltungen in programmierbaren Bauelementen, hier ein Übertragungsprotokoll) zur Ausgabe an, mit denen die Programmiergeräte arbeiten können (siehe auch [Auer95] zum Aufbau und Einsatz von LCA und FPGA).

9.4 Mikrorechner

Mikrorechner, auch Mikrokontroller genannt, sind kleine programmgesteuerte universelle Rechenmaschinen: sie können nicht nur wie Schaltwerke nacheinander logische Zustände erzeugen, sondern komplexe Operationen mit vielfältigen Abhängigkeiten durchführen. Einsatzgebiete von Mikrorechnern reichen je nach Typ und Leistungsfähigkeit von einfachen Haushaltsgeräten bis hin zu Hochleistungsrechnern. In der Meßtechnik werden Mikrorechner sowohl in separaten Universalrechnern, z.B. in Personal Computern, Arbeitsplatzrechnern (*Workstation*), Modulen in Einschubsystemen oder in den Meßgeräten selbst eingesetzt. Sie übernehmen dabei zwei wichtige Funktionen: zum einen die Steuerung von Abläufen, wobei mit Mikrorechnern im Vergleich zu LCAs und PROMs komplexere Steuerungen übernommen werden können, zum anderen die Weiterverarbeitung gemessener Daten, um z.B. zusammengesetzte Meßwerte, Mittelwerte und ähnliche zu

ermitteln. In dem letztgenannten Bereich werden häufig auch Signalprozessoren eingesetzt, die im Gegensatz zu den universell einsetzbaren Mikrorechnern für eine schnelle
Verarbeitung von numerischen Operationen ausgestattet sind.

Mikrorechner sind für jeweils eine bestimmte feste Wortlänge ausgelegt, gebräuchlich
sind 8, 16 oder auch 32 Bit. Unterschieden wird bei dieser Angabe zwischen interner
Verarbeitung und der Wortlänge bei den Zuleitungen. Mikroprozessoren weisen intern oft
größere Wortlängen auf. Die Leitungsfähigkeit aber auch der Aufwand steigt mit der
Wortlänge.

Die Aufgaben, die Mikrorechner erledigen sollen, werden in kleine Operationsschritte
aufgeteilt, die nacheinander bearbeitet werden. Dafür wird ein Programm erstellt, das in
binärer Form in einem Speicher abgelegt ist. Der Ablauf des Programms kann von den
Daten beeinflußt werden. In Abhängigkeit davon, ob Daten nach den einzelnen Operationen bestimmte Bedingungen erfüllen oder nicht, werden Verzweigungen und Sprünge im
Programm ausgeführt. Im Regelfall werden die Programme für Mikrorechner auf einem
universellen Rechner, z.B. einem Personal Computer, erstellt. Der Anwender formuliert
sein Problem in einer Hochsprache wie z.B. Pascal oder C. Dieser Programmtext wird
durch den Compiler und den Linker in eine Sequenz von Befehlen für den Mikrorechner
übertragen. Diese Befehle werden auch als Maschinenbefehle bezeichnet, sie steuern
elementare Operationen. Die Maschinenbefehle lassen sich auch direkt, mit Hilfe von
Assemblerprogrammen generieren. Die Assemblerbefehle, die aus für den Menschen
leicht lesbaren Buchstabenkürzeln bestehen, entsprechen dabei den binären Maschinenbe-
fehlen.

Mikrorechner werden in unterschiedlichen Ausführungen eingesetzt. Während Mikrorechnern höherer Leistung wie die, mit denen z.B. PCs aufgebaut sind, aus mehreren
einzelnen integrierten Bausteinen, wie der zentrale Prozessor, Ein- und Ausgabgeeinhei-
ten sowie RAM- und ROM-Speicher aufgebaut sind, enthalten Einchiprechner diese Elemente in einem Baustein integriert. Sie sind bereits ohne zusätzliche Beschaltung funkti-
onsfähig. Entwicklungen mit Einchiprechnern erfordern nur geringen Aufwand, da nur
eine einzige Leiterplatte entworfen werden muß. Der Entwickler konzentriert sich auf die
Programmierung. Manche Einchiprechnertypen sind bereits mit DA- und AD-Umsetzern
ausgestattet und bieten damit Einsatzmöglichkeiten für Aufgaben der Meß- und Regelungstechnik. Einchiprechner haben besonders wegen ihrer einfachen Anwendung eine
große Bedeutung beim Einsatz innerhalb von Geräten, zur Steuerung und Regelung und
oft auch zur Vereinfachung der Bedienung.

9.4.1 Aufbau

Ein prinzipielle Aufbau eines Mikrorechners ist in Bild 9.4.1 dargestellt. Die Kommunikation zwischen den Komponenten des Mikrorechners wird über einen Bus abgewickelt.
Der Bus besteht aus einem strukturierten Satz von Leitungen, über den die einzelnen
Komponenten miteinander verbunden sind (siehe dazu auch Kap. 16.1). Außer der CPU
(*central processing unit*), dem eigentlichen Mikroprozessor, sind ROMs, RAMs und weiterhin Ein- und Ausgabeeinheiten an den Mikrorechnerbus angeschlossen. Dabei wird
zwischen parallelen und seriellen Ein- und Ausgabeeinheiten unterschieden. Die Busse
sind meist prozessorspezifisch ausgelegt, allerdings gibt es auch Versuche zur Standardi-
sierung, Beispiele sind der VME-Bus, der Multibus und im Bereich der Personal Compu-

ter z.B. der ISA- bzw. EISA-Bus, der VL- und PCI-Bus (siehe dazu Kapitel 16, Kommunikation in Meßsystemen). Für PC-Bussysteme wird eine Vielfalt von Baugruppen, von Speichern über Ein- und Ausgabeeinheiten bis zu Steckkarten für meßtechnische Anwendungen angeboten.

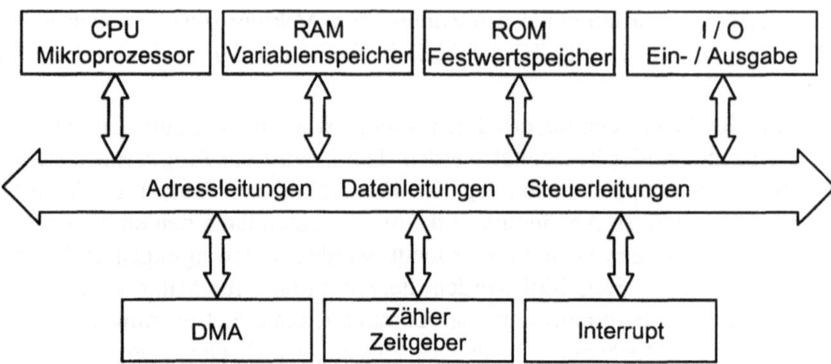

Bild 9.4.1 Komponenten eines Mikrokontrollers am Bus

9.4.2 Central Processing Unit

Ein vereinfachter Aufbau einer einfachen zentralen Recheneinheit, die als *CPU (central processing unit)* bezeichnet wird, ist in Bild 9.4.2 dargestellt. Im Einzelfalle weichen herstellerspezifisch die verwendeten Architekturen davon ab. Der externe Bus ist über Zwischenspeicher mit einem internen Bus verbunden.

Die ALU *(arithmetic logic unit)* verknüpft Daten entsprechend dem Programmkode miteinander. Die Daten können Speichermedien oder Eingabeeinheiten entstammen. Beispiele für Verknüpfungen sind Addition und Subtraktion von Festkommazahlen, Schiebeoperationen und bitweise logische Verknüpfungen. Aus solchen Elementaroperationen werden komplexe Operationen wie z.B. die Multiplikation von Fließkommazahlen zusammengesetzt. Die ALU erhält die Datenworte über ihren internen Bus aus dem Datenspeicher und kann auch dahin Daten abgeben. Mit höherer Geschwindigkeit, als über den internen Bus, kann sie auf die eigenen Register zugreifen.

Einige dieser Register sind zur Zwischenspeicherung von Daten für einen schnellen Zugriff vorgesehen. Weitere Register werden als Zeiger auf Datenbereiche benötigt und als Programmzähler. Der Programmzähler speichert die Addresse des Maschinenbefehls, der gerade bearbeitet wird, und wird nach jedem Befehl inkrementiert. Das Flagregister dient der Steuerung des Ablaufs und damit die Behandlung der Programmverzweigungen. Darin werden nach einer Operation der ALU Merkmale der Daten bitweise abgelegt. Diese einzelnen Bits, die als Flags bezeichnet werden, geben unter anderem an, ob bei einer Addition ein Überlauf aufgetreten ist, ob das Ergebnis einer Operation Null ist oder ob die Parität eines Datenworts gerade oder ungerade ist. Diese Flags können bedingte Sprünge im Programmkode steuern, z.B. wenn ein bestimmtes Flag nicht gesetzt ist, wird der Programmkode in der Reihenfolge bearbeitet, in der er gespeichert ist, wenn das Flag gesetzt ist, wird das Programm an einer anderen Stelle fortgesetzt.

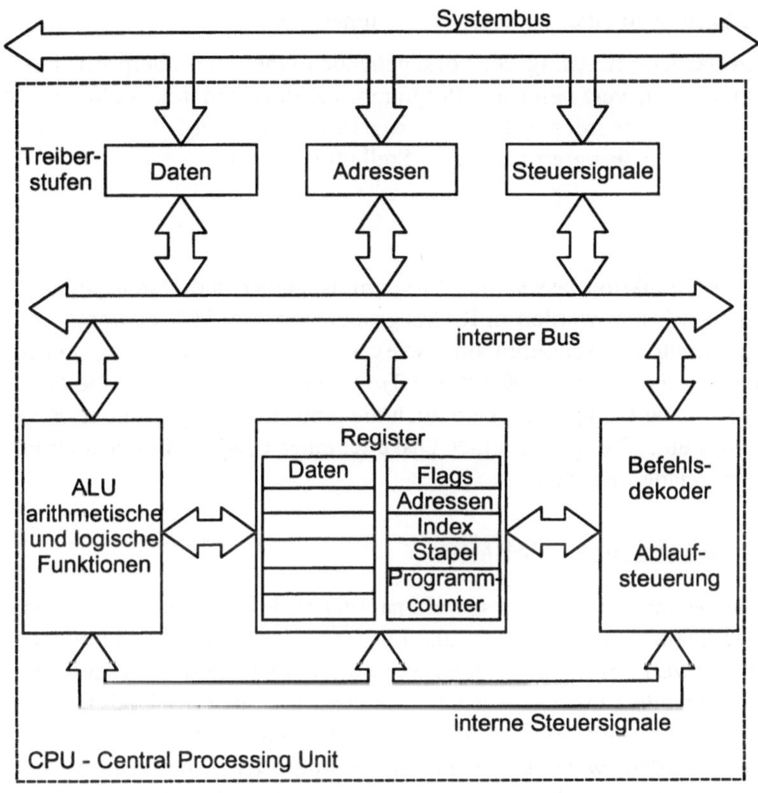

Bild 9.4.2 Blockschaltbild einer CPU (*central processing unit*)

Ein Verarbeitungsablauf soll die Funktion der CPU verdeutlichen. Das Beispiel stellt die Addition zweier Festkommazahlen dar, bei der ein Übertrag auftritt. Die einzelnen numerierten Schritte sollen hier Maschinen-Befehlen entsprechen, mit denen die Funktionen einer spezifischen CPU direkt programmiert werden können. In binär kodierter Form sind diese Befehle im Programmspeicher resident. Der Ablauf könnte folgendermaßen aussehen:

1. Ein Datenwort aus dem Speicher holen und in Register *A* schreiben:

   Dazu wird zunächst eine Adresse, die im Programmierbefehl angegeben wurde, an die Adreßleitungen gelegt und der Datenspeicher über eine Signalleitung des Steuerbusses aufgefordert, das Datenwort auf den Datenbus zu legen. Dieses Datenwort wird dann in das Register *A* geschrieben.

2. Datenworte in den Registern *A* und *B* miteinander verknüpfen:

   Es wird angenommen, das Register *B* enthielte bereits aufgrund vorangegangener Operationen einen Operanden. Die ALU verknüpft beide Operanden durch die Operation Addition. Desweiteren wird gegebenenfalls ein Flag gesetzt, das signalisiert, daß bei der Operation ein Übertrag entstanden ist.

3. Bedingter Sprung zu einer anderen Programmadresse:

   Dazu wird das Übertragsflag der vorangehenden Operation überprüft. Falls ein Überlauf entstanden ist, verzweigt das Programm zu einer anderen Stelle, an der das Programm fortgesetzt werden soll. Der Programmzähler wird dazu neu gesetzt. Ohne
   Übertrag würde das Programm an alter Stelle fortgesetzt.

9.4.3 Speicher

Entsprechend der Funktion lassen sich Programmspeicher und Datenspeicher unterscheiden. Die variablen Daten werden in RAMs gespeichert. Bei Mikrocomputern die speziell
auf eine Anwendung zugeschnitten sind, wie z.B. bei Einchiprechnern, dienen ROMs als
Programmspeicher (siehe auch Kapitel 9.3). Wenn andere Massenspeicher vorhanden
sind, wie bei Personal Computern, sind auch die Anwenderprogramme in RAMs resident,
nachdem sie von einer Festplatte, einer Diskette, einer CD-ROM oder über ein Netzwerk
in den Rechner geladen wurden.

9.4.4 Ein- und Ausgabeeinheiten

Ein- und Ausgabeeinheiten können sowohl parallel als auch seriell arbeiten. Parallele Ein-
und Ausgabeeinheiten werden auch als PIA (*parallel interface adapter*) oder GPIO
(*general purpose I/O*) bezeichnet. Dabei werden alle Datenleitungen gleichzeitig übergeben. Seriell arbeitende Ein- und Ausgabeeinheiten, die auch als UART (*universal asynchronous receiver transmitter*) oder ACIA (*asynchronous communication interface adapter*) bezeichnet werden, wandeln die parallel anliegenden Daten zur Ausgabe in einen
seriellen Bitstrom und umgekehrt, den empfangenen seriellen Bitstrom in ein paralleles
Datenwort. Die Hardware-Realisierung dieser Funktion kann durch ein Schieberegister
mit zusätzlicher Steuerlogik erfolgen. Beispiele für eine parallele Eingabe sind die Verbindung eines AD-Umsetzers mit dem Rechner oder die Abfrage von binären Zuständen.
Eine parallele Ausgabe wird zur Übertragung von Bitmustern zur Ansteuerung von
Schaltern benötigt oder auch zur Ansteuerung von DA-Umsetzern. Serielle Ein- und Ausgabeeinheiten werden zur Verbindung externen Einheiten benötigt. Eine weitverbreitete
serielle Schnittstelle ist die RS 232 (siehe dazu auch Kapitel 16), mit der unter anderem
die Maus mit Personal Computern verbunden wird. Je nachdem, ob die Ein- und Aus-
gabeeinheit über die reguläre Speicheradresse angesprochen wird oder über besondere
I/O-Adressen, wird von *memory mapped I/O* bzw. *I/O mapped I/O* gesprochen.

9.4.5 Interrupt-Steuerung

Die Handhabung von Programmunterbrechungen, sogenannter Interrupts, ist eine wichtige
Fähigkeit von Mikrorechnern. Das laufende Programm wird dabei unterbrochen, um eine
„Sonderaktion" durchzuführen. Das kann zum Beispiel erforderlich sein, wenn ein Meß-
gerät mit einer Messung fertig ist und die Daten abholen lassen möchte. Hat der Rechner
den Interrupt angenommen, arbeitet er nicht mehr am laufenden Programm weiter. Er
sichert den derzeitigen Inhalt seiner Register in einen dafür reservierten Bereich des
RAM-Speichers. Ein sogenannter Stapelzeiger enthält die jeweils aktuelle Adressen beim
Speichern oder Lesen in diesem Bereich. Durch den Interrupt wird weiterhin der Pro-

grammzähler auf den Begin der Interruptverarbeitungsroutine gesetzt, deren Befehle dann bearbeitet werden. Nach Beendigung dieser Routine wird der alte Registerzustand wiederhergestellt und anschließend das alte Programm an der Stelle fortgesetzt, an der es unterbrochen wurde. Meist sind verschiedene Interrupts möglich und es muß dem Rechner mitgeteilt werden, welche am Bus angeschlossenen Einheit bedient oder welche Funktion ausgelöst werden soll. Bei nur einer Interruptleitung kann der Rechner bei mehreren möglichen Interruptquellen durch sogenanntes *polling* softwaremaßig feststellen, welche Quelle den Interrupt ausgelöst hat. Dabei müssen alle Quellen abgefragt werden, ob sie den Interrupt ausgelöst haben. Durch einen Interruptkontroller kann dieser Aufwand umgangen werden. Er teilt dem Prozessor direkt mit, welcher Interrupt ausgelöst wurde und somit, welche Interruptroutine zu bearbeiten ist.

9.4.6 Direct Memory Access

Mit Hilfe eines DMA-Controllers (*direct memory access*) können periphere Einheiten direkt im sogenannten DMA-Betrieb, ohne das Wirken des zentralen Prozessors, auf den Speicher zugreifen. Bei dem Datentransfer zwischen einem Massenspeicher und dem RAM-Speicher wird in der Regel der DMA-Betrieb benutzt. Bei Meßprozessen ist diese Funktion besonders wichtig, wenn größere Datenmengen anfallen und diese schnell in den RAM-Speicher des Rechners eingelesen werden sollen. Da der Prozessor nicht ständig den Daten- und Adreßbus beansprucht, kann der DMA-Controller diese Zeiten für den Datentransfer nutzen.

9.4.7 Zähler und Timer

Durch Zähler- und Timer-Baugruppen können weitere Taktsignale, die durch Teilung aus dem zentralen Takt gebildet worden sind, peripheren Einheiten zur Verfügung gestellt werden. Dazu werden über den zentralen Prozessor in die Baugruppe Zählerstände geladen, die auf Null herabgezählt werden. Eine solche Funktion wird z.B. benötigt, wenn zu bestimmten Zeitpunkten, im Regelfall durch einen Interrupt, eine bestimmte Aktion ausgelöst werden soll. Eine weitere Anwendung von Zählerbausteinen ist die Generierung definierter Verzögerungen. Solche Bausteine entlasten den Prozessor von der Aufgabe, Inkremente zu bilden, d.h. den Inhalt eines Speicherplatzes wiederholt um einen festen Betrag zu erhöhen.

9.4.8 Mehrprozessorsysteme

Besondere Anwendungen mit hoher Verarbeitungsleistung können die Zusammenarbeit mehrerer Prozessoren erfordern. Die gleichzeitige Verarbeitung von Daten wird auch als Parallelverarbeitung bezeichnet. Dem entsprechende Systeme werden als Multiprozessorsysteme bezeichnet. Arbeiten mehrere Prozessoren an einem Bus, koordinieren sogenannte Busarbiter-Baugruppen den Zugriff darauf. Der Busarbiter teilt dem jeweiligen Prozessor mit, wann er den Bus benutzen darf.

Während echte Multiprozessorsysteme mit mehreren gleichartigen Prozessoren seitens der Hardware aufwendig sind und aufgrund der Parallelität der Verarbeitung besondere Software erfordern, läßt sich durch zusätzliche Spezial-Prozessoren leichter eine Steigerung der Rechenleistung erreichen. Arithmetikprozessoren sind spezialisiert auf die Ausführung von Grundrechenarten für Fließkommazahlen. Die schnelle Durchführung dieser Aufgaben wird durch den internen Aufbau unterstützt. Die Rechenleistung kann durch Arithmetikprozessoren um eine Größenordnung verbessert werden.

Einige Ausführungen können auch Funktionen wie Sinus, Tangens u.ä. auf einen Befehl hin berechnen. Arithmetik-Prozessoren können zum einen ausgelegt sein, um als Koprozessoren gemeinsam mit der CPU angesprochen zu werden, oder zum anderen wie ein Ein- und Ausgabekanal. Als Koprozessoren arbeiten sie eng mit der CPU zusammen und werden auch von ihr gesteuert.

Der Koprozessor erkennt, wann eine Operation für ihn bestimmt ist und die CPU ruht während der Zeit in der der Koprozessor seine Berechnungen durchführt. Arithmetikprozessoren, die als Ein- und Ausgabebaustein angesprochen werden, stellen selbständige Einheiten dar. Sie erhalten die Daten für eine Berechnung von der CPU, die während ihrer Berechnungen andere Aufgaben durchführen kann. Nach dem Abschluß der Berechnung holt die CPU die Daten wieder ab.

9.4.9 Signalprozessoren

Mit Signalprozessoren aufgebaute Mikrorechner sind für Algorithmen der Signalverarbeitung optimiert. Sie sind mit eigenen Speichern und Ein- und Ausgabeeinheiten ausgestattet. Signalprozessoren arbeiten im Gegensatz zu den Arithmetikprozessoren mit einem eigenen Programm, daß der Anwender selbst erstellen kann. Damit können bevorzugt komplexe Algorithmen der Signalverarbeitung, digitale Filter oder die diskrete Fourier-Transformation bearbeitet werden.

Ein Beispiel dazu, die Durchführung einer Spektralanalyse, ist in Bild 9.4.3 gezeigt. Der AD-Umsetzer digitalisiert die Daten im Zeitbereich, der Signalprozessor berechnet innerhalb von zeitlichen Beobachtungsabschnitten die gefilterten Meßwerte oder die Spektralkomponenten, die geeignet angezeigt werden. Oft werden Signalprozessoren zur Echzeitverarbeitung eingesetzt. Sie führen dann schritthaltend mit den laufend anfallenden Daten die Verarbeitung durch. Signalprozessoren können sowohl selbständig arbeiten, als auch als Recheneinheit für einen Standardrechner. Einsatzgebiete für den Betrieb mit einem Standardrechner sind z.B. digitale Meßdatenverarbeitung, digitale Regelung, die Bearbeitung von Audiosignalen und Bilddaten. Auch zur Erhöhung der Rechenleistung der regulären CPU können Signalprozessoren eingesetzt werden.

Bild 9.4.3 Einsatz eines Signalprozessors

Erreicht wird die hohe Verarbeitungsgeschwindigkeit durch eine Reihe von Besonderheiten. Signalprozessoren arbeiten oft mit Festkommazahlen, mit denen sich aufgrund der fehlenden Behandlung des Exponenten arithmetische Operationen schneller berechnen lassen. Aber auch Prozessoren für Fließkommazahlen sind verfügbar. Um dabei die Skalierung flexibel und Rundungsfehler klein zu halten und weiterhin Verarbeitungsschritte dadurch einzusparen, indem Datenworte als Ganzes verarbeitet werden, wird meist eine große Wortlänge vorgesehen, 24 oder 32 Bit sind üblich. Die interne Wortlänge ist darüberhinaus meist doppelt so hoch, wie die Wortlänge der Zuleitungen und Speicher.

Durch einen entsprechenden hardwaremäßigen Aufbau werden die Teiloperationen der Maschinenbefehle gleichzeitig durchgeführt (Parallelverarbeitung). Nach dem Fließbandprinzip, das in diesem Zusammenhang als *pipelining* bezeichnet wird, wird bereits zum Zeitpunkt, zu dem ein Maschinenbefehl bearbeitet wird, der nächst folgende dekodiert und der wiederum darauffolgende aus dem Programmspeicher geholt. Dieser Ablauf muß ungünstigerweise unterbrochen werden, wenn datenabhängige Programmverzweigungen auftreten. Dieses Prinzip wird auch teilweise bereits bei universellen Mikroprozessoren eingesetzt.

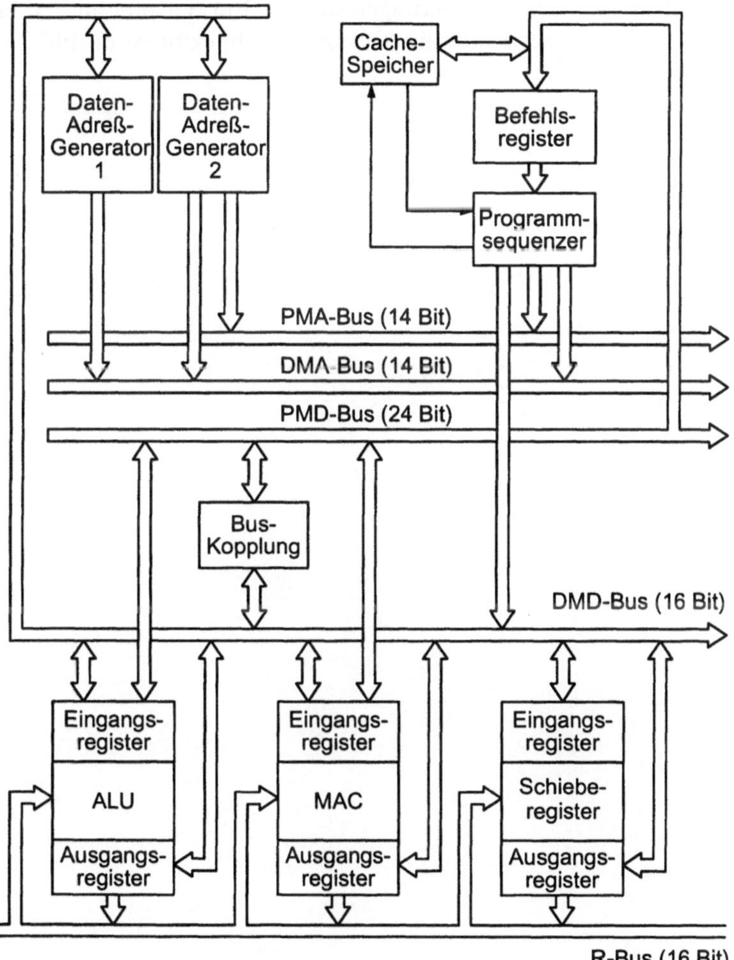

Bild 9.4.4 Blockschaltbild eines Signalprozessors mit modifizierter Havard-Architektur (Firma AMD)

Oft sind weitere Verarbeitungseinheiten vorgesehen. Schieberegister können eine Skalierung der Daten durchführen (die Schiebeoperation um eine Stelle entspricht der Multiplikation oder Division mit dem Faktor zwei). Durch Hardware realisierte Parallelmultiplizierer vermeiden programmierte Multiplikationen, die mehrere Programmschritte benötigen. Eine häufige Aufgabe bei Signalverarbeitungsalgorithmen ist das Addieren von Produkten wie z.B. die Berechnung von Termen der Form $ax + b$. Diese Rechenoperation tritt z.B. auf bei digitalen Filtern und bei der Berechnung von Skalarprodukten. Für diese Operation sehen manche Signalprozessoren eine eigene Verarbeitungseinheit, die als MAC bezeichnet wird, vor.

Eine modifizierte Havardarchitektur liegt vielen Signalprozessoren zugrunde. Sie zeichnet sich durch mehrere parallele Bussysteme und funktional getrennte Speicher aus. Drei Speicher sind vorgesehen, ein Befehlsspeicher und zwei Datenspeicher, die mit den getrennten Bussystemen verbunden sind. Somit können Daten und die Befehlskodes gleichzeitig an die Verarbeitungseinheiten übertragen werden. Ein Beispiel für den Innenaufbau eines Signalprozessors mit einer modifizierten Havardarchitektur ist in Bild 9.4.4 angegeben.

10 Digital-Analog-Umsetzer

10.1 Übersicht

Digital-Analog-Umsetzer (DA) werden in einer Vielzahl von Anwendungen eingesetzt, um Zahlenwerte in proportionale Spannungen oder Ströme umzuwandeln. Digitale Filter oder digitale Regelstufen benötigen DA-Umsetzer, um die Ergebnisse ihrer Verarbeitung in den analogen Prozeß zurückzuführen. Für die Anzeige digitaler Meßwerte mit analogen Anzeigen ist zuvor eine DA-Umsetzung erforderlich. Eine wichtige Anwendung des DA-Umsetzers liegt in der Funktion als steuerbare Referenzspannungsquelle, die unter anderem auch in bestimmten Analog-Digital-Umsetzer-Schaltungen (AD) eingesetzt wird. Wird, als weiteres Beispiel, ein bestimmter analoger Spannungsverlauf als Stimulus benötigt, so können die abgetasteten Werte dieses Spannungsverlaufs von einem Rechner erzeugt, einem Zwischenspeicher zugeführt und von dort aus durch einen DA-Umsetzer in das Analogsignal gewandelt werden. Dieses Funktionsprinzip wird z.B. bei dem arbiträren Signalgenerator (siehe Kapitel 13.1) angewendet.

Allgemein läßt sich der digital dargestellte Zahlenwert, der in eine Spannung umgewandelt werden soll, als Summe der einzelnen Binärstellen ausdrücken:

$$U = v_r \sum_{i=0}^{N-1} d_i \, 2^i \quad . \tag{10.1.1}$$

Der Index i bezeichnet die binäre Stelle und

$d_i \;=\; 1 \quad$ ein gesetzes Bit,

$d_i \;=\; 0 \quad$ ein nicht gesetztes Bit.

d_{N-1} ist das höchstwertige Bit (*most significant bit*), kurz MSB genannt. Entsprechend ist d_0 das niedrigstwertige Bit (*least significant bit*) oder LSB. Die konstante Größe v_r ist ein Proportionalitätsfaktor zwischen dem binären Zahlenwert und der Ausgangsspannung des Umsetzers.

Die Ausgangsspannung U kann nur endlich viele, diskrete Werte annehmen und das Kontinuum der Analogwerte wird durch eine begrenzte Zahl von Werten approximiert. Bild 10.1.1 zeigt das Verhältnis von digitalen zu analogen Größen als Ausgang eines Drei-Bit-Umsetzers. Die Güte der Approximation, die Feinheit der Aufteilung, hängt von der Anzahl der Bits des Digitalwortes ab.

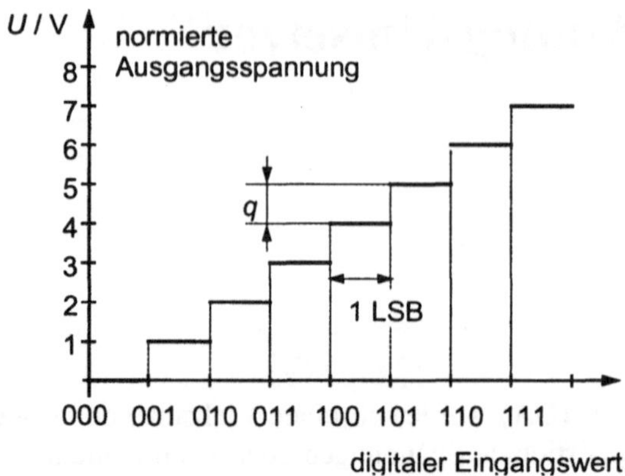

Bild 10.1.1 Normierte Ausgangsspannung eines 3-Bit-D/A-Umsetzers
als Funktion des binären Eingangszahlenwertes

Darüber hinaus werden die Grenzen der DA-Umsetzer durch die verwendeten elektronischen Bauteile bestimmt. Der nutzbare Dynamikbereich des Operationsverstärkers, angegeben durch das Verhältnis von maximaler Ausgangsspannung zu Störungsspannungen, wie z.B. Rauschen, hat Einfluß auf die mögliche Wortlänge und die Umsetzgeschwindigkeit. Zur Einstellung der unterschiedlichen Strom- und Spannungswerte werden Schalter benötigt. In der Regel werden dazu elektronische Halbleiterschalter eingesetzt (siehe Kapitel Halbleiterschalter). Mechanische Schalter und Relais bilden die Ausnahme bei handbedienten Geräten oder Präzisions-Spannungsquellen, bei denen der Sperr- und der Durchlaßwiderstand der Transistoren nicht groß bzw. klein genug ist. Die Zeitdauer der Umsetzung wird wesentlich durch die Eigenschaften der Schalttransistoren beeinflußt.

Die einfachste Form eines DA-Umsetzers besteht aus einer Bank von umschaltbaren Spannungsteilern. Da dabei für jeden Wert ein Schalter benötigt wird, ist dieses Prinzip nur in Sonderfällen sinnvoll.

Die Summenformel in Gl. 10.1.1 stellt zugleich das Umsetz-Prinzip der meisten Verfahren dar. Den Bits des digitalen Wortes werden entsprechend gewichtete Ströme oder Spannungen zugeordnet, die zu dem Analogwert summiert werden. Die hauptsächlichen Verfahren sind DA-Umsetzung mit einem Addiernetzwerk und mit gewichteten Strömen sowie mit einem Leiternetzwerk. Darüber hinaus werden aber auch Mischformen angewendet (z.B. [Tietze91], [Eckl88]).

Ein anderes Umsetzprinzip, das der integrierenden Umsetzer, beruht auf der Mittelwertbildung einer Pulsfolge über einen festen Zeitabschnitt. Die Zeit übernimmt dabei über das Tastverhältnis die Rolle einer Zwischengröße. Bei gleichen Anforderungen sind bei diesem Prinzip auf der analogen Seite nur wenige Bauelemente mit vergleichsweiser geringerer Präzision erforderlich. Dagegen ist der Aufwand beim Digitalteil und beim Signalschalter höher, da sie für höhere Verarbeitungs-Geschwindigkeiten ausgelegt sein müssen [Völz89].

10.2 Addition gewichteter Ströme und Spannungen

10.2.1 Addiernetzwerk

Das Schaltbild eines parallelen Drei-Bit-Spannungs-Umsetzers ist in Bild 10.2.1 dargestellt. Die zu wandelnde Information liegt in den Flip-Flops eines Registers gespeichert vor. Die Register steuern mit ihren Ausgängen d_i eine Gruppe von Wechselschaltern. Abhängig davon, ob am jeweiligen Ausgang eine „1" oder eine „0" anliegt, wird eine Referenzspannung U_{ref} oder das Bezugspotential über einen Widerstand auf den Eingang eines Summierverstärkers geschaltet. Die Widerstände sind so gewichtet, daß ausgehend vom LSB das jeweils höherwertige Bit eine Spannungsänderung doppelter Amplitude hervorruft. Jedes Bit schaltet einen Spannungswert an oder ab. Die nachfolgende Operationsverstärkerschaltung summiert die Teilspannungen und multipliziert sie mit einem konstanten Wert. Die resultierende Ausgangsspannung entspricht dem Digitalwert.

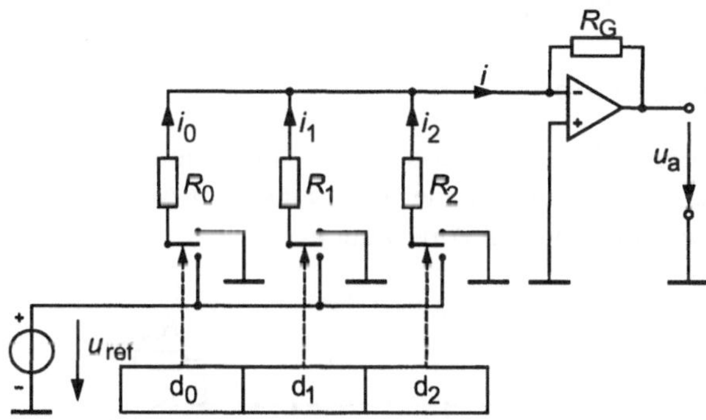

Bild 10.2.1 Einfacher D/A-Spannungsumsetzer als Summationsstufe

Der Summierverstärker ist eine Variante eines gegengekoppelten invertierenden Verstärkers (siehe Kap. 8.3). Es gelten die Beziehungen

$$-i_G = i_0 + i_1 + i_2 \tag{10.2.1}$$

und

$$i_i = \frac{U_{ref}}{R_i} \; . \tag{10.2.2}$$

Eingesetzt in

$$u_a = i_G \, R_G \tag{10.2.3}$$

ergibt sich

$$u_a = -R_G \, U_{ref} \left(\frac{d_0}{R_0} + \frac{d_1}{R_1} + \frac{d_2}{R_2} \right) \tag{10.2.4}$$

als Ausgangsspannung des DA-Konverters. Wird das Verhältnis der Widerstandswerte durch $R_0 = R$, $R_1 = R/2$, $R_2 = R/4$ vorgegeben, ist die Umsetzerkonstante v_r in Gl.(10.1.1) durch

$$v_r = \frac{U_{ref}\, R_G}{R} \qquad (10.2.5)$$

gegeben.

Die Werte der Eingangswiderstände des Summiernetzwerks sind, wie oben dargestellt, umgekehrt proportional zur Zweierpotenz der jeweiligen Binärstelle. Als Folge müssen in dem Summiernetzwerk bei der höchsten Binärstelle sehr kleine, bei der niedrigsten Binärstelle sehr große Widerstände eingesetzt werden. Besonders bei großen Wortlängen können dann die erforderlichen Widerstandswerte in der Größenordnung der Durchlaßwiderstände und Sperrwiderstände der Schalttransistoren liegen. Im Sinne einer hohen Genauigkeit ist es daher wichtig, daß sich die Größenordnung der Widerstände von der Größenordnung der Durchlaß- und Sperrwiderstände der Schalttransistoren unterscheidet. Diese Forderung begrenzt die mögliche Wortlänge bei dieser Schaltungsvariante.

10.2.2 Gewichtete Stromquellen

In integrierten bipolaren Schaltungen lassen sich Stromquellen leichter als Präzisionswiderstände realisieren. Aus diesem Grunde findet eine dem Addiernetzwerk entsprechende Schaltungsvariante mit Stromquellen Anwendung.

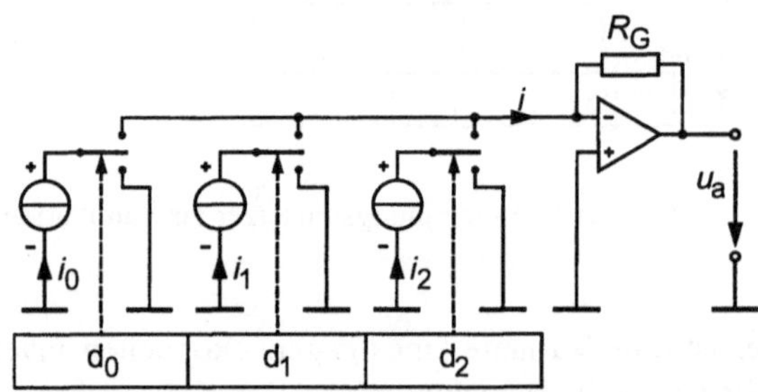

Bild 10.2.2 D/A-Spannungsumsetzer mit gewichteten Stromquellen

Das Prinzip ist in Bild 10.2.2 dargestellt. Eine Bank von Stromquellen erzeugt gewichtete Ströme entsprechend der Binärstellen: für das höherwertige von zwei Bits liefert die zugehörige Stromquelle den doppelte Strom. Die Summierung der Ströme erfolgt durch eine invertierende Operationsverstärkerschaltung. Die Ausgangsspannung ist dann durch

$$u_a = -R_G (d_0\, i_0 + d_1\, i_1 + d_2\, i_2) \qquad (10.2.6)$$

gegeben. Mit der oben angegebenen Wichtung $i_0 = i$, $i_1 = 2i$ und $i_2 = 4i$ ergibt sich die Umsetzkonstante

$$v_r = -R_G\, i \quad . \qquad (10.2.7)$$

Die praktische Realisierung integrierter DA-Umsetzer in bipolarer Technologie ist in Bild 10.2.3 gezeigt. Sie arbeitet nach dem Prinzip des Stromspiegels [Tietze91], Bezugsgröße ist der Strom I_{ref} durch T_3.

Die Stromquellen sind durch Multiemittertransistoren realisiert. Alle Basen und Emitter der Transistoren der Stromquellen sind zusammengeschaltet, so daß die Potentialdifferenz zwischen Basis und Emitter bei allen Transistoren gleich ist. Der Strom durch die Stromquellen ist dann proportional der Anzahl der Emitter. Als Schalter werden Diodenschalter mit kleinen Sperrströmen eingesetzt.

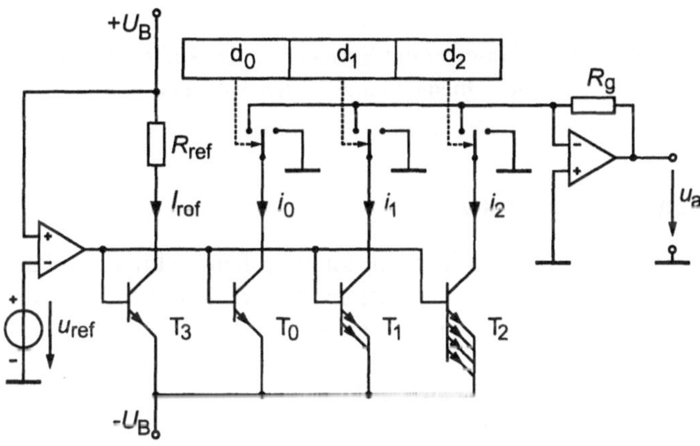

Bild 10.2.3 D/A-Spannungsumsetzer mit Multiemittertransistoren

Wie auch bei dem Additionsnetzwerk mit Widerständen sind hier die Verhältnisse von größter und kleinster Ausgangsspannung nicht beliebig groß werden. Die Flächen für die Emitter sind durch Erfordernisse der Technologie limitiert. Eine Lösung bildet die Kaskadierung mehrerer solcher Stufen.

10.3 Leiternetzwerke

Bild 10.3.1 zeigt die Schaltung eines DA-Umsetzers mit einem Netzwerk am Eingang des Summierverstärkers, das im Vergleich zum Addiernetzwerk eine große Variation der Widerstandswerte vermeidet. Wegen der Struktur, die sich aus gleichen wiederholt eingesetzten Komponenten zusammensetzt, wird diese Schaltung als Leiternetzwerk bezeichnet. Diese Schaltung eignet sich besonders für die integrierte Fertigung, da nur zwei verschiedene Widerstandstypen mit den Werten R und $2R$ benötigt werden. Typische DA-Umsetzer in CMOS-Technologie verwenden Leiternetzwerke. Je nach Zusammenschaltung von Leiternetzwerk, OP und Referenzspannung wurden zwei im folgenden dargestellte Schaltungsvarianten unterschieden.

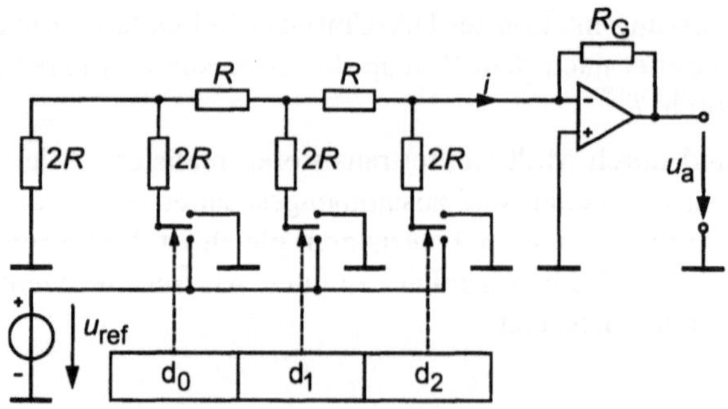

Bild 10.3.1 D/A-Umsetzer mit Einspeisung der Referenzspannung
an den Gliedern eines Leiternetzwerks

10.3.1 Schalten der Referenz

Die Ausgangsspannung, als Resultat der eingestellten Bitkombination, läßt sich durch die
Überlagerung der in den Knoten am Operationsverstärker fließenden Ströme bestimmen.
Der Einfluß des niederwertigen Bits ergibt den Strom

$$i = \frac{U_{\text{ref}}}{8R} \qquad \text{für} \quad d_0 = 1, \quad d_1 = d_2 = 0 \ . \tag{10.3.1}$$

Dieser Strom fließt, wenn das nullte Bit a_0 gleich 1 ist und alle anderen Bits zu Null
gesetzt sind. Entsprechend bewirken die höherwertigen Bits den Strom

$$i = \frac{U_{\text{ref}}}{4R} \qquad \text{für} \quad d_1 = 1, \quad d_0 = d_2 = 0 \ ,$$

$$i = \frac{U_{\text{ref}}}{2R} \qquad \text{für} \quad d_2 = 1, \quad d_0 = d_1 = 0 \ , \tag{10.3.2}$$

Der resultierende Strom ergibt sich aus der Überlagerung der Beiträge der einzelnen Bits.
Entsprechend der Beschreibungen des Summierverstärkers ist dann die Ausgangsspannung durch

$$U = -U_{\text{ref}}\, R_{\text{G}} \left(\frac{d_0}{8R} + \frac{d_1}{4R} + \frac{d_2}{2R} \right) \tag{10.3.3}$$

gegeben. Allgemein ist die Umsetzerkonstante v_{r} in Gl.(10.1.1) dieser Schaltung für
einen N-Bit Umsetzer durch

$$v_{\text{r}} = \frac{-U_{\text{ref}}\, R_{\text{G}}}{2^N R} \tag{10.3.4}$$

gegeben.

10.3.2 Schalten des Operationsverstärker-Eingangs

Ein zweite Variante eines Leiternetzwerks, aufgebaut ähnlich einer Summierstufe, ist in Bild 10.3.2 dargestellt. Der Vorteil gegenüber der ersten Variante besteht darin, daß an den Schaltern nur kleine Spannungen anliegen und die Referenzspannungsquelle weitgehend unabhängig von der eingestellten Spannung belastet wird. Die Widerstände mit dem Wert $2R$ liegen unabhängig von der Stellung der Schalter auf dem Nullpotential.

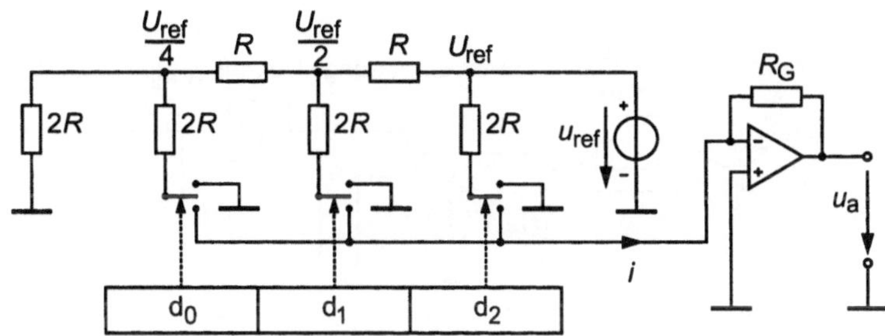

Bild 10.3.2 D/A-Umsetzer mit Einspeisung der Referenzspannung
am Eingang eines Leiternetzwerks

Wie auch bei dem oben beschriebenen Leiternetzwerk teilt jede Stufe die Referenzspannung um die Hälfte. Die Ausgangsspannung des DA-Umsetzers läßt sich wiederum aus der Überlagerung der einzelnen Bits ermitteln, wobei der Einfluß des höchstwertigen Bits den Strom

$$i = \frac{U_{\text{ref}}}{2R} \qquad \text{für} \quad d_2 = 1, \quad d_0 = d_1 = 0 \ . \tag{10.3.5}$$

ergibt. Entsprechend bewirken die niederwertigen Bits den Strom

$$i = \frac{U_{\text{ref}}}{4R} \qquad \text{für} \quad d_1 = 1, \quad d_0 = d_2 = 0 \ ,$$

$$i = \frac{U_{\text{ref}}}{8R} \qquad \text{für} \quad d_0 = 1, \quad d_1 = d_2 = 0 \ , \tag{10.3.6}$$

Der resultierende Strom i ergibt sich wiederum aus der Überlagerung der Einzelströme. Die Ausgangsspannung ist durch

$$U = -U_{\text{ref}} \, R_G \left(\frac{d_0}{8R} + \frac{d_1}{4R} + \frac{d_2}{2R} \right) \tag{10.3.7}$$

gegeben, die Umsetzerkonstante v_r in Gl. 10.1.1 durch

$$v_r = \frac{-U_{\text{ref}} \, R_G}{2^N R} . \tag{10.3.8}$$

10.4 Integrierende Umsetzer

Bei integrierenden Umsetzern erfolgt die Umsetzung in zwei Stufen. In der ersten Stufe wird der digitale Wert in eine Impulsfolge umgewandelt. Die zweite Stufe bildet mit einem Tiefpaßfilter einen Mittelwert, der dem analogen Spannungswert entspricht. Im einfachsten Falle ist das Tiefpaßfilter durch ein *RC*-Glied realisiert. Dieses Prinzip ist in Bild 10.4.1 dargestellt.

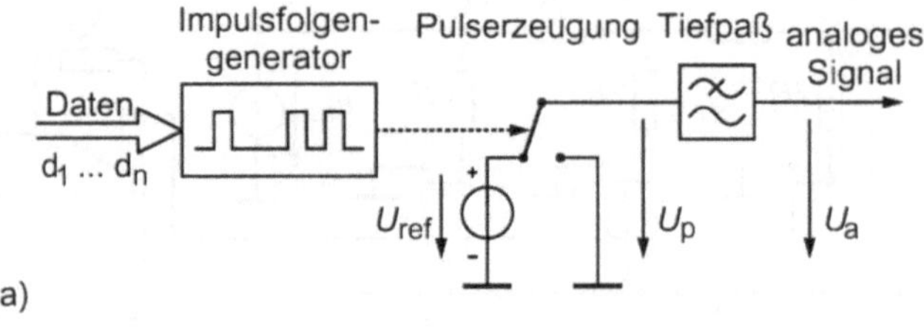

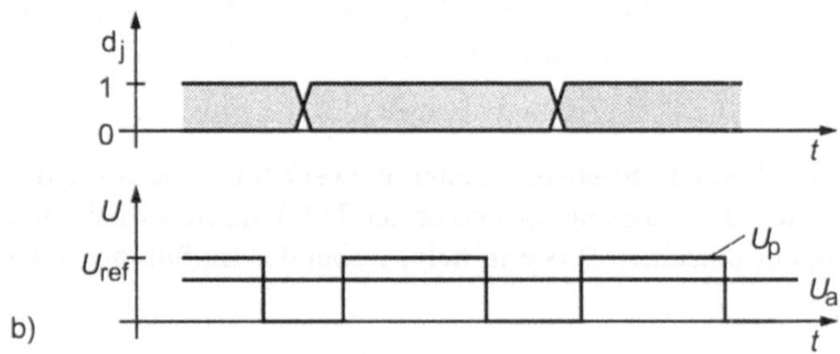

Bild 10.4.1 Integrierende D/A-Umsetzer: a) Prinzipschaltung,
b) Verlauf der Impulsfolge u_p und der Ausgangsspannung u_a

Zur Erzeugung dieser Impulsfolgen können unterschiedliche Schaltungen eingesetzt werden. In Bild 10.4.2 bis Bild 10.4.4 sind drei Varianten dargestellt, die die Abtastwerte in eine Impulsfolge wandeln. Die ersten beiden Schaltungen beeinflussen das Tastverhältnis der Impulsfolge, indem die Pulsdauer oder die Pulsrate beeinflußt wird. In der Übertragungstechnik werden diese Beeinflussung der Impulsfolgen als Pulslängen bzw. Pulsfrequenzmodulation bezeichnet. Die dritte Variante ist eine Impulsfolge, bei der das mittlere Tastverhältnis zwischen Null- und Eins-Pegel während eines Abtastintervals beeinflußt wird. Entscheidendes Merkmal aller Impulsfolgen ist ein Mittelwert über ein Abtastinterval, der dem Digitalwert proportional ist. Damit stellt die Zeit (speziell die Dauer des Einspegels innerhalb der Impulsfolge) eine Zwischengröße dar. Die Erzeugung der Impulse kann mit Mitteln der Digitalelektronik erfolgen. Die verwendete Taktrate ist dabei um ein Vielfaches höher als die Rate der anfallenden Datenworte.

10.4.1 Pulsrate als Zwischengröße

Impulsfolgen mit steuerbaren Pulsraten lassen sich durch eine Schaltung entsprechend dem Bild 10.4.2 erzeugen. Bei dieser Herangehensweise ist es erforderlich, daß die resultierende Pulsrate sehr viel höher als die Abtastrate liegt. Ein Binärzähler wird rückwärts mit einer hohen Taktrate von Maximalwert bis auf den Wert des Datenwortes fortgeschaltet. Ein Vergleicher liefert einen Impuls, wenn Zählerstand und Datenwort identisch sind. Daraus wird zum einen ein Impuls definierter Länge und Amplitude geformt, der an die Tiefpaßschaltung weitergeleitet wird. Zum anderen setzt dieser Impuls den Zähler wieder auf seinen Maximalwert und startet ihn erneut. Der Wert des Datenwortes ist umgekehrt proportional der Dauer des Zeitintervalls zwischen zwei Pulsen, und somit proportional zu der Pulsrate.

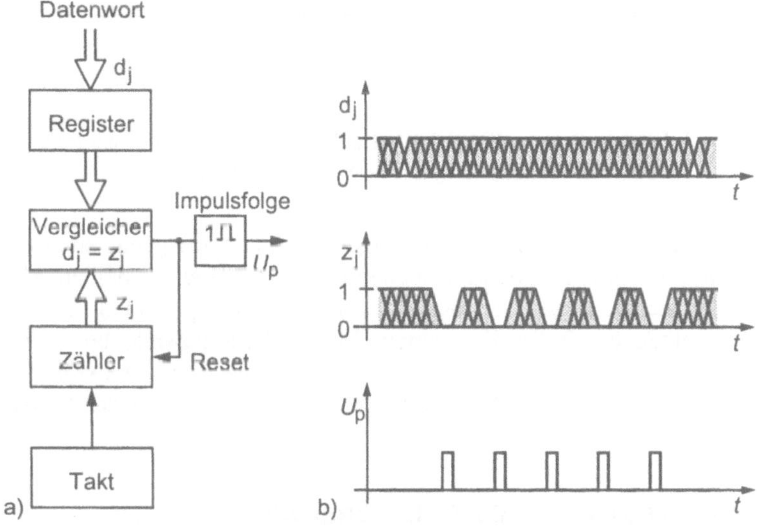

Bild 10.4.2 Erzeugung einer Pulsfolge variabler Pulsrate und konstanter Pulsdauer:
a) Prinzipschaltung, b) Verlauf der Signale

10.4.2 Pulsdauer als Zwischengröße

Bei der zweiten Schaltungsvariante in Bild 10.4.3 wird durch einen Zähler die Pulsdauer beeinflußt. Mit dem Eintreffen des Datenwortes wird der Zähler gestartet. Eine Vergleicherschaltung, die sich von der in Bild 10.4.2 unterscheidet, gibt den logischen Einspegel aus, solange der Zählerstand kleiner als das Datenwort ist, und den Nullpegel, sobald der Zählerstand größer ist. Aus dem Signal des Vergleichers werden Pulse geformt, deren Dauer proportional zu dem Datenwort sind. Um den vollen Aussteuerbereich abzudecken, ist die Taktrate des Zählers bei N Bit um den Faktor 2^N höher zu wählen, als die Abtastrate der Datenworte.

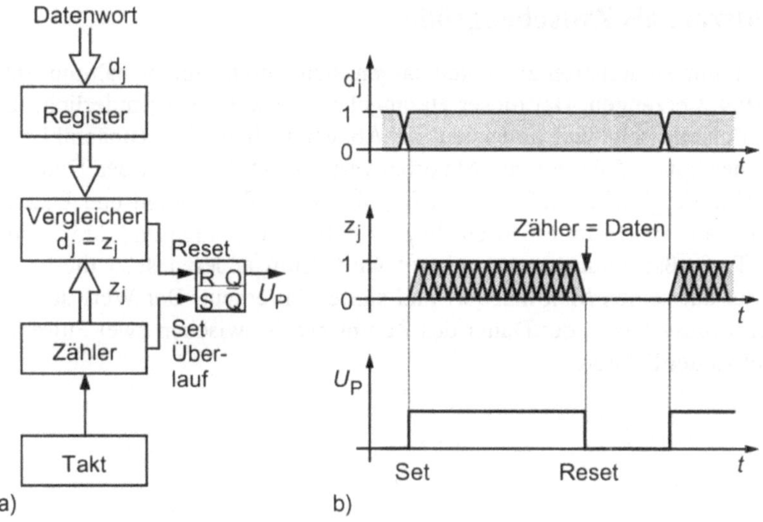

Bild 10.4.3 Erzeugung einer Pulsfolge variabler Pulsdauer und konstanter Pulsrate:
a) Prinzipschaltung, b) Verlauf der Signale

Nachteilig bei diesem Verfahren ist die niedrige Impulsrate, die genau so groß ist, wie die
Abtastrate. Sind im Signal Frequenzkomponenten in der Nähe der halben Abtastrate ent-
haltenen, werden steilflankige Filter benötigt, um Signalkomponenten von den störenden
Spektralkomponenten der Pulse zu trennen. Eine höhere Pulsrate bei gleichmäßigerer
Verteilung von Null- und Einspegeln innerhalb eines Abtastintervalls würde eine bessere
Trennung von Signal- und Pulsanteilen ermöglichen, und führt auf das folgende Verfah-
ren.

10.4.3 Pseudozufallsfolge als Zwischengröße

Die in Bild 10.4.4 dargestellte Schaltung arbeitet ähnlich wie die Schaltung in Bild
10.4.3, im Gegensatz dazu sind die Bitleitungen zwischen Zähler und Vergleicher vertauscht. In Verbindung mit einem speziellen Vergleicher, der den Einspegel für „Daten
größer als vertauschte Zählerbits" und den Nullpegel für „Daten kleiner als vertauschte
Zählerbits" ausgibt, wird eine Pseudozufalls-Impulsfolge erzeugt. Damit bleibt die mittlere Zeit der Pulse auf logischem Einspegel genauso groß wie bei der vorangehenden
Schaltung, bei der Pseudozufalls-Impulsfolge, die der Vergleicher liefert, sind jedoch
Null- und Einszustände regellos über das Abtastintervall verteilt. Da alle Kombinationen
durchlaufen werden entspricht der Mittelwert, der über der Periode eines Zählerdurchlaufs
gebildet wird, wie im vorangehenden Beispiel dem entsprechenden Analogwert. Die
Taktrate der Zustandswechsel ist um das 2Nfach höher. Durch diesen häufig erfolgenden
Wechsel zwischen den Zuständen erhält die Impulsfolge U_p eine andere spektrale Verteilung, hin zu höheren Frequenzen. Damit werden die Anforderungen an das nachgeschaltete Tiefpaßfilter verringert. Der Vergleicher benötigt hier eine etwas aufwendigere Schaltung als im vorangehenden Beispiel, da für jeden Zählerschritt ein größer-kleiner-
Vergleich durchgeführt wird.

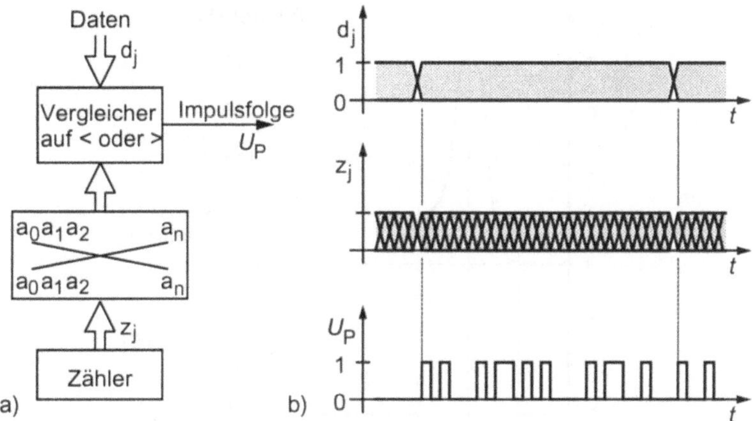

Bild 10.4.4 Erzeugung einer Pseudozufalls-Impulsfolge mit einer Pulsrate, die ein Vielfaches
höher als die Abtastrate ist:
a) Prinzipschaltung, b) Verlauf der Signale

10.5 Fehlererscheinungen

Bei DA-Umsetzern treten neben den Fehlern durch Ungenauigkeiten der Bauteile je nach
Prinzip spezielle Fehlererscheinungen auf. Bei Addiernetzwerken und Leiternetzwerken
sind die Genauigkeitsanforderungen an die Referenzbauteile und Schaltelemente besonders hoch. Bei den Mittelwert bildenden Umsetzern ist der Aufwand zum Digitalteil bzw.
zur Erzeugung einer Impulsfolge verlagert.

Typisch ist bei diesen Verfahren das Auftreten von Glitches. Da es nicht möglich, mehrere Gatter oder auch FET-Schalter absolut gleichzeitig zu schalten, werden immer geringe
Verzögerungen zu verzeichnen sein, die darüber hinaus noch temperatur- oder alterungs-
abhängig sind. Dadurch können, insbesondere wenn mehrere Gatter gleichzeitig umschalten, unerwünschte Nadelimpulse hervorrufen, die als Glitches bezeichnet werden. Dieser
Effekt ist in Bild 10.5.1 a) gezeigt. Ausgehend von einem Drei-Bit Wandler sind die
korrespondierenden Dezimal- und Binärzahlen aufgetragen. Beim Übergang von der Zahl
drei nach vier ändern sich alle drei Bit. In Bildteil b) ist der Übergang vergrößert dargestellt. Wenn durch geringe Laufzeitunterschiede das nullte Bit schon gesetzt ist, während
Bit eins und zwei schon von Null auf eins geschaltet sind, hat das zur Folge, daß kurzfristig alle Bits gesetzt sind. Diese Bitkombination entspricht der Zahl sieben. Folglich
wird der DA-Wandler kurzfristig den zur Zahl sieben gehörigen Spannungswert ausgeben,
obwohl dieser Spannungswert nicht wirklich vorgegeben war. Da er nur für kurze Zeitdauer ausgegeben wird, erscheint er als Nadelimpuls. Bei anderen Kombinationen treten
entsprechende Effekte auf.

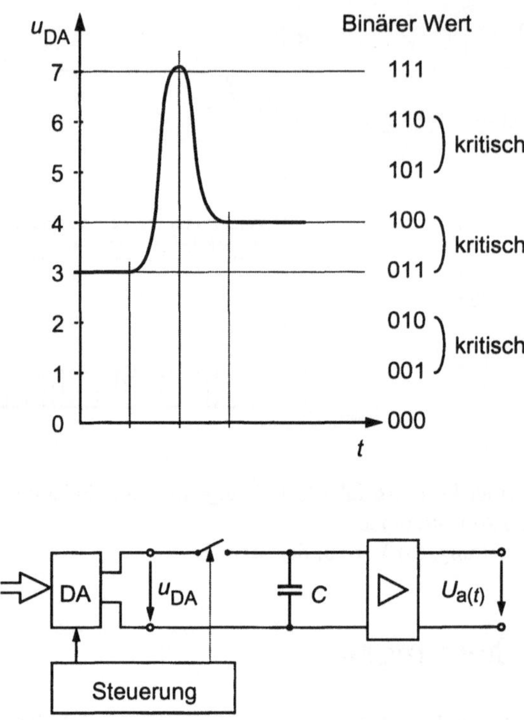

Bild 10.5.1 *Glitches*: a) Entstehung, b) Vermeidung durch eine Abtast-Haltestufe

Prinzipiell ließen sich solche Nadelimpulse durch einen Tiefpaß unterdrücken, jedoch würde ein Tiefpaß auch den originalen Kurvenverlauf beeinflussen. Günstiger ist eine Abtasthaltestufe, die auf diese Anwendung optimiert ist und als *beglitcher* bezeichnet wird. Diese Variante ist in Bildteil b) dargestellt. Während der Abtastphase wird der durch den DA-Umsetzer erzeugte Spannungswert direkt an den Ausgang der Stufe übertragen. Während der Haltephase, die bei jeder Umschaltung des Spannungswertes eingelegt wird, bestimmt die Kondensatorspannung die Ausgangsspannung der Stufe.

Bei integrierenden Umsetzern können keine Glitches auftreten. Bedingt durch das Arbeitsprinzip weisen Sie darüber hinaus vergleichsweise kleine differentielle Nichtlinearitäten auf. Missing-Codes können nicht auftreten. Integrierende Umsetzer stellen geringere Anforderungen an die Analogbauteile, dafür ist der Digitalteil aufwendiger. Das dynamische Verhalten, insbesondere die Zeit, die der DA-Umsetzer benötigt um vom Minimalwert auf den Maximalwert zu springen, wird im wesentlichen durch die Wahl des Tiefpaßfilters bestimmt. Aufgrund der erforderlichen hohen Taktfrequenz liegt der Einsatzbereich integrierender Wandler vorwiegend bei niedrigen Frequenzen (NF-Bereich).

11 Analog-Digital-Umsetzer

11.1 Übersicht über Umsetzverfahren

Eine zentrale Aufgabe der digitalen Meßtechnik ist die Umsetzung analoger Spannungs-werte in digital dargestellte Zahlenwerte. In Verbindung mit zeitlicher Abtastung werden aus zeitkontinuierlichen Signalen zeitdiskrete Signale, d.h. eine Serie von Zahlenwerten zu Zeitpunkten in gleichen Zeitintervallen. Analog-Digital-Umsetzer (AD-Umsetzer) übernehmen die Diskretisierung der Amplituden zu Zeitpunkten, die durch eine äußere Ansteuerung festgelegt sind.

Die Tabelle 11.1.1 zeigt die Vielfalt der Verfahren zur AD-Umsetzung und stellt typische Merkmale einander gegenüber. Zwei wichtige Größen sind die maximale Geschwindig-keit der Abtastung und die Genauigkeit. Beide Merkmale lassen sich nicht gleichzeitig optimieren: eine hohe Genauigkeit ist nur bei geringen Abtastraten zu erreichen und eine hohe Abtastrate nur bei einer vergleichsweise geringen Genauigkeit.

Eine Spannungsmessung läuft in jedem Falle auf einen Vergleich mit Bezugswerten hin-aus, die auf unterschiedliche Weisen durchgeführt werden können. Die Konstrukti-onsprinzipien unterscheiden sich in der Anzahl der Komparatoren, die diese Vergleiche durchführen, in der Anzahl der Vergleichsschritte und in der Anzahl der Vergleichsspan-nungen. Die Anzahl der Vergleichspannungen und Komparatoren bestimmen einen we-sentlichen Teil des Schaltungsaufwandes, die Anzahl der Vergleichsschritte geht in die Umsetzzeit ein.

Analog-Digital-Umsetzer nach dem parallel arbeitenden Flash-Converter arbeiten am schnellsten. Diese Umsetzer setzen den Momentanwert des Signals direkt ohne weitere Zwischenschritte in einem binären Zahlenwert um. Sie lassen sich im Vergleich zu ande-ren Umsetzern nur für kleine Wortlängen realisieren. Kaskadenumsetzer arbeiten ähnlich, benötigen jedoch zwei Vergleichsschritte. Bei den nach dem Wägeverfahren (*sukzessive Approximation*) arbeitenden Umsetzern wird nacheinander durch Vergleich mit dem Wert eines Digital-Analog-Umsetzers der Wert jeder Binärstelle einzeln ermittelt. Zählverfah-ren und Verfahren die Pulsrate oder Pulsdauer als Zwischengröße bei der Umsetzung verwenden, arbeiten am langsamsten und kommen mit einem vergleichsweise geringen analogen schaltungstechnischen Aufwand aus. Integratoren und Zähler sind zentrale Be-standteile solcher Schaltungen.

Ein weiteres Kriterium ist die Art der Umsetzung. Die Flash-Converter eignen sich für eine Abtastung, bei der die Spannung zu einem definiertem Zeitpunkt in den Binärwert umgesetzt wird. Kaskaden-Umsetzer oder kompensierende Umsetzer erfordern während der Meßzeit einen unverändert anliegenden Meßwert.

Tabelle 11.1.1 Übersicht über Verfahren zur Analog-Digital-Wandlung

Umsetzprinzip	Parallelverfahren		Kompensationsverfahren	
	Flash-Converter *word at a time*	Kaskaden-Umsetzer	sukzessive Approximation *digit at a time*	zählendes Verfahren *step at a time*
Anzahl der Vergleichsschritte	1	2	N	$2N$
Anzahl der Komparatoren	$2^N - 1$	$2(2^{N/2} - 1)$	1	1
Anzahl der Vergleichsspannungen	$2^N - 1$	$2(2^{N/2} - 1)$	2^N mit DA	2^N mit DA
Typische Wortlänge	6-8 Bit	10-12 Bit	8-16 Bit	8-16 Bit
Typische Abtastrate	10 - 500 MS/s	1 - 50 MS/s	1 - 1000 kS/s	< 1kS/s
Art der Umsetzung	abtastend	abtastend mit SH	abtastend mit SH	nachlaufend abtastend mit SH
Anwendungsgebiet	DSO, Transientenrecorder, Recorder, Videosignale		Data-Logger, Audiosignale, Meßtechnik	

Umsetzprinzip	Zwischengröße Pulsrate Ladungsausgleich	Zwischengröße Zeit Dual Slope	Delta-Sigma
Anzahl der Vergleichsschritte	kontinuierlich	kontinuierlich	2^N
Anzahl der Komparatoren	1	1	1
Anzahl der Vergleichsspannungen	1	1	1 oder mehrere mit DA
Typische Wortlänge	10-20 Bit	10-20 Bit	10-20 Bit
Typische Abtastrate	1 kS/s	1 kS/s	1 kS/s
Art der Umsetzung	integrierend	integrierend	nachlaufend
Anwendungsgebiet	Präzisionsmeßtechnik		

Bei zählenden Umsetzern, die dem Meßwert „nachlaufen", ist die Umsetzzeit von der Änderung des Meßwertes abhängig. Mit einer zwischengeschaltete Abtasthalte-Stufe, die dafür sorgt, daß die Abtastung zu einem definiertem Zeitpunkt erfolgt und sich der Analogwert während der Umsetzzeit nicht ändert, lassen sich diese Umsetzer ebenfalls zur Abtastung einsetzen. Integrierende Umsetzer setzen nicht den Momentanwert um sondern einen Mittelwert der über die Meßzeit gebildet wird. Ausgenommen ist davon eine Variante des Wilkinson-Umsetzers, der den Spitzenwert innerhalb eines Meßintervals umsetzt. Integrierende und zählende Umsetzer zeichnen sich durch geringe differentielle Nichtliniaritäten (DNL) aus.

Entsprechend der Aufteilung in parallele, kompensierende Umsetzer sowie Umsetzer mit einer Pulsrate oder der Pulsdauer einer Impulsfolge als Zwischengröße, werden diese Umsetzer im folgenden beschrieben.

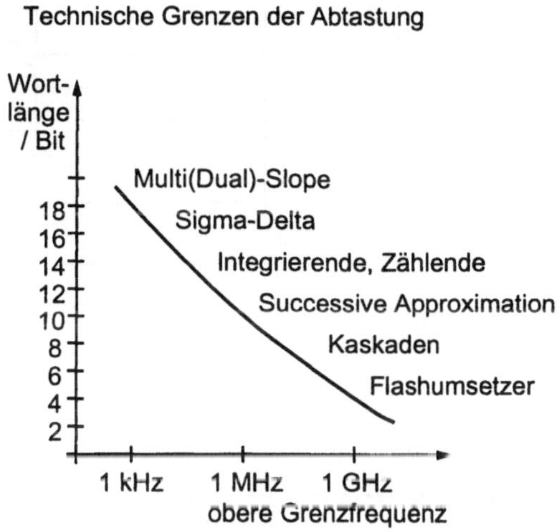

Bild 11.1.1 Frequenzbereich und Auflösung mit verschiedenen Verfahren zur AD-Umsetzung

11.2 Parallelverfahren

11.2.1 Flash-Converter

Bild 11.2.1 zeigt die Schaltung eines Parallel-Analog-Digital-Umsetzers. Wichtige Elemente in dieser Schaltung sind Komparatoren, die zwei stabile Ausgangszustände einnehmen können. Ist die Differenzspannung beider Eingänge nur um einen kleinen Betrag positiv, stellt sich das logische 1-Potential als Ausgangsspannung des Komparators ein. Ist sie negativ, liegt das logische 0-Potential am Ausgang.

Ein Spannungsteiler teilt die Referenzspannung in eine Reihe von Teilspannungen, die entsprechend dem kleinsten Spannungsschritt gestaffelt sind. Diese Teilspannungen liegen an den invertierenden Eingängen der Komparatoren. Alle nichtinvertierenden Eingänge der Komparatoren sind zusammengeschaltet und mit der Eingangsspannung verbunden. Die Ausgänge der Komparatoren signalisieren durch ihr logisches 1- oder 0-Potential, ob die angelegte Spannung größer oder kleiner als die Referenzspannung am Komparator ist. Um einen Wert mit einer Auflösung von N-Bit umzusetzen, werden ($2^N - 1$) Komparatoren benötigt.

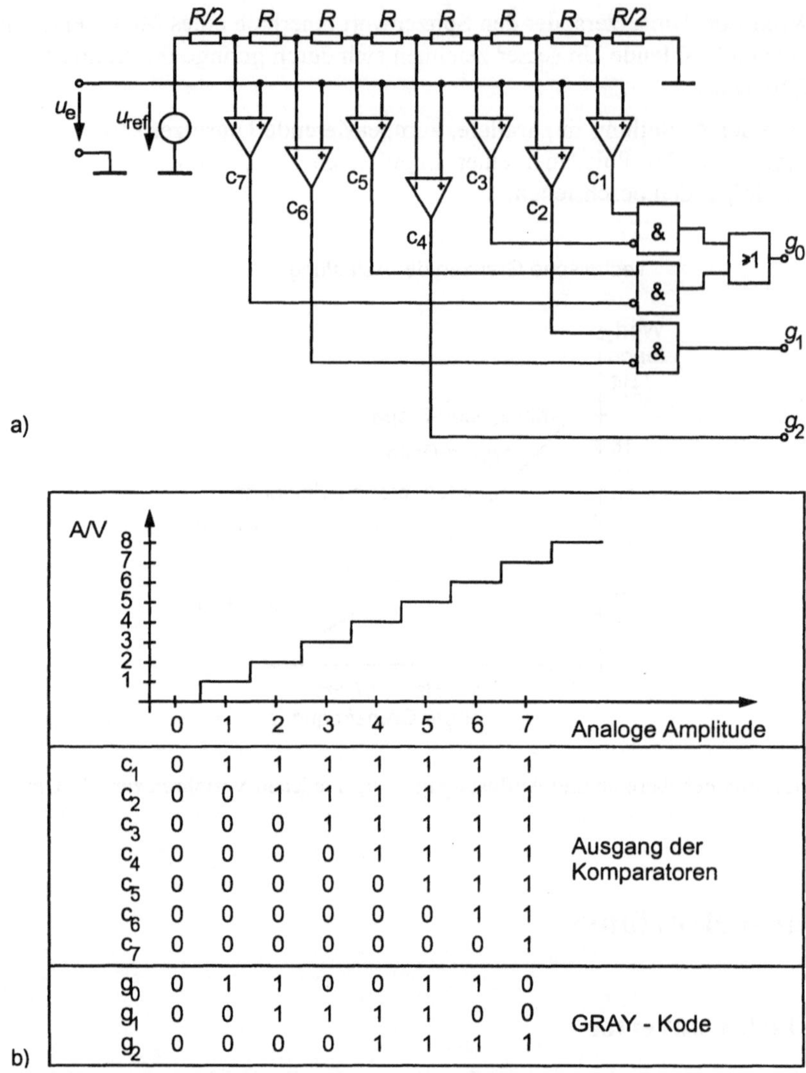

c_1	0	1	1	1	1	1	1	1	
c_2	0	0	1	1	1	1	1	1	
c_3	0	0	0	1	1	1	1	1	
c_4	0	0	0	0	1	1	1	1	Ausgang der
c_5	0	0	0	0	0	1	1	1	Komparatoren
c_6	0	0	0	0	0	0	1	1	
c_7	0	0	0	0	0	0	0	1	
g_0	0	1	1	0	0	1	1	0	
g_1	0	0	1	1	1	1	0	0	GRAY - Kode
g_2	0	0	0	0	1	1	1	1	

Bild 11.2.1 Parallel-A/D-Umsetzers:

a) Prinzipschaltung, b) Schritte bei der parallelen Umsetzung eines Datenwortes

Eine Kode-Umsetzerstufe bildet aus diesen Ausgangspotentialen der Komparatoren eine Darstellung mit N Bit. Die Verwendung eines einschrittigen Kodes (Gray-Kode) ist hier wichtig, um Fehler aufgrund einer Spannungsänderung während der Meßzeit zu vermeiden. Der Wert im Gray-Kode kann in einem Register zwischengespeichert und durch eine nachgeschaltete Kodeumsetzerstufe in den Kode zur Weiterverarbeitung umgewandelt werden. Die Schritte bei der Wandlung sind in Bild 11.2.1 b) für ein Beispiel mit $N = 3$ Bit dargestellt. Das Analogsignal wird amplitudenquantisiert und erzeugt an den einzelnen Komparatoren das dargestellte logische Ausgangspotential k_i. Am Ausgang der Kodierstufe ist ein Gray-Kode der Bits g_0 bis g_2.

Ein Problem ist es, bei sehr hochfrequenten Anwendungen allen Komparatoren gleichzeitig das Eingangssignal zuzuführen. Ebenso wirkt sich bei hohen Frequenzen die zeitliche Unsicherheit als Jitter aus. Diese Effekte reduzieren die effektive Wortlänge. Ebenso ist es aus termischen Gründen ein großes Problem, eine möglichst große Anzahl von Komparatoren auf kleinen Raum zu integrieren. Aus diesen Gründen werden Flash-Converter im allgemeinen nur für Wortlängen bis zu 8 Bit gebaut.

11.2.2 Kaskaden-Umsetzer

Das im folgenden vorgestellte Verfahren reduziert die Anzahl der erforderlichen Komparatoren im Vergleich zum Flash-Converter. Während dabei die Umsetzung sofort mit dem Eintreffen des Taktsignals erfolgt, sind hier zwei Schritte erforderlich: in dem ersten Schritt wird eine Grobmessung vorgenommen, danach folgt die Feinmessung.

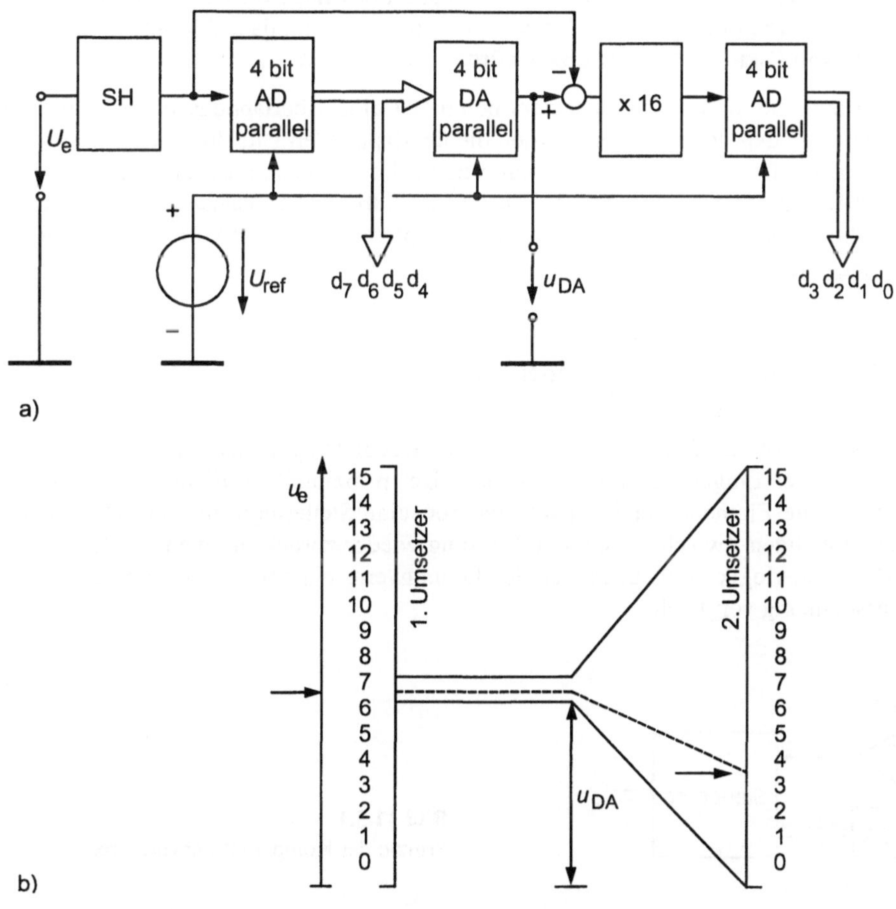

Bild 11.2.2 Kaskadenumsetzer:
a) Prinzipschaltung, b) Grob und Feinumsetzung

In Bild 11.2.2 ist das Prinzipschaltbild eines solchen Umsetzers aufgetragen. Das Eingangsssignal liegt an einem parallel arbeitenden Analog-Digital-Umsetzer. In dem dargestellten Beispiel hat der erste Umsetzer die halbe Anzahl Bit wie der gesamte Umsetzer. Demnach ist die Anzahl der Stufen dieses ersten Umsetzers $2^{N/2}$. In dem dargestellten Beispiel sind das 16 Stufen. Das Ergebnis dieser Umsetzung wird mit dem nachgeschalteten Digital-Analog-Umsetzer in ein analoges Signal zurückgewandelt. Die Differenz zwischen dem rückgewandelten Wert und Eingangswert ist genau der Quantisierungsfehler der ersten Stufe. Die erste Stufe liefert eine Grobmessung und somit die höherwertigen Bit. Die niederwertigen Bit werden in der folgenden Stufe aus dem Quantisierungsfehler bestimmt. Um mit dem gleichen Typ Wandler der ersten Stufe einsetzen zu können, ist die Anpassung des Meßbereichs an den AD-Umsetzer erforderlich. Dazu ist eine Verstärkerstufe mit einem Verstärkungsfaktor von $2^{N/2}$ vorgesehen, in dem vorliegenden Beispiel eine 16fache Verstärkung. Dieser Umsetzer liefert die $N/2$ niederwertigen Bit. Obwohl der Umsetzer für die höherwertigen Bit nur eine Auflösung von $U_m / 2^{N/2}$ benötigt, muß seine Genauigkeit sowie auch die Genauigkeit des folgenden DA-Umsetzers so groß wie die Genauigkeit des gesamten Kaskaden-Umsetzers sein, da sich ansonsten der Fehler direkt mit dem Faktor $2^{N/2}$ fortsetzen würde.

Eine Variante des Kaskaden-Umsetzers beinhaltet eine Überlappung der Bits der Grob- und Feinumsetzung. Resultierend werden die überlappenden Bits durch eine Summierstufe zusammengefaßt. Eine andere Variante nutzt die Tatsache aus, daß lediglich jeweils nur ein AD-Umsetzer in Betrieb ist. Ein und derselbe AD-Umsetzer wird für die Grob- und für die Feinumsetzung eingesetzt. Das komplette Datenwort wird in einem Register zusammengesetzt.

11.3 Kompensationsverfahren

Kompensationsverfahren arbeiten mit einer Regelschleife, die sich auf einen Digitalwert proportional der Eingangsspannung einstellt. Der prinzipielle Aufbau ist in Bild 11.3.1 dargestellt. Die Elemente sind ein Komparator, eine Steuerlogik und ein DA-Umsetzer, der den jeweiligen Zwischenstand der Messung wieder zurück in einen Analogwert wandelt. Die Steuerlogik stellt nacheinander Digitalwerte ein, die der Komparator mit der Eingansspannung vergleicht.

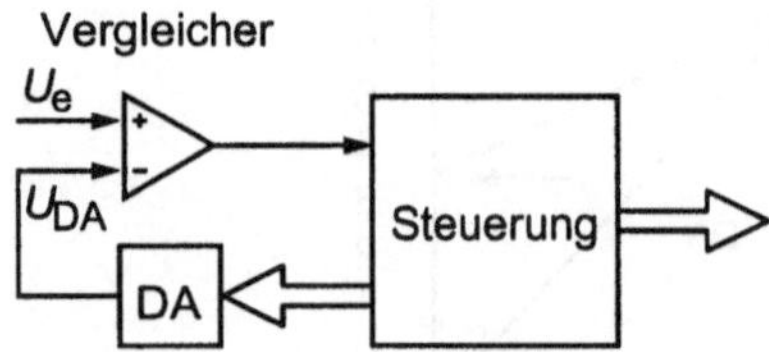

Bild 11.3.1
Prinzip der Kompensationsverfahren

11.3.1 Inkrementaler Umsetzer

Bei dem einfachen Kompensations-Verfahren in Bild 11.3.2 besteht die Steuerlogik aus einem einfachen Zähler. Der Vergleich mit dem Referenzwert eines Digital-Analog-Umsetzers gibt die Information der Zählrichtung an den Zähler. Ist die angelegte Spannung größer als der Referenzwert, wird die Zählerrichtung auf „vorwärts" geschaltet. Der Zähler zählt zu größeren Werten, und die Referenzspannung wird größer. Bei kleinerer angelegter Spannung zählt der Zähler rückwärts, und die Referenzspannung wird kleiner. Somit führt die Regelung ständig den Digitalwert dem Analogwert nach.

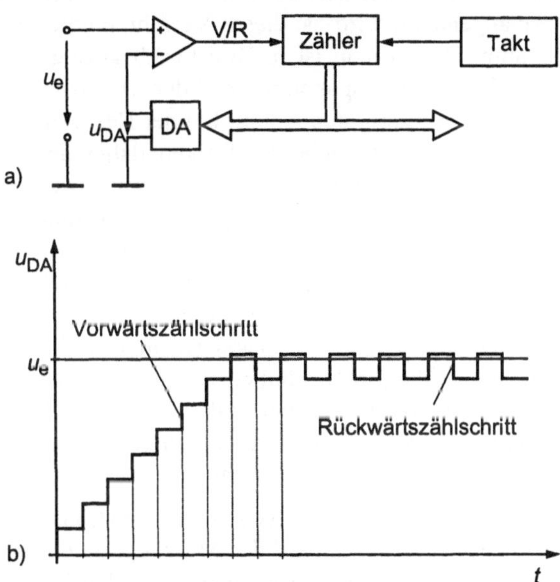

Bild 11.3.2 Prinzip der Analog-Digital-Umsetzung nach einem zählendem Kompensations-Verfahren:
a) Prinzipschaltung, b) Verlauf der Spannung am D/A-Umsetzer bei der Umsetzung

Ohne eine zusätzliche schaltungstechnische Maßnahme wird diese Schaltung ständig um einen Quantisierungsschritt variieren und nie zum Stillstand kommen. Das letzte Bit trägt somit nicht zur Genauigkeit bei. Eine Variante dieser Schaltung beginnt bei jeder Messung mit dem Zählerstand Null und stopt den Zähler, anstelle die Zählrichtung umzukehren. Nachteilig ist, daß sich dabei kein genauer Abtastzeitpunkt angeben läßt.

Eine andere Variante der Schaltung führt ständig den digitalen Wert dem Analogwert nach (nachlaufende Umsetzung). Zum Abtastzeitpunkt wird der Zähler ausgelesen. Die Umsetzzeit und damit die maximale Abtastrate f_{ab} ist von der Taktrate f_T, mit der der Zähler getaktet wird, und der Auflösung abhängig. Variiert die Meßspannung zwischen zwei Abtastungen von 10% auf 90% des Meßbereiches, ergibt sich

$$f_{ab} = \frac{f_T}{0{,}8 \cdot 2^N} \tag{11.3.1}$$

bei N Bit. Das inkrementale Kompensations-Verfahren hat den Vorteil, mit relativ geringem technischen Aufwand eine große Genauigkeit zu erreichen. Die Genauigkeit hängt wie auch bei dem Wägeverfahren im wesentlichen von der des D/A-Umsetzers ab. Die Wandelzeit ist bei diesem Verfahren größer, als bei den anderen bisher genannten, da die Taktrate und die Umsetzrate des D/A-Umsetzers nicht beliebig gesteigert werden können.

11.3.2 Sukzessive Approximation

Dieses universell und häufig eingesetzte Verfahren, auch Wägeverfahren genannt, erinnert an ein geschicktes Gewichteauflegen bei einer Balkenwaage. Da das Ergebnis der Umsetzung schrittweise angenähert wird, ist dieses Verfahren unter dem Namen sukzessive Approximation bekannt. Das Prinzip ist in Bild 11.3.3 gezeigt. Ein Komparator vergleicht die zu wandelnde Eingangsspannung mit der Ausgangsspannung eines DA-Umsetzers. Eine Steuerlogik bestimmt den Ablauf bei der Bestimmung des Meßwerts. Im Vergleich mit der Balkenwaage entspricht der Balken dabei dem Komparator, dessen Ausgang entweder „Spannungswert größer" oder „Spannungswert kleiner" signalisiert. Der untere Teil der Abbildung zeigt den Verlauf der Ausgangsspannung des DA-Umsetzers u_{DA} als Funktion des zu bestimmenden Bits. Der Ablauf der Messung beginnt mit der Bestimmung des höchstwertigen Bits. Die Steuerlogik setzt zunächst in dem Speicher alle Bits zu Null, außer Bit d_{N-1}, das auf 1 gesetzt wird. Der DA-Umsetzer erzeugt die korrespondierende Spannung u_{DA}. Das Ausgangssignal des Komparators zeigt an, ob die Eingangsspannung u_e größer oder kleiner ist als der Spannungswert des DA-Umsetzers. Ist u_e größer, bewirkt die Steuerlogik, daß dieses Bit auch im folgenden gesetzt bleibt. Im anderen Falle $u_e < u_{DA}$ wird es zurückgesetzt. Dieses Vorgehen wird nacheinander auf alle niederwertigen Bits angewendet.

Allgemein sind Umsetzer nach dem sukzessiven Approximations-Verfahren empfindlich gegenüber einer Spannungsänderung während der Messung, da ein höherwertiges gesetztes Bit während der Messung nicht wieder rückgesetzt werden kann. Durch eine Abtast-Halte-Schaltung kann dieser Nachteil vermieden werden, die insbesondere eingesetzt wird, wenn veränderliche Spannungsverläufe abgetastet werden.

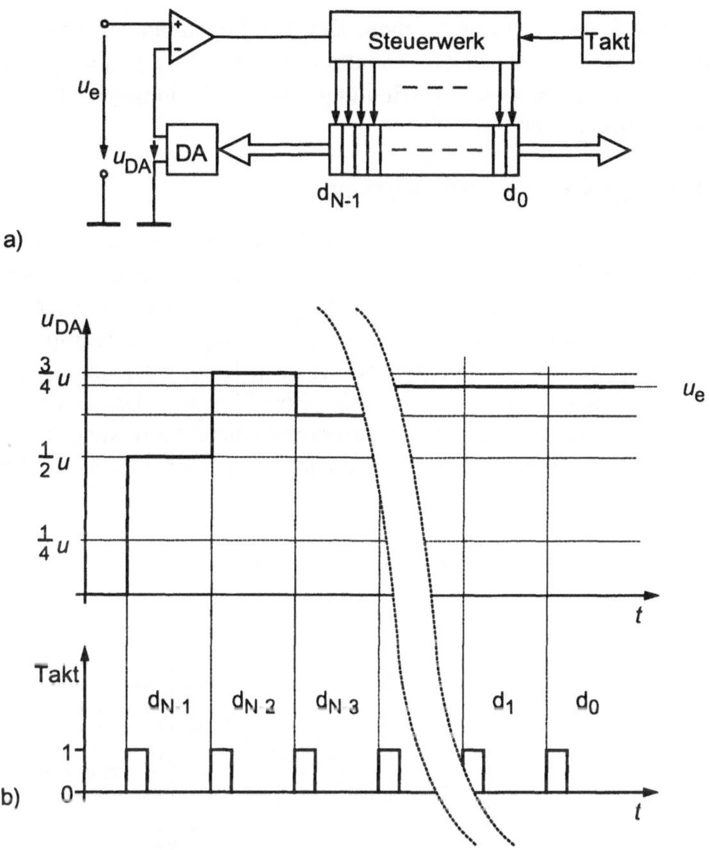

Bild 11.3.3 Prinzip eines A/D-Umsetzers nach dem Wägeverfahren:
a) Prinzipschaltbild, b) Verlauf der Ausgangsspannung des D/A-Umsetzers bei der
schrittweisen Annäherung an die zu messende Eingangsspannung

11.4 Umsetzer mit Pulsrate als Zwischengröße

Umsetzer, die die Pulsrate einer Impulsfolge als Zwischengröße verwenden, bestehen aus
zwei Hauptkomponenten: ein Generator, der eine Impulsfolge erzeugt und eine digitale
Zählschaltung. Die Pulsrate der Impulsfolge wird von der analogen Spannung beeinflußt,
die digitale Zählschaltung ermittelt in Verbindung mit einer Zeitbasis diese Pulsrate.

Die erste Komponente integriert die Eingangsspannung zwischen zwei vorgegebenen
Schwellwerten. Die erforderliche Zeit ist umgekehrt proportional zu der Eingangsspannung. Dieser Vorgang wird unmittelbar nach jedem Integrationsvorgang wiederholt. Resultierend ergibt sich eine Pulsrate, die proportional zur Eingangsspannung ist. Der Zähler
ermittelt die Anzahl der erzeugten Pulse in einem vorgegebenen Zeitintervall, so daß der
Zählerstand eine proportionale Größe zu der Eingangsspannung ist. Zur Messung ist eine
wiederholte Umschaltung der Spannung am Integrator erforderlich, wobei prinzipiell die

der Leckströme der Schalter stören können. Bei den folgenden Schaltungen wird dieser Effekt vermieden, indem in der ersten Schaltung die Eingangspannung original und invertiert integriert wird, in der zweiten Schaltung wird ein Ladungsgleichgewicht am Kondensator des Integrators erzielt.

11.4.1 Spannungs-Pulsratenumsetzer

Ein AD-Umsetzer, der die invertierte und nicht invertierte Eingangsspannung integriert, ist in Bild 11.4.1 dargestellt. Die Invertierung erfolgt mit einem invertierendem Verstärker (Verstärkungsfaktor $v = -1$). Ein Umschalter verbindet den Integrator wechselweise mit der originalen oder der invertierten Eingangsspannung. Zwei Komparatoren vergleichen die Ausgangsspannung des Integrators mit zwei Referenzspannungen und schalten jeweils bei Erreichen der Schwellwerte ein RS-Flip-Flop um. Das RS-Flip-Flop steuert wiederum den Umschalter am Eingang. Resultierend entsteht am Ausgang des Integrators ein dreieckförmiger Spannungsverlauf, entsprechend am Ausgang des RS-Flip-Flops eine Pulsfolge.

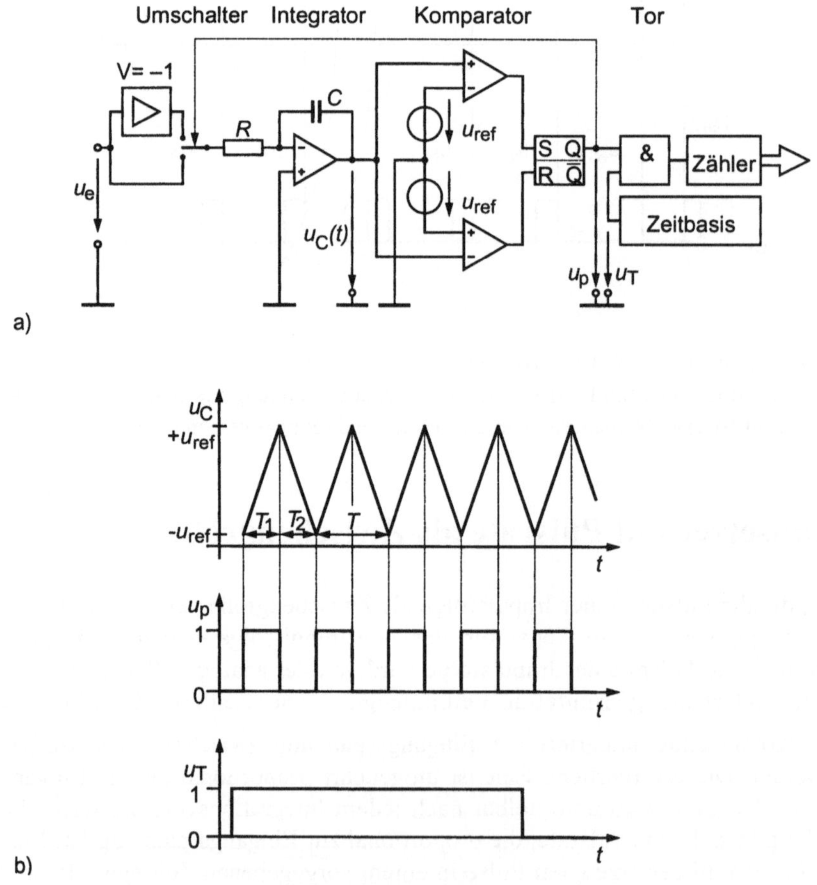

Bild 11.4.1 Spannungs-Pulsraten-Umsetzer mit zwei Komparatoren:
a) Prinzipschaltbild, b) Verlauf der Ausgangsspannung des Integrators und der Impulsfolge

Die Spannungsänderung am Ausgang des Integrators ist bei der invertierten Eingangsspannung $-u_e$ durch eine ansteigende Flanke mit der Amplitude

$$\Delta U_C = -\frac{1}{RC} \int_{T_1} -u_e(t)\,dt \qquad (11.4.1)$$

gegeben. Bei der nicht invertierenden Eingangsspannung u_e entsteht entsprechend

$$-\Delta U_C = -\frac{1}{RC} \int_{T_1} u_e(t)\,dt \qquad (11.4.2)$$

eine fallenden Flanke mit der Amplitude ΔU_C. Resultierend ergibt sich für einen Integrationszyklus mit $T = T_1 + T_2$ die Beziehung

$$2 \cdot \Delta U_C = \frac{1}{RC} \int_{T} u_e(t)\,dt \quad . \qquad (11.4.3)$$

Unter der Verwendung des arithmetischen Mittelwerts der Eingangsspannung, für den

$$U_{e,mittel} = \frac{1}{T} \int_0^T u_e(t)\,dt$$

gilt, ist die Zeit T für die Integration einer Periode durch

$$T = \frac{2 \cdot \Delta U_C RC}{U_{e,mittel}} \qquad (11.4.4)$$

gegeben. Die Pulsrate f_p, ist somit durch

$$f_p = \frac{1}{T} = \frac{U_{e,mittel}}{2 \cdot \Delta U_C RC} \qquad (11.4.5)$$

gegeben und proportional zum arithmetischen Mittelwert der Eingangsspannung. Die Genauigkeit der Pulsrate hängt von der errreichten Präzision der Zeitkonstanten des Integrators und von der Differenz beider Referenzspannungen ΔU_C ab. Die Entladung durch die invertierte Eingangsspannung bewirkt, daß sich eine parasitäre Entladung des Integrators sich nicht fehlerhaft auswirken kann.

Die Auswertung erfolgt durch einen Zähler (siehe auch Kap. 14). In einem definierten Zeitabschnitt, der durch eine Zeitbasis vorgegeben wird, gelangen die Pulse über eine Torschaltung auf den Zähler. Die Anzahl der während der Öffnungszeit des Tores gezählten Impulse ist proportional zur Eingangsspannung.

11.4.2 Ladungsausgleichs-Verfahren

Eine Variante dieses Umsetzer, der in Bild 11.4.2 dargestellt ist, arbeitet nach dem Ladungsausgleichs-Verfahren (Ladungsausgleichs-Umsetzer, *charge balance converter*).

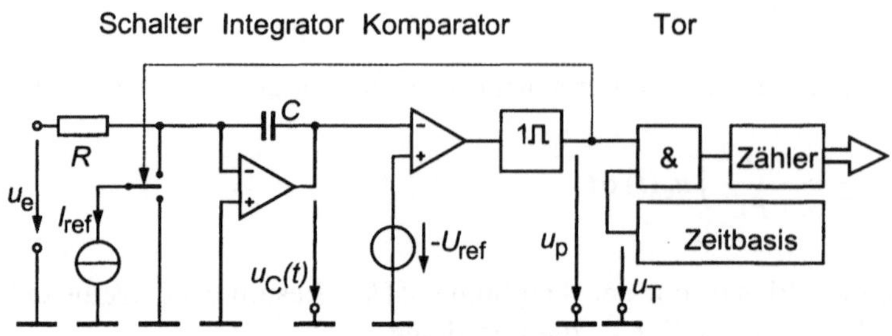

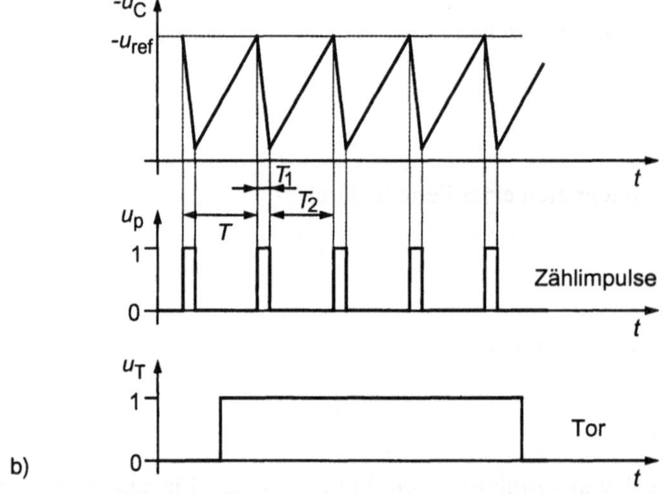

Bild 11.4.2 Ladungs-Ausgleichsverfahren:
a) Prinzipschaltbild, b) Verlauf der Ausgangsspannung des Integrators und D/A-Umsetzers
und der Impulsfolge

Der Integrator integriert die Eingangsspannung bis der Ausgang einen Schwellwert erreicht. Wird dieser überschritten, entlädt eine kurze Zeit lang eine Stromquelle den Kondensator des Integrators, und ruft während dieses Zeitabschnitts eine Integration in der Gegenrichtung hervor. Danach wird wieder die Eingangsspannung bis zum Schwellwert integriert. Dieser Vorgang wiederholt sich fortlaufend. Diese kurze Entladung wird um so öfter erfolgen, je höher die Eingangsspannung ist. Im Mittel stellt sich ein Gleichgewicht zwischen der Ladung, die durch die Eingangsspannung aufgebracht wird, und der Ladung die durch Stromquelle entnommene wird. Somit arbeitet die Schaltung als Regelschaltung, die beide Ladungsmengen kompensiert. Die Tatsache, daß während einer kurzen Zeit der Entladung die Eingangsspannung weiter integriert wird, bewirkt keinen Fehler, da die abgeführte Ladungsmenge immer gleich ist. Die Pulsrate der Impulsfolge, die den Schalter ansteuert, ist proportional zur Eingangsspannung.

Die Ladung, die während eines Integrationszyklus T dem Kondensator des Integrators zugeführt wird, ist durch

$$C \cdot \Delta U_{\mathrm{C}} = \frac{1}{R} \int_T u_{\mathrm{e}}(t)\, \mathrm{d}t \, , \tag{11.4.6}$$

gegeben. Innerhalb des Zeitraums T wird für den kurzen konstanten Zeitraum T_1 der Kondensator mit einem konstanten Strom i_{const} entladend.

$$C \cdot \Delta U_{\mathrm{C}} = i_{\mathrm{const}} T_1 \, , \tag{11.4.7}$$

Im Mittel sind die zugeführten und die abgeführten Ladungen

$$i_{\mathrm{const}}\, T_1 = \frac{1}{R} \int_T u_{\mathrm{e}}(t)\, \mathrm{d}t \, , \tag{11.4.8}$$

gleich. Unter Verwendung des Mittelwertes in Gl.11.4.2 für den Integralausdruck ergibt für den Zeitraum T eines Integrationszyklus

$$T = \frac{i_{\mathrm{const}}\, T_1\, R}{U_{\mathrm{e,mittel}}} \, , \tag{11.4.9}$$

und eine entsprechende Pulsrate von

$$f_{\mathrm{p}} = \frac{1}{T} = \frac{U_{\mathrm{e,mittel}}}{i_{\mathrm{const}}\, T_1\, R} \, . \tag{11.4.10}$$

Somit liefert auch dieses Verfahren nach der Ermittlung der Pulsrate mit einem Zähler einen Wert, der proportional zu dem Mittelwert über einen einen Integrationszyklus der Eingangsspannung ist.

11.5 Umsetzer mit Pulsdauer als Zwischengröße

Bei den oben dargestellten Prinzipien der DA-Umsetzung mit einer Pulsrate als Zwischengröße ist die Eingangsspannung proportional zur Pulsrate und somit umgekehrt proportional zur Integrationszeit. Bei den hier dargestellten Verfahren ist die Pulsdauer die Zwischengröße. Die Integrationszeit ist proportional zur Höhe der Eingangsspannung. Daher wird bei diesen Umsetzern, im Gegensatz zu den vorangehenden, eine Referenzspannung integriert. Die Integrationsgrenzen werden aus der Eingangsspannung abgeleitet.

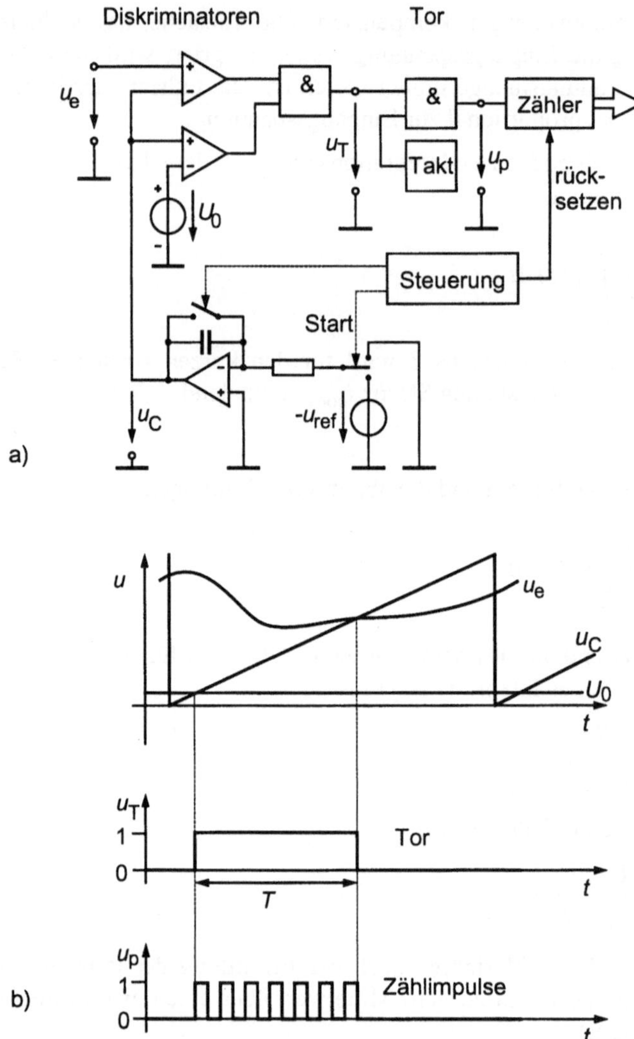

Bild 11.5.1 Sägezahn-Umsetzer nach einem einfachen Rampenverfahren (Single Slope):
a) Prinzipschaltbild, b) Zeitverlauf

11.5.1 Ein-Rampen-Verfahren

Umsetzer nach diesem Verfahren, dargestellt in Bild 11.5.1, werden auch als Sägezahn-Umsetzer bezeichnet. Die Referenzspannung wird zwischen zwei Schwellwerten integriert. Einer dieser Schwellwerte ist durch das Bezugpotential U_0 festgelegt, der zweite wird aus der Eingangsspannung gebildet. Die logische Verknüpfung der Komparator-Ausgänge liefert einen Impuls der Dauer T. Die Zeit T wird durch

$$T = \frac{(u_e - U_0)RC}{U_{ref}} \tag{11.5.1}$$

bestimmt und ist proportional zur Höhe der Eingangsspannung. Mit Hilfe der Bezugs-spannung U_0, die im einfachsten Falle Null ist, läßt sich ein Spannungsoffset einstellen und ermöglicht die Bestimmung von Spannungsdifferenzen.

Der Umsetzer arbeitet nicht kontinuierlich, sondern wird über eine Anforderung oder ein Taktsignal zur Umsetzung angeregt. Der Zeitpunkt der Messung ist bei der Erfassung von variierenden Eingangsspannungen nicht genau bestimmt, sondern hängt von der Ein-gangsspannung ab. Soll dieser Umsetzer zur Abtastung eingesetzt werden, ist eine Ab-tasthaltestufe erforderlich, um einen definierten Abtastzeitpunkt sicherzustellen.

11.5.2 Zwei-Rampen-Verfahren

Umsetzer nach dem Zwei-Rampen-Verfahren werden meist als *Dual Slope* bezeichnet. Sie kompensieren einige mögliche Ungenauigkeiten der Schaltung, indem der gleiche Takt und der gleiche Integrator für die Integration der Eingangsspannung und für die der Referenz verwendet wird. Die wesentlichen Funktionsbausteine dieses Umsetzertyps sind entsprechend Bild 11.5.2 ein Integrator, ein Komparator, ein Zähler, ein Taktgenerator und eine Steuereinheit.

Mit diesem Verfahren können nur positive (oder mit entsprechend ausgelegter Schaltung nur negative) Spannungswerte bestimmt werden. Durch eine Präzisionsgleichrichterschal-tung (siehe Kapitel 8.3), läßt sich die erforderliche Betragsbildung erreichen. Das Vorzei-chen kann durch einen separaten Vergleich mit dem Null-Potential mit Hilfe eines Kom-parators gewonnen werden.

Im Bild 11.5.2 b) ist die Spannung am Ausgang des Integrators U_C für verschiedene Eingangsspannungen u_e aufgetragen. Im ersten Schritt der Messung wird, ausgelöst durch das Startsignal, die zu messende Spannung durch die Integratorstufe über den Zeitraum T_1 integriert. Dieser Zeitraum wird durch den Zähler festgelegt, der einmal von Null bis zu seinem Maximalwert zählt. Er erhält über die UND-Verknüpfung mit dem Signal des Komparators die Impulse eines Taktgenerators. Das Übertragssignal des Zählers signali-siert die abgelaufene Zeit. Am Ausgang des Integrators liegt danach der Wert

$$U_C = -\frac{1}{RC} \int_{T_1} u_e(t)\, dt \tag{11.5.2}$$

an. Durch die Integration wird eine Mittelwertbildung erreicht, wodurch Fehler durch überlagerte Wechselspannungen ausgeglichen werden. Mit der Beziehung für den Mittel-wert aus Gl.11.4.2 ergibt sich

$$U_C = U_{e,mittel}\, T_1 \frac{1}{RC}\ . \tag{11.5.3}$$

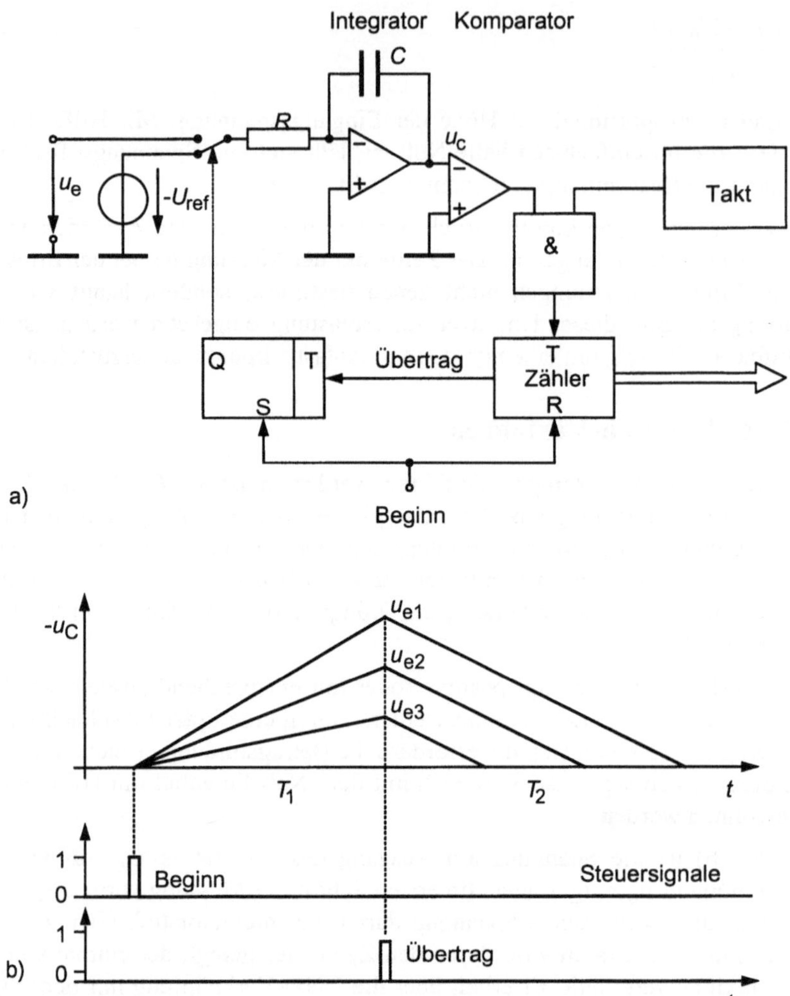

Bild 11.5.2 A/D-Umsetzung nach dem Dual-Slope-Verfahren:
    a) Prinzipschaltbild,
    b) zeitlicher Verlauf der Ausgangsspannung des Integrators bei verschiedenen zu
        messenden Eingangsspannungen und die Zuordnung der Steuersignale

Bei Taktimpulsen, die in einem zeitlichen Abstand von Δt den Zähler weiterschalten, und bei einem Maximalwert des Zählers z_1, bei dem das Übertragssignal ausgelöst wird, ist U_C durch

$$U_C = U_{e,\text{mittel}} \cdot z_1 \cdot \Delta t \,\frac{1}{RC} \tag{11.5.4}$$

gegeben. Nach Ablauf der Zeit T_1 schaltet das Flip-Flop den Eingang des Integrators um. Das neue Eingangssignal ist die negative Referenzspannung U_{ref}. Damit fällt die Spannung U_C und der Kondensator wird entladen. Gleichzeitig erhält der Zähler Taktimpulse über die UND-Verknüpfung mit dem Ausgangssignal des Komparators. Nach dem Null-durchgang, der nach der Integrationszeit $T_2 = z_2 \Delta t$ erfolgt, stopt der Komparator die Taktimpulse. Der Zählerstand z_2 repräsentiert die Zeit T_2, die Spannung am Ausgang des Integrators ist durch

$$0 = \left(U_{\mathrm{C}} - U_{\mathrm{ref}} \right) z_2 \, \Delta t \, \frac{1}{RC} \qquad\qquad (11.5.5)$$

gegeben. Einsetzen von Gl.11.5.3 ergibt

$$z_2 = \frac{U_{\mathrm{e,mittel}} \, z_1}{U_{\mathrm{ref}}} \qquad\qquad (11.5.6)$$

Es wird ersichtlich, daß das Ergebnis des Umsetzers nur von der Referenzspannung und von der Eingangsspannung abhängt, der Zählerstand z_1 ist eine festeingestellte Größe. Das Ergebnis ist unabhängig von der Zeitkonstanten RC und von dem Intervall der Zäh-limpulse. Voraussetzung ist, daß beide während der Meßzeit konstant bleiben.

Eine Variante des Dual-Slope Verfahrens ist das *Quad-Slope*-Verfahren [Eckl88]. Zur Ermittlung eines Spannungswertes wird der Vorgang des Dual-Slope-Verfahrens zweimal durchlaufen. Dazu werden weitere Zähler verwendet. Der erste Durchlauf des Integra-tionsvorgangs dient zur Feststellung von Offsettfehlern, die durch Drifteffekte entstanden sein können. Bei dem zweiten Durchlauf wird der Meßwert ermittelt, der um den Offset-fehler korrigiert ist.

Das *Multislope*-Verfahren erhöht die Umsetzgeschwindigkeit durch den Einsatz von zwei Konstantstromquellen mit unterschiedlicher Stromstärke und zwei Zählern. Damit wird es möglich, das Dual-Slope-Verfahren auch im Audio-Frequenzbereich einzusetzen. Der Aufladevorgang des Integrators erfolgt wie beim Standard-Dual-Slope-Verfahren. Die anschließende Entladung wird zunächst mit dem großem Strom als Grobmessung durch-geführt. Anschließend folgt mit kleinen Stromstärke die Feinmessung [Dickreiter90].

11.5.3 Wilkinson-AD-Umsetzer

Wilkinson-Umsetzer, dargestellt in Bild 11.5.3, eignen sich für die Abtastung eines Span-nungsverlaufes und, in einer anderen Variante, für die Bestimmung von Spitzenwerten. Die Umsetzung des Spannungswertes geschieht in zwei Phasen. In der ersten wird, wie bei einer Abtast-Halte-Stufe eine Kapazität aufgeladen. Während der zweiten Phase ent-lädt eine Konstantstromquelle den Kondensator. Durch Komparatoren wird während der Entladezeit ein Tor aufgesteuert, das Zählimpulse auf einen Zähler leitet. Nach diesem Ablauf enthält der Zähler einen Wert proportional zur Eingangsspannung.

Wenn der Kondensator über die Schalter aufgeladen wird, dann wird der Momentanwert übernommen. Wird eine Diode eingesetzt, lädt sich der Kondensator, eine hinreichend kurze Zeitkonstante vorausgesetzt, auf den Spitzenwert der Aufladephase auf. Der Maxi-malwert wird beibehalten, da die Ladung des Kondensators über die Diode nicht abfließen kann.

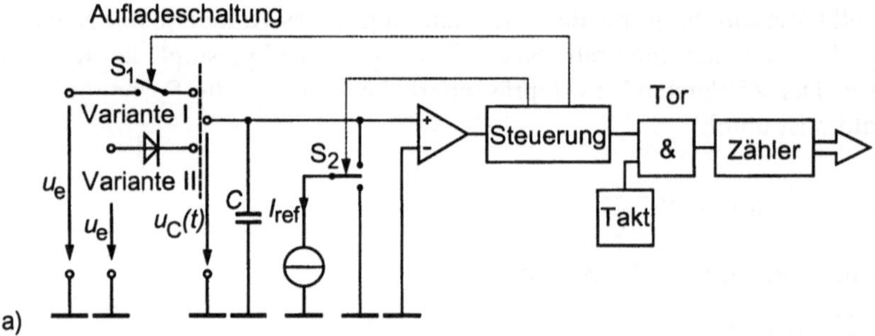

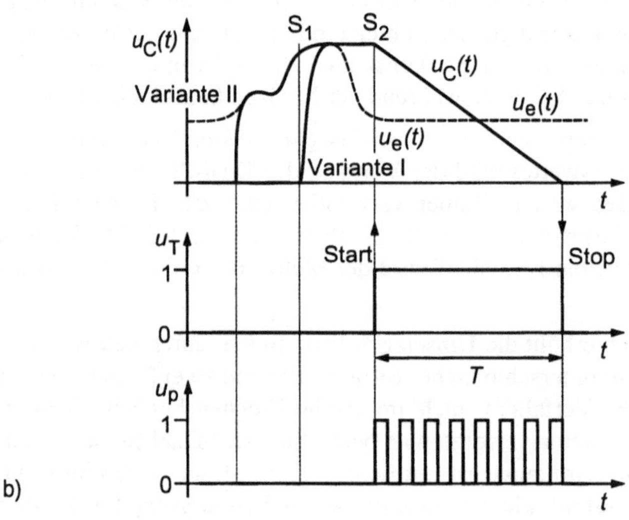

Bild 11.5.3 Wilkinson-Umsetzer zur Erfassung von Spitzen- und Momentanwerten:
a) Prinzipschaltbild, b) Signalverläufe

Die Ladung Q auf dem Kondensator, die sich nach dem Einschwingen einstellt, ist durch
CU gegeben. Für die Entladung mit einer Referenzstromquelle wird demnach eine Zeit T
von

$$T = \frac{U \cdot C}{I_{ref}} \tag{11.5.7}$$

benötigt. Die während dieser Zeit durchgelassenen Zählimpulse sind somit proportional
der angelegten Spannung. Ist die Auflade-Zeitkonstante kurz genug, so eignet sich die
Schaltung auch zur Abtastung von Spannungsverläufen.

11.6 Delta-Sigma-Verfahren

Die Entwicklung des Delta-Sigma-Verfahren (auch Sigma-Delta-Verfahren genannt) zur AD-Umsetzung beruhte auf der Delta-Modulation, die dem Bereich der Übertragungstechnik entstammt [Inose62], [Hein93]). Bei der Delta-Modulation wird nicht der Wert selber, sondern die Differenz zum vorangehenden Abtastwert übertragen. Erfolgt dieser Vorgang hinreichend häufig, dann ist für diese Umsetzung ein Bit ausreichend. Delta-Verfahren und weitere verwandte Verfahren haben weitreichende Bedeutung in der Kommunikationstechnik. Nachteilig für Belange der Meßtechnik ist die fehlende Möglichkeit, konstante Meßwerte zu ermitteln und zu übertragen. Das Delta-Sigma-Verfahren vermeidet diesen Nachteil durch den Einsatz eines Integrators. Das Delta steht dabei für die Differenzbildung und das Sigma für die Integration. Auf diese Weise wird aus dem analogen Eingangssignal eine Impulsfolge erstellt, die einen Mittelwert aufweist, der dem zu messenden Spannungswert entspricht.

Das Prinzip eines Delta-Sigma-Verfahrens ist in Bild 11.6.1 dargestellt. Das Verfahren arbeitet synchron zu einem Taktsignal. Vom Eingangssignal wird zunächst das rückgewandelte Ein-Bit-Augangssignal des letzten Taktes subtrahiert. Die Differenz wird integriert und einem Ein-Bit-Umsetzer (Komparator) zugeführt. Der resultierende Bitstrom dieses Umsetzers ist das sogenante Delta-Sigma-modulierte Signal. Intern stellt sich die Impulsfolge derart ein, daß der arithmetische Mittelwert dem zu messenden Spannungswert entspricht. Um daraus die binären Abtastwerte zu erhalten, wird der Impulsfolge am Ausgang meist ein Digitalfilter nachgeschaltet (siehe Bild 11.6.2), an dessen Ausgang die Abtast-Werte entnommen werden können.

Bild 11.6.1 b) zeigt den Signalverlauf an den einzelnen Stufen für drei unterschiedliche Eingangsspannungen und die Entstehung der Impulsfolge u_p. Diese Impulsfolge enthält bereits die vollständige Information über den Signalverlauf, bei der Delta-Sigma-Modulation wird diese Information direkt übertragen.

Bei der Spanung $u_\mathrm{e} = 0$ ist auch die Differenzspannung u_D gleich Null, so daß am Ausgang des Integrators u_C und am Ausgang des Komparators die Spannung Null bleibt. Es werden keine Impulse erzeugt. Steigt die Eingangsspannung, wie hier auf ein Drittel des Meßbereichs, der durch u_ref vorgegeben ist, liegt zunächst $u_\mathrm{e} = u_\mathrm{D}$ am Integrator, da der logische Nullpegel zurückgeführt wird. Am Ausgang des Integrators steigt die Spannung linear mit der Steigung α an. Wird der Schwellwert $-U_\mathrm{ref}$ unterschritten, liefert der Komparator die logische Eins. Am Integrator liegt die Differenz von Eingangsspannung und Referenzspannung, und es resultiert am Ausgang des Integrators ein Spannungsänderung mit der Steigung -2α, da die Eingangsspannung am Integrator negativ und doppelt so hoch wie vorher ist. Beim Überschreiten des Schwellwertes ändert sich wiederum der Zustand von u_p. Synchron mit dem Takt wird dieses Vorgehen wiederholt. Die resultierende Impulsfolge u_p ist unregelmäßig, sie hat aber aufgrund des geschlossenen Regelkreises die Eigenschaft, daß ihr lokaler Mittelwert in einem Zeitintervall um den betrachteten Zeitpunkt mit dem Spannungswert zu diesem Zeitpunkt übereinstimmt.

Um aus dem Bitstrom der Impulsfolge des Delta-Sigma-modulierten Signals Abtastwerte zu erhalten, ist eine Mittelwertbildung erforderlich. Im einfachsten Falle erfolgt diese durch einen Digitalzähler, der die Anzahl der Pulse in einem Zeitintervall ermittelt. Im Regelfall wird der Mittelwert durch ein digitales Filter mit Tiefpaß-Charakteristik berechnet. Bei dem Einsatz eines Filters kommt vereinfachend hinzu, daß das Eingangssignal nur durch ein Bit ausgedrückt wird. Das Filter arbeitet mit der Taktfrequenz des vorgeschalteten Delta-Sigma-Modulators. Die digitalen Werte am Ausgang des Filters werden mit einer wesentlich niedrigeren Rate ausgelesen, indem z.B. nur jeder N-te Wert weiterverwendet wird, dafür aber mit einer Amplitudenauflösung entsprechend der Wortlänge des Filters.

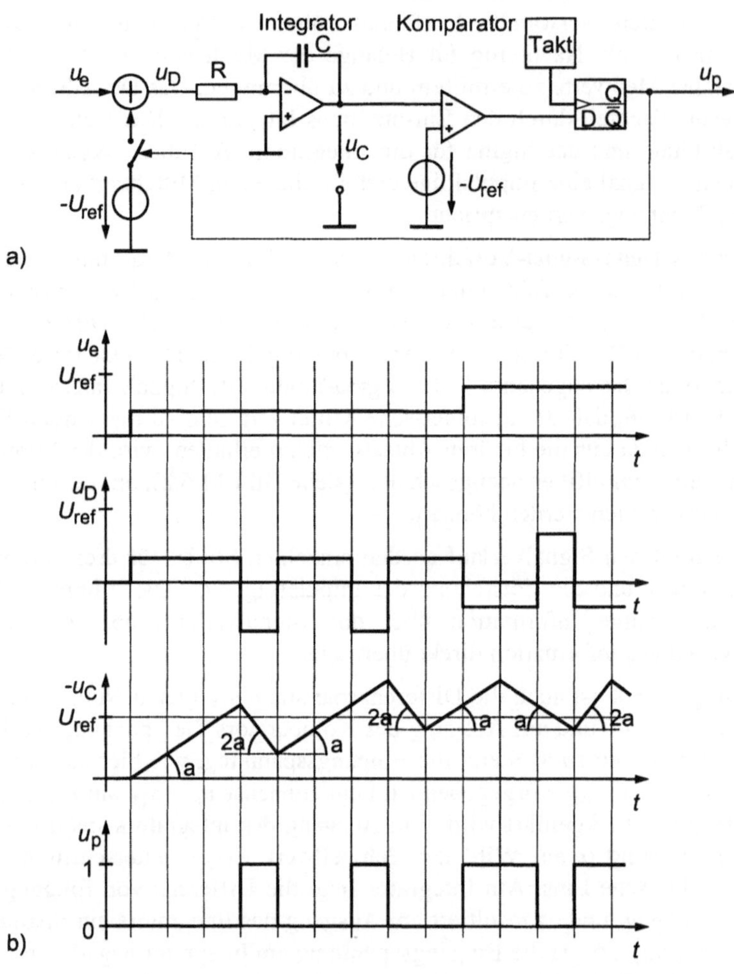

Bild 11.6.1 Delta-Sigma-Modulation zur A/D-Umsetzung:
a) Prinzipschaltung, b) Signalverläufe bei einem Sigma-Delta-Modulator

Die beschriebene Variante des Delta-Sigma-Umsetzers wird auch als Ein-Bit-Umsetzer bezeichnet, da nach der Integration der Abtastwert mit einem Bit dargestellt wird. Andere Ausführungen, wie z.B. in [Candy92] und [Aziz96] beschrieben, verwenden anstelle des Komparators einen AD-Umsetzer geringerer Wortlänge und in der Rückführung einen DA-Umsetzer. Damit läßt sich die Auflösung des eingebauten DA-Umsetzers durch

Oversampling erhöhen. Besteht, wie wie oben beschrieben, nur eine Rückführung so werden diese Umsetzer als Delta-Sigma-Umsetzer erster Ordnung bezeichnet, bei mehreren Rückführungen, wird von Delta-Sigma-Umsetzern zweiter oder höherer Ordnung gesprochen.

Delta-Sigma-Umsetzer unterscheiden sich von den in den vorangehenden Kapiteln beschriebenen konventionellen Umsetzern, die im Gegensatz zu den Delta-Sigma- als Nyquistraten-Umsetzer (*Nyquist rate converter*) bezeichnet werden, durch die Eigenschaften des Quantisierungsfehlers. Für Fehlerbetrachtungen bei Nyquistraten-Umsetzern wird, wie in Kapitel 6 dargestellt, meist angenommen, die maximale Fehleramplitude betrage einen Quantisierungsschritt, sei innerhalb dieses Bereiches gleichverteilt und das Fehlerspektrum entspreche weißem Rauschen. Wird, wie in Kapitel 6.3.4 gezeigt, mit der OSR-fachen Abtastrate abgetastet, wobei OSR die Oversamplingrate ist, und werden danach durch ein digitales Filter alle Spektralkomponenten oberhalb der Nyquistfrequenz (ohne Oversampling) weggefiltert, verbessert sich das Signalrauschverhältnis aufgrund des Quantisierungsgeräusches mit $\sqrt{OSR}$.

Bei Delta-Sigma-Umsetzern wird dagegen das Fehlerspektrum durch das Prinzip der Umsetzung, d.h. die Differenzenbildung, die Integration gefärbt. Die Differenzenbildung, die Integration und die Rückführung wirken auf die Signalanteile und den Quantisierungsfehler unterschiedlich, da die Quantisierung nach dem Integrator erfolgt. Dieser Prozeß wird als wird als *noise shaping* bezeichnet.

Vom Signal wird somit zunächst die Differenz vom vorangehenden Wert gebildet und anschließend integriert. Der Integrator hebt die Wirkung der Differenzenbildung auf, und so ist der Signalanteil am Ausgang des Integrators gleich dem Signal am Eingang. Dieser Nutzsignalanteil ist überlagert von dem Quantisierungsfehler des letzen Quantisierungsschrittes, der ebenfalls mit rückgeführt wurde, multipliziert mit minus Eins durch die Differenzenbildung am Eingang. Resultierend liegt am Ausgang der Quantisierungsstufe außer dem Signalanteil die Differenz zweier aufeinanderfolgender Quantisierungsfehler. Dadurch steigt das Spektrum des Quantisierungsgeräuschs, das im umgesetzten Signal enthalten ist, mit der Frequenz an. Oversampling mit anschließender digitaler Tiefpaßfilterung, wirkt sich daher bei Delta-Sigma-Umsetzung wesentlich stärker aus als bei Nyquistraten-Umsetzung. Die Verbesserung des Signalrauschverhältnisses beträgt bei Delta-Sigma-Umsetzung $\sqrt{OSR^3}$.

Delta-Sigma-Umsetzer werden vorwiegend im Bereich niedriger Frequenzen und hoher Auflösung eingesetzt. Vorteilhaft ist die durch Filterung erzielbare Wortlänge, die in der Praxis bis zu 24 Bit betragen kann. Damit werden Meßbereichsumschaltungen und damit verbundene Fehler (z.B. Monotoniefehler) vermieden.

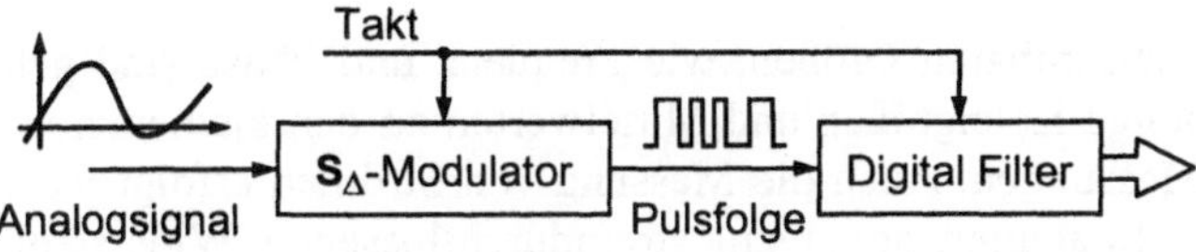

Bild 11.6.2 Generierung der Abtastwerte aus dem Delta-Sigma modulierten Signal
mit einem digitalen Tiefpaßfilter

C Gerätetechnik

Fernsteuerbarkeit und die Möglichkeit zur Meßdatenübertragung über standardisierte Schnittstellen (siehe Kapitel 17) zeichnen die Geräte für eine rechnergestützte Meßtechnik aus. Die Meßgeräte sind unterschiedlich ausgeführt, es kann zwischen Einschubkarten für Rechner, Einschüben für Meßsysteme und Einzelgeräten (stand alone) unterschieden werden.

Mit Meßgeräten als Einschubkarten für Rechner lassen sich kostengünstige Lösungen erreichen, da die Stromversorgung, das Gehäuse und Bedienungselemente eingespart werden können. Die Bedienung erfolgt ausschließlich über den Host-Rechner, der die Karte beherbergt, mit entsprechender Software. Schnittstellen zum Rechner sind PC-interne Busse. Häufig werden sogenannte Multifunktionstester eingesetzt, die bereits wichtige Funktionen, wie Meßdatenerfassung, Spannungswerte ausgeben und Zeitmessungen übernehmen können.

Die zweite Variante umfaßt Einschübe für Meßsysteme, wie z.B das VXI-Bus-System. Die Einschübe sind mit einem Gehäuse versehen und werden ebenfalls von einem Rechner bedient. Vorteilhaft gegenüber PC-Einschubkarten ist, daß die Verbindungen durch einen Rückwandbus auf die Anforderungen der Meßtechnik abgestimmt sein können. Damit wird die Störsicherheit gegenüber den Schaltvorgängen des Rechners erhöht. Weiterhin können mit einer rechnerunabhängigen Stromversorgung mehr Steckplätze verwirklicht werden.

Die Ausführung als einzelnes Gerät ist für Anwendungen günstig, die Leistung benötigen, die störsicher oder hochgenau oder leicht portabel sein sollen (Handinstrumente). Die direkte Bedienung ohne separaten Rechner erweist sich für viele Anwendungen komfortabler und schneller. Mechanische Einschränkungen, wie sie durch den Aufbau und die Größe von Einschubkarten gegeben sind, entfallen. Die typische Kopplung für solche Meßgeräte ist der IEC-Bus. Im folgenden sollen die Funktionsweisen von einigen wichtigen Gerätegruppen der elektrischen Meßtechnik beschrieben werden, unabhängig von den jeweiligen Ausführungsformen.

12 Messung elektrischer Kenngrößen

12.1 Spannungs- und Strommessung

Neben zeitlich bestimmbaren Größen, wie Frequenz und Phase sind gehört die Bestimmung von Spannungs-Kenngrößen und Mittelwerten zu den elementaren und am häufigsten benötigten Messungen. Auch die Messung von Strömen erfolgt meist mittelbar über die Messung der Spannung an einem stromdurchflossenen Widerstand, der in dieser Funktion als Shunt bezeichnet wird. Neben den linearen und quadratischen Kenngrößen sind logarithmische Maße gebräuchlich. Oft wird anstelle der Spannung u_a ein Spannungspegel A entsprechend

$$A = 20\log_{10}\frac{u_\mathrm{a}}{U_\mathrm{ref}} \qquad (12.1.1)$$

in Dezibel angegeben. Da die Angabe in dB ein Spannungs- oder Leistungsverhältnis bezeichnet, wird die Pegelangabe auf einen fest vereinbarten Wert U_ref bezogen.

Diese Kennwerte werden meist mit universellen Multimetern gemessen. Diese vielfältig einsetzbaren Instrumente bieten oft auch noch weitere Meßmöglichkeiten, wie die Bestimmung von Widerständen und Kapazitäten. Die Anzeige, linear in Volt oder Ampere, oder logarithmisch in dB, erfolgt in der Regel digital, zusätzlich sind oft Balkenanzeigen (Bargraph) oder Zeiger für eine quasianaloge Anzeige vorgesehen [Mehles93].

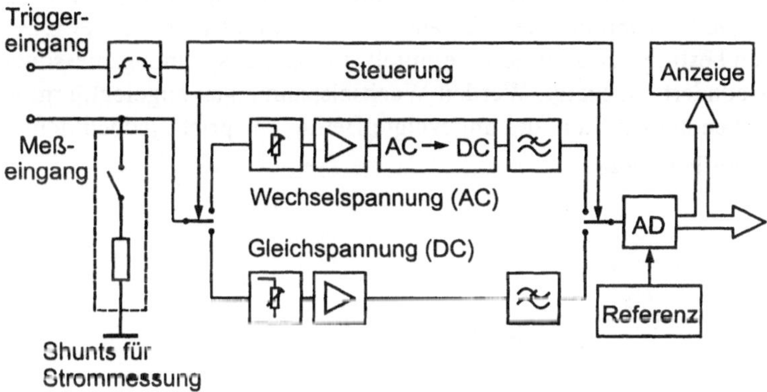

Bild 12.1.1 Blockschaltbild eines Multimeters

In Bild 12.1.1 ist ein allgemeines Schaltbild für ein einfaches Multimeter für Spannungs- und Strommessung dargestellt. Direkt am Eingang liegen die Shunts für die Strommessung, gefolgt von der Umschaltung zwischen Wechselspannung und Gleichspannung. Im Wechselspannungsmodus wird meist der Effektivwert der Spannung bestimmt, im Gleichspannungsmodus wird auf eine analoge Effektivwertbildung aus Gründen der Genauigkeit verzichtet. Dem Modeumschalter sind die Bereichseinstellung, ein Meßverstärker und die Stufe zur Bildung der Kennwerte nachgeschaltet. Ein Analog-Digitalumsetzer setzt die Spannungen in digitale Zahlenwerte um, die dann zur Anzeige gebracht oder zur Weiterverarbeitung geleitet werden. Die Messung kann fortlaufend durchgeführt werden oder auch durch ein Triggersignal (Hardware-Trigger) oder durch einen ferngesteuerten Befehl (Software-Trigger). Manche modernen Multimeter weisen bereits Eigenschaften von Oszilloskopen auf. Sie ermöglichen eine graphische Anzeige von Kurvenverläufen (siehe z.B. Bild 1.3.4). Die Auflösung von derzeitigen Multimetern reicht von dreieinhalb bis siebeneinhalb Dezimalstellen. Bei einem Meßbereich von 1 V werden von einem siebeneinhalbstelligen Multimeter noch 50 nV aufgelöst, das entspricht 0,05 ppm. Unter einer halben Stelle wird verstanden, daß die Anzeige der höchstwertigen Stelle nicht alle Ziffern umfaßt. Durch die Funktion Autokalibrierung können manche Multimeter in Verbindung mit einem Kalibrator, (das ist eine genaue Spannungs- bzw. Stromquelle) Kalibrierungswerte aufgenommen, nicht flüchtig gespeichert, und dann zur Korrektur der angezeigten Werte verwendet werden [Milne85].

12.1.1 Gleichspannungsmessung

Zu Gleichspannungsmessungen kann der arithmetische Mittelwert oder der Momentanwert herangezogen werden, die bei konstanten Spannungen gleich sind. Integrierende Umsetzer messen direkt den arithmetischen Mittelwert. In anderen Fällen wird die Mittelung über einen Tiefpaß, im einfachsten Falle ein RC-Glied, das dem A/D-Umsetzer vorgeschaltet ist, gebildet. Wird eine Serie von Momentanwerten gemessen, kann der Mittelwert auch durch eine nachfolgende numerische Verarbeitung oder über digitale Filter bestimmt werden (siehe dazu Kap. 4.5).

Manche A/D-Umsetzer lassen sich nur mit ausschließlich positiven oder negativen Spannungen betreiben. Der Betrag und das Vorzeichen werden dann durch eine vorgeschaltete Gleichrichterschaltung, wie in Bild 12.1.2, ermittelt (siehe auch Kap 8.3.) Dadurch wird ebenso ein manuelles Umpolen der Eingänge vermieden. Der Betrag der Gleichspannung wird über einen bestimmten Zeitraum gemittelt. Bei Gleichspannungsmessungen wird das Vorzeichen gesondert angezeigt. Werden Wechselspannungen angelegt, ergibt die Anzeige des Vorzeichen keinen Sinn, der angezeigte Betrag entspricht jedoch dem Gleichrichtwert der Wechselspannung.

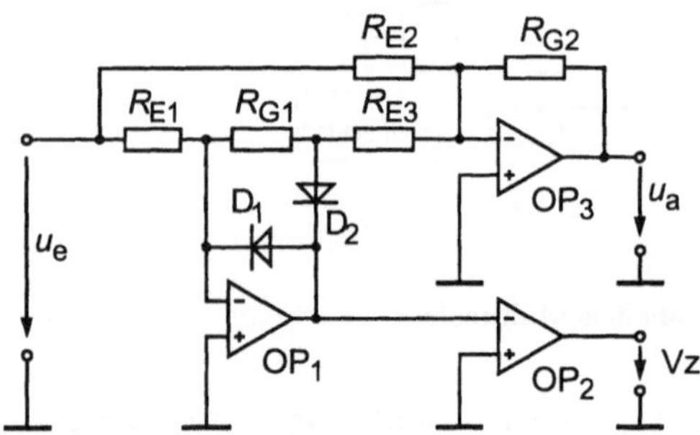

Bild 12.1.2
Betragsbildung und Polaritätserkennung

12.1.2 Messung des Effektivwertes

Um die gebräuchlichste Wechselspannungskenngröße, den Effektivwert, zu bestimmen, bestehen im wesentlichen drei Möglichkeiten: aus dem Gleichrichtwert, durch ein Leistungsäquivalent und durch analoge oder digitale Berechnung.

Die einfachste Methode beruht auf einer Umrechnung ausgehend von dem Gleichrichtwert S_m. Ist die Wellenform der zu messenden Spannung bekannt, läßt sich mit dem Formfaktor K_f (siehe Tabelle 4.3.1) in Gleichung 4.3.17 entsprechend

$$S_\mathrm{eff} = K_\mathrm{f}\, S_\mathrm{m}$$

der Effektivwert S_eff berechnen. In der Regel ist bei Wechselspannungsmeßbereichen der Formfaktor für sinusförmige Größen bereits fest eingestellt und kann direkt abgelesen werden.

Beispiel: Der Effektivwert einer sinusförmigen Größe soll aus dem arithmetischen Mittelwert bestimmt werden. Der Formfaktor dafür ist 1,11 und somit muß im Gerät die Umrechnung $S_\mathrm{eff} = 1{,}11 \cdot S_\mathrm{m}$ vorgenommen werden.

Der arithmetische Mittelwert, der dabei zur Bestimmung des Effektivwertes benötigt wird, läßt sich für niedrige Frequenzen durch eine Doppelweg-Gleichrichterschaltung entsprechend Bild 8.3.5 mit einem nachgeschalteten Tiefpaß bestimmen. In der Hochfrequenztechnik werden meist reine Diodenschaltungen eingesetzt. Zur Vermeidung von Einflüssen durch die Zuleitung sind auch Tastköpfe gebräuchlich, die mit einer Gleichrichterschaltung versehen sind.

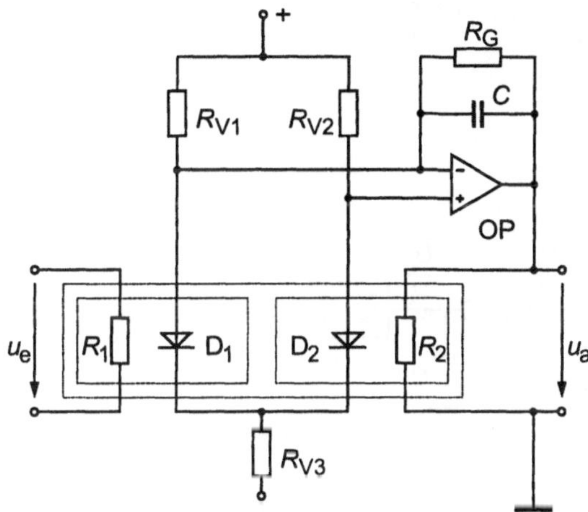

Bild 12.1.3
Schaltung zur Bildung des Effektivwertes mit thermischer Umsetzung

Die Bestimmung des Effektivwert über eine äquivalente Wärmeleistung ist für alle Kurvenformen unmittelbar gültig und wird auch als wahrer Effektivwert *(True RMS, root mean square value)* bezeichnet. Die Ausdehnung eines durch den Meßstrom erhitzten Drahtes oder die Verformung eines Bimetallstreifens wurden klassich als Meßprinzip verwendet. Bild 12.1.3 zeigt eine Schaltung zur Bildung des Effektivwertes unter Zuhilfenahme einer thermoelektrischen Umwandlung mit einem Operationsverstärker. Im Eingangs- und im Gegenkopplungszweig liegen die Widerstände R_1 und R_2, die durch den Stromfluß erwärmt werden. Die temperaturempfindlichen Dioden D_1 und D_2 sind jeweils unmittelbar benachbart zu dem Widerständen R_1 und R_2 angeordnet. Der Widerstand R_1 erwärmt entsprechend der anliegenden Spannung u_e die Diode D_1. Aufgrund der Temperaturabhängigkeit verändert die Diode ihren Widerstand und so die Spannung am invertierenden Eingang des Operationsverstärkers. Der Ausgang des Operationsverstärkers steuert einen Strom durch den Widerstand R_2, der die Diode D_2 erwärmt. Ein stabiler Zustand stellt sich ein, wenn die Differenz der Eingangsspannung am Operationsverstärker zu Null wird. Dann ist die Wärmeleistung aufgrund der Eingangswechselspannung an R_1 genauso groß wie die Gleichspannungsleistung an R_2. Am Ausgang des Operationsverstärkers liegt eine zum Effektivwert proportionale Gleichspannung an. Der Kondensator im Gegenkopplungszweig bewirkt ein Tiefpaßverhalten und stabilisiert die Schaltung.

Die dritte Möglichkeit ist die Berechnung des Effektivwertes aus dem Signalverlauf. Die Rechenschritte, Quadrierung, Integration und Radizierung können sowohl digital als auch analog durchgeführt werden.

Bei der digitalen Berechnung werden die Signale zunächst abgetastet und anschließend numerisch quadriert. Die Integration wird durch eine Summe genähert. Je nach Frequenz des Signals entsteht ein Fehler dadurch, daß unter Umständen der Abtastzeitraum kein Vielfaches der Periodendauer ist (inkohärente Abtastung, siehe auch Kap. 6.2.4).

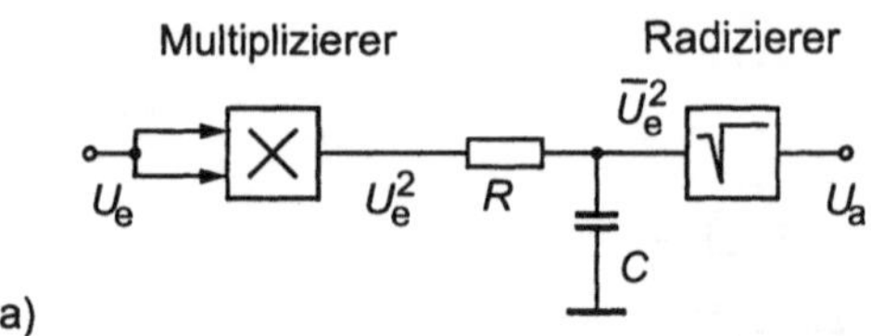

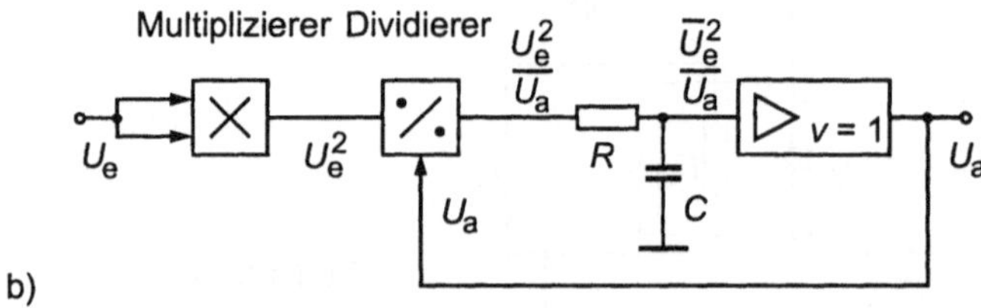

Bild 12.1.4 Schaltung zur Bildung des Effektivwertes mit Analogrechenschaltungen:
a) Kettenanordnung, b) Rückführung auf Divisionsstufe

Die analoge Berechnung erfolgt vor der Digitalisierung. Dadurch können langsamere und genauere Umsetzter eingesetzt werden. Während bei digitaler Berechnung Abtastrate, Abtastzeitraum und Wortlänge die erzielbare Genauigkeit begrenzen, schränkt hier das Signal-Rausch-Verhältnis analoger Signalverarbeitungsschaltungen die Genauigkeit ein. Bild 12.1.4 a) zeigt eine Kette aus Quadrierer, der durch einen Multiplizierer realisiert ist, eine Integration durch ein einfaches RC-Glied und einen Radizierer. Da durch die Quadrierstufe auch das Verhältnis von maximaler Signalamplitude zu Rauschen quadriert wird, gehen kleine Amplituden im Rauschen des Radizierers unter und das resultierende Signal-Rausch-Verhältnis wird reduziert. Durch eine Rückführung der Ausgangsspannung zu einer Divisionsstufe vor dem Tiefpaß wie in Bild 12.1.4 b) dargestellt, läßt sich dieses prinzipbedingte Problem vermeiden [Bergmann88], [Tietze91]. Am Ausgang des RC-Gliedes liegt dann die Spannung

$$u_a = \frac{u_{e,\text{mittel}}^2}{u_a} \qquad\qquad (12.1.2)$$

an. Im eingeschwungenen Zustand u_a = const. ergibt sich

$$u_a = \sqrt{u_{e,\text{mittel}}^2} = u_{\text{eff}} \quad . \qquad\qquad (12.1.3)$$

Bei einer Berechnung mit Analogrechenschaltungen werden auch Schaltungen eingesetzt, die den Logarithmus bilden. Die Quadrierung reduziert sich dann zur Multiplikation mit dem Faktor zwei.

12.1.3 Messung des Spitzenwertes

Eine weitere wichtige Kenngröße ist der Spitzenwert. Er kann durch eine Schaltung wie in Bild 12.1.5 ermittelt werden. Die Aufladezeitkonstante in der Schaltung ist klein gewählt, so daß der Kondensator schnell Eingangsspannungserhöhungen folgen kann. Durch die Diode entlädt sich der Kondensator langsam. Die Entladezeitkonstante mit dem Widerstand R_E wird so groß wie erforderlich gehalten, in anderen Anwendungen kann es zweckmäßig sein, die Aufladung durch einen Schalters S rückzusetzen. Eine Variante des in Bild 11.5.3 dargestellten Wilkinson-AD-Umsetzer mißt den Spitzenwert direkt. Ein Beispiel für die Anwendung einer Spitzenwertmessung sind Pegelmesser zur Aussteuerungskontrolle in der Tonstudiotechnik. Von einem solchen Pegelmesser werden z.B. eine Anstiegszeit von 10 ms und Abfallzeit von 0,75 s bis 2,5 s verlangt. In diesem Falle sind die Zeiten dem Hörverhalten des Menschen angepaßt.

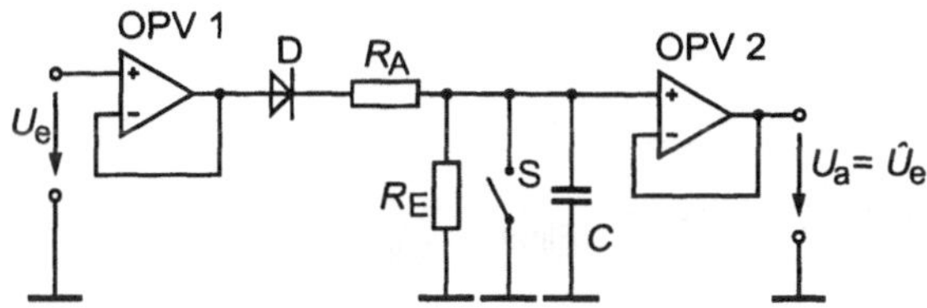

Bild 12.1.5 Schaltung zur Bildung des Spitzenwertes

12.1.4 Frequenzselektive Messung

Insbesondere wenn Störungen und Signale in unterschiedlichen Frequenzbereichen liegen oder schmalbandige Signale in breitbandigem Rauschen erkannt werden sollen, ist es günstig den Frequenzbereich einzugrenzen. Beispiele sind Frequenzgang-, Klirrfaktor- und Pegelmessungen bei definierten Frequenzen. Bild 12.1.6 zeigt zwei Anordnungen für frequenzselektive Messungen. In Teil a) ist eine Meßkette bestehend aus einem Filter, einer Gleichrichterstufe und einem AD-Umsetzer dargestellt. In der Rundfunktechnik wird dieses Prinzip beim sogenannten Geradeausempfänger angewendet. Filter mit festen Frequenzen und einem definiertem Übertragungsverhalten lassen sich leichter als abstimmbare realisieren. Aus diesem Grunde findet auch zur Spannungsmessung ein Prinzip Anwendung, das in der Rundfunktechnik beim Superheterodyne-Empfänger (Kurzbezeichnung Superhet) eingesetzt wird und das in Bild 12.1.6 b) dargestellt ist.

Bei einer Filterung nach dem Superheterodyne-Prinzip wird das Eingangssignals mit der Frequenz ω_s vorgefiltert und verstärkt und danach mit einer Mischfrequenz ω_m multipliziert. Dieser Vorgang wird als Mischen bezeichnet. Entsprechend der Gleichung

$$\sin\omega_s t \cdot \sin\omega_m t = \sin(\omega_m - \omega_s)t + \sin(\omega_m + \omega_s)t \tag{12.1.4}$$

(z.B. [Bronstein81]) liegen am Ausgang der Mischstufe die beiden Kreisfrequenzen $(\omega_m - \omega_s)$ und $(\omega_m + \omega_s)$ an. Durch das folgende Filter wird nur eine der beiden Frequenzen, die Zwischenfrequenz, verstärkt, die andere unterdrückt. Die Mischfrequenz wird in Abhängigkeit von der Signalfrequenz so eingestellt, daß die Mischung, z.B.

$(\omega_\mathrm{m} - \omega_\mathrm{s})$, genau die Zwischenfrequenz ergibt. Störungen ergeben sich, wenn bei der andere Mischfrequenz, in diesem Falle $(\omega_\mathrm{m} + \omega_\mathrm{s})$, Signalamplituden auftreten, diese werden als Spiegelfrequenzen bezeichnet. Durch Nichtlinearitäten der Multiplikationsstufe können über die genannten Frequenzen hinaus weitere störende Frequenzen entstehen. Eine optimale Unterdrückung dieser Störungen kann durch die Filterung vor der Mischstufe und eine gute Abstimmung der Frequenzbereiche der Mischfrequenz, der Zwischenfrequenz und der Signalfrequenz erreicht werden. Das Superhetprinzip kann zur Steigerung der Selektivität auch mehrfach angewendet werden.

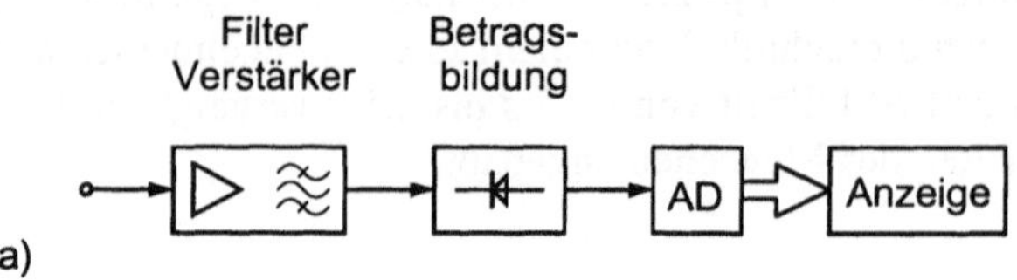

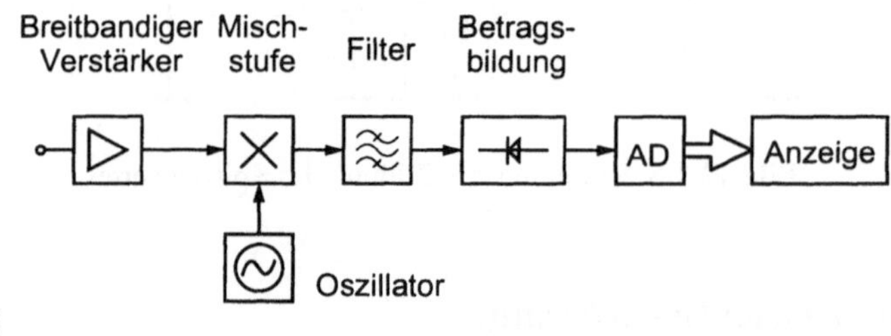

Bild 12.1.6 Frequenzselektive Messung: a) Geradeausprinzip, b) Superhet-Prinzip

Die mit einem Operationsverstärker aufgebauten Präzisionsgleichrichter-Schaltungen sind bei Hochfrequenz-Anwendungen wegen des Frequenzgangs der Verstärkung in der Regel nicht geeignet. Als Gleichrichter werden dann reine Diodenschaltungen eingesetzt.

12.2 Impedanzmessung

Impedanzmessungen dienen im wesentlichen zur Bestimmung und Verifikation der Kennwerte von Bauteilen in elektronischen Schaltungen und in Verbindung mit bestimmten Sensoren zur Ermittelung nichtelektrischer Meßgrößen. Beispiele solcher Sensoren sind Dehnungsmeßstreifen, die unter dem Einfluß der Meßgröße den ohmschen Widerstand verändern, elektromagnetische Wegaufnehmer, die eine Induktivität beeinflussen, und kapazitive Schalldruckempfänger [Schnell93]. Die Impedanz Z ist durch den Quotienten aus dem Strom U und der Spannung I

$$Z(\omega) = \frac{U(\omega)}{I(\omega)} \quad , \tag{12.2.1}$$

definiert, wobei alle Größen komplex sein können. Allgemein ist die zu messende Impedanz eine Funktion der Kreisfrequenz ω und setzt sich aus ohmschen, induktiven und kapazitiven Anteilen zusammen.

Prinzipiell kommen zur Messung zwei Methoden in Betracht. Zum einen können Spannungen und Ströme an einer Impedanz gemessen werden. Zum anderen können mit Kompensationsverfahren bekannte Bauelemente eines Netzwerkes abgeglichen werden, bis eine überprüfbare Abgleichbedingung erfüllt ist. Aus den eingestellten Werten der Bauelemente lassen sich dann die Werte der unbekannten Impedanz berechnen. Diese Methode findet bei Meßbrücken Anwendung.

12.2.1 Strom- und Spannungsmessungen

Mit elektronischen Meßverfahren sind zwei unabhängige Pfade für die Strom- und für die Spannungsmessung notwendig. Oft wird eine Größe gemessen und die andere durch eine Regelschaltung konstant gehalten. Bei komplexen Impedanzen können die Beträge durch eine einfache Strom- und Spannungsmessung gewonnen werden, die Phasenverschiebung durch eine Zeitmessung mit einem Zähler, einem Phasenmesser [Richter88], [Bergmann88] oder einem Oszilloskop. Mit Strom- und Spannungsmessungen können vorteilhafter Weise auch nichtlineare Widerstände in einem bestimmten Arbeitspunkt vermessen werden können und die Kennlinie $u = f(i)$ aufgenommen werden kann. Diese Möglichkeit besteht nicht ohne weiteres bei Messungen mit Brückenschaltungen.

In Bild 12.2.1 sind zwei Schaltungen für die Bestimmung eines ohmschen Widerstandes gezeigt, eine Schaltung zur strom- und eine zur spannungsrichtigen Messung. In beiden Meßschaltungen entsteht durch den Innenwiderstand der Meßgeräte ein systematischer Fehler (*burden error*). Ohne Korrekturrechnung, liefert die stromrichtige Schaltung bei der Messung kleiner Widerstände und die spannungsrichtige Schaltung bei der Messung großer Widerstände das genauere Ergebnis. Mit Korrekturrechnung wird bei der spannungsrichtigen Messung der Widerstand R_x durch

$$R_\mathrm{x} = \frac{U}{I_\mathrm{A} - I_\mathrm{U}}, \quad I_\mathrm{U} = \frac{U}{R_\mathrm{U}} \qquad (12.2.2)$$

bestimmt, dabei ist U die gemessene Spannung und I_U der Strom durch das Voltmeter, I ist der gemessene Strom und I_U der Strom durch das Amperemeter, R_U ist der ohmsche Widerstand des Voltmeters. Für die stromrichtige Messung gilt

$$R_\mathrm{x} = \frac{U}{I_\mathrm{A}} - R_\mathrm{A} \ . \qquad (12.2.3)$$

Spannungen und Ströme lassen sich mit modernen elektronischen Mitteln sehr genau bestimmen. Digitale Multimeter mit bis zu siebeneinhalb Stellen und Fehlern bei Widerstandsmessungen von kleiner als 50 ppm sind verfügbar. Eine derartige Genauigkeit wurde in der Vergangenheit nur durch Meßbrücken erreicht.

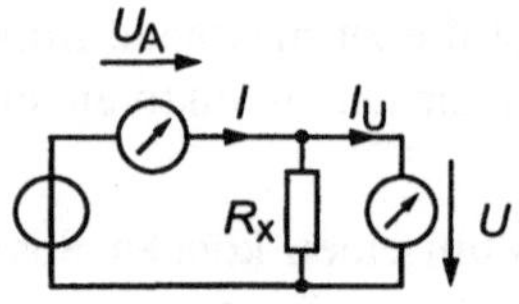

a)

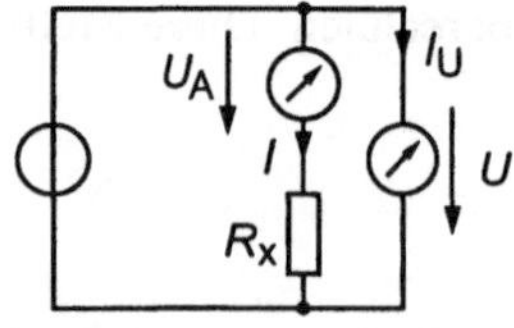

b)

Bild 12.2.1
Fehler bei der Widerstandsbestimmung durch Strom- und
Spannungsmessungen:
a)   spannungsrichtige Messung,
b)   stromrichtige Messung

Die folgenden zwei in Bild 12.2.2 gezeigten Widerstands-Meßschaltungen benutzen einen
Operationsverstärker, beiden Schaltungen liegt die invertierende Verstärkerschaltung
zugrunde. Liegt, wie in Teil a) der zu messende Widerstand am Eingang des Operationsverstärkers, so ist die Ausgansspannung durch

$$U_a = (U_{\text{ref}} R_G) \cdot G_x \tag{12.2.4}$$

gegeben und somit proportional zum Leitwert $G_x = 1/R_x$. Liegt der zu messende Widerstand im Gegenkopplungszweig, ist sein Wert proportional zur Ausgangsspannung

$$U_a = \frac{U_{\text{ref}}}{R_E} R_x \ . \tag{12.2.5}$$

In industriellen Anwendungen wird im Rahmen von Maßnahmen zur Qualitätssicherung
und zur Fehlerfindung ein Incircuittest durchgeführt. Damit kann überprüft werden, ob
bereits eingebaute Widerstände den richtigen Wert haben. Durch gefederte Nadeln, die
auf einem Nadelbett angeordnet sind, wird eine Auswahl von Prüfpunkten einer Leiterplatte kontaktiert. Die Nadeln sind über eine Schaltermatrix mit Widerstandsmeßschal-
tungen, wie in Bild 12.2.2, verbunden. Bei eingebauten Widerständen liegen aber noch
weitere Schaltungszweige parallel. Um trotzdem noch den Widerstand eines einzelnen
Bauteils messen zu können, wird die Technik des Guardings eingesetzt.

Der Widerstand R_x soll in Bild 12.2.3 gemessen werden, die Widerstände R_1 und R_2
würden ohne weitere Maßnahmen zu einer Fehlmessung führen. In der Meßschaltung mit
Guarding liegt jedoch der Widerstand R_1 parallel zu der Referenzspannungsquelle und
wirkt sich auf die Messung nicht aus, der Widerstand R_2 liegt parallel zum Differenzeingang des Operationsverstärkers und wirkt sich so auf die Messung ebenso nicht aus.
Ströme durch die Widerstände R_1 und R_2 werden somit isoliert und nur der zu messende
Widerstand liefert einen Beitrag zum Meßergebnis.

Die Schaltungen in Bild 12.2.2 und 12.2.3 sind vorteilhaft bei schnellen Messungen, wie
sie z.B. beim Incircuit-Test für einen hohen Durchsatz gefordert werden. Die nichtidealen
Eigenschaften der Operationsvertärker begrenzen die Widerstandbereiche und die Präzision.

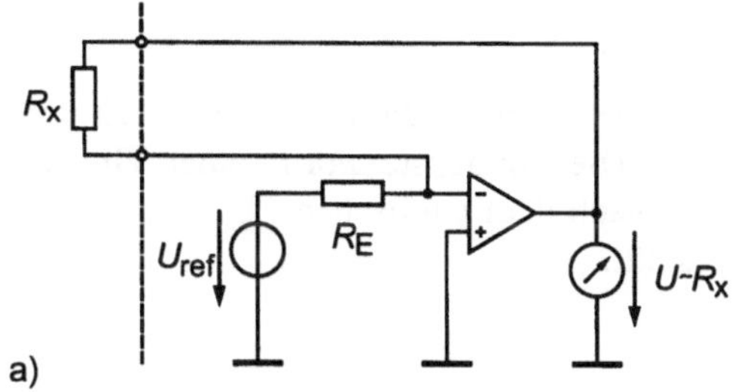

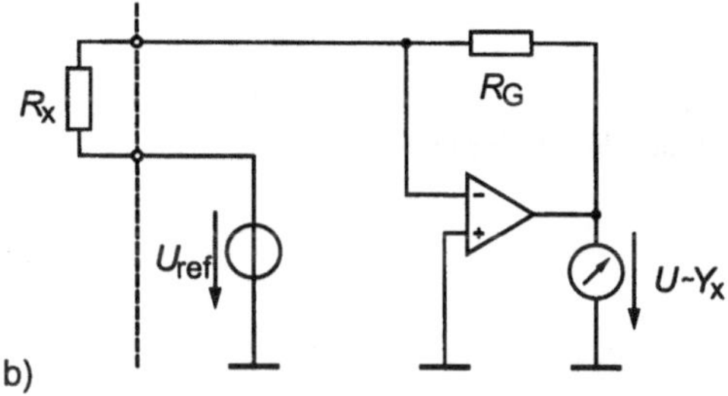

Bild 12.2.2
Widerstandsmessung mit einem
Operationsverstärker:
a) Widerstandsmessung mit dem
   Meßobjekt im Gegenkopplungs-
   zweig,
b) Leitwertsmessung mit dem
   Widerstand im Eingangskreis

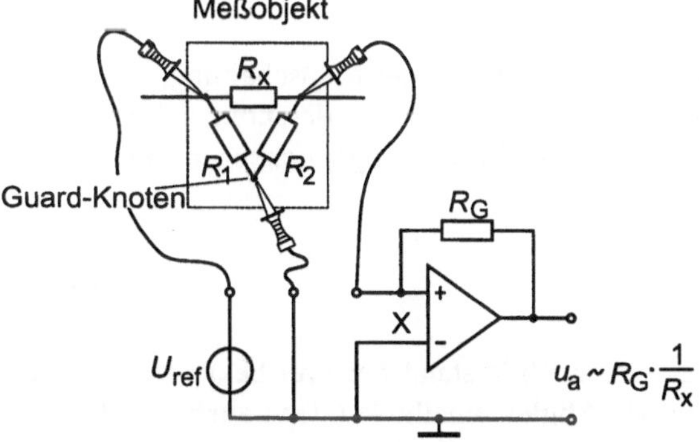

Bild 12.2.3
Widerstandsmessung in einer
Schaltung mit Guarding

Bei spannungs- bzw. stromabhängigen Bauelementen, wie z.B. Dioden oder Thermisto-
ren, reicht die Angabe eines einzelnen Widerstandswertes nicht aus. Durch Spannungs-
und Strommessungen kann die $u(i)$-Kennline gefunden werden, die Steigung dieser Kurve
gibt den differentiellen Widerstand im jeweiligen Arbeitspunkt an. Außer der Aufnahme
von Kennlinien können solche Messungen dazu dienen, sogenannte Signaturen in analogen Schaltungen zu ermitteln. An ausgewählten Punkten der Schaltung wird ein Strom
eingespeist bzw. eine Spannung angelegt und der Verlauf der $u(i)$-Kennline ermittelt
(siehe dazu auch Kapitel 13.2). Diese Kurve, die durchaus von mehreren Bauelementen
der Schaltung beinflußt sein kann, wird als Signatur bezeichnet. Diese Signaturen lassen
sich zum Test elektronischer Schaltungen und zur Fehlerlokalisierung einsetzen. Sind die
Signaturen einer intakten Schaltung z.B. durch vorherige Testmessungen bekannt, läßt die
Abweichung davon an einer zu testenden Schaltung Rückschlüsse auf Fehler zu.

12.2.2 Meßbrücken

Bei Brücken können nur lineare Widerstände gemessen werden, da der Strom durch den zu bestimmenden Widerstand nicht bestimmt ist. Die einfachste Form einer Gleichstrommeßbrücke, die Wheatstonesche Meßbrücke (nach dem englischen Physiker Sir C. Wheatstone 1802 - 1875), ist in Bild 12.2.4 dargestellt.

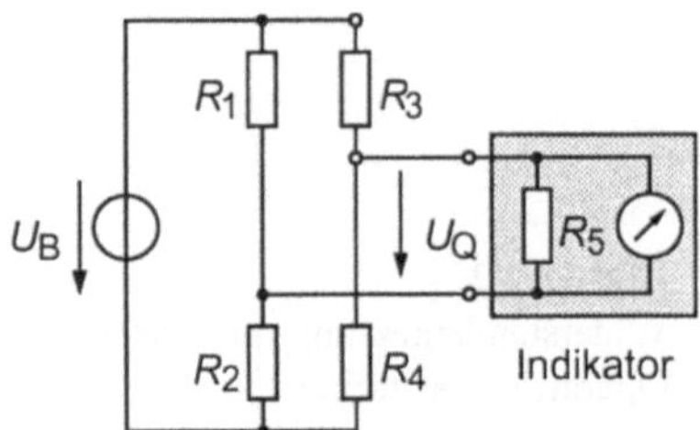

Bild 12.2.4
Wheatstonesche Meßbrücke

Die Brückenspannung U_Q ist durch

$$U_Q = \frac{U_B(R_2R_3R_5 - R_1R_4R_5)}{R_1R_3R_5 + R_2R_3R_5 + R_1R_4R_5 + R_2R_4R_5 + R_1R_2R_3 + R_1R_2R_4 + R_1R_3R_4 + R_2R_3R_4}$$

(12.2.6)

gegeben. Die Widerstände R_1 bis R_4 sind die Widerstände der Meßschaltung, R_5 ist der Innenwiderstand des Indikators, der die Brückenspannung U_Q detektiert. Werden die Widerstände so eingestellt, daß $U_Q = 0$, so ist die Brücke abgeglichen und es gilt die Abgleichbedingung

$$\frac{R_1}{R_2} = \frac{R_3}{R_4} \quad .$$

(12.2.7)

Aus dieser Gleichung läßt sich ein unbekannter Widerstand bei drei bekannten einfach bestimmen. Dieser Weg der Messung wird als Abgleichmethode (siehe auch Kapitel 2.1) oder Nullmethode bezeichnet. Der Abgleich kann manuell oder auch automatisiert durch eine elektronische Steuerung erfolgen. Die Anforderungen an den Indikator für den Nullabgleich sind eine hohe Empfindlichkeit um den Nullpunkt. Da sich einstellbare Widerstände präzise bauen lassen, läßt sich mit dieser Anordnung eine hohe Genauigkeit erzielen. Nachteilig ist der Aufwand für den damit verbundenen mechanischen Abgleich.

Bei der Ausschlagmethode wird anstelle des Abgleichs die Brückenspannung U_Q gemessen. Diese Methode findet oft Anwendung bei solchen Sensoren, die eine Brückenschaltung oder einen Teil einer Brückenschaltung bilden. Beispiele dafür sind einige Ausführungsformen von Drucksensoren oder Dehnungsmeßstreifen [Schnell93]. Wird angenommen, daß der Innenwiderstand des Spannungsmessers unendlich hoch ist, vereinfacht sich Gl. 12.2.6 zu

$$U_Q = \frac{U_B(R_2R_3 - R_1R_4)}{(R_1 + R_2)(R_3 + R_4)} \quad .$$

(12.2.8)

Als Beispiel wird davon ausgegangen, daß die Widerstände durch die Summe $R_i = R + \Delta R_i$ für $i = 1, 2, 3, 4$, darstellbar sind und im Ruhezustand alle den gleichen Wert R aufweisen. ΔR_i sind kleine Abweichung von diesem Wert R, die durch die Meßgröße hervorgerufen wird, so daß die Produkte von ΔR_1 untereinander vernachlässigt werden können. Eingesetzt in Gl. 12.2.8 ergibt sich mit $R \gg \Delta R_i$

$$U_Q = \frac{U_B(\Delta R_1 - \Delta R_2 + \Delta R_3 - \Delta R_4)}{4R} \tag{12.2.9}$$

die Brückenspannung aufgrund der Änderung der Einzelwiderstände. Läßt es sich durch die Konstruktion des Sensors bewerkstelligen, daß bei einer Änderung der Meßgröße ΔR_1 und ΔR_3 positiv sind, während ΔR_2 und ΔR_4 negativ sind, und sich alle ΔR_1 um den gleichen Betrag ΔR ändern, vereinfacht sich Gl. (12.2.9) zu $U_Q = (U_B / R)\Delta R$. Durch ein gegenläufiges Verhalten von ΔR_1 und ΔR_2 bzw. ΔR_3 und ΔR_4 werden Temperatureinflüsse, die sich auf alle Widerstände gleichermaßen auswirken, kompensiert (siehe Kapitel 2.1).

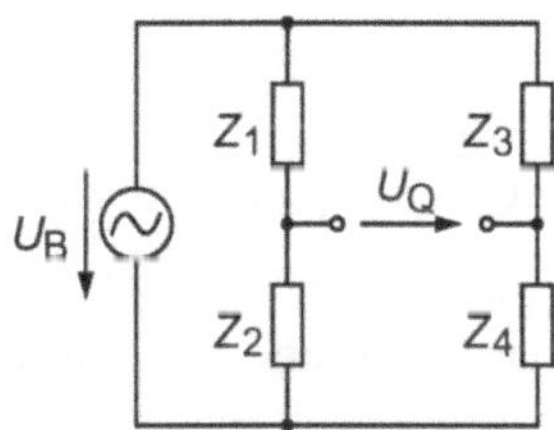

Bild 12.2.5
Allgemeine Meßbrücke mit komplexen Impedanzen

Allgemein gelten die oben angegebenen Beziehungen auch für komplexe Impedanzen. Bild 12.2.5 zeigt eine allgemeine Brückenschaltung mit 4 komplexen Impedanzen. Die einzelnen Brückenelemente sind dann aus Reihen- oder Parallelschaltungen von ohmschen Widerständen, Kapazitäten oder Induktivitäten zusammengesetzt und die Spannung U_B ist eine Wechselspannung. Einige mögliche Kombinationen für Meßbrücken haben eigene Namen erhalten: die Wien-Brücke, Wien-Robinson-Brücke, Maxwell-Wien-Brücke und Schering-Brücke (siehe z.B. [Hart89, S. 217], [Bergmann88] oder [Philipow88, S. 628]). In Bild 12.2.6 ist als Beispiel eine Wien-Robinson-Brücke dargestellt.

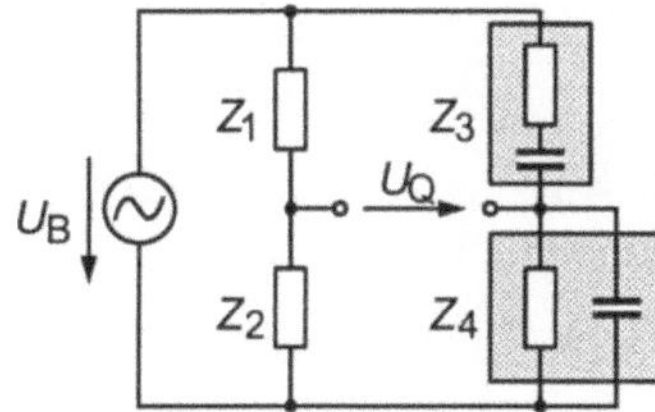

Bild 12.2.6
Wien-Robinson-Meßbrücke

Für die Messung nach dem Abgleichverfahren werden anstelle eines einzelnen ohmschen Widerstands zwei Elemente abgeglichen. Da die Brückenspannug U_Q bei einigen Schaltungsvarianten von der Frequenz abhängig ist, lassen sich diese Varianten auch zur Frequenzmessung einsetzen. Der Abgleich erfolgt wechselweise mit beiden veränderbaren Elementen, indem versucht wird, einen minimalen Betrag der Brückenspannung einzustellen. Dann gilt

$$\frac{|Z_1|}{|Z_2|} = \frac{|Z_3|}{|Z_4|} \tag{12.2.10}$$

und

$$\varphi_1 - \varphi_2 = \varphi_3 - \varphi_4 \ . \tag{12.2.11}$$

Beide Abgleichbedingungen müssen erfüllt sein. Daher ist beim Entwurf einer Brückenschaltung sicherzustellen, daß die Phasenbedingung in Gl. (12.2.9) sicher erfüllt werden kann.

Beispiel: Eine Kapazität C_x soll mit einer Meßbrücke ermittelt werden. Die Elemente R_1, R_2 und C_m sind abgleichbar. Eine Meßbrücke, in der $Z_1 = 1/j\omega C_x$, $Z_2 = R_1$, $Z_3 = R_2$ und $Z_4 = 1/j\omega C_m$ ist, läßt sich entsprechend 12.2.11 nicht abgleichen, da $\varphi_1 - \varphi_2 < 0$ ist und $\varphi_3 - \varphi_4 > 0$. Eine Meßbrücke hingegen, in der $Z_1 = 1/j\omega C_x$, $Z_2 = R_1$, $Z_3 = 1/j\omega C_m$ und $Z_4 = R_2$ ist, läßt sich abgleichen, da $\varphi_1 - \varphi_2 < 0$ und $\varphi_3 - \varphi_4 < 0$ sind.

Mit elektronischen Mitteln ist es für einen automatischen Abgleich unter Umständen technisch günstiger, Spannungsquellen hinsichtlich Frequenz, Phasenlage und Amplitude zu beeinflussen, als passive Bauelemente umzuschalten oder einzustellen. Brückenschaltungen mit mehreren Spannungsgeneratoren nutzen diese Möglichkeit (siehe [Hellbach87]. In Bild 12.2.7 ist eine Brückenschaltung mit zwei Spannungsquellen dargestellt. Die Abgleichbedingung ist durch

$$\frac{U_{B1}}{U_{B2}} = \frac{Z_1}{Z_2} \tag{12.2.12}$$

gegeben, wobei auch die Spannungen als komplex anzusetzen sind. Die gewünschten Spannungsverläufe lassen sich insbesondere bei tiefen Frequenzen durch Funktionsgeneratoren mit D/A-Umsetzern erzeugen (siehe auch Kapitel 13.1). Im Hinblick auf eine einfache technische Realisierung wird ein Abgleich bevorzugt bei dem Frequenz und Phase abgeglichen werden und die Amplitude konstant gehalten wird.

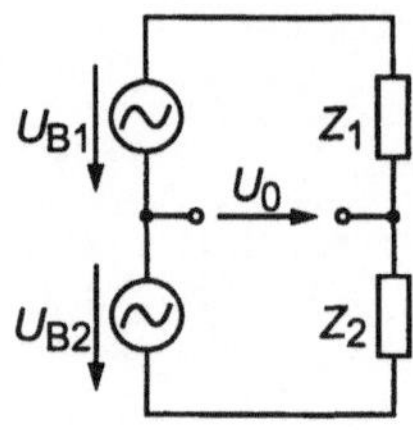

Bild 12.2.7
Brückenschaltung mit zwei Spannungsquellen

Beispiel: Die Impedanz $Z_1 = R_x + j\omega L$ soll durch eine Meßbrücke mit zwei Spannungsquellen bestimmt werden. $Z_2 = R_m$ ist ein Meßwiderstand. Der Phasenwinkel φ und die
Kreisfreqeunz ω Frequenz sind abgleichbar. Im abgeglichenen Zustand ist

$$\frac{U_{B1}}{U_{B2}} = \frac{|U_{B1}|}{|U_{B2}|}\, e^{j\omega\varphi} = \frac{R_x}{R_m} - \frac{j\omega L}{R_m} \ .$$

Damit läßt sich die gesuchte Impedanz als

$$R_x = R_m\, \frac{|U_{B1}|}{|U_{B2}|}\, \cos\varphi$$

$$L = \frac{R_m}{\omega}\, \frac{|U_{B1}|}{|U_{B2}|}\, \sin\varphi$$

bestimmen.

13 Spannungs-, Strom, und Signalquellen

13.1 Signalgeneratoren

Meßtechnische Anwendungen erfordern Signale mit unterschiedlichen Eigenschaften. Analoge Signale mit definiertem Verlauf werden als Testfunktionen zur Untersuchunung von Übertragungseigenschaften, als Stimuli oder zur Simulation der Betriebsumgebung benötigt. Takt- und Pulsgeneratoren liefern rechteckförmige Ausgangssignale und können als Zeitbasis dienen. In anderen Ausführung erzeugen Pulsgeneratoren Signale für Untersuchungen an digitalen Schaltungen oder Triggersignale von Meßsysteme. Mit arbiträren Funktionsgeneratoren, lassen sich beliebige Pulsfolgen bzw. Signalformen, die frei vorgebbar sind, erzeugen.

Nach Art des Ausgangssignals wird unterschieden in Sinusgeneratoren mit ausschließlich sinusförmige Spannungsverläufen, Funktionsgeneratoren mit dreieck-, rechteck- oder sinusförmige Spannungen, in Pulsgeneratoren mit rein rechteckförmigen Spannungen und arbiträre Signalgeneratoren, die frei programmierbare Signalverläufe erzeugen. Zentrales Element aller Signalgeneratoren ist eine Oszillator- oder Zeitgeberschaltung, die Signale mit einer definierten Periodendauer erzeugt. Diese ist in Sinusgeneratoren durch klassische Oszillatorschaltungen realisiert, Funktionsgeneratoren enthalten oft Kippschaltungen. Zur Stabilisierung fester Frequenzen werden in Kipp- und Oszillatorschaltungen Schwingquarze eingesetzt.

13.1.1 Sinusgeneratoren

Das Prinzip einer Oszillatorschaltung, die sinusförmige Ausgangsspannungen liefert, ist in Bild 13.1.1 dargestellt. Die Schwingung wird durch einen rückgekoppelten Verstärker erzeugt, durch die Rückkopplung wird ein Schwingkreis angeregt. Die dem Verstärker zugeführte Energie gleicht genau die Verluste im Schwingkreis aus. Verstärker und Rückkopplung arbeiten linear.

Bildteil 13.1.1 b) zeigt eine entsprechende *LC*-Oszillator-Schaltung mit einem Operationsverstärker. Um einen solchen Oszillator abzustimmen, wird die Kapazität oder die Induktivität des Schwingkreises verändert. Spezielle Dioden können als variable, spannungsabhängige Kapazität zur Frequenzeinstellung verwendet werden. Damit entsteht ein spannungsgesteuerter Oszillator, der auch als VCO *(Voltage Controlled Oscillator)* bezeichnet wird. Periodische Spannungen können so zyklische Veränderungen der Frequenz steuern, die als Wobbeln bezeichnet werden. In diesem Meßmodus können Frequenzgänge oder das frequenzabhängige Verhalten von Bauteilen ermittelt werden.

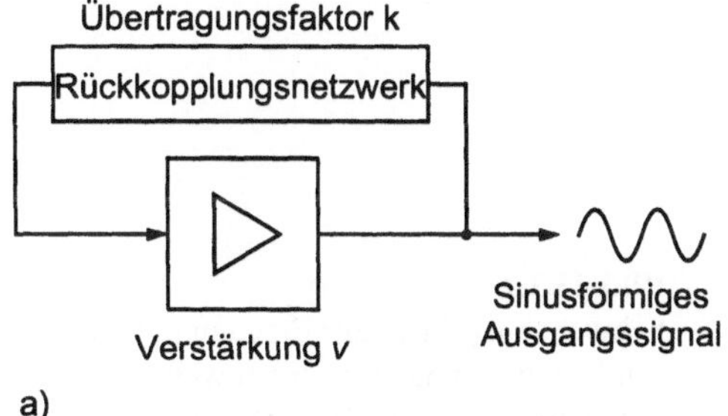

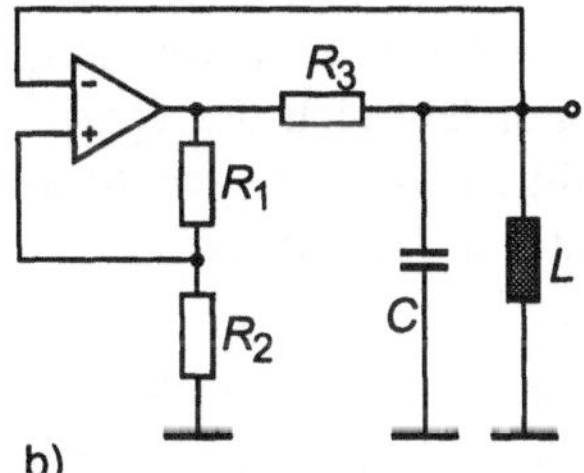

Bild 13.1.1
Erzeugung von sinusförmigen Schwingungen durch Oszillatorschaltungen:
a) Prinzip einer Oszillatorschaltung,
b) Schaltung eines einfachen LC-Oszillators

Bei einem einfachen Sinusoszillator ist die Variation der Frequenz ist nicht sehr groß, da sich die Resonanzfrequenz umgekehrt proportional der Wurzel von L oder C ändert. Die weiter unten dargestellten Funktionsgeneratoren weisen ebenso nur einen Frequenzvariation von etwa 1:20 auf. Durch einen zweiten Oszillator in Verbindung mit dem Schwebungsprinzip läßt sich der Bereich, in dem der Oszillator abgestimmt werden kann, erweitern.

In Bild 13.1.2 ist ein Oszillator nach dem Schwebungsprinzip zur Erzeugung von Sinusschwingungen in einem weiten durchstimmbaren Frequenzbereich dargestellt. Zwei Ozillatoren, einer mit einer festen Frequenz und ein abstimmbarer, liefern eine sinusförmige Spannung. Wie in Kapitel 12.1 beim Superhetprinzip dargestellt, werden beide Signale auf eine Mischstufe geführt. Diese Stufe ist durch einen Analogmultiplizierer (siehe Kapitel 8.1). Entsprechend Gl.(12.1.4) entstehen sinusförmige Signale mit den resultierenden Frequenzen ($\omega_m - \omega_s$) und ($\omega_m + \omega_s$). Für das Schwebungsprinzip wird in diesem Beispiel die Differenz beider Frequenzen benutzt und die Summenfrequenz durch ein Filter unterdrückt. Ein Vorteil von solchen Sinusgeneratoren ist, daß damit ein sehr kleiner Klirrfaktor erzielt werden kann.

Beispiel: Ein Generator der den Frequenzbereich von 0 - 20 KHz durchstimmbar sein soll, arbeitet mit einer festen Frequenz von 100 kHz und mit einer variablen Frequenz von 100 - 120 kHz.

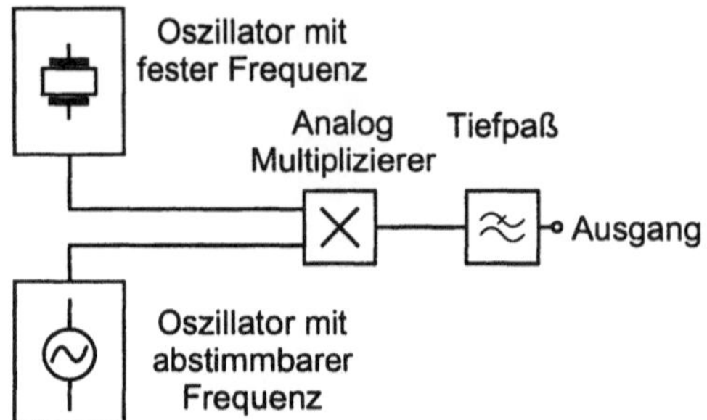

Bild 13.1.2
Schwebungsprinzip zur Erzeugung von
Sinusschwingungen in einem weiten
durchstimmbaren Frequenzbereich

13.1.2 Quarzstabilisierung und PLL

Quarzoszillatoren liefern Signale mit einer festen Frequenz. Bild 13.1.3 zeigt zwei Quarzoszillatoren. Der in Bildteil a) dargestellte Sinusoszillator setzt den Quarz in Verbindung mit einem Schwingkreis ein. Durch den einstellbaren Kondensator läßt sich der Quarzoszillator in geringen Grenzen abstimmen. Die Schaltung in Bildteil b) liefert rechteckförmige Spannungungsverläufe und läßt sich auch als Taktgenerator in Digitalschaltungen einsetzen. Sie ist mit zwei Invertern in CMOS-Technik aufgebaut.

Um ausgehend von einem genauen Quarzoszillator verschiedene Frequenzen oder Pulsraten zu erzeugen, lassen sich Zählerschaltungen als Frequenzteiler einsetzen (siehe Kapitel 9.2). Eine kontinuierliches Durchstimmen eines Bereiches läßt sich damit nicht erreichen. Die erzeugten Frequenzen sind kleiner als die Oszillatorfrequenz, da so nur ganzzahlige Bruchteile der Oszillatorfrequenz erzeugt werden können.

Für eine um ein ganzzahliges Verhältnis höhere Frequenz als die quarzstabilisierte Oszillatorfrequenz, werden Regelschaltungen eingesetzt, die als PLL (*Phased Locked Loop*) bezeichnet werden. In Bild 13.1.4 ist eine solche Regelschaltung dargestellt. Kernstück ist ein spannungsgesteuerter Ozillator (VCO), der mit der gewünschten Frequenz schwingt. Sein Ausgangssignal wird, falls erforderlich, über einen Schmitt-Trigger auf eine Zählerschaltung geleitet. Das Teilerverhältnis dieser Zählerschaltung ist einstellbar. Die Pulsfolge nach diesem Teiler wird zusammen mit der Pulsfolge des Referenzoszillator mit einer festen quarzstabilisierten Frequenz auf eine Phasenvergleichsschaltung geführt. Diese Schaltung, die in Bildteil b) dargestellt ist, liefert eine Regelspannung in Abhängigkeit von der Phasenverschiebung zwischen beiden Spannungen. Diese Regelspannung steuert den spannungsabhängigen Oszillator so, daß der Oszillator phasengenau genau auf dem eingestellten Vielfachen der Frequenz des festen Oszillators schwingt.

Sind unterschiedliche Prinzipien involviert, um einen Oszillator in festen Bezug zu einer Referenzfrequenz schwingen zu lassen, wird von Frequenzsynthese gesprochen. Bei direkter Synthese werden alle Frequenzen direkt aus einem Referenz-Oszillator gewonnen, bei indirekter Synthese sind ein oder mehrere PLL-Schleifen beteiligt [Kroupa73]. Direkte Synthese hat den Vorteil, daß Frequenzänderungen nicht mit einem Einschwingvorgang der Regelschaltung verbunden sind.

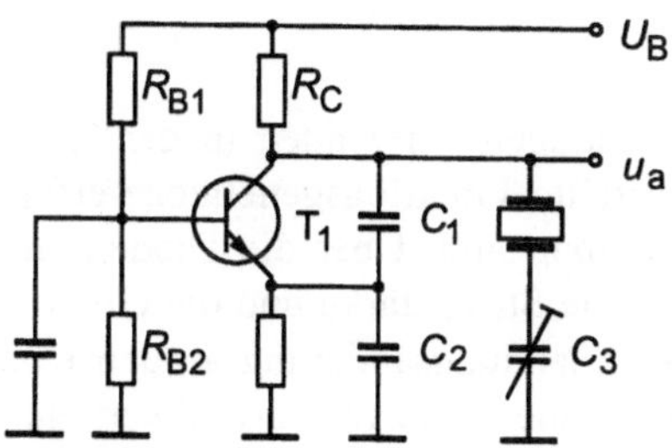

a)

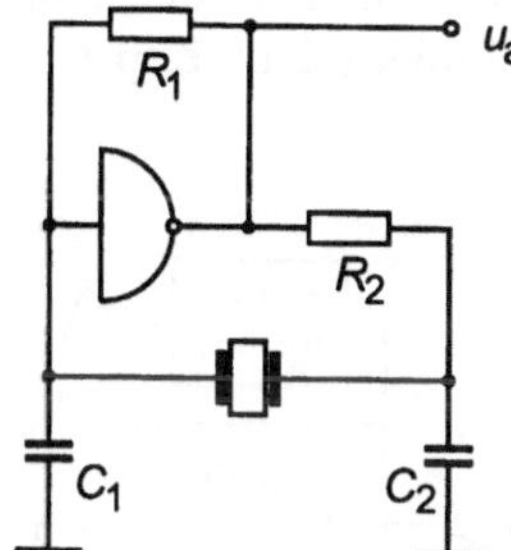

b)

Bild 13.1.3
Quarzoszillatoren:
a) Sinusgenerator mit bipolaren
   Transistoren,
b) Rechteckgenerator mit TTL-
   Invertern,
c) Frequenzteiler zur Erzeugung von
   um ein ganzzahliges Verhältnis
   kleineren Ausgangsfrequenz

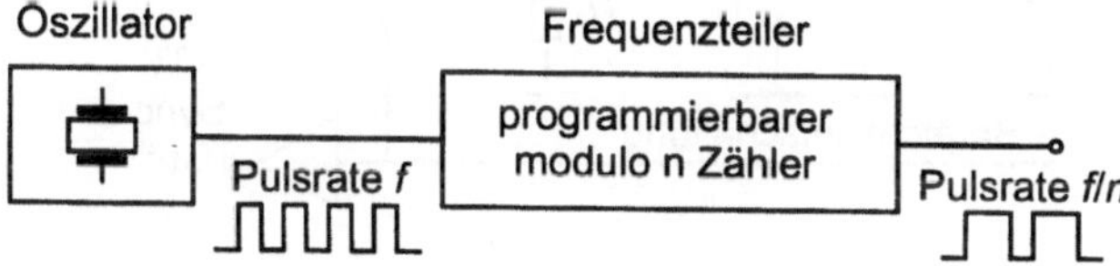

c)

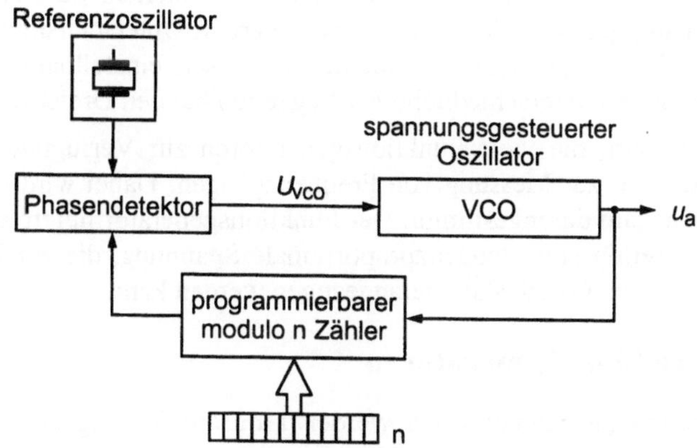

Bild 13.1.4 Erzeugung von um ein ganzzahliges Verhältnis
höheren Ausgangsfrequenz als die Quarzfrequenz durch eine PLL-Schaltung

13.1.3 Funktionsgeneratoren

Funktionsgeneratoren für allgemeine Anwendungen verwenden in der Regel sogenante Kippschaltungen. Der in Bild 13.1.5 dargestellte Funktionsgenerator verfügt über zwei Konstantstromquellen, die in Grenzen einstellbar sind. Über die Diodenschalter werden die Kondensatoren aufgeladen und entladen. Die Stromstärke und die Größe der Kondensatoren bestimmen die Geschwindigkeit der Spannungsänderung an den Kondensatoren. Zwei Komparatoren, die auf einen oberen und einen unteren Schwellwert eingestellt sind, steuern, als eine Art Rückkopplung, die Umschaltung der Dioden. Das Ausgangssignal der Komparatoren liefert direkt das Rechtecksignal. Der Verlauf der Spannung am Kondensator ergibt den dreieckförmigen Spannungsverlauf und der sinusförmige Spannungsverlauf wird durch ein Funktionsnetzwerk gebildet (siehe Kap 8.3). Der erzielbare Klirrfaktor für sinusförmige Signale liegt unter 0,5 %.

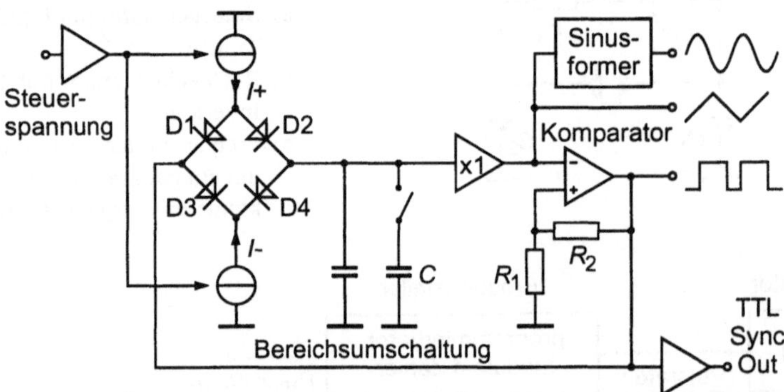

Bild 13.1.5 Funktionsgenerator für Sinus-, Dreieck- und Rechsteckspannungen

Über die oben dargestellten Möglichkeiten hinaus bieten Funktionsgeneratoren meist noch viele zusätzlichen Betriebsarten und Einstellmöglichkeiten. So sind die erzeugten Signale mit allen gängigen Modulationsarten modulierbar. Unterschiedliche Ausgangspegel, eine additive Gleichspannungskomponente als Offset, einstellbare Tastverhältnisse bei Rechtecksignalen und unterschiedliche Anstiegzeiten bei den Dreicksignalen.

Eine weitere Betriebsart, die viele Funktionsgeneratoren zur Verfügung stellen, ist der Sweep-Modus und dient zur Messung von Frequenzgängen. Dabei wird ein einstellbarer Frequenzbereich langsam durchgestimmt. Der Funktionsgenerator liefert an einem gesonderten Ausgang weiterhin eine frequenzproportionale Spannung, die zur Darstellung des Frequenzgangs auf einem Oszilloskop herangezogen werden kann.

13.1.4 Arbiträre Signalgeneratoren

Zur Erzeugung beliebiger Signalformen werden arbiträre Signalgeneratoren (engl. *arbitrary waveform generator*) eingesetzt. Die Anforderung frei programmierbare Kurvenformen erzeugen zu können ist gegeben, wo Sinus-, Dreick- und Rechtecksignale nicht mehr ausreichen. Beispiele sind die Simulation von Sensorsignalen, Stimuli für Tests der Qualitätssicherung, komplexe modulierte Signale und viele andere mehr [Hoekstein91].

Die Signalform ist bei arbiträren Signalgeneratoren digital in dem Rechner gespeichert und wird über einen Digital-Analog-Umsetzer ausgegeben. In Bild 13.1.6 ist ein Blockschaltbild eines solchen Signalgenerators angegeben. Die Signalkurven werden in einem externen oder im internen Rechner erstellt, in den Ausgabe-Speicher eingelesen und dann auf ein Triggersignal hin einmalig oder ständig ausgelesen. Wählbar ist dabei die Taktrate. Zusammen mit der Dauer des eingespeicherten Signals bestimmt sie die Periodendauer.

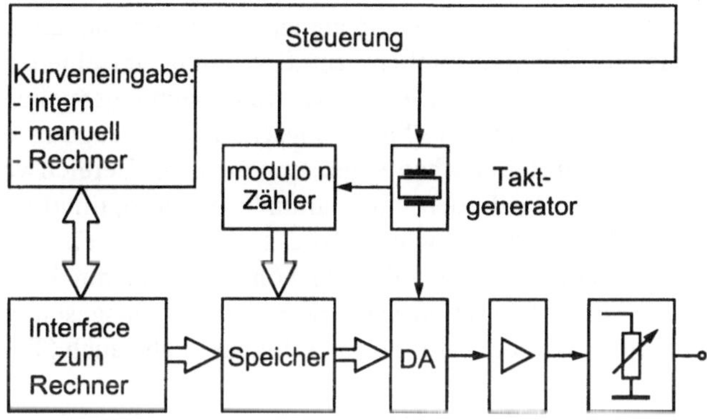

Bild 13.1.6 Arbiträrer Funktionsgenerator

Die Eingabe der Kurven erfolgt entweder am Gerät selbst durch einen integrierten Signaleditor oder in einem externen Rechner mit entsprechender Software [Rieger90] durch einen Gummizugeditor oder punktweise Definition. Weitere Quellen der Signale sind mathematische Formeln, verarbeitete gemessene Signal oder interpolierte Stützstellen.

13.2 Strom und Spannungsquellen

Einsatzgebiete von Strom- und Spannungsquellen in der Meßtechnik sind Stromversorgung für den Labor- und Testbetrieb und zur Erzeugung genauer Spannungen und Ströme. Manche können in verschiedenen Betriebsmodi arbeiten. In Bild 13.2.1 sind die vier Quadranten dargestellt, in denen eine Strom- und Spannungsquelle arbeiten kann.

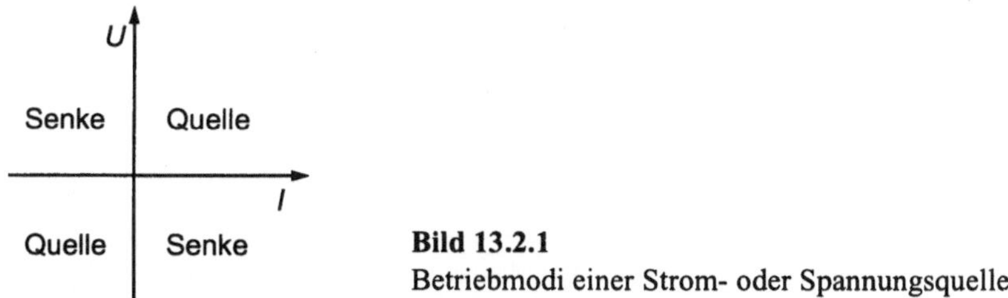

Bild 13.2.1
Betriebmodi einer Strom- oder Spannungsquelle

Im ersten und dritten Quadranten liefert sie einen positiven oder negativen Strom nach außen, in den zwei weiteren Quadranten arbeitet sie als Last. Durch die feste Vorgabe eines Ausgangsstromes oder einer Ausgangsspannung lassen sich für eine Reihe von Untersuchungen definierte Lastzustände erzeugen. Anwendungen dazu sind bei der Untersuchung von Batterien, Solarzellen aber auch zum Korrosionsverhalten bei unterschiedlichen metallischen Verbindungen gegeben.

13.2.1 Referenz-Spannungsquellen

Solche Schaltungen werden einerseits in Spannungs- und Stromquellen eingesetzt und dienen in Verbindung mit Spannungsteilern zur Erzeugung verschiedener Spannungen. Ebenso enthalten D/A- und A/D-Umsetzer Referenzspannungsquellen, genaue D/A-Umsetzer können auch als variable Referenz diesen. Zur Erzeugung einer konstanten Referenz werden meist Zenerdiodenschaltungen eingesezt. Im Bereich von 6 Volt ist der Temperaturkoeffizient von Zenerdioden minimal und sie sind optimal temperaturunempfindlich. Eine Zenerdiodenschaltung, wie in Bild 13.2.2 dargestellt, kann als einfache Spannungsreferenz verwendet werden. Für eine höhere Stromentnahme sind Referenzquellen zusätzlich mit einer Operationsverstärkerschaltung ausgestattet oder auch als Referenzspannungsquellen in integrierter Form verfügbar (siehe auch [Tietze91]).

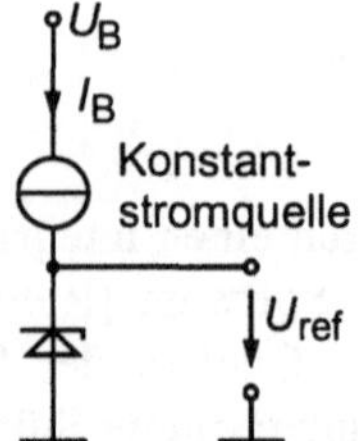

Bild 13.2.2
Spannungsreferenz mit einer Zenerdiode

13.2.2 Versorgungsquellen

Strom- und Spannungsversorgungen sollen innerhalb eines Arbeitsbereiches eine definierte Ausgangsspannung oder einen definierten Ausgangsstrom liefern. Der prinzipielle Aufbau ist Bild 13.2.3 zu entnehmen. Ein Transistor, der in Reihe mit der Last liegt, stellt einen steuerbaren Widerstand in einem Regelkreis dar. Die Regelstufe vergleicht die Ausgangsspannung mit einer Referenzspannung und steuert den Transistor. Zur Strom-Regelung wird der Spannungsabfall über dem Widerstand R_I abgegriffen und der Regelschaltung zugeführt. Labornetzteile vereinigen oft beides, eine Spannungs- und eine Stromregelung.

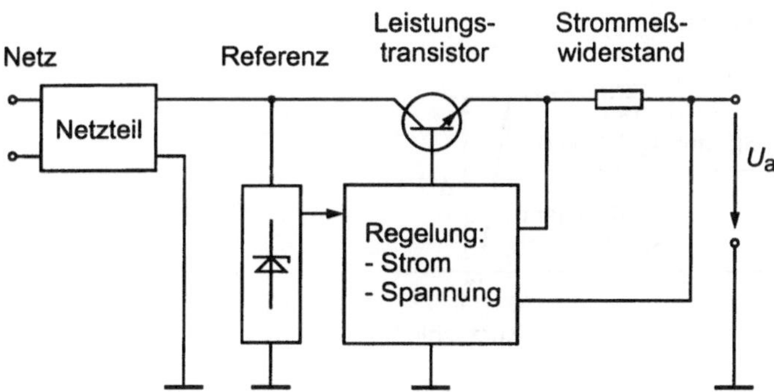

Bild 13.2.3 Prinzipieller Aufbau eines Labornetzteils

Labornetzteile unterscheiden sich durch die Art ihrer Strombegrenzung. Die Strombegrenzung wird hauptsächlich benötigt, um Überlastung der angeschlossenen Geräte zu-
vermeiden und um das Netzteil selbst gegen Überlast zu schützen. In Bild 13.2.4 sind drei
unterschiedliche Kennlinien aufgetragen.

In dem Bildteil a) ist die Kennlinie für eine Regelung aufgetragen, die oberhalb eines
Schwellwertes den Strom begrenzt. Im linken Teil der Kennlinie sorgt die Regelung für
eine konstante Ausgangsspannung, soweit ein bestimmter Ausgangsstrom nicht überschritten wird. Oberhalb dieses Stromgrenzwertes wird der Strom konstant gehalten und
entsprechend die Spannung reduziert. Das ermöglicht auch den Einsatz als Konstantstromquelle, in dem im Konstantstrombereich der Kennlinie gearbeitet wird.

Eine Regelschaltung mit einer Kennlinie wie in Bildteil b) versucht die Überlastung durch
einen zu hohen Kurzschlußstrom zu vermeiden und regelt in dem Falle einer zu hohen
Stromaufnahme nicht nur die Spannung sondern auch den Strom zu niedrigeren Werten.
Eine solche Kennlinie wird als *Fold-Back*-Kennlinie bezeichnet.

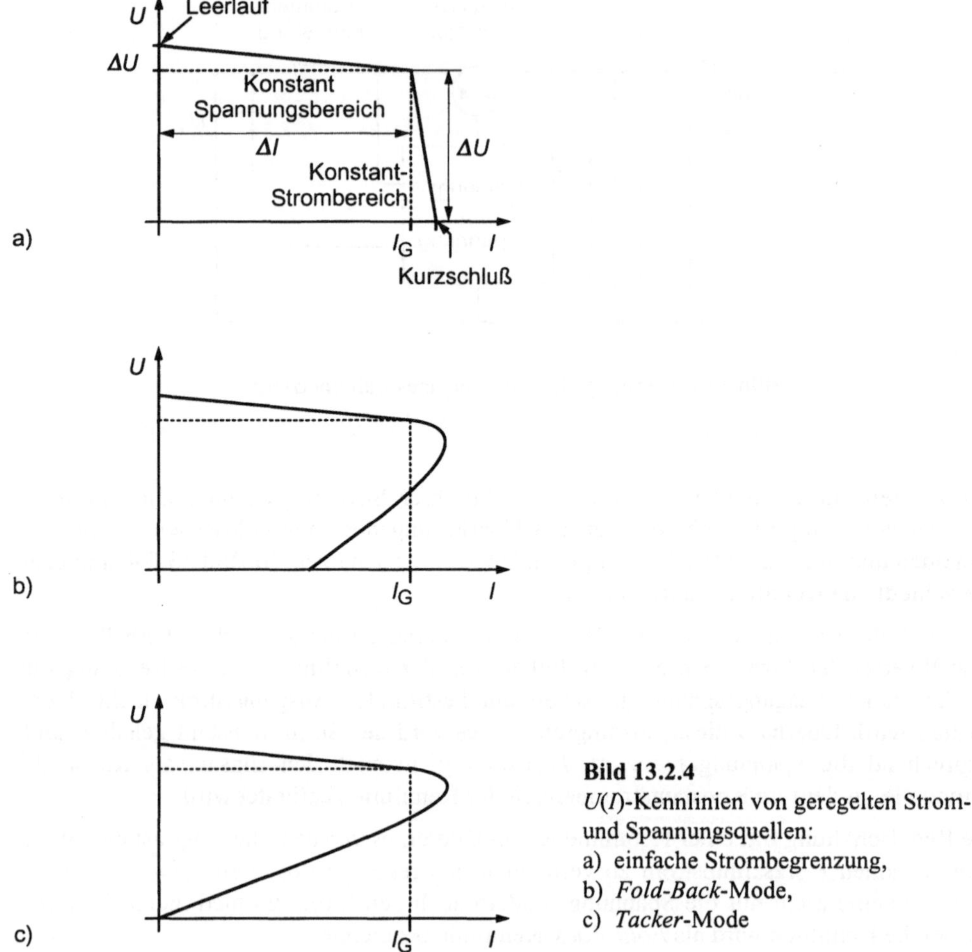

Bild 13.2.4
$U(I)$-Kennlinien von geregelten Strom-
und Spannungsquellen:
a) einfache Strombegrenzung,
b) *Fold-Back*-Mode,
c) *Tacker*-Mode

Im dritten Fall sorgt die Regelung als eine Art elektronischer Sicherung dafür, daß der Strom einen bestimmten Wert nicht überschreitet. Das Netzteil steuert sowohl den Strom als auch die Spannung auf Null. Nach Beseitigung der Überlast kann dann das Netzteil wieder aktiviert werden und die gewünschte Ausgangsspannung liefern. Die Aktivierung kann entweder extern, manuell oder durch eine Steuerung erfolgen oder selbsttätig. Der Betriebsmode, in dem das Netzteil diese Aktivierung selbst immer wieder vorzunimmt wird auch als *Tacker-Mode* bezeichnet. Wenn eine Überlast beseitigt ist, liegt die Ausgangsspannung automatisch wieder an.

Die Stabilisierung ist unter zwei Aspekten zu betrachten, zum einen die Stabilität gegenüber Lastschwankungen und zum anderen die Stabilität gegenüber Schwankungen der Eingangsspannung. Die *drop out voltage*, die auch als Spannungsverlust bezeichnet wird, gibt an, um wieviel die Eingangsspannung abfallen darf, damit die Schaltung noch zufriedenstellend stabilisieren kann. Der Grad der Stabilisierung gegenüber Lastschwankungen wird durch die differentiellen Widerstände ausgedrückt. Sie lassen sich aus der Kennlinie durch den Quotienten $\Delta U_a / \Delta I_a$, bestimmen. Für den Betrieb als Spannungsquelle wird ein möglichst kleiner differentieller Widerstand gefordert, für den Betrieb als Stromquelle ein möglichst hoher.

Neben dem statischen Verhalten wird bei der Betrachtung des dynamische Verhaltens der Zeitverlauf der Reaktion auf Lastsschwankungen und auf Veränderungen der Versorgungsspannung betrachtet. Bild 13.2.5 zeigt einen Einschwingvorgang aufgrund einer plötzlichen Laständerung. Die Ausregelzeit T_r wird bei einem Lastsprung von 10% auf 90% des Nennstroms bei Konstantspannungsbetrieb angegeben.

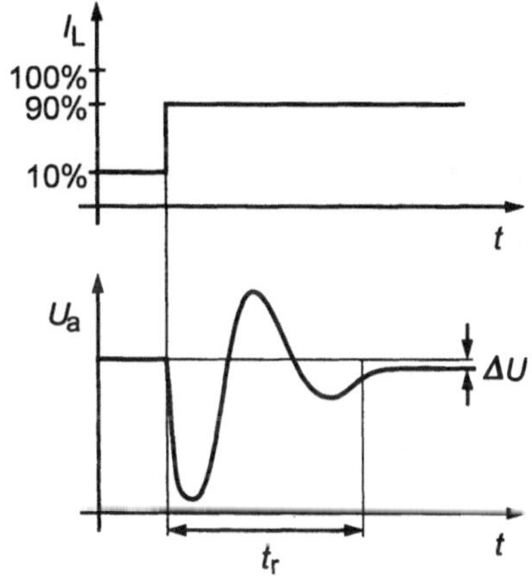

Bild 13.2.5
Einschwingverhalten bei einem Lastsprung

Bei präzisen Geräten mit großer Ausgangsleistung werden die Verluste auf den Zuleitungen ausgeregelt. Die in Bild 13.2.6 dargestellten getrennte Fühlerleitungen für die Rückführung ermöglichen das.

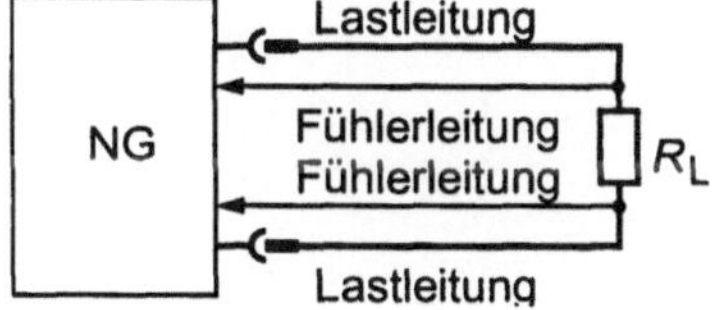

Bild 13.2.6
Anwendung von Fühlerleitungen zur Vermeidung des Fehlers durch den Spannungsabfall auf den Zuleitungen

13.2.3 Steuerbare Strom- und Spannungsquellen

Neben Konstantspannungsquellen sind auch steuerbare Quellen z.B. als Stimulus mit höherer Leistung als ein Signalgenerator von Bedeutung. Die fest einstellbare Referenz für die Sollspannung in Bild 13.2.3 ist dabei durch eine steuerbare variable Spannung ersetzt. Die Steuerung kann meist über Schnittstellen von einem Rechner aus erfolgen, in einigen Geräten ist auch ein eigener Speicher, wie bei arbiträren Signalgeneratoren (Kapitel 13.1) vorhanden. Auch die Polarität ist vielfach umschaltbar, so daß z.B. von einem Betrieb als Strom- oder Spannungsquelle auf den Betrieb als Last umgeschaltet werden kann. Im Gegensatz zu dem Signalgeneratoren sind steuerbare Spannungsquellen für konstante oder stufenweise veränderliche Spannungen und Ströme ausgelegt.

Ausführungen steuerbarer Strom- und Spannungsquellen unterscheiden sich nach Strom- und Spannungsbereichen, in ihrer Genauigkeit und in der Leistung, die Sie abgeben oder aufnehmen können. Genaue Strom- und Spannungsquellen können als steuerbare Referenzspannungsquellen in Meßsystemen diesen. Als Kalibratoren lassen sich damit z.B. die Genauigkeit von Meßgeräte sichern oder die Stufenkurven von A/D-Umsetzer vermessen. Eine wichtige Funktion ist die Aufnahme von Kennlinien. In Bild 13.2.7 ist ein Beispiel eines Meßaufbaus für die Kennlinienaufnahme an einem nichtlinearen Widerstand gezeigt. Anstelle eines speziellen Kennlinienschreibers wird hier ein flexibler Aufbau mit steuerbaren rechnergekoppelten Einzelgeräten eingesetzt. Zu jeweils einem eingestellten Strom wird eine Messung mit dem Multimeter durchgeführt. Die Kennlinie kann dann mit den Mitteln des Rechners dargestellt werden.

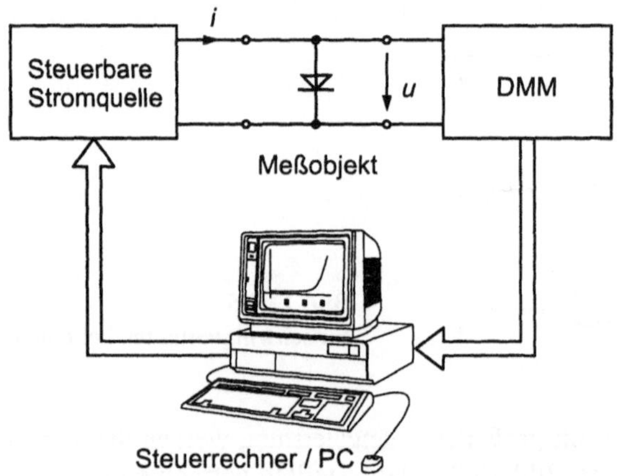

Bild 13.2.7 Kennlinienaufnahme mit einer steuerbaren Stromquelle

14 Zähler und Erfassung von Zeitgrößen

14.1 Universalzähler

Mit Universalzählern lassen sich zum einen Ereignisse zählen, zum anderen in Verbindung mit einer genauen Zeitbasis die Dauer zeitlicher Intervalle erfassen. Die Funktionen wie Messung der Frequenz, der Periodendauer, des Frequenzverhältnisses und der Phasenverschiebung periodischer Vorgänge, die Bestimmung von Zeitintervallen oder Pulsweiten sowie das Zählen von diskreten Ereignissen pro Zeiteinheit sind typische Aufgaben die mit Universalzählern gelöst werden. Da zeitliche Refernzen hochgenau realisiert werden können, haben Zählverfahren eine besondere Bedeutung. Viele andere Messungen elektrischer Größen können indirekt durch Zeit- oder Frequenzbestimmungen durchgeführt werden. Dieses Kapitel beschreibt dazu die Grundprinzipien von Zählern und die Fehler bei ihrer Anwendung (siehe auch [Bolton92], [Steeher90] und zu Anwendungen [Rathore92]).

14.1.1 Aufbau

Die wesentlichen Elemente eines Universalzählers, der in unterschiedlichen Betriebsarten arbeiten kann, sind in Bild 14.1.1 dargestellt. Die zentrale Einheit ist ein digitaler Zähler (Kap. 9.2). Das gesteuerte Tor läßt im geöffneten Zustand digitale Impulse durch, im geschlossenen Zustand sperrt es. Die Torschaltung benötigt bestimmte Pegel und Signale mit steilen Flanken, die in einer vorgeschalteten Pulsformerstufe erzeugt werden. Diese Stufe reagiert auf bestimmte Bedingungen des Spannungsverlaufs am Eingang, mit einen Wechsel eines logischen Pegels am Ausgang. Die bearbeiteten Eingangssignale und das Zeitbasissignal werden der Torsteuerschaltung und der Torschaltung zugeführt. Dabei gibt es zwei prinzipiell unterschiedliche Möglichkeiten:

Zeitmessung — das umgeformte Eingangssignal steuert das Tor für ein Intervall und die Impulse der Zeitbasis während des geöffneten Tores werden gezählt.

Ereigniszählung — die Zeitbasis steuert das Tor und die aus dem Eingangssignal geformten Impulse werden gezählt.

Diese unterschiedlichen Betriebsarten werden durch eine Änderung der Zusammenschaltung von Zeitbasis, Pulsformerstufe und Tor eingestellt. In jedem Falle zählt ein Zähler die Anzahl der Impulse, die durch das Tor gelangen. Der Zählerwert wird nach dem Schließen des Tores „eingefroren" und danach zur Anzeige gebracht oder einer Rechnerschnittstelle übermittelt.

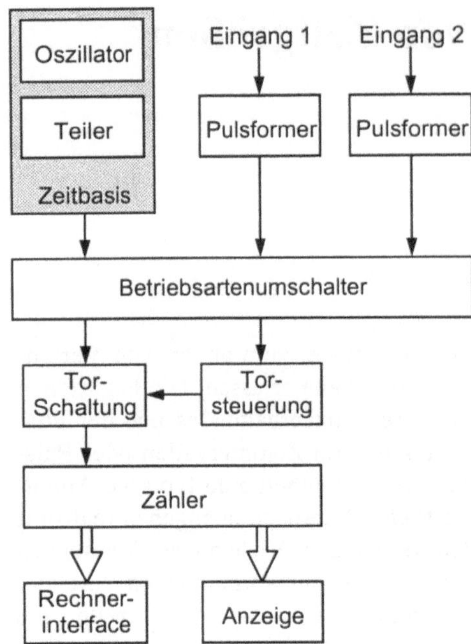

Bild 14.1.1
Prinzipieller Aufbau eines Universalzählers

14.1.2 Zeitbasis

Die Zeitbasis besteht aus einem frequenzkonstanten Oszillator mit nachgeschalteten Frequenzteilern. Messungen mit dem Zähler können nur so genau wie diese Zeitbasis sein.

Für Standardanwendungen werden Quarzoszillatoren verwendet. Damit läßt sich eine Kurzzeit-Frequenzstabilität in der Größenordnung von $\pm 10^{-6}$ über einen Temperaturbereich von 0 - 50 °C erreichen. Mit Hilfe schaltungstechnischer Maßnahmen kann erreicht werden, daß die frequenzbestimmenden Einflüsse, die abhängig von der Temperatur sind, sich kompensieren. Eine solche Temperaturkompensation steigert die Frequenzstabilität. Auch digitale Methoden werden in diesem Zusammenhang eingesetzt. Der Quarz wird dazu vorab hinsichtlich seiner Temperaturabhängigkeiten vermessen, aus diesen Meßwerten berechnete Korrekturwerte werden gespeichert. Im Betrieb wird die Temperatur ermittelt, die Korrekturwerte dem Speicher entnommen und einem D/A-Umsetzer zugeführt, dessen Ausgangsspannung eine Feinabstimmung des Quarzes bewirkt. Mit diesem Verfahren läßt sich die erreichbare Stabilität um etwa eine Zehnerpotenz steigern.

Genauer noch ist der Betrieb des Oszillators bei einer konstanten Temperatur. Dazu wird der Quarzoszillator in einen sogenannten Quarzofen eingebaut, der den Quarz auf eine konstante Temperatur vorheizt. Die Temperatur im Inneren des Quarzofens liegt oberhalb der Umgebungstemperatur, damit ist sichergestellt, daß der Quarz nach einer Stabilisierung und Aufheizphase immer in der gleichen Umgebungstemperatur arbeitet. Das Ergebnis ist eine Frequenzkonstanz in der Größenordnung von $\pm 10^{-7}$ über einen Temperaturbereich von 0 - 50 °C.

Sehr hohe Genauigkeiten, Langzeitfehler in der Größenordnung von 10^{-12} /Monat und Kurzzeitabweichungen von 10^{-12} /s, lassen sich mit Frequenznormalen erzielen. Am genauesten sind Rubidium- oder Cäsium-Frequenznormale. Diese werden meist als externe Referenzen verwendet. Spezielle Rundfunksender strahlen Funknormalfrequenzen mit einer Genauigkeit in dieser Größenordnung aus. In der Bundesrepublik Deutschland strahlt der Sender DCF 77 in Mainflingen 77,5 kHz mit Zeitinformationen amplitudenmoduliert aus.

Die Ursachen für Kurz- und Langzeitfehler der Zeitbasis sind unterschiedlich. Kurzzeitige Fehler können aufgrund von Spannungssprüngen, Erschütterungen oder Vibrationen auftreten. Diese Fehler lassen sich durch lange Toröffnungszeiten und damit viele Zählimpulse zur Auszählung reduzieren. Fehler der Langzeitstabilität haben ihren Ursprung in der Alterung und der Verschlechterung des Quarzes, und geben damit einen Anlaß zur Überprüfung des Abgleiches. Dieser kann erfolgen, indem die Frequenz mit einer Normalfrequenz verglichen wird.

14.1.2 Pulsformung

Die Pulsformerstufe bildet aus dem Eingangssignal bei einer steigenden oder fallenden Flanke Zählimpulse oder Impulse, die das Tor auf- oder zusteuern. An eine solche Stufe werden werden hohe Anforderugen gestellt: alle Eingangssignale mit Frequenzanteilen von Hz bis MHz bei Eingangsspannungen von 50 mV bis 50 V sollen für Standardanwendungen verarbeitet werden. Allerdings sind zwei bis drei Unterteilungen der Frequenz- und Spannungsbereiche üblich.

Der Schwellwert, bei dem die Pulsformerstufe einen Wechsel des logischen Potentials erzeugt ist einstellbar, bei Geräten mit Rechnerunterstützung auch digital und fernsteuerbar. Meist ist auch eine automatische Einstellung des Schwellwertes vorgesehen. Die technische Ausführung enthält, um einem großen Aussteuerbereich gerecht zu werden, einen Verstärker mit automatischer Verstärkungsregelung. Dieser Verstärker verstärkt oder dämpft das Signal so, daß sein Spitze-Spitze- Wert geringfügig größer ist, als die Hysterese des nachgeschalteten Schmitt-Triggers. Dieser löst bei einem bestimmten Pegel auf der steigenden oder der fallenden Flanke einen Impuls aus. Eine kleine Hysterese ist erforderlich, um auch bei Rauschen ein definiertes Umschalten zu gewährleisten.

Ein verrauschtes Eingangssignal kann zu einem falschen Zeitpunkt zum ungewollten Auslösen eines Impulses führen. Durch Eingangsignale mit steilen Flanken und hinreichend großen Amplituden können solche Fehler gering gehalten werden. Durch gegebenenfalls einstellbare Filter lassen sich diese Erscheinungen reduzieren.

Die Hysterese der Impulsformerstufe kann einen Fehler verursachen, der Hysteresefehler genannt wird. So sollte z.B. die Dauer eines Impulses definitionsgemäß mit einem Schwellwert bestimmt werden, der bei 50 % der Maximalamplitude liegt. Durch die Hysterese wird sich jedoch auch bei richtiger Einstellung des Schwellwertes an unterschiedlichen Stellen der Flanke umgeschaltet. Abhilfe schafft eine schaltungstechnische Maßnahme, mit der dafür gesorgt wird, daß bei der ansteigenden Flanke um eine um den Wert der Hysterese verringerten Pegel geschaltet wird, als bei der abfallenden [Page88]. Triggerfehler wirken sich insbesondere bei Zeit- und Periodendauermessungen aus und fallen bei Frequenzmessungen nicht ins Gewicht.

14.1.3 Torschaltung und Zähler

Die obere Grenzfrequenz eines Zählers, und damit auch die Auflösung, wird im wesentlichen durch die Torschaltung in Verbindung mit der ersten Stufe des Zählers bestimmt. Mit schnellen TTL- oder CMOS-Familien lassen sich ca. 100 MHz erreichen. Höhere Geschwindigkeiten sind mit Schaltkreisen einiger ECL-Familien möglich. In Verbindung mit einer schnellen Torschaltung ist es gegebenenfalls hinreichend, wenn nur die erste Zählerdekade für hohe Geschwindigkeiten ausgelegt ist.

Um höheren Frequenzen oder kürzere Zeiten messen zu können, werden schnelle Frequenzteiler als Vorteiler eingesetzt. Sie sind vor der Torschaltung angeordnet. Damit wird ein Betrieb bis in den Gigaherzbereich ermöglicht. Nachteilig kann sich bei einem Vorteiler der Verlust der Auflösung bemerkbar machen. Für Frequenzen im Mikrowellenbereich wird das Prinzip der Frequenzmischung eingesetzt. Bei der Multiplikation durch eine Mischstufe entstehen Summen- und Differenzfrequenzen. Durch ein Tiefpaßfilter werden alle Frequenzen, außer der Differenzfrequenz unterdrückt; die Differenz beider Frequenzen wird durch den Zähler ermittelt und in die Signalfrequenz umgerechnet. Mit einer solchen Meßanordnung, die auch als Überlagerungsfrequenzumsetzer bezeichnet wird, können Frequenzen bis zu 25 GHz bestimmt werden.

Außer einem möglichen Fehler der Zeitbasis tritt bei der Torschaltung aufgrund der fehlenden Synchronisation zwischen Öffnen und Schließen des Tores und dem Eingangssignal ein prinzipieller Fehler auf, der als Torfehler bezeichnet wird. Wie in Bild 14.1.2 gezeigt ist, kann die gleiche Toröffnungszeit zu zwei verschiedenen Zählungen führen, je nachdem, zu welchem Zeitpunkt das Tor geöffnet wird. Damit beträgt der Zählfehler ±1 Zählimpuls. Während ein Fehler in der Zeitbasis eine prozentuale Abweichung verursacht, wirkt sich der Torfehler vorwiegend bei einer niedrigen Anzahl von Zählimpulsen aus.

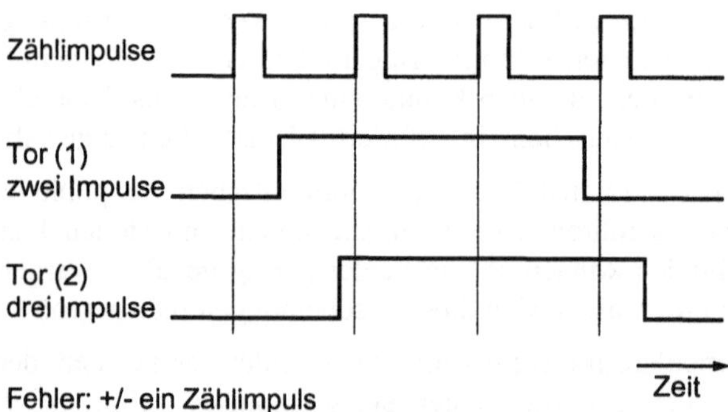

Bild 14.1.2 Torfehler

Während der Öffnungszeit des Tores gelangen Pulse auf den Zähler, der damit die Öffnungszeit als ganzzahliges Vielfaches der Pulsperiodendauer feststellt. Die Zeit von der Öffnung des Tores bis zum Eintreffen des ersten Impulses oder die Zeit nach dem letzten Impuls bis zum Schließen des Tores bleiben dabei unberücksichtigt. Methoden zur Steigerung der Genauigkeit können dort ansetzen und diese Zeiten ermitteln. Solche Verfahren werden als Interpolationsverfahren bezeichnet.

Mit analogen Interpolationsverfahren wird mit Hilfe eines Integrators während der genannten Zeitdifferenzen zwischen den öffnenden und sperrenden Torflanken und den Taktimpulsen eine Spannung integriert. Die Dauer der anschließenden Entladung mit einer reduzierten Geschwindigkeit kann über die gleiche Zählerschaltung ermittelt werden. Damit können Zwischenwerte zwischen den einzelnen Zählungen interpoliert werden [Page88].

Digitale Interpolation erlaubt ebenfalls diese Zeitdifferenz zu bestimmen. Dazu wird ein zusätzlicher Start-Stop-Oszillator eingesetzt, der auf einer Frequenz schwingt, die geringfügig von der Frequenz des Hauptoszillators abweicht. Dieses Prinzip gleicht dem Nonius (engl. *vernier*, nach dem franz. Mathematiker Pierre Vernier 1580-1637) der z.B. bei einer mechanischen Schieblehre oder Mikrometerschraube angewendet wird [Rathore92]. Zum Zeitpunkt des Beginns der Messung wird der Start-Stop-Oszillator gestartet, nach einer bestimmtem Anzahl von Zählimpulsen ist eine Koinzidenz zwischen den ansteigenden Flanken des Hauptoszillators und des Start-Stop-Oszillators gegeben. Dieser Zählerstand läßt sich in die zeitliche Differenz vom Beginn der Toröffnung bis zum Eintreffen des ersten Impulses umrechnen. Der entsprechende Vorgang wird auch beim Schließen des Tores durchgeführt.

14.2 Betriebsarten

Die Zeitmessung und die Ereigniszählung stellen die grundsätzlichen Betriebsarten dar, in denen ein Zähler arbeiten kann. Unter der Steuerung eines eingebauten Mikrorechners bestimmen viele Universalzähler darauf aufbauend auch komplexe Signal- und Impulsparameter. Beispiele sind Anstiegszeit und Abfallzeit, Tastverhältnisse, Phasenverschiebungen im Bogenmaß und vieles mehr [Rathore92]. Ebenso sind bei einigen Geräten statistische Auswertungen vorgesehen, im einfachsten Falle eine Mittelwertbildung über mehrere Messungen bei periodischen Vorgängen. Ein Automatikbetrieb, der vielfach vorgesehen ist und auch ganze Meßabläufe steuern kann, ermöglicht für Standardfälle sofort, ohne weitere Einstellungen aussagekräftige Anzeigen. Für Messungen an kompliziert geformten Signalen sind daran angepaßte, oft digital vorzunehmende genaue und reproduzierbare Einstellungen vorgesehen. Beispiele solcher Einstellungen sind die Betriebsart, die Schwellwerte und Flanken der Eingangskanäle.

14.2.1 Zeitmessung

In Bild 14.2.1 ist eine Meßanordnung für Zeitintervalle dargestellt. Das aus dem Eingangssignal durch die Pulsformerstufe geformte Rechtecksignal steuert das Öffnen und Schließen des Tores. Aus der Anzahl N der Impulse der Zeitbasis, die zum Zähler durchgelassen werden, ergibt sich mit

$$T = N \cdot \Delta t \tag{14.2.1}$$

die Öffnungszeit des Tores T. Der zeitliche Abstand der Impulse der Zeitbasis ist Δt. Der genaue Zeitpunkt zu dem das Tor öffnet, ist durch die Einstellung der Pulsformerschaltung bestimmt.

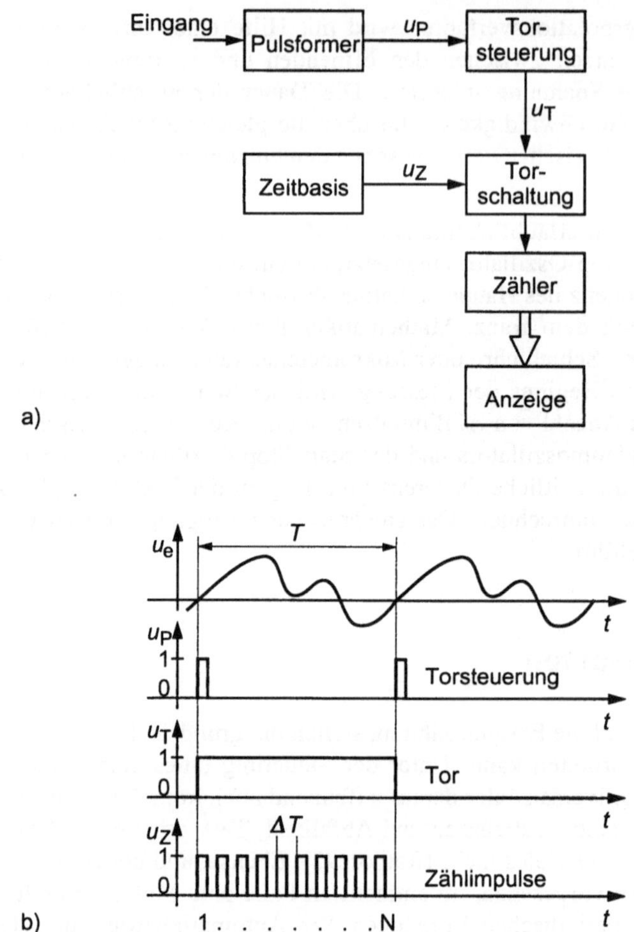

Bild 14.2.1 Zähler zur Zeitmessung: a) Blockschaltbild, b) Spannungsverläufe

Wird mit einer steigenden Flanke das Tor geöffnet und mit einer fallenden Flanke das Tor geschlossen, läßt sich damit die Dauer von Impulsen bestimmen. Für die Bestimmung einer Frequenz wird mit einer Flanke des Signals das Tor geöffnet, mit der folgenden Flanke wird das Tor wieder geschlossen. Die Frequenz f läßt sich durch die einfache Umrechnung

$$f = \frac{1}{T} = \frac{1}{N\,\Delta t} \qquad\qquad 14.2.2)$$

bestimmen. Die mit dieser Meßannordnung bestimmten Zeitintervalle müssen sehr viel größer sein, als die maximale Impulsfrequenz der Zeitbasis. Nur dann kann eine entsprechende Genauigkeit sichergestellt werden. Die Genauigkeit hängt somit direkt von der Anzahl der Zählimpulse ab, die in das zu messende Intervall fallen. Zur Steigerung der Genauigkeit läßt sich mit einem zusätzlichen Zähler die Toröffnungszeit auf mehrere Signalperioden ausdehnen.

Bild 14.2.2 zeigt eine Variante mit zwei Kanälen und zwei Impulsformerstufen zur Bestimmung von Zeitintervallen. Darin steuert ein Eingang die Öffnung des Tores und der andere Eingang die Schließung. Als Zeitintervall wird somit die Toröffnungszeit bestimmt. Anwendungen sind z.B. die Messung einer Phasenverschiebung oder einer Zeitverzögerung zwischen zwei Kanälen.

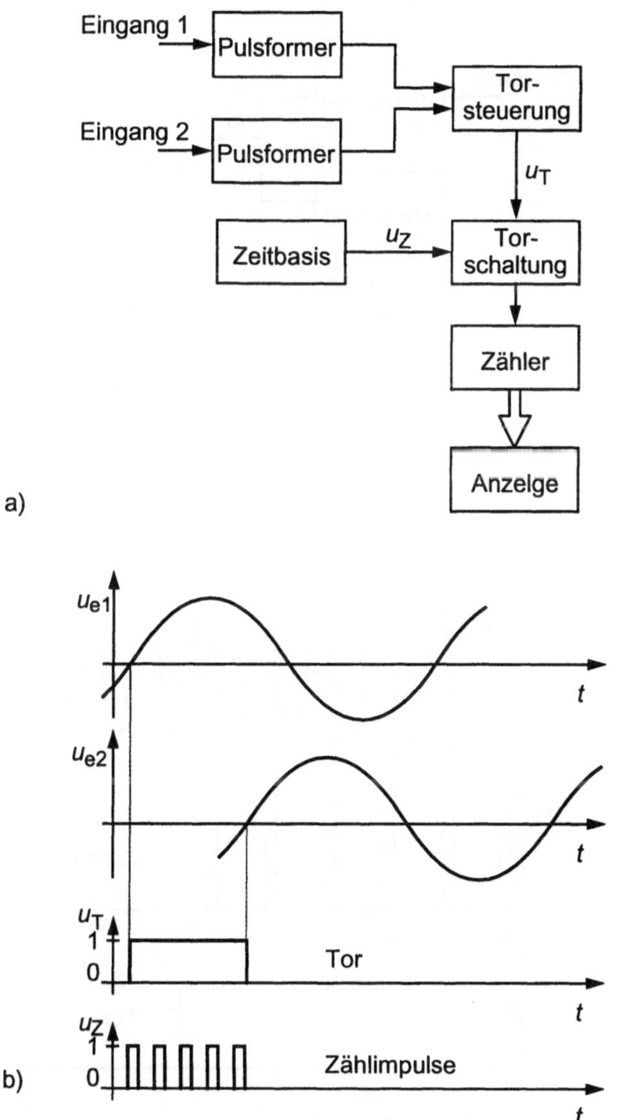

Bild 14.2.2 Zeitintervallmessung: a) Blockschaltbild, b) Spannungsverlauf

14.2.2 Ereigniszählung

Diese Anordnung zum Zählen von Ereignissen ist in Bild 14.2.3 dargestellt. Das Eingangssignal, aus dem zu zählende Ereignisse abgeleitet werden, wird auf eine Impulsformerstufe geführt. Diese Impulse werden dem Tor zugeführt. Das Tor wird durch die Zeitbasis für eine Zeit ΔT geöffnet. Das Ergebnis ist eine Zählung der aus dem Eingangssignal abgeleiteten Ereignisse, die in diesem Zeitabschnitt auftreten. Die Auflösung ist damit um so größer, je höher die Signalfrequenz ist.

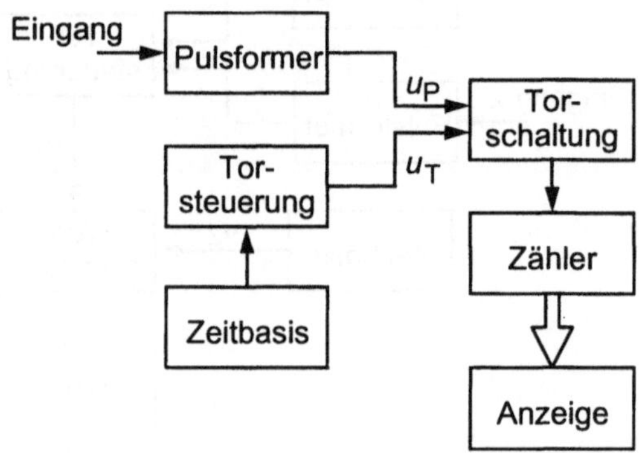

a)

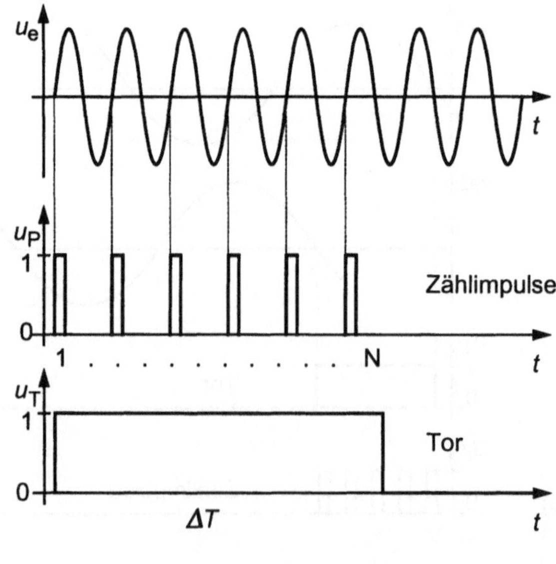

b)

Bild 14.2.3 Frequenzmessung: a) Blockschaltbild, b) Spannungsverlauf

Für Frequenzmessungen mit dieser Anordnung werden die Anzahl der positiven Null-durchgänge gezählt. Die Umrechnung

$$f = \frac{N}{\Delta T}$$

14.3.1)

ergibt die Frequenz f bei einer Anzahl von N gezählten Ereignissen.

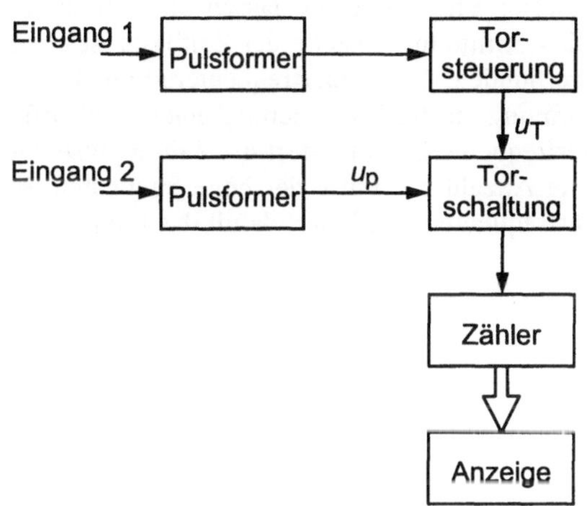

Bild 14.2.4 Messungs des Frequenzverhältnisses: a) Blockschaltbild, b) Spannungsverlauf

Um tiefe Frequenzen mit einem angemessenem Auflösungsvermögen zu messen, sind lange Meßzeiten erforderlich. Eine Frequenz von 100 Hz benötigt eine Meßzeit von 10 s, um 1000 Impulse zu zählen und so ein Auflösungsvermögen von 1/1000 zu erlangen. Eine Möglichkeit, um die Genauigkeit zu erhöhen, besteht darin, die Eingangsfrequenz vor dem Zählen um einem konstanten Faktor zu vervielfachen. Meist wird jedoch aus diesem Grunde bei tiefen Frequenzen die Periodenlänge durch eine Zeitmessung ermittelt und in eine Frequenz umgerechnet. Das hat jedoch den Nachteil, daß die Frequenzbestimmung nur bei einer Periode erfolgt.

Frequenzverhältnisse zweier Einganssignale lassen sich durch die abgewandelte Meßanordnung in Bild 14.2.4 ermitteln. Anstelle der Zeitbasis ist ein zweiter Eingangskanal mit der Torsteuerung verbunden. Das niederfrequentere Signal der beiden Einganssignale wird nach einer Pulsformung an die Torsteuerung gelegt und öffnet das Tor für typisch eine Periode. Das höherfrequente Signal liefert die Zählimpulse. Der Zähler ermittelt auf diese Art und Weise die Anzahl der Pulse der höherfrequenten Signalfrequenz während einer Periode der niederfrequenten und liefert damit das Frequenzverhältnis beider Signale.

15 Erfassung zeitlich abhängiger Spannungsverläufe

Eine der wichtigsten Funktionen der Meßtechnik ist es, Spannungsverläufe aufzunehmen und darzustellen. Das klassisch am vielseitigsten einsetzbare Instrument dazu ist das Oszilloskop, langsame Vorgänge werden durch elektromechanische Kurvenschreiber in verschiedenen Varianten und Magnetbandgeräte aufgezeichnet. Analoge Schnittstellen für Rechnersysysteme, Meßdaten-Erfassungssysteme, Digitale Speicheroszilloskope (DSO) und Transientenrecorder ersetzen zunehmend diese analoge Technik. Durch die Verbindung von Meßgeräten mit Rechnern ergeben sich über die obengenannten Funktionen hinaus zusätzliche Möglichkeiten der Verarbeitung, Bedienung, Steuerung, Visualisierung und Speicherung der Meßdaten auch bei großen Datenmengen. Einige Kriterien für die Auslegung solcher Meßeinrichtungen sind nicht unabhängig voneinander:

- Auflösung und Genauigkeit,
- Geschwindigkeit der Datenaufnahme,
- Speichertiefe (maximale Datenmenge),
- Anzahl der parallelen Kanäle.

So stehen sich die Forderung nach einer hohen Auflösung und Genauigkeit und die Forderung nach einer hohen Geschwindigkeit der Datenaufnahme entgegen. Analog-Digitalumsetzer sind entweder schnell oder genau. Der Speicher, in dem die erfaßten Werte abgelegt werden, muß den Geschwindigkeitsanforderungen der Analog-Digital-Umsetzer genügen und der Wortlänge entsprechen. Dabei ist es nicht immer erforderlich, daß der gesammte Speicher den Geschwindigkeitsanforderungen genügt. Durch eine Aufteilung der Datenströme können mit Hilfe schneller Zwischenspeicher die Werte auf parallele Speicher verteilt werden. Mit vergleichbaren Kosten lassen sich für langsame Speicher höhere Speichertiefen erzielen. Die Anzahl paralleler Kanäle vervielfacht den Speicheraufwand. Wird bei mehrkanaliger Erfassung ein AD-Umsetzer in Verbindung mit einem Multiplexer verwendet, vervielfacht sich ebenso die erforderliche Abtastrate und damit der Aufwand an dem AD-Umsetzer und der Abtast-Halte-Stufe.

Für eine schnelle Datenerfassung werden im allgemeinen parallel arbeitende AD-Umsetzer, sogenannte Flash-Umsetzer, verwendet, mit denen sich keine großen Wortlängen erzielen lassen. In schnellen Digitaloszilloskopen und Transientenrecordern werden oft 8 Bit-Umsetzer eingesetzt [Mellis89]. Die Speicher sind dabei direkt mit den A/D-Umsetzern verbunden.

Für genauere Messungen ist im Regelfall eine höhere Meßzeit erforderlich. Entsprechende Wandelverfahren sind sukzessive Approximation, Delta-Sigma und Dual-Slope. Da die Daten langsamer anfallen, gestaltet sich die Aufnahme über größere Zeiträume einfacher, da sie von analogen Schnittstellenkarten oder von einem Multimeter direkt in den RAM-Speicher der Rechners eingelesen, oder auch direkt auf einer Festplatte gelagert werden können. Die maximale Datenmenge (Speichertiefe) ist dann von den Ressourcen des Rechners bestimmt.

Hohe Speichertiefen lassen sich mit Entwicklungen der Audiotechnik erreichen. Beispiele sind DAT (*Digital Audio Tape*) oder besonders für die Archivierung optische Speichermedium CD-ROM (*Compakt Disc – Read Only Memory*), für das Geräte zum Beschreiben angeboten wurden.

15.1 Verfahren zur Aufzeichnung

Die Aufzeichnungserfahren unterscheiden sich in der Art und der Reihenfolge, in der Meßdatenwerte dem Signalfluß entnommen und gespeichert werden. Entsprechend sind auch spezielle Kontrollstrukturen für die Adressierung und den Datentransfer erforderlich. Im Folgenden werden die Aufzeichnungsverfahren beschrieben, die jeweils in digitalen Oszilloskopen, Transientenrecordern und anderen Datenerfassungseinrichtungen eingesetzt werden. Bild 15.1.1 zeigt im Überblick die Bereiche dieser Verfahren.

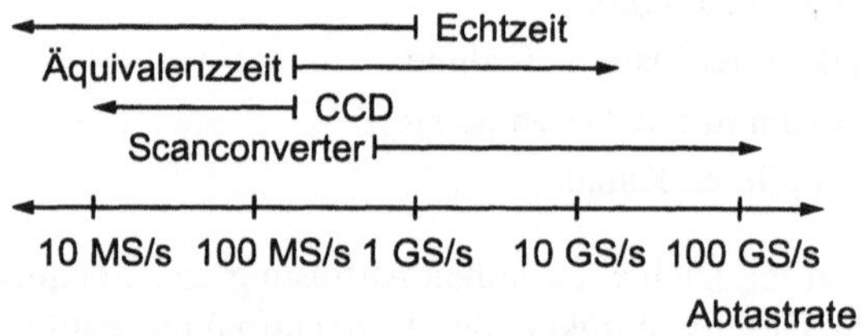

Bild 15.1.1 Abtastraten der Aufzeichnungsverfahren

15.1.1 Echtzeitabtastung

Bei der Echtzeitabtastung, die in Bild 15.1.2 dargestellt ist, werden die Werte in unmittelbarer Folge aufgenommen. Somit können nicht nur periodische Vorgänge aufgezeichnet und betrachtet werden, auch die Abtastung transienter bzw. einmalig auftretender Spannungsverläufe ist möglich. In Bild 15.1.3 ist die Speicheranordnung für Echtzeitabtastung dargestellt. Nach der Aktivierung (Armierung) der Meßanordnung werden die Daten ständig in einen Speicher eingelesen, dessen Adresse durch einen Zähler fortgeschaltet wird. Wenn der Speicher einmal beschrieben ist, werden in der gleichen Reihenfolge die Speicherplätze mit den jeweils neuen Werten überschrieben. Bei einem Speicher mit n Speicherplätzen und bei einem Abtastintervall von Δt, ist dann zu jedem Zeitpunkt der zurückliegende Signalverlauf der Dauer $T = -n\,\Delta t$ gespeichert. Der Wert zum augenblicklichen Zeitunkt $t = 0$ ist der aktuell aufgezeichnete. Werden nach dem Triggerzeitpunkt noch weitere m Abtastpunkte digitalisiert und danach die Digitalisierung gestoppt, enthält der Speicher Anteile des Signals nach dem Trigger von der Dauer $m\,\Delta t$.

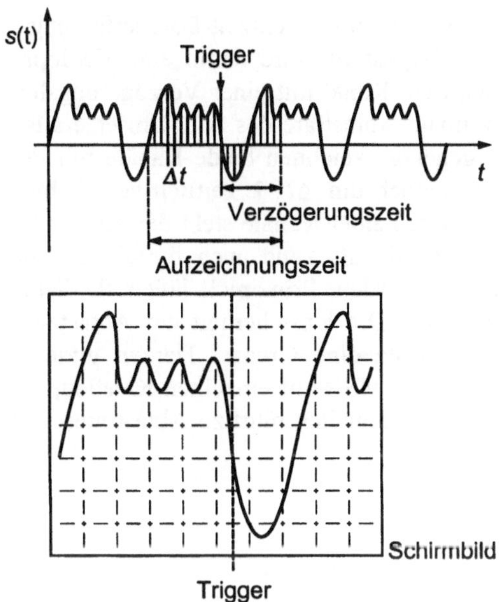

Bild 15.1.2
Signalverlauf und Oszillogramm bei Echtzeitabtastung

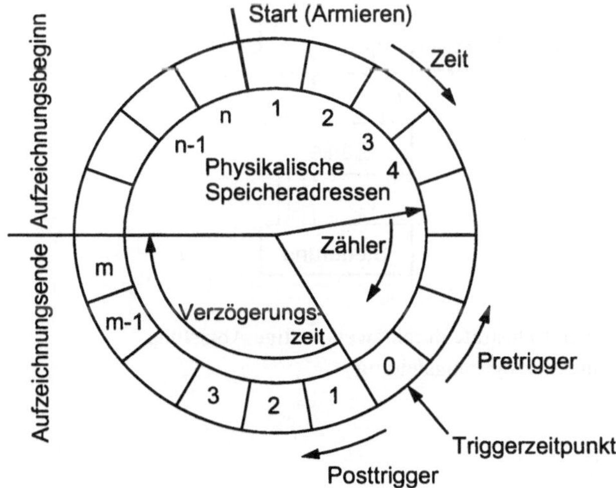

Bild 15.1.3
Speicherorganisation bei
Echtzeitabtastung

Für die Erfassung eines Signalabschnittes nach dem Triggerzeitpunkt wird mit einem
Zähler eine definierte Zeitverzögerung bewirkt. Der Zählerendstand bestimmt die maximale Verzögerungszeit nach dem Trigger. Auf diese Weise lassen sich Signale von $n\,\Delta t$
vor dem Triggerzeitpunkt (*Pretrigger*) bis $m_{max}\,\Delta t$ nach dem Triggerzeitpunkt (*Posttrigger*) erfassen.

Um die Abtastrate zu erhöhen, lassen sich zwei Kanäle einer Echtzeit-Datenerfassungs-einrichtung zusammenfassen. Wie in Bild 15.1.4 dargestellt, wird damit eine Verdopplung der maximalen Abtastrate erreicht. Dazu wird ein Kanal mit einer Verzögerungslei-tung um $\Delta t / 2$ verzögert, wobei $1/\Delta t$ die maximale Abtastrate des A/D-Umsetzers ist. Wird das Signal auf beide Kanäle gleichzeitig gegeben, zeichnen beide Kanäle mit der Abtastrate $1/\Delta t$ auf, ein Kanal von den beiden jedoch um $\Delta t / 2$ zeitlich verschoben. Nach entsprechende Umsortierung der Speicherinhalte beider Kanäle steht das mit $\Delta t / 2$ abgetastete Signal zur Verfügung. Anstelle des Meßsignals kann auch für die gleiche Funktion das Taktsignal für einen Kanal verzögert werden. Prinzipiell läßt sich dieses Verfahren auch auf mehr als zwei Kanäle ausweiten. Die Unsicherheit des Abtastzeit-punktes bleibt jedoch gleich und setzt diesem Ansatz eine Grenze. Derzeit erzielen schnelle Oszilloskope mit Echtzeitabtastung bis zu 500 MS/s auf einzelnen Kanälen, die Zusammenfassung mit Verzögerungsleitungen von vier Kanälen führt zu Abtastraten von 8 GS/s [Scharrer93].

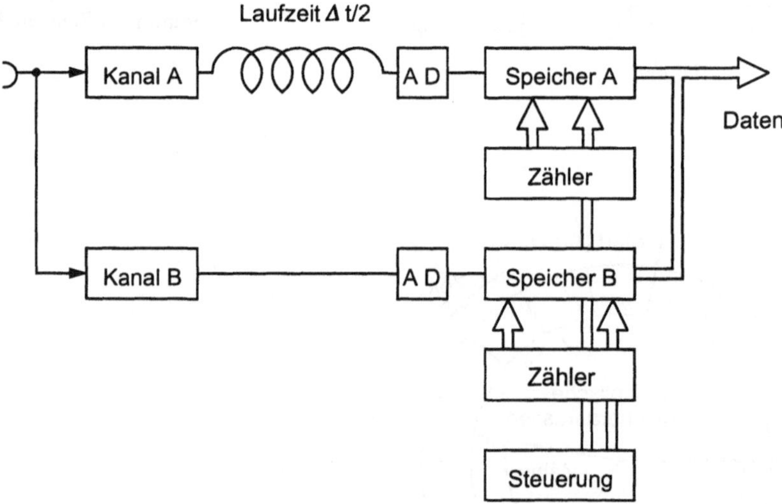

Bild 15.1.4 Verdoppelung der Abtastrate durch zweikanalige Abtastung
und eine Verzögerungsleitung

15.1.2 Sequentielle Abtastung

Für periodische Signale läßt sich eine sequentielle Abtastung einsetzen. Im Gegensatz zu der Echtzeitabtastung wird dieses Verfahren und die im folgenden beschriebene zufällige Abtastung auch als Äquivalenzzeit-Abtastung (*equivalent time sampling*) bezeichnet. Beide Methoden werden auch bei analogen Sampling-Oszilloskopen verwendet. Wie im Bild 15.1.5 dargestellt, wird ein Abtastwert aus jeweils einer der folgenden Perioden des Signals gewonnen. Das Abtasttheorem wird dabei bewußt verletzt, die Abtastwerte wer-den aus mehreren Perioden gewonnen. Bezogen auf den Triggerzeitpunkt wird nach einer definierten Verzögerungszeit durch eine Abtasthaltestufe der Abtastwert festgehalten. Die Messung dieses Wertes kann danach langsam erfolgen. Der Zeitpunkt der Abtastung wird relativ zum Triggerpunkt von Abtastwert zu Abtastwert um Δt verschoben. Dieses Meß-verfahren eignet sich für die Digitalisierung hoher Frequenzen. Auch in Multifunktions-PC-Einschubkarten wird mittlerweile sequentielle Abtastung eingesetzt, es ermöglicht dabei Abtastraten bis zu 20 MHz. Dabei können langsame und genaue Wandler eingesetzt werden. Lediglich die Eingangsstufen des digitalen Oszilloskops und die Abtasthaltestufe müssen die volle Bandbreite aufweisen. Im Gegensatz dazu müssen bei der Echtzeitabta-stung alle Stufen vom Eingang bis zum Speicher für die volle Bandbreite bzw. maximale Abtastrate ausgelegt sein.

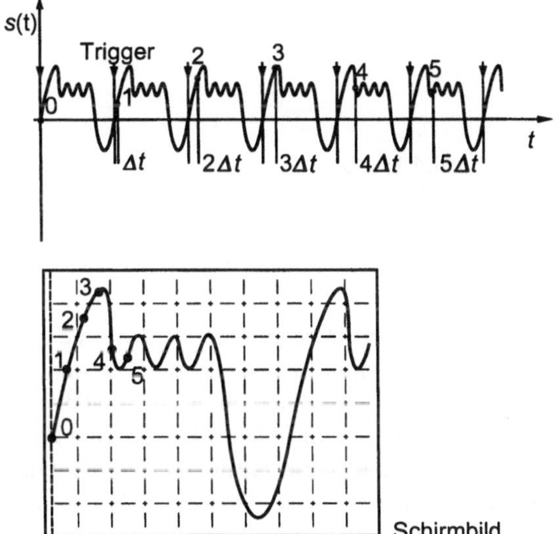

Bild 15.1.5
Sequentielle Abtastung

Mit diesem Verfahren können nur zeitlich nach dem Triggerpunkt liegende Ereignisse erfaßt werden. Das Signal darf sich nicht während der Erfassung ändern, da sonst unbe-merkt ein falsches Signal vorgetäuscht werden kann.

15.1.3 Zufällige Abtastung

Im Gegensatz zu der sequentiellen Abtastung wird bei der zufälligen Abtastung der Zeit-punkt der Abtastung durch einen Zufallsgenerator bestimmt. Auch dieses Verfahren wird bei analogen Samplingoszilloskopen eingesetzt. Es läßt sich wie die sequentielle Abta-stung ebenfalls nur auf periodische Signale anwenden. Schematisch ist die Arbeitsweise in Bild 15.1.6 dargestellt. Durch einen Zufallsgenerator wird ein Zeitpunkt vorgegeben, zu dem ein einzelner Abtastwert aufgenommen wird. Eine elektronische Zeitmessung, die sehr genau gestaltet werden kann, übernimmt die zeitliche Zuordnung, sowohl vor als auch nach dem Triggerpunkt. Eine Adreßrechnung bestimmt, in welchem Speicherplatz der Wert abgelegt werden soll.

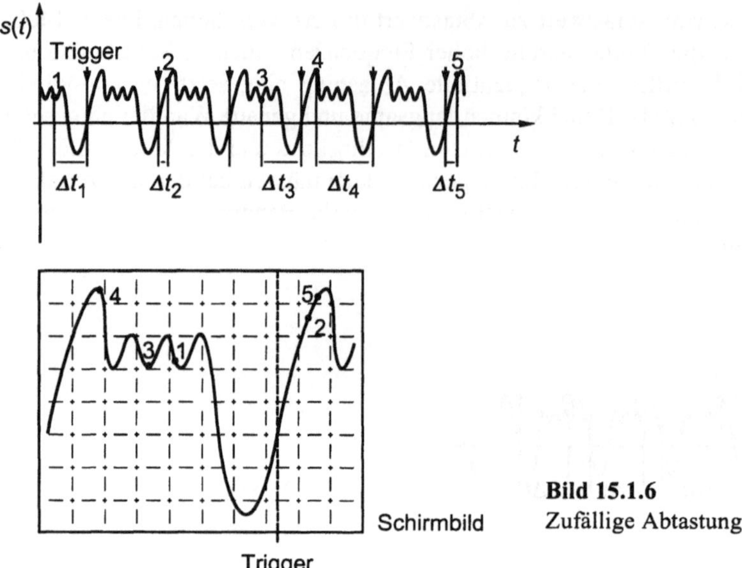

Bild 15.1.6 Zufällige Abtastung

Da die Anzeige auf dem Bildschirm bei diesem Verfahren in regelloser Reihenfolge aufgebaut wird, lassen sich hier auch langsame Veränderungen im Signal der Darstellung entnehmen. Auch werden durch Rauschen keine falschen Signalanteile vorgetäuscht. Unter Umständen ist der gesamte Bildaufbau langsamer. Da für jeden Meßwert eine eigene Zeitmessung erfolgt, wird der Triggerjitter, d.h. eine ungenaue zeitliche Zuordnung des Abtastpunktes, die bei sequentieller Abtastung auftritt, bei dieser Abtastung klein gehalten.

Dieses Verfahren läßt sich auch mit Echtzeitabtastung kombinieren, indem bei jeder Erfassung nicht nur ein Wert, sondern mehrere Werte, in einem definierten zeitlichen Abstand aufgenommen werden. Damit läßt sich ein schnellerer Aufbau des Oszilloskopbildes erzielen. Nachteilig ist, daß die Erfassungszeit umgekehrt proportional zur eingestellten Zeitbasis ist, da bei einer kurzen Zeitbasiseinstellung seltener Abtastungen in den Beobachtungszeitraum fallen.

15.1.4 Abtastung durch ladungsgekoppelte Bauelemente

Durch ladungsgekoppelte Bauelemente, sogenannte *Charge Coupled Devices* (CCD), läßt sich ebenfalls eine Art Echzeitabtastung realisieren. Wie in Bild 15.1.7 gezeigt, bestehen diese Bauelemente aus hintereinandergeschalteten Analogwertspeichern, in denen eine zum Meßwert proportionale Ladung gespeichert wird. Die CCDs stellen ein analoges Schieberegister dar. Bei einem ersten Taktimpuls wird eine Ladung im ersten Ladungsspeicher angesammelt. Bei den folgenden wird der jeweilige Ladungswert zum nächsten Gatter verschoben, während gleichzeitig ein neuer Wert eingelesen wird. Auf diese Weise lassen sich Abtastraten bis zu 250 MS/s erzielen [Meig88].

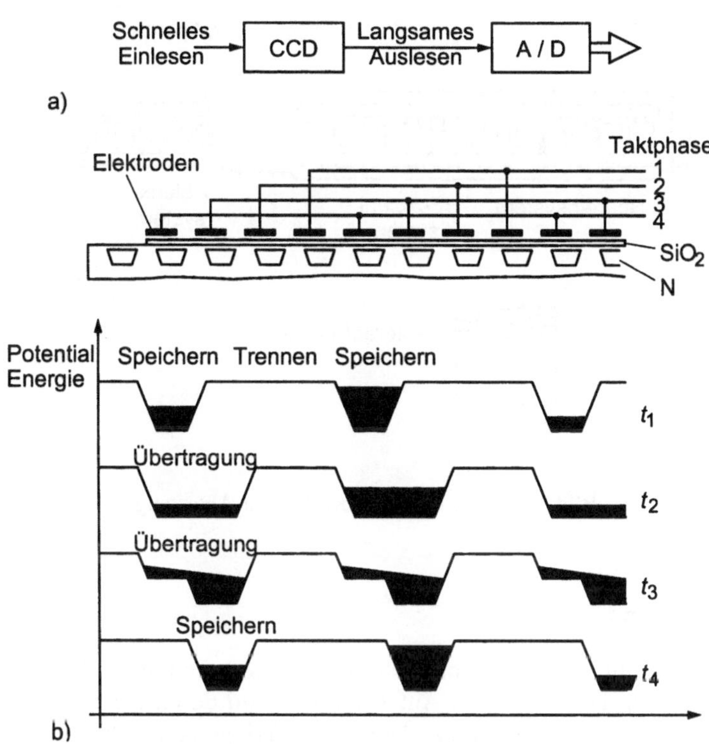

Bild 15.1.7 Abtastung mit ladungsgekoppelter Bauelementen (CCD)

Da der Speicher ständig beschrieben werden kann und die Ladungen „durchgeschoben" werden, ist ein Pretriggerbetrieb möglich. Zum Zeitpunkt, zu dem der Einlesevorgang angehalten wird, enthält der Speicher die Vorgeschichte dieses Zeitpunktes. Das Auslesen der Information aus dem CCD kann langsam erfolgen, so daß z.B. mit einem langsamen Wandler abgetastet werden kann. CCD-Bauelemente stellen eine kostengünstige Lösung für digitale Speicheroszilloskope dar (s. [Meyer89]).

15.1.5 Scankonversion

Ein extrem aufwendiges Verfahren für hohe Abtastraten basiert auf dem Prinzip eines analogen Speicheroszilloskops. Wie in Bild 15.1.8 dargestellt ist, schreibt zunächst ein Elektronenstrahlsystem einer Braunschen Röhre auf eine sogenannte Treffplatte [Tektronix91], (auch [Meier89]). Dieser Schreibvorgang kann sehr schnell sein und die volle Bandbreite des Oszilloskops ausnutzen. Durch ein Lesesystem, ähnlich dem einer Fernsehkamera, das in die selbe Röhre integriert ist, kann die Treffplatte danach langsam abgetastet werden. Die erzielbaren Abtastraten liegen bei 250 GHz. Da dieses Oszilloskop wie ein konventionelles Speicheroszilloskop arbeitet, können damit auch einmalige Vorgänge aufgezeichnet werden (siehe [Meyer89]). Anwendungen für dieses Verfahren liegen in der Mikrowellen- und Radartechnik sowie extrem schnellen Datenübertragungen der Nachrichtentechnik. Größere Mengen als 1024 Abtastpunkte können so nicht aufgenommen werden Die Bandbreite des Erfassungssystems liegt bei 4,5 GHz.

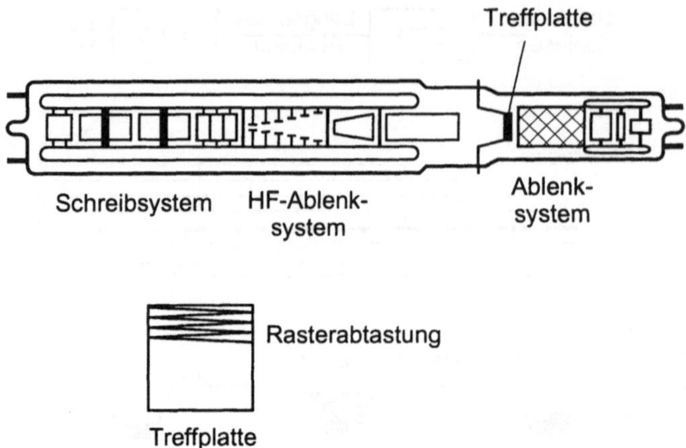

Bild 15.1.8 Scankonverterröhre zur Abtastung

15.1.6 Triggerung

Durch Meßgeräte kann aus dem Kontinuum der Zeit jeweils nur ein begrenzter Zeitausschnitt erfaßt werden. Die Dauer der Aufzeichnung wird durch die Einstellung der Zeitbasis bzw. die Speichertiefe bestimmt. Durch den Triggerzeitpunkt ist ein Bezugszeitpunkt festgelegt.

Der Zeitpunkt des Triggers kann intern aus dem Eingangssignal oder extern an anderer Stelle des Meßsystems abgeleitet werden. Typisch wird auf der positiven oder negativen Flanke bei einem bestimmten Spannungspegel, dem Triggerpegel, das Triggersignal ausgelöst. Bei modernen Geräten kann dieser Pegel digital eingestellt werden. Unter der Voraussetzung, daß der eingestellte Wert auf einer ansteigenden oder abfallenden Flanke nur einmal innerhalb einer Signalperiode vorkommt, ist der Triggerzeitpunkt und damit der gezeichnete Kurvenverlauf eindeutig. Um eine eindeutige Triggerbedingung sicherzustellen ist es oft günstig, „extern zu triggern" d.h. das Triggersignal aus einem externen Takt herzuleiten. Vorteilhaft ist dabei, daß die Triggerung unabhängig von der jeweiligen Signalamplitude eingestellt werden kann. Für die Fehlersuche in Digitalschaltungen werden auch Triggerschaltungen eingesetzt, die auf Nadelimpulse (*glitches*) oder auf verstümmelte Impulse (*runts*) reagieren.

Durch digitale Meßwertaufnahme und speziell in Verbindung mit Echtzeitabtastung ist es möglich, die Triggerbedingung aus dem digitalisierten Signal herzuleiten. Eine Logikschaltung, die dem A/D-Umsetzer nachgeschaltet ist, untersucht den Datenstrom und löst bei erfüllten Triggerbedingungen das Triggersignal aus. Konventionelle Bedingungen sind ein bestimmter Triggerpegel bei ansteigender oder abfallender Flanke.

Wichtige Triggerbedingungen, die auf digitale Signale angewendet werden sind [Schumny93] konventionelle Triggerung, sequentielle Triggerung, Fenstertriggerung und Alarmtriggerung (Bild 15.1.9).

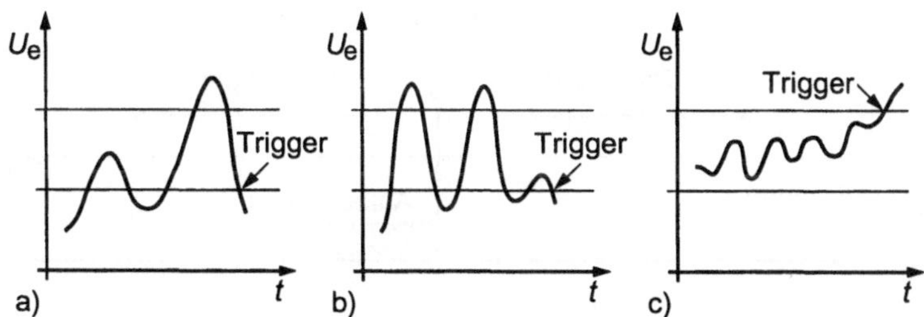

Bild 15.1.9 Möglichkeiten zur Ableitung eines Triggersignals aus dem digitalen Signal:
a) sequentielle Triggerung, b) Fenster-Triggerung, c) Alarmtriggerung

Bei *sequentieller Triggerung* wird nach dem Unterschreiten des Triggerpegels das Triggersignal nur ausgelöst, wenn zuvor eine obere Grenze, die durch einen Schwellwert festgelegt ist, überschritten wird. Somit können kleine Schwankungen im Signal Triggerbedingungen nicht ungewollt hervorrufen.

Fenstertriggerung löst ein Triggersignal aus, wenn ein unterer Schwellwert unterschritten wird, ohne daß vorher ein oberer Schwellwert überschritten wurde.

Für die *Alarmtriggerung* ist durch zwei Schwellwerte ein Spannungsbereich definiert. Spannungswerte außerhalb dieses Bereiches lösen ein Triggersignal aus. Darüber hinausgehende Triggermöglichkeiten lassen sich durch definierbare logischen Verknüpfung mehrerer Über- und Unterschreitungen von Schwellwerten erzeugen.

Die Lage des Aufzeichnungszeitraums in Bezug zum Triggerzeitpunkt ist vom dem jeweiligen Aufzeichnungsverfahren abhängig. Schematisch ist diese zeitliche Zuordnung in Bild 15.1.10 dargestellt. Zum Vergleich sind oben die Verhältnisse bei einem analogen Oszilloskop dargestellt. Die Aufzeichnung des Signals vor dem Triggerzeitpunkt, wird als Pretrigger bezeichnet, entsprechend die Aufzeichnung nach dem Triggerzeitpunkt als Posttrigger.

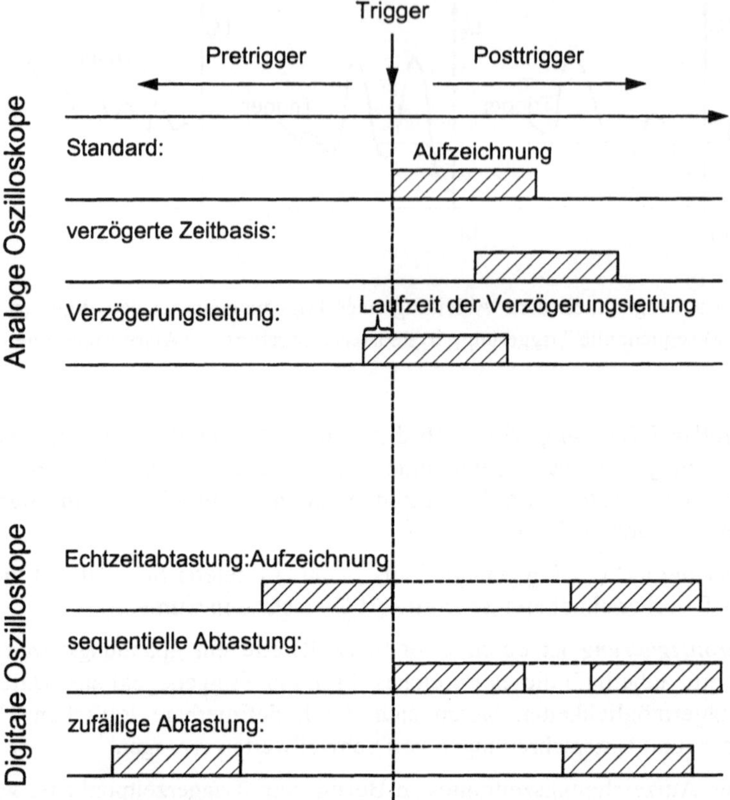

Bild 15.1.10 Datenaufzeichnung und Trigger

Analogoszilloskope zeichnen allgemein Signale nach dem Triggerzeitpunkt auf (*Posttrigger*). Um Signale vor dem Triggerzeitpunkt (*Pretrigger*) darzustellen, wie zum Beispiel die vollständige ansteigende Flanke eines Impulses, benutzen sie die Laufzeit eines Kabels. Diese Herangehensweise ist in Bild 15.1.11 dargestellt. Während das Triggersignal unverzögert, und somit zeitlich früher die Darstellung auf dem Schirm auslöst, wird das Signal verzögert. Damit lassen sich steile Flanken auch bei interner Triggerung vollständig darstellen.

Mit digitalen Speicheroszilloskopen und anderen Datenerfassungseinrichtungen sind je nach Aufzeichnungsverfahren Signale vor und nach dem Triggerpunkt darstellbar. Bei der Echtzeitabtastung ist sowohl Pre- als auch Posttriggerbetrieb möglich. Die Dauer der Pretrigger-Aufzeichung ist gleich der Speichertiefe.

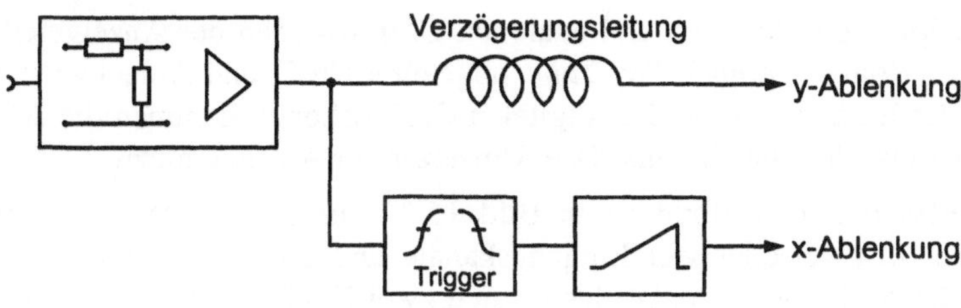

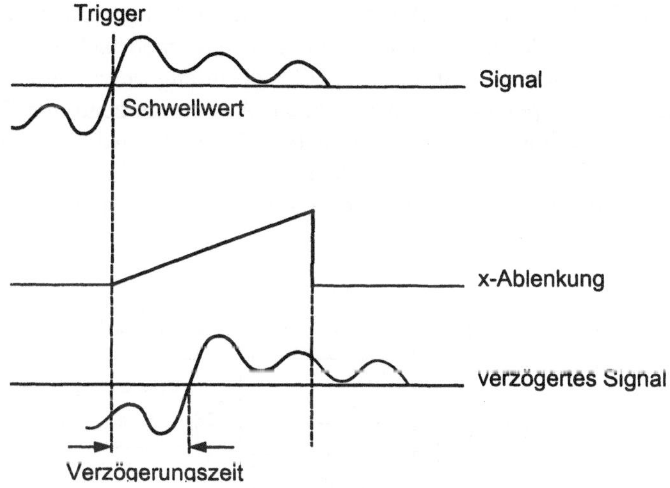

Bild 15.1.11 Aufzeichnung von Spannungsverläufen vor dem Triggerpunkt
durch eine Verzögerungsleitung

Die Aufzeichnung bei sequentieller Abtastung kann mit dem Triggersignal beginnen,
jedoch ist eine Verzögerung wie auch bei der Echtzeitabtastung möglich. Zufällige Abtastung ermöglicht Aufzeichnungsbereiche vor und nach dem Triggerpunkt.

15.2 Digitales Speicheroszilloskop

Digitale Speicheroszilloskope (DSO) haben einen ähnlichen Aufbau wie Analogoszilloskope [Hascher91]. Auch die Bedienung ist an die der Analogoszilloskope angelehnt.
Zusätzlich ermöglichen sie die Weitergabe der Meßdaten an einen Rechner, dazu werden
die Speicher über ein Interface ausgelesen. Digitale Speicheroszilloskope können ebenso
wie analoge Oszilloskope, als eigenständige, vollständig funktionsfähige Geräte an einem
Arbeitsplatz z.B. für elektronische Entwicklungen oder für physikalische Experimente
stehen. Neben rein digitalen und rein analogen Oszilloskopen sind auch welche gebräuchlich, die zusätzlich zu digitalen Betrieb den Analogbetrieb vorsehen (Combiscope).

So kann prinzipiell bei digitalen und analogen Oszilloskopen der Anzeigeteil, bestehend aus Braunscher Röhre (*Cathode Ray Tube*, abgekürzt CRT) und Ablenkverstärker, gleich sein, ebenso die Eingangsstufen. Bei digitalen Oszilloskopen kommen die A/D-Umsetzer zur Digitalisierung, die Speicher und D/A-Umsetzer zur Anzeige hinzu.

Ein prinzipielles Blockschaltbild ist in Bild 15.2.1 angegeben. Digitale Speicheroszilloskope haben oft zwei oder vier Eingangskanäle und erlauben damit die gleichzeitige Erfassung mehrerer Meßsignale. Oft lassen sich zwei Kanäle zu einem Kanal zusammenfassen, um damit massepotentialfreie Eingänge zu verwirklichen (siehe 15.2.3) oder eine erhöhte Abtastrate bei Echtzeitabtastung zu erzielen (siehe 15.1.1). Für Abtastverfahren in Aquivalenzzeitabtastung sind speziell hochfrequent ausgelegte Eingangsstufen mit Abtasthaltestufen, einschließlich der Ansteuerung und bei zufälliger Abtastung der Zeitmessung erforderlich. Die Speicherbereiche sind teilweise mehrfach vorhanden, damit gleichzeitig Daten aufgenommen und auf dem Bildschirm angezeigt werden können und mehrere Oszillogramme gespeichert werden können. Aus einem zentralen Takt wird die Abtastrate abgeleitet und Impulse für die Weiterschaltung der Adreßzähler. Auf einen externen Triggereingang wird oft verzichtet, da alle Kanäle mit einer Triggerstufe ausgestattet sind und dann ein Eingangskanal für die Triggerung reserviert wird.

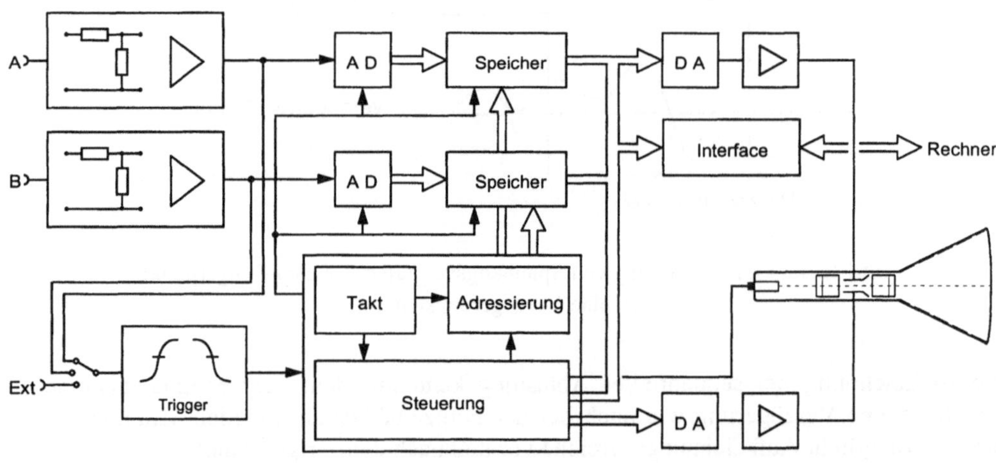

Bild 15.2.1 Funktionsdarstellung eines digitalen Speicheroszilloskops

An die Bildschirm-Technologie stellen digitale Oszilloskope geringere Anforderungen als analoge. Während bei Analogoszilloskopen die Braunsche Röhre für die Ablenkung von Frequenzen im Bereich der Grenzfrequenz des Oszilloskopes ausgelegt sind, benötigen reine digitale Speicheroszilloskope nur eine vergleichsweise langsam arbeitende Anzeigeeinrichtung, lediglich die Analogverstärker und die Digitalisierung sind für hohe Frequenzen ausgelegt.

Standardmäßig arbeiten digitale Oszilloskope mit Echtzeitabtastung. In dem regulären Betriebsmodus wird nach jeder Datenerfassung automatisch wieder die Armierung aktiviert und somit der Speicher ständig aktualisiert. Der jeweils aufgenommen Kurvenzug wird angezeigt. Vielfach ist eine Funktion zur Mittelwertbildung über eine einstellbare Anzahl von Kurvenzügen vorgesehen. Damit wird Rauschen in den Daten und auch gegebenenfalls das Quantisierungsrauschen reduziert (siehe Kapitel 6.1). Für den Betrieb als Speicheroszilloskop wird nach einer einmaligen Armierung durch das Triggersignal für eine einmalige Aufzeichnung ausgelöst (*single shot*). Diese Meßdaten werden dann „eingefroren" (*freeze*) im Speicher behalten und angezeigt.

Für schnelle periodische Vorgänge z.B. > 500 MHz werden meist Sampling-Oszilloskope eingesetzt. Dabei wird jeweils einer Signalperiode nur ein oder einige wenige Meßpunkte (Samples) entnommen, die dann zeitunkritisch auf dem Bildschirm dargestellt werden können. Manche digitale Speicheroszilloskope erlauben die Wahl zwischen mehreren Abtastbetriebsarten (siehe Kapitel 15.4).

15.2.1 Ankopplung an das Meßobjekt

Die Ankopplung an das Meßobjekt erfolgt über die Eingangstufe des Oszilloskops, entweder direkt oder mit einem Tastkopf. Diese Stufe enthält die empfindlichen Eingangsverstärker und die Spannungsteiler zur Einstellung der Empfindlichkeit bzw. des Meßbereichs. Bei der Ankopplung wird zwischen Gleichstromkopplung (DC), Wechselspannungskopplung (AC) und Massekopplung (GND) unterschieden. Die Massekopplung dient zur Einstellung und Kontrolle der Nullinie, die Meßspannung wird dabei vom Eingang abgekoppelt und der Eingang wird auf Null-Potential gelegt.

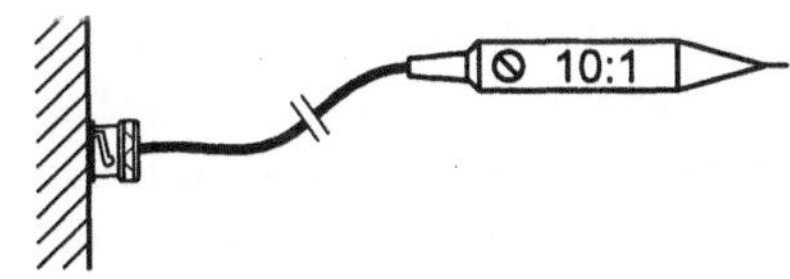

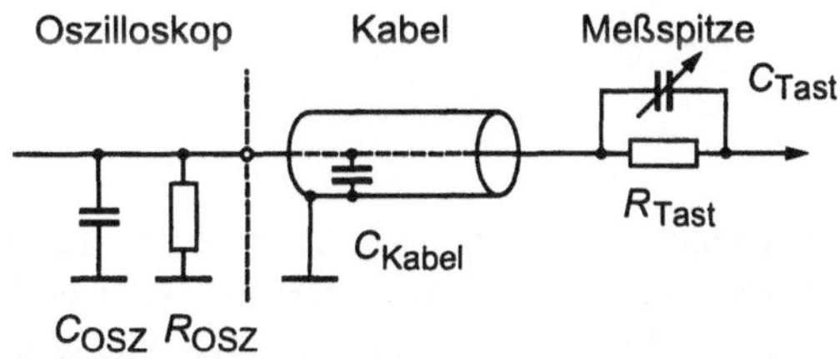

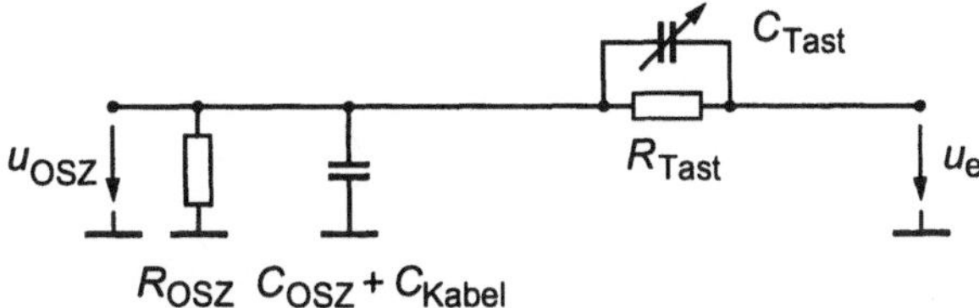

Bild 15.2.2
Aufbau und Schaltung eines Tastkopfes

Bei Wechselspannungskopplung ist dem Eingangsverstärker ein Hochpaß mit einer Grenzfrequenz von ca. 10 Hz vorgeschaltet, so daß Gleichspannungsanteile im Signal nicht aufgezeichnet werden. Vorzugsweise wird diese Betriebsart verwendet, wenn eine Gleichspannung der interessierenden Wechselspanung überlagert ist. Wird diese Betriebsart bei niedrigen Frequenzen im Bereich weniger Herz verwendet, müssen Verfälschungen der Kurvenform durch den Hochpaß berücksichtigt werden. Mit der Gleichspannungskopplung wird das vollständige Signal aufgezeichnet.

Die Verbindung zum Meßobjekt erfolgt oft mit Koaxialleitungen (BNC-Steckverbinder). Die Schirmung liegt dabei auf dem Bezugspotential. Im Regelfall sind die Bezugspotentiale der einzelnen Kanäle intern miteinander verbunden. Für eine störungsfreie Messung empfielt sich meist trotzdem das Bezugspotential für jeden Kanal einzeln an das Oszilloskop heranzuführen. Für erdfreie Messungen lassen die Eingangstufen moderner Oszilloskope es zu, zwei Kanäle als einen Differenzeingang zu benutzen. Dazu wird über entsprechende Schalterstellungen die Summe zweier Kanäle gegebildet, wobei ein Kanal invertiert wird.

In vielen Fällen müssen Bauteile an ihren Anschluß- oder Prüfpunkten kontaktiert werden. Bei niedrigen Frequenzen und bei niedrigen Quellwiderständen können unter Umständen noch einfache Verbindungsleitungen ausreichend sein, ansonsten ist die Verwendung von Tastköpfen geboten. Außer einer veringerten Belastung des Meßobjektes wird damit gleichzeitig die Sicherheit bei Messungen an netzbetrieben Geräten erhöht und die Empfänglichkeit gegenüber elektromagnetischen Einstreuungen [TekTast].

In Bild 15.2.3 ist der Aufbau eines einfachen Tastkopfes dargestellt. Der Spannungsteiler, der durch einen Vorwiderstand in der Prüfspitze und dem Eingangswiderstand des Oszilloskopes gebildet wird, bewirkt die Erhöhung des Eingangswiderstandes und damit eine Veringerung der ohmschen Belastung des Meßobjektes. Die Eingangskapazität des Oszilloskops und die Zuleitung bilden jedoch eine Kapazität, die eine Frequenzabhängigkeit bewirken würde. Durch die Parallelschaltung einer weiteren Kapazität C_{Tast} zu dem Widerstand R_{Tast} läßt sich dieser Einfluß kompensieren und damit ein frequenzunabhängiger Spannungsteiler verwirklichen. Die Bedingung für Frequenzunabhängigkeit ist gegeben, wenn

$$\frac{C_{\text{Osz}} + C_{\text{Kabel}}}{C_{\text{Tast}}} = \frac{R_{\text{Tast}}}{R_{\text{Osz}}} \qquad\qquad (15.2.1)$$

Damit wird gleichermaßen auch die belastende Kapazität am Eingang des Tastkopfes verringert. Bei den meisten Tastköpfen, die einen Spannungsteiler von 1:10 enthalten, erhöht sich der Eingangswiderstand von den üblichen 1 MΩ auf 10 MΩ, die kapazitive Last, die ansonsten von der Anschlußleitung abhängt, verringert sich auf ca. 10 pF.

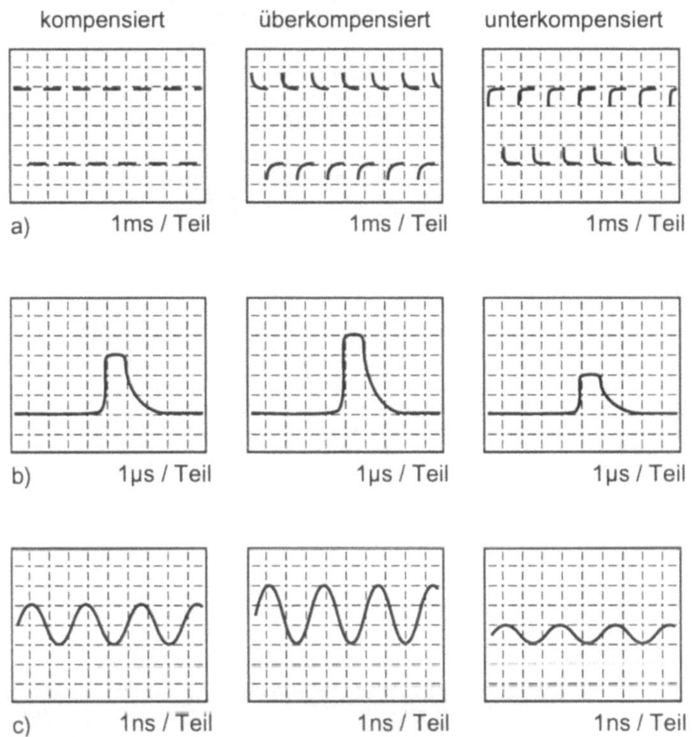

Bild 15.2.3 Auswirkungen des Abgleichs eines Tastkopfes:
a) bei einem rechteckförmigen Eingangssignal, b) bei kurzen Impulsen,
c) bei einem sinusförmigen Eingangssignal

Die Frequenzkompensation der Tastköpfe kann genau abgeglichen werden. Dazu wird das Übertragungsverhalten für Rechtecksignale herangezogen. Das Oszilloskop hat dazu einen speziellen Kalibrierkontaktpunkt herausgeführt, an dem eine Rechteckspannung definierter Höhe anliegt. Mit einer einstellbaren Kapazität wird die Dachschräge als horizontaler Strich eingestellt. Bild 15.2.4 zeigt Signale bei dem abgeglichenem Tastkopf und bei fehlerhaftem Abgleich, über- oder unterkompensiertes Verhalten an rechteck- und sinusförmigen Signalen und bei kurzen Impulsen.

Für Spezialanwendungen gibt es Tastköpfe mit eingebautem Eingangsverstärker, mit denen sich insbesondere die kapazitive Belastung auf ca. 2 pF senken läßt. Für Wechselstrommessungen sind sogenannte Strommeßzangen gebräuchlich. Diese bestehen aus einem festen und einem beweglichen Teil aus einem magnetischen Material wie z.B. Ferrit, das während der Messung den Leiter vollständig umschließt. Gleichermaßen trägt dieser Magnetkern eine Spule, in der die Meßspannung induziert wird.

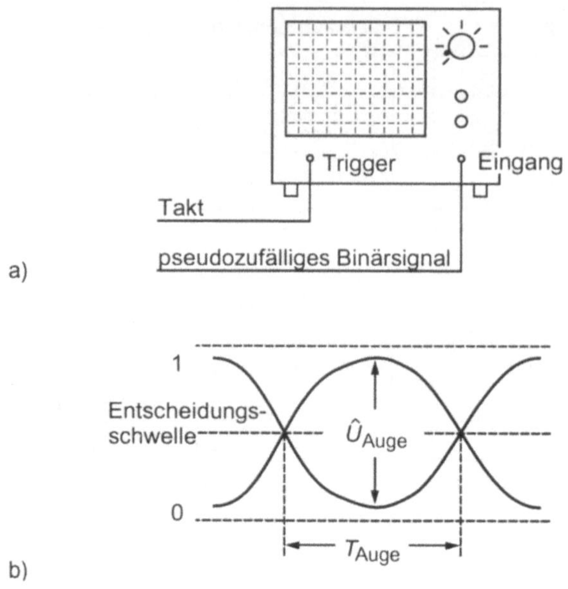

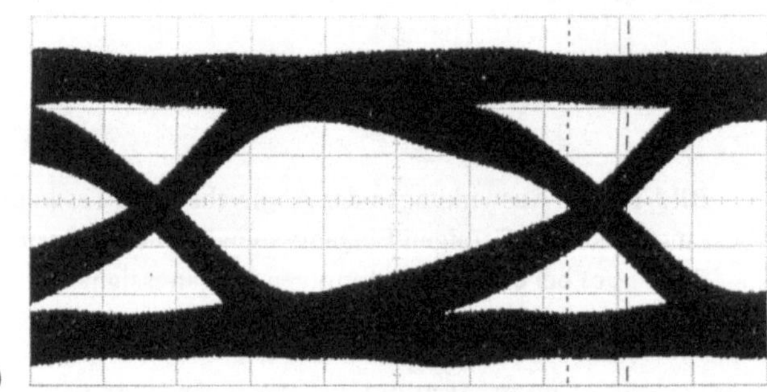

Bild 15.2.4 Bestimmung der Störsicherheit digitaler Übertragungen durch das Augendiagramm:
a) Meßschaltung,
b) Vermessung der Augenöffnung,
c) mit einem Digitaloszilloskop gemessenes Augendiagramm

15.2.2 Anzeige der Amplituden-Häufigkeit

Bei Analog-Oszilloskopen im Standardbetrieb beginnt die Aufzeichnung mit dem Triggersignal. Der Triggerzeitpunkt ist der Bezugszeitpunkt und befindet sich bei periodischen Signalen stets an der gleichen Stelle der Periode. Dadurch ist gewährleistet, daß die
Signale fortlaufend übereinander geschrieben werden. Ist diese Bedingung nicht erfüllt,
kommt es zu einer flackernden Darstellung bzw. zu einer mehrfachen zeitlich verschobenen Darstellung des Spannungsverlaufes, die Rückschlüsse auf das Meßsignal zuläßt.
Aber auch die Helligkeit und Unschärfe der dargestellten Linien tragen zusätzliche Informationen über das Meßsignal.

Häufig auftretende Amplitudenwerte werden heller geschrieben als selten auftretende, schnell durchlaufene Amplitudenbereiche sind dunkler als langsam durchlaufene. Da mehrere Linien übereinander geschrieben werden und die Signalfolge höher ist, als das Auge auflösen kann, lassen Linienbreite und Helligkeit Rückschlüsse auf Rauschen und Jitter zu [Rush93]. Bei einem Digitaloszilloskop werden standardmäßig hingegen nur die Meßwerte einer einzigen Meßdatenwerfassung dargestellt, so daß diese zusätzliche Information bei einer vorgegebenen Helligkeit und Linienbreite verloren geht.

Ein Beispiel, bei dem diese Information genutzt wird, ist das in Bild 15.2.4 dargestellte Augendiagramm. Das Augendiagramm wird benutzt, um Störabstände bei digitalen Signalübertragungen zu bestimmen. Es entsteht bei einem Analogoszilloskop durch das vielfache Übereinanderschreiben vieler einzelner Elemente des digitalen Signals. Dabei wird das Oszilloskop durch einen Takt getriggert und die digitalen Impulse vielfach überschrieben. Da sowohl Übergänge von Null nach 1 und umgekehrt überschrieben werden, hat die Darstellung die Form eines Auges. Die „Öffnung des Auges" drückt die Störsicherheit der Übertragung von Impulsen aus. In dem so entstehenden Augendiagramm wird die Augenöffnung in vertikaler T_{Auge} und in horizontaler Richtung U_{Auge} abgelesen. Die Entscheidungsschwelle liegt in der Mitte. Je größer die Augenöffnung ist, desto größer ist auch der Störabstand. Störspannungen und zeitliche Fehler verkleinern die Augenöffnung.

Digitaloszilloskope für diesen Anwendungsbereich sehen eine kumulierende Darstellung (*infinte persistence*) vor. Dabei ist der Bildschirm in Pixel aufgeteilt, die mehrere übereinander geschriebene Kurvenzüge zeigen (Bild 15.2.4 c). Wird das Auftreffen der einzelnen Pixel gezählt und Bildschirme eingesetzt, die farbige Darstellungen ermöglichen, können in Verbindung mit einer entsprechenden Farbkodierung so Augendiagramme aufgenommen werden, die eine differentielle Beurteilung zulassen. Liegen bei Augendiagrammen mit analog Oszilloskopen mehrere Kurvenzüge übereinander, werden sie heller dargestellt. An diese Stelle tritt eine Farbkodierung. Eine weitere Anwendung für vielfaches Überschreiben ist die Darstellung von Jitter und von Variationen im Signal. Ein weiteres Hilfsmittel digitaler Oszilloskope für die Beurteilung von Signalen kann darin bestehen, das Signal und das Histogramm gleichzeitig darzustellen. In Bild 15.2.5 ist eine Darstellung gezeigt, bei der ein Einschwingvorgang und das zugehörige Histogramm dargestellt ist.

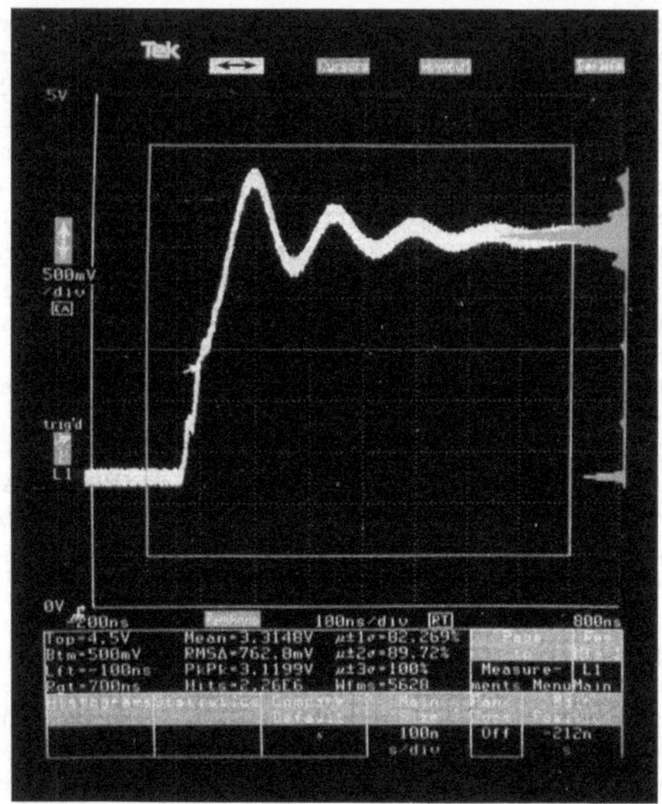

Bild 15.2.5 Geichzeitige Anzeige von Signalform und Histogramm

15.2.3 Signalverarbeitungsmöglichkeiten

Moderne Digitaloszilloskope stellen bereits eine Reihe von Operationen zur Verfügung, die zur Bestimmung einzelner Signalparameter und einer automatisierten Auswertung der digitalen Oszillogramme dienen. Besonders für den Einsatz in der Qualitätsicherung können solche Funktionen eingesetzt, um die Einhaltung von Toleranzen zu überprüfen. Wichtige Beispiele dazu sind Spannungsmessungen, wie Momentan-, Effektiv- und Maximalwerte, Messungen von Pulskenngrößen wie Anstiegzeit, Abfallzeit, Tastverhältnis, Über- und Unterschwinger, Periodendauer, Frequenz und Verzögerungszeiten.

Im manuellen Betrieb lassen sich einige dieser Kennwerte mit Hilfe von Cursor bestimmen. Auf dem Bildschirm werden durch diese einstellbaren Cursor Punkte auf einer aufgezeichneten Kurve markiert. Angezeigt werden daraufhin die zeitliche Lage zum Triggerpunkt und die Spannungswerte sowie zeitliche Differenzen und Amplitudendifferenzen.

Für sogenannte amplitudenqualifizierte Cursor lassen sich Bedingungen angeben, nach denen sich der Cursor automatisch positioniert. Für die Untersuchung von impulsförmigen Spannungsverläufen wird dabei zunächst mit einer Histogrammanalyse der Low- und der

Highpegel der Signale detektiert, die für die folgenden Einstellungen 0% bzw. 100% entsprechen. Die jeweiligen Pegel bei denen sich die Cursor positionieren sollen, werden darauf bezogen ebenfalls in % angegeben. Weitere mögliche Angaben können sich darauf beziehen sich, ob sich die Cursor auf einer ansteigenden oder fallenden Flanke positionieren sollen, ob die Schnittpunkte mit der Signalkurve vom rechten Bildschirmrand oder vom linken erreicht werden sollen und auf der wievielten Flanke von links oder von rechts. In Bild 15.2.6 sind zwei Anwendungsbeispiele dazu gezeigt [Mellis90], die Vermessung einer Impulslücke und die Messung der Erholzeit von einem Überschwingen.

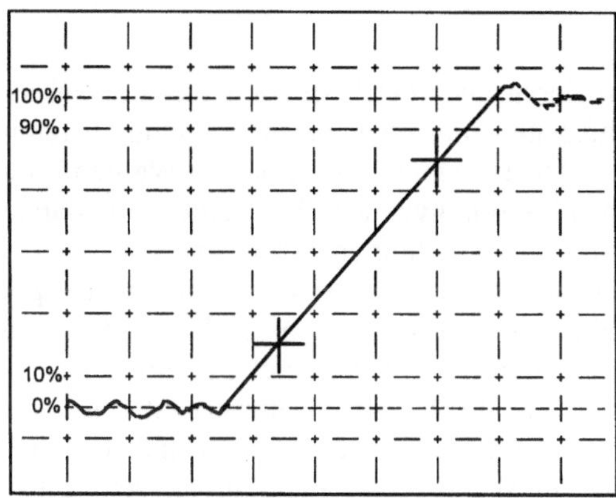

a)

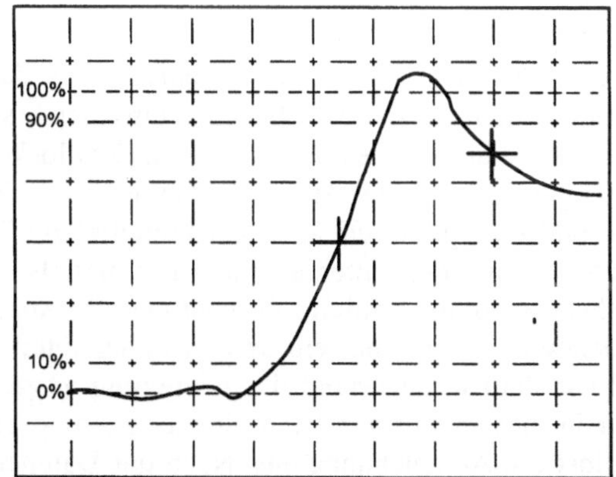

b)

Bild 15.2.6
Signalanalyse mit amplituden-
qualifiziertem Cursor:
a) Messung der Anstiegszeit
   zwischen 20% und 80%,
b) Messung der Erholzeit von
   einem Überschwinger auf 80%
   der Spitzenamplitude

Um z.B. die Anstiegszeit automatisch zu bestimmen wird aus dem Histogramm der 10% und der 90% Pegel des Signals bestimmt. Dieses kann unabhängig von der jeweiligen Höhe des Signals erfolgen. Sind diese Pegel gefunden, kann daraus direkt oder aus dem Histogramm die Anstiegszeit bestimmt werden.

Besonders für Qualitätssicherung ist die Überprüfung der Einhaltung von Toleranzen wichtig. Dazu ist es erforderlich, daß Toleranzschemata z.B. über die Cursor oder vom

Rechner eingelesen werden können und im Oszilloskop gespeichert werden. Wenn das aktuelle Oszillogramm die Toleranzgrenzen über- bzw. unterschreitet, wird dabei ein entsprechendes Signal ausgegeben.

Durch die numerische Operation der Diskreten Fourier-Transformation (DFT) und ihren effizienten Algorithmus, die Fast Fourier Transformation (FFT) lassen sich die Spektren, der Oszillogramme berechnen und anzeigen (siehe zu FFT und DFT Kapitel 4).

15.3 Transientenrecorder

Wie digitale Speicheroszilloskope digitalisieren und speichern auch Transientenrecorder Meßdaten als Funktion der Zeit. Anwendungsgebiete sind einerseits das Digitalisieren von zeitlich veränderlichen Meßwerten und die Überwachung von Anlagen. Während digitale Oszilloskope sich dem Benutzer weitgehend wie konventionelle Oszilloskope darstellen, sind Transientenrecorder an ihre besondere Funktionalität angelehnt und auf die Aufnahme von einmalig auftretenden Vorgängen, sogenannten transienten Vorgängen, spezialisiert. Ihre Bedienung umfaßt die Einstellung der Abtastrate, besondere Möglichkeiten, wie die einer zweiten Triggerstufe zur Armierung. Ein Beispiel für einen transienten Vorgang ist ein Ausgleichsvorgang in einem Wechselstromnetzwerk als Antwort auf einen Impuls. Eine Anzeigeeinrichtung ist häufig nicht im Gerät eingebaut. Die erfaßten Werte werden meistens in einem Rechner zur Weiterverarbeitung ausgelesen, mit einem Plotter gezeichnet oder mit einem externen Oszilloskop angezeigt. Die Geräte sind meist anwendungsbezogen für eine bestimmte optimale Genauigkeit, Wortlänge, Speichertiefe, Auflösung und obere Grenzfrequenz ausgelegt. Ausführungsformen für Transientenrecorder schließen auch Einsteckkarten für Personal Computer und Einschubsysteme ein.

In Bild 15.3.1 ist das Blockschaltbild eines zweikanaligen Transientenrecorders dargestellt. Als Aufzeichnungsverfahren wird ausschließlich Echtzeitabtastung eingesetzt (siehe dazu Kapitel 15.1). Die Eingangsstufen sind wie in den oben beschriebenen Oszilloskopen aufgebaut. Gegenüber digitalen Oszilloskopen kommt eine Armierungsstufe hinzu. Diese Stufe ist wie die Triggerstufe aufgebaut und ermöglicht es, auch auf komplizierte Triggerbedingungen zu reagieren. Beim Betrieb des Transientenrecorders lassen sich dabei drei Betriebsmodi unterscheiden: der Ruhezustand, der armierte Zustand und der Auslesezustand oder Anzeigezustand. Durch manuelle Betätigung, ein externes oder intern aus dem Eingang hergeleitetes Signal wird aus dem Ruhezustand die Armierung ausgelöst. Die Datenerfassung ist aktiviert und nur in diesem Zustand kann eine Triggerung erfolgen. Das darauf folgende Triggersignal löst die Aufzeichnung aus. Nach der Datenerfassung wird in den Auslesezustand umgeschaltet, in dem die gespeicherten Meßdaten auf einem Bildschirm angezeigt oder einem Rechner übermittelt werden.

Dieser beschriebene Ablauf ermöglicht auch die Überwachungsfunktionen technischer Prozesse. Eine Abweichung in den Meßdaten löst das Triggersignal und die Aufzeichnung aus, anschließend kann eine Analyse der aufgezeichneten Signale in der Umgebung des Triggerpunktes erfolgen. Einige digitale Oszilloskope sind ebenso ausgestattet, um solche Überwachungsfunktionen ausführen zu können.

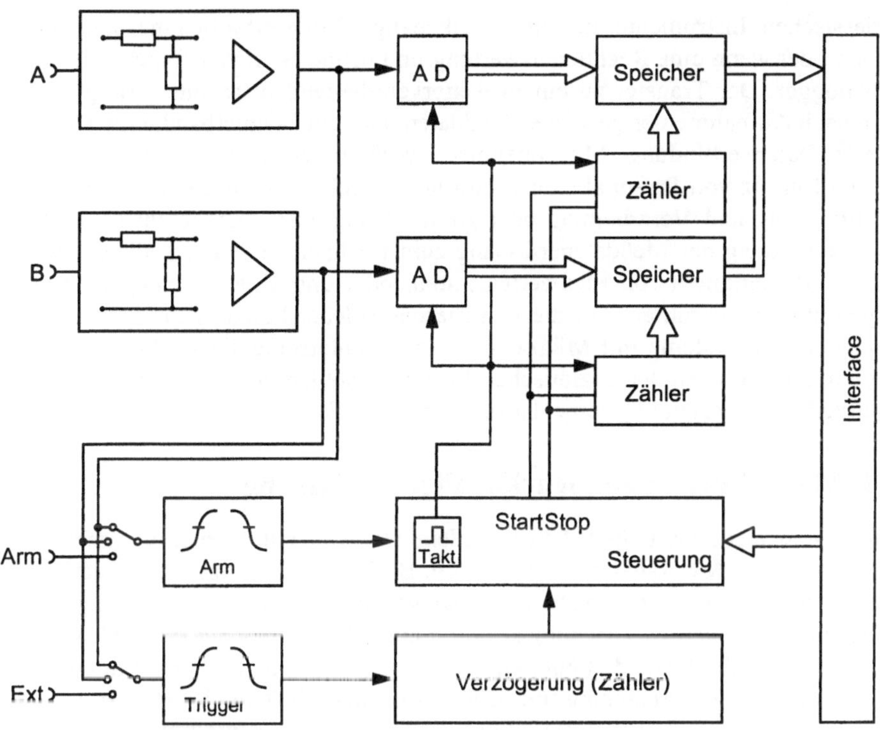

Bild 15.3.1 Funktionsdarstellung eines Transientenrekorders

Eine weitere Funktion von manchen Transientenrekordern ist die Umschaltung der Abtastrate während einer Aufzeichnung. Damit können besonders interessierende Bereiche mit hoher zeitlicher Auflösung aufgenommen werden und gleichzeitig hinreichend große Zeiträume erfaßt werden.

15.4 Meßdatenerfassungssysteme

Meßdatenerfassungssysteme zeichnen anfallende Meßdaten vielkanalig auf und stellen sie für einen weitere Auswertung zur Verfügung. Vielfältige Anwendung finden solche Systeme dort, wo Meßwerte vieler Sensoren anfallen, die ausgewertet oder überwacht werden sollen. Beispiele unter vielen sind die Erfassung von Umweltsituationen, wie die Messung von Immissionen, Temperatur oder Luftdruck, in der Prozeßtechnik, wo der Zustand von Anlagen überwacht wird, oder Belastungstests in Fahr- oder Flugzeugen, bei denen mechanische Schwingungen bestimmt werden. Bei der Verbindung von Meßdatenerfassung und Verarbeitung kann zwischen Online und Offline unterschieden werden. Im Offline-Betrieb werden zunächst die Meßdaten aufgenommen und nach abgeschlossener Aufnahme zur weiteren Verarbeitung zu einem Rechner transferiert, bei einem Online-Betrieb werden die Daten direkt in den Hautpspeicher des Rechners eingelesen und stehen somit für eine sofortige Auswertung zur Verfügung.

Die klassischen Instrumente für eine vielkanalige Meßwertaufnahme sind Vielkanal-
schreiber, oder wenn eine Rechnerauswertung im Offline-Betrieb erfolgen soll, sogenannte Datenlogger. Der Transfer zu einem weiterverarbeitenden Rechner erfolgt bei Daten-
loggern nach Aufnahme der gesamten Meßdaten über ein Magnetband, eine Diskette oder
auch eine Datenverbindung. Mit zunehmend verfügbarer Rechenleistung, insbesondere
durch den Einsatz von Personal Computern lassen sich Erfassungssysteme aufbauen, bei
denen Erfassung und Verarbeitung oder Archivierung zusammengefaßt sind. Durch die
direkte Verbindung der Meßdatenerfassung zum Rechner, lassen sich die Auswertungen
und die Verknüpfungen von Meßwerten miteinander und Überwachungsfunktionen und
Anzeige online durchführen. Für die Realisierung solcher Funktionen wird eines Vielfalt
unterschiedlicher Systeme mit Mikrocomputern in unterschiedlichen Modularitätsgraden
angeboten. Neben herstellerspeziefischen Lösungen stellen der VME-Bus und der Multibus weitverbreitete offene Systeme dar (siehe Kap. 16.3).

15.4.1 Möglichkeiten zu mehrkanaliger Erfassung

In einem Meßdatenerfassungssystem ist jedem Meßwert ein eigener Verarbeitungs-Pfad
zugeordnet, der als Meßkanal bezeichnet wird. Bild 15.4.1 a) zeigt einen solchen Meßkanal, wie er in Datenerfassungssystemen, Analogschnittstellenkarten und anderen Meßeinrichtungen realisiert ist. Das Meßobjekt liefert einen Meßwert - bei Beispielen der nichtelektrischen Meßtechnik wandelt ein Sensor eine physikalische Meßgröße in einen elektrischen Strom oder eine Spannung um. Ein zwischengeschalteter Verstärker sorgt für die
Bereitstellung der erforderlichen Amplitude und Impedanz für die folgende Stufe. Oft ist
dieser Verstärker mit speziellen Eingangsschaltungen zur Anpassung an das Meßobjekt
ausgestattet, wie z.B. Brückenschaltungen bzw. Schaltungen zur Anpassung an den Sensor. Zur Vermeidung von Aliasing wird erforderlichenfalls ein Tiefpaß-Filter zwischengeschaltet.

Die in elektrische Größen umgesetzten Meßwerte verschiedener Meßstellen werden über
Multiplexer (abgekürzt als MUX bezeichnet) mit dem AD-Umsetzer verbunden. Bei der
Erfassung langsamer Vorgänge ist der Multiplexer als eine elektrisch angesteuerte Re-
laismatrix verwirklicht. Solch ein Meßstellenumschalter wird auch als Scanner bezeichnet. Bei hohen Meßraten werden bei Multiplexern schnelle Halbleiterschalter eingesetzt.

Die folgende Abtasthaltestufe (*Sample and Hold*, abgekürzt SH) hält den momentanen
Spannungswert zu einem bestimmten Zeitpunkt fest. Bei langsam veränderlichen Signalen kann, abhängig vom Wandelprinzip, oft auf eine Abtasthaltestufe verzichtet werden.
Der dieser Stufe folgende A/D-Umsetzer ist das zentrale Element, das die Meßwerte in
binäre Zahlenwerte umsetzt.

Die meßtechnische Aufgabe einer zeitgleichen bzw. „fast"-zeitgleichen Erfassung mehrerer Meßwerte, kann auf unterschiedliche Art und Weise erfolgen. Das in Bild 15.4.1 b)
dargestellte Meßdatenerfassungssystem stellt hinsichtlich der eingesetzten Baugruppen
die wirtschaftlichste Lösung dar. Für jeden Meßkanal ist ein eigener Verstärker vorgesehen, die Abtast-Halte-Stufe und A/D-Umsetzer werden gemeinsam genutzt. Bei N Kanälen muß die der A/D-Umsetzer mindestens mit der N-fachen Abtastrate eines einzelnen
Kanals arbeiten können.

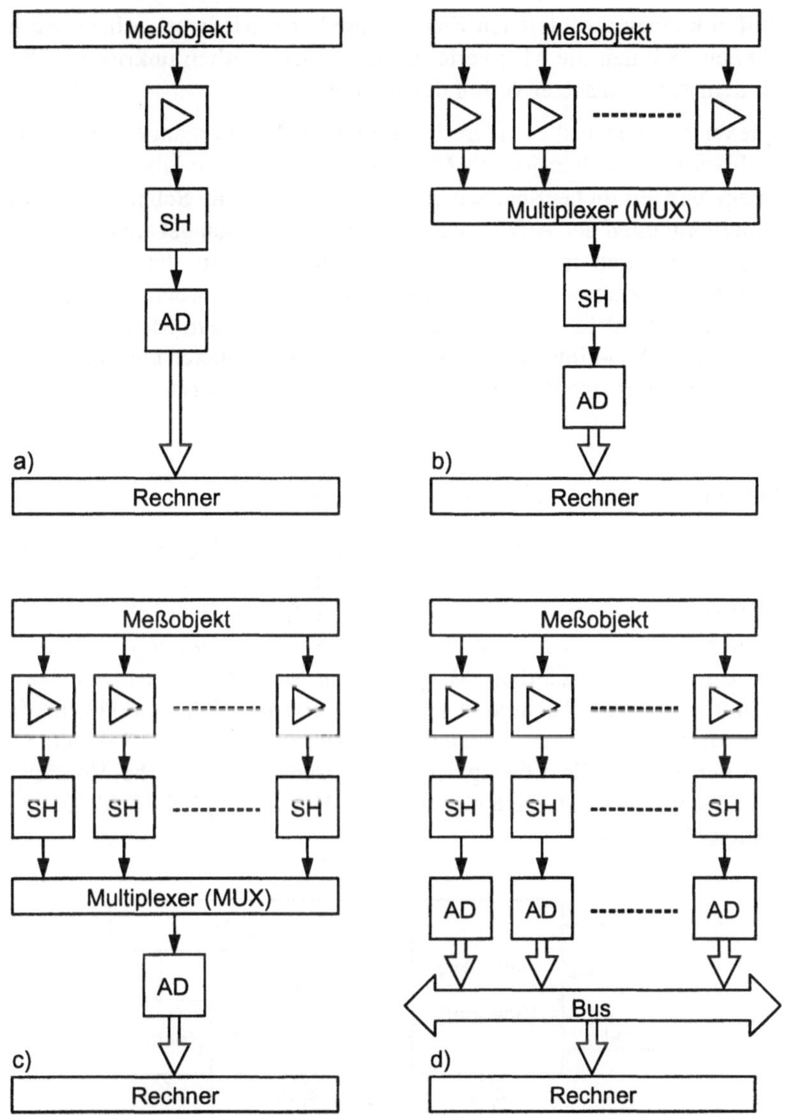

Bild 15.4.1 Unterschiedliche Verfahren bei der Erfassung von Spannungsverläufen:
a) einkanalige Erfassung, b) mehrkanalige Erfassung mit Multiplexer, c) gleichzeitige
mehrkanalige Erfassung mit mehreren Abtast-Haltestufen und einem Multiplexer,
d) gleichzeitige mehrkanalige Erfassung über gemeinsamen Datenbus

Oft besteht jedoch in Meßanordnungen das Problem, gleichzeitig mehrere Größen zu
messen. Das kann erforderlich sein, wenn exakte Zeit- oder Phasenbedingungen eingehalten werden müssen. Eine Meßkette, die diese Gleichzeitigkeit gewährleistet, ist in Bild
15.4.1 c) dargestellt. Für jeden Meßkanal ist hier eine zusätzliche SH-Stufe erforderlich.

Alle SH-Stufen können zur gleichen Zeit den analogen Meßwert aufnehmen und festhalten, anschließend können die Meßwerte nacheinander, zeitlich unkritisch, über den Multiplexer mit dem A/D-Umsetzer verbunden werden.

Die Multiplexer arbeiten insbesondere bei schnellen Meßvorgängen mit Halbleiterschaltern. Multiplexer verursachen jedoch Meßfehler durch kleine Übergangswiderstände bei geschlossenem und endliche Sperrwiderstände bei offenem Schalter. Ebenso kann bei schnellen Meßvorgängen der A/D-Umsetzer, der bei N Eingangskanälen mit der N-fachen Geschwindigkeit arbeiten muß, unter Umständen nicht mit der gleichen Genauigkeit arbeiten wie ein langsamer A/D-Umsetzer. Derartige Anforderungen führen zu Meßanordnungen wie in Bild 15.4.1 d) dargestellt. Hier sind jedem Meßkanal eigene Verstärker, SH-Stufen und A/D-Umsetzer zugeordnet, der Multiplexer entfällt. Die anfallenden digitalen Informationen werden über ein Ein-Ausgabe-Interface mit dem Rechnerbus verbunden.

15.4.2 Datenerfassung mit Einzelgeräten

Bei der Verwendung von einzelnen Universalgeräten (*stand alone*) kann mit einem Multimeter mit Rechnerschnittstelle, einem elektronisch gesteuerten Meßstellen-Umschalter, und einem Rechner ein Datenerfassungssystem aufgebaut werden. Die Meßstellenumschalter werden auch als auch Multiplexer oder Scanner bezeichnet (siehe Kapitel 8.5) und sind als Einzelgeräte erhältlich oder bereits in Multimeter integriert. Um eine Abtastung in äquidistanten Zeitabschnitten zu gewährleisten, erfolgt die Datenaufnahme synchron zu einem Taktsignal, das gegebenfalls extern durch einen Taktgenerator erzeugt wird. Eine solch universelle Lösung ist für langsam veränderliche Vorgänge geeignet. Eine typische Kopplung der Geräte mit dem IEC-Bus ist möglich, Bild 15.4.2 zeigt einen entsprechenden Meßaufbau.

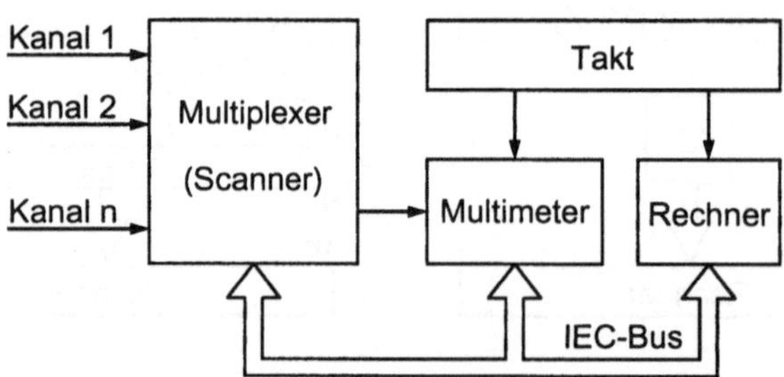

Bild 15.4.2 Datenerfassung mit einem Multimeter

Eine andere Variante der Datenerfassungseinrichtungen sind sogenannte Blackboxsysteme [Metzger94], [Erhardt92], [National96]. Diese Systeme sind herstellerspezifisch modular als Einschubsystem aufgebaut, das mit einem Rechner verbunden ist. Die einzelnen Module übernehmen auch die Signalkonditionierung (*signal conditioning*), darunter werden die Anpaßschaltungen für Sensoren, die Verstärker, die galvanische Trennung u.v.m. verstanden. Solche Module sind speziell und können meist nicht in einem Multimeter oder in einer PC-Multifunktionskarte untergebracht werden. Durch die Rechnerkopplung wird nicht nur die Datenerfassung, sondern auch die Konfigurierung der Module, wie z.B. die Einstellung der Verstärkung abgewickelt. Die einzelnen Module sind als Einschubkarten ausgeführt, z.B. im Europakartenformat und bieten so hinreichend Platz für analoge Signalverarbeitung.

Ein wichtiger Vorteil solcher Meßlösungen liegt darin, daß sich störungsempfindliche Schaltungsteile zu analoger Signalverarbeitung nicht in der Rechnerumgebung befinden, wie es bei Datenerfassungskarten im PC der Fall ist. Ebenso werden bei vielen Kanälen keine Steckplätze im Rechner blockiert.

15.4.3 Aufbau einer universellen Analogschnittstelle

Analog-Schnittstellenkarten zur Meßdatenerfassung rüsten den Personal Computer zu einem kompletten Meßdatenerfassungssystem auf [Jamal94]. Solche Karten werden von vielen namhaften Herstellern angeboten und enthalten in ihrem Leistungsumfang über die mehrkanalige Erfassung hinaus meist noch Zähler, D/A-Umsetzer und digitale Schnittstellen. Mit entsprechender Software können solche Karten in den Grenzen ihrer Frequenzbereiche und Genauigkeit auch als digitale Oszilloskope oder als Transientenrecorder oder als Multifunktionsinstrumente eingesetzt werden.

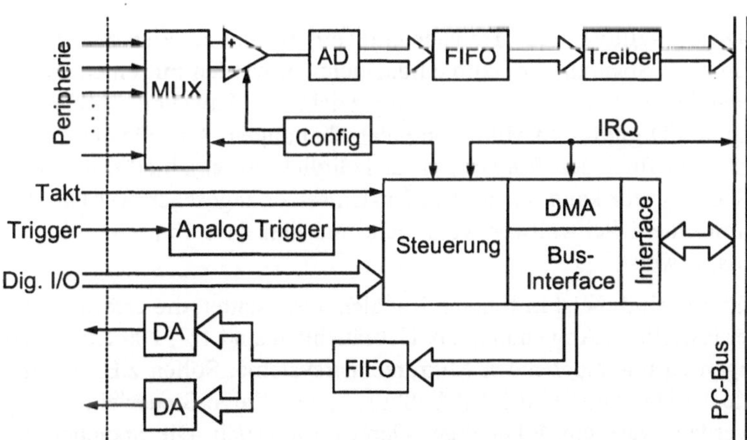

Bild 15.4.3 Blockschaltbild einer Analogschnittstellenkarte

In Bild 15.4.3 ist ein Blockschaltbild einer solchen Karte dargestellt. Dem Multiplexer nachgeschaltet ist ein Verstärker, meist mit einer digital einstellbaren Verstärkung. Diese wird durch einen multiplizierenden Verstärker realisiert, wobei der Multiplikator als Verstärkungsfaktor von einem D/A-Umsetzer erzeugt wird. Darauf folgen Abtasthaltestufe und der A/D-Umsetzer. Die digitalen Meßwerte werden in einen FIFO-Speicher geschrieben (*first in - first out*). Aus diesem Zwischenspeicher werden die Meßwerte in der gleichen Reihenfolge ausgelesen, in der sie eingelesen wurden. Er dient dazu, um Verzögerungen bei der Übertragung durch das Betriebssystem des Rechners auszugleichen, so daß keine Rückwirkungen auf die Abtastzeitpunkte auftreten können. Über eine entsprechende Interfaceschaltung werden die Meßwerte in den Speicher des Rechners übermittelt. Zu Erzeugung von Stimulussignalen und auch zur Rückwirkung in den Anwendungs-Prozeß sind D/A-Umsetzer vorgesehen, die vom Rechner angesteuert werden können. Der interne Takt bestimmt zum einen die Abtastzeitpunkte und steuert die Torschaltungen für die Zähler. Durch den DMA-Betrieb (*Direct Memory Access*) kann die Übertragung ohne Beteiligung der CPU (*Central Processing Unit*) erfolgen.

Neben den Schnittstellenkarten, die lediglich die Daten zum Prozessor übermitteln, gibt es sogenannte intelligente Schnittstellenkarten. Diese sind darüberhinaus mit einem oder mehreren Signalprozessoren ausgestattet, die von Anwender programmiert werden können. Signalverarbeitungsoperationen können damit unmittelbar auf der Schnittstellenkarte durchgeführt werden, ohne das der Prozessor damit belastet wird [Bues91]. Auch verlangen intelligente Schnittstellenkarten unter Umständen weniger Aufwand bei der Implementierung im Rechner. Durch den sogenannten *Plug-and-Play*-Standard identifizieren sich die Karten selber und passen sich an die bestehende Rechnerkonfiguration an. Solche Schnittstellenkarten müssen nicht über Mikroschalter konfiguriert werden.

15.5 Logik-Analysatoren

Im Gegensatz zu Oszilloskopen, Transientenrecordern und anderen Meßdatenerfassungsgeräten die analoge Spannungverläufe aufzuzeichnen, werden mit einem Logikanalysator logische Zustände als Funktion der Zeit aufgezeichnnet. Anwendungsgebiet ist daher die Untersuchung von Digital- und Mikrocomputerschaltungen. Anstelle eines Analog-Digital Umsetzers ist dazu für jeden Eingangskanal lediglich ein einziger Komparator erforderlich. Dieser Komparator kann als ein Ein-Bit-Umsetzer angesehen werden, der den Spannungspegel mit einem Schwellwert vergleicht und ihm daraufhin einen logischen Pegel, Null oder Eins, zuweist.

Logikanalysatoren sind meist mit vielen Kanälen ausgestattet, die erforderliche Kanalzahl hängt von der jeweiligen Anwendung ab. Gebräuchlich sind 16 - 100 Kanäle entsprechend den Wortlängen zu untersuchenden Mikrorechnersysteme. Sollen z.B. bei einem 16-Bit-Prozessor alle 16 Datenbits und 20 Adreßbits, sowie einige Steuerleitungen gleichzeitig überwacht werden, wäre ein 40kanaliges Gerät erforderlich. Die Speichertiefe ist wegen der hohen Kosten insbesondere der schnellen Speicherbausteine beschränkt, üblich sind Speichertiefen von 256 bis 8192 Worten.

Die Ein-Bit-Umsetzung verdeutlicht Bild 15.5.1. Der Momentanwert des oben im Bild dargestellten Impulses wird mit einem Schwellwert verglichen, die unten dargestellte Impulsfolge zeigt das Ergebnis diese Vergleichs. Der Schwellwert ist einstellbar und kann somit an unterschiedliche Logikfamilien angepaßt werden. Es wird deutlich, daß in ungünstigen Fällen auch Überschwinger einen logischen Zustandswechsel bewirken können.

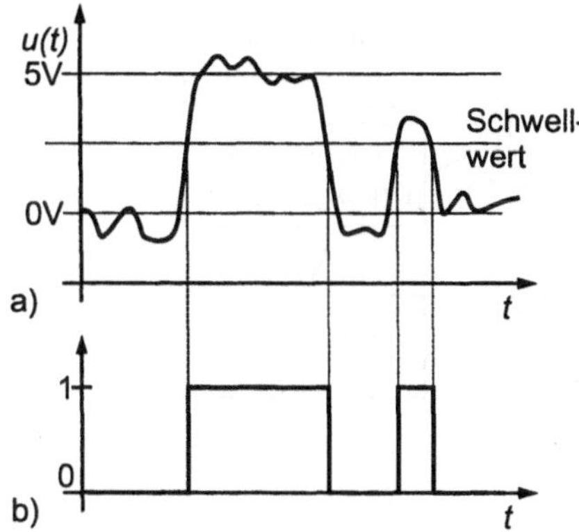

Bild 15.5.1
Bildung des logischen Pegels:
a) Signalverlauf $u(t)$ mit Schwellwert,
b) logisches Signal $d(t)$

Der prinzipielle Aufbau eines Logikanalysators ist in Bild 15.5.2 dargestellt. Die einzelnen Eingänge, die Kanäle 1 - N, werden mit den Prüfspitzen mit den Digitalsignalen verbunden. Für Untersuchungen an ICs, insbesondere für die Untersuchung an Mikroprozessoren, werden oft Klemmverbindungen eingesetzt, die es ermöglichen, direkt die Eingänge an die intergrierten Schaltkreise anzuklemmen. Um die Eingänge nicht zu belasten, werden die Eingangsleitungen auf Pufferverstärker geführt. Die nachgeschalteten Komparatoren vergleichen die Eingangsspannung mit dem Schwellwert und liefern ihr Ein-Bit-Ausgangssignal. Die so gewonnenen Daten werden zum einen in einem RAM-Speicher zur weiteren Auswertung und in ein Register zur Bildung des Triggersignals geschrieben. Ähnlich wie bei der Echtzeitabtastung bei einem Transientenrecorder ist auch hier der Speicher so organisiert, daß er fortlaufend wieder überschrieben wird. Wird die Triggerbedingung erkannt, stoppt das Triggersignal den Vorgang der Datenaufnahme nach einer eingestellten Verzögerungszeit.

Das Triggersignal wird aus der Abfolge der logischen Pegel aller Eingangssignale gebildet. Dabei sind je nach Ausführung des Logiganalysators komplexe Muster, logische Verknüpfungen und Sequenzen logischer Zustände möglich, die ein Triggersignal auslösen. Je präziser diese Triggermuster angegeben werden können, um so geringer ist die erforderliche Speichertiefe.

Für die Anzeige und Auswertung der Daten sind unterschiedliche Werkzeuge vorgesehen. Zum einen können die Daten als logisches Diagramm als Funktion der Zeit dargestellt werden. Zum anderen können die logischen Informationen alphanumerisch dargestellt werden. Die Anzeige von Datenleitungsgruppen in Hexadezimal-, Oktal-, Binär- oder Dezimalkode bzw. als ASCII-Zeichen erleichtert häufig die Auswertung.

Für die Verwendung mit spezifizierten Prozessoren sind manche Logikanalysatoren mit einem sogenannten Disassembler ausgestattet. Durch Disassembler läßt sich bei Mikrocomputeranwendungen der logische Kode so zurückkodieren, daß die logischen Abläufe transparent werden und unter Umständen auch Programmierfehler endeckt werden können. Dabei werden aus den binären Informationen die memonischen Kodes des Assemblers gewonnen. Zusätzlich kann die Lesbarkeit und Kontrollierbarkeit des Assemblerkodes dadurch verbessert werden, indem die symbolischen Adressen definiert werden können, die auch bei der Entwicklung benutzt wurden.

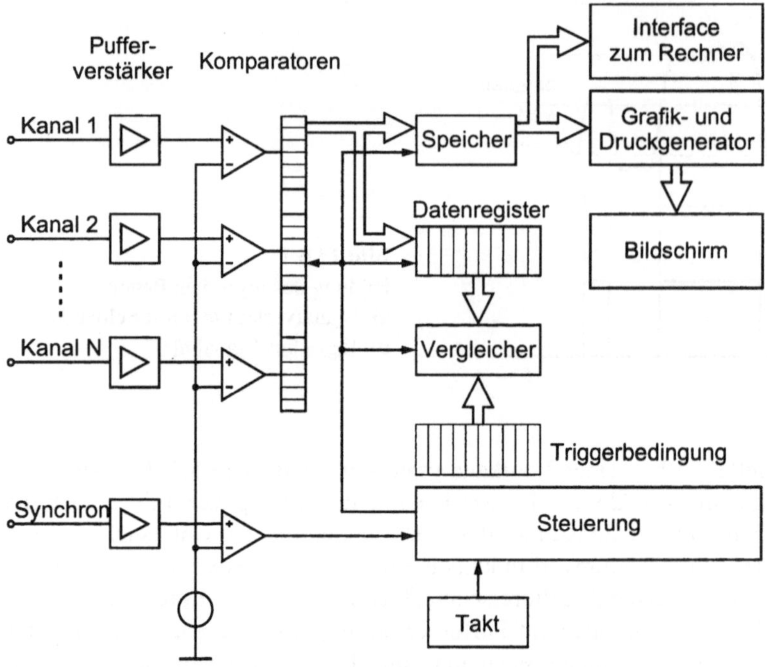

Bild 15.5.2 Aufbau eines Logikanalysators

Cursor, die in den Diagrammen interaktiv bewegt werden können, unterstützen die Auswertung der Bilder. Bei hohen Speichertiefen kann auch die Darstellung nur einen Teil der vollständig aufgenommenen Daten umfassen. Unterschiedliche Dehnungsfaktoren erlauben eine vergrößerte Darstellung und die Möglichkeit, Teilbereiche der großen Datenmengen auf dem Bildschirm darzustellen. Mit Hilfe des Cursor können die logischen Zustände zu einem Zeitpunkt und die Zeit relativ zum Triggerzeitpunkt angezeigt werden. Weitere Auswertungen, sogenannte Leistungsbewertungen, beziehen sich auf Zeitmessungen zwischen einzelnen Ereignissen und das Auszählen bestimmter Aktionen wie Zugriffe auf bestimmte Programmmodule.

Zwei verschiedene Betriebsarten eines Logikanalysators lassen sich unterscheiden: der Asynchronbetrieb und den Sychronbetrieb. Ein Beispiel für die Aufzeichnung in beiden Betriebsarten ist in Bild 15.5.3 angegeben. Beim Asynchronbetrieb, der auch als Zeitanalyse bezeichnet wird, wird ein unabhängiges Taktsignal gebildet, das die Datenaufnahme steuert. Dieser Betriebsmodus hat den Vorteil, daß der Verlauf logischer Pegel unabhängig von dem Systemtakt erfaßt werden kann. So werden auch kurze Impulse, die aufgrund von Überschwingern zustande kommen, wahrgenommen. Der Modus ist wichtig für das Auffinden von derartigen Fehlern und wird auch als Zeitanalyse bezeichnet. Die Taktrate wird in dieser Betriebsart 5-10 mal höher gewählt, als die Taktrate des zu untersuchenden Systems. Für Untersuchungen an einem Prozessor, der mit 50 MHz getaktet wird, sind daher Abtastraten von 500 MS/s erforderlich. Durch eine zeitlich versetzte Mehrfachabtastung lassen sich Taktraten bis in den GHz-Bereich erzielen (siehe dazu auch Kapitel 15.1, Bild 15.1.4).

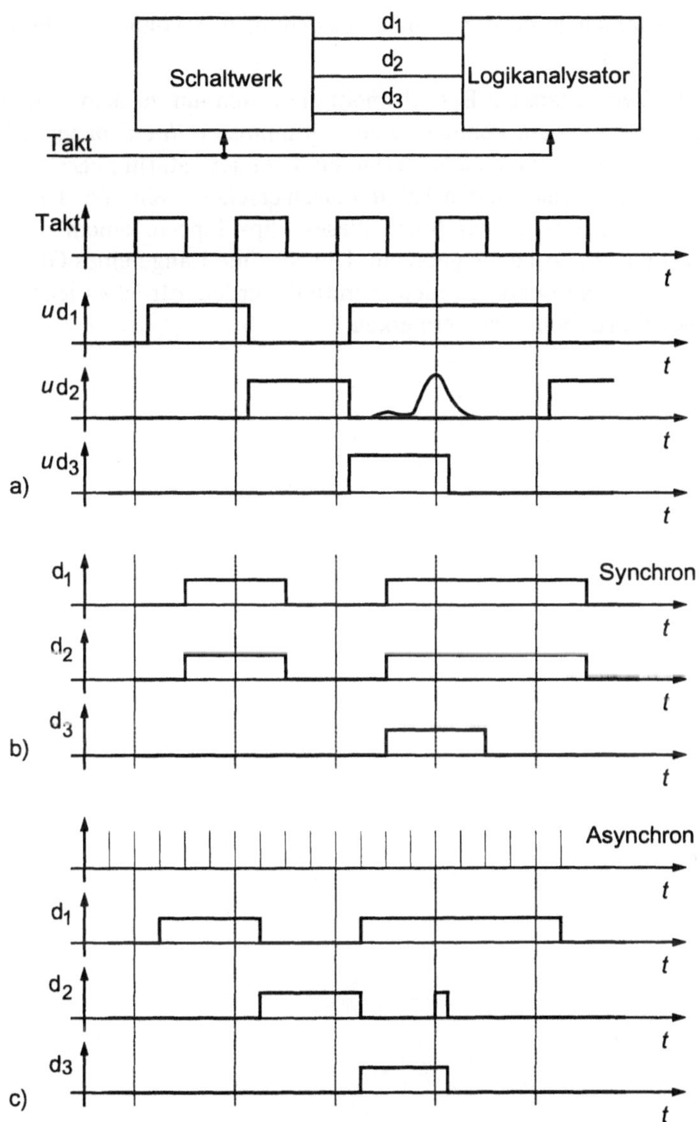

Bild 15.5.3 Unterschiedliche Formen der Abtastung:
a) originales Signal, b) synchrone Abtastung, c) asynchrone Abtastung

Bei der synchronen Betriebsart bezieht der Logikanalysator das Taktsignal aus der zu untersuchenden Schaltung. Da jeder logische Zustand nur einmal aufgezeichnet wird, werden wesentlich weniger Daten aufgenommen und es kann ein größerer Zeitraum beobachtet werden. Da diese Betriebsart lediglich die Analyse von logischen Zuständen erlaubt, wird sie auch als Zustandsanalyse bezeichnet. Kurze Störimpulse bleiben durch die synchrone Weiterschaltung dabei unberücksichtigt und können in dieser Betriebsart nicht untersucht werden.

Da in den beiden oben genannten Betriebsmodi die Daten nur zu dem Zeitpunkt der aktiven Taktflanke erfaßt werden, können kurze Störimpulse (*Glitch*) dabei unbemerkt bleiben. Das als Glitch-Mode bezeichnete Verfahren detektiert Störimpulse und setzt immer, wenn eine Signalflanke zwischen den Taktimpulsen erscheint, ein Speicher-Flip-Flop. Mit dem nächsten Taktimpuls wird der Inhalt dieses Flip-Flops in einem separaten Datenspeicher vermerkt und zur Anzeige gebracht. Die absolute Länge eines Glitches und seine genaue zeitliche Lage kann dadurch nicht ermittelt werden, oft ist es jedoch ausreichend die Existenz eines Störimpulses zu vermerken.

D Datenkommunikation und Software

16 Kommunikation in Meßsystemen

16.1 Grundbegriffe der Datenübertragung

Kommunikation in meßtechnischen Systemen beinhaltet im wesentlichen den Austausch von Daten, die Meßwerte oder Steuerinformationen repräsentieren. Einige Begriffe, die bei den vielfältigen Formen des Datenaustausches in meßtechnischen Einrichtungen vorkommen, sollen im folgenden dargestellt werden.

16.1.1 Parallele und serielle Übertragung

Bei der einfachsten Form einer Datenübertragung ist für jedes Bit eines Datenwortes eine Leitung vorgesehen. Dieses Schema ist in Bild 16.1.1 a) gezeigt. Die gleichzeitige Übertragung der Bits eines Datenwortes wird als parallele Übertragung bezeichnet. Entsprechend der Anzahl Empfänger wird zwischen Punkt-zu-Punkt-Verbindungen und Mehrpunktverbindungen unterschieden. Sollen mehrere Einheiten die gleichen Daten empfangen, erweist sich ein Bussystem hinsichtlich des Verkabelungsaufwandes als günstig, da die gleiche Leitung alle Teilnehmer verbindet. Bei der geräteinternen Rückwand-Verdrahtung werden oft parallele Busverbindungen eingesetzt. Bei solchen Bussen lassen sich die Leitungen in Untergruppen aufteilen, z.B. den Datenbus, den Adreßbus, den Steuerbus und Versorgungsleitungen (siehe auch Kapitel 9.4).

Durch Multiplexen können Daten und Adressen auf den gleichen Leitungen übertragen werden. Das kann auch teilweise seriell, z.B. byteweise, erfolgen, ohne das der Bus für die vollen Wortlängen ausgelegt ist. Eine Übertragung in nur einer Richtung wird als Simplex-Übertragung bezeichnet. Bei einer Halbduplexverbindung ist die Übertragungsrichtung in zwei Richtungen möglich, zu einem Zeitpunkt jedoch nur in einer Richtung. Eine gleichzeitige Übertragung in zwei Richtungen wird als Vollduplexverbindung bezeichnet.

Während für die geräteinterne Verdrahtung oder bei kurzen Übertragungswegen eine parallele Übertragung üblich ist, werden für lange Übertragungswege serielle Verbindungen bevorzugt. Es sind weniger Leitungen erforderlich, dafür werden durch elektronische Schaltkreise die parallel vorliegenden Daten in einen seriellen Bitstrom gewandelt. Wie in Bild 16.1.b) dargestellt ist, erhält dazu ein Schieberegister die parallelen Daten.

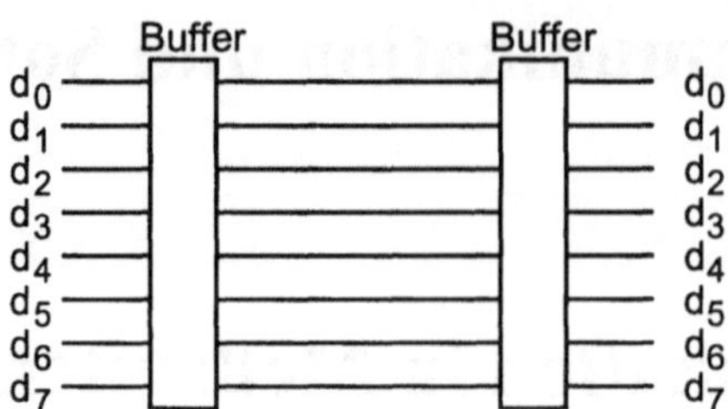

a)

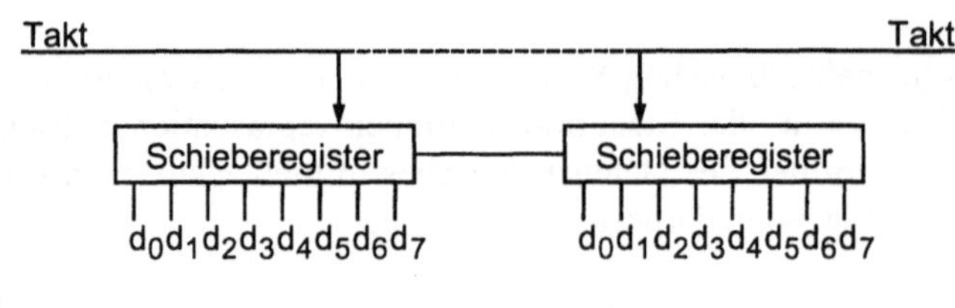

b)

Bild 16.1.1 Übertragung von Daten und Steuerinformationen:
a) parallele Datenverbindung, b) serielle Datenverbindung

Auf der Senderseite werden die Daten seriell ausgelesen und gleichzeitig auf der auf der Empfängerseite seriell eingelesen (siehe Kapitel 9.2). Der Takt kann entsprechend der verwendeten Übertragungskodierung dazu mitübertragen werden, aus den dazu kodierten Daten mit Hilfe schmalbandiger Filter wiederhergestellt werden oder empfängerseitig neu erzeugt werden. Informationen, die zur Steuerung des Datenaustauschs dienen, werden bei manchen Übertragungsstrecken durch zusätzlichen separate Leitungen übermittelt. Bei einer rein seriellen Übertragung werden diese Steuersignale aus der Interpretation des Datenstroms gewonnen. Die erzielbaren Datenübertragungsraten sind durch die Geschwindigkeit der Schaltkreise, durch die obere Grenzfrequenz des Übertragungsmediums und durch den Grad der Parallelität begrenzt.

16.1.2 Asynchrone und synchrone Übertragung

Eine wesentliche Unterscheidung bei Übertragungen betrifft die Methode, mit der der Zeitpunkt der Gültigkeit eines oder mehrerer Bits gekennzeichnet wird. Dabei wird prinzipiell zwischen asynchroner und synchroner Übertragung unterschieden.

Ein asynchrones Verfahren, das eine erfolgreiche Übertragung einzelner Datenworte sicherstellt, ist das Handshake-Verfahren. Dieses kommt besonders bei Bit-parallelen Übertragungen über kurze Entfernungen zum Einsatz, wo die zusätzlichen Leitungen inkauf genommen werden können. Zu einem einfachen Handshake, wie in Bild 16.1.2 dargestellt, sind zwei Leitungen erforderlich. Auf der ersten Leitung signalisiert die sendende Seite, daß ein Datenwort auf dem Datenbus anliegt. Die empfangende Seite kann jetzt das Datenwort lesen und in einem Zwischenspeicher ablegen. Nach einem Zeitraum, der ausreicht, damit das Datenwort sicher erkannt und gespeichert ist, signalisiert der Empfänger über die zweite Handshake-Leitung, daß das Datum übernommen wurde. Auf diese Art und Weise paßt sich die Übertragungsgeschwindigkeit der beiden Datenübertragungseinrichtungen aneinander an.

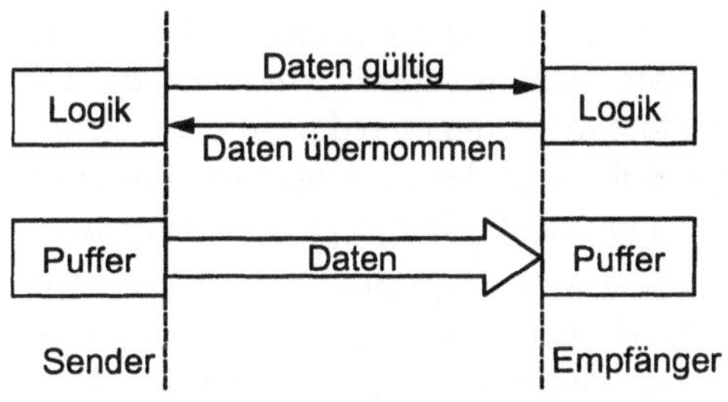

Bild 16.1.2
Datenübertragung mit einem einfachen Zweidraht-Handshake

Bei einer asynchronen seriellen Übertragung wird oft der Start-Stop-Betrieb eingesezt. Einzelne Datenblöcke, oft Datenworte einer Länge von 7 oder 8 Bit werden damit getrennt nacheinander übertragen. Da Sender und Empfänger sich vorher auf eine Datenrate verständigt haben, braucht kein Taktsignal erzeugt zu werden. Während der kurzen Übertragungszeit lassen sich die zeitlichen Bedingungen hinreichend genau einhalten. Die Synchronisation erfolgt über Start- und Stoppbits, die vom Empfänger erkannt werden und den Lesevorgang beginnen und anhalten. (siehe auch die Darstellung der V.24-Schnittstelle in Kapitel 16.4, die übliche Betriebsart ist die asynchrone).

Zur synchronen Übertragung von parallelen Datenworten werden meist ein oder mehrere Taktsignale mitgeführt, die auch als Strobe bezeichnet werden.

Bei einer synchronen Übertragung serieller Datenworte werden die Datenbits in einem festen Zeitraster, das durch einen Takt vorgegeben ist, ohne Start- und Stopbits übertragen. Die Übertragung erfolgt als kontinuierlicher Datenfluß. Die Übertragungsgeschwindigkeit ist dabei fest vorgegeben. Zwischen einzelnen Datenblöcken werden Synchronisationszeichen eingebaut, um Anfang und Ende einer Datenübertragung zu erkennen. Im einfachsten Fall wird der Takt auch hierbei über eine separate Leitung übertragen. Durch bestimmte Kodierverfahren ist es möglich, die Daten so umzuformen, daß die spektrale Komponente des Taktes im Datenfluß mit hinreichender Intensität vertreten ist, so daß der Takt für die synchrone Übertragung empfängerseitig aus dem Datenfluß gewonnen werden kann. Die Sicherstellung, das Daten erfolgreich übertragen wurden, erfolgt durch das Übertragungs-Protokoll.

16.1.3 Übertragungsmedien

Als Übertragungsmedien dienen Kabel, Lichtwellenleiter und Funkverbindungen. Diese Übertragungsmedien können sowohl für Basisband- als auch für Breibandübertragung genutzt werden.

Kabelverbindungen aus einzelnen Leitungen kommen nur bei geräteinternen Verbindungen oder bei Leiterplatten zur Verdrahtung der Rückwand eines Einschubsystems (*back-*

plane) in Betracht. Um Störungen zu vermeiden, die durch den ohmschen Widerstand und die Induktivität der Masseleitungen entstehen, werden bei mehrdrahtigen Verbindungen häufig zu wichtigen Signaladern eigene Masseleitungen mitgeführt. An den Enden der Verbindungsleitungen befinden sich meist besondere Sender- und Empfängerbausteine, die eine hinreichende Leistungsabgabe und Schmitt-Trigger-Eingänge aufweisen.

Kabel mit verdrillten Adern werden als Twisted-Pair-Kabel bezeichnet und insbesondere bei LANs (*Local Area Network*) und Feldbussen eingesetzt. Diese Kabel sind entweder durch ein Metallgeflecht geschirmt (*shielded*) oder nicht geschirmt (*unshielded*). Die aufwendigeren abgeschirmten Kabel können, da Störeinstreuungen reduziert sind, oft mit höheren Datenraten beaufschlagt werden. Übliche Kabelimpedanzen liegen bei 100 Ω bis 150 Ω. Mit Twisted-Pair-Kabeln können Datenraten bis zu 100 Mbit/s erreicht werden.

Koaxialkabel werden ebenfalls zur Verbindung von LANs eingesetzt und erlauben Bitraten bis zu 800 Mbit/s. Typische verwendete Koaxialkabel sind das RG 58 mit einer Kabelimpedanz von 50 Ω, das als übliche Meßleitung und beim Ethernet 10 Base 5 (Thinnet) (siehe Kapitel 16.7) eingesetzt wird; andere Koaxialkabel haben eine Kabelimpedanz von 70 Ω (Typ RG 59) und RG 62 mit 93 Ω Anwendungen.

Bei hohen Datenraten und bei langen Leitungswegen können Wellenausbreitungseffekte auf Leitungen nicht mehr vernachlässigt werden. Um Reflexionen an Verzweigungen oder Leitungsenden zu vermeiden, ist es erforderlich, die Leitungen am Eingang und am Ausgang durch ihren Wellenwiderstand abzuschließen. Ein solcher Abschlußwiderstand wird als Terminator bezeichnet.

Für noch höhere Datenraten, die auch zukünftigen Bedarf decken können, werden Lichtwellenleiter verwendet (siehe z.B. [Opielka95]). Außer den hohen Datenraten, die bis in den Giga- und Terabit-Bereich reichen, liegen weitere Vorteile in der Störsicherheit, der Abhörsicherheit und der Eigenschaft eines elektrisch isolierenden Mediums. Nachteilig sind derzeit noch höhere Installationskosten und schwierig zu handhabende Steckertechnik.

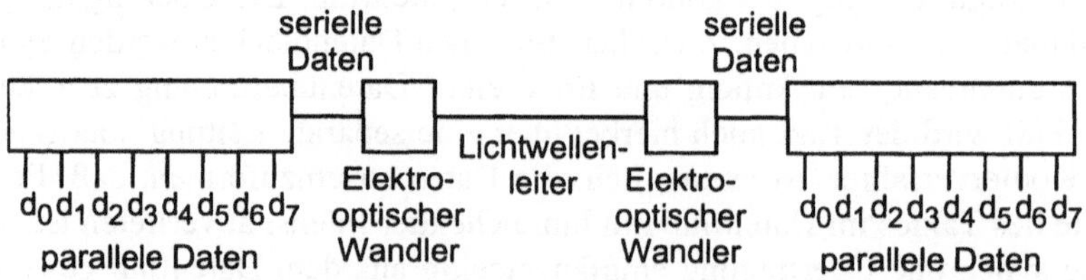

Bild 16.1.3 Optische Datenübertragung über ein Lichtwellenleiter

Der Aufbau eines optischen Übertragungsweges ist in Bild 16.1.3 dargestellt. Als Strahlungsquelle für den elektrooptischen Wandler werden Luminiszenz Dioden, die auch als LEDs (*Light Emitting Diode*) bezeichnet werden, oder Halbleiterlaser eingesetzt. Die Lichtwellenleiter bestehen aus einem Glaskern und einer Ummantelung aus Glas. Zwischen dem beiden Glasarten besteht ein Brechungsindex. Die optische Übertragung findet in dem Kern statt, der Brechungsindex zu der Ummantelung bewirkt Totalreflexionen, so daß der Kern das Licht führt. Es wird unterschieden zwischen Multimode-Lichtwellen-

leitern mit Kerndurchmessern von 100 - 400 µm, in denen sich mehrere Übertragungs-
moden ausbreiten können und die daher bei größeren Übertragungslängen die Impulse
ungewünscht verbreitern. Bei Gradienten-Lichtwellenleitern ist der Übergang der Brech-
nungsindices vom Kern zu Ummantelung fließend. Damit wird die Impulsverbreiterung
geringer und es werden dadurch höhere Übertragungsraten erreicht. Die „schnellsten"
Lichtwellenleiter sind die Monomode-Lichwellenleiter. Bei einem Kerndurchmesser von
5 µm breitet sich nur ein Wellenmode aus und die Impulse werden praktisch nicht ver-
formt.

Für die Fernerkundung, Fernmeßtechnik und für mobile Meßdatenüberwachung werden
auch Funkverbindungen eingesetzt. In geschlossenen Räumen können bei kleinen Entfernungen auch Infrarotübertragungsstrecken geeignet sein. Bei größeren Übertragungsent-
fernungen kann auch auf Telekomunikationsdienste öffentlicher Anbieter, z.B. Mobil-
funk, zurückgegriffen werden. Interfaces zwischen portablen Rechnern und Mobilfunkte-
lefonen sind verfügbar.

Für die Signalübertragung gibt es zwei prinzipielle Möglichkeiten, die Basisband- und
Breitbandübertragung genannt werden. Eine Basisbandübertragung bezeichnet eine Informationsübermittlung ohne Modulation über ein Verkabelungssystem vom Sende- zum
Empfangsgerät. Zu einer Zeit kann jeweils nur eine Nachricht transportiert werden. Da
die Informationen nacheinander übertragen werden, wird diese Übertragungsart auch als
Zeitmultiplex bezeichnet. Unter einer Breibandübertragung wird eine Übertragung mit
einer Bandbreite verstanden, die die 4kHz-Bandbreite eines Telefon-Sprechkanals übersteigt. Bei Breitbandübertragung wird der digitale Bitstrom zunächst zu einem Modem
gesendet. Modem steht für dabei für Modulator-Demodulator und moduliert entweder ein
digitales Signal in ein analoges Signal oder demoduliert ein analoges in ein digitales
Signal. Das modulierte Analogsignal wird über eine Übertragungsstrecke übertragen und
anschließend empfängerseitig durch ein weiteres Modem in ein digitales Signal zurückgewandelt. Analoge Telefonverbindungen können damit für die Datenübertragung ausgenutzt werden. Bei einer Breitbandübertragung können gleichzeitig mehrere Übertragungen stattfinden, wenn unterschiedliche Trägerfrequenzen verwendet werden. Diese
Übertragungsart wird auch als Frequenzmultiplex bezeichnet.

16.1.4 Anwendungen

Im Hinblick auf die Meßtechnik ergeben sich für Datenübertragungen die Hauptanwen-
dungsbereiche:

- Datenübertragung innerhalb Gerätes,
- Datenübertragung zwischen Rechner und Peripherie,
- Datenübertragung in Labor und Prüffeld,
- Datenübertragung im Fertigungsbereichen,
- Datenübertragung zwischen Rechnern untereinander,
- Fernmeßtechnik.

Innerhalb des Rechners oder innerhalb des Meßgerätes kommunizieren einzelne funktionale Einheiten miteinander. Die Übertragung erfolgt über parallele Leitungen. Für einige

Rechnertypen haben sich Standards herausgebildet (s. dazu auch Kapitel 16.3). Zwischen Rechner und Peripherie sind sowohl serielle als auch parallele Verbindungen üblich. Für die Maus und universelle Anwendungen ist die serielle Verbindung (RS 232), für den Drucker wird eine parallele Schnittstelle (Centronics) verwendet. Die SCSI-Schnittstelle unterstützt unter anderem den externen Anschluß von Massenspeichern (siehe auch Kapitel 16.4).

Im Bereich Prüffeld und Qualitätssicherung, Wartung und Reparatur liegen Prüfprogramme vor, die unter der Kontrolle des Rechners von den Meßgeräten abgearbeitet werden. Ein Laborechner, oft ein Personal Computer, kommuniziert mit den Meßgeräten, erhält Meßwerte und gibt Steuersignale an die Meßgeräte aus. Der Rechner übernimmt in beiden Anwendungen die Weiterverarbeitung der Meßdaten und die Steuerung der Meßgeräte und Abläufe. VXI-Bus und und IEC-Bus sind zwei wichtige offene Syteme zur Rechner-Meßgeräte-Kommunikation (siehe dazu auch Kapitel 16.5).

Kommunikationseinrichtungen im industriellen Umgebungen werden als Feldbussysteme bezeichnet, Sie sind in Meß- und Steuer- und Regelsystemen in Produktionsanlagen, Gebäuden und Fahrzeugen zu finden. Ebenso gehören Flugzeuge, Schiffe und andere ähnlich komplexe Systeme wie z.B. komplexe medizinische Anlagen zum Einsatzbereich von Feldbussystemen. Sie haben zweierlei Funktionen: durch sie wird zum einen die Verbindung von einfachen Sensoren und Aktoren mit Rechnern ermöglicht, zum anderen werden sie zur Erfassung von Daten in Produktionsprozessen und zu Steuerungsaufgaben auf der Leitebene benötigt (siehe Kapitel 16.6).

Technische Einrichtungen kommunizieren als Teile von Anlagen miteinander. Auf der Leitebene einer Fabrik werden ihre Informationen erfaßt, verarbeitet, ausgewertet und dargestellt. In diesem Bereich kommunizieren Rechner untereinander und es werden lokale Netzwerke (LANs) eingesetzt. Bei weiträumig verteilten Systemen oder in der Fernerkundung wird auf globale Netzwerke, Möglichkeiten der öffentlichen Telekommunikationsnetze oder Funkverbindungen zurückgegriffen (siehe Kapitel 16.7).

16.2 Verbindungssysteme und Vernetzung

16.2.1 Schnittstellen

Die Datenkommunikation zwischen Rechnern, Meßeinrichtungen und Netzwerken wird im Regelfall über einheitliche Schnittstellen abgewickelt. Unter Schnittstelle (engl. *Interface*) wird die Verbindungsstelle zwischen zwei oder mehreren Geräten verstanden, über die eine Übertragung von Daten und Steuersignalen erfolgt. Die Schnittstelle umfaßt alle Festlegungen der physikalischen Eigenschalten der auf den Leitungen ausgetauschten Signale und deren Bedeutung. Die elektrische Schaltung zur Anpassung an diese Schnittstelle in Verbindung mit der zugehörigen Software, die zum Betrieb der Schnittstelle dient, wird Interface genannt, die Programme, die diese Interfaces bedienen als Treiber oder Treiberprogramme. Bild 16.2.1 zeigt diese Zusammenhänge.

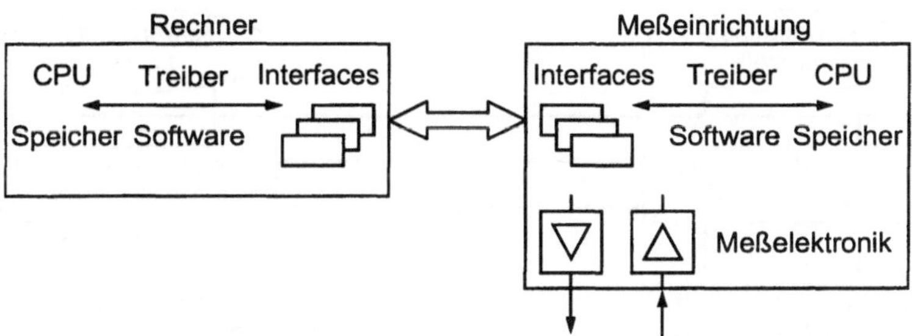

Bild 16.2.1 Verbindung von Rechner und Meßeinrichtungen über Schnittstellen

Zur Vereinheitlichung und um Austauschbarkeit zu gewährleisten, sind häufig eingesetzte Schnittstellen genormt. Diese Normung umfaßt über die oben genannten Hardware-Eigenschaften der Verbindungen hinaus auch das Protokoll, das die Art der Daten und den Ablauf ihrer Übertragung festlegt. Als allgemeine Basis für die Beschreibung von Kommunikationssystemen hat sich das von der *ISO (International Standardisation Organisation)*, beginnend im Jahre 1977, entwickelte OSI-*Referenzmodell (Open Systems Interconnection)* [DIN ISO 7498] etabliert. Dieses Modell ist selbst keine Schnittstellen-Norm, sondern stellt einen Rahmen für die Kommunikation von Systemen dar. Ausgehend von diesem Modell wurden internationale Standards verabschiedet, auf deren Basis eine Datenkommunikation durchgeführt werden kann. Ziel ist dabei, offene Systeme mit standardisierten Schnittstellen zu definieren, die herstellerunabhängig miteinander kommunizieren können; wie die Systeme intern arbeiten und aufgebaut sind obliegt dem Hersteller. In der Meßtechnik haben nicht nur speziell für diesen Anwendungsbereich entworfene Schnittstellen, sondern auch allgemeine Schnittstellen, wie z.B. LANs und andere Standards Eingang gefunden.

16.2.2 ISO-OSI-Referenzmodell

Das ISO-OSI-Referenz-Modell (kurz OSI-Modell) teilt die Vorgänge bei einer Kommunikation in verschiedene Schichten (*Layers*) auf [Conrads96]. Die unterschiedlichen Schichten stehen für unterschiedlich komplexe Dienste bei der Datenübermittlung. Grundsätzlich kommunizieren zwei Systeme in der gleichen Schicht miteinander. Die Zuordnung der Dienste zu den einzelnen Schichten ist hierarchisch gewählt: Aufgaben in einer Schicht werden mit Hilfe von Teilaufgaben der darunterliegenden ausgeführt. In jeder Schicht erhalten die zu übertragenden Daten senderseitig Zusätze, die empfängerseitig wieder rückgängig gemacht werden. In Bild 16.2.2 ist dieses Schichtenmodell dargestellt. Es enthält zwei Endsysteme, die miteinander kommunizieren, und ein Transportsystem, wie z.B. eine Vermittlungsanlage. Das OSI-Modell kennt sieben Schichten.

Die oberste Schicht (Schicht 7) wird als Anwenderschicht oder *application layer* bezeichnet und beschreibt den Austausch der Nutzinformation für die Anwendungen. Beispiele sind die Übertragung von Meßwerten, ein Filetransfer oder die Steuerung von Anwendersystemen. Entsprechend der Vielfalt möglicher Anwendungen existieren viele unterschiedliche Protokolle in dieser Schicht.

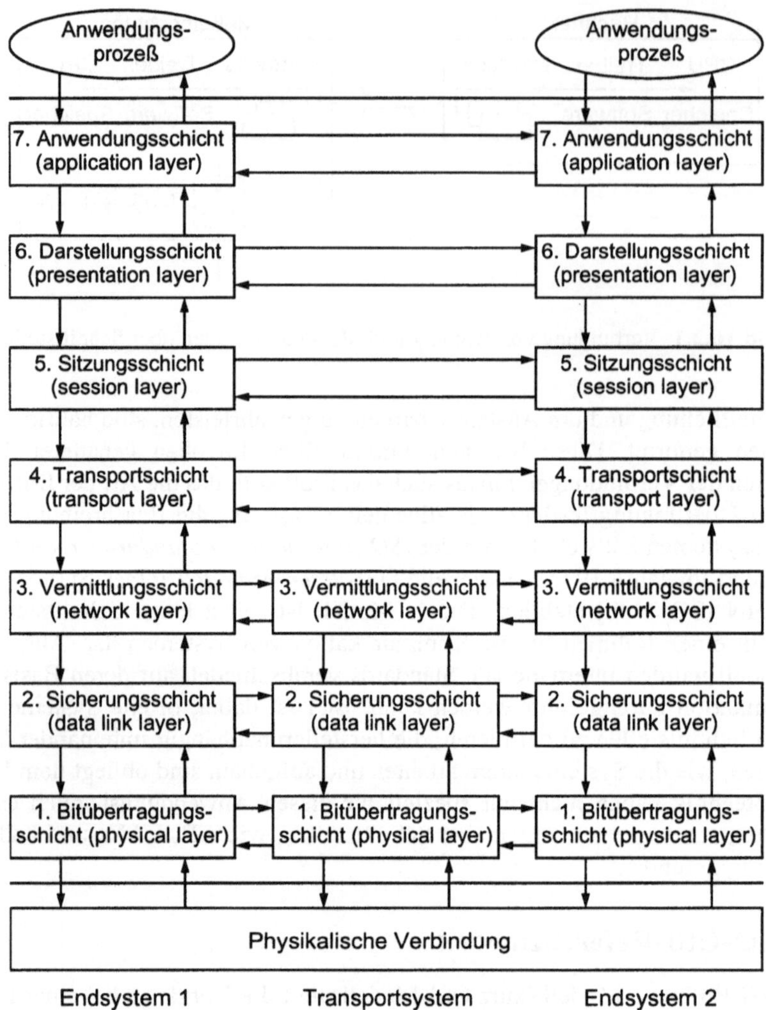

Bild 16.2.2 Das ISO-OSI-Schichtenmodell

Konventionen über die verwendeten Darstellungsformate (z.B. der Meßwerte) werden in der darunterliegenden Schicht (Schicht 6), der Darstellungsschicht oder des *presentation layer* gemacht. Das Protokoll in dieser Schicht legt die Regeln fest, in der die Informationen darzustellen und auszutauschen sind.

Die Kommunikations-Steuerungsschicht oder das *session layer* (Schicht 5) synchronisiert die kommunizierenden Systeme. Sie stellt Funktionen zum Eröffnen, zur Durchführung und zur Beendigung einer Kommunikationsbeziehung her. Unter Umständen werden die Daten in einzelne Segmente (Pakete) aufgeteilt und hinterher wieder zu einem Datenstrom zusammengesetzt.

In der Transportschicht oder dem *transport layer* (Schicht 4) werden die Funktionen beschrieben, die den Nachrichtentransport als Ganzes regeln. Sie unterstützt Verbindungen zwischen den Anwendungsprozessen. Dabei bleiben Belange des Netzwerkes unberücksichtigt.

Die Vermittlung der Daten auf der Netzwerkebene wird in der Vermittlungsschicht oder dem *network layer* (Schicht 3) behandelt. Das umfaßt den Datentransport von dem Ursprung der Daten durch gegebenenfalls verschiedene Stationen der Vermittlung zum Ziel. Das Netzwerk kann sowohl lokal sein, als auch globale Telekomunikationsnetzwerke umfassen. Somit werden hier sowohl festgeschaltete Verbindungen als auch Datensegmente, die als Paket vermittelt werden, beschrieben.

Die Sicherungsschicht oder das *data link layer* (Schicht 2) umfaßt die Beschreibung der logischen Prozeduren des Datenaustausches, die Formate der Datenworte, die Fehlerdetektion und -korrektur, sowie die Datensicherung im Fehlerfall. Ihr obliegt auch die Anpassung der Sende- an die Empfangsgeschwindigkeit, durch die die Geschwindigkeit des Datentransfers gesteuert wird.

Die unterste Schicht, die Bitübertragungsschicht oder das *physical layer* (Schicht 1), beschreibt die Art und Weise, wie Daten auf das Übertragungsmedium gelegt werden. Diese Schicht umfaßt dabei Verabredungen über Steckertyp und die Funktionen der einzelnen Leitungen, wie z.B. Daten-, Steuer- und Adreßleitungen. Das für die Übertragung verwendetet Medium (z.B. Koaxialkabel, Twisted Pair oder Lichtwellenleiter) wird in dem ISO-Referenzmodell nicht betrachtet, es liegt unterhalb der Schicht 1.

Nicht bei allen Anwendungen werden in allen alle Schichten Festlegungen getroffen. Für meßtechnische Anwendungen werden meist nur die Schichten 1, 2 und 7 beschrieben. Ebenso können Festlegungen in verschiedenen Schichten zusammengelegt werden. So wird oft Schicht 1 und 2 gemeinsam betrachtet. In modernen Kommunikationssystemen, die nach dem OSI-Referenzmodell entworfen wurden, wird meist angegeben, in welchen Schichten Vereinbarungen getroffen wurden. Neuere Kommunikationsschnittstellen bauen auf diesem Schichtenmodell auf.

16.2.3 Strukturen

Bild 16.2.3 zeigt fünf prinzipielle Verbindungs-Konzepte einzelner Teilnehmer: Bus-, Stern-, Ring-, Baumnetzwerk und ein vermaschtes Netzwerk. Beispiele zu vernetzender Teilnehmer sind verschiedene Rechner für allgemeine oder Spezialaufgaben, mit entsprechenden Schnittstellen ausgestattete Meßgeräte, Drucker, Plotter oder auch Speichermedien. Die Konzepte unterscheiden sich in der Art, in der Netzwerksteilnehmer physikalisch miteinander verbunden sind, diese Merkmal wird als Topologie des Netzwerks bezeichnet.

Bei einer Bustopologie werden alle Teilnehmer an ein einziges durchlaufendes Kabel angeschlossen. Ein Bussystem erweist sich als günstig hinsichtlich des Verkabelungsaufwandes, da die gleiche Leitung von einem Teilnehmer zum nächsten geführt wird. Es liegt meist keine feste Richtung der Datenübertragung vor; angeschlossene Module können sowohl Daten vom Datenbus empfangen, als auch Daten aussenden. Vorteilhaft ist weiterhin, daß Module an den Bus gekoppelt und entfernt werden können, ohne das die Funktion der verbleibenden Module beinträchtigt wird. Ein Bus kann sowohl seriell als auch parallel übertragen. in letzterem Fall sind mehradrige Kabel nötig. Das Ethernet (siehe Kapitel 16.7), das als LAN eingesetzt wird, ist ein Beispiel für ein serielles Bus-system. Der weiter unten (Kapitel 16.5) dargestellte IEC-Bus ist ein Beispiel für eine häufig eingesetzte Bus-Verbindung zwischen Rechner und Meßgeräten. Bei Einschub-systemen ermöglicht ein Bus an der Rückseite des Gerätes, der sogenannten Backplane, eine einheitliche Verdrahtung für die Steckkontakte der einzelnen Einschübe. Ein Beispiel für ein solches Bussystem ist der VXI-Bus (siehe Kapitel 16.5).

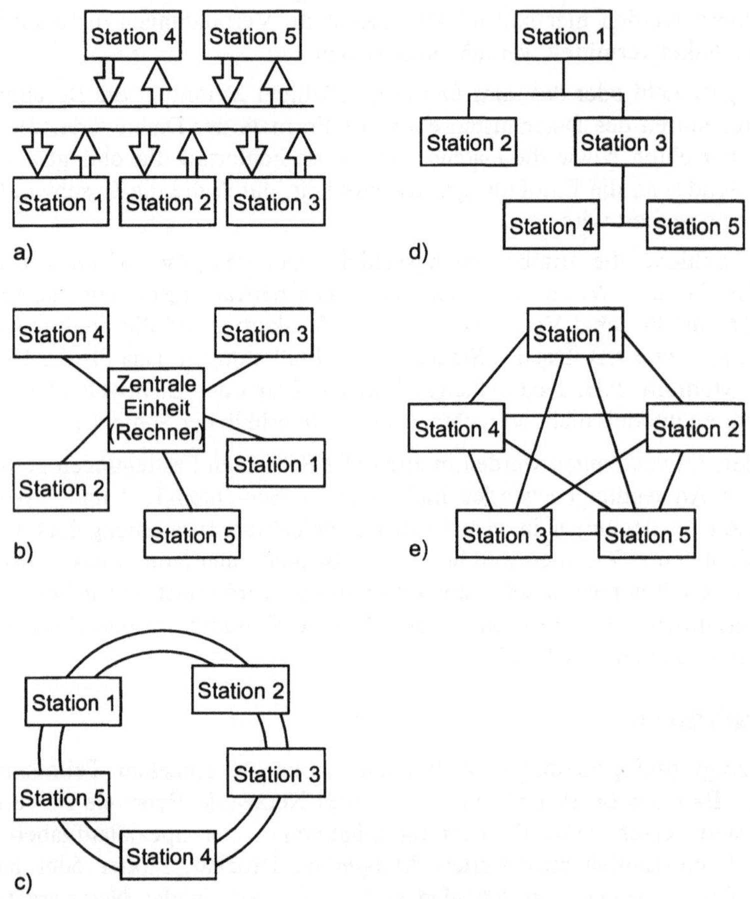

Bild 16.2.3 Möglichkeiten zur Verbindung der Komponenten eines digitalen Systems:
a) Sternkonzept, b) Buskonzept, c) Ringkonzept, d) Baumkonzept,
e) vermaschtes System

Die Sterntopologie ist durch einen zentralen Verknüpfungspunkt charakterisiert. Dieser Verknüpfungspunkt kann als zentraler Rechner realisiert sein. Ein klassisches Beispiel dazu sind Anordnungen mit einem Großrechner und vielen angeschlossenen Terminals. In LANs bildet ein Sternkoppler, der auch als Hub bezeichnet wird, den zentralen Verknüp-fungspunkt. Von diesem Sternpunkt aus gehen Leitungen zu den einzelnen Teilnehmern.

Alle Daten laufen über den zentralen Verknüpfungspunkt und der Hub übernimmt die Verteilung der Datenströme. Nachteilig sind ein hoher Verkabelungsaufwand und die Eigenschaft, daß bei Ausfall des Verknüpfungspunktes das Netz nicht mehr arbeiten kann.

Bei einer Ringtopologie sind die einzelnen Stationen in einem geschlossenen Kreislauf eingebunden. Die Nachricht wird darin von einem Teilnehmer zum nächsten weitergegeben, bis der Teilnehmer, für den die Nachricht bestimmt ist, sie erhalten hat. Die Ringtopologie existiert in zwei Formen, der konventionelle, einfache Ring ist ein Netzwerk bei dem alle Teilnehmer über einen geschlossenen Kreislauf miteinander verbunden sind. Diese Ringkonfiguration hat den Nachteil, daß bei Ausfall eines Teilnehmers alle ausfallen. Die zweite erweiterte des Form eines Rings ist der gegenläufige Ring *(counter rotating ring)*. Bei dieser Konfiguration ist dem Primärring ein zweiter Ring, der Sekundärring hinzugefügt. Fällt der Primärring an einer beliebigen Stelle aus, wird der ausgefallene Teilnehmer umgangen, und Daten fließen in umgekehrter Richtung auf dem Sekundärring zu allen verbliebenden Teilnehmern.

Bei einer Baumtopologie geht das Stammkabel vom gemeinsamen Ende *(headend)* aus. Das Headend kann als die Wurzel des Baumes angesehen werden. Von diesem Stammkabel aus verteilen sich alle Kabelzweige zu den einzelnen Teilnehmern und bilden so das Netzwerk. Bei Baumstrukturen wird im Regelfall Breitbandübertragung eingesetzt. Mit Hilfe eines Frequenzmultiplexverfahrens sind mehrere unabhängige Datenkanäle realisiert. Bei einer vermaschten Struktur sind auch die Netzwerksteilnehmer untereinander verbunden. Ein Beispiel für ein vermaschtes Netz ist das Telefonnetz.

Die oben getroffene Aufteilung ist in der Praxis nicht immer eindeutig; Mischformen sind möglich und verwischen die Unterschiede zwischen den Topologien. So können zum Beispiel, wie in Bild 16.2.4 dargestellt ist, in Ring-Systemen die Leitungen nicht von Teilnehmer zu Teilnehmer geschleift, sondern auf einen Sternpunkt geführt werden. Eine solche Konfiguration wird als physikalischer Stern und logischer Ring bezeichnet. Dabei werden sowohl die Hin- als auch die Rückleitung auf den Sternpunkt geführt. Der Sternkoppler kann dann im Falle des Ausfalls eines Ringteilnehmers diesen Teilnehmer abschalten und umgehen und so die Funktion des Systems aufrechterhalten.

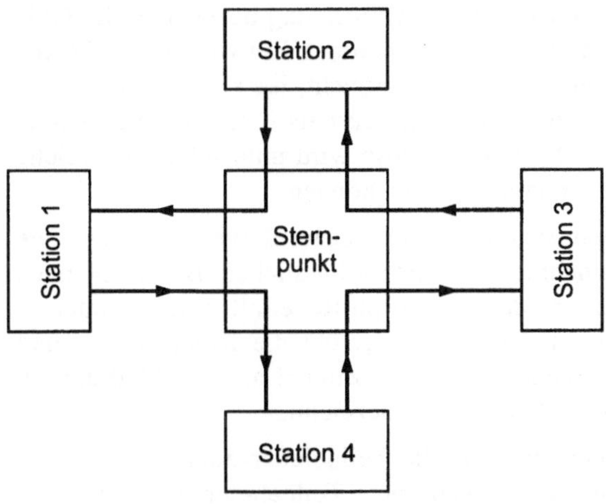

Bild 16.2.4
Ringkonfiguration als Stern
ausgeführt

16.2.4 Client-Server- und Peer-to-Peer-Netzwerke

Eine andere Unterscheidung bei Netzwerken betrifft die Rolle der einzelnen Netzwerksteilnehmer. Ein Peer-to-Peer-Netzwerk besteht aus einer Anzahl gleichberechtigter Teilnehmer, die über das Netzwerk miteinander kommunizieren. Client-Server-Netzwerke verbinden einen oder mehrere Rechner mit Spezialaufgaben, die als Server bezeichnet werden, mit Clients, als den Rechnern der Anwender. Allgemein fordert der Client einen Dienst an, den der Server ausführt. Beispiele für Server sind File-Server, für eine gemeinsame Datenhaltung, und Print-Server, für einen gemeinsamen Drucker der Netzwerkteilnehmern.

16.2.5 Zugriffsmethoden

Wird ein Übertragungsmedium von nur zwei Teilnehmern genutzt, d.h. bei Punkt-zu-Punkt-Verbindungen, kann ein Teilnehmer zu jeder Zeit mit einem anderen kommunizieren. Aus Gründen einer effizienten Nutzung der Medien sind jedoch in manchen Verbindungssystemen mehrere Teilnehmer mit einer Leitung, einem Kabel oder einem Lichtwellenleiter, verbunden. Wie bei einer Zusammenkunft von Menschen ist es auch bei einem technischen System mit einzelnen miteinander kommunizierenden Teilnehmern erforderlich, daß nicht alle Teilnehmer gleichzeitig reden, wenn eine eindeutige Informationsübermittlung stattfinden soll. Es muß sichergestellt werden, daß die vom Sender ausgesandten Informationen bei dem gewünschten Empfänger auch ebenso ankommen und nicht durch das Aussenden von Daten eines anderen Senders verfälscht werden. So werden Regularien getroffen, die den Zugriff auf die Kommunikationwege zuteilen und sicherstellen, daß jeweils nur ein Sender sendet. Die eingesetzen Methoden unterscheiden sich durch die Arten der Verbindungen: die einfachste Verbindung wäre die Punkt zu Punkt-Verbindung. In sogenannten hierarchisch organisierten Systemen, die auch als Master-Slave-Systeme bezeichnet werden, ist ein Teilnehmer (*Master*) mit allen (*Slaves*) verbunden. Systeme mit wechselnden Mastern sind möglich, darin haben wenige ausgezeichnete Teilnehmer Zugriff auf alle. Schließlich kann in Systemen mit gleichberechtigten Teilnehmern von allen mit allen mit gleichen Zugriffsrecht kommuniziert werden.

Die Verfahren, die den Zugriff regeln, werden als *Zugriffsmethoden (Media Access Methods)* oder, insbesondere bei geräteinternen Bussen, als Arbitrierung bezeichnet. Im OSI-Modell sind diese Verfahren in den Schichten 1 und 2 angeordnet. Ein wichtiges Gütekriterium ist die Zeit, die vom Anfallen einer Nachricht verstreicht, bis sie über das Kommunikationsmedium transportiert werden kann. Diese Zeit wird als Latenzzeit bezeichnet und sie bestimmt die Echtzeitfähigkeit des Systems. Ebenso wird unterschieden, welche Teilnehmer des Systems direkt miteinander kommunizieren können.

Ein Verfahren mit einer einfachen Organisation ist das Master-Slave-Verfahren. Die Kommunikationsteilnehmer sind in Teilnehmer mit unterschiedlichen Berechtigungen gegliedert: einen übergeordneten Teilnehmer (*Master*) und im Regelfall mehrere untergeordnete Teilnehmer (*Slaves*). Der übergeordnete Teilnehmer übt die Kontrolle aus und teilt sich selbst oder den untergeordneten Teilnehmern den Zugriff auf das Medium zu. Ein zyklisches Aufrufen aller Teilnehmer wird als *Polling* bezeichnet.

Die *Latenzzeit* ist die Zeit für einen Zyklus, in dem alle Teilnehmer einmal aufgerufen wurden. Mit zusätzlichen Leitungen kann der übergeordnete Teilnehmer veranlaßt werden, den gerade laufenden Betrieb zu verlassen und mit dem betreffenden untergeordneten Teilnehmer einen besonderen außerregulären Datenverkehr durchzuführen. Master-Slave-Systeme sind potentiell echtzeitfähig, da maximale Reaktionszeiten garantiert werden können. Nachteilig ist, daß jeweils nur der übergeordnete Teilnehmer Zugriff auf die untergeordneten hat. Bei Ausfall des übergeordneten Teilnehmner ist keine Kommunikation im Netzwerk mehr möglich. Master-Slave-Kommunikation wird bei den Feldbussen PROFIBUS zwischen einem aktiven und mehreren passiven Teilnehmern und beim BITBUS eingesetzt. Master-Slave-Systeme haben meist eine Bus- oder Stern-Topologie.

Eine Gruppe von flexibleren Zugriffsmethoden basiert auf der sogenannten Vergabe eines Tokens. Damit wird einzelnen Kommunikationsteilnehmern das Zugriffsrecht auf das Kommunikationsmedium zugeteilt. Diese Vergabe erfolgt durch das Zusendung einer entsprechenden Nachricht, des Tokens. Der Teilnehmer, der das Token empfangen hat, hat das Zugriffsrecht auf das Medium. Dieser Teilnehmer kann Nachrichten aussenden, die von allen interesssierten Teilnehmern aufgenommen werden können. Die Echtzeitfähigkeit kann nur erreicht werden, wenn die Zeit, während der ein Token bei einem Teilnehmner verbleiben kann, die sogenannte Tokenhaltezeit, beschränkt wird. Die Latenzzeit wird somit durch die Tokenhaltezeit und die Anzahl der Teilnehmer bestimmt.

Zwei Verfahren lassen sich zur Verteilung des Tokens angeben: die zentrale Tokenvergabe (*delegated token*) und die Weitergabe des Tokens (*token passing*). Bei der zentralen Tokenvergabe existiert ein sogenannter Arbiter, der zentral das Token zuteilt. Erhält ein Teilnehmer das Token kann er für eine bestimmte Zeit über das Übertragungsmedium senden. Der FIP-Bus arbeitet auf diese Weise (siehe Kapitel 16.6).

Wird das Token von Teilnehmer zu Teilnehmer weitergegeben (*token passing*) ist eine gleichberechtigte Kommunikatikon von allen Teilnehmner zu allen Teilnehmern möglich. Die Tokenvergabe basiert auf einem Rotationsprinzip, bei dem der Token in Form einer Nachricht weitergegeben wird. Konsequenterweise benötigt das Verfahren daher eine Ringtopologie, die aber auch in Verbindung mit einem Bussystem logisch durch das Protokoll erreicht werden kann. Ein solcher Ring wird im Gegensatz zu einem physikalischem Ring als logischer Ring bezeichnet. Das Token bewegt sich in dem Ring vorwärts, wobei er den Teilnehmern im Netz nacheinander das Recht zur Datenübermittlung gewährt. Wenn ein Teilnehmer das Token erhält, kann er daran seine Nachricht anhängen. Er behält das Token im Regelfall solange die Aussendung der Nachricht dauert, jedoch ist eine obere Zeitschranke festgelegt. Diese Nachricht wandert mit dem Token im Ring weiter und läuft an allen Teilnehmenr vorbei. Der adressierte Teilnehmer kopiert sich die Nachricht in seinen Speicher und quittiert den Erhalt durch eine Markierung. Wenn die quittierte Nachricht zum absendenden Rechner zurückgekehrt ist, wird sie von diesem Token entfernt. Jeder Teilnehmer regeneriert die Datenfracht. Der meistverbreitete Einsatz des Token-Passing ist der IBM-Tokenring. Er setzt eine physikalische Ringtopologie des Systems voraus. Im Feldbusbereich wird dieses Verfahren bei den aktiven Teilnehmern des PROFIBUS eingesetzt.

Wie auch bei der Tokenrotation regelt die im folgenden beschriebene Kollisionsdetektion den Zugriff zwischen gleichberechtigten Teilnehmern, die miteinander kommunizieren wollen. Bei dieser Methode, die auch als CSMA (*Carrier-Sense Multiple Access*) bezeichnet wird, sendet ein beliebiger Teilnehmer des Systems eine Nachricht zu dem Zeitpunkt aus, zu dem sie anfällt. Jeder Teilnehmer hört diese Nachricht, aber nur der adressierte Teilnehmer des System nimmt diese Nachricht an. Solange nicht mehrere Teilnehmer gleichzeitig senden, kann keine Kollision entstehen und das Verfahren arbeitet unbehelligt. Wenn jedoch mehrere Teilnehmer gleichzeitig senden und somit der Fall einer Kollision eintritt, wird durch eine spezielle elektronische Leitungsanschaltung vom Teilnehmer eine Abweichung zwischen den logischen Zuständen der Leitung und des Sendepegels detektiert. Die Nachricht wird durch die Kollision zwar unlesbar, allerdings wird die Unlesbarkeit detektiert. Die Teilnehmner können entsprechen reagieren.

Für die Reaktion der Teilnehmer gibt es zwei Möglichkeiten. In ersten Falle, bei der sogenannten CSMA-CD (CD: *Collision Detection*) treten beide sendenden Teilnehmer für eine unbestimmte Zeit von der Aussendung ihrer Nachrichten zurück und versuchen es später noch einmal. Die Rücktrittszeiten werden algorithmisch gesteuert und somit ist die Wahrscheinlichkeit gering, daß beide wieder zeitgleich zu senden beginnen. Nachteilig ist allerdings, daß beide Nachrichten verlorengehen und dieses Verfahren keine gute Auslastung des Übertragungsmediums zuläßt. Für Echtzeit-Anwendungen ist dieses Verfahren nur eingeschränkt tauglich. Das Haupteinsatzgebiet für dieses Zugriffsverfahren liegt bei bei dem weitverbreiteten LAN Ethernet.

Eine Verbesserung der nachteiligen Eigenschaften stellt das CSMA-CA dar (CA: *Collision Avoidance*). Dabei besteht für die Teilnehmer nach einer Arbitrierungsphase die Möglichkeit, das Medium zu belegen und somit eine Kollision auszuschließen. Hat nach der Arbitrierung ein Teilnehmer die Zugriffsberechtigung, so wissen alle weiteren Teilnehmer darum und halten sich solange mit der Aussendung ihrer Nachricht zurück. Auf die ausgesendete Nachricht folgt eine definierte „Pausensequenz", danach kann ein Teilnehmer eine Arbitrierungssequenz senden und sich dadurch die Sendeberechtigung verschaffen. Mit dem ersten ausgesendeten Bit verschafft er sich bereits die Sendeberechtigung.

Versuchen zwei Teilnehmer gleichzeitig zu Beginn der Arbitrierungsphase zu senden, so wird die Eigenschaft von logischen Bauelementen ausgenuntzt, die einen dominannten und einen rezessiven Zustand haben. Logisch wird das als ein *wired OR* ausgedrückt. Der rezessive Zustand ist der H-Pegel, er wird auch dann immer eingenommen, wenn nicht gesendet wird, wie z.B. bei der Pausensequenz. Sobald einer der Teilnehmer die Leitung auf das Nullpotential zieht, wird der Pegel auf der Leitung logisch Null. Dieser Pegel wird deshalb als dominanter Pegel bezeichnet. Werden die Arbitrierungssequenzen zweier Teilnehmer gleichzeitig auf die Leitung gebracht, so wird letzlich der Teilnehmer die Sendeberechtigung erhalten, der als erster einen dominanten Pegel in seiner Arbitrierungssequenz aussendet. Damit kann der Teilnehmer, der den rezessiven Pegel ausgesendet hat, von der Sendung zurücktreten, so daß nur noch ein sendender Teilnehmer verbleibt. Daher wird dieses Verfahren auch bitweise Arbitrierung genannt. Gleichzeitig wird implizit über die Arbitrierungssequenz eine Prioritäteneinstellung vorgenommen. Um Echtzeitanforderungen zu genügen, wird auf der Anwenderebene des Protokolls dafür gesorgt, daß ein Teilnehmer mit hoher Priorität das Medium nicht ständig belegen kann. Der CAN-Bus ist ein System bei dem diese Kollisionsdetektion eingesetzt wird.

16.2.6 Netzwerksverbindungen

Zur Verbindung von Netzwerken und von einzelnen Netzwerkselementen untereinander sind unter Umständen weitere Geräte erforderlich, deren Funktion im folgenden beschrieben werden soll. Diese Verbindungstechnik wird als Internetworking bezeichnet. Die entsprechenden Geräte arbeiten der Anwendung entsprechend auf unterschiedlichen Ebenen des ISO-OSI Schichtenmodells.

Werden Pulse über längere Leitungen übertragen, kommt es aufgrund der begrenzten Bandbreite und eingestreuten Störungen zu einer Verformung der einzelnen Impulse und zu einer Beeinträchtigung ihrer Lesbarkeit. Für Verbindungen innerhalb eines Netzwerkes, bei denen größere Entfernungen überbrückt werden müssen, kann es daher erforderlich sein, eine Art Relaisstation zwischenzuschalten. Eine solche Station wird als *Repeater* bezeichnet. Repeater empfangen die Signale des einen Leitungssegments und „wiederholen" sie, d.h. senden sie wieder auf einem anderen Leitungssegment aus und umgekehrt. Repeater arbeiten auf der Schicht 1 des ISO-OSI-Modells, da die einzelnen Bits ohne weitere Zusätze übertragen werden. Ausnahme kann die Erkennung eines unvollständigen Datenpaketes sein, das durch einen Repeater erkannt wird. Daher sind die höheren Schichten nicht vom Einsatz eines Repeaters betroffen, auch wird durch Repeater das Netzes nicht logisch aufgeteilt. Bei Ethernet ist z.B. ein Repeater erfoderlich, wenn Entfernungen größer als 500 m überbrückt werden sollen.

Eine weitere Gruppe von verbindenden Netzwerkselementen sind *Bridges*. Bezüglich der Signale haben Bridges die gleiche Funktion wie Repeater. Sie verbinden eigenstandige Netzwerksteile und übertragen ebenso Signale, die für das jeweils andere Netzwerkssegment oder Netzwerk bestimmt sind. Im Gegensatz zu den Repeatern übertragen sie jedoch die Informationen selektiv. Dazu ist es erforderlich, daß die Bridges die Daten „lesen", die OSI-Schicht 2 ist beteiligt und eine Auswertung der Adressen wird vorgenommen. Bridges können durchaus physikalisch unterschiedliche Netztypen verbinden. So kann eine entsprechende Bridge einen Tokenring mit einem Ethernet verbinden.

Router erfüllen ähnliche Aufgaben wie Bridges, beziehen jedoch die Schicht 3 mit ein, so daß unterschiedliche Protokolle der Schichten 1 und 2 bearbeitet werden können. Die Stationen am Netz führen eine Routingtabelle, um den Weg der Daten über die Router vorzunehmen. Teilnehmer, die Daten aussenden, müssen über die Existens des Routers informiert sein und das entsprechend in ihren Protokollen berücksichtigen. *Brouter* sind eine Kombination aus Router und Bridge.

Mit *Gateways* können Netze auf Anwenderebene miteinander verbunden werden. Somit umfassen Gateways alle Schichten des OSI-Modells. Das Umsetzen der Informationen erfolgt dabei in der Schicht 7. Da unter Umständen sämtliche Protokolle auf allen Ebenen umgesetzt werden, ist ein Gateway meist mit einen kompletten Rechner realisiert.

Hubs bilden, wie oben dargestellt, den zentralen Punkt eines Netzes in Sterntopologie. Es wird zwischen aktiven Hubs und passiven Hubs unterschieden. Passive Hubs leiten Bitströme einfach weiter, aktive Hubs empfangen die Spannungsimpulse durch eine entsprechende Elektronik und senden sie wieder neu aus. Damit werden die Pulsformen für eine höhere Datensicherheit oder höhere Übertragungsweiten regeneriert. Die zentrale Einheit des Verknüpfungspunktes kann auch durch einen Klein- oder einen Mainframerechner realisiert werden.

16.3 Interne Rechnerschnittstellen

Die Architektur von Rechnern ist eng mit den Bussystemen verbunden, die für die Kommunikation zwischen einzelnen Teilnehmern des Rechners benötigt werden. An der Komunikation sind meist mehrere Busse beteiligt, die sich in ihrer Nähe zum zentralen Prozessor, in Anzahl von Daten-, Adress- und Steuerleitungen und in der Datentransfergeschwindigkeit unterscheiden. Nicht alle internen Busse sind als zugängliche Schnittstellen ausgeführt; über die dem Benutzer zugänglichen Busse, sind Möglichkeiten gegeben, den Rechner individuell auszustatten, auch mit spezielle Hardware für meßtechnische Anwendungen. Die meßtechnische Hardware, aufgebaut in Form von Einschubkarten, umfaßt sowohl analoge Schnittstellen mit A/D -, D/A-Umsetzern und analoger Meßelektronik als auch digitale Schnittstellen, wie z.B. parallele I/O-Ports, IEC-Bus-, LAN- und ISDN-Anschlüsse. Oft sind die Karten für mehrere Funktionen ausgelegt (Multifunktionskarten) oder auch mit eigenen Mikrorechnern ausgestattet.

Beim mechanischen Aufbau von Rechnern lassen sich zwei Gruppen unterscheiden. Wie Bild 16.3.1 zeigt, sind bei der ersten die wesentlichen Elemente des Rechners auf einer Hauptplatine (*motherboard*), aufgebaut, auf die weitere Karten mit speziellen Funktionen aufgesteckt werden können. Personal Computer und Arbeitsplatzrechner (*workstations*) sind meist als Rechner mit Hauptplatine aufgebaut. Die zweite Gruppe ist als Einschubsystem mit Rückwand-Verdrahtung (*backplane*) ausgelegt. Die Baugruppen des Rechners, die auf mehreren funktional gegliederten Leiterplatten meist gleicher Größe angeordnet sind, werden darin eingesteckt. Als Leiterplatten werden oft Europa-Platinen, bei denen Steckverbinder und Größe durch DIN 41494 genormt sind, verwendet. Die Rückwandverdrahtung ist im Regelfall durch eine Leiterplatte ohne Rechnerelektronik realisiert. Eine solche Bauweise wird für modular aufgebaute Rechner, z.B. mit mehreren Prozessoren, gewählt.

Multiprozessor-Fähigkeit entscheidet darüber, ob einer oder mehrere Prozessoren an dem Bus arbeiten können. Ein Teil dieser Funktionalität ist bereits für den DMA-Betrieb (*direct memory access*) erforderlich. Der DMA-Betrieb wird benötigt, um Daten aus dem langsameren Massenspeicher oder bei meßtechnischen Anwendugen um Meßdatem in den RAM-Arbeitsspeicher zu transferiern. Daran ist die zentrale Recheneinheit nicht beteiligt, der Transfer wird durchgeführt ohne das laufende Programm zu unterbrechen. Bei einem echten Multiprozessorbetrieb greifen mehrere Prozessoren gleichermaßen auf den Bus zu. Zu einem jeweiligen Zeitpunkt kann nur ein Prozessor, der sogenannte Master, das Zugriffsrecht auf den Bus haben. Die Zugriffsregelung wird als Arbitrierung bezeichnet, dadurch wird bei einem Mehrmasterbetrieb bestimmt, wer der jeweilige Master ist.

Die Anzahl der Datenleitungen, meist 8, 16, 32 oder 64, orientiert sich oft an der Wortlänge der verwendeten Rechner. Die Anzahl der Adreßleitungen bestimmt die Größe des Bereichs, der adressiert werden kann, den *Adreßraum*. Um Leitungen einzusparen, werden bei manchen Bussen Daten und Adressen nacheinander übertragen. Dieses Verfahren wird als *Multiplex* bezeichnet.

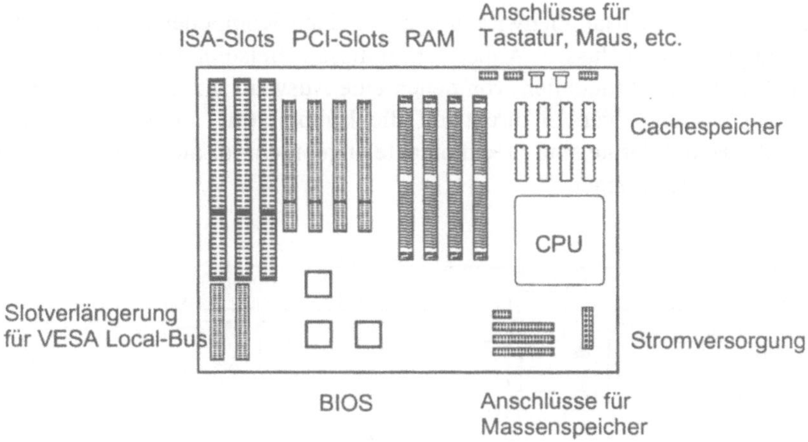

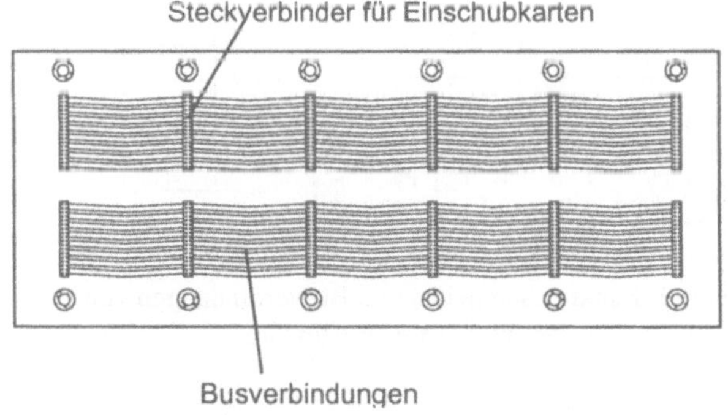

Bild 16.3.1 Verschiedene Systeme für Busverbindungen: a) Hauptplatine, b) Rückwandverdrahtung

Im folgenden wird eine kleine Auswahl von wichtigen Bussen vorgestellt und einige Merkmale beschrieben. Dabei sind besonders IBM-kompatible PCs berücksichtigt. Zu weiteren Bussystemen und ausführlicheren Informationen wird auf die Schnittstellen Handbücher verwiesen, z.B. [Schumny94], [Dembowski93].

16.3.1 Busse in PCs und Arbeitsplatzrechnern

Die Flexibilität zu unterschiedlichen Ausstattungen sind gemeinsam mit einer kostengünstigen Verfügbarkeit Hauptgründe für die Popularität von Personal Computern auch für meßtechnische Anwendungen. In Bild 16.3.2 ist ein Beispiel für eine Hauptplatine eines IBM-kompatiblen PCs dargestellt. Diese dargestellte Ausführung verfügt über einen ISA-Bus und einen PCI-Bus, die im inneren des Gehäuses zugänglich sind. Die Abbildung zeigt ebenso das Zusammenwirken der einzelnen Komponenten des Rechners und die Verbindungen zu den Bussen. Außer den in diesem Beispiel dargestellten Schnittstellen sind noch weitere gebräuchlich, von denen eine Auswahl im folgenden dargestellt ist. Die Schnittstellenkarten werden direkt auf die Hauptplatine aufgesteckt, d.h. auf der Leiterplatte der Hauptplatine sind Steckkontakte angebracht, in die zusätzliche Leiterplatten eingesteckt werden können.

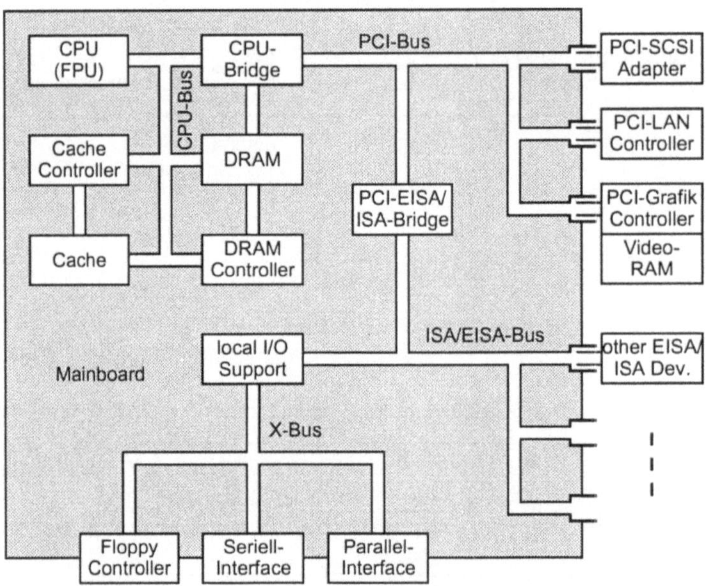

Bild 16.3.2 Beispiel für Funktionseinheiten und Busverbindungen von PCs auf der Basis von Intel 80x86-Prozessoren

Der klassische Bus für IBM-kompatible Personal Computer, die mit Prozessoren vom Typ Intel 80x86 ausgestattet, ist der *ISA*-Bus (*Industry Standard Architecture*). Das x steht dabei für die Ziffern 2, 3, 4 oder 5 (anstelle der Bezeichnung 80586 wurde die Bezeichnung Pentium gewählt) und bezeichnet Entwicklungsstufen dieses Prozessors. Dabei wurde versucht, die Kompatibilität von niedrigeren Entwicklungsstufen zu höheren aufrechtzuerhalten. Der ISA-Bus wurde für die IBM-Personal Computer entwickelt und stellt nach wie vor einen wichtigen Industriestandard für Einschubkarten dar. Viele Schnittstellenkarten sind für diesen Bus verfügbar.

Ursprünglich arbeitete der ISA-Bus mit 8 Bit, später mit 16 Bit. Es wurde sichergestellt, daß die Karten mit geringeren Wortlängen auch noch mit den Bussen mit höheren Wortlängen arbeiten können. Auf dem Hauptplatine sind typisch 5 Steckplätze vorgesehen. Die Übertragung erfolgt synchron von einem Taktsignal gesteuert. Der Adreßraum umfaßt 1 MByte, der Bus ist nicht multiprozessorfähig, jedoch können DMA und mathematische Koprozessoren über den Bus betrieben werden.

Der *EISA*-Bus (*Extended Industry Standard Architecture*) ging aus dem ISA-Bus hervor und stellt eine Erweiterung dar. Die Entwicklung wurde unter anderen von der Firma Intel sowie von IEEE getragen. Während beim ISA-Bus mit Hilfe von Mikroschaltern auf den Karten das System noch selber konfiguriert werden mußte, kann das beim EISA-Bus automatisch durch entsprechende Software erledigt werden. Der Bus arbeitet synchron mit einem 8 MHz-Takt, maximal 15 Steckplätze werden unterstützt. Je nach Anzahl der Datenleitungen 32 und 64 beträgt die Transferrate 16 MByte/s bis zu 33 MByte/s. Der Adreßraum umfaßt 4 Gbyte. Eine Multiprozessorunterstützung für bis zu 6 Busmaster bei zentralen Takt und Synchronisierung ist vorgesehen. Zu den ISA-Karten ist eine gewisse Kompatibilität gegeben, so daß vorhandene ISA-Karten weiterverwendet werden können, allerdings nur mit den ISA-Leistungsmerkmalen. Mechanisch unterscheiden sich EISA-Karten von den ISA-Karten, wie in Bild 16.3.3 dargestellt, durch einen Erkennungsschlitz. Damit ist festgelegt, wie tief die Karte in ihre Halterung eingesteckt wird und damit auch welche Kontakte verwendet werden.

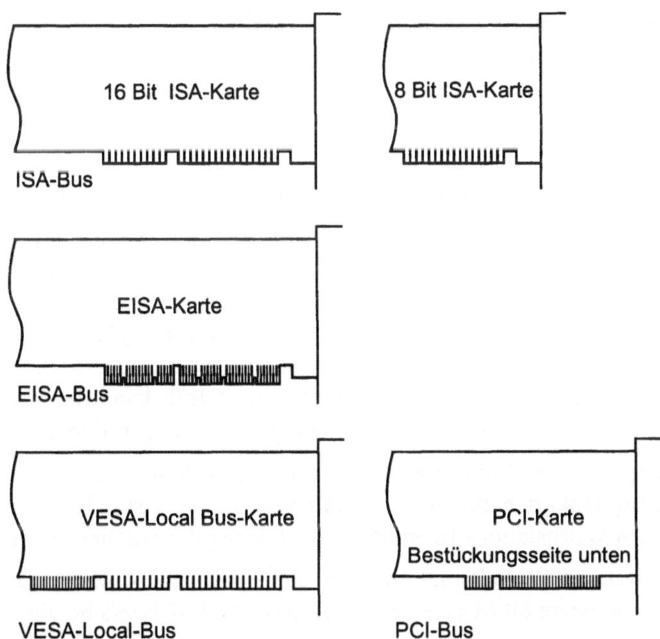

Bild 16.3.3 Beispiele für Interfacekarten für PCs auf der Basis von Intel 80x86-Prozessoren

Der *Microchannel* (abgekürzt MCA) ist eine reine IBM-Entwicklung, die, wie auch der EISA-Bus, den ISA-Bus ersetzen sollte. Es ist ein asynchroner Bus mit 10 oder 20 MHz Taktrate, unterstützt 15 (meist 8) Steckplätze und automatische Konfigurierung. 16 Bit Karten sind standardmäßig, aber auch 8 oder 32 Bit. Der Adreßraum umfaßt mit 32 Adreßbits 4 GByte. Multiprozessorunterstützung ist für 7 Busmaster mit Zentralverteilung Dasychaining vorgesehen. Wie auch ISA- und EISA werden MCA-Karten direkt auf die Hauptplatine gesteckt, es besteht jedoch keine Kompatibilität mit ISA oder EISA.

Da sich der MCA nicht auf breiter Basis durchgesetzt hat, sind für besondere Anwendungen, die Prozessornähe und eine höhere Übertragungsgeschwindigkeit benötigen, alternative Busse entwickelt worden. Wichtige Beispiele dafür sind der VESA-Local-Bus (auch abgekürzt VL, VESA ist die Abkürzung von Video Electronics Standards Association) und der PCI-Bus (Peripheral Component Interconnect).

Der *VESA-Local-Bus* für PC ist eine Erweiterung des ISA-Busses mit bis zu 66 Mhz Taktrate und maximal 3 Steckplätze. Der Datenbus verfügt über 32 oder 64 Datenleitungen und 32 Bit Adressen. Damit werden bei 32 Bit im 50 MHz Betrieb Übertragungsraten von ca. 160 MByte erreicht. Anwendungen findet der VESA-Local-Bus bei der Verarbeitung von Graphik und dort, wo schnelle Datentransfers erforderlich sind.

Zunehmend findet für diese Anwendungsgebiete bei PCs und Workstations der *PCI-Bus* Einsatz, der in Bild 16.3.4 dargestellt ist. Er arbeitet mit Intel und anderen schnellen Prozessoren zusammen und erreicht eine Taktrate von 33 MHz (zukünftig 66 MHz). Ein Multiplexbetrieb wechselt zwischen Adressen und Daten auf 64 Leitungen. Damit lassen sich bei 32 Bit Übertragungsraten von 132 MByte/s und bei 64 Bit 264 MByte/s erreichen. Maximal sind 10, häufig 3 Steckplätze vorgesehen.

Neben den IBM-Kompatiblen PCs stellen Macintosh Personal Computer der Firma Apple eine weitverbreitete wichtige Gruppe von PCs. Während frühe Macintosh PCs als parallele Schnittstelle für hohe Datenraten nur über eine SCSI-Schnittstelle verfügten (siehe Kapitel 16.4), werden mittlerweile Macintosh Computer mit der rechnernahen NuBus-Schnittstelle und PCI-Bus-Schnittstelle für Interfacekarten ausgestattet.

Beim *NuBus* handelt es sich um einen synchronen Bus mit einem Takt von 10 MHz. es sind bis zu 16 Steckplätze vorgesehen. Der Bus ist an keine bestimmte CPU gebunden. Mit 32 Bit läßt sich ein Adreßraum von 4 GByte erreichen. Multiprozessoranwendungen unterstützt dieser Bus, wobei alle durch einen zentralen Takt synchronisiert werden. Die Kartentypen sind einmal eine dreifachhohe verlängerte Europakarte und eine PC ähnliche Karte, die Apple Macintosh PCs eingesetzt wird. Somit kann der NuBus sowohl als Rückwand-Bus ausgeführt, als auch auf einer Hauptplatine angeordnet sein.

Außer für die sehr eingeschränkte Auswahl der oben erwähnten Busse, bieten Meßgerätehersteller Schnittstellenkarten für eine Vielfalt von anderen Standards an, insbesondere für alle verbreiteten Workstations [Dembowski93]. Beispiele solcher Schnittstellen sind:

SBus für sparc stations, Arbeitsplatzrechner der Firma SUN Microsystems, Takt bis 25 MHz, Übertragungsrate 80 MByte bei 32 Bit bzw. 168 MByte/s bei 64 Bits.

MBUS getragen durch die Firmen SUN Microsystem und Texas Instruments für sparc stations, Takt 50 MHz, Multiplex für 64 Bits breite Adressen und Daten, Übertragungsrate 200 MByte/s.

TurboChannel für DEC-workstations der Firma Digital Equippment, Synchrone Übertragung mit einem Takt zwischen 12,5 und 25 MHz, Übertragungsrate von 50 MByte/s bis 98 MByte/s bei 32 Datenbits.

SCI (Scalable Coherent Interface) Hochgeschwindigkeitsschnittstelle mit einer Übertragungsrate von 1 Gbit/s auf kurzen Koaxialkabeln oder Lichtwellenleitern, spezifiziert unter IEEE P1596.

16.3.2 Busse als Rückwandverdrahtung

Busse die als Rückwandverbindung ausgeführt sind erlauben einen modularen Aufbau und damit für meßtechnische Anwendungen die Realisierung angepaßter Systeme. Die Einschubkarten enthalten meist Baugruppen wie zentrale Recheneinheit, Speicher, Signalprozessoren sowie analoge und digitale Schnittstellen zur Peripherie. Im folgenden werden einige Systeme vorgestellt. Für weitere Bussysteme wird auf die weiterführende Literatur [Schumny94] und [Dembowski93] verwiesen.

Der VME-Bus und der Multibus sind zwei weitverbreitete Systeme dieser Art. Der VME-Bus wurde 1981 von einem Firmenkonsortium als Backplane Bus entwickelt. Er geht zurück auf den Versa-Bus für Motorola 68000-Prozessoren, ist aber prozessorunabhängig [Dembowski93]. Der Multibus stellte ursprünglich eine Entwicklung für 80x86 Prozessoren der Firma Intel dar. Einschubkarten werden herstellerübergreifend angeboten. Darüber hinaus sind weitere offene Systeme aber auch viele herstellerspezifische Systeme für eine Vielzahl von Anwendungen gebräuchlich.

Der *VME-Bus* (*Versa Module Eurocard*), spezifiziert nach IEEE 1014, ist ein Schnittstellen-Kartensystem auf der Basis von Europakarten für technisch wissenschaftliche und meßtechnische Anwendungen. Durch die Eignung für Echtzeit-Aufgaben läßt es sich auch zum Aufbau von Steuer- und Regelsystemen einsetzen. Einschubmodule vieler Hersteller sind für diese Bussystem verfügbar.

Der VME-Bus ist ein asynchroner Bus. Die Einschubmodule, von denen maximal 20 Karten pro Backplane untergebracht werden können, arbeiten auf einer Einfach-Europakarte mit 8 oder 16 Bit Daten, auf einer Doppel-Europakarte mit 32 Datenbits. Der Adreßraum umfaßt wahlweise 16, 24 oder 32 Bit. Damit läßt sich eine Übertragungsrate von 36 MByte/s erzielen. Multiprozessor-Anwendungen werden durch ein System eigener Arbitrierungsleitungen unterstützt.

Bussignale teilen sich auf in Datentransferbus mit 23 Leitungen, Adreßbus mit 29 Leitungen, Arbitrierung der Buszuteilung mit 14 Leitungen, Interruptverarbeitung mit 10 Leitungen, Systemhilfssignale mit 4 Leitungen und serielle Übertragungsmöglichkeiten mit 2 Leitungen und Stromversorgungen. Für eine automatische Konfigurierung der Schnittstellenkarten sind keine Vereinbarungen getroffen.

Eine Weiterentwicklung des VME-Bus ist der VME64-Bus mit 64 Bit Wortbreite und einer Übertrgungsrate von 80 MByte/s. Der VME-Bus stellt auch die Grundlage des VXI-Bus dar. Dieses Einschubsystem für Meßeinrichtungen enthält über die VME-Vereinheitlichungen hinaus spezielle Zusätze für meßtechnische Anwendungen (siehe Kapitel 16.5).

Der Multibus, genauer der Multibus II, ist nach der IEEE 1296 spezifiziert. Er geht zurück auf eine Entwicklung der Firma Intel (IEEE 796), den Multibus I, und entstand unter Beteilung weiterer Firmen. Er stellt das Gegenstück zum VME-Bus System dar.

Der Multibus ist ein synchroner Bus mit 20 MHz Takt und 20 Steckplätzen. Im Multiplexbetrieb werden 32 Bit als Adressen und Daten verwendet, auch 16 und 8 Bit sind als Daten möglich. Die Übertragungsrate beträgt maximal 80 MByte/s. Ein Multiprozessorbetrieb ist möglich.

Auch der Futurebus+ als neuer technologie-unabhängiger Hochgeschwindigkeitsbus stellt eine Weiterentwicklung des VME-Bus dar. Seine Entwicklung wurde von einem breiten Firmenkonsortium getragen die auch sowohl den VME-Bus als auch den Multibus unterstützen. Spezifiziert ist dieser Bus in IEEE 896. Der Futurebus+ ist ein asynchroner Bus mit Paketübertragung und 21 Steckplätze. Eine spezielle Buslogik arbeitet aus Geschwindigkeitsgründen mit 1 V Spannungshub und ist definiert für 64 Datenbits im Multiplexbetrieb. Übertragungsraten betragen je nach Anzahl der verwendeten Datenbits 80 MByte/s mit 32 Bit bis 3,2 Gbyte/s bei 256 Bits. Multiprozessorbetrieb wird unterstützt.

16.4 Schnittstellen zur Rechnerperipherie

Aus der Vielfalt der verwendeten Rechnerschnittstellen sollen hier vier dargestellt werden, mit denen Arbeitsplatzrechner (PCs und Workstations) standardmäßig ausgestattet sind oder ausgestattet werden können. Bild 16.4.1 zeigt ein Beispiel einer Rückwand eines IBM-kompatiblen PCs mit den seriellen und den parallelen Schnittstellen.

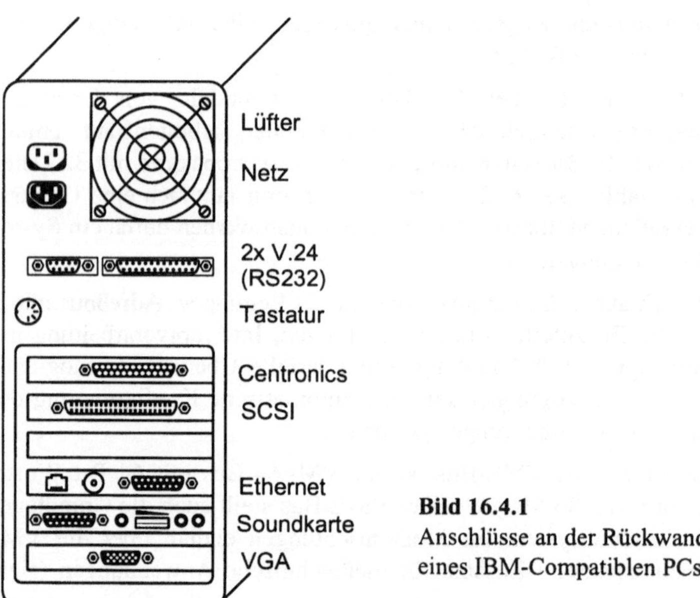

Bild 16.4.1
Anschlüsse an der Rückwand
eines IBM-Compatiblen PCs

16.4.1 V.24-Schnittstelle

Eine universelle serielle Schnittstelle, mit der Personal Computer und Arbeitsplatzrechner fast ausnahmslos ausgestattet sind, ist die V.24-Schnittstelle, die auch RS-232-C der EIA (Electronic Industries Standard Association) genannt wird. Sie ist in den Normen DIN 66020 und 66022 festgelegt, ist eine Punkt zu Punkt-Verbindung und arbeitet rein seriell. Ein 25poliger Sub-D-Cannon-Stecker nach ISO 2110 ist üblich, ebenso der von der Firma

IBM für Personal Computen eingeführte 9-poliger Sub-D-Cannon-Stecker Stecker nach
der Norm ISO 4902 (am Rechnergehäuse ist der „männliche" Steckerteil mit Stiften angebracht).

Während die DIN-Norm die Belegung von 25 Pins festlegt, werden in der Praxis meist
nur einige wenige Leitungen verwendet. Die Spannungspegel gegenüber der Erdleitung
und die Funktion der einzelnen Leitungen sind genormt. Die Spannungspegel liegen für
den hohen Signalpegel zwischen +3 V und +15 V, entsprechend für ein Low-Signal zwischen -3 V und -15 V. Typisch werden ± 10 V verwendet. Daten werden in positiver
Logik übertragen, d.h. ein hoher Signalpegel korrespondiert mit einer logischen Eins. Die
Steuersignale dagegen liegen in negativer Logik an, wobei der hohe Spannungspegel mit
einer logischen Null korrespondiert. Um einen hinreichend großen Störabstand bei der
Datenübertragung zu gewährleisten, sollte eine Kabellänge von 15 m nicht überschritten
werden.

Die am häufigsten verwendeten Leitungen, einschließlich der Steckerbelegung dieser
Schnittstelle, sind in Bild 16.4.2 angegeben. Oft werden jedoch nur vier Leitungen aus
dieser Menge verwendet (das sind die Leitungen an den Pins 2, 3 zur Datenübertragung in
beiden Richtungen, an Pin 7 die Signalmasse und an Pin 1 die Schutzerde).

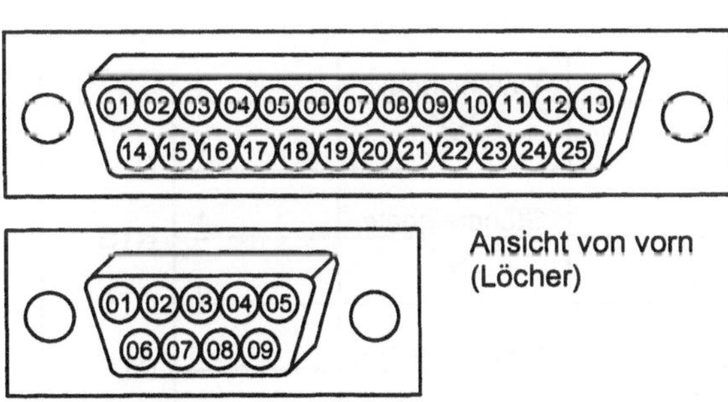

Bedeutung:		Pinbelegung:	
---	---	25-pol.	9 pol.
TD:	Transmit Data (Sendedaten)	2	3
RD:	Receive Data (Empfangsdaten)	3	2
RTS:	Request to Send (Sendeteil einschalten)	4	7
CTS:	Clear to send (Sendebereitschaft)	5	8
DTR:	Data Terminal Ready (Terminalbereitschaft)	20	4
DSR:	Data Set Ready (Betriebsbereitschaft)	6	6
DCD:	Data Channel Received Line Signal Detector (Empfangssignalpegel)	8	1
SG:	Signal Ground (Masse)	7	5

Bild 16.4.2 Stecker, Pinbelegung und Bedeutung der wichtigsten Leitungen der V.24-Schnittstelle
(die Pin-Bezeichnungen beziehen sich auf den 25- und 9poligen Cannon-Stecker)

Die V.24 Schnittstelle wurde ursprünglich für die Verbindung von Datenendeinrichtungen
mit Datenübertragungseinrichtungen entworfen [Gertsen94]. Die Funktion der Steuerleitungen ist daher auf die Datenübertragung mit Modems abgestimmt. Modems dienen zur
Datenübermittlung über Telefonleitungen, wobei anstelle der Telefonendgeräte auf beiden

Seiten jeweils ein Modem angeschlossen ist. Bild 16.4.3 zeigt die Verbindung eines Rechners mit einem solchen Modem. Für diesen Fall werden die entsprechenden Leitungen mit gleicher Bezeichnung miteinander verbunden.

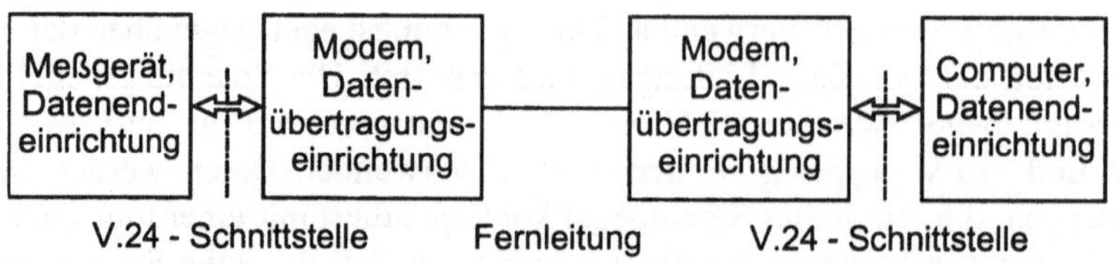

Bild 16.4.3 Datenübertragung über eine V.24-Schnittstelle

Im Betrieb zur Verbindung von Rechner und Peripheriegerät wie z.B. ein Meßgerät muß dementsprechend eine schreibender Ausgang mit einem lesenden Eingang verbunden werden. Daher ist eine Kreuzung in dem Verbindungskabel vorgesehen wie in Bild 16.4.4 dargestellt. Oft wird an den Gerätesteckern die Kreuzung durch einen vorgefertigten Adapter der als Nullmodem bezeichnet wird, vorgenommen.

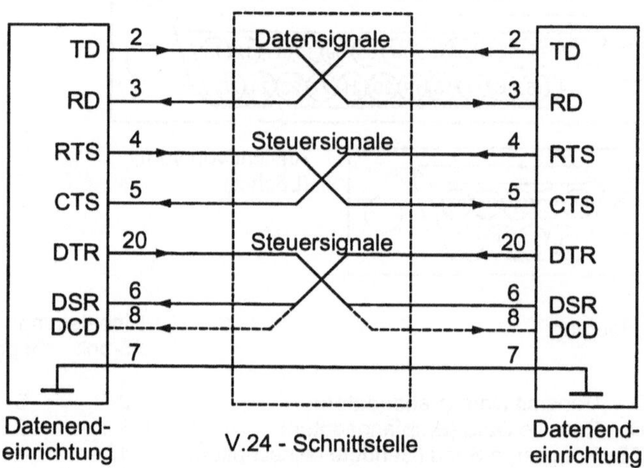

Bild 16.4.4 Leitungskreuzungen bei der Verbindung zweier Rechner durch ein Nullmodem-Kabel

In Verbindung mit Personal Computern wird die V.24 Schnittstelle asynchron betrieben, ein Synchronbetrieb mit separater Taktleitung ist möglich, jedoch unüblich. Die Daten sind zu kleinen Blöcken, in der Regel jeweils 7 oder 8 Bits, zusammengefaßt. Ein Start- und ein Stopbit machen meist den Blockanfang und das Blockende kenntlich. Eine Darstellung des zeitlichen Spannungsverlaufs der Übertragung eines Blocks ist in Bild 16.4.5 gezeigt. Zur Sicherung der richtigen Übertragung kann ein Paritätsbit, als letztes übertragenes Bit eines Blockes, eingesetzt werden. Vor der Übertragung wird es so bestimmt, daß die Quersumme aller Bits des Blocks gerade oder ungerade ist. Es kann sowohl für gerade oder ungerade Parität ausgelegt sein.

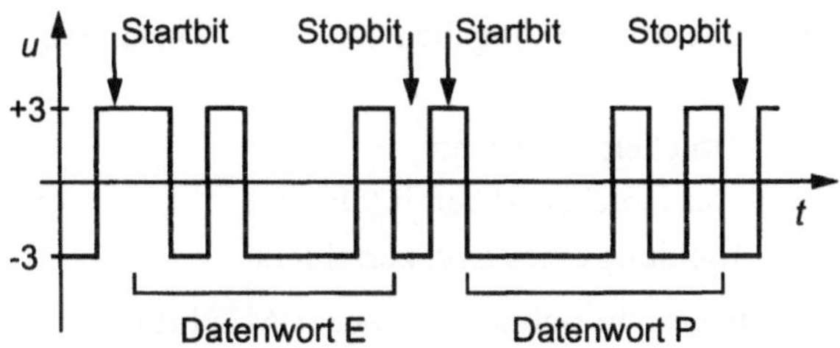

Bild 16.4.5 Signalverlauf einer V.24-Verbindung bei der Übertragung der Buchstaben E und P, ohne Paritätsprüfung und mit einem Start- und einem Stopbit

Die Datenübertragungsrate wird in Baud angegeben und bezeichnet die Anzahl Bit/s während der Übertragung eines Datenwortes. Die verwendeten Übertragungsgeschwindigkeiten sind genormt, maximal sind 19,2 kBaud bei einer Leitungslänge von 20 m zulässig, weitere Übertragungsgeschwindigkeiten sind 9,2 kBaud, 4,8 kBaud, 2,4 kBaud, 1,2 kBaud und 0,3 kBaud.

Die Nachteile dieser Schnittstelle resultieren möglicherweise aus der Entwicklungsgeschichte und der Tatsache einer universellen Zweckentfremdung. So ist sie störanfällig durch den unsymmetrischen geerdeten Rückleiter. Die Spannungspegel haben keine TTL-Kompatibilität zu TTL-Bausteinen, so daß Pegelumsetzer erforderlich sind. Der große Vorteil liegt jedoch in der weiten Verbreitung dieser Schnittstelle.

16.4.2 Die Centronics-Schnittstelle

Diese Schnittstelle, die auch „parallele Schnittstelle" oder Druckerschnittstelle genannt wird, verbindet standardmäßig einen Drucker mit dem Rechner, steht aber auch anderen, z.B. meßtechnischen Anwendungen, zur Verfügung. Sie stellt einen Industriestandard dar, der aber von fast allen Rechner und Druckerherstellern eingehalten wird.

Es sind 8 parallele Datenleitungen (D0-D7) vorgesehen. Die Datenübergabe erfolgt asynchron über einen Handshake. Daran sind die Leitungen mit den Bedeutungen

- Data-Strobe (STR)   Sender erklärt Daten als gültig
- Acknowledge (ACK)   Empfänger quittiert den Empfang
- Busy (BSY)   Empfänger kann keine weiteren Datenworte empfangen
                                       z.B. der Buffer des Druckers ist voll

beteiligt. Die Bezeichnungen der einzelnen Steuerleitungen gehen auf die originale Verwendung als Druckerschnittstelle zurück. Über die Leitungen

- Initialize (IPE)   Printer Reset nach einem Druckerfehler
- Auto Feed (AFX)   bei jedem Zeilenrücklauf einen Zeilenvorschub einfügen
- Select In (SLI)   Drucker auf Online schalten

werden Funktionen des Druckers gesteuert.

Weitere Signalleitungen übermitteln Angaben über den Zustand des Druckers an den Rechner:

- Paper End (PE)   Druckerpapier fehlt
- Select (SLT)   Der Drucker ist bereit (Online)
- Error (ERR)   Meldung eines Druckerfehlers

Die Firma Centronics definierte 36-poligen Stecker IBM führt einen 25 poligen Anschluß ein. Standardmäßig wird auf der Rechnerseite eine 25-polige SUB-D-Buchse verwendet, auf der Seite des Druckers eine 36-polige Centronics Buchse. Übertragen werden TTL-Pegel. Zur Erhöhung der Störsicherheit ist eine große Anzahl Masseleitungen (GND) vorgesehen, die sich besonders bei Verwendung eines Flachbandkabels auswirkt, wenn zwischen jeweils zwei Signalleitungen eine Masse geführt wird. Meist wird der 7-Bit ASCII-Kode zusammen mit einem Paritätsbit oder der 8-Bit-IBM-PC-Kode übertragen. Der Datenverkehr läuft in der Regel nur in einer Richtung, vom Rechner zum Drucker, jedoch werden mit entsprechender Schnittstellenhardware auch Verbindungen in zwei Richtungen möglich. Eine vollständige Auflistung der Leitungen und die Belegung der Stecker ist in Bild 16.4.6 gezeigt.

Steckerbelegung des 25 pol. weiblichen SUB-D Steckers
(parallele Schnittstelle), Ansicht von vorn (Stifte)

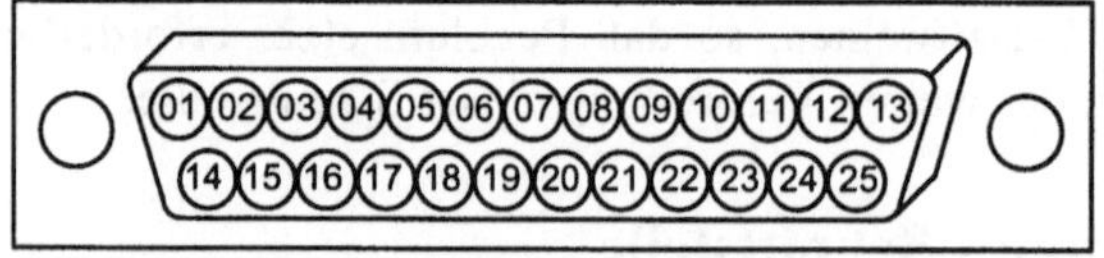

Steckerbelegung des 36 pol. Centronics Steckers
(parallele Schnittstelle), Ansicht von vorn (Kontaktkamm)

Bedeutung:	36 pol.	25 pol.	Bedeutung:	36 pol.	25 pol.
STR	1	1	NC	15	x
D_0	2	2	GND	16	18
D_1	3	3	FG	17	x
D_2	4	4	*SV	18	x
D_3	5	5	GND	19	19
D_4	6	6	:	:	:
D_5	7	7	:	:	:
D_6	8	8	GND	30	25
D_7	9	9	IPE	31	16
ACK	10	10	ERR	32	15
BSY	11	11	GND	33	x
PE	12	12	NC	34	x
SLT	13	13	NC	35	x
AFX	14	14	SLI	36	17

Bild 16.4.6 Parallele und Centronics-Schnittstelle

16.4.3 SCSI-Bus

Der SCSI-Bus (*Small Computer System Interface*) wurde ursprünglich von der Firma
Shugart (Seagate) für Kopplung von Festplatten in Workstations entworfen und ist seit
1986 ANSI-Standard x3.131. Die aktuelle Norm ist SCSI 2, SCSI 3 ist (1995) in Vorbereitung. Bei Personal Computern wird er typisch für den Anschluß von Festplatten, CD-
ROM-Laufwerken, Magnetbandlaufwerken (Streamer) genutzt, steht aber auch für universelle Anforderungen zur Verfügung.

Bis zu acht Geräte können an diesen Bus angeschlossen werden. Die Verbindung kann
sowohl massebezogen *(unbalanced)* betrieben werden oder mit Differentialtreibern
(*balanced*), im ersten Fall sind Kabellängen bis zu 6 m zulässig, im letzten Fall bis zu
20 m. Meist wird die erstgenannte Variante eingesetzt.

Für die Übertragung sind unterschiedliche Varianten vorgesehen. Über den 50-poligen
Anschluß werden 8 Bit und ein zusätzliches Paritätsbit übertragen. Damit werden Übertragungsraten von 5 MByte/s erreicht. Darüber hinaus können mit einem anderen 68-poligen
Steckverbindenr mehrere auch 16 und 32 Datenbits parallel übertragen werden. Je nach
Anzahl der Bits des Datenbusses und Übertragungsgeschwindigkeit wird unterschieden
zwischen Fast SCSI mit 10 MByte/s, Wide SCSI mit 20 MByte/s und Fast and Wide SCSI
mit 40 MByte/s. Der 32-Bit-Bus, der den 68poligen Steckverbinder voraussetzt, wird
vorwiegend innerhalb des Rechnergehäuses genutzt.

Der Bus ist multimasterfähig. An dem Bus werden durch eine Arbitrierung zwei Geräten
die Funktionen Initiator oder Target zugewiesen. Der Initiator übernimmt die Rolle eines
Masters, der die Kommunikation mit einem Target, in der Rolle eines Slaves, steuert.

Die vollständige Pinbelegung des 50-Poligen Anschlusses ist in Bild 16.4.7 dargestellt.
Außer den 8 Bits und dem Paritätsbit werden über den Bus noch weitere 8 Signale übertragen, die die Übertragung steuern. Mit der Leitung *Terminator Power* werden die Ab-
schlußwiderstände gespeist. Reset versetzt alle angeschlossenen Geräte in den Ausgangszustand. Das *Select*-Signal dient dazu, ein bestimmtes Gerät am Bus gezielt ansprechen
zu können. Dazu wird eins der 8 Datenbits gesetzt. Auf der Seite des Gerätes muß diese
Adresse durch eine Adreßeinstellung, oft mit einem Mikroschalter gesetzt werden. *Con-
trol-Data* dient zur Unterscheidung von Komandos und Statusinformation einerseits und
Daten andererseits auf dem Datenbus. Über die Leitung *Attention* signalisiert der Initiator,
daß eine Message für das Target bereitsteht. *Input-Output* steuert die Richtung einer Datenübertragung. Das *Busy*-Signal ist oder verknüpft, kann somit von allen Busteilnehmern
gesetzt werden und signalisiert, das kein weiteres Gerät am Datenverkehr teilhaben kann.
Acknowledge und *Request* gehören zu einem asynchronen Datenaustausch mit dem Übertragungsraten von 2,5 MByte/s erreicht werden. Mit dem *Message*-Signal teilt der Initiator dem Target mit, daß gültige Daten auf dem Bus liegen. Durch den damit verbundenen
synchronen Übertragungsmodus können 5 MByte erreicht werden.

GND	1	☐ ☐	2	DATA BUS 0
GND	3	☐ ☐	4	DATA BUS 1
GND	5	☐ ☐	6	DATA BUS 2
GND	7	☐ ☐	8	DATA BUS 3
GND	9	☐ ☐	10	DATA BUS 4
GND	11	☐ ☐	12	DATA BUS 5
GND	13	☐ ☐	14	DATA BUS 6
GND	15	☐ ☐	16	DATA BUS 7
GND	17	☐ ☐	18	DATA BUS PARITY
GND	19	☐ ☐	20	GND
GND	21	☐ ☐	22	GND
GND	23	☐ ☐	24	GND
OPEN	25	☐ ☐	26	TERMINATOR POWER
GND	27	☐ ☐	28	GND
GND	29	☐ ☐	30	GND
GND	31	☐ ☐	32	ATTENTION
GND	33	☐ ☐	34	GND
GND	35	☐ ☐	36	BUSY
GND	37	☐ ☐	38	ACKNOWLEDGE
GND	39	☐ ☐	40	RESET
GND	41	☐ ☐	42	MESSAGE
GND	43	☐ ☐	44	SELECT
GND	45	☐ ☐	46	CONTROL-DATA
GND	47	☐ ☐	48	REQUEST
GND	49	☐ ☐	50	INPUT-OUTPUT

Bild 16.4.7 SCSI-Bus

In der zukünftige Spezifikation (SCSI-3) kommt ein Schichtenmodell für die Befehls-
struktur zum tragen. Die Kommandos werden unterschiedlichen Schichten zugeordnet
(vergleiche das in Kapitel 16.2 beschriebene ISO-OSI-Schichtenmodell). Die höchste
Schicht (*command set standard*) umfaßt 4 Kommandosätze für unterschiedliche Gerätetypen, diese werden als *block commands*, *stream commands*, *graphic commands* und *medium changer commands* bezeichnet. Die sogenannten *primary commands* in der nächst
niederen Schicht werden von allen von SCSI-3 Geräten unterstützt. Die darunterliegenden
Schichten beschreiben das Transportprotokoll (*transport protocol*) und die physikalische
Schicht (*physical transport standards*) mit vier Möglichkeiten *interlocked protocol* mit
einem Parallelinterface, *fiber channel protocol* mit einem physikalischen Lichtwellenlei-
terkanal, *serial bus protococl* mit einem seriellen Interface nach IEEE P1394 und *generic
packetized protocol* mit einem anderen seriellen Interface.

16.4.4 PCMCIA-Schnittstelle

Die PCMCIA-Schnittstelle (Rev 2.x) (*Personal Computer Memory Card International Association*) wird neuerlich als PC-Card bezeichnet und geht aus Entwicklungen der JEIDA (*Japan Electronics Industrie Development Association*) zu miniaturisierten Speicherkarten hervor. Sie wird hauptsächlich bei kleinen Notebook-PCs eingesetzt und ermöglicht den Zugriff auf den Computersystembus und den Anschluß von Magnetplatten, Ein- und Ausgabeinterfaces und Speicher. Für die Verbindung mit Meßgeräten ist besonders die damit aufgebaute IEC-Bus Schnittstelle interessant, weil damit leicht portabel Meßeinrichtungen mit IEC-Bus-Geräten und Notebook-Computern aufgebaut werden können [Erhardt95], [Schulz95], [Strass94].

Die Einsteckkarte hat die exakte Größe einer Scheckkarte (85,6 mm x 54,0 mm), für die Kartendicke sind 3 Versionen üblich 3,3 mm, 5,0 mm und 10,5 mm. Die 68 Anschlußstifte sind, wie in Bild 16.4.8 dargestellt, in zwei übereinanderliegenden Reihen angeordnet.

Die PCMCIA Spezifikationen umfassen auch elementare Software. Durch den sogenannten *socket service*, einem Teil der Systemsoftware, erkennt der Rechner beim Einschalten, ob eine Karte eingesteckt oder entfernt wurde und wieviele Plätze zur Verfügung stehen. Der *card service* ist ein Software-Management-System, das automatisch Systemressourcen (wie Speicher und Interrupts) zuordnet, sobald der Socket Service eine Karte erkannt hat. Darüber hinaus stellt der card service die Schnittstelle zu den Hardwaretreibern der Karte dar. Damit hat dieses System die sogenante *Plug and Play* Funktionalität. Wenn das System installiert ist, können Karten beliebig gewechselt werden, ohne daß das Gerät abgeschaltet werden muß [RFI95]. Der neue PC-Card-Standard der PCMCIA umfaßt einige Änderungen, wie z.B. eine vorgeschriebene Liste von Konfigurationsparametern (CIS *Card Information Structure*), eine auf 3,3 V herabgesetzte Versorgungsspannung, Maßnahmen zur Reduzierung von Versorgungsenergie. Die Festlegung des Cardbus wurde durch den PCI-Bus (Kap. 16.3) beeinflußt. Der 68-polige Stecker (Bild 16.4.8) wird zugunsten einer 32-Bit-Schnittstelle anders genutzt: Adressen und Daten werden nacheinander über die gleichen Leitungen übertragen.

Masse	1	□	□	35	Masse
Datenbit 3	2	□	□	36	Card Detect
Datenbit 4	3	□	□	37	Datenbit 11
Datenbit 5	4	□	□	38	Datenbit 12
Datenbit 6	5	□	□	39	Datenbit 13
Datenbit 7	6	□	□	40	Datenbit 14
Card Enable	7	□	□	41	Datenbit 15
Adressbit 10	8	□	□	42	Card Enable
Output Enable	9	□	□	43	Refresh
Adressbit 11	10	□	□	44	I/O Read
Adressbit 9	11	□	□	45	I/O Write
Adressbit 8	12	□	□	46	Adressbit 17
Adressbit 13	13	□	□	47	Adressbit 18
Adressbit 14	14	□	□	48	Adressbit 19
Write Enable	15	□	□	49	Adressbit 20
Interrupt Request	16	□	□	50	Adressbit 21
Betriebsspannung	17	□	□	51	Betriebsspannung
Programmierspannung	18	□	□	52	Programmierspannung
Adressbit 16	19	□	□	53	Adressbit 22
Adressbit 15	20	□	□	54	Adressbit 23
Adressbit 12	21	□	□	55	Adressbit 24
Adressbit 7	22	□	□	56	Adressbit 25
Adressbit 6	23	□	□	57	Reserviert
Adressbit 5	24	□	□	58	Card Reset
Adressbit 4	25	□	□	59	Verl. Buszyklus
Adressbit 3	26	□	□	60	Input Port Acknwl.
Adressbit 2	27	□	□	61	Registerzugriff
Adressbit 1	28	□	□	62	Lautsprecher
Adressbit 0	29	□	□	63	Änderung Kartenstat.
Datenbit 0	30	□	□	64	Datenbit 8
Datenbit 1	31	□	□	65	Datenbit 9
Datenbit 2	32	□	□	66	Datenbit 10
16-Bit Port	33	□	□	67	Card Detect
Masse	34	□	□	68	Masse

a)

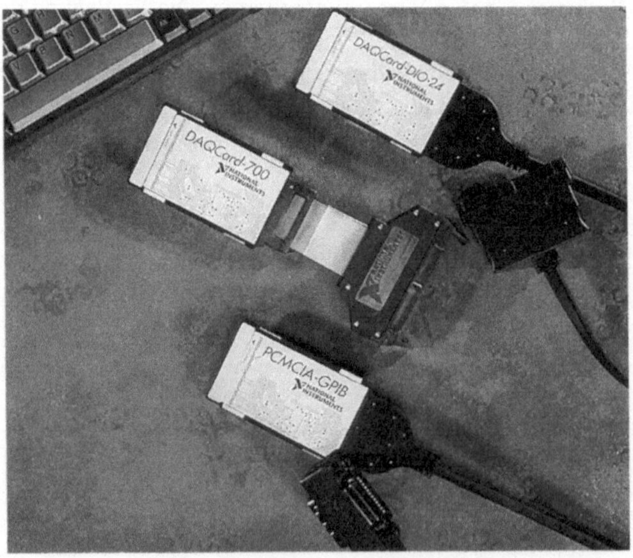

b)

Bild 16.4.8 PCMCIA-Schnittstelle für Notebook-Computer:
a) Stecker und Pinbelegung, b) Beispiele für PCMCIA-Karten (Foto: National Instruments)

16.5 Bussysteme für Labor und Prüfplätze

Für die Kopplung von Meßgeräten untereinander und mit einem Rechner hat sich der IEC-Bus auf breiter Basis als Standard-Verbindungssystem durchgesetzt. Es ist eine vieladrige Kabelsteckverbindung, die separate Meßgeräte miteinander verbindet. Als offener Standard unterstützen viele Gerätehersteller dieses System. So gibt es kaum professionelle Meßgeräte für den Bereich der Labormeßtechnik und Prüftechnik, Hochfrequenzmeßtechnik, Kommunikationsmeßtechnik oder allgemeine elektronische Meßtechnik, die nicht über einen IEC-Bus-Anschluß verfügen oder nachgerüstet werden können. Er ermöglicht außer einer Online-Kopplung der Meßgeräte mit dem Rechner auch die Verbindung von Rechnerkomponenten miteinander.

Eine weiteres offenes System ist der VXI-Bus, von dem erwartet wird, daß er in diesem Anwendungsspektrum zukünftig bei höheren Anfoderungen angewendet wird [Hascher 92]. Die Ausführung als Einschubsystem erlaubt höhere Datenübertragungsraten und minimiert den Verkabelungsaufwand von Labor- und Prüfplätzen. Auf Bedienungselemente und Anzeigeeinrichtungen wird, wie auch bei PC-Einschubkarten, fast vollständig verzichtet, da diese Funktionen von einem zentralen Universalrechner oder separaten Einheiten übernommen werden.

16.5.1 IEC-Bus

Der IEC-Bus ist eines der ersten Verbindungssysteme für die Meßtechnik und entstand aus dem in den sechziger Jahren von der Firma Hewlett und Packard entwickelten Interface Bus, abgekürzt HP-IB. Er wurde 1975 amerikanische IEEE Norm, die jetzt gültige Form aus dem Jahre 1987 umfaßt die Normen IEEE 488.1 und 488.2. Die Internationale Normung wird unter IEC 625.1 und 625.2 geführt und ist identisch mit der DIN-IEC 625.1 und 625.2. Eine weitere Bezeichnungen ist General Purpose Interface Bus, abgekürzt GPIB. Der Bus ist älter als die ISO-OSI-Norm, daher ist dieses Schichtenmodell auf den IEC-Bus nicht durchgehend anwendbar. Die IEEE 488.1 umfaßt den älteren Teil der Norm und behandelt die allgemeinem Strukturen, elektrische und mechanische Vereinbarungen über die Hardware sowie den Informationsaustausch zum Betrieb der Schnittstellenfunktionen. Die IEEE 488.2 bezieht sich auf die Vereinheitlichung der allgemeine Kommunikation, nicht aber auf die Kommandos zur Steuerung der Meßgeräte. Eine Vereinheitlichung dazu wurde mit dem Dokument SCPI (Standard Commands for Programmable Instruments) getroffen, das Richtlinien einer Kommandosprache für Meßgeräte angibt. Diese bauen auf dem IEC-Bus auf, die Anwendung der Kommandosprache ist jedoch nicht auf den IEC-Bus beschränkt.

16.5.2 Strukturen des IEC-Bus

An dem IEC-Bus können bis zu 15 Geräte gleichzeitig betrieben werden. Bis zu 20 m lange Leitungen sind möglich sowie Datenübertragungsraten bis zu 1 MByte/s. Dabei können sowohl nur sendende Geräte, die im folgenden Talker (Sprecher) genannt werden, am Bus angeschlossen sein, als auch nur empfangende Geräte, Listener (Hörer) genannt, sowie Geräte, die für beides ausgelegt sind. Gleichzeitig können zwar mehrere Geräte Listener sein, jedoch nur ein Gerät Talker. Der an den Bus angeschlossene Steuerrechner,

der Controller, übernimmt die Verwaltung des Busses und legt fest, welches Gerät jeweils
Talker oder Listener ist. Zwar können mehrere Geräte angeschlossen sein, die potentiell
die Funktion eines Controllers ausüben können. Zu einem Zeitpunkt kann die Controller-
funktion jedoch nur von einem Gerät ausgeübt werden. Diese funktionale Unterscheidung
ist in Bild 16.5.1 schematisch dargestellt.

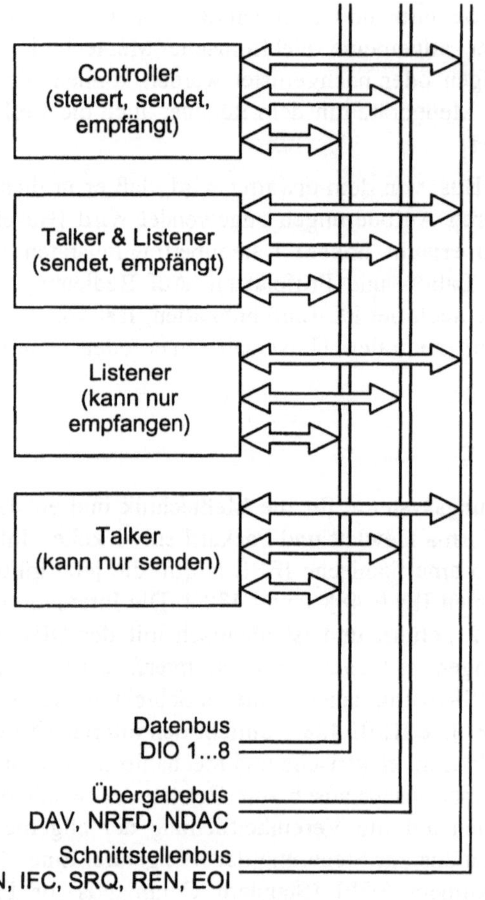

Bild 16.5.1
Verschiedene Gerätetypen an einem
IEC-Bus

Die Übertragung der Informationen über den Bus, der sogenannten Nachrichten, erfolgt
mit acht parallelen Datenleitungen, weitere 3 Leitungen sind für die Steuerung des Daten-
austausches vorgesehen und weitere fünf für besondere Steueraufgaben, die sogenannten
Eindrahtnachrichten. Alle Signale haben TTL-Pegel, wobei die Steuersignale in negativer
Logik übertragen werden. Diese Wahl liegt in den Eigenheit der TTL-Logik begründet.
Bei negativer Logik wird der aktive Zustand durch den 0-Pegel ausgedrückt. Da der Aus-
gangstransitor des treibenden Gatters das 0-Potential erzeugt, indem er die Leitung auf
Bezugspotential schaltet, besteht eine ODER-Verknüpfung für das 0-Potential bei mehre-
ren mit dieser Leitung verbundenen Geräten. Diese ODER-Verknüpfung ist z.B. zweckmäßig, wenn bereits ein Gerät eine Leitung in den aktiven Zustand setzen können soll.

Wirken alle angeschlossenen Geräte gleichermaßen auf den Bus, wird der 0-Pegel anliegen, wenn nur ein einziger Teilnehmer den Pegel auf Null zieht.

Der verwendete Steckverbinder ist einschließlich der Pinbelegung in Bild 16.5.2 dargestellt. Er enthält gleichzeitig Stecker und Buchse, so daß die Verbinder ineinander gesteckt werden können und so die Busverbindung von einem Gerät zum nächsten geschleift werden kann. Zur Erhöhung der Störsicherheit sind für einige Leitungen separate Masseverbindungen vorgesehen. Die Funktionen der einzelnen Leitungen ist im folgenden aufgeführt.

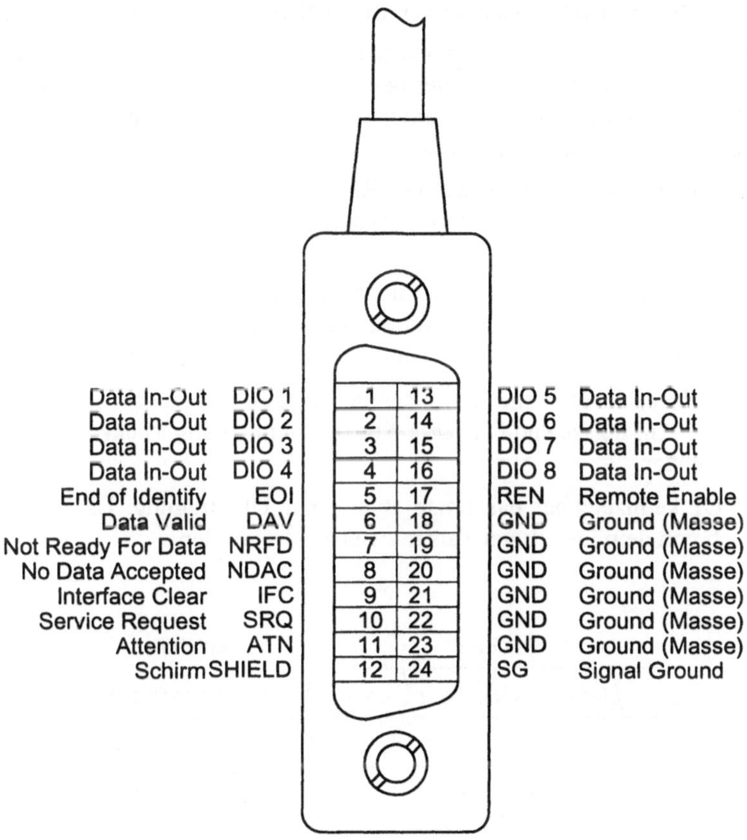

Bild 16.5.2 Signale am Stecker des IEC-Bus

Über die Leitungen **DIO1 - DIO8** werden alle auszutauschenden Daten übermittelt. Dabei wird zwischen den Gerätenachrichten und Schnittstellennachrichten unterschieden. Gerätenachrichten umfassen die die Meßdaten und die Informationen zur Fernsteuerung der Geräte. Die Fernsteuerung umfaßt die Einstellung der Meßbereiche sowie Statusabfragen. Diese Informationen werden meist in ASCII-Kode gesendet. Die Schnittstellennachrichten werden vom Controller an die Schnittstellen der Geräte gesendet. Durch sie wird z.B. bestimmt, welches Gerät Talker ist und welche Geräte Listener sind. Weiterhin können noch besondere Befehle sowohl an alle Geräte, als auch nur an die als Listener deklarierten Geräte übermittelt werden. Um die Geräte definiert ansprechen zu können, wird an den Geräten durch Schalter oder durch Programmierung eine Adresse eingestellt. Um bestimmte Teilbereiche von Instrumenten unter einer eigenen Adresse ansprechen zu können und dadurch als eigenes Instrument zu handhaben, können Geräte auch mehrere Adressen haben.

Die Übertragung von Schnittstellennachrichten wird durch die Steuerleitung **ATN** (*attention*) markiert. 200 ns nach ATN = 1 gehen alle Stationen an den Beginn des Hörer-Handshakes. Werden Gerätenachrichten übertragen, ist ATN auf 1-Potential, für die Übertragung von Schnitttstellennachnichten ist ATN auf 0-Potential.

Die Leitung **SRQ** (*Service Request*) bewirkt eine Bedienungsanforderung, d.h. sie zeigt an, daß ein Gerät am Bus vom Controller bedient werden möchte. Durch die Signalkombination ATN und EOI, die der Controller aussendet, wird das Gerät, daß den SRQ ausgelöst hat aufgefordert, sich zu identifizieren.

Der Controller erzeugt weiterhin die Signale REN, IFC und EOI. Diese Signale haben die Funktion von Schnittstellennachrichten und werden auch als Eindraht-Schnittstellennachrichten bezeichnet.

REN (*remote enable*) schaltet die Funktionseinheiten am Bus auf Fernsteuerbetrieb. Damit werden die Bedienungselemente an der Frontplatte des Gerätes inaktiv geschaltet und die Programmierung der Gerätefunktionen erfolgt ausschließlich über den IEC-Bus.

IFC (*Interface clear*) versetzt die Interfaces der an den Bus angeschlossenen Geräte in einen definierten Anfangszustand. Dieses Signal ist mit dem Rücksetzsignal bei einen Rechner vergleichbar.

Das Signal **EOI** kennzeichnet das letzte Byte einer Übertragung. Es kann außer vom Controller auch von dem jeweiligen Talker ausgesendet werden.

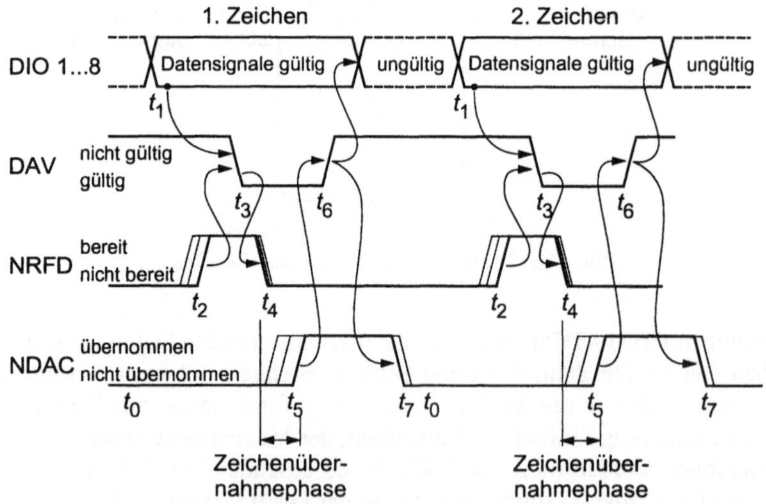

Bild 16.5.3 Signalverlauf (Handshake) bei der Übertragung eines Datenwortes

Die drei Handshake-Leitungen werden bezeichnet als DAV (*data valid*), dh. „Daten gültig", NRFD (*not ready for data*), d.h. „nicht bereit zur Datenaufnahme" und *NDAC (not data accepted)* d.h. „Daten nicht übernommen". Es werde zunächst angenommen, daß vor Beginn der Datenübermittlung keine gültigen Daten anliegen und das als Talker deklarierte Gerät die Leitung DAV in dem Zustand „nicht gültig" belassen hat. Weiterhin signalisieren ein oder mehrere Listener, daß keine Daten übernommen wurden und keine Bereitschaft vorliegt, Daten zu übernehmen. Dazu werden von ihnen die Leitungen NRFD und NDAC auf Null geschaltet. In diesem Zustand kann der Talker sein Datenwort auf die Datenleitungen geben und die Listener können die Bereitschaft zur Datenaufnahme signalisieren, indem NRFD auf 1 Potential gesetzt wird. Durch die Wired-OR-Verknüpfung liegt an dem NRFD Leitung erst ein 1-Potential, wenn alle Listener „bereit" signalisieren. Nachdem der Talker die Meldung NRFD auf 1-Potential, entsprechend der Meldung „bereit zur Datenaufnahme", empfangen hat, und gleichzeitig seine angelegten Daten nach der erforderlichen Setzzeit gültig sind, setzt jetzt der Talker die Leitung DAV auf „Daten gültig". Als Reaktion darauf setzen alle Listener NRFD wieder auf „nicht bereit". Zu diesem Zeitpunkt beginnen die Listener die Daten zu übernehmen. Danach signalisieren sie, indem NDAC auf 1-Potential geschaltet werden, daß die „Daten übernommen" worden sind. Erst wenn alle Listener auf 1-Potential geschaltet haben, ist auch die Leitung auf 1-Potential, und alle Listener haben die Daten übernommen. Darauf setzt der Talker die Leitung DAV von „Daten gültig" auf „nicht gültig" und die Listener setzen in der Folge das NDAC-Signal auf „nicht übernommen". Danach ist der Ausgangszustand wieder erreicht und ein neues Datenwort kann übermittelt werden. Alle Informationen, sowohl die Schnittstellennnachrichten als auch die Gerätenachrichten werden auf diese Weise über den Bus transferiert. Für die Interfaces der Schnittstelle werden von Halbleiterherstellern integrierte Schaltkreise angeboten, die diesen Datenaustausch bewerkstelligen. Der Benutzer hat auf den Handshake, abgesehen vom Sevicefall keinen Einfluß.

Als wichtige Funktion haben IEC-Bus-Meßsysteme die Möglichkeit, auf Anforderungen zu reagieren, die durch die Meßgeräte ausgelöst werden. Bei Überwachungsaufgaben kann z.B. die Überschreitung eines eingestellten Schwellwertes eine Unterbrechung des laufenden Betriebes mit sofortiger Reaktion erfoderlich machen. Aber auch bei Geräten, die auf Triggerbedingungen warten müssen oder die lange Meß- oder Verarbeitungszeiten benötigen, kann es es sinnvoll sein, während der Warte- und Verarbeitungszeiten der Geräte den Bus anderweitig zu nutzen (*Multitasking*). Solche Anwendung lassen sich mit Hilfe eines unterbrechungsgesteuerten Betriebes (*Interrupt*) realisieren, für den die Signalleitung SRQ vorgesehen ist.

Dieser Betrieb setzt voraus, daß die Geräte entsprechend programmiert sind und im entsprechenden Mode arbeiten. Während der Bus in Betrieb ist, z.B. einen Datentransfer durchführt, wird von einem beliebigen Gerät am Bus die SRQ Leitung aktiviert. Der Controller reagiert darauf hin mit einer Unterbrechung des Programms oder der laufenden Datenübertragung. Der Controller hat zwei Möglichkeiten herauszufinden, welches Gerät den Interrupt ausgelöst hat. Bei dem Polling-Verfahren fragt der Controller alle im Unterbrechungsmodus arbeitenden Geräte nacheinander ab, ob sie eine Bedienanforderung gestellt haben (seriell poll). Die Geräte antworten mit der Übersendung eines Zustandbytes, bei dem das höchstwertige Bit auf 1-Potential gesetzt ist, falls das Gerät die Bedienungsanforderung gestellt hat. In einer anderen Betriebsart, die nicht von allen angebotenen Schnittstellen unterstützt wird, ermittelt der Controller die Adresses des auslösenden

Gerätes auf eine einzige Abfrage hin (*parallel poll*). Wie oben dargestellt, aktiviert der Controller dazu die ATN- und die EOI-Leitung. Ist das auslösende Gerät gefunden, wird der Datenverkehr mit diesem Gerät abgewickelt. Danach setzt das System den Betrieb an der unterbrochenen Stelle fort.

Nicht alle Funktionen der Normung müssen implementiert sein. Die genauen Leistungsmerkmale des jeweiligen Gerätes werden durch eine Zeichenfolge, die als Kennung dient, charakterisiert. Ein Beispiel für eine solche Kennung ist

SH1, AH1, T6, TE0, L4, LE0, SR1, RL1, PP0, DC1, DT1,C0, E1.

Tabelle 16.5.1 Leistungsmerkmale von IEC-Busgeräten.

Abk.	Bezeichnung	Kurzbeschreibung
SH	Source Handshake	kann Nachrichten auf Datenbus bringen, allgemeine Talker-Funktion
AH	Acceptor Handshake	kann Nachrichten vom Datenbus empfangen, allgemeine Listener-Funktion
T/TE	Talker/Talker Extended	kann Gerätenachrichten an Listener übertragen nur in Verbindung mit SH T1 - T8: Unterschiedliche Varianten hinsichtlich Statusabfrage und Entadressierung
L/LE	Listener / Listener Extended	kann Gerätenachrichten empfangen nur in Verbindung mit AH L1 - T4: Unterschiedliche Varianten hinsichtlich Statusabfrage und Entadressierung
SR	Service Request	kann Bedienung durch Controller anfordern Verwendung der SRQ-Leitung
RL	Remote / Local	kann zwischen Fern- und manueller Bedienung umschalten, RL2: sperrt Bedienungselemente bei Fernbedienung
DC	Device Clear	kann in Ausgangszustand versetzt werden DC2: nur mit Universalbefehl DCL
DT	Device Trigger	kann durch Controller getriggert werden Verwendung von adressiertem Befehl GET
PP	Parallel Poll	ist für gleichzeitige Statusabfrage vorgesehen PP2: Eigensteuerung
C	Controller	kann Controller-Funktion ausführen C2 und weitere: eingeschränkte Funktionalität
E	Bus Driver	Hardware-Eigenschaft der Treiberbausteine E1: Open-Collector-Treiber (*parallel poll* möglich) E2: Tri-State-Treiber (größtmögliche Übertragungsrate) E3: Tri-State-Treiber mit automatischer Umschaltung zu Open-Collector bei paralleler Statusabfrage

Die Bedeutung der Kennbuchstaben sind in Tabelle 16.5.1 aufgetragen. Sie werden jeweils mit einer Ziffer versehen, um auszudrücken, ob und in welcher Variante dieses Merkmal bei einem Gerät zur Verfügung gestellt werden kann. Eine Null bezeichnet die nicht vorhandene Funktion, eine Ziffer größer oder gleich Eins das Vorhandensein bzw.

die Variante. Während unter der älteren Norm 488.1 alle oben genannten Möglichkeiten zugelassen sind, stellt die IEEE 488.2 bzw. IEC 625.2 gewisse Mindestanforderugen an die Geräte. Sender- und Empfänger-Handshake, Sprecher- und Hörerfunktionen, Service-Request können optional vorhanden sein. Darüber hinaus sind Service-Request, Remote-Lokal-Trigger, eine parallele Statusabfrage durch den Controller und die Vergabe von Controllerfunktionen optional. Auch Hardware-Merkmale der Bustreiberbausteine können unterschiedlich ausgelegt sein. Während mit Tristate-Treibern höhere Geschwindigkeiten erzielt werden können, funktioniert dabei die parallele Statusabfrage nicht. Daher gibt es darüber hinaus Geräte, die sowohl Tristate als auch Open-Collector und auch u.U. beides ausführen können (siehe [Schumny94]).

16.5.3 Nachrichten über den IEC-Bus

Die Informationen, die über die Datenleitungen des IEC-Bus transferiert werden, werden im Gegensatz zu den Eindrahtnachrichten, für die jeweils eine Verbindungsleitung vorgesehen ist, als Mehrdrahtnachrichten bezeichnet. Sie lassen sich nach Gerätenachrichten und Schnittstellennachrichten unterscheiden. Die Schnittstellennachrichten werden durch eine Aktivierung der ATN-Leitung gekennzeichnet. Diese Nachrichten betreffen die Steuerung der Kommunikation, elementare Befehle und weitere Funktionen der Schnittstelle. Meßbereichseinstellungen, Statusabfragen und Meßdaten sind dagegen Gerätenachrichten.

Schnittstellennachrichten gliedern sich in Universalbefehle, adressierte Befehle, Höreradressen und Sprecheradressen sowie Sekundärbefehle und Sekundäradressen. Diese Befehle werden durch ein 8-Bit-Datenwort übermittelt. Diese Gruppen von Befehlen unterscheiden sich durch die höchstwertigen drei Bits. Die unteren 5 Bit beinhalten die eingestellte Adresse an den Geräten.

Universalbefehle wirken auf alle am Bus angeschlossenen Geräte, die sich im Fernsteuermodus befinden. Im einzelnen sind das DCL (*Device Clear*) um die Geräte in einen definierten Ausgangszustand zu versetzen, LLO (*Local Lockout*) um die Bedienelemente der Geräte zu sperren, PPU (*Parallel Poll Unconfigure*) zur Aufhebung einer parallelen Statusabfrage, SPE (*Serial Poll Enable*) um die Geräte so einzustellen, daß ihr Status übermittelt werden kann und SPD (*Serial Poll Disable*) um eine serielle Statusabfrage zu sperren.

Adressierte Befehle wirken nur auf einzelne durch den Controller direkt angesprochene Geräte: die Befehle sind GET (*Group Execute Trigger*) zur Auslösung eines Software-Triggers um eine Messung zu starten, GTL (*Go To Lokal*) um ein Gerät in den manuellen Betrieb umzuschalten, PPC (*Parallel Poll Configure*) um Listener auf eine Parallelabfrage einzustellen, SDC (*Selected Device Clear*) um ausgewählte Listener rückzusetzen und TCT um die Kontrolle an einen anderen Controller zu übergeben.

Durch die übermittelten Höreradressen LAD und Sprecheradressen TAD werden die Geräte als Listener oder Talker am Bus eingestellt. Diese Adressen enthalten als Teil eines 8-Bit-Wortes die an den Geräten eingestellte Adresse. Die angeschlossenen Geräte erkennen die Adressen entweder als ihre eigenen, mit der Bezeichnung *MLA (My Listener Address)* und MTA (*My Talker Address*) oder als andere Adressen, bezeichnet als OLA (*Other Listener Address*) und OTA (*Other Talker Address*) und reagieren entsprechend.

Durch UNL (*Unlisten*) werden alle als Hörer eingestellten Geräte, durch UNT (*Untalk*) werden alle als Talker eingestellten Geräte entadressiert. Nach der Entadressierung sind die Geräte nicht länger als Listener oder Talker am Bus aktiv.

Sekundäradressen dienen dazu, funktionale Untergruppen eines Gerätes zu definieren. Sie sind nicht in der IEEE 488.1 festgelegt und werden vom Gerätehersteller unterschiedlich verwendet. Mit ihrer Hilfe können zusätzliche Funktionen verfügbar gemacht werden. An Sekundäradressen gerichtete Befehle werden als Sekundärbefehle bezeichnet. Ein Anwendungsbeispiel von Sekundärbefehlen ist die Einstellung der IEC-Bus-Geräte bei einer Parallelabfrage. Damit kann, wie bereits oben dargestellt, durch eine einzige Abfrage festgestellt werden, welches Gerät eine Bedienanforderung SRQ gestellt hat.

Schnittstellennachrichten müssen für den Benutzer nicht immer zugänglich sein und können teilweise durch die Treibersoftware abgewickelt werden. Die im folgenden beschriebenen Gerätenachrichten hingegen werden vom Anwender durch die Meßprogramme übergeben.

Die Gerätenachrichten werden bei nicht aktiven ATN-Signal ausgesendet. Sie übergeben die Einstellungen der Meßgeräte wie Meßbereiche, Statusinformationen und Meßdaten. Die Nachrichten zu den Meßfunktionen und zur Meßdatenübermittlung und sind im allgemeinen durch den Hersteller spezifiziert. Sie sind nicht Gegenstand der IEC-Bus-Norm, die Hersteller orientieren sich jedoch zunehmend an dem SCPI-Standard, in dem diese Befehle vereinheitlicht sind (siehe unten).

Die Daten können, abhängig vom Entwurf des Herstellers, im ASCII-Code formatiert sein, aber auch andere Binärcodes sind gebräuchlich. Die Übertragung erfolgt in jedem Fall durch eine Sequenz von 8-Bit-Worten. Während bei ASCII-Zeichen das Ende einer Übertragung durch die ASCII-Zeichen „CR" und „LF" angezeigt werden kann, ist bei einer Binärübertragung unbedingt erforderlich, das EOI als Eindraht-Nachricht zu übertragen, da jede gültige Bitkombination gültige Nutzinformation sein kann.

Die meisten Geräte können über Status-Informationen etwas über sich selbst aussagen. Nutzbar ist dieses beim Serial Polling. Dabei wird das Bit 6 des Statusbytes benutzt. Bit 5 kann einen Fehler signalisieren. Bit 7 und 4 werden nicht verwendet, Bit 0 - 3 geben Auskunft über das Gerät. Die anderen Bits stehen für anderweitige Verwendung zur Verfügung.

Tabelle 16.5.2 stellt anhand eines Beispiels die Sequenz einer Datenübertragung über den IEC-Bus dar. Mit einem ähnlichen Ablauf werden alle Gerätenachrichten über den IEC-Bus übermittelt.

Die Norm IEEE 488.2 bzw. IEC 625.2 stellen eine Erweiterung der IEEE 488.1 (die IEEE 488.1 entspricht der alten IEC-Bus Norm) dar, die eine Vereinheitlichung der Gerätenachrichten unterstützt. Darüber hinaus werden darin auch die Formate für die zu übertragenden Daten festgelegt. Weiterhin ist darin ein Satz von Steuerbefehlen vereinbart, die als Universalbefehle bezeichnet werden. Universalbefehle umfassen die Selbstidentifizierung der Geräte anhand einer Hersteller und Modellnummer, das Rücksetzen in einen definierten Ausganszustand, Selbsttests, Kalibrierung, Triggerung und weitere Funktionen. Ebenso sieht die Norm eine automatische Konfigurierung der am Bus angeschlossenen Geräte vor, die die in der alten Norm zwingend vorgeschriebenen Mikroschalter (das „Mäuseklavier", eine Gruppe vom Binärschaltern zur Adreßeinstellung) ersetzen kann.

Weiterhin ist ein umfangreicherer Statusbericht für den Betrieb mit Bedienungsanforderungen (SRQ) vorgesehen. Die Einhaltung dieser Normung ist für einen eingeschränkten Betrieb nicht unbedingt erforderlich, jedoch ist die Einhaltung dieses Normungsteils Voraussetzung für die Implementierung der SCPI-Kommandosprache.

Tabelle 16.5.2 Sequenz einer Datenübertragung über den IEC-Bus

Steuerleitungen ATN IFC REN SRQ EOI	Datenleitungen D0 - D7	Beschreibung der Funktion
0 0 1 0 0		Fernbedienung einschalten
1 1 1 0 0		Rücksetzen der Interfaces
1 0 1 0 0	UNL	Entadressieren aller alten Hörer
1 0 1 0 0	LAD1	Adressieren aller neuen Hörer
1 0 1 0 0	LAD2	
...	...	
...	...	
1 0 1 0 0	LADn	
1 0 1 0 0	TADA	Ein Gerät wird als Sprecher eingestellt, gleichzeitig das alte Gerät entadressiert
0 0 1 0 0	DAB1	Übertragung der Datenworte
0 0 1 0 0	DAB2	
...	...	
...	...	
0 0 1 0 1	DABm	
0 0 1 0 1	EOS	optionale Nachricht, nicht einheitlich, Bei ASCII-Zeichen auch „CR", „LF"
1 0 1 0 0	UNL	Entadressieren aller Hörer

16.5.4 SCPI

Mit SCPI wurde der Versuch unternommen, die Kommandos so zu gestalten, daß sie nicht die Funktion des Instrumentes beschreiben, sondern das Signal, das gemessen werden soll. SCPI steht für *Standard Commands for Programmable Instruments* und standardisiert Befehle von programmierbaren Test- und Meßgeräten und ihre Strukturen. Die Vorläufer, die diese Entwicklung beeinflußt haben sind die Firmenentwicklungen von Hewlett und Packard HPSL (*HP-System Language*) und TSML (*Test Measurement Systems Language*) sowie ADIF (*Analog Data Interchange Format*) der Firma Tektronix. Ein Konsortium führender Meßgerätehersteller verabschiedete 1991 dazu ein Dokument und verpflichtete sich, zukünftig neue Geräte mit der SCPI-Befehlssprache auszustatten. Die Vereinbarung ist nicht abgeschlossen, sondern eine „Diskussion" wird beständig weitergeführt, wobei Erweiterungen möglich sind, wenn Konsens innerhalb des Konsortiums besteht. Obwohl es prinzipiell nicht an die IEC-Bus-Standard gebunden ist, baut es darauf. Typische weitere Anwendungen sind in Verbindung mit dem VXI-Bus und der RS-232-Schnittstelle gegeben.

Mit SCPI sollen die Nachteile herstellerspezifischer Meßgeräte-Programmierung vermieden werden, gleichzeitig stellen die Festlegungen einen offenen Standard dar. Die
fernsteuerbaren und programmierbaren Meßgeräte müssen für die Interpretation dieser
Sprache ausgerüstet sein. Dabei wird eine Kompatibilität in zweierlei Richtung ange-
strebt: Zum einen sollen unterschiedliche Geräte gleichen Typs, auch unterschiedlicher
Hersteller, die gleichen Befehlssequenzen für gleiche Meßfunktionen verwenden. Als
Beispiel sollen bei Digitaloszilloskopen des Herstellers A zur Einstellung der Meßbereiche die gleichen Befehle wie bei Digitaloszilloskopen des Herstellers B verwendet werden. Zum anderen sollen unterschiedliche Gerätetypen, die jedoch über prinzipiell gleiche
Funktionen verfügen, mit den gleichen Befehlen angesprochen werden. Ein Beispiel dazu
sind Multimeter und Oszilloskop, die mit den gleichen Befehlssequenzen aufgefordert
werden sollen, den Spitzenwert eines Spannungsverlaufes zu messen.

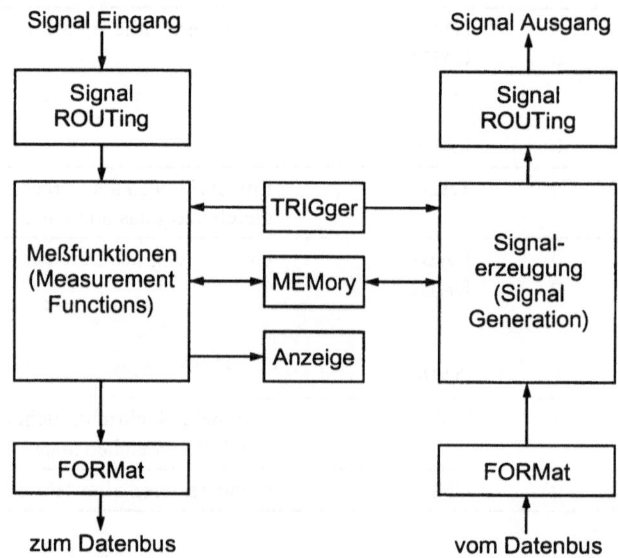

Bild 16.5.4 Universales Funktionsmodell eines Meßgerätes für die Kommandosprache SCPI

Bei den Kommandos wird von einem Modell eines universellen Instrumentes ausgegangen, das in Bild 16.5.4 dargestellt ist. Es sieht sowohl Meß- als auch Generatorfunktionen
und damit zwei prinzipielle Signalwege vor. Der Signalweg der Meßfunktion beginnt bei
dem Signalrouting. Ein Meßstellenumschalter, falls vorhanden, ist z.B. dort angesiedelt.
Die Meßfunktionen sind detailierter in Bild 16.5.5 dargestellt. Sie umfassen die Steuerung
der Eingangsstufen, wie z.B. der Meßbereich, die Meßfunktionen, wie z.B. Spannung
oder Frequenz, und gegebenenfalls eine numerische Nachbearbeitung der Meßdaten. Der
Block Format in Bild 16.5.4 betrifft die Übertragung der Daten, z.B. ob ASCII oder Bi-
närdaten übertragen werden sollen. Die Funktionen zur Signalgenerierung sind entsprechend aufgeteilt. Zusätzlich sind Triggerfunktionen, Speicherkontrolle und Anzeigen
mit berücksichtig. Bei einem jeweiligen speziellen Instrument müssen nicht immer alle
Blöcke vorhanden sein, es können auch lediglich Teilbereiche realisiert sein.

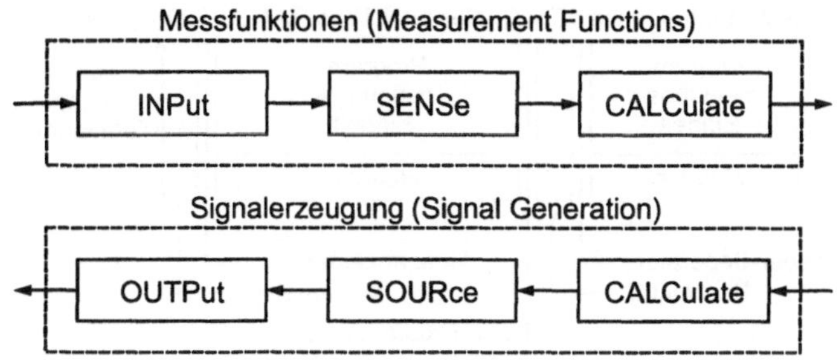

Bild 16.5.5 Meßfunktionen und Signalgenerierung im Meßgerätemodell

Zu jedem dieser Blöcke gehört eine strukturierte Gruppe von Befehlen zu diesem Funktionalitätsbereich. Diese Befehle lassen sich in einer Baumstruktur mit unterschiedlichen Ebenen anordnen. Am Beispiel der Funktion Messen (Sense) ist diese hierarchische Gliederung in Bild 16.5.6 gezeigt.

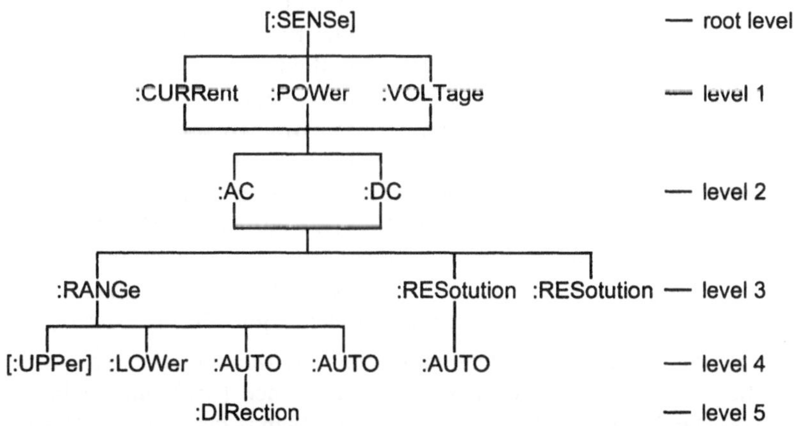

Bild 16.5.6 Hierarchischer Aufbau einer Befehlsgruppe

Die Syntax der Kommandos zum Betrieb der Meßgeräte entspricht dieser Baumstruktur. Die Kommandos setzen sich aus einem Header, der das Kommando enthält, und Parametern zusammen. Die Befehle können in unterschiedlichen Hierarchieebenen hineinreichen. Durch einen Doppelpunkt wird die nächste tiefere Ebene erreicht; durch Semikolon getrennte Befehle liegen auf derselben Hierarchieebene, Kommata trennen einzelne Parameter. Es wird zwischen zwei Arten von Befehlen unterschieden. Mit einemn „*" gekennzeichnete Befehle betreffen das Geräte als ganzes, ohne „*" gilt die Hierarchie. Die mit „*" bezeichneten Befehle gehören zu den Vereinbarungen der IEEE 488.2 Norm. SCPI definiert sowohl die Syntax als auch die Semantik dieser Sprache. Der Abschluß mit einem ? kennzeichnet eine Abfrage, mit der Datenworte angefordert werden. Ein Beispiel des Aufbaus Befehlssequenz einschließlich der einzelnen Header ist in Bild 16.5.7 dargestellt. Die Befehle und auch die Abfragen stellen meist Abkürzungen dar.

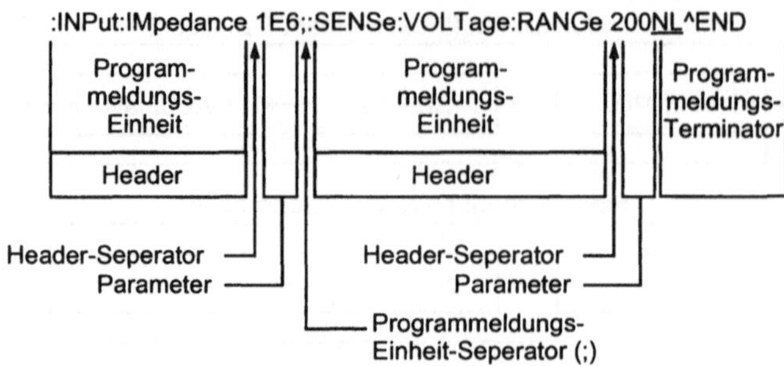

Bild 16.5.7 Befehlssequenz eines Voltmeters bestehend aus zwei Einstellungen zur Messung einer Spannung und Struktur der Befehls-Syntax

16.5.5 VXI-Bus

Der unter IEEE P1155 genormte Bus wurde entwickelt, um eine Veringerung der Abmessungen und eine leichte Modifikation der Meß- und Testsysteme für unterschiedliche Erfordernisse zu erreichen. Eine Besonderheit gegenüber früheren Meßbussen ist, daß auch analoge Triggerleitungen über den Bus geschleift werden [Des Jardin92], [VXI88], [Jamal94]. Er hat bereits weite Verbreitung in der Meßtechik gefunden, insbesondere in Testsystemen und Kommunikationsmeßtechnik. Im Vergleich zum IEC-Bus mit einer Übertragungsrate von etwa 1 MByte/s kann der VXI-Bus je nach verwendeter Busbreite bis zu 20 MByte/s erreichen. VXI ist die Abkürzung von *VME-Bus Extension for Instrumentation*. Dieser Bus ist, wie auch der IEC-Bus, ein offener Standard. Die erste Spezifikation erfolgte 1987. Er geht hervor aus dem IEC-Bus und dem VME-Bus und weiteren Zusätzen. Der VME-Bus entstand 1982 ausgehend von Motorora 68000 Mikrocomputer System als Mikrokomputer Bus und hat bereits eine weite Verbreitung, auch im Bereich Meßdatenerfassung und Verarbeitung, gefunden (siehe Kapitel 16.3).

Der VXI-Bus wurde als Einschubsystem entworfen. Die Meßmodule sind auf Leiterplatten in fest definierten Formaten in einem Einschubrahmen (*rack*) untergebracht. Dabei sind unterschiedliche Rahmengrößen vorgesehen. Die Menge der parallelen Leitungen der Backplane-Verdrahtung erlaubt eine hohe Übertragungsgeschwindigkeit. Die Verbindung mit den Steckerleisten erfolgt mit 96poligen DIN-Steckverbindern von denen je nach Kartengröße ein, zwei oder drei existieren können. Der 96polige DIN-Steckverbinder ist der gleiche, der auch beim VME-Bus verwendet wird. Zusätzlich zum VME-Bus sind analoge Leitungen vorgesehen. Neben den Verbindungen ist auch der Leistungsverbrauch sowie die Kühlung Gegenstand der Normung.

Je nach Größe des Einschubrahmens, die entsprechend Bild 16.5.8 A, B, oder C sein kann, verfügen die einzelnen Meß- und Rechenmodule über Stecker P1, P2 und P3 [VXI88]. Die Kontaktbelegung des Steckers P1 ist durch die Normug des VME-Busses festgelegt. Über ihn werden ein 16-Bit Datenbus, der Adreßbus für 16 MByte, der Bus für die Arbitrierung bei Multimasterbetrieb, der Interruptbus und Stromversorgungsleitungen geführt. Der Stecker P2 führt in der mittleren Reihe die VME-Buserweiterung für einen 32 Bit breiten Datenbus und Leitungen für 4 GByte Adressierung. Ein 10 MHz Takt, 8 TTL- und 8 ECL-Triggerleitungen zur Synchronisation der Module sowie zusätzliche Stromversorgungsleitungen (24 V, -2 V und -5,2 V) belegen die Außenreihen.

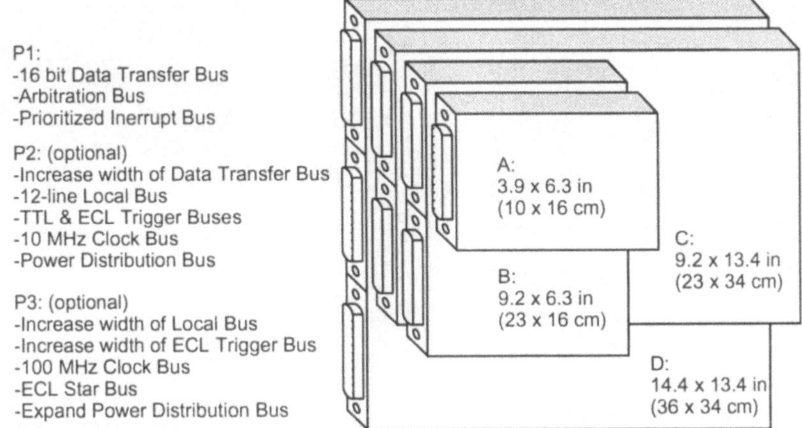

Bild 16.5.8 Kartenformate und Subbusse beim VXI-Bus

Der lokale Bus ermöglicht es, benachbarte Module, die dafür vorgesehen sind, miteinander direkt zu verbinden, um einen schnellen Datenaustausch abzuwickeln, der nicht über den Bus läuft. Dafür sind 12 Leitungen vorgesehen, die TTL-, ECL- und Analogsignale übertragen können. Ein analoger Summenbus verbindet alle Module, über ihn können durch eine Summation der Stromsignale komplexe Signalformen von mehreren Modulen zusammengesetzt werden. Die Leitung ist dazu beidseitig mit 50 Ω abgeschlossen. Über den Modul-Identifikationsbus können sich die einzelnen Module identifizieren, wodurch eine automatische Konfiguration des Systems ermöglicht wird. Damit wird auch der „*Plug and Play*-Standard" unterstützt [NN94], der zu einer einfachen Integration der Module in das Meßsystem führt. Der dritte Stecker ist nur bei den großen D-Typ-Karten vorhanden. Er führt einen 100 MHz Takt, einen lokalen Bus mit 24 Leitungen und weitere Stromversorgungsleitungen und das *Star-Triggersystem*. Dieses stellt sternfömig Verbindungen vom Controller zu den einzelnen Modulen her, um eine präzise Synchronisation unabhängig von der jeweiligen Modulposition zu ermöglichen.

Das Einschubgehäuse, das auch als Mainframe bezeichnet wird (Bild 16.5.9), enthält außer der Backplane für die Busverbindung auch die Stromversorgung und Lüfter zur Kühlung. Die Mainframes werden für unterschiedliche Kartengrößen angeboten, kleine Karten lassen sich jeweils in einem Einschubgehäuse mit größeren mischen (vorausgesetzt, das Mainframe ist für die größere Kartengröße vorgesehen).

Innerhalb des Mainframes ist der nullte Steckplatz (Slot 0) vorgesehen, um gemeinsame Resourcen für die anderen Steckplätze zur Verfügung zu stellen. Dazu ist es erforderlich, das in diesem Steckplatz ein sogenanntes *Slot 0 Device* angeordnet ist. Dieses stellt Takt- und Triggersignale bereit und fordert die anderen Module auf, sich zu identifizieren. Meist enthält dieses Slot 0 Device auch den Ressourcemanager, der das System automatisch konfiguriert, einen System-Selbsttest veranlaßt und weitere Systemfunktionen initialisiert. Das Slot 0 Device kann sowohl ein eigenständiger Rechner sein (*stand alone system*), als auch eine Einheit mit Sonderfunktionen, die mit einen Rechner über eine Kommunikationsverbindung verbunden ist.

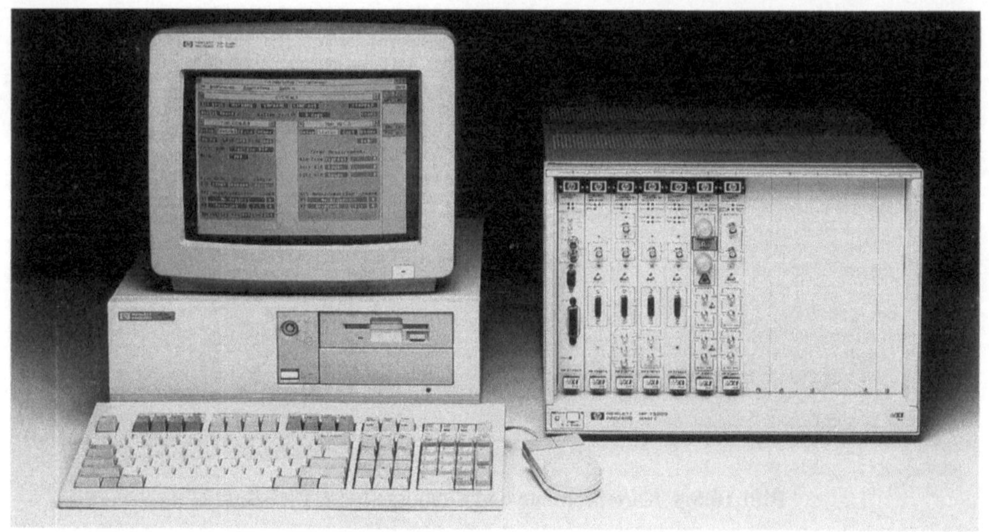

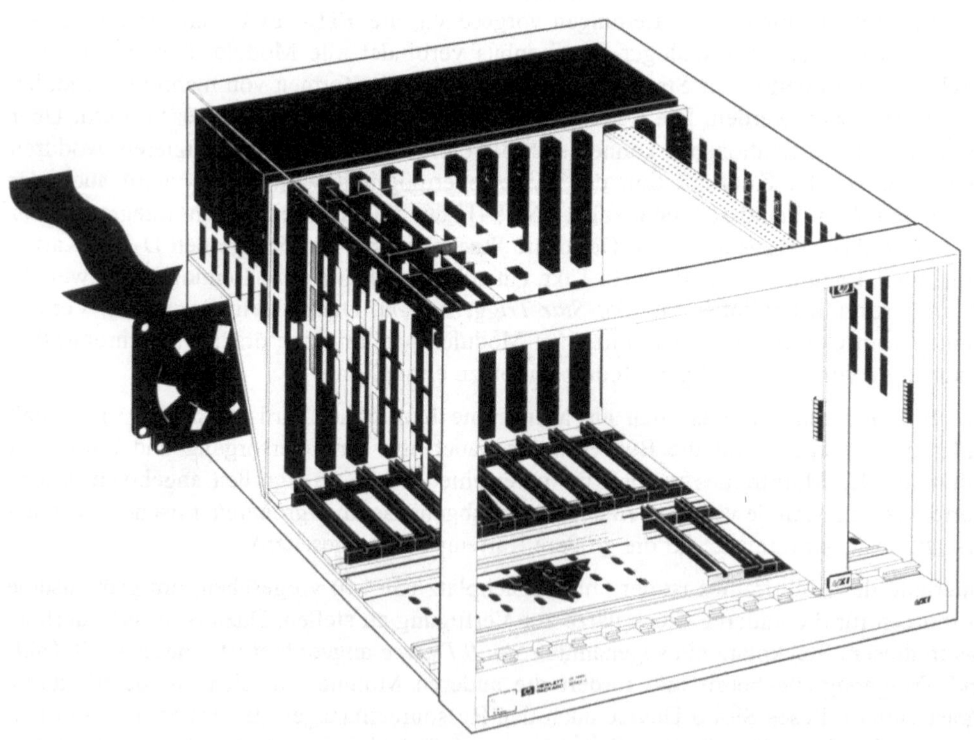

Bild 16.5.9 Beispiel eines VXI-Systems:
a) PC und VXI-Bus Einschubrahmen, b) Aufbau des Einschubrahmens (Foto: HP)

Die Module für den VXI-Bus lassen sich je nach Ausstattung des Interfaces zum Bus in registerbasierte Module und in nachrichtenbasierte Module unterscheiden. Registerbasierte Module (*register based devices*) kommunizieren ähnlich wie VME-Busmodule. Sie werden maschinennah auf der Ebene von Binärinformationen programmiert. Das Interface zum Bus gestaltet sich dadurch einfach und schnell. Die Vorteile liegen in einem geringeren Hardwareaufwand und höheren erzielbaren Übertragungsgeschwindigkeiten. Registerbasierte Module sind ideal für einfache Funktionen, denen keine Intelligenz abverlangt wird. Schaltermatrizen und einfache DA-Umsetzer sind Beispiele.

Innerhalb des VXI-Busrahmens kann eine hierarchische Beziehung zwischen einzelnen Modulen errichtet werden, die aus Commandern und Servants besteht. Eine Gruppe von Servants, die über registerbasierte Buskommunikation verfügen, dient dabei einem Commander. Der wiederum kann gleichzeitig Servant eines anderen Commanders sein. Die Kommunikation zwischen dem Commander und den Servants erfolgt registerbasiert, die Kommunikation mit dem Commander kann nachrichtenbasiert erfolgen.

Nachrichtenbasierte Module (*message based device*) kommunizieren auf einem höheren Niveau, Die Kommandos in ASCII-Text entsprechen denen über den IEC-Bus, die Kommandosprache SCPI wird auch für den VXI-Bus verwendet. Diese Kommandos können interpretiert werden und gegebenenfalls können registerbasierte Module gesteuert werden. Für die Kommunikation verfügen diese Module oft über einen eigenen Mikroprozessor. Die nachrichtenbasierten Module verfügen über Kommunikationsregister auf die alle anderen Module zugreifen können. Untereinander kommunizieren die Module über das „*word serial protocol*". Dieses asynchrone Protokoll definiert den Handshake, der für den Austausch von Daten und Kommandos erforderlich ist. Die Übertragungsgeschwindigkeit ist erheblich niedriger als bei registerbasierten Modulen. Das wird jedoch dadurch kompensiert, daß auf den meisten nachrichtenbasierten Modulen Rechenleistung für eine Vorverarbeitung zur Verfügung steht, so daß nur Endergebnisse übertragen werden müssen. Die meisten komplexen Meßgeräte, wie z.B. leistungsfähige Multimeter, Funktionsgeneratoren, Transientenrekorder sind als nachrichtenorientierte Module ausgeführt und benötigen die Modulgröße C oder höher [HP90].

VXI-Module sind zwar oft komplette Instrumente (*instruments on a card*), jedoch fehlen diesen Instrumenten aus Platzgründen fast jegliche Bedienungselemente und Anzeigen. Daher ist eine Rechnerkopplung immer geboten, um die Meßdaten aufzuzeichnen oder anzuzeigen. Bedienungselemente und Anzeigen sind gegebenenfalls auf dem Bildschirm dieses Rechners programmiert. Entsprechende unterstützende Software ist verfügbar, wobei oft schon Bedienungspanel, sogenannte *softpanel*, als Treibersoftware vorprogrammiert sind.

Für die Verbindung von VXI-Einschubsystemen untereinander und mit einem externen Rechner können, wie in Bild 16.5.10 dargestellt, unterschiedliche Verbindungssysteme eingesetzt werden. Das *MXI*-Bussystem (*Multisystem Extention Interface Bus*) hat 32 Bit Wortlänge, wobei zwischen Adressen und Daten im Multiplex unterschieden wird. Die Buskabel haben einen 62poligen Steckverbinder und mit den Verbindungen können bis zu 20 m überbrückt werden. 48 Signalleitungen sind jeweils mit Massekabeln verdrillt. Theoretisch wird eine Übertragungsgeschwindigkeit von 20 MByte/s erreicht (im Vergleich dazu: der IEC-Bus überträgt maximal 1 Mbyte/s) [Jamal95].

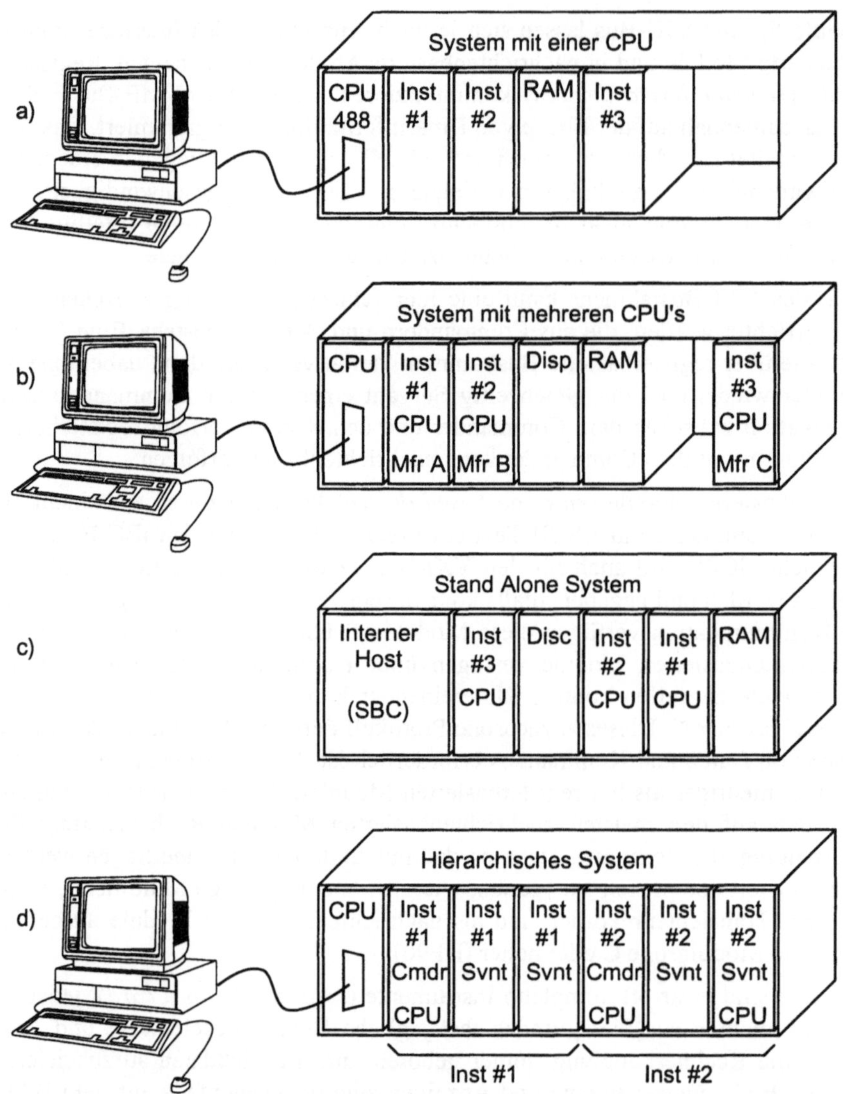

Bild 16.5.10 Typische Systemkonfigurationen des VXI-Bus (aus [VXI88])

Der MXI-Bus stellt nicht die einzige Möglichkeit dar, VXI-Einschubsysteme miteinander zu verbinden. Insbesondere dort, wo VXI-Systeme mit IEC-Bussystemen zusammenarbeiten, kann die Verbindung vom Steuerrechner zum VXI-Mainframe mit dem IEC-Bus günstig sein. Wird die Programmierung über den IEC-Bus vorgenommen, erhalten z.B. die einzelnen VXI-Module entsprechende IEC-Busadressen. Damit können Instrumente innerhalb eines VXI-Einschubgehäuses, wie einzelne IEC-Busgeräte, angesprochen werden. Die Meßkommandosprache SCPI ist sehr verbreitet in VXI-Systemen. Weitere Möglichkeiten zur Verbindung von Rechnern und VXI-Racks bestehen durch LANs wie z.B. das Ethernet.

Die Verbreitung des VXI-Bus als offenes System, und im Hinblick auf einen Plug-and-Play-Standard, basiert wesentlich auf standardisierter Hard- und Software, um herstellerspezifische Bibliotheken für I/O-Treiber auf unterschiedlichen Hierarchieebenen zu vereinheitlichen, wurde durch ein Firmenkonsortium VISA (Virtual Instrumental Software Architecture) verabschiedet. Auch die von HP unterstützte Entwicklung SICL (Standard Instrument Control Library) mündete in diese Vereinbarung. Der Standard schließt objektorientierte Module und Softpanels zum Bedienen ein [Fox95], [Bohn94], [Mitchel95].

16.6 Feldbussysteme

Der Informationsfluß bei einer automatisierten Produktion erfolgt, wie in Bild 16.6.1 gezeigt, über ein Zusammenspiel verschiedener Netze, die die zur Steuerung der industriellen Abläufe notwendigen Daten übertragen. Ein Feldbus übernimmt dabei unterschiedliche Aufgaben [Bonfig92]. Als Instrumentierungsbus wird er zwischen Sensoren, Aktoren und einem übergeordneten Steuerrechner oder einer speicherprogrammierbaren Steuerung (SPS) eingesetzt. Ein solcher Bus wird auch als Sensor-Aktor-Bus bezeichnet. Die eigentliche Aufgabe eines Feldbusses ist die Verbindung von Steuerrechnern zur Leitebene. Daneben gibt es noch einige Spezialbereiche, die Entwicklungen angeregt haben, wie die Bereiche der Kommunikation in Gebäuden, Fahrzeugen, Flugzeugen, Schiffen u.ä..

Die klassische Lösung zur Übermittlung von Sensor- und Aktordaten ist bis heute die 0 - 20 mA (4-Leiter) und die 4 - 20 mA (2-Leiter) Stromschnittstelle. Der analoge Signal von Sensoren und anderen Feldgeräten wird dabei auf diesen Strombereich abgebildet. Der Sensor bereitet das Meßsignal so auf, daß an der unteren Grenze des Meßbereiches ein Strom von 0 bzw 4 mA fließt, an der oberen Grenze des Meßbereichs ein Strom von 20 mA. Die 4 - 20 mA Schnittstelle hat dabei den Vorteil, daß sie eine Hilfsenergie zur Verfügung stellt und bei 0 mA ein Kriterium zur Ausfallserkennung eines Sensors. Ströme < 3,6 mA und > 21,5 mA signalisieren einen Ausfall, 0 mA zeigt einen Leitungsbruch an. Diese Schnittstellen sind Punkt-zu-Punkt-Verbindungen für analoge Signalübertragung. An zentraler Stelle, z.B. in der Warte, sind die Leitungen sternförmig zusammengeführt und werden dort angezeigt und ausgewertet. Dem hohen Sicherheitsstand solcher Anlagen steht eine vergleichsweise geringe Ausnutzung der Leitungen gegenüber.

Sogenannte SMART-Feldgeräte behalten die analogen Punkt-zu-Punkt-Verbindung bei und erhalten somit die Kompatibilität zu bestehenden Anlagen. Sie sehen aber digitale Verarbeitungs- und Steuerungsmöglichkeiten vor, um Meßbereiche oder eine Reihe anderer Parameter einzustellen. Der Meßwert wird gegebenenfalls zunächst in einen digitalen Wert gewandelt, digital verarbeitet und in ein analoges Stromsignal zurückgewandelt. Die digitalen Signale zur Steuerung werden mit FSK-Modulation (*Frequency Shift Key*) moduliert dem analogen Meßsignal überlagert. Die Steuerung erfolgt mit Handgeräten (hand held) in der Betriebsumgebung oder von der Warte aus. Ansätze zu Vereinheitlichung finden sich in dem HART-Protokoll der Firma Rosemount, das auch von anderen Herstellern unterstützt wird [Bonfig92], [HART94]. Dieses sieht eine Arbeitsweise nach dem Master-Slave-Prinzip vor.

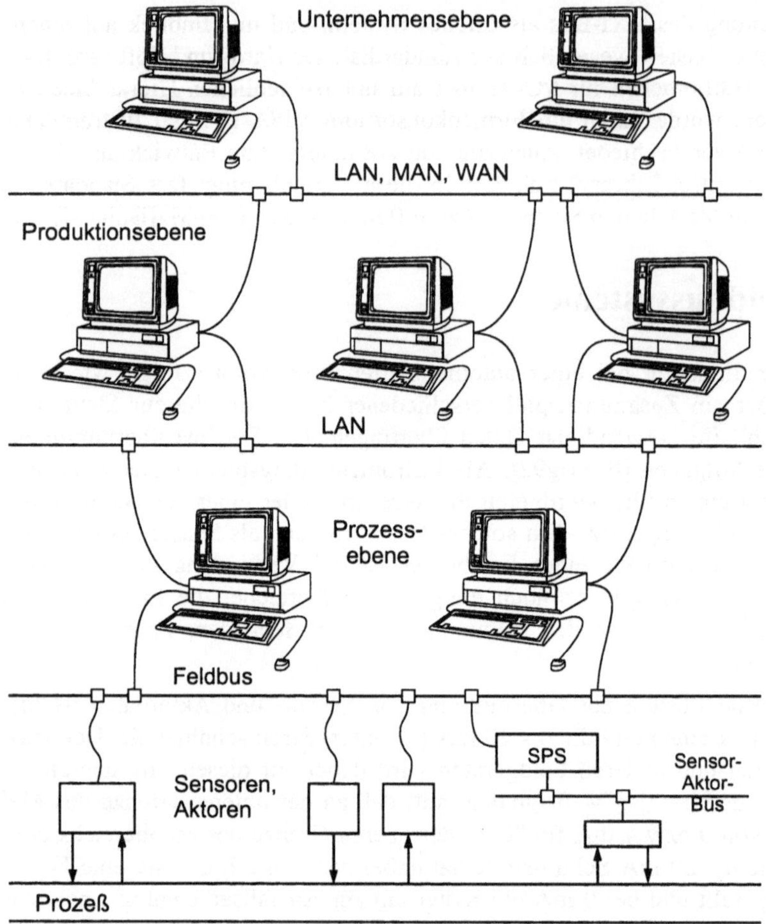

Bild 16.6.1 Beispiel für eine Vernetzung vom Produktionsprozess bis zur Unternehmensebene

Den meisten Feldbussen liegt, wie auch den LANs, das ISO-OSI-Schichtenmodell (Kapitel 16.2) zugrunde. Sie verwenden, wie auch die LANs, nur wenige Datenleitungen und versuchen, spezielle Meldeleitungen zu vermeiden. Diese Funktionen werden auf höheren Schichten des ISO-OSI-Modells behandelt. Das ist wichtig aus Kostengründen in Verbindung mit den zu überbrückenden Entfernungen. Typisch sind bei Feldbussystemen die Schichten 1, 2 und 7 des ISO-OSI-Modells spezifiziert.

In den unterschiedlichen Einsatzbereichen für Kommunikationssysteme in der industriellen Meß- und Automatisierungstechnik werden auch unterschiedliche Anforderungen an den Ablauf von Kommunikationsprozessen gestellt. In prozessnahen Bereiche werden häufig Sensor- und Aktordaten zyklisch oder auch unregelmäßig erfaßt bzw. ausgegeben. Alarme, die nur kurze Nachrichten darstellen, müssen unmittelbar und mit höchster Priorität übertragen werden. In diesem Bereich muß die Übermittlung einer Nachricht in einer definierten Zeit (Echtzeitverhalten) sichergestellt werden können. Die Zuteilung des Busses muß dazu schnell erfolgen; die Länge einer einzelnen Nachricht kann kurz gehalten werden und auf Vorvereinbarungen aufbauen. Die Übermittlung von Daten für numerische gesteuerte Maschinen, CAD-Daten (*Computer Aided Design*) graphische Informationen zwischen den Feldgeräten und Steuerrechnern kann eher zeitunkritisch erfolgen. Diese haben aber ein hohes Datenvolumen. Lange Nachrichtensegmente und seltenere Zuteilung der Leitungen sind hier angemessen. Ein gleichermaßen für alle gleichgut geeignetes Prozeß- und Feldbussystem kann es somit nicht geben. Es existiert eine Vielfalt von spezifizierten Systemen, von denen eine kleine Auswahl hier vorgestellt wird. Für detailiertere Informationen wird auf die allgemeinen Handbücher ([Schumny94], [Dembowski93] und [Schnell94]), spezielle Schnittstellenbeschreibungen sowie die Normen selbst hingewiesen.

16.6.1 RS-485-Schnittstelle

Die Schicht 1 des ISO-OSI-Schichtenmodells wird bei vielen verbreiteten Feldbussen durch die Schnittstelle EIA RS-485 gebildet. Die EIA RS 485 entspricht der Norm ISO 8482, und der DIN 66 259, Teil 4. Diese serielle Schnittstelle stellt eine Mehrpunktverbindung für bis zu 32 angeschlossenen Teilnehmern mit Übertragungsraten bis zu 1 Mbit/s dar. Die Übertragung erfolgt auf 2- oder 4-Draht-Leitungen bei einer maximalen Länge von 500 m. Durch die symmetrische Übertragung einer Spannungsdifferenz auf jeweils 2 Leitungen stellt sie eine störungsarme und preiswerte Datenübertragung zur Verfügung, die auch für lokale Computernetze, Prozeßsteuerungen und vieles mehr eingesetzt werden kann.

Die einzelnen Teilnehmer sind durch Stichleitungen mit den Busleitungen verbunden. Die Busleitungen sind als twisted pairs ausgeführt und beidseitig mit ihrem Wellenwiderstand (100 Ω) abgeschlossen. Als Steckverbinder ist ein 15- oder ein 32poliger Stecker vorgesehen. Die Kontaktbelegung für den 15poligen Stecker ist in Bild 16.6.2 angegeben.

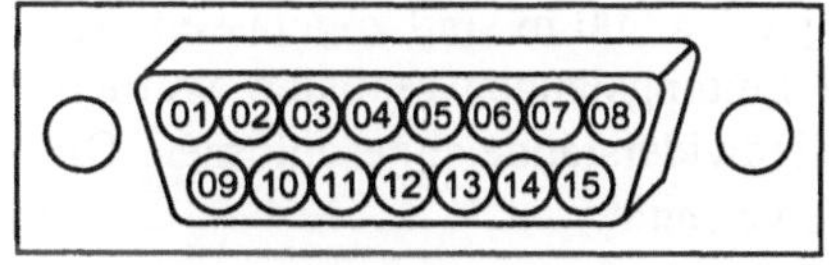

Kontakt	Funktion
1	Abschirmung
2	Sendedaten T(A)
4	Empfangsdaten R(A)
8	Bezugspotential
9	Sendedaten T(B)
11	Empfangsdaten R(B)

Bild 16.6.2
RS.485-Schnittstelle

Der Empfänger wertet nur die Spannungsdifferenzen aus. Damit ist die Erkennung des logischen Pegels weitgehend unabhängig vom absoluten Potential auf den Leitungen. Auch gegenüber Störungen, die auf beide Leitungen gleichermaßen einwirken, ist dieses Verfahren unempfindlich. Einer positiven Differenzspannung ist der logische 0-Zustand zugeordnet, einer negativen der logische Zustand 1. Aus Gründen der Störsicherheit ist eine Hysterese vorgesehen, der Betrag der Differenzspannung muß 0.3 V übersteigen, um einen Wechsel des Signalzustandes herbeizuführen. Der Eingangsspannung gegenüber dem Bezugspotential muß dabei Werte zwischen -7 und 12 V annehmen können.

Der Betrag der Sendespannung im Betrieb kann zwischen 1,5 und 5 V liegen. Da mehrere Sender an dem Bus angeschlossen sein können, lassen sich die Sender mit einer entsprechenden Betriebssteuerung in den aktiven und niederohmigen oder in einen inaktiven und hochohmigen Zustand versetzen. Aus Sicherheitsgründen ist durch eine Strombegrenzung zu gewährleisten, daß der Ausgangsstrom im Fehlerfall 250 mA nicht übersteigt. Der Fehlerfall kann z.B. auftreten, wenn ein Sender den logischen Zustand 1 sendet und ein anderer den logischen Zustand 0.

16.6.2 DIN-Meßbus

Der DIN-Meßbus, spezifiziert 1989 unter DIN 66348 Teil 2 findet hauptsächliche Anwendung in Bereichen der Meß- und Fertigungstechnik [Dembowski93], [Schumny94]. Er stellt eine einfache Geräteschnittstelle dar und ist nicht als Sensor-Aktor Schnittstelle gedacht. Der DIN Meßbus ist auf den Schichten 1 und 2 des ISO-OSI-Modells festgelegt. Er bildet einen Bestandteil der Werksnormen der Firmen Volkswagen und Mercedes Benz und wurde von meßtechnischen Anforderungen der PTB (Physikalisch Technische Bundesanstalt) beeinflußt.

Die Schicht 1 bildet die RS-485-Schnittstelle mit 4 Leitungen. Damit wird der Vollduplexbetrieb genutzt: ein Übertragungsweg wird für die Datenkommunikation verwendet, der andere lediglich zum Abbruch einer Verbindung. Damit wird die Sicherheit des Bussystems erhöht, da im Falle eines defekten Teilnehmers über einen Übertragungsweg ein Teilnehmer zum Abschalten aufgefordert werden kann. Eine galvanische Trennung über Optokoppler der einzelnen Geräteanschlüsse ist fest vorgeschrieben. Direkt können 32 Busteilnehmer angeschlossen werden und Leitungslängen bis 500 m sind zugelassen. Mit Repeatern können beliebige Topologien und größere Leitungslängen realisiert werden. Die Busleitungen sind an beiden Enden durch ihre Wellenwiderstände abgeschlossen. Die Daten werden mit einer Übertragungsrate von 9,6 kbit/s versandt.

Es wird ein asynchroner Übertragungsmodus verwendet, der mit jedem Übertragungsvorgang ein Byte überträgt. Die Übertragung eines Datenwortes beginnt mit einem Startbit, das immer eine logische Null ist, darauf folgen die 7 Datenbits, darauf ein Paritätsbit und ein Stopbit, das immer die logische 1 ist.

Die Kommunikation erfolgt mit ASCII-Zeichen in einem festen Format von 7-Bit-Daten und einem Paritätsbit. Die Datenübermittlung wird markiert durch Anfang und Endezeichen, maximal bis zu 128 Byte können in einem Übertragungsrahmen zusammengefaßt sein. Die Zuteilung des Busses erfolgt nach dem Prinzip Master-Slave. Ein Slave wird immer erst nach der Aufforderung durch einen Master aktiv. Der Master sendet in einer Aufforderungsphase einen Sende oder Empfangsaufruf. Der Slave quittiert diesen Aufruf. Wird der Slave zum Senden aufgefordert, übermittelt er, daß er das Senderecht erkannt hat und beginnt unmittelbar mit der Übertragung. Zur Sicherung des Echtzeitverhaltens steht ihm eine vorgebene Zeit T_c zur Verfügung, innerhalb der die Übertragung abgeschlossen sein muß. Der Slave kann auch durch seine Rückantwort den Kommunikationsvorgang sofort beenden, das geschieht automatisch, wenn eine Zeit T_a überschritten wird. Der Master wartet jeweils die Reaktion des Slaves ab und wird in der darauffolgenden Pause wieder aktiv. Nach einer Datenübertragung vom Master zum Slave muß der Slave den Erhalt ebenfalls innerhalb der Zeit T_a quittieren. Mit einem Rundruf kann der Master an alle Slaves gleichzeitig senden, in diesem Fall erfolgt keine Rückmeldung zum Master.

16.6.3 Profibus

Der Profibus (*Process Field Bus*) [Bender92], spezifiziert unter DIN 19245 dient zur Vernetzung von numerischen Werkzeugmaschinen, speicherprogrammierbaren Steuerungen und anderen komplexen Automatisierungsgeräten, aber auch Sensoren und Aktoren. Die Protokolle sind an denen der LANs orientiert. Die Entwicklung erfolgte firmenübergreifend und berücksichtigte bestehende Standards wie z.B. das Übertragungsprotokoll für die Fertigungsautomatisierung *MAP (Manufacturing Automatisaton Protocol)* [Schnell96], das von der Firma General Motors entwickelt wurde. Durch sogenannte Profile werden Absprachen getroffen, wie innerhalb bestimmter Anwendungsbereiche die Daten und Kommunikationsobjekte dargestellt werden und welche Betriebsparameter ausgewählt werden.

Die Schicht 1 des ISO-OSI-Modells wird durch die RS-485-Schnittstelle mit 2 Leitungen abgedeckt. Verwendet wird der 9polige Sub-D-Stecker. Die Daten bei einer Übertragungsrate 9,6 kBit/s bis 500 kBit/s werden in einem Übertragungsrahmen mit einer Datenfracht von maximal 246 Byte übermittelt, wobei NRZ-Kodierung (*Non Return to Zero*) verwendet wird. Die Anzahl der Busteilnehmer ist unbegrenzt.

Der Profibus, in seiner Struktur in Bild 16.6.3 dargestellt, ist ein hybrides Verbindungssystem. Es kennt unterschiedliche, aktive (*Master*) und passive (*Slave*) Teilnehmer. An dem Bus sind mehrere aktive Teilnehmer zugelassen (*Multimaster*).

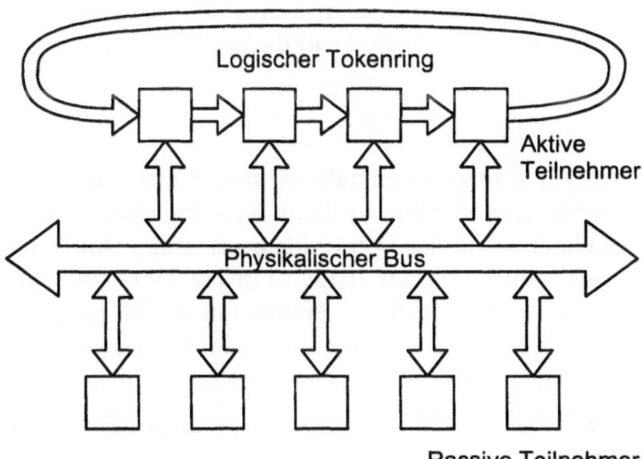

Bild 16.6.3 Physikalischer Bus und logischer Ring beim Profibus

Obwohl alle Teilnehmer durch einen physikalischen Bus verbunden sind, wird bei dem Datenverkehr zwischen einem logischen Ring und dem Bus unterschieden. Das Zugriffsrecht auf dem Bus wird durch ein Tokenpassing zwischen den aktiven Teilnehmern geregelt. Die Einhaltung bestimmter Zeitbedingungen macht es erforderlich, die Tokenhaltezeit zu beschränken. Dazu wird mit dem Erhalt des Tokens eine Zeitmessung begonnen. Wird nach einem Tokenumlauf festgestellt, daß die maximale Umlaufzeit unterschritten wurde, kann der sendende Teilnehmer die Sendung seiner Nachricht fortsetzen. Damit können definierte Reaktionszeiten für kurze Nachrichten erreicht werden.

Schicht 7 beschreibt die Anwenderschicht. Sie stellt Dienste zur Verfügung die auf dem sogenannten *Manufacturing Message Standard* (MMS) des MAP basieren. Diese umfassen sogenannte Produktivdienste, wie z.B. Lesen, Schreiben und Alarmbehandlung von Sensoren und Aktoren, sowie Managementdienste mit den Funktionen wie Initiieren, Abbrechen, Statusabfrage u. ä.. Die Menge der Kommunikationsbeziehungen beim Profibus sieht die Übermittlung von Broadcast- (ein Sender an alle Teilnehmer) und Multicast-Nachrichten (ein Sender an viele Teilnehmer) vor. Der reguläre Informationsautausch findet jedoch zwischen zwei Teilnehmern statt, die auch als Dienstanforderer (*Client*) und als Dienstleister (*Server*) bezeichnet werden. Die möglichen Kommunikationsbeziehungen sind mit ihren Parametern in der Kommunikationsbeziehungsliste (KBL) bei den einzelnen Teilnehmern beschrieben, die vor Inbetriebnahme des Profibus anwenderseitig erstellt wird. Im Betrieb können davon ausgehend Kommunikationsverbindungen aufgebaut werden, über die die Dienste abgewickelt werden.

Der Austausch von Informationen erfolgt objektorientiert, Meßwerte werden z.B. durch Objekte dargestellt. Während anwenderseitig mit den Objekten Problembeschreibung auf hoher Ebene ermöglicht werden, können sich hinter Objekten komplexe Kommunikationsvorgänge „verbergen". Die ALI (*Application Layer Interface*) setzt dabei die Objekte des Prozesses in Kommunikationsobjekte auf dem Bus um. Die FMS (*Fieldbus Message Specification*) beschreibt Aufbau und Darstellung dieser Kommunikationsobjekte und benutzt dabei auch Teilmengen der *MMS (Manufacturing Message Specification)* des MAP Protokolls. Das LLI (*Low Level Interface*) sorgt für den Aufbau der Verbindungen und die Abbildung der Dienste der Schicht 7 auf die der Schicht 2.

16.6.4 Bitbus

Mit dem Bitbus [Furrer94] können dezentrale Segmente meß- und regelungstechnischer Anlagen miteinander verbunden werden. Er dient damit hauptsächlich der Kommunikation für die Prozeßleittechnik sowie der Betriebsdatenerfassung. Aufbauend auf einer Entwicklung der Firma Intel wurden in der IEEE 1118 die ISO-OSI-Schichten 1, 2 und 7 spezifiziert. Der Bitbus ist ein Master-Slave-System mit der Möglichkeit zu einer hierarchischen Ordnung. Zu einem Bitbus gehört immer nur ein Master und mehrere Slaves. Ein Slave kann jedoch wiederum wie ein System aus Master und mehreren Slaves wirken.

Die Schicht 1 wird durch die RS-485-Schnittstelle und einem Takt über einem 9poligen Sub-D-Stecker. Die Treiber und Empfängerbausteine entsprechen diesem Standard. Zwei Übertragungmodi werden von dem Bitbus unterstützt: der Synchron- und der Asynchronmodus. Beide Betriebsarten gestatten einen bitorientierten Vollduplexbetrieb und stellen eine Untermenge des IBM-Protokolls SDLC (*Synchronous Data Link Control*) dar.

Im Synchronmodus lassen sich bei kurzen Übertragungswegen bis zu 30 m Übertragungsraten mit 28 Teilnehmern bis zu 2,4 Mbit/s realisieren. Dazu werden über ein Leitungspaar der RS-485-Schnittstelle die zu übertragenden Daten geführt und über das zweite
Leitungspaar der Takt. Bei der fallenden Flanke ändert sich die Daten, mit der ansteigenden Taktflanke werden die Daten übernommen.

Der Asynchronmodus dient zur Überbrückung größerer Distanzen bis zu 1200 m. Die
Übertragungsrate beträgt damit 65,5 kBit. Anstelle der Übertragung des Taktsignals wird
eine Kodierung verwendet, eine Taktrückgewinnung empfängerseitig zuläßt (NRZI Kodierung, *Non Return to Zero Invert*). Die zwei weiteren Datenleitungen werden nur benötigt, wenn Repeater eingesetzt werden. Maximal können in diesem Mode 250 Busteilnehmer an dem Bus angeschlossen sein.

Die zu übertragenden Daten werden in Blöcken, die als Übertragungsrahmen bezeichnet
werden, angeordnet. Maximal 250 Bytes lassen sich in einem Rahmen übertragen. Er wird
von zwei Bytes mit einer bestimmten Bitkombination, die als Flags bezeichnet werden,
eingerahmt, je eins zu Begin und eins am Ende. Zu Beginn wird weiterhin ein Byte mit
der Adresse des Slaves und eins mit Kommando- und Statusinformationen ausgesandt.
Die darauffolgenden Nachrichten werden durch zwei Prüfbytes abgeschlossen.

Die Schicht 7 enthält das Bitbus-Message-Protokoll. Es basiert auf sogenannten Tasks, die
vom Master aus abgewickelt werden und Datenverkehr sowie Sonderfunktionen zwischen
Master und Slave steuern. Mit solchen Komandos auf einer hohen Ebene gestaltet sich die
Software einfach, z.B wird für die Übertragung eines einzigen Datenfeldes von 64 kbyte
vom Slave zum Master nur ein einziges Komando benötigt.

Für den Aufbau von Bitbusmodulen wurde von der Firma Intel spezielle Controllerbau-
steine, den 8044, bzw. 80C152, mit extrem niedrigen Stromverbrauch entwickelt, die auf
dem Einchipmikroprozessor 8051 basieren. Durch das eigene Betriebssystem, das auf
diesen Controllern verfügbar ist, vereinfachen sich Kommandos für unterschiedliche
Funktionen.

16.6.5 Interbus S

Dieser Bus ist als Sensor-Aktor-Bus ausgelegt und weist entsprechend ein ausgeprägtes
Echtzeitverhalten auf. Mit seinen einfach gehaltenen Ein- und Ausgaben findet er vorwiegend unterhalb der Steuerungsebene seine Anwendung. Er wurde von der Firma Phoenix
Contact entwickelt, hat aber in der Zwischenzeit eine weite Verbreitung mit vielen Kom-
ponentenherstellern in der Steuerungs- und Antriebstechnik gefunden [Elektronik93].

Die Systemstruktur weicht von einem einfachen Bussystem ab und ist in Bild 16.6.4
[Dembowski93] dargestellt. Eine Steuereinheit, die Anschaltbaugruppe mit einem Bussystem, im folgenden als Fernbus bezeichnet, ist mit einer Reihe von Netzwerksknoten,
den Busklemmen, verbunden. Diese Netzwerksknoten enthalten eigene Hardware und
arbeiten gleichzeitig als Repeater. Von den Netzwerksknoten gehen Leitungen zu einzelnen Funktionsmodulen aus. Den Aufbau der einzelnen Stationen kann der Hersteller an
seine Problemstellung anpassen. Interbus S spezifiziert nur den Fernbus. Typisch wird für
die relativ kurzen Leitungen (1,5 m) ein serieller Bus aus 9 Leitungen mit TTL-Pegeln
verwendet, an den jeweils 256 Aus- und Eingabemodule angeschlossen werden können.
Aus den einzelnen Fernbussegmenten läßt sich ein Bussystem von 13 km Länge aufbauen,

wobei die Entfernung zwischen den einzelnen Segmenten 400 m nicht übersteigen darf. Die Adressen der einzelnen Stationen sind dabei durch ihre physikalische Lage am Bus festgelegt. Maximal 64 Netzknoten (Busklemmen) können vorgesehen sein. Die Übertragungsrate beträgt 300 kbit/s.

Die Schicht 1 des ISO-OSI-Modells bildet die RS-485-Schnittstelle mit 4 Leitungen. Die Hardwarebausteine an den Netzknoten sind dazu kompatibel. Dazu wird von der Firma Phoenix ein spezieller ASIC-Hardwarebaustein eingesetzt.

Die Kommunikation erfolgt nach dem Master-Slave-Prinzip. Der Master sendet in seinem Übertragungsrahmen Nachrichten aus, die an alle Module gesendet werden. Maximale Anzahl der Daten pro Übertragungsrahmen 36 Byte.

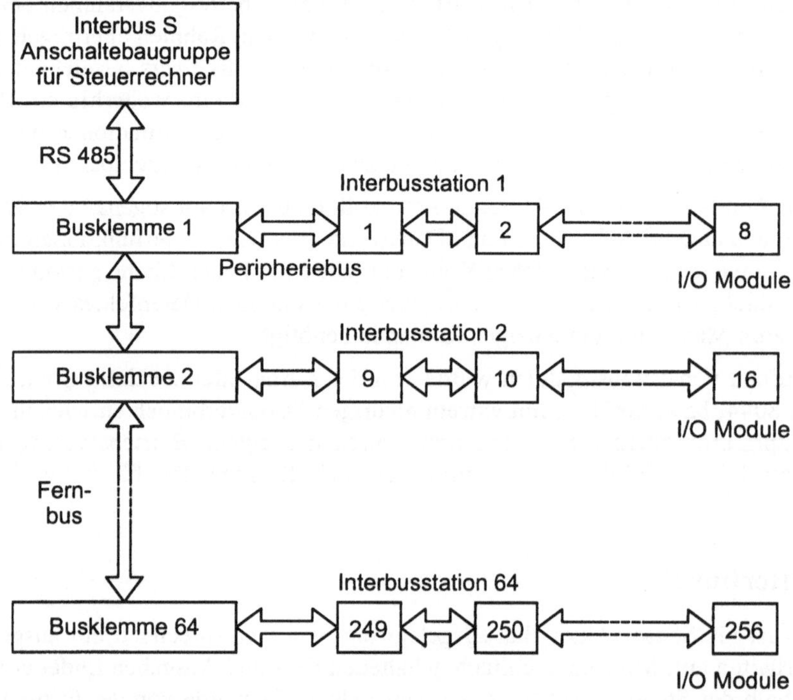

Bild 16.6.4 Struktur des Interbus

16.6.6 CAN-Bus

Der CAN-Bus (*Controller Area Network*) wurde für die Kommunikation insbesondere in Fahrzeugen entwickelt. Er basiert auf einer Zusammenarbeit der Firmen Intel und Bosch und sollte die verschiedenen elektrischen Einheiten im Fahrzeug durch ein Bussystem verbinden (*Autobus*) und damit unter anderem die klassischen Kabelbäume verkleinern. Darüberhinaus hat der CAN-Bus in anderen Bereichen eine weite Verbreitung gefunden, da die Anforderungen an einen Feldbus auf der Sensor-Aktor-Ebene ähnlich sind [Etschberger94].

Die Schicht 1 des ISO-OSI-Modells kann zum einen durch die RS-485-Schnittstelle mit 2 Leitungen abgedeckt abgedeckt werden, damit ist die maximale Zahl der Busteilnehmer auf 32 begrenzt. Der 9polige Sub-D-Stecker wird angewendet. Andere Ausführungen schließen die Verwendung von Optokopplern und Lichwellenleitern für störsichere Übertragung ein. Beim CAN-Bus ist eine maximale Übertragungsrate von 1 Mbit/s bei einer Leitungslänge von 40 m festgelegt, bei langsameren Übertragungen lassen sich größere Entfernungen überbrücken. Maximal können 2032 Busteilnehmer angeschlossen werden.

Die Komunikation auf dem Bus erfolgt unter gleichberechtigten Modulen nach der Methode CSMA-CA (siehe Kapitel 16.2). Der Sender, der eine Nachricht zu verschicken hat, belegt den Bus mit einer Nachricht. Die Nachricht ist in einen Übertragungsrahmen eingebettet, in dem bis zu 8 Byte gesendet werden können. Zur Sicherung der Übertragung wird eine Prüfsequenz, die durch den *Cyclic Redundancy Check* erzeugt wird, mit ausgesendet. Anhand eines *Identifierers*, der auch für die Arbitrierung eingesetzt wird, entscheiden die empfangenden Module, ob die Nachricht für sie bestimmt ist oder nicht.

Für den Fall, daß mehrere angeschlossene Module gleichzeitig senden, erfolgt die Buszuteilung nach dem Prinzip *collision avoidance* (CA). Für die Arbitrierung ist hardwaremäßig dafür gesorgt, das ein logischer Pegel dominant ist und der andere rezessiv. Das bedeutet, wenn mehrere Sender mit unterschiedlichen Pegeln senden, wird auf dem Bus der dominante anliegen. In Verbindung mit einer Prioritätsvergabe der ersten Identifikationsbits setzt sich in diesem Falle der Sender mit der höheren Priorität durch und kann seine Nachricht versenden.

16.6.7 Weitere Feldbussysteme

Über die Auswahl der obengenannten Feldbusse hinaus haben noch eine Reihe weiterer Bussysteme für allgemeine und für Spezialaufgaben Verbreitung gefunden. Für eine ausführlichere Behandlung sei auf [Demboswski93], [Schnell94], [Schumny94] und [Bonfig92]. Viele, insbesondere firmenspezifische Lösungen müssen hier unbenannt bleiben.

Der I^2C-Bus (Inter IC-Bus) [Homburg93] ist ein serieller Bus, der hardwarenah für geräteinterne Verbindungen. Er unterscheidet sich von Feldbussen, daß damit hochintegrierte Schaltungen, die dafür ausgelegt sind, wie z.B. AD-Umsetzer, Speicher, Anzeigebausteine und digitale Ein- und Ausgabe-Ports zu kommunizieren. Werden anstelle der CMOS-Pegel die elektrischen Eigenschaften einer RS-485 eingesetzt, eignet sich dieser Bus auch zum Anschalten peripherer Komponenten. Er geht zurück auf eine Entwicklung der Firma Philips und wird für die Kommunikation zwischen ICs im Audiobereich, aber auch in industriellen Anwendungen eingesetzt.

Der *Manchester-Bus* oder *Avionics-Bus*, ist ein serieller Bus mit zusätzlichen Leitungen für den Einsatz in Flugzeugen. Spezifiziert ist der Bus unter MIL.STD-1553B. Aus Sicherheitsgründen ist der Bus doppelt ausgelegt. Zur Übertragung wird die Manchester-Kodierung verwendet, bei der zur zeitlichen Mitte eines jeden übertragenen Bits ein Signalwechsel erzeugt wird. Die Ankopplung an den Bus erfolgt über Übertrager. Der Übertragungsrahmen des Manchesterbusses hat eine Länge von 20 Bit.

LON (*Local Operating Network*) ist ein kostengünstiges Bussystem für den Bereiche Gebäudetechnik, Energiemanagement, industrielle Automatisierung. Es ist definiert für alle sieben Schichten des OSI-Schichtenmodells. Den Buszugriff regelt ein Variante der

CSMA mit optionaler Kollisionserkennung und Prioritätenzuteilung. Spezielle Hardwarebausteine sowie Entwicklungssoftware stehen für diesen Bus zur Verfügung.

FIP (*Factory Instrumentation Protocol*) ist das französische Gegenstück zum Profibus,
verfügt aber über eine andersartige Strukturierung. Die Nachrichten eines Senders werden
von allen Teilnehmern empfangen (*Broadcast*), wobei die Adresse des jeweiligen Senders
vorab mitgeteilt wird. Welcher Empfänger die Nachricht empfängt und weiterverarbeitet
ist in der Schicht 7 festgelegt.

16.7 Rechnernetze – Lokale Netze

Die Verbindung von nicht weit entfernten Rechnern untereinander wird durch LANs
(*Local Area Networks*) abgewickelt [Kauffels94], [Peter88]. Auch die Kommunikation
oberhalb der Ebene der Feldbusse, Labor- und Prüfbusse oder spezieller Meßeinrichtungen kann über diese LAN-Verbindungen erfolgen. Außer den LANs dienen auch WANs
(*wide area network*) zur Vernetzung, die große Strecken überwinden und meist von globalen Netzbetreibern wie der Deutschen Telekom angeboten werden. Damit ist auch eine
globale Vernetzung von meßtechnischen Anlagen möglich. Im folgenden werden einige
weitverbreitete Systeme aufgeführt, viele müssen ausgelassen werden.

Die Normung der LANs deckt in der Regel nur die Schichten 1 und 2 des OSI-Modells
ab. Um aber systemübergreifende Kopplungen zu ermöglichen, sind Hersteller übergreifende Festlegungen auf höheren Schichten erforderlich. Derzeit wird das von der Advan-
ced Research Project Agancy (ARPA) des amerikanischen Verteidigungsministeriums
initiierte Protokollfamilie TCP/IP für herstellerübergreifende Kommunikation eingesetzt
[Conrads96]. Diese Sammlung von standardisierten Protokollen umfaßt die Schichten 3
bis 7 des OSI-Modells.

16.7.1 Ethernet

Das weitverbreitete Ethernet wurde zu Beginn der 70er Jahre von R.M. Metcalfe bei
XEROX, Kalifornien entwickelt und 1980 als erstes allgemein verfügbares LAN zur
Benutzung als Standard IEEE 802.3 freigegeben. Es verwendet auf einer Bustopologie
eine serielle Signalübertragung im Basisband und die Zugriffsmethode CSMA-CD. Die
Datenübertragungsrate beträgt 10 MBit/s. Als Signalkodierung wird das Manchester-
Verfahren eingesetzt, das bedeutet, daß in der Mitte des ausgesandten Bits ein Pegelwech-
sel vollzogen wird. Die erforderliche Übertragungsfrequenz ist daher doppelt so hoch, d.h.
20 MHz. Maximal können 1024 Stationen an einem Ethernet zugelassen werden, die
maximale Entfernung zwischen zwei Stationen beträgt 2,5 km. Ursprünglich wurde das
Ethernet als Bussystem entworfen, später kamen auch sternförmige Konfigurationen
hinzu.

Das Ethernet kann aus mehreren Bussegmenten bestehen, die wie in Bild 16.7.1 dargestellt, durch einen Repeater verbunden sind. Maximal können 4 Repeater zwischen 5
Segmente an einem Ethernet arbeiten. Die maximale Segmentlänge beträgt 500 m, wobei
100 Stationen pro Segment möglich sind Als Übertragungsmedium dienen Koaxialkabel
bei dem originalen Ethernet, weiterhin auch Twisted-Pair-Kabel oder auch Lichtwellenleiter. Vier Ethernet-Versionen sind gebräuchlich:

Das *Standard-Ethernet 10 Base 5* mit einer Datenrate von 10 MBit/s und 500 m maximale Segmentlänge ohne Repeater. Maximal 100 Stationen können an ein Segment angeschlossen werden. Als Stammkabel, das auch als Backbone bezeichnet wird, dient „dickes" Koaxialkabel, von dem Stichleitungen zu den Stationen abzweigen. Dieses Kabel ist Ethernet-spezifiziert und wird auch Thicknet- oder Yellow-Cable genannt. Ein Twisted-Pair-Tranceiver-Kabel verbindet den Tranceiver mit der Netzwerksinterfacekarte des Arbeitsplatzrechners. Diese ermöglicht dem Arbeitsplatzrechner den Zugang zum Netz über eine Einschubkarte des Rechners.

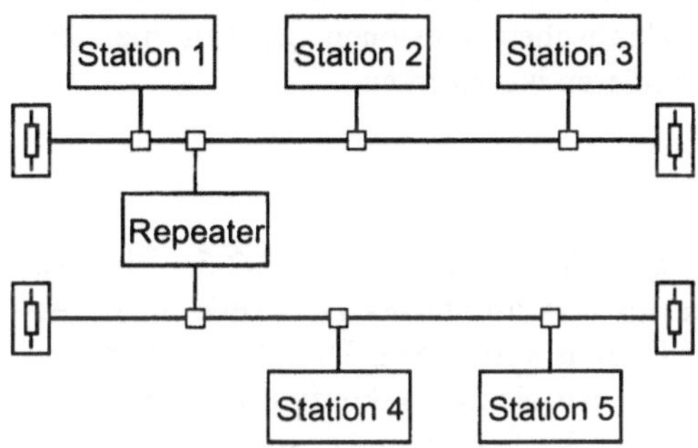

Bild 16.7.1
Beispiel eines Ethernet

Thinnet oder *Cheapernet*, die zweite Version des Ethernet-LAN wird auch als *10 Base 2* bezeichnet und benutzt die gleiche Netzwerkinterfacekarte wie das Standard-Ethernet. Deshalb beträgt die Datenrate ebenfalls 10 Mbit/sec. Die maximale Segmentlänge darf ohne Repeater jedoch 185 m nicht überschreiten. Für Thinnet wird das Koaxialkabel RG 58 als Backbone verwendet, das ist der Grund für die kürzere maximale Segmentlänge. Als Abgriffkabel zwischen Buskabel und Arbeitsplatzrechner wird das gleiche Koaxialkabel verwendet. Über entsprechende Transceiver kann das Thinnet mit dem Standard-Ethernet verbunden werden.

Das *Twisted-Pair-Ethernet*, auch 10 Base T genannt, verwendet die gleiche Datenrate und Signalübertragungsart wie das Standard-Ethernet. Das „T" steht für Twisted-Pair-Kabel). Das 10 Base T Ethernet wird in der Regel in einer Sterntopologie betrieben. Rechner mit einer 10 Base T Interfacekarte können direkt angeschlossen werden. Rechner mit einem Standard-Ethernet-Anschluß erfordern einen Transceiver.

Das *Ethernet 10 Base F* arbeitet mit Lichtwellenleitern, das „F" steht für Fiber-Optik. Die Lichtwellenleiter können dabei in drei verschiedenen Arten eingesetzt werden: zur Netzwerkverlängerung, als Hochgeschwindigkeits-Backbone und als ein Stern.

Ein Ethernet mit Lichwellenleiter kann ebenso in Sterntopologie konfiguriert werden. In diesem Anwendungsfall werden Lichtwellenleiter für alle Verbindung bis zu den Arbeitsplatzrechnern eingesetzt, nicht nur für einen Teil der Strecke. Der Stern erfordert einen Lichtwellenleiter-Multiportrepeater, welcher als Ethernet-Bus dient. Die Anschlüsse werden hierbei entweder durch externe Transceiver mit Twisted-Pair-Anschlüsssen zum Arbeitsplatzrechner hergestellt oder direkt zu einem integrierten Transceiver auf der Netzwerkinterfacekarte.

Um erhöhten Geschwindigkeitsanforderungen gerecht zu werden, entstanden aufbauend auf dem Ethernet, 100 MHz-Versionen [Schade94]. *100 Base VG*, ein Standard der voraussichtlich in der IEEE 802.12 spezifiziert wird, verzichtet auf die CSMA/CD-Zugriffsmethode und verwendet ein zentrales Polling durch einen Hub. Voraussetzung dazu ist eine sternförmige Leitungskonfiguration, die in einem entsprechenden Hub zusammengeführt sind. Bei der 5B-6B-NRZ-Kodierung tragen 5 Bits von 6 ausgesandten Bits Nutzinformation. Ein anderer Ethernet-Standard für hohe Geschwindigkeiten ist *100 Base X* (IEEE 803.30). Dieser verwendet das CSMA/CD weiterhin und verwendet eine MLT-3-Kodierung mit einem 7B-5T-NRZ-Kode. Vorteilhaft ist der Einsatz dieser Netzwerke, wenn vorhandene Leitungen, bereits als Stern ausgelegt, weiterverwendet werden können. Für die Verbindung mit den klassischen Versionen des Ethernet sind Bridges oder Router ebenso erforderlich wie zu anderen Netzwerken.

16.7.2 IBM-Token-Ring

Ein anderes weitverbreitetes Netzwerk ist der IBM-Token-Ring (IEEE 802.5). Physikalisch ist der IBM-Tokenring ein sternförmiges festververdrahtetes Netzwerk, jeder Arbeitsplatzrechner ist direkt mit einer zentralen Einheit verbunden. Die Daten allerdings bewegen sich in einem echten Ring, daher wird diese Netzwerkskonfiguration auch als logischer Ring und physikalischer Stern bezeichnet. Den Sternpunkt, an den 8 oder 16 Stationen angeschlossen werden können, bilden Ringleitungsverteiler, auch als MAUs (*Multistation Access Units*) bezeichnet. Diese Einheiten können im Fehlerfall defekte oder ausgeschaltete Stationen abkoppeln und gleichzeitig den Betrieb am Ring aufrechterhalten. In dem in Bild 16.7.2 gezeigtem Beispiel ist Station 3 durch eine Leitungsunterbrechung ausgefallen. Insgesamt dürfen 7 Ringe aufgebaut werden, die über entsprechende Bridges miteinander verbunden werden. Der IBM-Tokenring ist in Ausführungen mit 4 und 16 Mbit/s verfügbar. Als Kodierungsform ist wie beim Ethernet Manchester gewählt, daher ist die Übertragungsfrequenz 32 MHz. Obwohl es typischerweise mit Twisted-Pair-Kabeln ausgeführt ist, kann es ebenso auch mit Lichtwellenleitern arbeiten. Die 4 Mbit/s-Version benutzt geschirmtes oder ungeschirmtes Kabel, die 16 Mbit-Version nur geschirmtes Kabel.

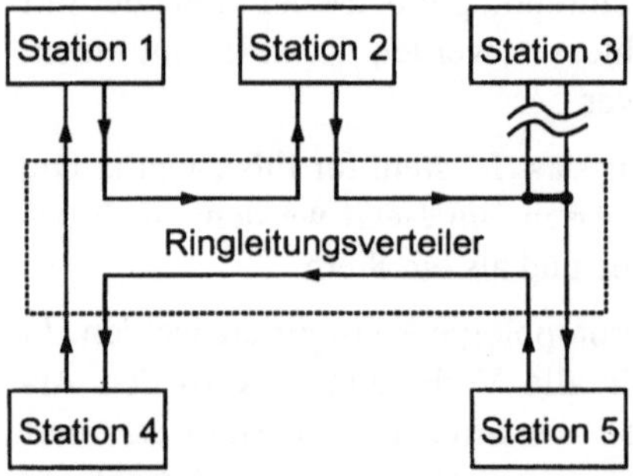

Bild 16.7.2
Beispiel eines IBM-Tokenrings
(Station 3 ist ausgefallen und wird im MAU überbrückt, der Pfeil zeigt die Richtung des Tokenumlaufs)

Lichtwellenleiter werden bei Tokenringen entweder als Tokenring-Verlängerung, oder als ein Voll-Lichtwellenleiter-Tokenring verwendet. Wird es als eine Tokenring-Verlängerung eingesetzt, wird ein Repeater zur Verbindung von entfernten Tokenringsegmenten benutzt, die zusammengeschaltet sind. Der Voll-Lichwellenleiter-Tokenring verwendet aktive Hubs für die Bereitstellung von Lichtwellenleiterausgängen.

16.7.3 ARCNET

Ein weiteres verbreitetes, aber nicht standardisiertes Netzwerk mit Anwendungen in der Meßtechnik [Siebert90], ist das ARCNET (*Attached Recource Computer Network*) der Firma DATA POINT Corporation. Es ist primär als Stern konfiguriert, es kann aber auch in einfacher Bustopologie ausgeführt werden. ARCNET arbeitet mit 2,5 Mbit/s und benutzt Tokenpassing als Zugriffsmethode. Es kann als Medium Koaxialkabel, Twisted Pair oder Lichwellenleiter verwenden.

Typisch ist das Kabel RG62 93 W. Im Standard-Koaxialkabel-Stern-Netzwerk, wird das Kabel in einer Serie von Sternen ausgelegt, wobei jeder Rechner mit einem zentralen Hub verbunden wird. Wenn mehrere Hubs untereinander verbunden werden, wird diese Konfiguration als Bus ausgeführt. Aus diesem Grund wird die Topologie dieses Netzwerks auch als Stern-Bus bezeichnet. Mit dem Kabel RG62, mit einer maximalen Länge von 600 m von einem Abeitsplatzrechner zum Hub, ergibt sich bei einer Reihen-Anordnung eine Ausdehnung bis zu 6,5 Km. Twisted Pair ARCNET und Lichtwellenleiter-ARCNET sind in gleicher Konfiguration wie das Standard-ARCNET verkabelt. Hub und Netzwerkinterfacekarten beeinhalten integrierte Transceiver.

16.7.4 FDDI

Bei den oben genannten Methoden können zwar Lichtwellenleiter eingesetzt werden, die Netzwerktypen sind aber nicht darauf spezialisiert. FDDI (*Fiber Distributed Data Interface*) ist hingegen ein reines Lichtwellenleiternetz mit einer Datenübertragungsrate von 100 MBit/s. Damit läßt dieses Netzwerk höhere Datengeschwindigkeiten als die Standardversionen von Ethernet-, ARCNET- und IBM-Tokenring zu. Wesentliche Anwendungen sind datenintensive Verbindungen von Mainframes und Supercomputern, LANs untereinander auch im Bereich von WANs, mit dem Ziel große Datenmengen, Graphiken und Bewegtbilder zu übertragen. Zukünftige Anwendung liegen auch bei bei Direktverbindung von typischen Arbeitsplatzrechner. Typisch werden Datenraten von 10 - 20 MBit/s für den Datenaustausch zwischen Arbeitsplatzrechner und Fileservern erwartet.

FDDI verwendet eine Ringtopologie. Bei Verwendung von Monomode-Lichtwellenleiter dürfen die Stationen bis 60 km von einander entfernt liegen, bei Gradienten-Lichtwellenleitern bis zu 2 km. Der Ring, den die Daten durchlaufen, darf eine maximale Länge von 200 km aufweisen und bis zu 1000 Stationen verbinden. Als Kodierung wird der 4B-5B-Kode eingesetzt, damit beträgt der Bandbreitenbedarf nur 125 MHz bei einer Datenrate von 100 MBit/s.

Aus Gründen der Zuverlässigkeit und Fehlertoleranz wird ein *Counterrotating-Ring*, bestehend aus einem primären und einem sekundären Ring, eingesetzt. Ein Beispiel ist in Bild 16.7.3 gezeigt.

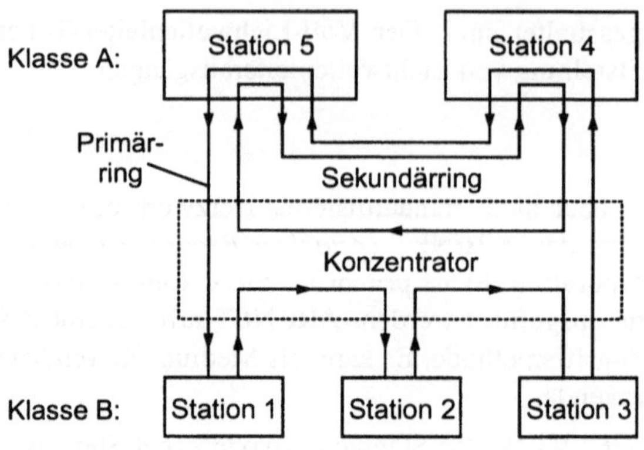

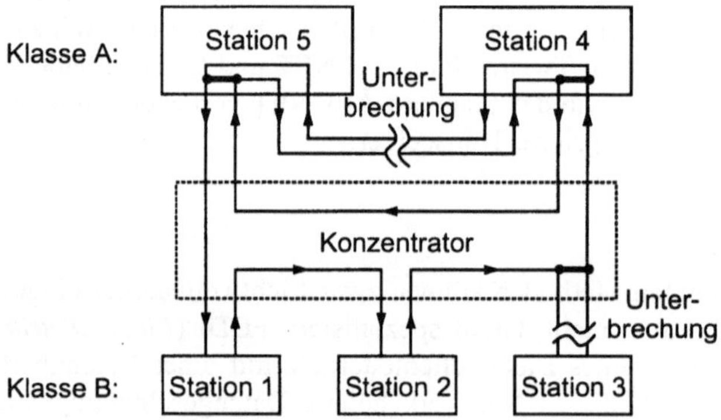

Bild 16.7.3 Funktion des Primär- und des Sekundärrings bei FDDI im Fehlerfall:
a) intaktes Netz,
b) defektes Netz, Station B und A sind unterbrochen und werden umgeleitet

Die Daten bewegen sich normalerweise auf dem Primärring. Der Sekundärring übernimmt den Datentransfer, wenn eine Leitung unterbrochen oder eine Station ausgefallen ist. Die einzelnen Stationen in einem FDDI Netzwerk werden einer Klasse A oder B zugeordnet. Klasse-A-Stationen sind mit dem Primär- und dem Sekundärring verbunden. Mehrere Klasse-A-Stationen können so als physikalisch als Ring verbunden sein. Im Falle eines Ringfehlers rekonfigurieren die entsprechenden Stationen das Netzwerk automatisch zur Umgehung der ausgefallenen Station. Klasse-B-Stationen sind nur mit dem Primärring verbunden. Fällt eine Klasse B Station aus, konfiguriert sich der Konzentrator automatisch neu und isoliert diese Station vom Netzwerk.

FDDI kann auf kürzeren Entfernungen auch mit Twisted Pair verkabelt werden, insbesondere um vorhandene Leitungen auszunutzen. Bezeichnungen für solche Varianten sind SDDI, CDDI und FDDI TP-PMT. Die Datenrate beträgt dann ebenfalls 100 Mbit/s.

16.7.5 ATM-Netze

Die Entwicklung des B-ISDN (*Broadband Integrated Services Digital Network*) führte dazu, daß zukünftig ATM (*Asynchronous Transfer Mode*) als Basisübertragungsverfahren für die Übermittlung von Daten, Bildern und Sprache verwendet wird [Kyas94], [Siegmund94]. Diese Technik läßt sich nicht nur im Weitverkehrsbereich (*WAN*) einsetzen, sie setzt sich auch im LAN-Bereich fort und ermöglicht dadurch übergreifende Netzwerkskonzepte.

In ATM-Netzen werden alle Daten in sogenannten Zellen mit einer festen Länge übertragen. Diese Zellen bestehen aus 53 Bytes (8-Bit-Worte), von denen 5 Bytes für den Kopf (*Header*) und 48 Bytes für die Nutzinformation (*Payload*) verwendet werden. Der Kopf enthält Informationen über den Weg, den die Zelle durch ein Netzwerk nimmt (*routing*), über die Wichtigkeit der Zelle (*cell loss priority*), über die Art der Nutzlast (*payload type*) und eine Checksumme zur Überprüfung von Bitfehlern im Header und zur Synchronisation (*HEC*). Die Nutzlast wird ungeschützt übertragen, Bitfehler in der Nutzlast werden in höheren Schichten des OSI-Modells abgewickelt.

Die typische Topologie eines ATM-Netzes ist der Stern. Im Sternpunkt befindet sich das Koppelfeld (*ATM-Switch*), das die Verteilung der Zellen übernimmt. Alle Teilnehmer sind durch eine eigene Leitung mit dem Sternpunkt verbunden. In fest vorgegebenen zeitlichen Raster werden in beiden Richtungen die Zellen ausgesandt, wobei die aktuelle Zellrate kleiner als die maximal mögliche Zellrate sein kann. In diesem Falle werden, wenn keine Infomrmationen zu übertragen sind, sogenannte Leerzellen (*idle cells*) eingefügt. Sendet der Teilnehmer mit einer konstanten Zellenrate wird von CBR-Verkehr gesprochen (*constant bit rate*), eine Übertragung mit variablen Bitraten wird als VBR (*variable bit rate*) bezeichnet. Da die Zellen zwar in einem festen zeitlichen Raster, jedoch nicht unbedingt in jeder Rasterposition abgesandt werden, ist dieses Verfahren asynchron und führt daher die Bezeichnung Asynchroner Transfermodus.

Die Übertragung erfolgt vorwiegend über Lichtwellenleiter, jedoch sind für niedrigere Übertragungsraten oder kürzere Entfernungen auch elektrische Verbindungen möglich. Das Verfahren ist skalierbar, da heißt an unterschiedliche Zellraten anpaßbar. Beispiele für unterschiedliche Übertragungsraten sind 32, 155 und 620 Mbit/s. Die angegebene Übertragungskapazität steht allen Teilnehmern zur Verfügung, z.B. im Gegensatz zum Ethernet, wo die angegebene Übertragungsrate die maximale Übertragungsleistung aller Teilnehmer angibt.

17 Software zur Meßdaten-Aufnahme und -Verarbeitung

„Analytical Engine" nannte Charles Babbage (1791-1871) einen von ihm entwickelten frühen mechanischen Vorläufer moderner programmierbarer Rechenmaschinen. Ada Lovelace (Lady Augusta Ada Lovelace, 1815-1852, die Programmiersprache ADA wurde nach ihr benannt), die eng mit seinem Werk verbunden war, sagte über die „Analytical Engine", das sie „alles tun kann, was immer wir zu ordnen wissen" [Barney88]. Ein Satz, der früh treffend die Möglichkeiten, Aufgaben und Grenzen der Programmierung beschreibt. Unter Software wird allgemein der nicht gerätemäßige Teil einer Rechenanlage verstanden, der Programme und Daten umfaßt. Die Programme enthalten die Anweisungen zur Abfolge der Verarbeitungs- und Steueroperationen in kodierter Form.

17.1 Betriebssoftware

Die Programme in meßtechnischen Anlagen lassen sich entsprechend ihrer Aufgaben den Bereichen Betriebssoftware und Anwendersoftware zuordnen. Die Betriebssoftware, die im folgenden beschrieben wird, umfaßt Systemprogramme und Hilfsprogramme für den Betrieb des Rechners. Die Anwendersoftware umfaßt die Programme für meßtechnische Problemlösungen.

17.1.1 Systemprogramme

Systemprogramme steuern Funktionen des Rechners auf einer hardwarenahen Ebene und übernehmen die Ausführung von Programmen aller Art, sowie die Handhabung, Speicherung und Verwaltung von Programmen und Daten. Bei Rechnern von der Größe eines PCs an aufwärts, ist das Betriebsystem dabei der zentrale Bestandteil der Systemsoftware. In kleineren Mikrocontrollern übernimmt oft ein als Monitor bezeichnetes Programm, oder ein kleines, in der Funktionalität eingeschränktes Betriebssystem diese Aufgaben. Wird der Mikrocontroller für nur eine bestimmte Aufgabe von geringem Umfang eingesetzt, kann es unter Umständen günstiger sein, auf Systemsoftware völlig zu verzichten. Die günstige Verfügbarkeit von Speicher legt jedoch meist die Verwendung einer minimalen Systemsoftware nahe.

Bei Betriebssystemen wird zwischen sogenannten Singletask- und Multitask-Systemen unterschieden. Erstere können zu einem jeweiligen Zeitpunkt nur ein Anwenderprogramm aktivieren, mit multitaskfähigen Betriebssystemen können quasi gleichzeitig mehrere Programme arbeiten. Die Verteilung der Rechenzeit erfolgt durch den *Scheduler* des Betriebssystems, entweder in dem er den aktivierten Programmen Rechenzeit als Zeitscheiben zuteilt, oder auf eine Anforderung hin, die durch ein Interruptsignal ausgelöst wird. Ein speziell für Multitaskbetrieb vorgesehenes Betriebssystem übernimmt diese

Aufgabe. Unter kooperativem Multitasking (Beispiel MS-Windows bis Version 3.1 [Petzold94]) wird verstanden, daß die Anwendungen selbst einen Zeitpunkt im Programmlauf vorgeben, zu dem eine Unterbrechung möglich ist. Dabei können mehrere Anwendungen aktiviert sein, die Vergabe von Rechenzeit erfolgt durch die Anwendungen selbst, indem sie „kooperativ" an geeigneten Stellen im Programm ihren Lauf selbst unterbrechen und die Rechenzeit an eine andere Anwendungen offerieren.

Um einen stabilen Betrieb des Rechners zu gewährleisten, der auch bei fehlerhaften Programmen das System nicht in einen undefinierten Zustand bringt (Systemabsturz), sollte das Betriebssystem eine möglichst vollständige Kontrolle über alle auszuführenden Programme haben. Dadurch wird das Betriebssystem aufwendiger und benötigt mehr Zeit und Speicher für die damit verbundenen Verwaltungsaufgaben. Wenn das Betriebssystem laufende Programme jederzeit unterbrechen kann, auch im Fehlerfalle, und wenn eine Speicherverwaltung sicherstellt, daß Anwenderprogramme nicht auf Speicherbereiche des Betriebssystems zugreifen können, so erhöht das die Betriebssicherheit.

Die klassische Benutzersteuerung eines Betriebssystems ist kommandoorientiert und erfolgt über die Eingabe eines Kommandostrings. Damit werden z.B. Programme gestartet und Dateien angezeigt oder verwaltet. Die Kommandos setzen sich in der Regel aus einem Kommandowort und einer Reihe von nachgesetzten Parametern zusammen, die teilweise auch weggelassen werden können. Für weggelassene Parameter setzt das Betriebssystem automatisch Standardwerte, sogenannte *Default-Werte*, ein.

Mittlerweile beherrschen Windowsoberflächen, die von unterschiedlichen Herstellern für verschiedene Rechnerplattformen von PCs und Workstations angeboten werden, sowohl die Betriebssoftware als auch die Anwendersoftware und haben sich zum defacto-Standard entwickelt. Diese Bedienungsoberflächen ermöglichen graphische und alphanumerische Eingaben, wobei für System- und Anwenderprogramme auf dem Bildschirm Fenster (*windows*) vorgesehen sind. Benutzereingaben und -ausgaben der Programme erfolgen in diesen Fenstern. Für Eingaben unterstützt das Betriebssystem graphische Eingabegeräte, meist eine Maus (alternativ Rollkugel, Graphiktablett, Touchpad, berührungsempfindlicher Bildschirm u.a.), mit der ein Zeiger auf dem Bildschirm plaziert werden kann. Wichtiger Vorteil von Windows ist eine Vereinfachung und Vereinheitlichung der Benutzersteuerung durch standardisierte Bildschirmaufteilungen und Eingabemechanismen. Die Grundfunktionen für diese Oberfläche werden von Windows zur Verfügung gestellt und lassen sich auch von Anwenderprogrammen nutzen. Auch für meßtechnische Anwendungen haben mit Fenstern arbeitende Betriebssysteme eine große Bedeutung. Durch die Fenster, die geöffnet, geschlossen, verschoben, vergrößert und bis zur Symbolgröße (*icon*) verkleinert werden können, besteht die Möglichkeit mehrere Anwendungen gleichzeitig zu beobachten. Ein Icon wird auf dem Bildschirm angezeigt und kann durch eine geeignete Anwahl (z.B. *mouse click*) aktiviert oder aufgerufen werden. Durch die graphische Eingabe lassen sich Cursoren programmieren, die eine graphische Eingabe der Meßdaten-Verarbeitungsoperationen erlauben. Die sogenannte Zwischenablage (engl. *clipboard*) ermöglicht den Datenaustausch zwischen einzelnen Anwendungen. Letzlich sorgt der einheitliche Aufbau der Bedienungsoberflächen für benutzerfreundliche Programme, deren Bedienung schnell erlernbar ist.

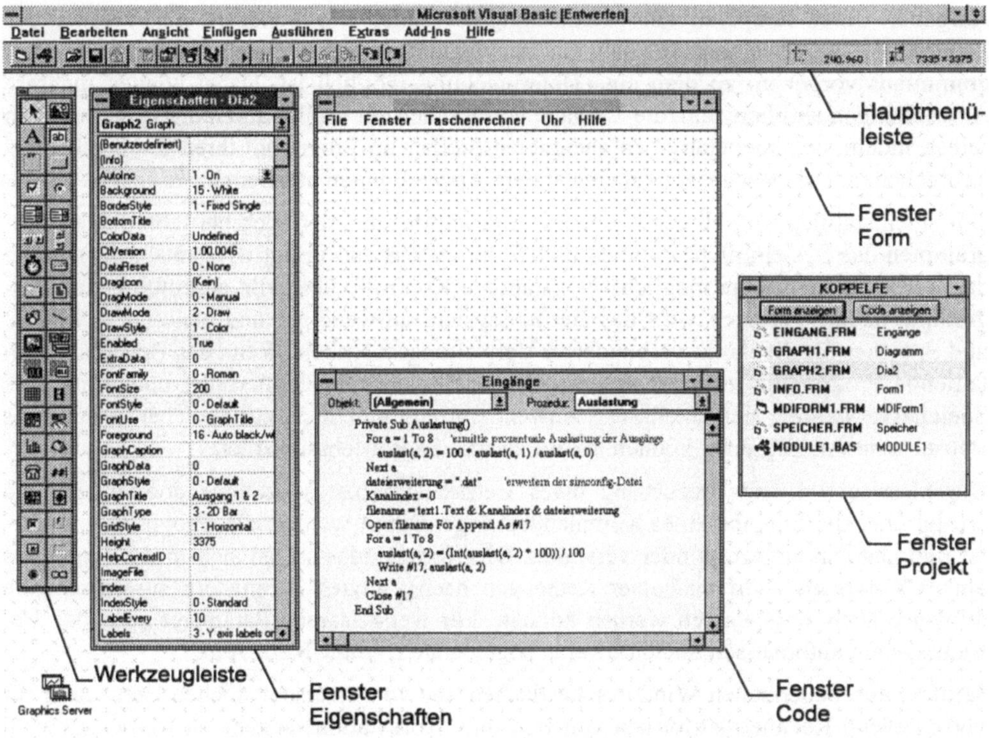

Bild 17.1.1 Fenster der Entwicklungsumgebung Visual Basic unter Windows 95

In Bild 17.1.1 ist als Beispiel die Windowsoberfläche der Entwicklungsumgebung der Programmiersprache Visual Basic gezeigt. Oben ist die Menüleiste zu sehen, die eine Gruppierung der Menüpunkte in Haupt- und Unterpunkte zeigt. Darunter befindet sich eine Leiste mit Schaltknöpfen (*buttons*), die hier eine schnelle Steuerung des Programms ermöglichen. Diese Anwendung ist als *Multiple Document Window* (MDI) ausgelegt. Dadurch ist es dem Hauptfenster möglich, weitere Unterfenster zu beherbergen bzw. an unterschiedlichen Dokumenten quasigleichzeitig zu arbeiten. In dem gezeigten Beispiel ist das eine Arbeitsfläche und unterschiedliche Arbeitsmittel.

Das klassische Betriebssystem für PCs, MS-DOS *(Microsoft Disk Operating System)* der Firma Microsoft, ist ein Beispiel für ein kommandoorientiertes Singletask-Betriebssystem, abgestimmt auf die Intel 80x86 Prozessoren, das auf IBM-kompatiblen Rechnern verwendet wird. Die Betriebssystemerweiterung „MS-Windows" (bis Version 3.1) für MS-DOS bietet die Vorteile einer Windows-Benutzeroberfläche. Mit dieser Betriebssystemerweiterung können zwar mehrere Programme gleichzeitig aktiviert sein, durch das kooperative Multitasking findet eine quasigleichzeitige Abarbeitung mehrerer Programme jedoch nur eingeschränkt statt. Für eine zeitkritische Meßdatenerfassung ist es u.U. erforderlich, durch Programmierung das Windowssystem vorübergehend außer Betrieb zu setzen.

Die Betriebssysteme „Windows 95" und „Windows NT" der Firma Microsoft und OS/2 Warp3 der Firma IBM stellen komplette Betriebssysteme mit Windows zur Benutzersteuerung dar. Sie unterstützen ein sogenanntes preemptives Multitasking bei sogenannten 32 Bit-Anwenderprogrammen. Das sind Programme, die 32 Bit lange Worte verwenden und damit die Rechnerleistung voll ausschöpfen. Anwenderprogramme für diesen Standard müssen mit einem Compiler erstellt werden, der entsprechend 32 Bit-Kode liefert. Ähnlich wie auch „Windows 95" unterstützt auch das Betriebssystem UNIX ein preemptives Multitasking (siehe z.B. [Jamal95], [Bögeholz95], [King95], [Deitel95]). Weitere Beispiele für Windowsoberflächen sind die Betriebssysteme der Apple-Macintosh-Computer und der Zusatz X-Windows für Unix.

Echtzeit-Betriebssysteme setzen Multitaskfähigkeit voraus. Solche Betriebssysteme sind von besonderer Bedeutung für die Prozeßmeß- und -steuertechnik, die in Fertigungsanlagen benötigt wird. Dort wird Echtzeitfähigkeit gefordert: das ist die Einhaltung maximal zulässiger Reaktionszeiten auf äußere Ereignisse. Dazu stellt das Betriebssystem Funktionen zur Verfügung, die durch die Anwenderprogramme, meist in Form von *Subroutines* in einer Programmiersprache für allgemeine Anwendungen, oder durch besondere Sprachelemente einer Echtzeitsprache abgerufen werden können. Spezielle Programmiersprachen für Echtzeitanwendungen sind Pearl, RTT, ADA, Modula und Realtime Fortran [Rembold94], [Barney88]. Diese Sprachen weisen sogenannte *embedded elements* auf, mit dem Vorteil, daß die Compiler eine semantische Überprüfung vornehmen können.

Die Programme zu den einzelnen Aufgaben werden als *Tasks* oder auch *Threads* bezeichnet. Die Aktivierung der einzelnen Tasks geschieht durch Unterbrechnungen (Interrupts), die durch Ereignisse des Prozesses ausgelöst werden (siehe auch Kap. 9.4.5). Die Routinen werden zuvor in einen Wartezustand versetzt. Für diese Unterbrechnungen ist im Betriebssystem eine Prioritätsteuerung vorgesehen, die z.B. bestimmt, welche Task von welchem Unterbrechungsanforderung unterbrochen werden kann. Damit können wichtige Aufgaben sofort, Aufgaben die Aufschub dulden, später erledigt werden.

Die einzelnen Tasks kommunizieren miteinander und tauschen Daten aus. Eine Möglichkeit dazu ist, die Nachrichten an einen Task zu senden und sie nötigenfalls dazu in eine Schlange (*queue* oder *pipe*) einzureihen. Eine andere Möglichkeit besteht darin, allen Tasks gemeinsame Speicherbereiche zu definieren (*common* oder *shared memory*).

Möglichkeiten zur Ablaufsteuerung einzelner Softwaremodule ist durch Software-Schalter (*Semaphore*) gegeben. Ein Beispiel für die Anwendung eines Semaphors ist gegeben, wenn verschiedene Tasks drucken möchten. Da der Ausdruck jedoch nur einen Sinn ergibt, wenn ein Task eine komplette Ausgabe vollenden kann, wird für die Zeit der Ausgabe der Drucker für die anderen Tasks gesperrt.

17.1.2 Hilfsprogramme

Hilfsprogramme, auch Dienstprogramme genannt, unterstützen den Anwender mit zusätzlichen Funktionen zu den Systemprogrammen und tragen damit zu einer effizienten Nutzung des Rechners bei. Dazu gehören Programme zur allgemeinen Datenverwaltung und Archivierung, weiterhin zur Entwicklung und Wartung von Anwenderprogrammen. Diese Programme umfassen *Assembler* und *Compiler* zur Erstellung von Programmen und *Linker* zur Fertigstellung eines Anwenderprogramms. Mit *Editoren* werden die Inhalte von

Dateien verändert. Zur Fehlerfindung in Programmen dienen *Debugger*, mit denen zu testende Programme angehalten und Speicherinhalte kontrolliert werden können. *Emulatoren* werden zur Nachbildung der Prozeßumgebung vor dem Austesten in der realen Umgebung eingesetzt. Sprachen, wie z.B. das in der Meßtechnik häufig eingesetzte BASIC, benötigen einen Interpreter. Bei der Erstellung kann Schritt für Schritt die Entwicklung getestet werden. Für eine höhere Effizienz der Programme während der Laufzeit können Interpretersprachen jedoch auch compiliert werden.

Diese Hilfsprogramme werden zunehmend einereits in die Betriebssysteme und andererseits in die Entwicklungsumgebungen und Anwenderprogramme integriert. Während konventionell Quellprogramme mit dem Editor erstellt, mit einem Compiler übersetzt und mit einem Linker mit Bibliothektsroutienen zu einem Programm zusammengebunden werden, existieren derzeit für alle gängigen Programmiersprachen *Entwicklungsumgebungen*. Sie werden auch als *workbenches* bezeichnet und unterstützen, über die Funktionen zur Erstellung von Programmen hinaus, das Projektmanagement, Standard-Rahmenprogramme und Bedienungsoberflächen für Anwendungen sowie Programme zur Fehlerfindung (*Debugger*). Es ist nicht mehr erforderlich, die Umgebung des Editors zu verlassen; alle Funktionen, die zur Entwicklung erforderlich sind, können von der Arbeitsfläche der Entwicklungsumgebung aufgerufen werden. Indem das Rahmenwerk einer Benutzeroberfläche durch die Entwicklungsumgebung zur Verfügunggestellt wird, lassen sich Programme mit übersichtlichen und standardisierten Bedienoberflächen gestalten (siehe z.B. zur Einführung [Krüger94] und für die fortgeschrittene Programmierung [Kruglinski93]).

17.1.3 Anwendersoftware

Anwendersoftware umfaßt sowohl allgemein nutzbare Programme, die zu jedem Rechner gehören, als auch die vom Anwender erstellten, für die Lösung seiner spezifischen Aufgaben. Allgemein nutzbare Programme sind z.B. Programme zur Textverarbeitung, Erstellung von Graphiken, Entwurfs- und Simulationsprogramme für elektronische Schaltungen und Tabellenkakulationen. Für die Meßtechnik lassen sich Funktionen, von der Konzipierung einer Meßeinrichtung über die Auswertung bis hin zu einer automatisierten Programmierung der Analysefunktionen durch entsprechende Anwenderprogramme unterstützen. Ein wichtiges Kriterium für die Beurteilung von Software ist die Mächtigkeit. Darunter wird die Summe der Fähigkeiten der eingebauten Funktionen verstanden.

In Bild 17.1.2 sind wichtige Problembereiche meßtechnischer Software und ihr Zusammenwirken dargestellt. Der Bereich der Benutzerschnittstelle umfaßt die Bildschirmeingaben und Anzeige von Meßdaten- und Steuerinformationen. Bei der Gestaltung dieser Schnittstelle ist es das Ziel, die Kommunikationskanäle zwischen Mensch und Maschine optimal zu nutzen. Beispiele dafür sind vielfältige Funktionen graphischer Eingabe und Ausgabe. In engem Zusammenhang damit stehen die Probleme der Visualisierung der Daten (siehe dazu Kapitel 17.4).

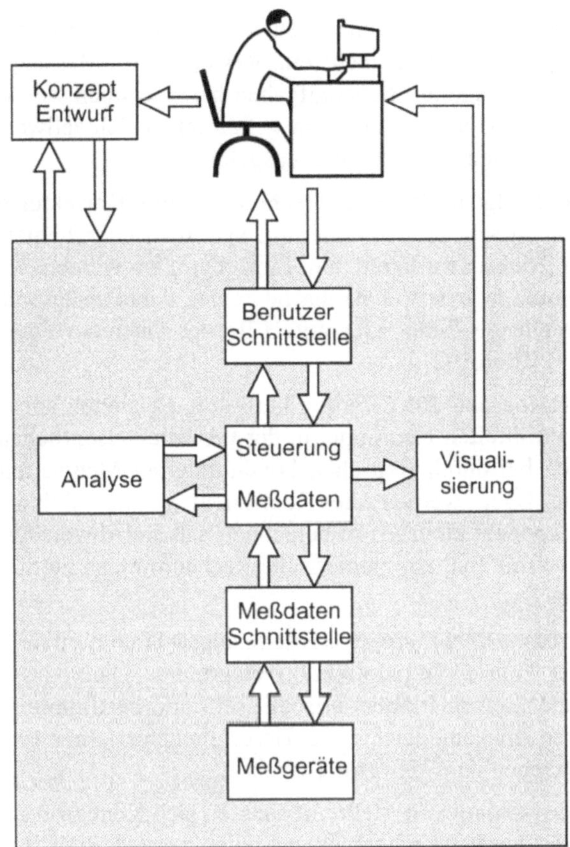

Bild 17.1.2 Funktionen meßtechnischer Software

Ein wichtiger Bereich von Anwendersoftware ist die *Steuerung der Meßfunktionen,* wie anhand der folgenden zwei Beispiele gezeigt werden soll. Das erste Beispiel, eine häufige Aufgabe in der Prozeßtechnik, ist die Steuerung einer zyklischen Akquisition von Meßwerten. Entfernte intelligente Sensoren, die oft mit einem Mikrocontroller ausgestattet sind, werden durch die Steuerung eingestellt. Die Akquisition erfolgt am einfachsten, wenn das Programm wiederkehrend eine Abfrage startet. Liegt ein Meßwert an, so wird er daraufhin eingelesen. Diese Herangehensweise ist zwar programmiertechnisch am einfachsten, beansprucht jedoch die volle Rechenzeit. Alternativ löst ein Meßwertaufnehmer oder ein Triggersignal eine Programmunterbrechung (Interrupt) aus, und durch eine Echtzeit-Routine wird der Meßwert abgeholt. Diese Herangehensweise benötigt Echtzeitverarbeitung und Echtzeitprogrammierung. Ein anderes Beispiel für Meßgerätesteuerung ist die Programmierung komplexer Meßgeräte, wie z.B. einen Netzwerkanalysator. Dabei bezieht sich die Programmierung auf die Einstellung von Meßbereichen, Meßfunktionen, Auswertungen oder den Datentransfer. Da in dem ersten Beispiel aus der Prozeßtechnik bestimmte Zeitbedingungen, z.B. äquidistante Abtastung, einzuhalten sind, wird dabei von einem zeitkritischen Vorgang gesprochen. Die Funktionen werden durch *Echtzeitprogramme* wahrgenommen, die mit den Meßprozessen kommunizieren und Reaktionen

auslösen können. Die Einstellungen eines Netzwerkanalysators im zweiten Beispiel dürf-
ten eher als zeitunkritisch zu bezeichnen sein. Resultate von Messungen können auch in
den Prozeß rückgekoppelt und zu Steueraufgaben herangezogen werden. So werden z.B.
in der Prozeßtechnik bei Überschreiten von gefährlichen Schwellwerten gegebenenfalls
Alarme und auch Reaktionen zur Sicherheit ausgelöst.

Nach der Aquisition erfolgt in der Prozeßtechnik oft eine Korrektur der Meßwerte. Die
Korrekturrechnungen dienen der Eliminierung systematischer Fehler. Statische Fehler,
dabei hauptsächlich Nichtlinearitäten und Einflußgrößen werden durch Wertetabellen
oder Korrekturpolynome reduziert, dynamische Fehler, dabei insbesondere Frequenzgangfehler, durch entsprechende Filter oder mit Hilfe der diskreten Fourier-Transformation
(siehe auch Kapitel 4) [Profos92].

Verfahren zur *Regression* und zur *Glättung* liefern einen glatten approximierten Verlauf
einer meßtechnisch ermittelten Kennlinie, in der u.U. die wesentlichen Merkmale besser
erkennbar sind. Auch bei durch Rauschen kontaminierten Meßwerten lassen sich diese
Verfahren einsetzen. Dazu werden die Koeffizienten eines Polynoms, einer Spline-
Funktion oder von Exponentialkurven so berechnet, daß die Abweichung von dem gesamten Verlauf der Kurve minimal ist. Numerische Rechenroutinen zu diesen Verfahren sind
in [Press92] angegeben.

Unter Verfahren der *Signalverarbeitung* werden haupsächlich digitale Filter und Spektralanalyse mit diskreter Fourier-Transformation verstanden. Damit lassen sich die in den
Meßwerten enthaltenen Informationen aufschlüsseln und bestimmte Kurvenformen oder
Komponenten im Frequenzgang detektieren. Berechnungsverfahren für digitale Filter sind
in [Oppenheim75], [Oppenheim95] veröffentlicht.

Durch *statistische Auswertung* von Meßreihen lassen sich Kenngrößen, ebenso die Korrelation, Auto- und Kreuzkorellation berechnen (siehe Kap 4.6).

Bei *indirekten und modellgestützten Meßverfahren* werden Meßwerte ermittelt, aus denen
die gesuchten physikalischen Größen berechnet oder geschätzt werden (siehe Kap.2 und
z.B. [Profos92]). Von *Rekonstruktionen* wird gesprochen, wenn elektrische oder mechanische Feldgrößen meßtechnisch ermittelt werden und daraus Materialkenngrößen von
Volumina oder auf Flächen ermittelt werden. Ein Beispiel für eine Rekonstruktion ist die
Tomographie in der Materialprüfung oder medizinischen Diagnose. Mit Röntgenstrahlen
werden rings um das Meßobjekt Durchstrahlungsparameter gemessen und daraus mit
geeigneten Algorithmen ein Abbild der Durchlässigkeit des Materials ermittelt.

Eine *Klassifizierung* (siehe [DIN 1319]) ordnet das Kontinuum der Meßwerte einzelnen
Klassen zu. Im einfachsten Fall wird damit eine Gut-Schlecht-Beurteilung vorgenommen.
Entscheidungsbäume und neuronale Netze erlauben eine weiterreichende Aufschlüsse-
lung. [Schwetlick92]. Für Auswertungen eignen sich wissensbasierte Systeme, die auf den
Forschungen zu künstlichen Intelligenz aufbauen. Systeme für den Einsatz in der Meß-
technik sind in [Höfel91] und [Filbert91] beschrieben.

Für die weitere Verwendung der Meßwerte sind die Funktionen *Dokumentation, Registrierung* und *Archivierung* erforderlich.

Auch der *Entwurf* komplexer Meßsysteme läßt sich durch Softwaremethoden unterstützen. Die Methoden entstammen den Bereichen künstliche Intelligenz und Expertensystemen wie z.B. in [Puppe90]. Diese Unterstützung kann sowohl die Zusammenstellung von

Meßgeräten, Verarbeitungsfunktionen, als auch die Simulation von Meßsystemen umfassen [Barwicz89], [Karjalainen90].

17.2 Erstellung meßtechnischer Software

Die Erstellung von meßtechnischer Software reicht von maschinennaher Assemblerprogrammierung über die Anwendung von Hochsprachen bis hin zu speziellen Softwarewerkzeugen. Ein unterscheidendes Merkmal bei der Softwareerstellung ist, wie nah an der Hardware oder wie nah an den Bedürfnissen des Benutzers programmiert wird. So sind z.B. für die Programmierung von Signalprozessoren, die geschwindigkeitsoptimiert arbeiten sollen, eher Programmiersprachen, die hardwarenahe Operationen ermöglichen, sinnvoll. Gleiches gilt für schnelle Echtzeitverarbeitung und Datentransfers. Im Gegensatz dazu kann ein Programm, das nur numerische Berechnungen ausführt, unabhängig von der Hardware formuliert sein. In [Schumny93] wird ein Überblick über eine Vielfalt von kommerziellen Softwareprodukten gegeben.

Aus der Sicht des Betriebes lassen sich Anwenderprogramme in der Meßtechnik unterscheiden:

- *anwendungsspezifische Programme*, die hinsichtlich der Funktionalität und der Benutzerschnittstelle auf ein spezielles Problem hin entworfen sind (z.B. Daten von einem Meßgerät abholt und speichert),
- *interaktive Programme*, kommando- oder menügeführte Programme, traditionell oder mit Schaltflächen bzw. Windowsunterstützung, mit denen Anwender vordefinierte Funktionen für meßtechnische Datenerfassung, auf die Daten anwenden können,
- *meßtechnisch orientierte Entwicklungsumgebungen* mit denen Anwenderprogramme erzeugt werden können,
- *Programmiersprachen für allgemeine Anwendungen* wie C, C++, Basic, Pascal und Fortran.

Werkzeuge der letzten beiden Gruppen eignen sich zur Erstellung von Programmen der ersten beiden Gruppen.

17.2.1 Anwendungsspezifische Programme

Unter anwendungsspezifischen Programmen werden Lösungen von Meßaufgaben verstanden, die nur ein bestimmtes Aufgabengebiet, z.B. eine bestimmte Messung mit Auswertung der Meßdaten abdecken. Solche Programme können auf die Besonderheiten der Meßaufgabe hin optimiert werden und z.B. eine optimale Verarbeitungsgeschwindigkeit erzielen. Daraus resultiert allerdings auch eine auf die spezielle Aufgabe begrenzte Verwendbarkeit. Anwendungsspezifische Programme sind oft auch von bestimmten Meßgeräten abhängig. Ein Wechsel der Meßgeräte kann u.U. auch mit derzeitigen Standardisierungen ein komplettes Umschreiben der Software erforderlich machen. Für die Wartbarkeit ist ungünstig, daß oft nur der Programmierer, der das Programm erstellt hat, auch Änderungen vornehmen kann. Die Verwendung von anwendungsspezifischen Programme ist dann sinnvoll, wenn eine spezielle Meßaufgabe für lange Zeit unverändert besteht.

Dies ist z.B. bei Geräten mit eingebauten Microcontrollern der Fall oder bei Prüfabläufen der Großserienfertigung. Ebenso können spezielle meßtechnische Probleme Lösungen fordern, bei denen die volle Mächtigkeit und Vielfalt einer allgemeinen Programmiersprache unabdingbar ist. Anwendungsspezifische Programme können sowohl in Standardprogrammiersprachen verfaßt sein, als auch mit Hilfe einer meßtechnisch orientierten Entwicklungsumgebung.

17.2.2 Interaktive Programme

Interaktiv arbeitende Programme zeichnen sich dadurch aus, daß sie im Gegensatz zu speziellen anwendungsorientierten Programmen einen ganzen Themenbereich abdecken. Die Bedienung erfolgt über eine direkte Interaktion zwischen Meß- und Meßdatenverarbeitungssystem und dem Benutzer. Die Bearbeitung der Meßaufgabe ist in einzelne Teilaufgaben zerlegt, die über eine geeignete Benutzerschnittstelle vom Anwender sequentiell aufgerufen und bearbeitet werden. Die Benutzerschnittstelle ist kommando- oder menügeführt ausgelegt. Aktuelle Programme bauen meist auf einem Betriebssystem mit Windows-Unterstützung auf.

Interaktive Programme laufen typischerweise in einer Art Hauptschleife, die im Bild 17.2.1 dargestellt ist. In einem Durchlauf wird jeweils eine einzelne Aktion aufgerufen. Solche Aktionen sind z.B. die Erfassung einer Serie von Meßwerten, das Speichern der Werte, einzelne Verarbeitungsoperationen und die Anzeige. Nach jedem Schritt lassen sich die Verarbeitungsabläufe sichtbar machen. Berechnungen nach komplexen Algorithmen lassen sich aus Sequenzen von elementaren Verarbeitungsoperationen zusammensetzen, indem die einzelnen Verarbeitungsoperationen aufgerufen werden. Bei manchen Programmen lassen sich komplexe Funktionen aus vielen Einzelschritten durch eine Steuerung der Hauptschleife verwirklichen. Der Programmteil, der Verarbeitungsabläufe anregen kann, heißt *Sequencer*. Er wird entweder vom Anwender programmiert oder durch eine Lernphase (*teach in phase*), während der der Verarbeitungsablauf per Handeingabe Schritt für Schritt durchgeführt wird, automatisch erzeugt.

Wie auch bei anwenderspezifischen Programmen ist die Erweiterbarkeit eingeschränkt und auf u.U. wenige online-gekoppelte Meßgerätetypen festgelegt. Der Anwender ist in erster Linie auf vorbereitete Funktionen angewiesen. Einige kommerzielle Produkte bieten die Möglichkeit an, weitere eigene Routinen in bestimmten Standardprogrammiersprachen, meist C, einzubinden und so mitzubenutzen. Damit läßt sich dann gegebenenfalls auch eine Anpassung an andere Meßhardware erreichen. Beispiele kommerziell verfügbarer Programme mit interaktiven Fähigkeiten sind *Dia/Dago* [Melder90], *Famos* der Firma IMC Berlin oder *Testpoint* der Firma Keithley.

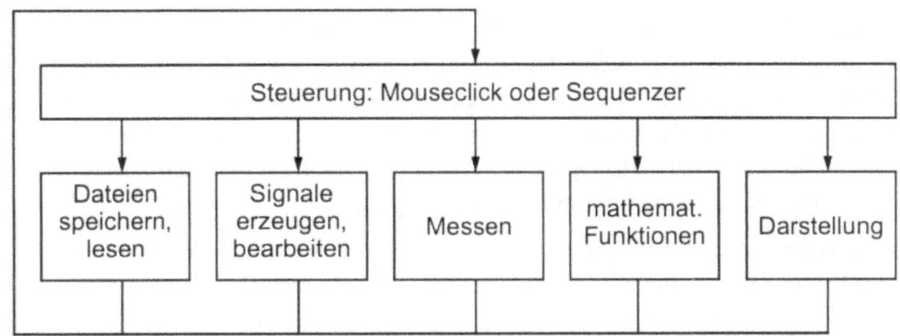

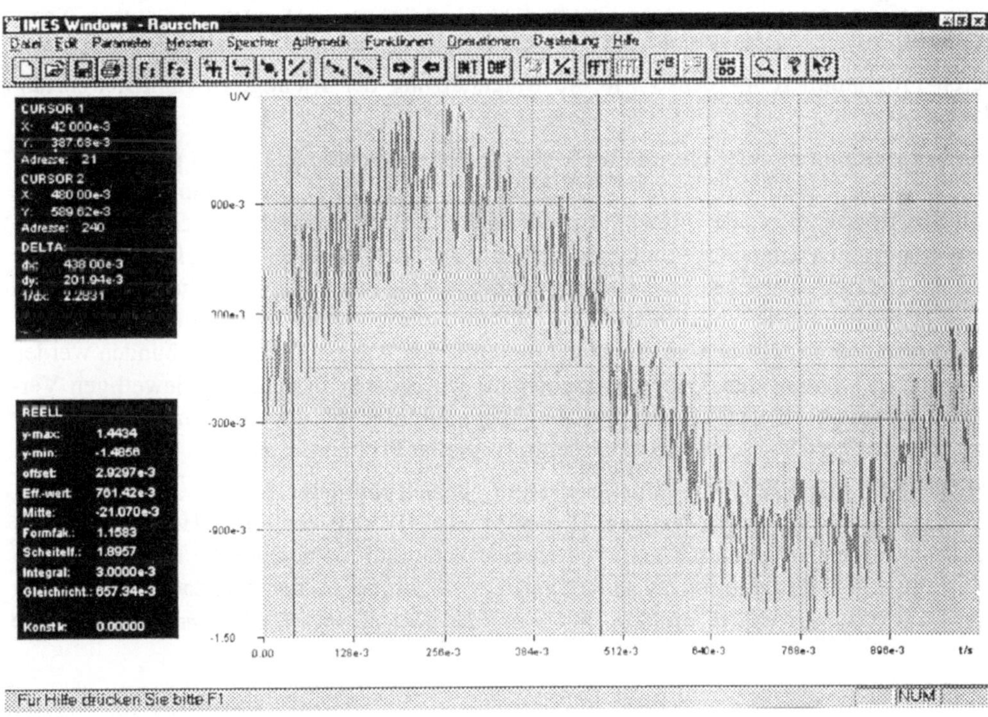

b)

Bild 17.2.1 Interaktive Meßdatenerfassungs- und Verarbeitungsprogramme:
a) Beispiel einer Hauptschleife, b) Beispiel für eine Benutzeroberfläche

17.2.3 Meßtechnisch orientierte Entwicklungsumgebungen

Für meßtechnische Anwendungen wird vielfache Unterstützung in Form, spezieller Programmiersprachen und Programmerstellungswerkzeuge augeboten. Meßtechnische Software benötigt im Regelfall eine Onlinekopplung des Rechners mit den Meßgeräten. Herstellerunabhängig standardisierte Schnittstellen unterstützen solche Kopplungen. Eine unmittelbare Anzeige der Meßwerte auf dem Bildschirm (Echtzeitdarstellung) ist oft wünschenswert.

Einige spezielle Programmiersprachen bzw. firmenspezifische (problemspezifische) Spracherweiterungen haben in verschiedenen meßtechnischen Bereichen Einfluß gewonnen. Die Sprache ASYST, unter DOS verwendet, wurde speziell für die Programmierung der Meßdatenerfassung und -verarbeitung enworfen. Testsysteme waren ebenfalls ein Ziel für Sprachentwicklungen (z.B. die Sprache *Atlas*). Für andere Standardsprachen wie z.B. Basic, existieren herstellerspezifische Erweiterungen.

Um den Anwender bei der Erstellung zu unterstützen, wurden Vereinfachungen zur Programmerstellung mit graphischen Oberflächen entwickelt [Jamal94]. Mit graphischen Eingabemedien können damit leicht Bedienungsoberflächen einschließlich der graphischen Bedienungselemente und Anzeigen der Meßdaten erstellt werden. Die Programmierung erfolgt durch das Ausfüllen graphischer Menüs oder durch Programmiersprachen wie Basic oder C. So unterstützt z.B. die Entwicklungsumgebung LabWindows diese Möglichkeiten. Sammlungen von Treibersoftware für alle verbreiteten Meßgeräte unterstützen deren Programmierung ebenso wie die Unterstützung der wichtigen Schnittstellenstandards.

Die Entwicklung mündet für eine weite Klasse von Anwendungen in die graphische Programmierung [Jamal95a]. Anwenderprogramme werden dabei durch graphische Eingabe von Struktogrammen oder Flußdiagrammen erstellt. Auch hierbei wird zunächst mit einem graphischen Eingabemedium eine Bedienungs-Oberfläche der Meßsoftware gestaltet. In einer anderen Ebene des Entwicklungssystems werden dann die Anschlußstellen zu den Oberflächenelementen abgebildet. Die Programmierung erfolgt, indem graphische Symbole zusammengestellt und untereinander und mit den Anschlußstellen verbunden werden (Bild 17.2.2). Hinter den Symbolen verbergen sich Fenster, in denen die jeweiligen Verarbeitungsparameter eingegeben werden. Kompatibilität zu allgemeinen Programmiersprachen ermöglicht auch die Formulierung spezieller Problemlösungen.

Beispiele für graphische Programmiersysteme, speziell für meßtechnische Anforderungen, sind LABVIEW der Firma National [Dahn93] und HP-VEE der Firma Hewlett Packard. Auch für allgemein technisch-naturwissenschaftliche und mathematische Problemstellungen entworfene Programmiersysteme finden Verbreitung in der Meßdatenverarbeitung und -Auswertung wie z.B. *Mathlab* mit Simulink oder *Mathcad*, *Mathematica* und viele mehr.

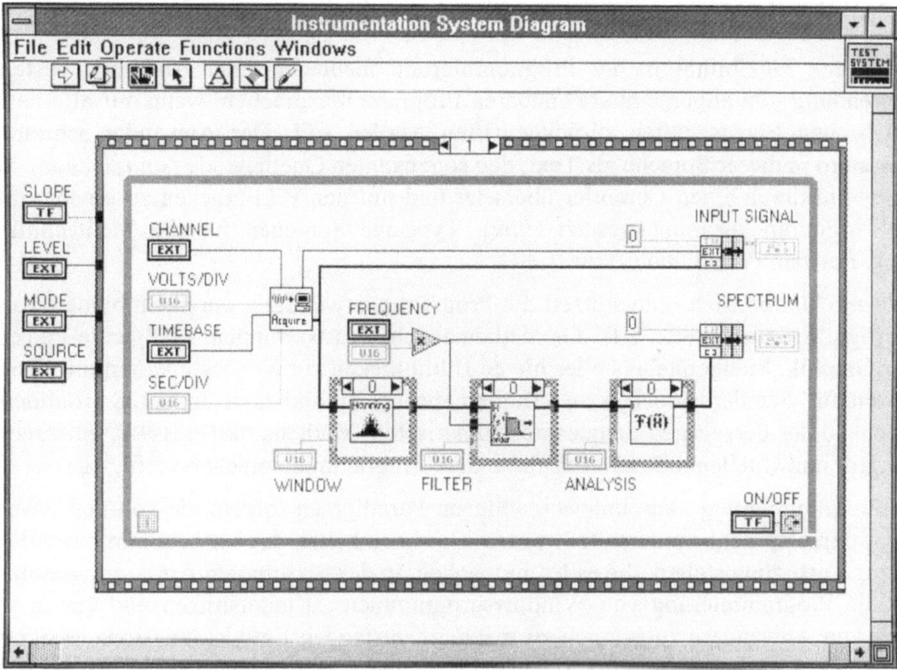

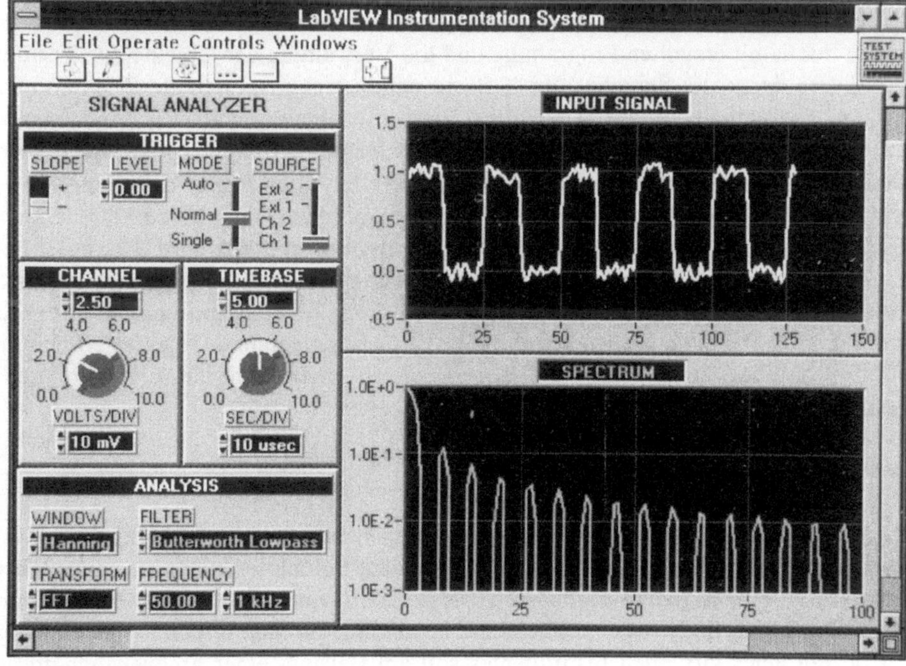

Bild 17.2.2 Graphische Programmierung mit Ikonen:
    a) Elemente einer Meßanordnung zur Signalanalyse,
    b) Programmierung durch den Entwurf eines Blockschaltbildes (Foto: National Instruments)

17.2.4 Programmiersprachen für allgemeine Anwendungen

Die größte Flexibilität in der Programmierung meßtechnischer Aufgaben besteht bei Verwendung von allgemeinverwendbaren Programmiersprachen, wenn auf alle hardwarspezifischen Eigenschaften zurückgegriffen werden soll. Der Anwender schreibt sein Programm in dieser Sprache als Text, den sogenannten Quellenkode (*source code*). Dieser Kode wird durch einen Compiler übersetzt und mit den Bibliotheken zu einem lauffähigen Programm zusammengesetzt (*link*). Typische Sprachen für die Meßtechnik sind Basic, Fortran, Pascal und C bzw. C++.

Software-Bibliotheken unterstützen die Programmentwicklung durch Einbinden von vorgefertigte Programmteile, z.B. für mathematische Auswertungen, Meßgeräte-Funktionen oder Graphik. Meßgerätehersteller bieten Bibliotheken zur Kommunikation mit den Meßgeräten für Standardsprachen an. Mathematische Bibliotheken enthalten Routinen entsprechend des derzeitigen Standes der numerischen Mathematik [Press92], entsprechende Literatur und Quellenkode ist auch für andere Programmiersprachen verfügbar.

Die Programmierung kann unterschiedlichen Paradigmen folgen, die von den jeweiligen Programmiersprachen unterstützt werden. Das beeinhaltet, daß sie bestimmte Möglichkeiten zur Verfügung stellen, die es leicht machen, in der bestimmten Art zu programmieren. Um die Programmierung von Windowsprogrammen zu unterstützen und einem weiten Kreis von Anwendern zugänglich zu machen, entstanden Entwicklungsumgebungen, wie z.B. Visual C++ und Visual Basic. Visual C++ enthält die objektorientierte Programmiersprache C++ [Soustroup92] und stellt darüber hinaus umfangreiche Unterstützung für die Programmierung von Windowsoberflächen, sowie Werkzeuge für die Erstellung und Wartung der damit erstellten Programme und die Verwaltung der Objekte zur Verfügung. Insbesondere durch die Sprache Visual Basic wurde ereignisgesteuerte Programmierung verbreitet. Sie enthält einerseits wichtige Elemente objektorientierter Programmierung und die Elemente der Sprache Basic. Andererseits reagieren Programmteile auf bestimmte Aktionen, wie zum Beispiel eine Tastatureingabe oder einen *mouse click*. Die Programmierung erfolgt, indem zum einen eine Windowsoberfläche für das zu erstellende Programm mit einem graphischen Eingabemedium zusammengesetzt wird. Damit ist bereits eine Grundstruktur des Programms vorgegeben und es verbleibt, Programmteile als Subroutinen zu programmieren. Es besteht dann kein explizites Hauptprogramm, das gesamte Programm besteht dann aus einer Sammlung von Subroutinen und Objekten ([Schmitt96], [Kofler96]. Meßgerätehersteller und andere bieten meßtechnische Erweiterungen für Visual Basic an.

17.2.5 Virtuelle Instrumente

Komplexe Meßfunktionen, an denen mehrere Instrumente beteiligt sind, können über die Software des Meßrechners zusammengefaßt werden. Solche funktionalen Einheiten werden als virtuelle Instrumente bezeichnet. Diese Instrumente bestehen als Einheit nur auf der Bedienungsoberfläche des Rechners und lassen eine problemorientierte Bedienung zu. Das Konzept eines virtuellen Instrumentes soll am Beispiel einer Frequenzgangmessung demonstriert werden. Auf der in Bild 17.2.3 dargestellten Bedienungsoberfläche des Rechners werden die Parameter für die Einstellung wie Anfangs- und Endfrequenz eingestellt und der Graph des Frequenzgangs aufgezeichnet. Hinter den Einstellungen verbirgt sich die Software für die Programmierung der physikalischen Geräte wie z.B. eines Funktionsgenerators, eines Filters und eines Multimeters. Nacheinander werden, für den Endbenutzer verborgen, alle Einzelfrequenzen durch den Rechner eingestellt und bei jeder Frequenz eine Messung durchgeführt.

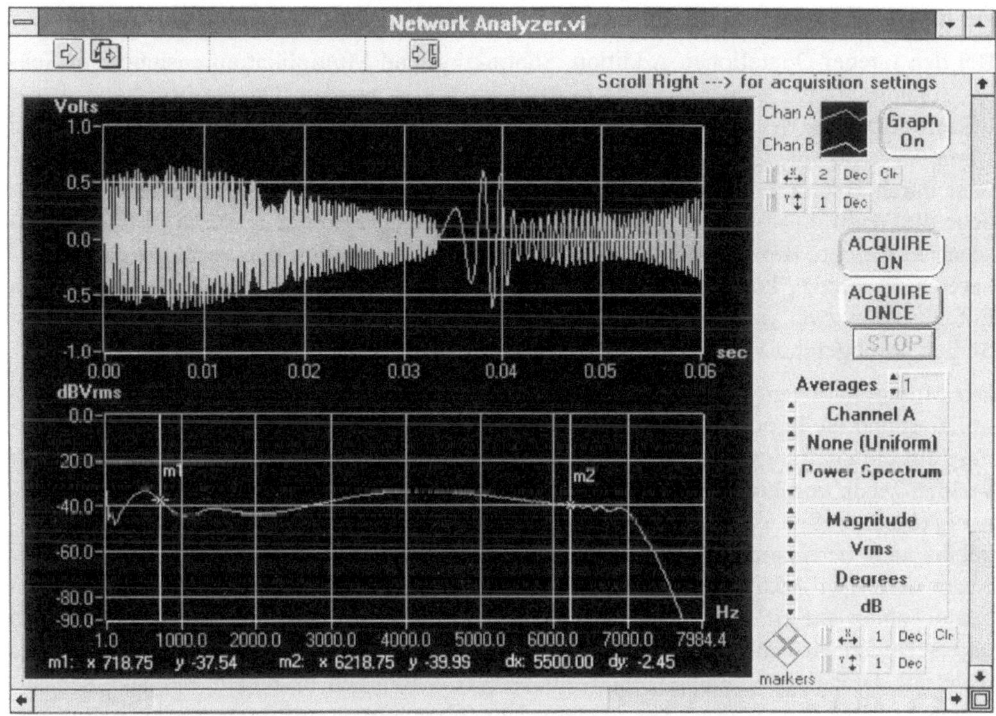

Bild 17.2.3 Beispiel eines virtuellen Instruments zur Frequenzgangmessung
(Foto: National Instruments)

17.3 Fehlerquellen in numerischen Programmen

Während bei der Übermittlung von Daten von und zu Meßanordnungen von fehlerfreier Übertragung ausgegangen werden kann, ist das bei numerischen Operationen, die auf die Daten angewendet werden, nicht der Fall. So treten in Verbindung mit bestimmten Algorithmen Fehler auf, die bedacht werden müssen. Die Ursachen liegen bei einer endlichen Wortlänge der Zahlendarstellungen (siehe dazu auch Kapitel 3) und der Notwendigkeit einer endlichen Rechenzeit für eine numerische Operation. Ein wichtige Gruppe von Fehlern sind dabei die Rundungsfehler, die ausführlich in [Wilkinson69] abgehandelt werden. Oft lassen sich solche Fehler durch eine geschickte Programmierung vermeiden oder hinreichend klein halten.

Werden kontinuierliche Meßwerte durch ganze Zahlen (engl. *integer numbers*) abgebildet, entsteht ein Quantisierungsfehler, auf den bereits im 6. Kapitel eingegangen wurde. Zur Weiterverarbeitung können diese Meßwerte zum einen direkt als ganze Zahlen verwendet oder zuvor in Fließkommazahlen (engl. *floating point numbers*) gewandelt werden. Bei der Wandlung von *Integer*-Zahlen in Fließkommazahlen treten Rundungsfehler immer dann auf, wenn die Anzahl der Integer-Stellen die Anzahl der Stellen der Mantisse der Fließkommazahl überschreitet.

Bei den Integer-Operationen Addition, Subtraktion und Multiplikation ensteht kein Fehler, solange gültige Zahlenbereiche nicht überschritten werden. Das ist insbesondere bei Mittelwertbildungen von abgetasteten Werte vorteilhaft. Je nach dem verwendeten Compiler kann eine Zahlenbereichsüberschreitung dazu führen, daß ein falscher Zahlenwert durch Überlauf vorgetäuscht wird. Abhilfe kann durch eine geschickte Skalierung oder die Wahl einer höheren Wortlänge (*double precision* oder *multiple precision*) geschaffen werden. Bei Divisionen, die z.B. erforderlich sind, um den verfügbaren Zahlenbereich zu nutzen, können Rundungsfehler auftreten. Vorteilhaft sind Divisionen durch Potenzen von zwei, da diese durch Schiebeoperationen und das Weglassen niederwertiger Stellen durchgeführt werden können.

Bei Multiplikationen und Divisionen von Fließkommazahlen werden die Mantissen multipliziert und die Exponenten entsprechend addiert. Die anschließende Rundung der Mantisse auf die ursprüngliche Wortlänge läßt unter Umständen die halbe Anzahl von Stellen verlorengehen und hinterläßt so einen Rundungsfehler. Solche Fehler können große Genauigkeitseinbußen zur Folge haben, wenn z.B. aus Produktbildungen als Zwischenergebnis nahe beieinanderliegende Zahlen resultieren und anschließend ihre Differenz gebildet wird. Bei Additionen und Subtraktionen von Fließkommazahlen werden zunächst beide Zahlen auf einen gleichen Exponenten normiert. Je mehr sich die beiden Zahlen unterscheiden, um so mehr Stellen von der Mantisse verliert die kleinere Zahl und es resultiert daraus ein Rundungsfehler. Dieser Fall wirkt sich besonders bei Summen aus vielen Summanden, wie sie bei numerischen Integrationen auftreten, unangenehm aus. Durch eine fortlaufende Summierung ist die aufgelaufene Summe oft eine sehr große Zahl und der hinzukommende Beitrag eine kleine Zahl. Dieser Fehler kann zu völlig falschen Werten führen. Durch die Wahl entweder einer Zahlendarstellung mit mehr Stellen oder eine geschickte Aufteilung der Additionen in Untersummen kann Abhilfe geschaffen werden.

Eine weitere Gruppe von Rechenfehlern entsteht bei iterativen Verfahren. Dabei wird durch eine Folge von gleichartigen Berechnungen das Ergebnis mit jedem Schritt genauer, bis nach Erfüllung eines Abbruchkriteriums die Berechnungen beendet werden. Solche iterativen Berechnungsgänge, die auch als Bestandteil Standardsoftware von Compilern, z.B. bei der Berechnung trigonometrischer Funktionen, eingesetzt werden, enthalten in jedem Falle einen Restfehler, der auch die Monotonie (z.B. einer trigonometrischen Funktion) verletzen kann. Besonders unangenehm können sich solche Fehler auswirken, wenn die fehlerbehafteten Werte zur Bildung von kleinen Differenzen in digitalen Filtern oder in Finite-Differenzen-Verfahren zur Näherungslösung von Differentialgleichungen weiterverwendet werden. Durch die Wahl einer größeren Wortlänge der Mantisse und einer Einflußnahme auf die Algorithmen lassen sich die Auswirkungen reduzieren.

17.4 Graphische Darstellung der Meßdaten

„The purpose of computing ist insight, not numbers" [Hamming62]

In der Meßtechnik, aber auch im Bereich von numerischen Simulationsrechnungen fallen durch Automatisierung von Meßvorgängen und intensiven Rechnereinsatz zunehmend größere Datenmengen an. Durch die numerische Verarbeitung der Meßdaten werden die relevanten Informationen weiter aufgeschlüsselt oder bei indirekten Meßverfahren in die gesuchten Größen umgerechnet. Die Ergebnisse liegen jedoch als Zahlenwerte vor, die meist wenig anschaulich sind. So liegt die Darstellung in einer Form nahe, in der der Mensch den größten Datenfluß aufnehmen kann - die Präsentation in Form von Bildern. In diesem Sinne dienen Visualisierungstechniken dazu, dem Betrachter die relevanten Informationen durch eine geeignete Darstellung zu erschließen. Die Hilfsmittel sind bildlich dargestellte Objekte, Linien, Flächen oder Körper, deren Geometrie, Struktur, Helligkeit oder Farbe durch die Daten beeinflußt werden. Diese Graphiken reichen von einfachen Kurvendarstellungen bis hin zu komplexen abstrakten farbcodierten Szenerien. Letztlich können auch Hintergrundbilder, z.B. ein klassisches Zeigerinstrument mit Bedienungselementen auf dem Hintergrund einer Prozeßdarstellung, oder Prozeßschaubilder, in denen z.B. auf dem Rechnerbildschirm der Füllstand eines Behälters realistisch dargestellt ist, die Interpretation oder auch die Bedienung einer Anlage unterstützen. Davon wird bei der Programmierung von Oberflächen für virtuelle Instrumente oder bei der Visualisierung von Prozessen Gebrauch gemacht.

Die Ausgaben erfolgen in der Regel auf einem Bildschirm, einem Drucker oder einem Plotter. Dabei läßt sich zwischen Pixel- und Vektorgraphik unterscheiden. Unter Pixelgraphik werden Bilder verstanden, die sich aus einzelnen Bildpunkte (Pixeln) mit bestimmten Farb- und Helligkeitswerten zusammensetzen. Bei Vektorgraphik hingegen wird die Graphik aus kompletten Bildelementen zusammengesetzt. Solche Elemente umfassen Linien (*line*), Serien von Linienelementen (*polyline*), Kreise, Rechtecke, farbige oder getönte Flächen und nicht zuletzt Schrift und Zahlen. Mit Vektorgraphik können Stiftplotter direkt angesteuert werden, da sich Vektorgraphik letztlich aus Anordnungen für die Bewegung eines Stiftes relativ zum Zeichenblatt zusammensetzt. Für Laser- oder Tintenstrahldrucker wird Vektorgraphik zuvor in Pixelgraphik umgesetzt. Bei der graphischen Nachbearbeitung von Pixelgraphik können Pixel gelöscht oder überschrieben werden, sowie Farb- und Helligkeitswerte angepaßt werden. Die graphische Nachbearbeitung von Vektorgraphik erhält die Genauigkeit ursprünglicher Koordinatenwerte, da noch keine Quantisierung auf Pixel erfolgte. Vergrößerungen, Verkleinerungen und viele andere Veränderungen von Bildelementen sind damit nahezu ohne Genauigkeitsverluste möglich. Graphikprogramme wie z.B. *Designer* und *CorelDRAW* unterstützen Vektorgraphik und Pixelgraphik in unterschiedlichen Datenformaten.

Je nach der Anwendung können die Darstellungen in Repräsentationsgraphik und Explorationsgraphik unterschieden werden. Die erstere hat hauptsächlich die Vermittlung von Sachverhalten zum Ziel, wie sie bei Vorträgen, in der Lehre, für Kundenvorführungen u.ä. erforderlich sind. Die letztere dient der Erkundung, indem durch geeignete Darstellungen der Daten Anregung, Einsicht und ein tieferes Verständnis meßtechnisch oder simulationstechnisch gewonnener Sachverhalte erreicht werden soll. Für Repräsentationsgraphik ist das Ausgabemedium in erster Linie ein Drucker. Für die interaktive explorative Arbeit ist eher der Bildschirm geeignet. Einen Einblick in diese erst durch extensiven Rechnereinsatz ermöglichte Arbeitsweise vermittelt [Nielson90]: *„Zu Beginn hat der Anwender, der ein Problem lösen möchte, vielleicht noch keine klare Vorstellungen über das, was genau sein Problem ist und wie es zu lösen wäre. Mit entsprechender Softwareunterstützung wird er Schritt für Schritt Ideen untersuchen, wobei Computer und Anwender eng zusammenarbeiten "*.

17.4.1 Einfache graphische Darstellungen

In einfachen Anwendungen werden einfache Liniengraphiken oder einfache geometrische Anordnungen, bevorzugt Kreis, Kreissegment, Rechteck, Quader oder Zylinder eingesetzt, die in Ihrer Größe, Schattierung oder Farbe beeinflußt werden. Welche Darstellung am günstigsten ist, hängt von den Merkmalen der darzustellenden Meßdaten ab, wie

– Anzahl unabhängiger und abhängiger Variablen,

– diskreter oder abgetastete Wertevorrat der Variablen,

– Wertebereiche, Skalierung und Auflösung.

Die Tabelle 17.4.1 gliedert verschiedene Formen von Liniengraphik. Bei einer unabhängigen Variablen, der Abzisse, und einer abhängigen Variablen, der Ordinate, wird im Regelfall der Meßwert als Funktion dargestellt. Die Daten sind oft eine Funktion der Zeit $y(t)$, wie z.B. bei Oszilloskopen und anderen Datenerfassungssystemen. Der Fall mit zwei abhängigen Variablen ist die Ortskurven-Darstellung, die in Bild 17.4.1 dargestellt ist. Dabei werden die Werte beider Achsen als Funktion eines Parameters t angegeben. Ortskurven-Darstellungen werden häufig zu einer Darstellung des komplexen Spektrums in Betrag und Phase über der Frequenz benötigt. Dem Parameter t entspricht dann die Frequenz, auf der waagerechten Achse ist der Realteil aufgetragen und auf der senkrechten der Imaginärteil.

Tabelle 17.4.1 Einfache graphische Funktionendarstellungen

X-Achse \ Y-Achse	abhängige Variable	unabhängige Variable
abhängige Variable	Ortskurve $x = f(t)$ $y = f(t)$	$x = f(y)$
unabhängige Variable	$y = f(x)$	$w = f(x,y)$

Je nach aufzulösenden Wertebereichen können die Achsen der Variablen linear oder nichtlinear aufgeteilt sein. Nichtlineare Darstellungen können vorteilhaft sein wenn große Zahlenbereiche in einem Diagramm dargestellt werden sollen (z.B. mit logarithmischen Aufteilungen), aber auch wenn durch eine geeignete Skalierung der Achse eine bestimmter Kurvenverlauf, z.B. den Verlauf einer Geraden, erzeugt werden soll, der sich besser für eine Auswertung eignet (engl. *warping*). Die häufig verwendete logarithmische Aufteilung einer Achse hat den Vorteil, daß damit große Zahlenbereiche über mehrere Zehnerpotenzen gleichzeitig aufgetragen werden können. Gleiche Abschnitte auf der Achse entsprechen bei linearer Darstellung gleichen Intervallen, bei logarithmischer Darstellung gleichen Verhältnissen. Sie ist nur möglich, wenn lediglich Beträge betrachtet werden und die Null als Datum nicht auftritt. Der logarithmischen Darstellung kommt entgegen, daß sie der menschlichen Wahrnehmung angepaßt ist, da die Intensität unserer Sinneswahrnehmung nach dem Weber-Fechnerschen-Grundgesetz der Psychophysik näherungsweise proportional zu dem Logarithmus der Intensität eines Reizes ist. Häufig verwendete logarithmische Darstellungen ist das in Bild 17.4.2 gezeigte Bodediagramm. Bei dieser Darstellung für Frequenzgänge wird die logarithmierte Amplitude in dB und die Phase linear über der logarithmisch geteilten Frequenzachse aufgetragen (siehe auch Kapitel 4 zu logarithmischen Maßen).

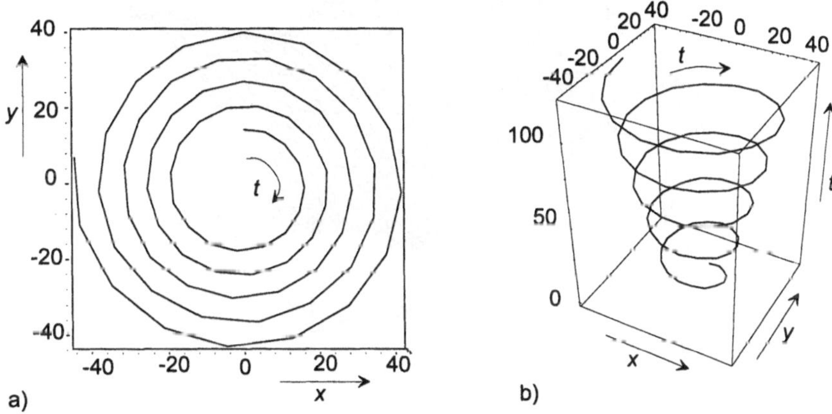

Bild 17.4.1 Ortskurve der Funktion $x(t) = t \sin \omega t$, $y(t) = t \cos \omega t$:
a) zweidimensionale Darstellung, b) dreidimensionale Darstellung

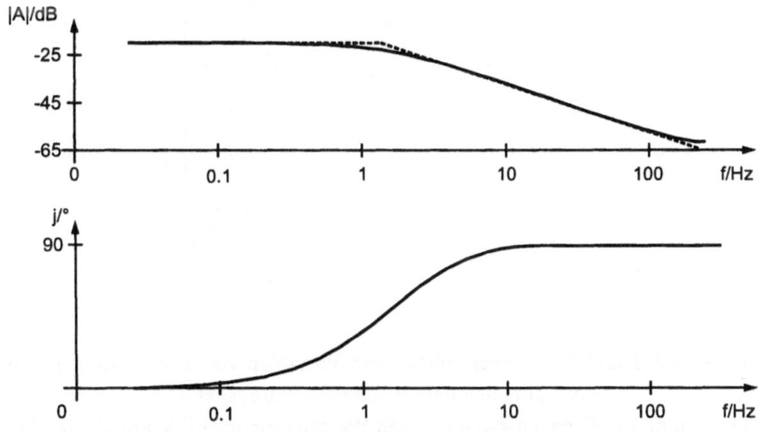

Bild 17.4.2 Betrag und Phase im Bodediagramm

Der Fall zweier unabhängiger Variablen und einer abhängigen kann durch Höhenlinien, wie auf einer Landkarte oder durch ein „Gebirge" von Rasterlinien dargestellt werden, wie in Bild 17.4.3 gezeigt. Die beiden Variablen bezeichnen einen Punkt in einer Ebene und der Wert an diesem Punkt entweder durch seine Lage zwischen zwei Höhenlinien gekennzeichnet oder durch die Erhebung des Gebirges. Da das Gebirge ein dreidimensionales geometrisches Gebilde ist, wird es durch eine Projektion in ein zweidimensionales Bild transformiert (siehe Kapitel 17.4.3).

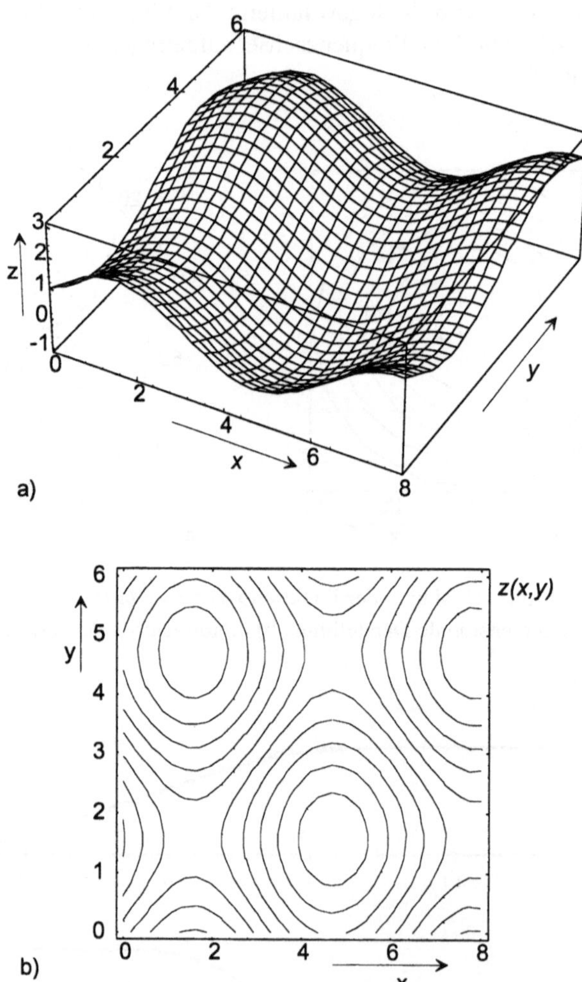

Bild 17.4.3 Darstellung einer abhängigen Variablen von zwei unabhängigen:
a) dreidimensionale Fläche als Betragsgebirge
b) Konturplot, die Grenzen zwischen den Wertebereichen bilden die Höhenlinien
(erstellt mit Mathematica)

Für die numerische Bearbeitung sind zwar alle Daten diskret, für die Darstellung kann es jedoch erheblich sein, ob abgetastete Werte einen kontinuierlichen Verlauf repräsentieren sollen oder ob mehrere einzelne Werte gemeint sind. Einzelne Werte werden typisch als Balkengraphen dargestellt. Bei Balkengraphen variiert eine Abmessung einer rechteckigen Fläche entsprechend dem Wert. In einer anderen Art der Darstellung sind die einzelnen Stützpunkte durch eine Linie verbunden, wobei die Stützpunkte zusätzlich gekennzeichnet sein können oder nicht. Einzelne Kurven mit ähnlichem Wertevorrat können in demselben Diagramm dargestellt werden. Durch Markierungspunkte unterschiedliche Linientypen (fette, gestrichelte, strichpunktierte Linien u.v.m) oder farbige Linien werden Kurven besser voneinander unterscheidbar.

Bild 17.4.4 zeigt Beispiele für Kurvendarstellungen von Meßdaten. Zur Erhöhung der Anschaulichkeit und aus ästethischen Gesichtpunkten werden oft die Balken als Blöcke und Kurven als Bänder perspektivisch wirkend, dreidimensional dargestellt. Für die Darstellung von Aufteilungen wie z.B. die Zusammensetzung einer Metall-Legierung, lassen sich günstig Kreisegmente verwenden, bei denen alle Segmente einen Kreis ausmachen. Solche Graphiken werden auch als Tortengraph bezeichnet. Auch Balkengraphen lassen sich so verwenden. Tabellen-Kalkulationsprogramme (z.B. *EXEL, Lotus 1-2-3*) die oft zur Standardausstattung auch eines Meßrechners gehören, stellen oft einen Satz von Anzeigemöglichkeiten, sogenannte Repräsentationsgraphen, zur Verfügung.

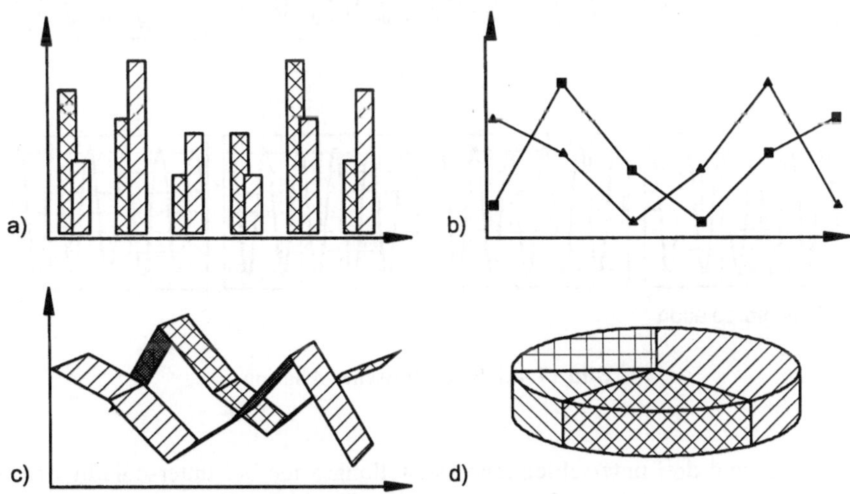

Bild 17.4.4 Repräsentationsgraphen:
a) Balkengraph, b) Funktionengraph, c) Streifendarstellung, d) Tortengraph

17.4.2 Perzeptorisches Aliasing

Die „angepaßte" Darstellung für einen abgetasteten Kurvenverlauf wäre prinzipiell ein einzelner Punkte für jeweils einen Meßwert. Werden jedoch nur Punkte dargestellt, so ist die menschliche Wahrnehmung nicht immer in der Lage, die Beziehung zwischen den

Daten oder den zugrundeliegenden Kurvenverlauf richtig zu erkennen. Diese Unfähigkeit wird als *perzeptorisches Aliasing* bezeichnet. Dieser Effekt erfordert eine Überabtastung, weit über die Shannonsche Abtastrate hinaus, um Zusammenhänge im Kurvenverlauf richtig zu erkennen. Die Überabtastung kann direkt bei der Erfassung erfolgen, allein für die Darstellung ist es oft hinreichend, Zwischenwerte zu interpolieren.

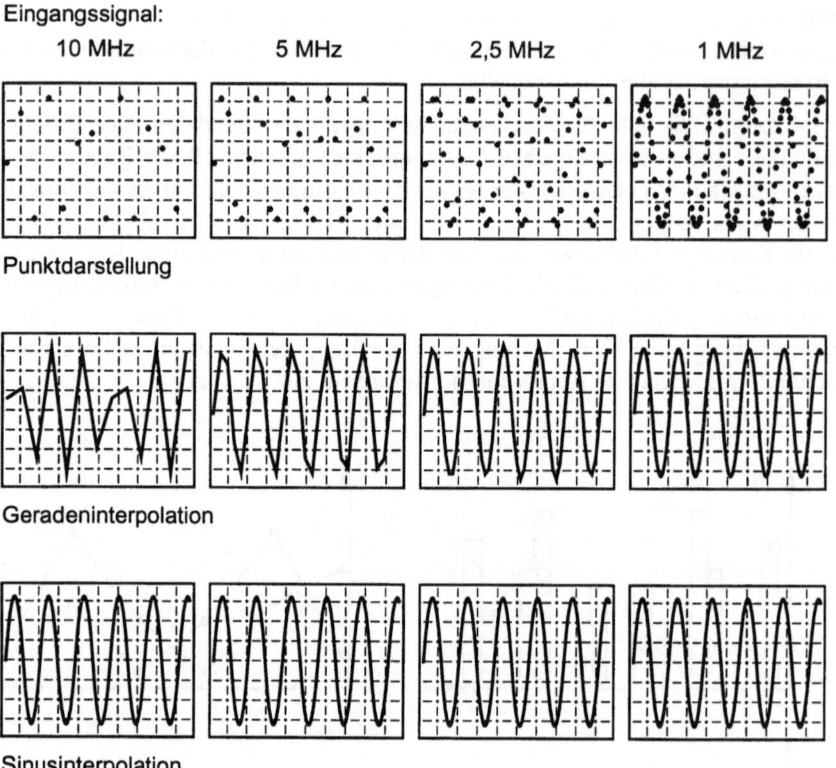

Bild 17.4.5 Perzeptorisches Aliasing

In Bild 17.4.5 sind drei unterschiedliche Darstellungsarten bei unterschiedlichen Signalfrequenzen und bei konstanter Abtastrate gezeigt. Diese drei Darstellungsformen, Punktdarstellung, Geradeninterpolation und Sinusinterpolation, werden z.B bei digitalen Speicheroszilloskopen verwendet. Bei der Punktdarstellung werden lediglich die Meßwerte als einzelne Punkte dargestellt und bei der Geradeninterpolation wird zwischen den einzelnen Punkten eine Gerade gezeichnet. Bei der Sinusinterpolation werden entsprechend Gl.(4.1.4)

$$s(t) = \sum_{i=-M/2}^{M/2} s_i \frac{\sin \omega_N (t - i\,\Delta t)}{\omega_N (t - i\,\Delta t)}$$

Zwischenwerte $s(t)$ interpoliert, M ist die Anzahl der betrachteten Stützpunkte, $s_i = s(i \Delta t)$ sind die Meßwerte an diesen Stützpunkten und $\omega_N = 1/2 f_{ab} \cdot 2\pi$ ist die Nyquist-Kreisfrequenz. Wird der Kurvenverlauf, der mit einer nur geringfügig höheren Frequenz als die Signalfrequenz abgetastet wurde, nur als Punktfolge dargestellt, kann der menschliche Beobachter daraus keinen Kurvenzug mehr zusammensetzen. Werden die Punkte mit Geraden verbunden, so ist die Zuordnung für unsere Sinne erleichtert.

Eine Nachbildung des originalen Kurvenzuges entsteht jedoch erst bei einer $\sin x/x$-Interpolation. Der Effekt wird vermindert, wenn die Abtastrate im Verhältinis zur Signalfrequenz höher gewählt wird. Ist die Bandbreite des Erfassungssystems größer als die halbe Abtastrate, führt die $\sin x/x$-Interpolation bei steilen Sprüngen im Signal zu Überschwingern.

17.4.3 Graphik in drei Dimensionen

Die Darstellung von Meßwerten in Abhängigkeit von zwei unabhängigen Variablen läßt sich auf unterschiedliche Weise erreichen. Zum einen können die Werte als Bild aus einzelnen Pixeln, wie z.B. bei Röntgenaufnahmen, dargestellt werden (siehe unten), für eine übersichtliche Darstellung bei wenigen Stützpunkten, eignet sich jedoch auch oft eine Liniengraphik, die auch drucktechnisch für die Vervielfältigung Vorteile bietet. Den kartographischen Darstellungen von Landkarten sind die Darstellung mittels Höhenlinien entnommen, benachbarte gleich große Werte werden dabei mit einer Linie verbunden. Ist der dargestellte Wert ein Potential, wird diese Linie auch als Äquipotentiallinie bezeichnet. Wird die unabhängige Variable jedoch als Distanz von einer Grundfläche gezeichnet und werden alle Meßpunkte miteinander verbunden, entsteht ein dreidimensionales Liniennetz, das an ein Gebilde aus Draht erinnert und auch oft als Drahtgitter bezeichnet wird. Durch die im folgenden beschriebenen Projektionen entsteht daraus ein interpretierbares Abbild der Daten (siehe dazu Bild 17.4.3).

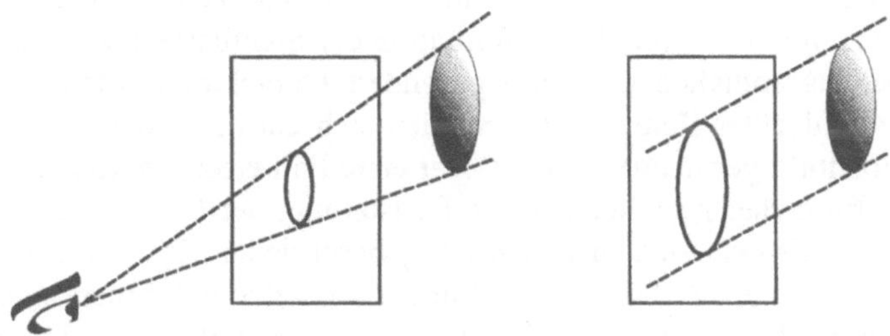

Bild 17.4.6 Projektionen in Zentral- und Parallelperspektive

Die Zentralprojektion läßt sich entstanden denken, indem von Punkten des dreidimensionalen Objektes Linien zu einem zentralen Punkt, dem Augenpunkt, gezogen werden. Wie in Bild 17.4.6 gezeigt, schneiden die Linien die Bildebene an bestimmten Koordinaten. Die Summe aller dieser Punkte und ihre Verbindungslinien ergibt die zusammenhängende Abbildung des dreidimensionalen Objektes auf dieser Bildebene. Für einen unendlich weit entfernten Augenpunkt, entsteht aus der Zentralprojektion eine Parallelprojektion.

Liegt das Schwergewicht der Darstellung nicht so sehr auf einer Erkennbarkeit der Form, sondern auf einer maßstäblichen Abbildung wie oft bei Meßdaten, ist diese Perspektive geeigneter, weil die Geometrie nicht verzerrt wird. Da der Projektionspunkt unendlich weit entfernt liegt, laufen alle Projektionsstrahlen parallel zueinander in eine Richtung.

Liegen die Strahlen parallel zu einer der Koordinatenachsen des Objektes, und liegt auch die Bildebene parallel zu den Objektkoordinaten, bilden die Projektionen den Aufriß, den Grundriß oder den Seitenriß. Diese Ansichten vermitteln keinen perspektivischen Eindruck. Verlaufen die Projektionsstrahlen schiefwinklig zu einer der Koordinatenachsen des Objektes, entsteht der Eindruck von Perspektive, diese Darstellung wird als axonometrische Darstellung bezeichnet. Liegt die Projektionsebene parallel zur einer Objektebene und verlaufen die Projektionsstrahlen in einem besimmten Winkel, wird von schiefer Projektion gesprochen. Bei der isometrischen Darstellung werden Körper in ihrer richtigen Breite und Höhe dargestellt, die Tiefe wird allerdings dem Betrachtungswinkel ensprechend verkürzt, so daß bei gleichen Objektlängen der Eindruck gleicher Längen in der Abbildung entsteht. In Bild 17.4.7 ist ein Würfel isometrisch dargestellt. Der Winkel in der Zeichenebene zwischen der Achse in Tiefenrichtung und der Horizontalen ist 45 Grad, wenn dabei die Entfernungen der Tiefenrichtung um den Faktor zwei verkürzt werden, entsteht der Eindruck gleicher Kantenlängen des Würfels.

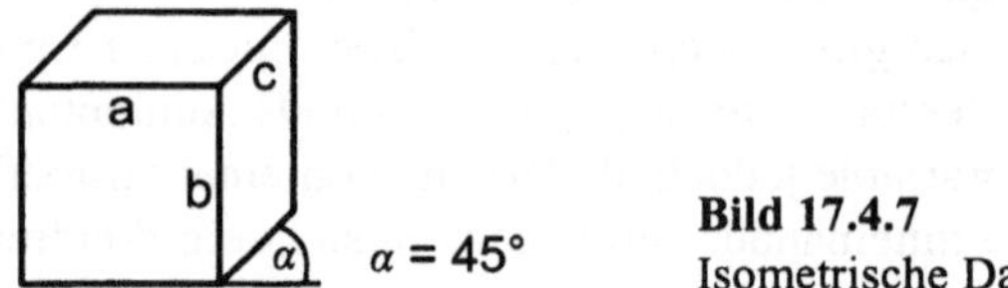

Bild 17.4.7
Isometrische Darstellung

Um die Übersichtlichkeit zu gewährleisten, sollen durch Flächen verdeckte Linien nicht mitgezeichnet werden. Ohne diese Maßnahme ist ein Vielfaches von Linien für den Betrachter schwer zu interpretieren. Die Information der Sichtbarkeit ist in den Projektionen nicht ohne weiteres enthalten und muß gesondert betrachtet werden. Algorithmen zur Unterdrückung verdeckter Kanten unterscheiden sich darin, ob die Linien in Vektorgraphik oder als Pixelbild gezeichnet werden. Der erste Fall erfordert komplexe Rechen- und Suchverfahren. Einfacher gestaltet sich die Feststellung der Sichtbarkeit beim Übergang zu Pixelgraphik. Beispiele sind in [Tönnies94] beschrieben. Ein wichtiger Algorithmus dazu ist der sogenannte Z-Puffer-Algorithmus. Er setzt dreidimensional angeordnete Flächenelemente in Pixelgraphik um. Dazu wird ein spezielles Datenfeld (der Z-Buffer) im Rechenprogramm angelegt, in dem jedem Pixel der Bildfläche ein Eintrag zugeordnet ist. Dieser Eintrag beschreibt die Entfernung des Objektpunktes in Z-Richtung. Die X- und Y-Richtung entsprechen der Höhe und Breite des Bildes. Zu Beginn sind alle Einträge in dem Z-Puffer auf einen großen Tiefenwert (im Hintergrund) gesetzt. Bei jedem Zeichenvorgang für einen Pixel wird der Tiefenwert festgestellt. Ist der Tiefenwert kleiner als der bisher eingestellte, wird der Eintrag auf diesen Wert gesetzt und der Pixel gezeichnet. Ist der Wert größer als der bestehende Eintrag, wird der Pixel nicht gezeichnet, da er von einem schon gezeichneten überdeckt wird. Ein anderes praktisches Verfahren, das die graphischen Eigenschaften der standardmäßigen Programmierumgebung ausnutzt, ist der Maleralgorithmus. Unter der Voraussetzung, daß die Orientierung bekannt ist, kann das Bild aus dem Hintergrund heraus (große Z-Werte) zur Bildfläche hin gezeichnet werden. Dabei werden jeweils schon gezeichnete durch neue „übermalt" und dabei die Bildpunkte überschrieben.

Das Beispiel in Bild 17.4.8 zeigt die bereits in Bild 17.4.3 dargestellte Funktion. Der Wert wird als Auslenkung von der Grundfläche und durch Helligkeit dargestellt. Durch Farbe können zum Beispiel auch die Oberseite und die Unterseite einer Fläche gekennzeichnet, oder auch eine zusätzliche, abhängige Variable dargestellt werden.

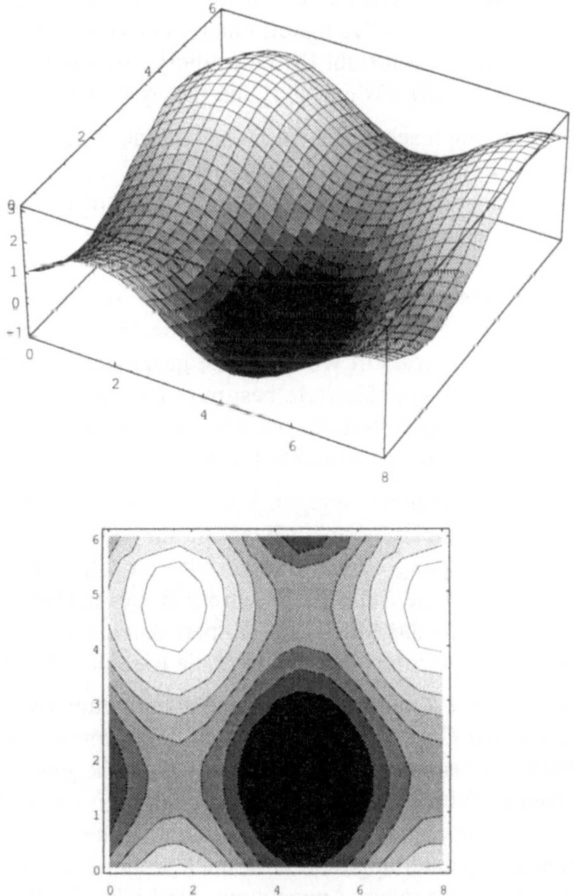

Bild 17.4.8 Helligkeit und Auslenkung zur Darstellung von Werten von zwei unabhängigen Variablen: a) dreidimensionale Darstellung, b) Konturdarstellung, Wertebereiche gleicher Amplitude sind durch unterschiedliche Helligkeitswerte dargestellt (gezeichnet mit Mathematica).

17.4.4 Visualisierung mit Farbe und Beleuchtungsmodellen

Oft werden Meßwerte in Abhängigkeit von mehreren Variablen aufgenommen oder berechnet. Beispiele sind Messungen von mechanischen oder elektromagnetischen Feldern mit unzähligen Anwendungen in Bereichen wie Ultraschall, Radar, Kernspinresonanz oder Röntgenaufnahmen. Durch Rekonstruktionsrechnungen auf der Basis von Wellen- oder Potentialgleichungen werden z.B. aus den Messungen räumliche Materialgrößen ermittelt. Entsprechend sind Datenfelder von zwei oder drei unabhängigen Variablen darzustellen. Mehr als drei unabhängige Variablen sind mit üblichen Mitteln für unsere Wahrnehmung nicht darstellbar.

Die Visualisierung dieser Datenfelder kann auf zwei unterschiedliche Arten erfolgen: die Geometrie eines dargestellten, gegebenenfalls abstrakten Gebildes wird von den Daten gesteuert – oder – nur die Farbe oder Helligkeit einer Oberfläche auf einer vorgegebenen Geometrie wird von den Daten beeinflußt [Moorhead95]. Die Methoden der Darstellung sind z.B. in [Eckgold95], [Groß94], [Tönnies94] und [Foley90] beschrieben.

Bei Bildern, wie z.B. photographischen Schwarzweißbildern, Röntgenaufnahmen, werden Amplitudenwerte (bei den Beispielen die Intensität der Strahlung) von zwei unabhängigen Variablen als Helligkeit dargestellt. Das Bild setzt sich aus einer Matrix von Pixeln zusammen und jedem Pixel ist ein Amplitudenwert zugeordnet. Zur besseren Kenntlichmachung von Merkmalen im Bild und um die Interpretation zu erleichtern, lassen sich Amplitudenwerten bestimmte Farbwerte zuordnen. Eine solche Farbkodierung einer Werteverteilung wird auch als *Falschfarbendarstellung* bezeichnet, da nicht die wirkliche Farbe des Objektes dargestellt wird. Oft wird für eine geeignete Wahl der Farbkodierung zunächst das Histogramm der Intensitätswerte bestimmt und für eine geeignete Wahl der Farben herangezogen. Die Bildverarbeitung hat als eine letzte Stufe in einer Meßkette viele Verfahren zur Bearbeitung hervorgebracht [Pratt78].

Auch die Darstellung von mehreren abhängigen Variablen von zwei Bildkoordinaten wird durch Farbe möglich. Die Farbphotographie benötigt für jeden Pixel drei Werte: z.B. Farbe, Helligkeit und Farbsättigung oder die Intensität von rot, gelb und blau. Eine gemeinsame Kodierung von Helligkeit und Farbe wird z.B. bei medizinischen Ultraschallbildern ausgenutzt, um einerseits das Innere des Körpers darzustellen und andererseits die durch Dopplermessung erhaltene Informationen über die Richtung des Blutflusses.

Liegt in drei Dimensionen die Form eines Objektes als Drahtgitter vor, unabhängig davon ob die Form eines abstrakten Objekt durch die Daten bestimmt wurde oder anderweitig vorgegeben wurde, kann daraus eine zweidimensionale Graphik generiert werden. Dieser Prozeß, der aus graphischen Primitiven ein Pixelbild erstellt, wird allgemein als *rendering* bezeichnet. Bei dem *surface rendering* wird nur die Oberfläche des Objektes betrachtet. Zu einer photorealistischen Darstellung sind aber noch weitere Aspekte zu berücksichtigen. Beleuchtungsmodelle kommen zur Anwendung, die Licht, Schatten und auch Mehrfachreflexionen berücksichtigen. Ein wichtiges Modell ist in diesem Zusammenhang das Phongsche Beleuchtungsmodell. Es enthält die Oberflächen-Reflexionseigenschaften und berücksichtigt drei Merkmale: die Abnahme der Lichtintensität von der Entfernung, das spiegelnde und das diffuse Reflexionsverhalten. Dieses Modell wird auf die reine Darstellung der Oberflächen von Objekten angewendet. Mehrfache Reflexionen und Wechselwirkungen der Objekte werden durch Methoden des *Raytracing* berücksichtigt.

Im Falle dreidimensionaler Messungen, auch von Simulationen, liegen zunächst dreidimensionale Pixelelemente, sogenannte Voxel, vor. Zum einen kann dann durch geeignete Algorithmen das Drahtgitter gefunden werden. Eine andere Methode ist es, direkt von den Volumenelementen die Pixel eines Bildes zu generieren. Dieser Prozeß wird als *volume rendering* bezeichnet. Als graphisch wirksame Eigenschaften werden neben Helligkeit, Farbe und Textur der Oberfläche, auch die Lichtdurchlässigkeit (engl. *opaqueness*) herangezogen. Methoden des Raytracing führen auch dabei zu einer photorealistischen Darstellung.

Für eine echte dreidimensionale Darstellung fehlen derzeit meist die Möglichkeiten. An diese Stelle treten dann eine Reihe einzelner Projektionen aus unterschiedlichen Projektionspositionen. Eine zusätzliche Qualität der Betrachtung liefern bewegte Bilder. Bewegung offerieren dem Betrachter die Zeit als zusätzliche Dimension. Eine Darstellung, bei der eine systemmatische zeitliche Veränderung des Bildes in einer Sequenz von Darstellungen erfolgt, wird als Animation bezeichnet. Nicht nur die Darstellung kann als zeitlicher Ablauf erfolgen, sondern auch der gesammte Prozeß der Messung und Darstellung. Zum einen kann die Veränderungen der Datenaufnahme z.B. durch die räumliche Veränderung einer Meßsonde oder einer Kameraposition.

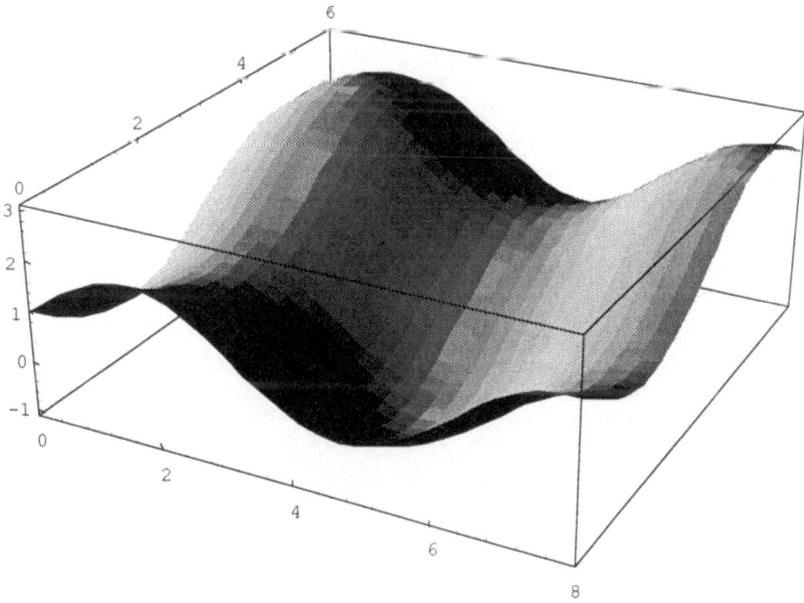

Bild 17.4.9 Dreidimensionale Darstellung mit einem Beleuchtungsmodell, eine Punktlichtquelle befindet sich links oben von der Grafik

Eine dreidimensionale Darstellung würde die Erzeugung eines Hologramms erfordern. Technisch einfacher zu realisieren ist die Stereobetrachtung, bei der jedem Auge ein eigenes Bild gezeigt wird. Eine einfache Stereobetrachtung ist durch eine Brille mit zwei unterschiedlichen Farbfiltern in Verbindung mit speziell gefärbten Graphiken möglich.

Eine bessere Möglichkeit sind zwei Bildschirme, die vor jeweils einem Auge angebracht sind. Eine solche Anordnung wird als Datenbrille bezeichnet. Diesen Schritt haben die Forschungen zur Darstellung virtueller Realität – der in Rechnern gespeicherten Kunstgebilden – hervorgebracht. Auch dabei erhält die Zeit wieder eine besondere Bedeutung. Eine interaktive Variation der Betrachtungsposition erlaubt ein Durchwandern der virtuellen Datenräume.

Die aufgezeigten Möglichkeiten zur Darstellung von Meßdaten stellen nur einen kleinen Ausschnitt der Möglichkeiten dar. Die gestalterische Phantasie des Ingenieurs und des Forschers ist gefordert, individuell, im Sinne eines besseren Verstehens, an die meßtechnischen Problemstellung angepaßte Möglichkeiten der Darstellung zu entwickeln.

Literaturverzeichnis

Kapitel 1

[Adler67] H. Adler, W. Kämmerer, Strukturtheorie und Programmierung von Rechengeräten, E. Philippow, Hrsg., Taschenbuch Elektrotechnik, Band 3, VEB-Verlag Technik, 1967

[Bergmann93] K. Bergmann, Elektrische Meßtechnik, 5. Auflage, Vieweg Verlag, Braunschweig/ Wiesbaden, 1993

[Buchheim90] G. Buchheim, R. Sonnemann (Hrsg.), Geschichte der Technikwissenschaften, Edition Leibzig, Leibzig 1990

[Cooley65] J. W. Cooley, J. W. Tukey, An Algorithm for the Machine Calculation of Fourier Series, Math. Comp. 19, (1965), 297-301

[Dorsch89] H. Dorsch, Der 1. Computer, Konrad Zuses Z1 – Berlin 1936 – Beginn und Entwicklung einer technischen Revolution, Herausgegeben vom Museum für Verkehr und Technik Berlin 1989

[Filbert91] D. Filbert, H. Schwetlick, C. Rudolph, Rechnergestüzte Meßtechnik für die Diagnose elektronischer Baugruppen, Nachrichtentech., Elektron. Berlin 41 (1991), 8-14

[Harris95] E. P. Harris et al., Technology Directions for Portable Computers, Proceedings of the IEEE, 83, (1995), 51-83

[Haug91] A. Haug, F. Haug, Angewandte Elektrische Meßtechnik, Vieweg Verlag, Braunschweig/Wiesbaden 1991

[Lemke88] E. Lemke, Fertigungsmeßtechnik, Vieweg Verlag, Braunschweig/Wiesbaden 1988

[Mazor95] S. Mazor, The History of the Microcomputer – Invention and Evolution, Proceedings of the IEEE 83, (1995), 1601-1608

[Meyer89] G. Meyer, Oszilloskope, Hüthig Verlag, Heidelberg 1989

[Orlich06] E. Orlich, Aufnahme und Analyse von Wechselstromkurven, Vieweg Verlag, Braunschweig 1906

[Palm63] A. Palm, W. Hunsinger, G. Münch, Elektrische Meßgeräte und Meßeinrichtungen, Springer Verlag, Berlin 1963

[Profos92] P. Profos, T. Pfeifer (Hrsg.), Grundlagen der Meßtechnik, 3. Auflage, Oldenbourg Verlag München Wien 1992

[Profos94] P. Profos, T. Pfeifer (Hrsg.), Handbuch der industriellen Meßtechnik, 6. Auflage, Oldenbourg Verlag München Wien 1994

[Richter88] W. Richter, Grundlagen der elektrischen Meßtechnik, 2. Auflage, VEB Verlag Technik, Berlin 1988

[Robinson82]   E. A. Robinson, A Historical Perspective of Spectral Estimation,
Proc. IEEE 70, (1982), 885-907

[Schnell93]   G. Schnell (Hrsg.), Sensoren in der Automatisierungstechnik,
2. Auflage, Vieweg Verlag, Braunschweig/Wiesbaden 1993

[Shannon76]   C. E. Shannon, W. Weaver, Mathematische Grundlagen der Informations-
theorie, Oldenburg Verlag, München/Wien 1976,
Originaltitel: The Mathematical Theory of Communication, Bell Syst. techn.
J. 27, (1948), 379-423, 623-656

[Soustrup92]   B. Soustrup, Die C++ Programmiersprache,
2. Auflage, Addison-Wesley, Bonn 1992

[Stanski89]   B. Stanski, Kommunikationstechnik, Vogel-Verlag, Würzburg 1989

[Stein90]   W. Stein, Fahrplan der Weltgeschichte,
Herbig Verlagsbuchhandlung, München 1990

[Steinbuch67]   K. Steinbuch (Hrsg.), Taschenbuch der Nachrichtenverarbeitung,
2. Auflage, Springer Verlag, Berlin/Heidelberg 1967

[Stöckl68]   Stöckl, Winterling, Elektrische Meßtechnik, Teubner-Verlag, Stuttgart 1968

[Weißgerber94]   W. Weißgerber, Elektrotechnik für Ingenieure,
3. Auflage, Vieweg Verlag, Braunschweig/Wiesbaden 1994

Kapitel 2

[Bergmann88]   K. Bergmann, Elektrische Meßtechnik, Kapitel 8,
4. Auflage Vieweg Verlag, Braunschweig/Wiesbaden 1988

[Domeisen92]   H. Domeisen, P. Profos, Funktionselemente und Strukturen von Meßsystemen,
in P. Profos, (Hrsg.) Grundlagen der Meßtechnik
Oldenbourg Verlag, München/Wien 1992

[Gertler88]   S. Gertler, Survey of Modelbased Failure Detections and Isolation in Complex
Plants, IEEE Controlsystems Magazine, 8 (1988), 3-11

[Isermann92]   R. Isermann, Identifikation dynamischer Syteme 1 – Grundlegende Methoden,
2. Auflage, Spinger Verlag, Heidelberg/Berlin 1992

[Profos94]   P. Profos, T. Pfeifer, Handbuch der industriellen Meßtechnik,
6. Auflage, Oldenbourg-Verlag, München/Wien 1994

Kapitel 3

[Berger67]   E. R. Berger, Nachrichtentheorie und Kodierung, in: K. Steinbuch (Hrsg.),
Taschenbuch der Nachrichtenverarbeitung,
2. Auflage, Springer Verlag, Heidelberg 1967

[Burg75]   J. P. Burg, Maximum Entropie Spectral Analysis, (Ph.D.)
Dep. Geophys., Stanford Univ., CA, USA

[Childers78]   D. G. Childers (Hrsg.), Modern Spectrum Analysis,
IEEE Press, New York 1978

[Conrads89]   D. Conrads, Datenkommunikation,
Vieweg Verlag, Braunschweig/Wiesbaden 1989

[Hamming87]   R. W. Hamming, Information und Codierung, (Deutsche Übersetzung von
                   Coding and Information Theory), VCH-Verlagsgesellschaft, Weinheim 1987

[Mildenberger92]   O. Mildenberger, Informationstheorie und Codierung,
                   2. Auflage, Vieweg Verlag, Braunschweig/Wiesbaden 1992

[Papoulis77]   A. Papoulis, Signal Analysis, McGraw-Hill, New York 1977

[Quinlan83]   J. R. Quinlan, Learning Efficiant Classification Procedures and their
                   Application to Chess End Games, in: R. S. Michalski et al., Machine Learning,
                   Springer Verlag, Heidelberg/Berlin 1983

[Richter88]   W. Richter, Grundlagen der elektrischen Meßtechnik,
                   2. Auflage, VEB Verlag Technik, Berlin 1988

[Schwetlick92]   H. Schwetlick, R. Loeper, A. Radmer, K. Böhme, Entscheidungsbaum und
                   neuronales Backpropagation-Netz zur Klassifikation von Geräuschen,
                   in: Radio-Fernsehen-Elektronik, Verlag Technik, Berlin, H1 (1992), 41-44 und
                   H2 (1992)

[Shannon48]   C. E. Shannon, A Mathematical Theory of Communication,
                   Bell Syst. techn. J. 27, (1948), 379-423, 623-656, deutsche Übersetzung in:
                   C. E. Shannon, W. Weaver, Mathematische Grundlagen der Informations-
                   theorie, Oldenburg Verlag, München/Wien 1976

Kapitel 4

[Bergland68]   G. D. Bergland, A Fast Fourier Transform Algorithm for Real Valued Series,
                   in: Comm. of the ACM 11 (1968), 703-710

[Boashash92]   B. Boashash, Estimating and Interpreting, The Instantaneous Frequency of a
                   Signal, Part 1 and 2, in: Proc. of the IEEE 80 (1992), 519-568

[Brigham74]   E. O. Brigham, The Fast Fourier Transform, Prentice Hall, Englewood Cliffs,
                   N.J. 1974, Übersetzung ins Deutsche liegt vor

[Bronstein81]   J. N. Bronstein, K. A. Semendjajew, Taschenbuch der Mathematik, 20. Auflage,
                   Verlag Harri Deutsch, Thun/Frankfurt 1981

[Collatz64]   L. Collatz, Funktionalanalysis und numerische Mathematik,
                   Springer Verlag, Berlin 1964

[Cooley65]   J. W. Cooley, J. W. Tukey, An Algorithm for the Machine Calculation of
                   Complex Fourier Series, in: Math. Computation 19, (1965), 297-301

[Coulon86]   F. de Coulon, Signal Theory and Processing, Artech House, Washington 1986

[Dennis83]   J. E. Dennis, R. B. Schnabel, Numerical Methods for Unconstrained
                   Optimization and Nonlinear Equations, Prentice Hall, N.J. 1983

[DIN 40110]   DIN 40110 (Wechselstromgrößen) Deutsches Institut für Normung e.V.,
                   Beuth-Verlag Berlin

[DIN 55350]   DIN 55350, Deutsches Institut für Normung e.V., Beuth-Verlag Berlin

[Dirschmid86]   H. J. Dirschmid, Mathematische Grundlagen der Elektroktechnik,
                   Vieweg Verlag, Braunschweig/Wiesbaden 1986

[MacLaren 65]   M. D. MacLaren, G. Marsaglia, Uniform Random Numbers Generators,
                   in: J. Assn. Computer Machinery 12 (1965), 83-89

[Oppenheim75]   A. V. Oppenheim, R. W. Schafer, Digital Signal Processing,
Prentice Hall, Englewood Cliffs 1975

[Oppenheim95]   A. V. Oppenheim, R. W. Schafer, Zeitdiskrete Signalverarbeitung,
Oldenbourg Verlag, München 1995

[Patzelt93]   R. Patzelt, H. Fürst, Elektrische Meßtechnik, Springer Verlag, Wien 1993

[Press92]   W. H. Press, S. A. Teukolski, W. T. Vetterling, B. P. Flannery, Numerical
Recipies in C, Cambridge University Press, Cambridge UK 1992

[Rabiner 75]   L. R. Rabiner, B. Gold, Theory and Application of Digital Signal Processing,
Prentice Hall, Englewood Cliffs 1975

[Randall87]   R. B. Randall, Frequency Analysis,
Buchpublikation der Firma Bruel & Kjaer, Naerum, Dänemark 1987

[Schwarz75]   M. Schwarz, L. Shaw, Signal Processing: Discrete Spectral Analysis, Detection
and Estimation, McGraw-Hill, USA 1975

[Shannon48]   C. E. Shannon, A Mathematical Theory of Communication,
Bell Syst. techn. J. 27, (1948), 379-423, 623-656, deutsche Übersetzung in:
C. E. Shannon, W. Weaver, Mathematische Grundlagen der Informations-
theorie, Oldenburg Verlag, München/Wien 1976

[Steinbuch67]   K. Steinbuch, Taschenbuch der Nachrichtenverarbeitung,
2. Auflage, Springer Verlag, Berlin/Heidelberg/New York 1967

[Sun93]   M. Sun, R. J. Sclabassi, Discrete-Time Instantaneous Frequency and its Compu-
tation, in: IEEE Trans. Signal Processing 41 (1993), 1867-1879

[Tretter76]   S. A. Tretter, Introduction to Discrete Time Signal Processing,
John Wiley & Sons 1976

[Wunsch84]   G. Wunsch, H. Schreiber, Stochastische Systeme,
Verlag Technik, Berlin 1984

Kapitel 5

[Abramowitz70]   M. Abramowitz, I. A. Stegun, (ed.), Handbook of Mathematical Functions,
9. Auflage, Dover Publications, New York 1970

[Bronstein81]   I. N. Bronstein, K. A. Semendjajev, Taschenbuch der Mathematik,
20. Auflage, Harry Deutsch Verlag, Thun/Frankfurt 1981

[Denda89]   W. Denda, Rauschen als Information, Hüthig Verlag, Heidelberg 1989

[Dickreiter90]   M. Dickreiter, Handbuch der Tonstudiotechnik, Band 2,
5. Auflage, Saur Verlag, München 1990

[Dirschmidt76]   H. J. Dirschmid, Mathematische Grundlagen der Elektrotechnik,
Vieweg Verlag, Brauschweig 1976

[DIN5483]   DIN 5483, Deutsches Institut für Normung e.V., Beuth-Verlag, Berlin

[Mäusl91]   R. Mäusl, E. Schlagheck, Meßverfahren in der Nachrichtentechnik,
2. Auflage, Hüthig Verlag, Heidelberg 1991

[Meyer89]   G. Meyer, Oszilloskope, Hüthig Verlag, Heidelberg 1989

[Miller]   B. Miller et al., Einführung in die Technik der Digital-Speicheroszilloskope,
Firmenschrift Tektronix GMBH, Sedanstraße 13-17, Köln

[Müller79]   R. Müller, Rauschen, Springer Verlag, Berlin/Heidelberg/New York 1979

[Papoulis77]   A. Papoulis, Signal Analysis, McGraw-Hill, New York 1977

[Richter88]   W. Richter, Grundlagen der elektrischen Meßtechnik,
                  2. Auflage, Verlag Technik, Berlin 1988

[Rush93]   K. Rush, T. Lucero-Hall, Two Ways to Catch a Wave,
                  in: IEEE Spectrum February (1993), 38-41

[Schuon81]   E. Schuon, H. Wolf, Nachrichtenmeßtechnik,
                  Springer Verlag, Berlin/Heidelberg/New York 1981

[Schwetlick88]   H. Schwetlick, T. Miyashita, W. Kessel, Schätzung einer Impulsantwort hoher
                  Auflösung aus bandbegrenzten Daten, in: AEÜ 42 (1988), 160-169

[Stepanek76]   E. Stepanek, Praktische Analyse linearer Systeme durch Faltungsoperationen,
                  Akademische Verlagsgesellschaft, Leipzig 1976

[Völz89]   H. Völz, Elektronik, Akademie Verlag, Berlin 1989

Kapitel 6

[Aziz96]   P. M. Aziz, H. V. Sorensen, J.v.d.Spiegel, An Overview of Sigma Delta
                  Converters, in: IEEE Signal Processing Magazin., Januar (1996), 61-84

[Bartz93]   M. Bartz, K. A. Baycrn, J. R. Diederichs, D. F. Kelley, Baseband Vector Signal
                  Analyser Hardware Design, in: HP-Journal December (1993), 31-46

[Eckl88]   R. Eckl, L. Pütgens, J. Walter, A/D- und D/A-Wandler,
                  1. Auflage, Franzis-Verlag, München 1988

[Filbert87]   Dieter Filbert, Möglichkeiten und Grenzen beim Digitalisieren von Meßwerten,
                  in: Energie & Automation 9 (1987)

[Germer88]   H. Germer, N. Wefers, Meßelektronik,
                  Band 1: Grundlagen, Maßverkörperungen, Sensoren, Analoge Signalverarbei-
                  tung und Band 2: Digitale Signalverarbeitung Mikrocomputer, Meßsysteme,
                  2. Auflage, Hüthig Verlag, Heidelberg 1988

[Harris78]   F. J. Harris, The Use of Windows for Harmonic Analysis with the Discrete
                  Fourier Transform, in: Proc. IEEE 66 (1978), 51-83

[Miller]   B. Miller et al., Einführung in die Technik der Digital-Speicheroszilloskope,
                  Firmenschrift Tektronix GMBH, Sedanstraße 13-17, Köln

[Oppenheim95]   A. V. Oppenheim, R. W. Schafer, Zeitdiskrete Signalverarbeitung,
                  Oldenbourg Verlag, München 1995

[Patzelt93]   R. Patzelt, H. Fürst, Elektrische Meßtechnik,
                  Springer Verlag, Wien/New York 1993

[Wagdy94]   M. F. Wagdy, M. Goff, Linearizing Average Transfer Characteristics via
                  Analog and Digital Dither, in:
                  IEEE Trans. Instrum. Measure. 43 (1994), 46-150

Kapitel 7

[Awad95]   S. S. Awad, The Effects of Accumulated Timing Jitter on Some Sine Wave
                  Measurements, in: IEEE Trans. Instrum. Meas. 44 (1995), 945- 951

[Bichlmayer98]   T. Bichlmaier, R. Albrecht, So werden A/D-Wandler gestestet,
                  Design & Elektronik 14, (1998), 56-60

[Eckl88]   R. Eckl, L. Pütgens, J. Walter, A/D- und D/A-Wandler,
                  1. Auflage, Franzis-Verlag, München 1988

[Filbert87]   D. Filbert, Möglichkeiten und Grenzen beim Digitalisieren von Meßwerten,
                  Energie & Automation 9 (1987), 41-48

[Grove92]   M. B. Grove, Measuring Frequency Response and Effektive Bits Using Digital
                  Signalprocessing Techniques, in: HP Journal, February (1992), 29-35

[Mahoney87]   M. Mahoney, DSP-based Testing of Analog and Mixed Signal Circuits,
                  in: Computer Society Press of the IEEE, Englewood Cliffs 1987

Kapitel 8

[Dostal89]   J. Dostal, Operationsverstärker, Hüthig Verlag, Heidelberg 1989

[Germer88]   H. Germer, N. Wefers, Meßelektronik,
                  Band 1: Grundlagen, Maßverkörperungen, Sensoren, Analoge Signalverarbei-
                  tung und Band 2: Digitale Signalverarbeitung Mikrocomputer, Meßsysteme,
                  2. Auflage, Hüthig Verlag, Heidelberg 1988

[Hausberger88]   S. Hausberger, Aufbau und Eigenschaften eines OPVs,
                  Markt & Technik – Design & Elektronik 14 (1988), 40-42

[Horowitz89]   P. Horowitz, W. Hill, The Art of Electronics,
                  2. Auflage, Cambridge University Press, Cambridge USA 1989

[Leach94]   W. M. Leach, Fundamentals of Low Noise Analog Circuit Design,
                  Proc. IEEE 82 (1994), 1515-1538

[Möschwitzer88]   A. Möschwitzer, K. Lunze, Halbleiterelektronik,
                  8. Auflage Hüthig Verlag, Heidelberg 1988

[Patzelt93]   R. Patzelt, H. Fürst, Elektrische Meßtechnik,
                  Springer Verlag, Wien/New York 1993

[Pfeifer94]   W. Pfeifer, Simulation von Meßschaltungen,
                  Springer Verlag, Berlin/Heidelberg 1994

[Schwahn77]   H. Schwahn, FET Kochbuch, Theorie und Anwendung von Feldeffekt-
                  transistoren, Texas Instrument 1977

[Sheingold83]   D. H. Sheingold, Transducer Interfacing Handbook,
                  Oldenburg Verlag, München 1983

[Siemens90]   Halbleiter, Technische Kenndaten für Studierende,
                  Siemens, Berlin/München 1990

[Tietze91]   U. Tietze, Ch. Schenck, Halbleiterschaltungstechnik,
                  9. Auflage, Springer Verlag, Berlin/Heidelberg/New York 1991

[Völz89]   H. Völz, Elektronik, Akademie Verlag, Berlin 1989

Kapitel 9

[Auer95]   A. Auer, D. Rudolf, FPGA – Feldprogrammierbare Gatearrays,
                   Hüthig Verlag, Heidelberg 1995

[Groß94]   W. Groß, Digitale Schaltungstechnik,
                   Vieweg Verlag, Braunschweig/Wiesbaden 1994

[Haseloff72]   E. Haseloff, Das TTL Kochbuch, Texas Instruments 1972

[McCluskey65]   E. J. McCluskey, Introduction to the Theory of Circuit Swithing,
                   Mac Graw Hill, New York 1965

Liebig[80]   H. Liebig, S. Thome, Logischer Entwurf Digitaler Systeme,
                   3. Auflage, Springer Verlag, Berlin/Heidelberg 1980

[Siemens90]   Halbleiter, Technische Kenndaten für Studierende,
                   Siemens, Berlin/München 1990

[Tietze91]   U. Tietze, Ch. Schenck, Halbleiterschaltungstechnik,
                   9. Auflage, Springer Verlag, Berlin/Heidelberg/New York 1991

Kapitel 10

[Eckl88]   R. Eckl, L. Pütgens, J. Walter, A/D- und D/A-Wandler,
                   1. Auflage, Franzis-Verlag, München 1988

[Hnatek76]   E. A. Hnatek, The Users Handbook of D/A and A/D Converters,
                   Whiley & Sons, New York 1976

[Tietze91]   U. Tietze, Ch. Schenck, Halbleiterschaltungstechnik,
                   9. Auflage, Springer Verlag, Berlin/Heidelberg/New York 1991

Kapitel 11

[Aziz96]   P. M. Aziz, H. V. Sorensen, J.v.d.Spiegel, An Overview of Sigma Delta
                   Converters, in: IEEE Signal Processing Magazin, Januar 1996, 61-84

[Candy 92]   J. C. Candy, G. C. Temes, Oversampling Methods for A/D an D/A Conversion,
                   in J. C. Candy, G. C. Temes (Hrsg.), Oversampling Delta Sigma Converters:
                   Theory design and Simulation, in: IEEE Press, New York 1992

[Dickreiter90]   M. Dickreiter, Handbuch der Tonstudiotechnik, Band 2,
                   5. Auflage, Saur Verlag, München 1990

[Eckl88]   R. Eckl, L. Pütgens, J. Walter, A/D- und D/A-Wandler,
                   1. Auflage, Franzis-Verlag, München 1988

[Hein93]   S. Hein, A. Zakhor, Sigma Delte Modulators,
                   Kluwer Academic Publishers, Boston/Dordrecht/London 1993

[Hnatek76]   E. A. Hnatek, The Users Handbook of D/A and A/D Converters,
                   Whiley & Sons, New York 1976

[Inose62]   H. Inose, Y. Yasuda, J. Murakami,
                   A Telemetering System by Code Modulation – Delta Sigma Modulation,
                   IRE Trans. Space Electron. Telemetr., SET-8 (1962), 204-209

[Seitzer77]   D. Seitzer, Elektronische Analog-Digitalumsetzer,
Springer Verlag, Berlin/Heidelberg 1977

[Tietze91]   U. Tietze, Ch. Schenck, Halbleiterschaltungstechnik,
9. Auflage, Springer Verlag, Berlin/Heidelberg/New York 1991

12. Kapitel

[Bergmann88]   K. Bergmann, Elektrische Meßtechnik,
4. Auflage, Vieweg Verlag, Braunschweig/Wiesbaden 1988

[Bronstein81]   I. N. Bronstein, K. A. Semendjajev, Taschenbuch der Mathematik,
20. Auflage, Harry Deutsch Verlag, Thun/Frankfurt 1981

[Hart89]   H. Hart, Einführung in die Meßtechnik,
5. Auflage, Verlag Technik, Berlin 1989

[Helbach87]   W. Helbach, H. Schollmeier, Impedance Measuring Methods Based on Multiple
Digital Generators,
IEEE Trans. Instrument. Measurem. 36, (1987), 400-405

[Mehles93]   H. Mehles, Wechselgrößen als Prüfstein, Elektronik Journal 15 (1993), 20-29

[Milne85]   B. Milne, DMMs Bring Laboratory Precision to the Production Floor,
Electronic Design (USA), 11 (1985), 134-148

[Philippow86]   E. Philippow, Taschenbuch Elektrotechnik,
3. Auflage, Verlag Technik, Berlin 1986

[Richter88]   W. Richter, Grundlagen der elektrischen Meßtechnik,
2. Auflage, Verlag Technik, Berlin 1988

[Schnell93]   G. Schnell (Hrsg.), Sensoren in der Automatisierungstechnik,
Vieweg Verlag, Braunschweig/Wiesbaden 1993

[Sheingold83]   D. H. Sheingold, Transducer Interfacing Handbook,
Oldenburg Verlag, München 1983

[Tietze91]   U. Tietze, Ch. Schenck, Halbleiterschaltungstechnik,
9. Auflage, Springer Verlag, Berlin/Heidelberg/New York 1991

13. Kapitel

[Hoekstein91]   K. Hoekstein, ARB-Generatoren generieren beliebige Signalformen,
Elektronik Entwicklung 9 (1991), 10-11

[Kroupa73]   V. F. Kroupa, Frequency Synthesis, Griffin, London 1973

[Moelle95]   T. Moelle, Erst gemeinsam sind sie stark, Elektronik Journal (1995), 56-58

[Rieger90]   A. Rieger, Signalformen durch den Designer, Meßtechnik 5 (1990), 22-25

[Tietze91]   U. Tietze, Ch. Schenck, Halbleiterschaltungstechnik,
9. Auflage, Springer Verlag, Berlin/Heidelberg/New York 1991

[Unsinn91]   M. Unsinn, Signalquellen – welche es gibt und worin sie sich unterscheiden,
Elektronik Entwicklung 9 (1991), 8-9

14. Kapitel

[Bolton92]   W. Bolton, Electrical and Electronical Measurement and Testing,
              Longman Scientific & Technical, Harlow UK (1992)

[Page88]   R. A. Page, Frequency Counter Advances,
              Australien Electronics Engineering 9 (1988), 64-74

[Rathore92]   T. S. Rathore, Digital Time Measurement Techniques, Journal of the Institution
              of Engineers (India) – Electronic and Telecommunication Engineering Division
              ET-4 (1992), 96-106

[Stecher90]   R. Stecher, Messung von Zeit und Frequenz, Verlag Technik, Berlin 1990

15. Kapitel

[Bues91]   D. Bues, P. Riedel, J. Stegmaier, Einsatz intelligenter Schnittstellenkarten in der
              PC-Meßtechnik, Elektronik (1991), 144-150

[Dembowski91] K. Dembowski, PC-gesteuerte Meßtechnik,
              Markt und Technik Verlag, Haar bei München 1991

[Erhart92]   W. Erhart, Messen und Steuern, ein Ausblick in die 90er Jahre,
              Elektronik Entwicklung 1-2 (1992), 14-16

[Fluke]   Das ABC der Oszilloskope, Firmenschrift der Firma Fluke

[Hascher91]   W. Hascher, Speicheroszilloskope: das „digitale Plus", zusammengestellt nach
              Unterlagen der Firma Hewlett und Packard, Elektronik 1 (1991), 81-90

[Jamal94]   R. Jamal, Multifunktionskarten – worauf kommt es an?, in: Elektronik plus 5
              (1994), 47-54

[Jamal95]   R. Jamal, E. McConnel, W. Erhart, Equivalent-Time Sampling for PC-Based
              Multifunction Data Acquisition Boards,
              Proceedings of the MessComp'95, Wiesbaden 1995

[Meig88]   D. van der Meig, H. Rensink, Detlef Mellis, P^{2}CCD – schnelle Oszilloskop-
              eingangsstufe, Elektronik 10 (1988)

[Mellis89]   D. Mellis, Wieviel Bit braucht ein Digitalspeicheroszilloskop,
              Elektronik 5 (1990)

[Mellis90]   D. Mellis, HF-Digitaloszilloskope in automatischen Testsystemen,
              Elektronik 5 (1990)

[Metzger94]   K. Metzger, P. Scholz, Der PC als intelligente Alternative zum Labormeßgerät,
              Messtec Spezial 5 (1994), 177-179

[Meyer89]   G. Meyer, Oszilloskope, Hüthig Verlag, Heidelberg 1989

[Miller]   B. Miller et al., Einführung in die Technik der Digital-Speicheroszilloskope,
              Firmenschrift Tektronix GMBH, Sedanstraße 13-17, Köln

[National96] New SCXI Products Deliver Remote Data Acquisition, Instrumentation News-
              letters 2, (1996), Technical News from National Instruments

[Philips]   Eyepatterns and Constallation Diagrams, Application Note PM3340 (1988)

[Rush93]   K. Rush, T. Lucero-Hall, Two Ways to Catch a Wave,
              IEEE Spectrum February (1993), 38-41

[Scharrer93]   J. A. Scharrer, An 8-Gigasample-per-Second Modular Digitizing Oscilloscope System, Hewlett-Packard Journal, October (1993), 6-10

[Schuon81]   E. Schuon, H. Wolf, Nachrichtenmeßtechnik, Springer Verlag, Berlin/Heidelberg/New York 1981

[Tektast]   Das ABC der Tastköpfe, Firmenschrift der Tektronix GmbH, Sedanstraße 13-17, Köln

[Tektronix91]   High Bandwidth Transient Capture – Bandwidth and Sampling Rate Considerations, Firmenschrift der Tektronix Inc., Beaverton Oregon USA 1991

[Tektronix]   Das ABC der Analog- und Digitaloszilloskope, Firmenschrift der Tektronix GmbH, Sedanstraße 13-17, Köln

[Verdult92]   Ir. M. J. G. Verdult, Digitaloszilloskope und ihr Einsatz in ATE-Systemen, in: Meßtechnik 2 (1992), 8-11

16. Kapitel

[Bender92]   K. Bender, Profibus – Der Feldbus für die Automation, Hanser Verlag, München/Wien 1992

[Bonfig92]   K. W. Bonfig u. a., Feldbussysteme, Expert-Verlag, Ehningen (1992), 127

[Bohn94]   H. Bohn, R. Jamal, VXIplug&play – die Systemallianz in der Messtechnik, Elektronik plus 5, (1994), 89-92

[Conrads96]   D. Conrads, Datenkommunikation, 3. Auflage, Vieweg Verlag, Braunschweig/Wiesbaden 1993

[Dembowski93]   K. Dembowski, Computerschnittstellen und Bussysteme, Markt und Technik Verlag, Haar bei München 1993

[DesJardin92]   L. A. DesJardin, VXIbus: A Standard for Test and Measurement System Architecture, in: HP Journal April (1992), 6-14

[Elektronik93]   Elektronik Plus, Sonderheft der Zeitschrift Elektronik, Ausgabe 4, Franzis Verlag, München 1993

[Etschberger94]   K. Etschberger, CAN Controller Area Network, Hanser Verlag, Müchen/Wien 1994

[Erhart95]   W. Erhart, R. Jamal, PC-Cards zum Messen, Steuern und Regeln, Elektronik 18 (1995), 64-69

[Fox95]   C. Fox, VISA Spezifikation: Messen ohne Grenzen, IEE, Hüthig Verlag, Heidelberg 1 (1995), 22-23

[Furrer 94]   F. J. Furrer, Herausgeber, Bitbus – Grundlagen und Praxis, Hüthig Verlag, Heidelberg 1994

[Gertsen94]   P. Gertsen, P. Kröger, Kommunikationssysteme 1 und 2, Springer Verlag, Berlin 1994

[HART94]   HART – Smart Communications Protocol, Protocol Specification, Revision 5.3, HART Communication Foundation of Austin, Texas USA 1994

[Hascher92]   Wolfgang Hascher, VXI-Bus wohin?, in: Zeitschrift Elektronik, Heft 8 (1992)

[Homburg 93]   Homburg, Sensor-Aktor-Anbindungen mit I^2C, Elektronik Journal 16 (1993), 36-37

[HP90]   Hewlett-Packard company, N.N., Feeling comfortabel with VXI-Bus,
                    USA (1990)

[Jamal94]   R. Jamal, W. Erhart, Meßdatenerfassung mit LabWindows,
                    Franzis-Verlag, München 1994

[Jamal95]   R. Jamal, V. Carter, Increasing the Performance of MXI- and GPIB-Controlled
                    VXI Systems, Proceedings of Open Bus Systems OBS'95 (1995), 357-361

[Kauffels94]   F. J. Kauffels, Lokale Netze,
                    Markt und Technik-Verlag, Haar bei München (1994)

[Kyas94]   O. Kyas, ATM-Netzwerke – Aufbau – Funktion – Performance,
                    Datacom Verlag, Bergheim 1994

[Lawrenz94]   W. Lawrenz, CAN Controller Array Nework, Hüthig Verlag, Heidelberg, 1994

[Mathies94]   P. Mathies, ISDN & WAN, Thomson Publishing, Bonn 1994

[Mitchel95]   B. Mitchel, Understanding VISA – VXI Plug and Play's Next Generation
                    Instrument I/O Software, Evaluation Engineering, February 1995

[NN94]   NN, VXI Plug and Play auf Kurs gebracht, in:
                    Elektronik Journal, September (1994), 34-36

[Opielka95]   D. Opielka, Optische Nachrichtentechnik,
                    Vieweg Verlag, Braunschweig/Wiesbaden 1995

[Peter88]   K. Peter, Lokale Netze   Eine Übersicht Teil 1, 2, 3,
                    Elektronik 20 (1988), 70-76, 21 (1988), 128-130, 22 (1988), 144-146

[RFI95]   PCMCIA Pocket Guide 95 der Firma RFI-Elektronik, 41066 Mönchengladbach,
                    Dohrweg 63 (1995)

[Schade94]   H. Schade, Der Kampf in der 100 MBit/s Klasse, in:
                    Lan line, Zeitschrift der Firma Schneider und Koch, Januar (1994)

[Schnell93]   G. Schnell (Hrsg.), Sensoren in der Automatisierungstechnik,
                    Vieweg Verlag, Braunschweig/Wiesbaden 1993

[Schnell94]   G. Schnell (Hrgb.), Bussysteme in der Automatisierungstechnik,
                    Vieweg Verlag, Braunschweig/Wiesbaden 1994

[Schnell96]   Schnell, Bussysteme in der Automatisierungstechnik, 2. Auflage,
                    Vieweg Verlag 1996

[Schumny94]   H. Schumny, R. Ohl, Handbuch digitaler Schnittstellen,
                    Vieweg Verlag, Braunschweig/Wiesbaden 1994

[Siebert90]   J. Siebert, S. Jaeger, Steigerung des Datendurchsatzes bei Lokalen ARCNET-
                    Netzen, Meßtechnik 6 (1990), 26-27

[Schulz95]   U. Schulz, PCMCIA – Scheckkarten für das Notebook,
                    Thomson Publishing, London (1995)

[Siegmund94]   G. Siegmund, ATM-Die Technik des Breitband-ISDN,
                    R. v. Decker's Verlag, Heidelberg, 2. Auflage 1994

[Strass94]   H. Strass, PCMCIA optimal nutzen, Franzis Verlag München (1994)

[Strass95]   H. H. Strass, Neuer PCMCIA-Standard,
                    Elektronik Journal, Oktober (1995), 58-59

[Sweet 96]   Sweet, R. M. Metcalfe, IEEE Spectrum June (1996), 49-55

[VXI88]   VXIbus Specification Manual, Revision 1.2, VITA – VMEbus International
                 Trade Association, Scottsdale AZ USA 1988

17. Kapitel

[Barney88]   G. C. Barney, Intelligent Instrumentation,
                 Prentice Hall International, Hertfortshire UK, 1988

[Barwicz89]   A. Barwicz, R. Z. Morawski, Requirements for Tools of Computer Aided De-
                 sign of Measuring systems, in: Proc. of the IMTC Conference, Washington DC,
                 1989

[Bögeholz95]   H. Bögeholz, P. Siering, Provisorien 95 – Interna von OS/2 Warp 3 und
                 Windows 95, in: c't 9 (1995) S. 192-200

[Dahn93]   H. W. Dahn, Praxisbuch LabVIEW 3, IWT Verlag, München 1993

[Deitel95]   H. M. Deitel, M. S. Kogan, The Design of OS/2, Addison Wesley (1995)

[Eckgold95]   F. Eckgold, Virtual Reality, Vieweg-Verlag, Brauschweig/Wiesbaden 1995

[Eckgold96]   F. Eckgold, Windows 95, Vieweg Verlag, Wiesbaden/Baunschweig 1996

[Filbert91]   D. Filbert, H. Schwetlick, C. Rudolph, Rechnergestützte Meßtechnik für die
                 Diagnose elektronischer Baugruppen, in:
                 Nachrichtentechnik Elektronik, 41 (1991), 8-14

[Foley90]   J. Foley, A. van Dam, S. Feiner, J. F. Hugh, Computer Graphics,
                 Addison Wesley, Bonn 1990

[Groß94]   M. Groß, Visual Computing, Springer Verlag, Berlin/Heidelberg 1994

[Hamming62]   R. W. Hamming, Numerical Methods for Scientists and Engineers,
                 McGraw-Hill, New York 1962

[Höfel91]   A. Höfel, H. Schwetlick, D. Filbert, Wissensbasierte Fehlerdiagnose analoger
                 Schaltungen, in: Radio, Fernsehen, Elektronik,
                 Verlag Technik, Berlin, 7 (1991) S. 533-536

[Jamal 94]   R. Jamal, W. Erhart, Meßdatenerfassung mit Labwindows,
                 Franzis-Verlag, München 1994

[Jamal95]   R. Jamal, Was bringt Windows 95 für die Meßtechnik, in:
                 Elektronik Information 10 (1995) S. 22-26

[Jamal95a]   R. Jamal, W. Erhart, Labview – Programmiersprache der vierten Generation, in:
                 F&M 1-2 (1995)

[Karjalainen90] M. Karjalainen, DSP-Software Integration by Objectoriented Programming, in:
                 ASSP Magazine April (1990)

[King95]   A. King, Inside Windows 95, Microsoft Press (1995)

[Kofler96]   M. Kofler, Visual Basic 4.0 effiziente Programmentwicklung unter Windows
                 95, Addison Wesley, Bonn 1996

[Krüger94]   G. Krüger, Visual C++, Addison-Wesley Publishing Bonn, 1994

[Kruglinski93]   D. J. Kruglinski, Inside Visual C++, Microsoft Press Redmond,
                 Washington, 1993

[Melder90]   W. Melder, Konzept zur Software für die rechnergestützte Meßwerterfassung
                 und Auswertung im PC, in: H. Schumny (Hrsg.), Personalcomputer im Labor,
                 Versuchs- und Prüffeld, Springer Verlag, Berlin/Heidelberg 1990

[Moorhead95]   R.J. Moorhead, Z. Zhu, Signal Processing Aspects of Scientific
                 Visualization, in: IEEE Signalprocessing Magazine 12 No.5 (1995), 20-41

[Nielson90]   G. M. Nielson, L. J. Rosenblum, (Ed.), Visualization in Scientific Computing,
                 IEEE Computer Society Press, Los Vaqueros Circle U.S.A. 1990

[Oppenheim 75]   A. V. Oppenheim, R. W. Schafer, Digital Signal Processing,
                 Prentice Hall, N.J. 1975

[Oppenheim95]   A. V. Oppenheim, R. W. Schafer, Zeitdiskrete Signalverarbeitung,
                 Oldenbourg Verlag, München 1995

[Petzold94]   C. Petzold, Programmierung unter Microsoft Windows 3.1,
                 Microsoft Press, Redmont Washiongton, 1994

[Pratt78]   W. K. Pratt, Image Processing, J. Wiley & Sons, New York 1978

[Press92]   W. H. Press, S. A. Teukolski, W. T. Vetterling, B. P. Flannery,
                 Numerical Recipies in C, Cambridge University Press, Cambridge UK 1992

[Profos92]   P. Profos, T. Pfeifer (Hrsg.), Grundlagen der Meßtechnik,
                 Oldenbourg Verlag, München 1992

[Puppe90]   F. Puppe, Problemlösungsmethoden in Expertensystemen,
                 Springer Verlag, Berlin 1990

[Rembold94]   O. Rembold, P. Levy, Realzeitsysteme zur Prozeßautomatisierung,
                 Hanser Verlag, München/Wien 1994

[Schmitt96]   H. J. Schmitt, Verliebt verlobt verheiratet – Microsoft Visual Basic 4.0, in:
                 ct' 3 (1996), 206-210

[Schumny93]   H. Schumny (Hrsg.), Meßtechnik mit dem Personal Computer, 3. Auflage
                 Springer Verlag, Berlin/Heidelberg (1993)]

[Schwetlick92]   H. Schwetlick, R. Loeper, A. Radmer, K. Böhme, Entscheidungsbaum und
                 neuronales Backpropagation-Netz zur Klassifikation von Geräuschen, in:
                 Radio, Fernsehen, Elektronik, Verlag Technik, Berlin, 1 und 2 (1992), 41-44

[Soustroup92]   B. Soustroup, Die C++ Programmiersprache, Addison Wesley, Bonn 1992

[Tönnies94]   K. D. Tönnies und H. U. Lemke, 3D-Computergraphische Darstellungen,
                 Handbuch der Informatik Band 9.2, Oldenbourg Verlag, München 1994

[Wilkinson69]   J. H. Wilkinson, Rundungsfehler, Heidelberger Taschenbücher,
                 Springer Verlag, Berlin/Heidelberg 1969

Sachwortverzeichnis

U